SHUIWEN LIULIANG NISHA

JIANCE XINJISHU YANJIU YU YINGYONG

水文流量泥沙监测新技术研究与应用

◆ 梅军亚 等著

图书在版编目（CIP）数据

水文流量泥沙监测新技术研究与应用 / 梅军亚等著 .
—武汉 ：长江出版社，2023.10
ISBN 978-7-5492-9178-6
Ⅰ．①水… Ⅱ．①梅… Ⅲ．①泥沙－水文观测－研究 Ⅳ．① P332.5

中国国家版本馆 CIP 数据核字（2023）第 204909 号

水文流量泥沙监测新技术研究与应用
SHUIWENLIULIANGNISHAJIANCEXINJISHUYANJIUYUYINGYONG
梅军亚等 著

责任编辑： 郭利娜 闫彬
装帧设计： 蔡丹
出版发行： 长江出版社
地　　址： 武汉市江岸区解放大道 1863 号
邮　　编： 430010
网　　址： https://www.cjpress.cn
电　　话： 027-82926557（总编室）
027-82926806（市场营销部）
经　　销： 各地新华书店
印　　刷： 武汉新鸿业印务有限公司
规　　格： 787mm×1092mm
开　　本： 16
印　　张： 30.5
字　　数： 810 千字
版　　次： 2023 年 10 月第 1 版
印　　次： 2023 年 10 月第 1 次
书　　号： ISBN 978-7-5492-9178-6
定　　价： 248.00 元

前言

PREFACE

水是生命之源、生产之要、生态之基，是关系到国家安全的战略性资源。党的十八大以来，习近平总书记提出了“节水优先、空间均衡、系统治理、两手发力”的治水思路，为推进新时代治水提供了科学指南和根本遵循。

水文监测是直接获取各项水文数据的重要手段，是开展水文服务的必要前提，是水利现代化的排头兵。随着经济社会发展，防汛抗旱、水资源管理、水生态建设等对水文发展提出了更高要求，传统的水文监测方式面临着巨大挑战，水文监测方式创新已经成为迫切需要。当前，水文现代化建设正处于关键时期，水位、雨量等要素已实现全面在线，流量泥沙在线监测仍是水文行业的重点和难点。近年来，融合声光电技术的流量泥沙在线监测技术装备陆续问世，在线监测比例有了较大幅度的提升。但如何提高流量泥沙在线监测精度，促进其投产运行仍面临一些挑战。

本书结合长江水利委员会水文局近年来的水文监测技术创新成果和“一站一策”工作实践，从解决实际问题、发挥实际效果的角度出发，对流量泥沙在线监测的理论方法和实践经验进行了系统梳理总结，可供水文部门及相关单位参考。

本书共分9章。第1章为绪论，主要介绍了研究背景和流量泥沙监测技术的发展；第2章主要介绍了我国现代水文监测体系，分析了目前水文监测体系的技术现状和难点；第3章主要介绍了水文测验断面的选择和测量方法；第4章介绍了流量测验新技术方法的技术原理、应用条件及流量推算方法；第5章介绍了流量监测新技术实践应用的典型案例；第6章介绍了泥沙测验关键技术方法的技术原理、技术特点和应用条件；第7章介

前 言

PREFACE

绍了泥沙监测新技术实践应用案例；第 8 章介绍了水文数据远程传输技术；第 9 章总结了流量泥沙监测新技术研究应用现状，对未来发展进行了展望；附录列出了水文监测新技术比测大纲。

本书由梅军亚、赵昕、袁德忠、周波、香天元、邓山、吴琼、贾克、黄河、谢静红、贾志伟、谢天雄、胡立、徐洪亮、蒋四维等编著。

本书涉及面广，书中难免存在疏漏，不足之处，敬请批评指正。

编 者

2023 年 8 月

目 录

CONTENTS

第1章 绪 论

1.1 研究背景

随着经济社会发展，防汛抗旱、水资源管理、水生态建设等对水文发展提出了更高的要求，原有固守断面的监测方式面临着巨大挑战，水文监测方式改革已经成为迫切的需要。按照习近平总书记“十六字”治水思路要求，水文行业迎来一次水文监测方式改革，以全面提升水文服务能力，力争为新时代水利事业发展乃至国民经济建设提供更好的水文技术支撑。

水文是水利的尖兵，是防汛抗旱的耳目。随着经济社会和水利事业的不断发展，水文工作的任务和要求也不断变化并增加。20世纪60年代以前，水文工作的主要任务是围绕防汛抗旱、水利规划设计开展水文测报预报与水文水利计算。20世纪70年代以后，随着我国经济社会的快速发展，水资源短缺日趋严重，水环境恶化愈加突出。水文工作的任务在逐步转变为服务防汛减灾工作的同时，也在向为水资源合理开发利用、环境保护、水工程科学调度运用服务，以及为工业、农业、交通、国防等基本建设服务方面延伸。进入21世纪以来，经济社会飞速发展伴随着对水资源的掠夺式开发，导致了我国干旱缺水、洪涝灾害、水污染和水土流失四大水问题日益突出。按照新的治国方略和新的治水思路，水文的服务领域进一步拓展，水文监测工作的作用也随之发生了较大转变。水是生命之源、生产之要、生态之基，关系到国家安全，具有很强的战略性，这是对水资源和水利认识的又一次重大飞跃。解决中国水问题，要求水文工作为防汛抗旱提供必要的信息支持，为水资源统一管理提供科学依据，为生态环境和经济建设提供全面服务。

水文监测系指对江、河、湖泊、水库、渠道和地下水等水体水文要素进行实时测量，监测内容包括水位、流量、降雨(雪)、蒸发、泥沙、冰凌、墒情、水质等。而水文观测通常是指依一定条件在江河湖海的一定地点或断面上布设水文观测站，长期不间断地进行监测。两者在内容上基本相同，但前者强调测量行为的实时性，而后者侧重测量行为的长期性。如在水文实践工作中，通常说流量在线监测，不说流量在线观测；说长期观测资料，不说长期监测资料。广义上讲，水文测验是指从站网布设到收集、整编水文资料的全部技术过程，狭义指测量水文要素所进行的全部作业。水文勘测则是指在流域进行水文要素的观测或调查，收集水文及有关资料的全部查勘或测量作业。水文测验是水文学科专业内容的进一步划分，内涵侧重于科学规律研究，而水文勘测是水文行业生产内容的进一步分工，侧重于实践工作的开展。水文监测是水旱灾害防御、水资源保护、水污染防治、水环境治理、水生态修复的基础支撑，也是水文局最基本的业务。从人力测验，到自动化设备辅助，从水位、雨量的全面自动化报汛，到流量和含沙量在线监测，70 年来长江水文监测方式和手段不断创新，一方面依托各类仪器厂商的技术进步，另一方面也得益于广大水文职工的潜心钻研。

当前，水文监测改革正处于现代化建设的关键节点，水文监测的现代化进程也面临着两大技术难题：流量在线监测、泥沙在线监测。近年来，以人工智能为标志的信息技术快速发展，众多融合声光电技术的在线智能感知仪器装备陆续问世。依托此类先进的仪器装备，长江水文在一定程度上提升了监测智能化水平。长江水文的水文监测方式改革也取得了卓越成效，从实践中探索改革存在的问题与解决对策，积累改革经验，在流量在线监测、泥沙在线监测方面取得了显而易见的成效，为进一步深化水文监测方式改革提供了依据与参考。

1.2 水文测验体系

1.2.1 相关法规及标准

1.2.1.1 法规及综合性标准

《中华人民共和国水法》(国家主席令第七十四号)；

《中华人民共和国防洪法》(国家主席令第二十三号)；

《中华人民共和国河道管理条例》(国务院令第 3 号)；

《中华人民共和国水文条例》(国务院令第 496 号)；

《中华人民共和国防汛条例》(国务院令第 588 号)；

《中华人民共和国抗旱条例》(国务院令第 552 号)；

《国务院关于实行最严格水资源管理制度的意见》(国发〔2012〕3 号)；

《中共中央 国务院关于加快水利改革发展的决定》(中发〔2011〕1 号)；

《水文监测环境和设施保护办法》(水利部令第 43 号)；

《水文站网管理办法》(水利部令第 44 号)；

《水利单位管理体系要求》(SL/Z 503—2016)；

《水利技术标准编写规定》(SL 1—2014)；

《水文设施工程项目建议书编制规程》(SL 504—2011)；

《水文设施工程可行性研究报告编制规程》(SL 505—2011)；

《水文设施工程初步设计报告编制规程》(SL 506—2011)；

《水文设施工程施工规程》(SL 649—2014)；

《水文设施工程验收规程》(SL 650—2014)。

1.2.1.2 水文测验产品标准

《转子式流速仪》(GB/T 11826—2002);

《水位测量仪器 第1部分:浮子式水位计》(GB/T 11828.1—2002);

《水位测量仪器 第2部分:压力式水位计》(GB/T 11828.2—2005);

《流速流量仪器 第2部分:声学流速仪》(GB/T 11826.2—2012);

《降水量观测仪器 第2部分:翻斗式雨量传感器》(GB/T 21978.2—2014);

《水文巡测装置》(GB/T 30953—2014);

《水文基本术语和符号标准》(GB/T 50095—2014);

《水位观测标准》(GB/T 50138—2010);

《河流悬移质泥沙测验规范》(GB/T 50159—2015);

《河流流量测验规范》(GB 50179—2015);

《超声波水位计》(SL/T 184—1997);

《超声波测深仪》(SL/T 185—1997);

《超声波流速仪》(SL/T 186—1997);

《地下水位计》(SL/T 198—1997);

《水文测验铅鱼》(SL 06—2006);

《水文站网规划技术导则》(SL 34—2013);

《水文测量规范》(SL 58—2014);

《河流冰情观测规范》(SL 59—2015);

《水文绞车》(SL 151—2014);

《水文巡测规范》(SL 195—2015);

《水文调查规范》(SL 196—2015);

《水文资料整编规范》(SL/T 247—2020);

《中国河流代码》(SL 249—2012);

《水文基础设施建设及技术装备标准》(SL 276—2002);

《水土保持监测技术规程》(SL 277—2002);

《基础水文数据库表结构及标识符标准》(SL 324—2005);

《声学多普勒流量测验规范》(T/CHES 61—2021);

《水文测船测验规范》(SL 338—2006);

《流速流量记录仪》(SL 340—2006);

《水资源水量监测技术导则》(SL 365—2015);

《水位观测平台技术标准》(SL 384—2007);

《水文基础设施及技术装备管理规范》(SL 415—2007);

《水文仪器报废技术规定》(SL 416—2007);

《水文缆道测验规范》(SL 443—2009)；

《水文年鉴汇编刊印规范》(SL 460—2009)；

《水工建筑物与堰槽测流规范》(SL 537—2011)；

《水文缆道设计规范》(SL 622—2014)；

《水面蒸发观测规范》(SL 630—2013)；

《小流域划分及编码规范》(SL 653—2013)；

《受工程影响水文测验方法导则》(SL 710—2015)；

《感潮水文测验规范》(SL 732—2015)；

《水文测站考证技术规范》(SL 742—2017)；

《翻斗式雨量计》(GB/T 11832—2002)。

1.2.1.3 水文自动测报产品标准

《水文仪器安全要求》(GB 18523—2001)；

《水文仪器基本环境试验条件及方法》(GB/T 9359—2016)；

《水文仪器系列型谱》(GB/T 13336—2007)；

《水文仪器基本参数及通用技术条件》(GB/T 15966—2007)；

《水文仪器通则第 1 部分:总则》(GB/T 18522.1—2003)；

《水文仪器通则第 2 部分:参比工作条件》(GB/T 18522.2—2002)；

《水文仪器通则第 3 部分:基本性能及其表示方法》(GB/T 18522.3—2001)；

《水文仪器通则第 4 部分:结构基本要求》(GB/T 18522.4—2002)；

《水文仪器通则第 5 部分:工作条件影响及试验方法》(GB/T 18522.5—2002)；

《水文仪器通则第 6 部分:检验规则及标志、包装、运输、贮存、使用说明书》(GB/T 18522.6—2007)；

《水文仪器术语及符号》(GB/T 19677—2005)；

《水文仪器显示与记录》(GB/T 19704—2005)；

《水文仪器信号与接口》(GB/T 19705—2005)；

《水利水文自动化系统设备检验测试通用技术规范》(GB/T 20204—2006)；

《水资源监控管理系统建设技术导则》(SL/Z 349—2015)；

《水文自动测报系统技术规范》(SL 61—2015)；

《水文仪器及水利水文自动化系统型号命名方法》(SL 108—2006)；

《水文数据固态存贮收集系统通用技术条件》(SL 149—2013)；

《水利系统通信业务导则》(SL 292—2004)；

《水利系统无线电技术管理规范》(SL 305—2004)；

《水利系统通信运行规程》(SL 306—2004)；

《水资源监控管理数据库表结构及标识符标准》(SL 380—2007)；

《全国水利通信网自动电话编号》(SL 417—2016)；

《水资源监控设备基本技术条件》(SL 426—2008)；

《水资源监控管理系统数据传输规约》(SL 427—2008)；

《水资源管理信息代码编制规定》(SL 457—2009)；

《水利信息数据库表结构及标识符编制规范》(SL 478—2010)；

《水利信息处理平台技术规定》(SL 538—2011)；

《水利水电工程水文自动测报系统设计规范》(SL 566—2012)；

《水文监测数据通信规约》(SL 651—2014)。

1.2.1.4 其他相关规定

各流域及省级水文机构在相关法规及标准的基础上会根据所辖测区实际情况制定相应的水文测验技术补充规定、工作中针对出现的各类问题及时发布技术文件，以保障水文要素监测的顺利进行。

水文要素监测质量保证来源于水文要素监测全过程质量控制。质量控制主要来源于对有效的技术规范规程的有效实施。随着科学技术的进步，许多新仪器、新技术、新方法广泛应用于河流流量在线监测，并陆续在各生产单位比测、应用，如固定式 ADCP、超声波时差法、视频测流、侧扫雷达、单点雷达测流等。目前的技术规范规程，并没有对所有的河流流量在线监测新仪器、新方法的技术要求进行统一，进一步完善、补充相关技术规范规程，或在比测、应用过程中制定技术文件(从技术指南，进而细化为技术规定，然后上升到行业规范)，显得尤为重要。

1.2.2 技术规范规程

1.2.2.1 河流流量在线监测相关主要规范规程和主要内容

(1)《河流流量测验规范》(GB 50179—2015)

《河流流量测验规范》(GB 50179—2015)主要对转子式流速仪法、浮标法、比降面积法、声学多普勒法、水工建筑物法、量水建筑物法、时差法、电磁法、稀释法、容积法、电波流速仪法等测流方法的使用条件和技术要求等进行了统一规定，没有对流量实时在线监测方法做出相关技术规定。同时对使用新的流量测验技术，应采用本规范推荐的流量测验方法进行比测试验，并进行成果精度评定。多线多点流速仪法的流量测验成果可作为率定或校核其他测流方法的标准。该规范所规定的各项精度可用于测流方案质量控制及评价。采用的流量测验仪器及方法除应符合该规范外，尚应符合国家现行有关标准的规定。

(2)《声学多普勒流量测验规范》(SL 337—2006)

对使用走航式和定点式 ADCP 开展流量测验的技术要求、仪器安装方法、测验方法及规定、测验误差分析及精度控制、仪器检查与保养等做出了详细规定。对使用 ADCP 开展流量在线监测，没有做详细的规定。

2021年最新修编的《声学多普勒流量测验规范》专门针对固定式ADCP在线监测相关技术要求做出了规定。

(3)《水文巡测规范》(SL 195—2015)

对巡测站使用转子式流速仪法外的其他仪器测流的，正式投产前的比测技术要求做了规定。对开展流量实时在线监测的应用条件、测验仪器与方法、技术要求与精度指标、仪器检查维护、资料整编方法等均做了明确规定。

(4)《水文资料整编规范》(SL 247—2012)

对开展流量实时在线监测的测站，仪器实测值和实测流量(或断面平均流速)建立相关关系的定线精度指标做了具体规定。对使用流量在线监测系统收集的资料整编方法，没有做详细的技术规定。

最新修编的《水文资料整编规范》(SL/T 247—2020)专门针对流量在线监测资料整编的相关技术要求做出了规定。

除《声学多普勒流量测验规范》(SL 337—2021)对ADCP在线测流方法做出了部分技术规定外，超声波时差法、视频测流、侧扫雷达、单点雷达测流等，均没有编制相应的技术规范。针对目前各种流量在线监测新仪器、新技术、新方法的陆续使用，结合我国水文测验相关测验规范的要求，研究流量在线监测误差评定和误差控制方法，在此基础上进一步完善、补充相关技术规范规程。如可以对《河流流量测验规范》补充在线测流相关内容，编制《超声波时差法测验规范》《视频流量测验规范》《侧扫雷达测验规范》《单点雷达测验规范》等，编制相关或在比测、应用过程中制定技术文件，如技术指南、技术规定等。

1.2.2.2 流量在线监测误差评定

流量在线监测系统并不是直接施测流量，一般是通过施测流速(水面流速、垂线流速、横向流速等)，然后用流速(或代表流速)与流速仪法(或走航式ADCP)实测的流量和水道断面面积计算出的断面平均流速建立相关关系(或函数关系)，结合水位面积关系曲线，推算出流量。

不同的流量在线监测系统流量测验误差来源不一样，主要误差有仪器检定误差、仪器安装产生的误差、水流脉动引起的流速测量误差、实测流速(或选取的部分实测流速)的代表性误差、测速垂线数目不足导致的误差、实测流速(或代表流速)与断面平均流速的关系误差、垂线平均流速分布模型与实际流速分布之间的误差、借用断面面积与断面实际面积之间的误差等。对流量在线监测系统流量比测成果、使用后施测的流量成果开展误差评定，主要考虑如下几方面：

(1)对仪器实测流速(或代表流速)与断面平均流速建立的相关关系定线精度进行评定

相关关系定线精度指标应符合《水文资料整编规范》(SL 247—2020)5.3.2表1水位—

流量关系定线精度指标的规定。流量在线监测系统投产使用后，需要对相关关系线，或对流量在线监测系统的模型应用精度进行检测，每年用常规流量测验方法检测5次以上，测次分布于高、中、低水位级，进行t(学生氏)检验，判断原定相关关系线，或流量在线监测系统的模型能否继续使用。相关关系或流量在线监测系统的模型不能继续使用的，应及时恢复常规方法测验。

(2)对单次流量测验精度进行评定

流量在线监测系统比测期间，以及在投产使用后都需要对单次流量测验精度进行评定。比测期间对使用侧扫雷达、超声波时差法、视频测流、单点雷达测速等在线测流系统推算的流量与同时段用流速仪法实测流量进行对比分析，建立二者相关关系，对单次流量测验精度进行评定。相关关系定线精度指标应符合《水文资料整编规范》(SL 247—2020)5.3.2表1水位—流量关系定线精度指标的规定。投产使用后，应在不同的水位级或流量级，开展数次比测，单次流量比测相对偏差应在±5%以内，系统误差应在−2.5%～1%以内(参考《水文巡测规范》(SL 195—2015)7.2.7的规定)。

(3)对水面流速、垂线流速比测精度进行评定

对使用侧扫雷达、单点雷达测速等在线测流系统施测的水面流速，与流速仪法施测的水面流速进行对比分析。对使用定点式ADCP施测的垂线流速与流速仪法施测的垂线流速进行对比分析。通过分析，对仪器施测的水面流速、垂线流速精度进行评定，流速比测相对系统误差应在±1.5%以内，且随机不确定度不超过5.0%(参考《水文巡测规范》(SL 195—2015)7.2.7的规定)。

(4)对流量整编成果精度进行评定

流量在线监测系统比测期间，通过将流量在线监测系统资料的整编成果与流速仪法施测流量的整编成果进行对照分析，根据分析结果对流量在线监测系统资料的整编成果精度进行评定。主要对比分析的指标有：日平均流量、年径流总量、次洪总量、年月最大最小流量等，同时还要对流量过程进行对比分析，既要对全年流量变化过程进行对照，还要选择年内几次大的洪水过程进行重点分析。流量在线监测系统投产使用后，按照《水文资料整编规范》(SL/T 247—2020)相关规定，对整编成果开展合理性检查和精度评定。

1.2.2.3 流量在线监测系统误差控制方法

①加密大断面测次(尤其是汛期高洪期间)，减少由断面冲於变化引起的流量误差；

②在各个水位级(流量级)，经常采用流速仪法实测流量，与在线监测系统施测的流量进行对比，检查相关关系是否稳定，发现误差增大，及时恢复流速仪法测验，并寻找误差增大的原因；

③按仪器说明书要求，对仪器进行检定，经常性对仪器进行检查维护，保证仪器运行正常。

1.2.3 信息传输保障体系

水文要素信息采集系统结构由流域级水文局/省级水文局监控管理平台、勘测局/分局中心以及测站组成。信息采集系统结构见图 1.2-1。

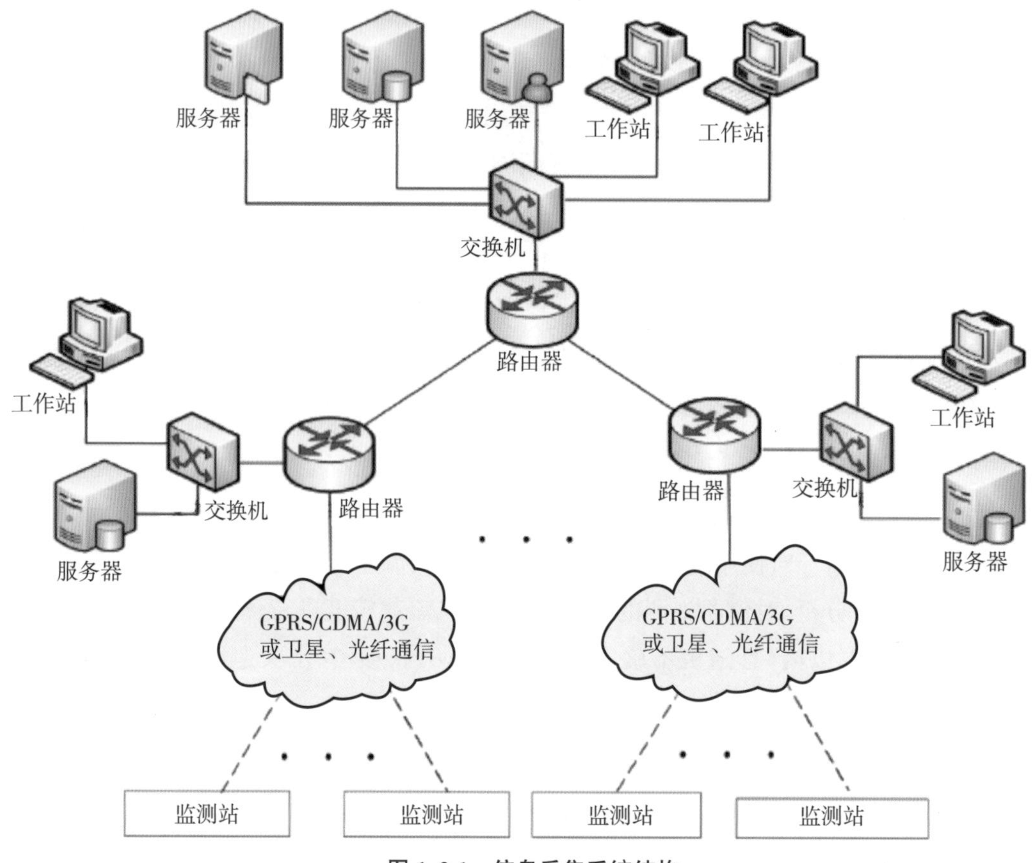

图 1.2-1 信息采集系统结构

(1)信息传输路由

数据信息传输由各自动监测站传送至所属的勘测局中心,再由各勘测局中心汇聚至流域/省级监控管理平台。

(2)通信方式

自动监测站与各流域与省信息采集中心的信息传输主要采用无线公共通信(GPRS/CDMA/3G/4G 等)网。无线公共通信网不能覆盖的地区或有特殊要求的站点可选用北斗卫星、超短波等其他通信方式。

(3)信息采集与传输频度

信息采集设备应具备对水位、流量参数最高采集频度为 5 分钟自动采集 1 次,应根据需求选择采集频度;测站向中心站发送数据的时间间隔应根据调度和管理需求选择 1 小时或

24小时，设备故障与参数预警信息应实时上报。

(4)通信规约

水文站点建设选用的仪器设备应满足相关行业标准和各级项目办设计文件及合同要求。其数据采集传输规约应符合水文自动测报产品标准的全部功能项要求，数据采集传输终端设备应执行相关文件规定。

1.3 流量监测技术发展

河道流量测验技术在几代水文人的不断努力下已经取得了跨越式的进展，就目前情况而言，我国的河道流量测验技术现在已经有了很大的改善。例如，各种先进的科学仪器在河道流量测验中的使用，水位、降水量能够自动测报，测报数据实现了信息化传输等。但是我们不能忽略的是，任何新技术的发展和使用都是在经典技术理论的基础上建立起来的，因此，我们不仅不能忽略河道流量测验的经典技术理论，相反，应当加大对河道流量测验的经典技术理论的研究力度并结合当前最先进的科学技术，从而实现我国河道流量测验技术以及我国水利事业的进一步发展。

众所周知，河流断面上的各个水质点的流速是不相同的，具体的流速分布情况被水利专家们称为流速场。河道流量测验的经典技术也被称为流速—面积法，就是测验出各个水质点的流速分布情况，进而将流速等值线图绘制出来，然后通过计算两相邻等速线的均值乘以它们之间所夹的面积，并进行累加，从而得到具体的河道流量。例如，一个地区如果海拔高度在2000m左右，该地区上有平原、盆地、高山、峡谷等地形，那么我们在进行该地区的河道流量测验时就要充分考虑到地形因素，从而使测验出来的数据真实可靠，一般都是通过河流的等高线来进行测验，即首先测验出相同等高线之间的面积，然后沿着高程的增高而进行累加，进而除以整个地区的河流面积就可以得到准确的河道流量。其用数学公式表达的话就是$Q=V\cdot A$，即流量等于断面平均流速乘以过水面积。当然，在实际的河道流量测验中往往会受到很多因素的影响，对一个地区进行全面的测验是不现实的，因此在实际工作中，测验技术人员往往是在断面的同一起点距上沿着水深垂直方向测验n个点的流速，然后算出平均值，这就是在河道流量测验的经典技术理论基础上延伸出来的垂线平均流速测验法。这种测验技术不仅克服了经典技术理论过于理想化的缺点，更是有效地把一条垂线上本不相等的各个水质点流速变成了一条等速垂线，如此河道流量的测验效率就得到很大的提高。但是，无论是多么先进的测验仪器，其测验出来的河道流量都只是“真值”或者说是相对真值，而不是完全精确的河道流量，其中是存在一定的误差的。

近年来，随着科学技术的不断发展，各种声学仪器和电子仪器的不断出现使河道流量测验出现了革命性的变革，也进一步推动了水利事业的跨越性发展。和传统的流速仪法、浮标法、超声波法相比，现代的河道流量测验技术速度更快、效率更高、更精准。在计算机技术的支撑下，测验仪器不仅可以随时收集大量的数据，更可以克服水流脉动等因素的影响，使人耳目一新。目前,我国常使用的河道流量在线测验方法有超声波时差法、声学多普勒流速剖面仪法、雷达波测速法、视频测速法、卫星测流法等。

河道流量测验具有极其重要的作用,其不仅关系到水文水利资源计算和水资源评价,更关系到防洪安全,我国每年都耗费大量的人力、物力来对河道流量进行测验,为了降低河道流量的测验成本,提高测验效率,水文工作者一直在寻找减少流量测验次数、缩短流量测验时间的技术方法。近年来,随着科学技术的不断发展,基于声学原理的河道流量自动测验技术得到了水文工作者的广泛关注并逐渐地应用于各大水文站。

1.4 泥沙监测技术发展

泥沙测验是水文测验的重要组成部分。泥沙资料在研究河床演变、航道整治、水环境污染以及水生态等方面都发挥着重要的作用。随着经济建设的不断发展,对泥沙测验技术的要求日益提高。

作为资料收集和分析研究的基础,泥沙测验受到各国的普遍关注。1980 年国际水文科学协会在意大利召开泥沙测验技术的会议;1980 年、1983 年河流泥沙国际学术研讨会也有专门议题讨论室内外泥沙测验技术,这对于推进泥沙测验技术的研究起到了积极作用。1990 年后,新仪器、新方法在泥沙测验中得到了广泛的应用,使泥沙测验操作更加简单,效率更高。另外,信息技术的发展也使泥沙测验数据的传输、处理及整编有了重大变化。随着数据自动采集、实时传输、计算处理和整编程序化成为现代水文测验的发展方向,泥沙测验技术和思想酝酿着重大的变化。

泥沙测验主要是测量悬移、推移等输移方式的全沙输沙率。因此根据泥沙输移方式,泥沙测量仪器分为悬移质、临底沙、推移质、河床质等各种采样器和物理测沙仪器。在测验技术方面,美国 1947 年成立的泥沙委员会 FIASP,总结以往各国经验,较早提出完整的悬移质、推移质、床沙组成、颗粒级配分析标准化仪器和常规测验方法。这些仪器和方法得到普及,为很多国家借鉴和采用。

近年来,国外基于新技术的悬沙测验仪器研制有所发展,超声波测沙仪和激光测沙仪都已用于美国实际泥沙测验中。这些仪器物理机制明确,数据采集处理集成度高,可采用计算机及软件的不同算法得到水体悬浮颗粒的浓度和粒度,便于自动实时测量含沙量变化过程。但仪器需要率定,测验时也有不确定性,因此测量人员须定期到现场使用采样器人工比对测验,建立人工测验和自动仪器测验结果关系,以改正仪器测量成果。

我国也逐步引进国外先进测验仪器,并在国内泥沙测验中作了比测试验。探索研究了 ADCP 应用于泥沙测验,认为该法在推求含沙量技术上有一定可行性,且分析了泥沙对 ADCP 流量测验的影响作了分析。

推移质由于在时间和沿河床横向分布上随机性较大,用器测法测推移质困难较多,测验仪器进展不大。根据几种推移质测验方法的原理,可以将测验基本方法分为直接测量法和间接测量法两类。

直接测量法借助各种采样器采集沙样，或通过河床的位移直接测量推移质泥沙量；间接测量法则应用各种物理原理，对推移质进行间接测量。直接测量法主要有三种：①沉沙池法，计算沉积在沉沙池中的泥沙质量；②器测法，利用各种类型推移质泥沙采样器测验；③沙丘法，测量河床上沙丘运动。间接测量法根据物理原理的不同，可划分为以下几类：① 曳光管法；②光学法；③自然电场法；④碰撞效率记录法；⑤碰撞能量转换法。直接测量法和间接测量法各有其特点和适用范围，可根据测验条件选择。

总体来说，推移质的测验尚需更多的研究。床沙测验则多年来没有大的革新。沙质床沙取样器有锥式、横管式和钳式；砾石床沙取样器有犁式、挖斗式；取 200mm 以下卵石床沙的采样器有挖斗多仓式、沉桶式和打印器。200mm 以上卵石床沙则尚无合适仪器。床沙水下取样、洲滩取样和综合取样，可根据具体条件选取适当形式和方法。

第2章　现代水文监测体系

2.1　我国水文监测体系发展

2.1.1　1949年以前

据史料记载，距今4000多年前的大禹治水，通过水文调查，因势利导，采取疏导措施，取得治水成功。公元前251年，秦国李冰在四川岷江都江堰工程上设立“石人”观测水位，开创了水文观测的先河；战国时期的慎到曾在黄河龙口用“流浮竹”测量河水流速；到隋朝，水位改用木桩、石碑或在岸边石崖刻画成“水则”观测江河水位，并一直沿用到现代；汉朝张戎在元始四年（公元4年）提出“河水重浊，号为一石水而斗泥”，说明当时曾对黄河含沙量做过测量；宋朝熙宁八年（1075年），在重要的河流上已有记录每天水位的“水历”，宋朝“吴江水则碑”把水位与附近农田受淹情况相联系；1078年，开始出现以河流断面面积和水流速度来估算河流流量的概念；明、清时期，水位观测已较普遍，并乘快马驰报水情。另外，江河沿岸还有许多重要的枯水石刻、石刻水则以及古水尺。例如，今重庆涪陵河道中的白鹤梁石鱼，记录了自764年以来1200年间长江72个枯水年的特枯水位；1110年，引泾丰利渠渠首渠壁的石刻水则，用来观测水位（水深），以便推算引水水量（流量）；1837年，在长江荆江河段郝穴设立古水尺，用以观测水位。

1840年鸦片战争后，帝国主义势力入侵，中国沦为半封建、半殖民地国家。从1860年起，清海关陆续在上海、汉口、天津、广州和福州等港口（码头）设立水尺观测水位，为航行服务。

1911年后，国民政府陆续成立国家及流域的水文管理部门，如负责全国的水文测验管理工作，开始掌握近代水文测验工作。到1937年抗日战争前夕，全国有水文站409处、水位站636处。抗日战争爆发后，经过8年战争，全国水文工作大多停顿。至新中国成立时，仅接收水文站148处，连同其他测站，总计为353处。

在此期间，引进了一些西方水文技术，先后根据一些潮位资料，确定了吴淞、大沽等水基准面，开始用近代水文仪器作水准和地形测量。水位、雨量观测开始用自记仪器。流量测验采用流速仪法和浮标法。泥沙测验采用取样过滤法。从1928年起，一些流域机构制定水文测验规范文件。1941年,中央水工试验所成功研制了旋杯式流速仪并建立了水工仪器制造实验工厂,开始生产现代水文仪器。

总之,我国水文测报开始较早,并逐步发展到一定规模。但大多数水文观测时断时续,观测记录和工程水文资料档案均未能系统保存下来,技术经验也未能很好地总结流传。明、清以来,由于西方诸国科技迅速发展,我国水文从早期的先进转变为相对落后的状况。鸦片战争后开始进行水文观测、水情传递、水文资料整编和水文分析计算,但发展非常有限,并且极不稳定;随着帝国主义者以侵略为目的在中国进行水位、雨量观测之后,中国政府引进了一些西方水文技术,开始进行了一些近代水文工作,但因西方国家工业革命,科学技术突飞猛进,而我国外受列强欺凌,内为旧的社会制度束缚,国力日衰、战争频仍,经济建设发展非常缓慢,水文工作大多停顿,并处于薄弱、动荡的状态之中。

2.1.2 1949—1957年

1949年10月1日至1957年,是水文监测的迅速发展时期,8年多的时间里,取得了前所未有的成绩。1949年11月,成立水利部,并设置黄河、长江、淮河、华北等流域水利机构。随后各大行政区及各省、市相继设置水利机构,机构内都有主管水文工作的部门。水利部起初设测验司,1950年成立水文局。1951年水利部确定水文建设的基本方针是:探求水情变化规律,为水利建设创造必备的水文条件。1954年,各大行政区撤销,各省(自治区)水利机构内成立水文总站,地区一级设水文分站或中心站。1951年水文部门的水文站有796处,连同其他测站共2644处,超过了1949年前历史最高水平(1937年)。1955年进行第一次全国水文基本站网规划,至1957年水文站达2023处,连同其他测站共7259处。水利水电勘测设计部门、铁道交通部门也设立了一批专用水文测站,气象部门的降水蒸发观测,地质部门的地下水观测,也有了迅速发展。此期间随着过河设备的改进,水文测站测洪能力大为增强。

1955年,水利部颁发的《水文测站暂行规范》,在全国贯彻实施。在测验组织形式方面,则从新中国初期的巡测驻测并存,走向全国一律驻测。在此期间,水文部门和勘测设计部门广泛开展了历史洪水调查工作,取得重要成果。水利部组建南京水工仪器厂,研制生产水文仪器,并开展群众性的技术革新活动。群众创造的长缆操船、水轮绞锚、浮标投放器、水文缆道等,都有很好的效果。

1949年10月,华东军政委员会水利部组织了江淮流域积存的水文资料整编工作,1950年11月后该工作由长江水利委员会完成。随后,各单位组织进行其他流域、省份的水文资料整编。1949年前积存的水文资料全部刊印分发,共91册,资料整编技术也有很大提高。1949年后的观测资料,陆续实现逐年整编刊布,从1955年开始做到当年资料于次年整编完成。

2.1.3 1958—1978年

1958—1978年，我国经历了“大跃进”、调整时期和“文化大革命”。与整个社会形势相联系，水文工作呈现出曲折前进的状况。1958年4月，由水利、电力两部合并的水利电力部召开全国水文工作跃进会议，制定了全国水文工作跃进纲要(修正草案)。1959年1月，全国水文工作会议提出“以全面服务为纲，以水利、电力和农业为重点，国家站网和群众站网并举，社社办水文，站站搞服务”的工作方针。在水利电力部的督促下，各省(自治区、直辖市)将水文管理权下放给地县，短时期内水文站网迅速增加。1960—1962年经济困难时期，许多测站被裁撤，技术骨干外流，测报质量下降，水文工作陷入困境。1962年5月，水利电力部召开水文工作座谈会，提出巩固调整站网，加强测站管理，提高测报质量的方针。1962年10月，中共中央、国务院同意将水文测站管理权收归省一级水利电力厅，扭转了水文工作下滑的局面。1963年12月，国务院同意将上海、西藏以外的各省水文总站及其基层测站收归水利电力部直接领导，由省一级水利电力厅代管。1966年“文化大革命”开始后，水文事业遭到破坏。1968年，水利电力部水文局被撤销，一些省级水文机构也被合并或撤销。1969年4月，水利电力部军事管制委员会通知：将省一级水文总站及所属测站下放给省一级革命委员会。大多数省(自治区)又将水文管理下放给地县，再度出现1959年下放所产生的问题。1972年，水利电力部召开水文工作座谈会后，水文工作情况开始有所好转。1978年，水利电力部成立水文水利管理司，省级水文机构也陆续恢复，但水文管理仍大部分在地县。

“大跃进”时期，水文站网快速发展，1960年达到3611处，还在水库、灌区建立了大批群众站，但测站建设质量不高，能刊入水文年鉴的水文站只有3365处。1963年底基本水文站减为2664处，群众站大部垮掉。1963—1965年，水利电力部水文局组织对中小河流的站网进行过一次验证分析，“文化大革命”初期，水文站又裁撤了一些，至1968年底有水文站2559处。1972年后有所恢复。1978年底水文站增至2922处。

1959年，水利部水文局将《水文测站暂行规范》修改为《水文测验规范》，其内容包括勘测设站、测验和资料的在站整理。当年《水文测验规范》计划安排12册，编写了基本规定、水位、流量、泥沙、冰凌、水温等6册，并于1960年颁布执行。

1962年后，各水文机构进行了测站基本设施整顿，1964—1965年，定位观测资料质量达到了历史最好水平。“文化大革命”期间，基本保持了测报和整编工作的持续进行，但规范被批判，出现无章可循、质量下降的现象。1972年起，水利电力部水利司组织修订新规范并出版水文测验手册，扭转了局面。20世纪70年代，水文缆道和水位雨量自记有明显进展。1976年，长江流域规划办公室水文处试用电子计算机整编刊印水文年鉴成功，以后陆续推广。从70年代起，随着地下水的大量开发和江河水污染的加剧，水利、地质部门的地下水观测和水利、环保部门的水质监测也都有了显著进展。

2.1.4 1978—2007年

1978年底,我国进入了改革开放的新时期,水文工作也进入了新的发展阶段。1979年2月,水利、电力两部分开,水利部恢复水文局。1982年,水利、电力两部再次合并。到1984年,除上海市外,全国各地水文管理权已经上收到省一级水利电力厅(局)。1984年底,水利电力部召开全国水利改革座谈会,提出水利工作方向是全面服务,转轨变型。1985年1月,水利电力部召开全国水文工作会议,确定水文改革的主要方面为全面服务,实行各类承包责任制,实现技术革新,讲究经济效益,推行站队结合,开展技术咨询和综合经营。这是我国第一次以站队结合的名义推出水文巡测的理念。1987年4月,国家计划委员会、财政部、水利电力部联合发出经国务院同意的关于加强水文工作的意见的函,提请地方在水利水电基建费中,每年划出一定数额投资给水文部门用于发展水文事业。各水文单位在搞好基本工作的同时,积极开展技术咨询、有偿服务、综合经营,以增加收入。1988年3月,全国水文工作座谈会提出水文工作的中心是贯彻水法,全面服务。随后,水利部再次单独成立,水文局改水文司,一些具体业务并入水文水利调度中心。1990年,水文机构负责人座谈会对水文工作模式归纳为"站网优化,分级管理,技术先进,精兵高效,站队结合,全面服务",再次对水文巡测工作进行了概况。

1988年基本水文站达3450处,连同其他测站共有21050处,以后有缓慢下降趋势。1990年有水文站3265处,测站总数为20106处。此期间广泛开展站网分析研究,并设置了江西德兴雨量站密度实验区等基地,并着手编制《水文站网规划导则》。1985年编制了《水质监测站网规划》,1988年提出了《2000年水文站和雨量站建站规划》,1989年编制了《地下水观测井网规划》。

1990年水位、雨量自记站在总站数中的比例分别达到了59%和62%,流量、泥沙测验的仪器设备、测验方法方面的研究取得了许多新成果。安徽、河南等地还开展了能迅速反映水质情况的水质动态监测。1985年,水利电力部颁布水文勘测站队结合试行办法,站队结合改革在全国铺开。至1990年,完成了119处基地建设,并扩大了收集资料的范围。长江水利委员会水文局在大宁河、四川省水文总站在渔子溪进行了无人值守水文站和用卫星传输水文数据的试点,取得了成功。从1982年起,对水文测验规范进行全面修订,并制定了一批水文仪器标准。

在此期间,水文系统的电子计算机应用有了长足的发展,水利(电力)部水文局组织编制了资料整编的全国通用程序。从1985年起,在全国流域和省级水文单位统一配置VAX11系列小型机,至1990年,全国已全部使用计算机整编水文资料。1984年,水文水利调度中心研制使用电子计算机的水情数据接收、翻译、存贮、检索系统取得成功,投入使用并向全国推广。在一些防汛重点地段,建立起水文自动测报系统,并实现了联机预报。从20世纪80年代起,筹建分布式全国水文数据库,至1990年开始在全国铺开。

2.1.5 2007—2015年

2007年4月25日，国务院公布《中华人民共和国水文条例》(国务院令第496号)，并于2007年6月1日起施行。《中华人民共和国水文条例》的颁布施行，体现了党中央、国务院和水利部对水文工作的高度重视，填补了国家水文立法的空白，标志着我国水文事业进入有法可依、规范管理的新的发展阶段，是我国水文发展史上的重要里程碑。《中华人民共和国水文条例》明确了水文事业的法律地位，将水文工作纳入法制化轨道，对促进水文工作更好地为经济社会发展服务、保障水文事业健康稳定发展具有十分重要的意义。全国水文系统在认真学习贯彻《中华人民共和国水文条例》基础上，根植水利，面向全社会服务，努力提升服务功能，不断拓展服务领域，充分发挥了水文在政府决策、经济社会发展和社会公众服务中日益明显的基础性作用。

这一时期，随着水文建设投入的增加，水文测报先进仪器设备逐步得到了推广和应用，水文测验新技术、新理论、仪器研制、设备更新改造等方面，取得了一些突破性的进展。成功研制并引进了水位、降水量观测长期自记计，使水位、降水量观测基本实现了自动观测、自动存储、自动报汛。流量测验使用水文缆道或水文测船测验智能控制系统，实行了流量的自动测验或半自动测验；调压积时式采样器的性能也得到提高等。声学多普勒流速仪、全球卫星定位系统、全站仪、电波测流仪、激光粒度仪等一批水文测报先进仪器设备得到了推广和应用，改变了水文测报靠拼人力的落后状态，显著增强了水文应急机动测报能力，提高了水文信息采集的准确性、时效性和水文测报的自动化水平。

2.1.6 2015年以后

2016年7月，为深入贯彻我国新时期水利工作方针，全面落实中央关于深化水利改革的决策部署，切实践行“大水文”发展理念，推动水文监测工作科学发展，水利部研究制定了《水利部关于深化水文监测改革的指导意见》。

(1)深化水文监测改革的重要意义

水文监测是服务经济社会发展和生态文明建设的重要基础性工作。“十一五”以来，国家持续加大对水文的投入，水文测站大幅增加，设施装备明显改善，监测能力稳步增强，水文事业进入了快速发展时期。但是，经济社会的快速发展和中央一系列深化改革举措以及水利改革发展对水文监测工作提出了新的更高要求，现有水文测验方式和水文监测队伍还不能适应水文自身业务发展与社会服务工作的要求。通过深化水文监测改革，全面提升水文服务能力，对于做好新形势下的水行政管理、防汛抗旱减灾、水生态文明建设等工作具有重要意义。

(2)深化水文监测改革的总体要求和基本原则

根据党中央提出的“四个全面”战略布局和“五大发展”理念要求的精神，紧密围绕水利中心工作和经济社会发展需求，全面贯彻落实“大水文”发展战略，以科技创新和新技术应用为手段，以体制机制创新为动力，以水文测验方式改革为主要内容，全面提升水文监测能力和服务水平。坚持改革与创新，统筹协调各类水文测站的监测与管理，创新水文监测管理模式，依法依规推动水文监测方式和管理机制的改革；坚持以现代化为导向，推广应用水文监测新技术、新设备，提高水文监测自动化、信息化水平，促进水文信息资源社会化共享；坚持因地制宜、稳步推进，各地根据当地水文监测方式实际情况和要求，在不断总结经验的基础上，加快推进水文监测方式的改革。

(3)深化水文监测改革的目标

至2020年，充实调整各类水文测站，优化站网布局和功能，不断拓展水文监测领域和覆盖范围。基本实现雨量、水位、墒情、蒸发等要素的监测自动化，大力推进流量、泥沙等监测自动化。增强突发水事件应急响应和快速反应能力，提高水文应急监测水平。推进水文体制机制改革与创新，培养适应新时期发展要求的水文人才队伍。至2030年，建成项目齐全、功能完备的水文监测站网体系，先进实用的水文监测自动化系统，集约高效的水文监测运行管理体系，实现水文监测现代化。

(4)优化站网功能，加强站网分类分级管理

加强水文站网的统一规划。综合分析评价各类监测站网功能，根据经济社会发展需求，充实调整水功能区、江河排污口、地下水和水生态、城市等水文站网，结合中小河流治理、山洪灾害防治、水资源监控等项目建设的水文测站，实现与国家基本水文站网的功能互补，形成功能齐全的综合水文站网体系。要遵循相关法规，规范水文测站的分类分级管理。严格执行国家基本水文站、专用站审批制度。中小河流水文监测系统建设等项目建设的水文测站，符合国家基本水文站条件的，应按报批程序纳入国家基本水文站管理，在纳入国家基本水文站前，按专用站管理。

(5)优化监测方式，提高管理水平

加强测站特性分析，积极推动巡测工作，有条件的测站实行有人看管、无人值守。构建以勘测队、中心站等为依托的基层业务生产与管理的高效运行机制。合理配置应急监测资源，制定应急预案，开展培训演练，提升应急监测能力。加强监测工作的业务指导和监测质量的把关，积极推动向社会购买服务，解决任务增加、业务拓展和现有人力资源不足的矛盾。

(6)加强新技术研发与应用，提升监测技术水平

按照先进实用、简便可靠、准确高效的原则，加强水文新技术、新装备的应用和自主研发，充分应用空间技术、云计算、移动互联、大数据、物联网等高新技术，加快实现水文监测自动化和信息化。加强流量、泥沙监测自动化技术的研究，加快声学多普勒剖面流速仪等水文仪器设备的国产化进程。

(7)丰富监测内容，完善标准体系

在做好为防汛抗旱减灾、涉水工程建设与运行服务的监测工作的同时，进一步加强为水

资源管理服务的监测，拓展为城镇化发展、水生态文明建设服务的监测内容。针对水文监测技术的发展和监测方式变化，为保证水文监测质量，对现有技术标准体系及时完善和修订。对于新技术和设备仪器的应用，在相关技术标准的制定和补充规定出台前，应认真开展比测分析，确保监测资料的一致性。

(8)加强水文计量管理，完善质量管理体系

建立健全水文计量标准，规范水文计量器具检定管理，水文工作计量器具应当经水文计量技术机构检定合格，并在有效期内使用。完善水文监测质量管理体系，明确各级水文机构的质量管理职责，加强水文资料质量控制和水文监测成果管理，全面提升水文行业质量管理水平。

(9)严格水文资料整编，提高信息共享水平

完善区域与流域水文资料整编与汇编工作机制，提升水文资料整编、汇编的自动化水平，提高水文资料整编的时效性、可靠性。加强水量平衡分析和水文调查，对发生大的洪旱事件应及时开展监测资料分析、还原计算以及历史资料对比分析工作。加快国家水文数据库建设，实现水文数据资源共享，全面提升水文信息服务和现代化管理水平。确保水文资料与分析成果的安全保存和及时装载入库。加强部门间数据交换和业务交流。

(10)加强水文监测队伍建设，强化水文安全生产

大力推进水文人才队伍建设，科学制定水文监测人才规划与培训计划，完善人才培养机制，培养由水文专业技术队伍、区县水文业务队伍和社会人才资源组成的新时期水文工作“三支队伍”。要切实加强水文监测的安全生产，全面推行安全网格化管理。要将水文测报与安全生产检查密切结合，针对水文野外作业安全风险，着重加强基层测站的基础设施、水上、高空、周边环境、道路交通、工程施工等的检查和隐患处置，确保水文监测的安全运行。

为保障深化水文监测改革的顺利实施，水利部水文司应加强水文监测改革工作组织和协调，做好对各流域机构、各省(自治区、直辖市)水文监测改革工作的指导，及时掌握各地工作情况和进展，全面推进水文监测改革工作。各流域机构、各省(自治区、直辖市)水行政主管部门要加强对水文监测改革工作的领导。根据本地实际，统筹规划、周密部署、扎实推进，把水文监测改革工作纳入年度目标管理和绩效考核，水文监测改革工作所需经费纳入本级财政预算，保障巡测、应急监测所必需的交通工具和设施设备，确保水文监测改革顺利实施。

2021 年 4 月，水利部部长李国英高位推动智慧水利建设总体设计，明确提出了数字化、网络化、智能化建设目标，阐释了智慧水利建设中数字孪生流域的定位和作用，构建了“2＋N”智慧水利业务体系，提出了智慧水利业务的“四预”功能，并对任务分工和保障措施提出了具体要求。2021 年 6 月 28 日，水利部党组召开“三对标、一规划”专项行动总结大会提出，要推进智慧水利建设，按照“需求牵引、应用至上、数字赋能、提升能力”要求，以数字化、网络化、智能化为主线，构建数字孪生流域，开展智慧化模拟，支撑精准化决策，全面推进算据、算法、算力建设，加快构建具有预报、预警、预演、预案功能的智慧水利体系，至此“数字孪生流

域”首次正式提出。数字孪生流域是以物理流域为单元、时空数据为底座、水利模型为核心、水利知识为驱动，对物理流域全要素和水利治理管理活动全过程进行数字映射、智能模拟、前瞻预演，与物理流域同步仿真运行、虚实交互、迭代优化，实现对物理流域的实时监控、发现问题、优化调度的新型基础设施。

2021 年 12 月 23 日，水利部召开推进数字孪生流域建设工作会议，李国英部长全面系统阐述了为什么要建设数字孪生流域、怎样建设数字孪生流域、如何保障推进数字孪生流域建设等重大问题，指导当前和今后一个时期全国水利系统推进数字孪生流域建设。

进入 2022 年，根据水利业务特点，水利部又先后提出数字孪生水利工程、数字孪生水网并进行顶层设计，至此数字孪生流域、数字孪生水网和数字孪生水利工程共同形成水利数字孪生系列，三者分别是物理流域、物理水网、物理水利工程在数字空间的映射，三者的关系决定于三个物理实体的相互关系，它们互不替代、各有侧重、相对独立、互联互通、信息共享。

2.1.7 长江水利委员会水文局水文监测进展

2019 年，长江水利委员会（以下简称“长江委”）水文局开始实施“一站一策”测报能力提升计划，通过开展水文站达标建设、提高在线监测率、探索“产学研”合作机制等举措，全面提升水文现代化水平。目前，“一站一策”工作扎实推进，在线监测技术应用、前沿技术研究等方面取得了重要进展。水位、雨量已实现全面自记，蒸发、水温自记率达 90%以上，各类流量在线监测设备广泛应用。

2020 年以来，长江委水文局围绕各专业领域信息化、智能化业务需求，构建监控管理、大数据分析、智能应用为一体的水文水资源监测预报预警平台，持续推进一体化平台建设。积极探索构建具备多源数据融合分析算力、数据全链自动化处理能力和立体网络通信能力，并且能实现水文监测的全要素数字化映射和可视化表达，构建数字化流场，实现物理流域与数字孪生流域之间的动态实时信息交互和深度融合，实现水文前端设备直接对接长江智慧水文监测系统、水文资料在线整编系统，构建水文信息处理的全流程体系。

2022 年，长江委水文局会同国内多家高校、企业，联合开展多谱系赋耦感知技术研究，研究探地雷达、量子点光谱测沙等领先技术，并开始研发全要素高精度一体化水文监测基站，推进天空地一体、声光电融合的全国产化水文监测技术研究及设备研发，实现对水位、流量、泥沙、水质、河道地形、测站管理、测验环境保护等全要素感知、同步监测和管理。在仙桃、北碚两个水文站试点应用的基础上，长江委水文局探讨水文智能感知一体化监测基站从设计、制造、安装、对比测试、投产、系统对接等环节的全套解决方案，支撑智慧水文和数字孪生建设。

进入新发展阶段，水文行业将贯彻新发展理念，大力开展自主创新，从建设“功能完备的站网体系、透彻感知的监测体系、智慧协同的专业体系、优质高效的服务体系、科学规范的管理体系”五大体系入手，进一步提升水文现代化水平。

2.1.8 水文站网情况

截至2021年底，按独立水文测站类别统计，全国水文部门共有各类水文测站119491处，其中国家基本水文站3293处、专用水文站4598处、水位站17485处、雨量站53239处、蒸发站9处、地下水站26699处、水质站9621处、墒情站4487处、实验站60处。向县级以上水行政主管部门报送信息的各类水文测站有70261处，可发布预报站2521处，可发布预警站2583处。如果按观测项目类别统计，全国水文部门共有流量站8793处、水位站23398处、泥沙站1685处、雨量站64455处、蒸发站1692处、地下水站26740处、水质站10970处、墒情站5311处。我国水文站网密度达到中等发达国家水平，基本实现对全国大江大河和重要支流的全覆盖，实现对主要江河水文情势的有效控制，形成比较完善的水文站网监测体系。

2.2 国外水文监测体系概况

中国的近代水文测验始于欧美等列强在长江沿线开埠口岸的海关水位观测，当时的水文测验工作，完全移植英国方法和标准。新中国成立后，与其他许多行业一样，水文测验以俄为师，全面学习苏联的基础理论、测验方法、管理模式和规范体系，并承袭至今。发展演变过程中，结合中国实际，逐渐形成了现今具有明显中国特色的水文测验。

2.2.1 美国水文监测

2.2.1.1 概况

美国内务部地质调查局(USGS)负责美国基本水文站网的布设、水文测站水文要素的采集、数据的传输分发、存贮和管理运行。为了更好地监测降雨和进一步准确测定面雨量，全国还设有许多普勒雷达测雨站，能够实时有效地在全国范围内对降雨进行监测，雷达站由美国海洋与大气管理局负责。

USGS自1889年在新墨西哥的RioGrandeRiver建立(接管)第一个水文站以来，目前有各类水文测站达153万个。其中，水文站10240处，水位站2048处，地下水监测站32031处，水质监测站9954处，水文站网密度接近500km^2/站。7600余个水文站常年测流，10%左右的水文站开展泥沙测验工作。所有测站均采用统一的技术标准开展水文监测，其水文资料(实时数据和历史资料)通过官方网站发布。

USGS在全国50个州设立水资源办公室，并旗下设立179个分支机构（相当于我国的勘测队)，负责地表水、地下水、水质、泥沙等水文监测工作及水科学研究等业务工作。每个分支机构一般由3～10人组成，负责管理的测站数为30～100个，相当于1名外业水文工作者管理约10个水文站。

美国水文测验方式以自动化仪器采集和巡测相结合为主，根据实际情况也可采用委托观测的方式。在大洪水地区进行流量测验时，USGS会调用其他地区的外业人员支援发生洪水地区的工作，或在本地临时雇用人员协助工作。

美国水文测站，均没有站房和断面标志，也很少见到水尺，大部分水文站的设施只有一个数据采集平台(Data collection Platforms，DCPs)和1～3个水准标点，部分使用测量船收集水文资料的水文站测验断面附近有一个简易码头，只有极少量采用缆道测验。大量水文站使用水平式ADCP进行流量在线监测，或使用走航式ADCP施测流量。各水文站随测验项目不同，在现场固定安装的测验仪器也不同。

数据采集平台即是信息采集和传输的集成平台，置入外观呈0.2～0.3m^3的仪器箱内，主要包括自记水位计(水位计传感器)、太阳能和蓄电池供电系统、数据自动传输设备(电台或卫星发射设备)等。该数据采集平台通常安装在桥梁的桥墩上或者其他固定建筑物上用于收集水位资料。USGS的信道传输设备一般只有一套，无备用信道，但是一旦发生故障，能在24小时内修复。

因缆道测验需要固定设施设备较多、建设投入大、保养维修困难等原因，加上流量测验的次数很少，美国很少用缆道开展水文测验工作，只有少部分水文站采用缆道进行水文测验，其缆道设计及建设比较简单。

在需要使用测量船测流、测沙的水文站的测验断面附近，修有一座方便测船下水、上岸的简易码头。测船一般可以直接驶上巡测车后的拖车(可入水的拖车架)上。

测验设备及仪器由分支机构统一调度和管理，设有一个存放巡测车、测量船及测量仪器设备的大仓库，附设仪器设备维修及测量附属设施的加工车间，提高了仪器设备的使用效率。

(1)测验设备

美国开展水文测验工作所配置设备强调实用，用于水文测验的巡测车、测量船功能强大，水位、雨量全部实行了自记、数据自动存贮及传输，流量多采用ADCP(ADP、ADV)测验。

1)巡测车

美国配备的巡测水文测验设备配置齐全，包括常用测量仪器、救生衣、涉水测验配套服装等，仪器安装所需工具、舟载ADCP、手提ADP等，部分巡测站还配置机械臂以便桥测。

2)测量船

测量船的大小根据测站的水流特性配置，材质为不锈钢、玻璃钢、铝合金、橡胶等。船上无抛锚设备，配备的主要仪器设备有：非常方便安装和拆卸的ADCP支架、差分GPS、激光测距仪、红外水温测量仪、用于取样的匀速运动的小型电动绞车、救生衣等。

3)自记水位仪

美国采用的自记水位仪主要有气泡式、压力式、浮子式、非接触式雷达水位计等，以压力式为主。5～15分钟采集一次水位，每小时通过卫星将采集的数据传输至各分支机构。用于检校水位自记仪测量误差的设备主要有悬垂式水尺和直立式水尺。此外，还有用于洪痕测量的洪峰水尺。

4)测流设备

美国基本上全面采用 ADCP(包括 ADP、ADV)进行测流，也有极少部分测站使用转子式流速仪(旋杯式居多)。由于水文站的测验工作统一调度，一台(套)ADCP 可能负责 10～20 个测站甚至更多测站的流量测验工作，其使用效率非常高。走航式 ADCP 在正式投产前要开展大量的对比测试试验工作，一般通过在不同的测站连续 5～8 年采用走航式 ADCP 与流速仪法并行测流，在确认走航式 ADCP 测流精度可靠后，才在所有测站全面推广应用。

水平式 ADCP 的率定通常使用走航式 ADCP，确定指标流速与断面平均流速的关系，据此推算出断面流量。在满足精度要求后便投产使用，正式投产使用后，也会定期开展对比测试。ADP、ADV 的测流原理和 ADCP 一样，多用在水深较浅(1.0m 以下)、流速较小、水面较窄的水文测验断面，通常是手持 ADP、ADV 涉水测量。转子式流速仪的使用会根据测量水深的大小分别选用标准型(Standard AA Meter，水深较大时使用)或者小型(Pygmy Meter，水深较小时使用)流速仪进行测量。

5)测沙设备

悬沙采样器主要有积深式、手持积深式、选点式、横式、泵式采样器。用于泥沙测量的铅鱼重量一般在 30～50kg，铅鱼最重的达到 150kg，多用于密西西比河等大河。部分测站也采用泵式采样器采取沙样和水化水样。

美国床沙取样主要使用挖斗式采样器，外形与我国使用的挖斗式采样器相同，但尺寸相对较小，床沙采样器重量为 50～80kg。

颗粒分析仪器设备主要为分析筛、粒径计、分样器、烘箱、电子天平等，也有部分采用激光粒度仪、消光仪等。

(2)测验方法

1)流量测验方式

流量测验的方式有桥测、船测、缆道测验、涉水测量及在线监测。

桥测是美国收集水文资料的主要方式之一。桥测设备有两种：一种是放置在桥上的专用桥测起重机，其设计简单，有的为电动驱动升降，有的采用人力驱动升降。这类起重机也是一种很好的巡测设备，一般不固定安置在测站上，而是由巡测车运至各站测验。另一种桥测设备是采用配有起重架的巡测车，这种巡测车装有升降灵活的电动驱动升降设备，以悬吊各种型号的铅鱼进行测深测速，这种巡测车不仅满足在单一测验断面收集水文资料的要求，同时也满足巡测的要求。

对于附近没有桥梁的水文站，在水位较高、流量较大时多采用测量船测验。当有测量任务时，一般由巡测车将测量船拖到测量断面附近的简易码头，测量船从简易码头入水行至测验断面，测完后又由巡测车将测量船拖到下一个水文站或者拖回到仓库。测船沿水面宽的定位（起点距）通常采用GPS或者断面索（有距离标记）。

美国很少用缆道开展水文测验工作，但对极少数测站配置水文缆车进行测量，水文缆车里面装备有手动机绞，工作人员通过手动机绞，将装有测量仪器的铅鱼放到指定位置进行测量。

对于一些水深较浅、流速不大的测验断面，常采用涉水测量。

对于资料时效性要求较高或受工程影响的河段，多采用水平式ADCP、超声时差法等方法进行流量在线监测，并通过卫星等信道将实时监测信息传输至数据接收中心。

2）泥沙测验方式

美国约有10%左右的水文站开展泥沙测量，主要项目有悬移质含沙量、悬沙颗粒级配、床沙颗粒级配等，部分站还开展水质监测工作。泥沙测验方式与流量测验方式基本相同，主要方式有桥测、船测、缆道测验、涉水测量以及在线监测等。

悬移质输沙率一般与流量测验配套进行，在全断面布设3～5条取样垂线，全断面水样混合，针对一些有特殊要求的客户，使用选点法取样。

美国对使用LISST、OBS、ADCP等测沙技术正在进一步的研究之中，很少投产使用。

颗粒分析方法主要采用筛析法和水析法相结合，对细沙一般不做更精确的分析，除非工程需要，分析下限粒径一般只到0.063mm。筛析法与国内方法一致，水析法一种是采用若干年前国内采用的比重沉降法，另外一种是采用粒径计法，但粒径计法与国内的又有些不同。沙样倒入粒径计管后，在粒径计管的底部通过可以上下移动的显微镜不断观察泥沙沉降的厚度，与显微镜连接在一起的是一台类似于日记式的水位自记仪，有滚筒和记录纸，可以绘制泥沙的沉降厚度随沉降时间的变化过程线，事后通过相关软件换算，得出级配曲线。

3）测次布置

美国通过对各站历年的水位—流量关系图进行分析，弄清楚测站各个水位级和时段的水流特性，对于水位—流量关系多年稳定的水位级、时段，流量测次少测或不测，流量测次只布置在水位—流量关系易发生变化的水位级或时段。美国比较注重中高水的测量，测次大部分分布在较大洪水期间。

美国一般的水文站，流量每年施测8～12次，最多的水文站也仅20～30次。输沙率和单沙都测验的站，输沙率与流量同步测验，年测次在12～18次。床沙和悬颗每年测1～2次。

（3）数据实时传输

美国实时水文数据的传输手段主要有卫星、短波、超短波、计算机网络通信、电话网等，连续进行测验的测站数据可实时传输到地质调查局的水文数据库和数据使用单位。

美国水文在线监测数据采用以卫星传输为主、其他方式为辅的传输数据方式。水文站利用各种采集仪器（如水位计、雨量计）测量记录的实时水文数据，首先自动传输给水文站配置的数据收集平台，DCPs将测站数据自动发送至位于太平洋或巴西上空属于国家海洋大气局的两颗地球同步环境卫星(GOES),地球同步环境卫星将接收到水文数据再传送给地质调查局总部的数据接收分析处理系统(DAPS),然后实时地发送给民用卫星(DOMSAT),民用卫星再将水文数据通过各地地面站的读出装置(LRGS)传送到内务部地质调查局的内部各用户,并同时传送给国家水信息系统(NWIS)。

水文站配备的自动采集和自动传输设备可连续采集和自动传输水位、流量等水文要素的变化。这些自动仪器配有太阳能电池组和蓄电池组,即使遇有大洪水和暴雨天气,在公用电话通信和动力供电设备遭到破坏的情况下,水文要素的采集和传输仍能正常进行。

(4)新一代水文监测体系

随着水资源科学的发展和科学计算领域的新突破,美国地质调查局研发出新一代水文监测系统,该系统将以更低成本更快速的方式,为更多地区提供实时水质水量监测数据。

新一代水文监测系统(图 2.2-1)将水、陆、空中固定和移动监测设备整合为一体,包括了创新型网络摄像头、新型陆地和空间传感器。当全面运行时,新一代水文监测系统能够在流水量、蒸发量、积雪量、土壤湿度、水质、地表水/地下水连接性、流速分布、沉积物运移和水资源利用等方面提供高精准时空分辨率数据。该系统研发以美国地质调查局合作伙伴和利益相关方的需求为核心,产生的数据和信息能够帮助其更精准地预测水资源短缺情况,更快速地应对水资源灾害。

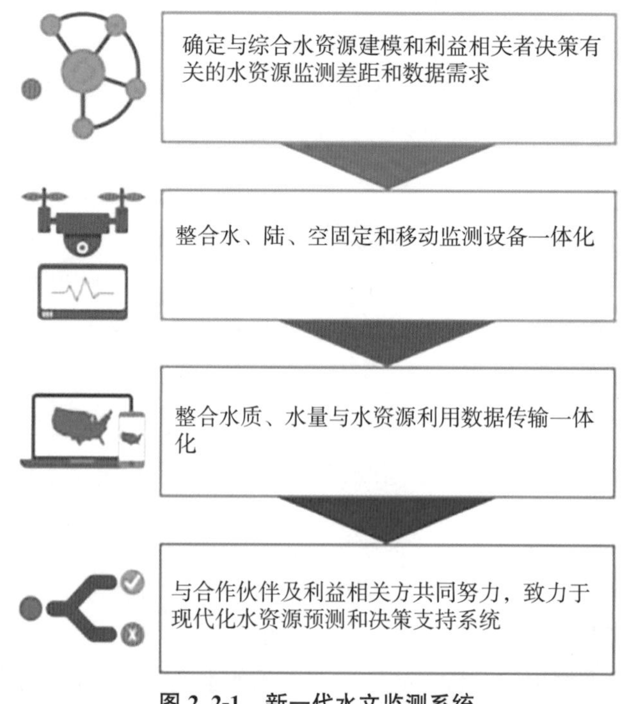

图 2.2-1　新一代水文监测系统

新一代水文监测系统在特拉华河流域进行了试点工作,为其在全国重要复杂州际河系推广使用提供了典范。

2019 年 11 月,美国西部流域——科罗拉多河上游流域被纳入新一代水文监测网络,对该流域的研究,将有助于提高以区域性融雪补给为主的水资源预测能力。

1)新一代水文监测系统的特点

①最顶尖的测量技术;

②在选定区域布置密集的传感器阵列;

③时空覆盖范围更广;

④最新的技术测试和实施;

⑤运行效率提高;

⑥现代化实时数据存储与传输;

为发布最精准的洪水和干旱预警,推动应急水资源管理决策支持系统建立,新一代水文监测系统产生的数据将支持模型化开发工具,并解决如下难题:

①从近、长期来看,导致洪水和干旱发生的风险有哪些,该怎样规避这些风险;

②季节性积雪储水量是多少,影响水供应的因素有哪些;

③目前是否处于干旱的早期阶段,干旱区生态恢复需要多久;

④有多少水被蒸发;

⑤水质如何,在干湿季节水质有何变化;

⑥地下水对河流流量的影响有多大,反之亦然;

2)新技术的应用

新一代水文监测系统促进了监测技术和方法的创新与发展,让数据获取更为快捷且成本更低,这一创新有望获取更多类型的高精准时空数据频率。测试点主要是监测范围内的主要干流和一些小河流,这为美国地质调查局和相关团体打造了一个严格、透明、创新型监测技术测试平台。热点技术涵盖了遥感地表水速度的雷达和图像测速技术、测量水深提高流量预估能力的无人机载探地雷达、监测连续性水质和悬浮沉积物的新型传感器等。这些新技术终将突破原有测试范围被应用于美国其他流域,成为常规型监测操作。

3)水资源数据管理与传输

美国地质调查局水资源数据管理与传输信息系统,作为新一代水文监测系统的一部分(图 2.2-2),为了适应新数据与传感网络,接收整合来自多个机构和部门的水资源数据,显示出观测数据的不确定性,使数据和产品分析直接构成模型,正在不断革新,变得更加现代化。为实现双向通信与更高频率互联网数据传输,数据遥测系统也在不断被更新。

4)新一代水文监测系统下一步规划

①持续推进特拉华河流域新一代水文监测系统设备部署和监测工作;

②对科罗拉多河上游流域进行新一代水文监测系统网络设计和分析;

③由利益相关者来选定第三个将被新一代水文监测系统监测的流域;

④绘制新一代水文监测系统遥感图和数据传输过程图;

⑤继续研发下一代水文监测系统。

图 2.2-2 美国地质调查局正在推进大尺度粒子图像测速(LSPIV)的使用

2.2.2 其他国家水文监测简介

世界气象组织对部分国家的水文站网统计显示,各国水文站网分布并不平衡,欧洲国家2～8 站/1000km^2,中东国家 1～10 站/1000km^2,非洲国家密度更低。

在世界几个主要国家中,发达国家的水文站网发展比较稳定,密度较大,自动化程度高。日本有各类气象、水文、水质观测站 15000 多处,站网密度为 100km^2/站;英国有文站 1200 处水,站网密度为 200km^2/站;德国现有水文(位)站 4365 处,站网密度为约 80km^2/站;意大利共有水文测站约 4000 处,其中央直属水文(位)站网密度达 300km^2/站。世界气象组织推荐的容许最稀站网密度:温热带和内陆区,平原 1000～2500km^2/站;山区 300～1000km^2/站。发达国家的站网密度均远高于推荐标准。

水文业务管理不同国家的地理环境、气候状况和经济条件不同,其水文管理机制也不尽相同。在管理机制上,发达国家大多采用从中央到地方的分级管理体制,水文资料信息基本实现共享。德国的水文业务实行分级管理,联邦、州及地方政府分别设有相应的水务机构,水文站网基本由联邦政府和州政府管辖。加拿大通过了一个持久性的法案制定协议文件,将不同类别的水文测站的归属权和经费资助职责等明确界定,由联邦政府、省政府和其他部门分别承担。意大利、日本的水文业务基本上由中央和流域机构进行分级管理。澳大利亚水文观测分属不同的部门,谁建设谁管理。国家气象局负责与防洪有关的大江、大河水文站水位、雨量等数据的采集,并发布关键站的水位预报;自然资源部负责水资源站网的采集与管理,主要是水量与水质,同时监测水位、雨量;大坝拥有者负责自身洪水监测系统;地方政府也根据自身防洪需要增设水位、雨量站网;还有大量的自愿者,自发地开展洪水观测,这些自愿者都由联邦政府提供统一的设备、网络。法国自 2002 年欧洲大洪水后,修订了《风险法》,将全法国大江大河的洪水监测与预报任务纳入政府管理职能中。在新体制下,法国逐步成立了 22 个区域洪水预报中心，其主要职能是负责区域内的洪水监测与预报工作，其他小流域的洪水监测与预报由当地负责。

发达国家水位、雨量等基本实现了自动采集。日本绝大多数测站都纳入自动测报系统，观测项目有降雨、水位、流量、水质、地下水，以及水库和堰闸水文要素等。法国每一个观测点采用水文仪器和雷达两种方法进行观测，通过对雷达与水文观测点两者的实时监测数据之间的关系进行对比分析，得到比较可信的数据。

欧洲国家水文数据传输以公用电话网、计算机局域网和超短波电台为主。例如，法国各水文观测点的监测数据，通过无线电(高频或中频)每 5 分钟上报一次，40 秒内数据就可传输到控制中心。

英国、德国、法国、加拿大、瑞士、荷兰、日本等国家的绝大多数水文站采用巡测方式。一般在河岸边设有数平方米面积的自记仪器室、缆道房。多数自记(包括遥测)，少数委托附近居民观测。发达国家流量巡测次数均不多：瑞士新设水文站平均每年测 10 次，老站平均每年测 6 次；英国水文站每年至多测 12 次；日本水文站平水期平均测 26 次，高水期测 13 次。近年来，各发达国家大量投入在线监测站网，进一步提高了监测效率。

发达国家对水文基础资料管理十分重视。日本、加拿大设有专门的中央机构负责水文水资源数据的采集、汇总、处理和发布等。德国、法国设有流域性及区域性的洪水预警预报中心，分别对相应的政府机构负责。意大利建立了覆盖全国的实时水文数据采集通信网，流域机构所属站网 90%以上与中央系统实时联网，进行数据共享。

2.3 现代水文监测体系

2.3.1 水文监测体系的组成

水文监测体系由水文监测管理体系、监测服务体系、监测技术体系及质量控制体系等组成。

水文监测体系中各种水文要素测验工作的组织形式和工作模式，就是水文测验管理体系，它是确保水文监测活动正常运行的关键。水文测验方式主要包括 4 种类型：驻测、巡测、水文调查、应急监测，其中主要的就是驻测和巡测，以及两种方式相结合的方式。

驻测是指水文专业人员驻站进行水文测报的作业。根据实际需要，驻测可分为常年驻测、汛期驻测或某规定时期驻测。巡测是指水文专业人员以巡回流动的方式定期或不定期地对一个地区或流域内各水文站点的流量等水文要素所进行的测验。水文调查是指为弥补基本水文站网定位观测不足或其他特定目的采用勘测、观测、调查、试验等手段采集水文信息及其有关资料的工作。因此，水文调查是水文信息采集的重要组成部分，它受时间、地点的限制较小，可在事后补测，并能有效地收集、了解基本站集水面积上所要求的水文信息，有较大的灵活性。驻巡结合是指根据河流水情变化的规律，采取驻巡与巡测相结合的方式，在一定的水情条件下采取驻测模式，在其他水情条件下则采取巡测模式。汛期驻测、枯季巡测便是其中的一种。

我国自 1955 年颁布《水文测站暂行规范》确定水文测站采用驻守方式起，至 20 世纪 80 年代前后完成一系列水文测验技术标准的制定或修订，标志着我国基于水文测站驻守管理方式的水文监测体系基本建成。该水文监测体系对确保我国防洪水文测报的准确性和及时性、水利水电工程建设所需水文资料的连续性等发挥了重要作用。

水文测验的内容涉及降水量、蒸发量以及河流、湖泊内的水位、流量、泥沙、水体化学成分的变化过程。随着自动化、信息化技术的迅猛发展，我国水位、降水量的信息采集、储存与传输实现了自动化。而流量、泥沙测验受现有技术水平的限制，仍使用传统的测验方式，效率低下。若不对流量、泥沙项目的测验方法实施创新，将导致大量水文观测人员困守水文测站，众多需要水文信息的地方无力开展水文监测工作。同时，我国现有的基于水文测站驻守的管理体制，使得水文测量工作仅满足于常规测量、取沙等简单的重复劳动，制约了水文测验的技术进步。

近 30 年来，随着我国经济的快速发展，社会对水文监测信息的需求发生了重大变化。特别是近年来最严格水资源管理制度的实施，中小河流治理以及河流两岸民众对水文关注度的提高，现有的水文测站监测信息已远远不能满足要求。为满足社会需求，就必须大量增加水文测站，而现有的人员和技术手段满足不了大规模新增驻守水文站的实际。开展水文巡测工作迫在眉睫，必须在管理体制上另辟蹊径。

2.3.2 国内外水文监测体系差异

我国水文监测管理体系和流量、泥沙项目的测验方法与发达国家相比，主要存在着以下方面的差异。

(1)水文监测管理体系

发达国家因社会保险体系较为完备，当洪水灾害来临时，可通过大量气象、水文信息来判断可能灾害的大小量级即可，因而对单个水文测站的时效性、准确性要求不是太高。发达国家的水文站网密度大，水文测员少，其流量、泥沙测验项目均为巡测方式，即 1 人或数人开展某一区域较多水文测站的巡测工作，以区域各类测站信息弥补单站信息的不足。我国由于雨热同季，洪灾严重，绝大多数水文测站最初的设站目的主要为防洪，外加我国沿江沿河人口密集，对水文测验的时效性及相应的预报精度要求较高，故绝大多数的水文测站的流量、泥沙测验则实行的是驻测方式，约平均 10 个职工(含各级水文管理人员)承担 1 个水文站的测验工作，与发达国家的水文测验管理体系差异明显。

(2)流量泥沙测验技术

流量测验技术方面，发达国家众多水文测站通过水平式声学多普勒流速仪、超声时差法实现了流量实时在线监测，对于大江大河也均使用了流量快速测验技术，如采用走航式声学多普勒流速仪进行流量巡测等。我国受国力和技术所限，除极个别水文测站实现实时在线测流或采用流量快速测量技术外，绝大多数水文站仍使用常规流速仪按测线测点布设方式进行流量测验，测验工作量大且费时较多，这也是导致我国水文测站采用驻测方式且人员较多的原因。

泥沙测验技术上，发达国家水文测站泥沙测次要求较少，由于我国的江河泥沙特性，尤其是黄河、长江泥沙来量较大，同国外相比要求泥沙测次较多。从测沙设备来看，目前还采用传统设备，与国外相差无几，新的设备(光学测沙、声学测沙)均还在对比测试试验中。由于历史原因，我国绝大多数水文站的泥沙测验仪器比较陈旧，在缆道站主要使用调压式积时式采样器，在水文测船上则仍使用横式采样器，采样经沉淀、过滤、浓缩、烘干、称重、计算等工作流程完成后才能整理出泥沙成果。

(3)单站水文测次数量方面

流量测次方面，发达国家极少有固定值守的水文测站，大多采用巡测断面模式。以美国为例，每个巡测断面每年的流量测次一般为8～12次，大洪水年份也不超过30次。在我国的大多数水文站，天然河道上的常年站其流量测次一般在100次左右，大洪水年份流量测次会更多，达200次以上；在受水利工程建设影响下的水文测站，其流量测次则在300次左右，有的甚至更多。

泥沙测次方面，因发达国家水土保持较好，含沙量较小，泥沙测次极少，大多数水文测验断面不进行泥沙测验，极少数水文站的泥沙测验主要集中在汛期，测次与流量基本相当。我国主要江河上均开展泥沙测验工作，特别是黄河、长江，其泥沙测验任务则更大，一般水文站的单样含沙量(以下简称“单沙”)测次数量一般在200次左右，有的多达300次以上；断面平均含沙量(以下简称“断沙”)的测次数量，使用单～断沙关系进行整编的站，断沙测次数量一般在30次左右；使用断沙过程线整编的站，其测次数量在100次左右。

由此可见，我国水文站的流量、泥沙测次与美国相比较明显偏多。

2.3.3 我国水文监测体系存在的问题

经过50余年的发展，全国的水文监测、水情报送能力都有较大幅度的提升，但水文监测体系方面无大的突破，问题主要表现在以下几个方面：

(1)水文巡测能力不足

我国在20世纪80年代以来成立的水文勘测队，受水文测验装备条件及技术水平的限制，尚采用常规仪器与传统的测验手段开展水文巡测，仅仅发挥了按站队结合的要求进行人员管理的作用。当巡测站的水位—流量关系受洪水涨落影响时，按流量资料整编定线的规定，此种情况下安排水文巡测，则流量测次布置不能满足水位—流量关系定线需要的时效性与连续性要求。因此，绝大多数水文勘测队未开展水文巡测工作，部分水文勘测队为满足防洪要求采用了汛期驻测、枯期巡测的方式。还有的水文勘测队根本未能行使对其属站的管理职能，只是将勘测队所辖的水文站的职工家属迁移到勘测队基地，解决子女就学、就业与就医等方面的问题，水文职工仍采用驻守测站的方式。

同时，现有的水文缆道、测船等主要测验设施自动化程度不高，快速监测手段缺乏，先进的实时在线监测设备不足，也是没有实施水文巡测与开展水文应急监测的主要原因之一。

(2)水位—流量关系单值化理论不完善

我国河流的水位—流量关系受洪水涨落过程、下游水位顶托、断面冲淤变化与水利工程调度等多种因素的综合影响，测站的水位—流量关系复杂，多呈现为不规则的连时序绳套曲线。同时，每个洪峰涨落过程的水位—流量关系线均不一致，洪峰的涨、落水过程都需布设测次，以确定水位—流量关系曲线的走势，导致了水文站的流量测验较多。如在长江中下游干流的水文站，其流量测次一般在 100 次左右；而处于顺逆流相互转换的洞庭湖区水文站，其流量测次更多，有的年份流量测次多达 300 次以上。水文站的流量测次过多，就使得水文测站不得不采取驻守方式。

水位—流量关系单值化技术是精简流量测次、开展巡测的基础。我国在这方面工作开展较晚，方法不多，直接导致了水文监测体系的停滞不前。

(3)现有的规范体系与新技术的使用不相适应

90 年代颁布水文巡测规范以后，未引起业内足够的重视，将巡测和驻测相对隔离开，致使现有水文监测工作未能有效地按照该规范执行，加之巡测规范和其他规范技术上有所冲突，致使水文巡测工作停滞不前。

随着水资源的综合开发利用，在全国各类河流上均建成了大型或中型的水利枢纽工程，对促进经济社会的发展发挥了重要作用。然而，水利枢纽工程的建设，改变了天然河道水流的特性，给水文测验带来极大的困难。位于水库下游的水文站，受发电或泄洪的影响，水位的涨落过程瞬息万变，加之测站水位—流量关系呈现不规则的连时序绳套，致使流量测次过多。例如，长江流域清江高坝洲水文站位于高坝洲水利枢纽的下游，年流量测验达 300 余次，还不能满足水位—流量关系定线的需要。位于库区水文站的流量测验河段水力因素变化复杂且无规律可循，彻底改变了天然河道水位—流量关系的特性。如水利枢纽工程蓄水时，同水位下，水位涨而流量小；工程泄水时，水位落则流量大。为解决水文测站受水利工程建设对河流水位—流量关系的影响，只能按水位—流量关系整编定线的要求增加流量测次。

受人类活动影响新形势下，如何开展流量监测，新仪器的使用如何满足现有规范的要求，也影响了水文监测体系的改革。

(4)流量、泥沙的不同的测验要求，制约了水文测验方式的整体进步

目前，水文的流量要素测验已逐渐向自动监测、实时在线监测方向发展，时效性及精度均有大的提高。然而，我国河流泥沙含量大，且水利工程建设也需要泥沙资料，水文测站开展泥沙监测是必须的。我国泥沙测验规范规定，施测断沙时必须进行流量测验，因而增加了断沙测验的工作量。由于泥沙在断面上不同位置的变化是不相同的，且变化过程也不能有

效掌握，使得控制泥沙变化过程的测次分布更加困难。况且悬移质泥沙从测验到提交资料需经过水样采集、沉淀、浓缩、烘干、称重与计算等工作流程，通常情况下所需时间至少 1 周左右，时效性较差，制约了整个水文监测体系的整体进步。由于流量测验已实现在线监测，泥沙基本还采用人工观测，造成两者监测的方式方法、监测频次等不同步，也制约了水文测验方式的整体进步。

2.3.4 水文监测体系创新

2.3.4.1 创新原则

水文监测体系涉及的范围较广，既有水文站网巡测、驻测、调查等管理问题，又有雨量、水位、流量、泥沙、水质、水生态等各种要素的监测技术问题，还有对各要素采集数据的整理、整编、精度评定及发布共享等问题。以上问题相辅相成，互为制约，一种好的水文站网管理方式，如没有相应监测技术是不能实现的；同样，无论多么先进的监测技术，如不能满足测验精度、资料整编等要求就不能用于生产实践，也不能支撑水文监测体系的创新。

因此，要创新水文监测体系，其相应的各类监测、整编等技术问题就必须取得突破。新中国成立后，我国通过引进苏联水文管理模式，逐步建立起依靠水文站分点驻守的水文监测体系，为防洪、水利工程建设提供了大量信息，并收集了大量的基础资料。驻守方式所要求的监测技术成熟，依靠人工操作用常规的流速、含沙量等仪器即可完成任务；但驻测方式又存在着受人力资源制约、站网密度较稀的问题。

以经济社会发展对水文测验的需求为突破口，在充分分析现有水文监测体系存在问题和国际水文测验先进管理经验的基础上，为改变现有测验断面过少、效益低下等现状，以满足防洪和水资源管理高精度、高时效等特殊性国情要求，必须通过发展先进的水文监测方式方法，构建全新的水文监测管理体系。

创新从两个方向展开：横向方向通过与以美国为代表的发达国家的对比研究，认识现有体系存在的问题、发展方向和变革途径；纵向方向借助于对新中国成立以来水文测验管理体系发展情况的系统研究，梳理和分析体系发展的脉络，明确体系发展的历史遗存和现实基础，摸清体系历史演进的基本逻辑与发展方向。

与国际接轨。通过美国等发达国家在基础设施、仪器设备、测验布置、巡测管理、数据整理、信息发布、技术标准、质量管理、投资体制、行业性质以及文化建设等方面的深入比较，分析两国水文测验体系的差异以及引起差异的根源，结合两国国家体制与国情对水文测验体系的影响分析，探究两国在技术选择、体制约束和文化影响上的深层动因，进而探寻中国的发展方向与可能途径。特别要对国际先进的“需求分析理念和服务导向模式”的深入理解与灵活应用，最终在水文测验管理体系中接轨国际先进技术与理念，即“与国际接轨”。

有中国特色。通过对 60 多年来经济社会发展对水文需求的变化分析，梳理中国水文监测管理体系的发展脉络，特别是对我国水情水事特点进行深入探索和重点研究，最终在水文监测体系中体现中国现实状况与特色，即“有中国特色”。

2.3.4.2 体系构建

(1)水文监测体系的构成

水文监测体系由水文测验管理体系、服务体系、技术支撑体系及质量控制体系等组成。

水文测验管理体系是水文监测体系的核心。主要涉及各种水文要素监测的组织形式、工作方式等。

水文服务体系主要针对不同的社会需求，评价水文测验管理体系优劣与否并判断是否满足实际需求。因此，弄清经济社会发展与现有水文监测体系的矛盾，从而提出各类社会需求对水文测验系列长度、测次控制、测验方式、误差精度等指标要求，是水文监测体系创新的前提条件。

水文技术支撑体系是满足水文测验管理体系及服务体系要求的关键技术。主要包括流量、泥沙测验方式方法以及水文测验新仪器、新技术、新方法的应用。特别是在水位—流量单值化方法、流量泥沙异步测验方法、水文要素快速和在线监测技术方面的创新。

质量控制体系主要是构建适应水文测验管理体系、技术支撑体系的质量控制标准、监测技术规范。

(2)水文监测管理体系的构建

在对比中外水文监测特点的基础上，我国现代水文监测体系可以表征为“驻巡结合、巡测优先、测报自动、应急补充”的水文测验管理体系。它既有别欧美发达国家的全面巡测模式，能提供更高精度和更实时的水文监测成果；又有别于苏联驻守模式，可更广泛地收集水文信息，满足社会各方面的需要。特别是针对我国自然灾害频繁、人口众多的特点，提出了水文应急监测作为水文测验管理体系补充的方式，作为我国水文监测体系的补充。

针对水文站分点驻守水文监测管理体系的缺点，为扩大水文监测范围，在人力条件不发生大的变化的情况下，就必须开展巡测。

美国或发达国家尽管已形成全面巡测的管理体制，但其水文监测的精度要求及社会对水文监测的需求与我国不尽相同，其对外公布的仅为单次测验成果，没有全国统一的资料整编，用户按照自己的要求整理数据，因此，可采用全面巡测模式大面积收集信息。

发达国家防洪多采用保险制度，对水文监测的项目、频次和精度要求与我国有较大不同，其重点关注是暴雨量级，对可能出现的最高水位、最大流量关注不高，仅承担水位—流量关系的校核作用，当监测上游暴雨可能导致超过防洪水位时，就开始转移洪泛区内的居民，其损失由保险公司承担。

我国人口稠密、耕地有限，广泛采用堤坝方式防洪且基本未形成有效的洪水保险体系，对水位、流量监测精度或频次要求极高，采用全面巡测方式无法解决流量观测的频次等问题。如在 1998 年 8 月 16 日长江第六次洪峰水文测报中，长江委水文局就要求回答国家防汛抗旱总指挥部 6 个有关运用荆江分洪工程决策的关键问题：①沙市站洪峰的可能最大值及出现时间;②超分洪标准水位持续时间与超额洪量;③预见期降雨量及对沙市站洪峰的影响;④隔河岩水库泄流对沙市站洪峰的影响;⑤运用荆江分洪工程可能降低荆江沿线各站的水位值;⑥若不考虑运用杜家台分洪工程,运用荆江分洪工程对汉口站水位的影响。为回答以上问题,水文测站持续不断的开展水文、流量监测工作,为准确预报洪水提供信息,最后得出:沙市站水位不会超过 45.30m;超过 45.00m 水位的持续时间约 22 小时,超额洪量只有 2 亿 m^3;分洪对下游各站最高水位的降低有限:预见期内的降雨不会进一步加高洪水位,为中央是否启用荆江分洪工程的决策提供了准确的水情信息,避免了启用荆江分洪工程所带来的重大的经济损失。如此高强度的水文观测频次,是采用水文巡测模式所不能完成的,还需配合驻守观测方式。

我国地处东亚季风区,欧亚大陆、太平洋和印度洋三大地质板块交会,广阔的地域内沟壑纵横、地形复杂、人口众多,导致我国是气象、地震、地质灾害最严重的国家之一。我国有 2/3 以上的国土受洪涝灾害的威胁,占国土面积 69%的山地、高原等受泥石流、滑坡、山体崩塌等地质灾害的影响。每次突发性灾害发生,多位于偏僻的山区或平时就交通不便、基础资料缺乏、水文监测设施薄弱的地区,为迅速掌握第一手资料,水文监测往往在灾害还在发生时进行,属于应急监测性质。仅 2010 年,全国水文部门就启动了 80 余次水文应急监测响应,如在应对甘肃舟曲特大滑坡泥石流灾害中,长江委水文局迅速组建抢险突击队,开展现场水文应急监测,提供灾区水雨情信息,圆满完成了应急测报任务,取得了巨大的社会效益和经济效益。鉴于近年来我国水文应急监测工作的日益频繁,长江委水文局于 2011 年 8 月成立了长江水文应急抢险总队,下属 7 个应急抢险支队,是国内首支专业的水文应急监测专门队伍,并制定了完善的运行管理办法、健全的组织机构、队伍标识、装备配备等。其后,国内许多水文部门相继成立了水文应急监测机构,为水文监测管理体系的建设探索出适合中国特色的新路子。

随着我国经济社会的发展,水文监测服务对象逐渐增多,由新中国成立初期单纯的为防洪或水利水电工程服务,增加了水资源管理、水环境水生态保护、饮水安全、城镇化建设、旅游等多方面服务对象。已有的驻守观测水文站网已远远不能满足社会发展对信息量的要求,需大规模扩大水文资料的收集范围,增设大量的水文监测站网。然而,现有的人力和物力条件不可能采取大量建设驻守水文站的方式,只能采取优先开展巡测的模式,尽可能地满足社会对水文信息需求量大增的要求。

我国的 20 世纪 80 年代以前,受装备条件及技术水平的限制,尚无开展水文巡测的能力。20 世纪 80 年代初期,长江委水文局在全国成立了第一个水文巡测队伍——洞庭湖水文勘测队,开展水文巡测方法试验及洞庭湖区水文巡测工作,取得了重大成功。截至 2010 年,全国共有水文巡测队伍 211 个,实现水文巡测水文站 1032 个,占全国水文站总数的 32.3%。

因此,“驻巡结合、巡测优先、测报自动、应急补充”的水文监测管理体系,具有鲜明的中国特色。它既有别于欧美发达国家的全面巡测模式,能提供更高精度和更实时的水文监测成果,又有别于苏联驻守模式,可更广泛地收集水文信息,满足社会各方面的需要。特别是针对我国自然灾害频繁、人口众多的特点,创造性提出了水文应急监测作为水文监测系统补充的方式，完善了我国的水文监测体系。

2.4 现有技术标准的发展

2.4.1 我国现有标准概况

伴随着我国水文事业的发展，我国的水文技术标准体系经历了从无到有、逐步完善的发展过程。新中国成立以前，由于我国常年战乱，水文测验工作处于停顿和半停顿状态，水文技术标准也就无从谈起。新中国成立初期，国民经济百废待兴，根本没有能力去建立水文技术标准，实际工作中则主要引用苏联标准。1955 年，我国水文工作开始进入第一个黄金发展期，与之相应的是开始了水文测验技术标准的制定工作，同年 10 月，水利部颁布了新中国第一部《水文测站暂行规范》。1959 年和 1972 年，我国对水文测验技术标准进行了两次大的补充和修改，至 1980 年前后，完成了一系列水文测验技术标准的制定工作，1975 年 11 月颁布了《水文测验试行规范》。为便于测站理解和执行，原水电部水利司编制了与之配套的《水文测验手册》(共三册)，并于 1976 年 9 月出版。这部手册，在长达 10 余年的时间里，对规范和指导我国的水文测验工作起到了重要作用。但因其对测验误差的估算和精度控制是事后进行的，其缺点就是当测验误差超出规定时，测验成果报废，而再进行补测已是时过境迁，再也测不到当时的水文要素量值，留下无法弥补的缺憾。

1980 年，我国正式加入国际标准化组织明渠水流测量技术委员会(ISO/TC113)，为水文测验技术标准与国际标准接轨奠定了基础。随着《中华人民共和国标准化法》(1988 年)和《中华人民共和国标准化法实施条例》(1990 年)的颁布，我国的标准化工作逐渐步入正常化、规范化轨道，水文行业也加快了水文测验技术标准体系建设的步伐，当年就颁布了 6 部仪器标准。在进行了长时间、具有广泛代表性的理论和实(试)验研究的基础上，又相继颁布了《水位观测标准》(GBJ 138—90)、《河流流量测验规范》(GB 50179—93)、《河流悬移质泥沙测验规范》(GB 50179—92)、《水文巡测规范》(SL 195—97)等一批国家和行业标准。在这些标准中，首次引进了不确定度的概念，在测验精度控制方面，依据事先确定的误差控制指标优化选择测验方案，只要在测验过程中严格执行操作规程，精度完全在掌控之中。这一看似仅仅是测验方案确定方法上的改变，但却是理念上的一次飞跃，在水文测验精度控制上由事后检查弥补到事前控制，改变了以往亡羊补牢的工作思路和方法。

进入 21 世纪，我国水文技术标准发展迅猛，已经建成门类齐全、相对完善的技术标准体系。水利部于 2001 年 5 月正式发布的《水利技术标准体系表》中，已颁、在编和拟编的水文技术标准只有 86 项，而到了 2014 年颁布的《水利技术标准体系表》，水文技术标准增加到 214 项，增长率达 149%，水文技术标准约占整个体系表中 942 项标准的 23%，位列水利系统各类标准之首，其中水文勘测类技术标准 32 项，占水文技术标准体系的 15%。

2021 年颁布的最新版《水利技术标准体系表》中共收录水利技术标准 504 项，删除了

2014 年版《水利技术标准体系表》中过时、老旧且不适应水利发展新形势、新要求的标准，新增了水利发展急需制定的标准；补充增加了南水北调工程专项标准、计量检定规程等 2 个附表。

水文测验技术标准体系的逐步充实和完善，有力推动了水文技术进步与发展，有效保障了水文信息的准确性和时效性，大大提高了水文服务经济社会建设的质量和效益。

2.4.2 现有主要标准适应性评价

2.4.2.1 《河流流量测验规范》

(1)测验精度

流速仪法单次流量测验的精度，在正常情况下，只要严格执行规范规定的操作程序，都是可以满足的。但流速仪法测流方案选择方面的规定，显然是着重考虑了流速沿河宽和水深方向上的分布情况及流速脉动的影响，在水流平稳情况下可以测获较高精度的流量，但缺点是测流时间过长。实际上流量是一个瞬时值，流速仪法所测获的只是测流期间的一个平均流量，水流并非都是平稳情况，在涨落水期间，流速是在随水位和时间的变化而变化的，流量也随之变化，洪水涨落越是急剧，流量变化越大，测流历时过长就会坦化流量值，使其失去瞬时代表性。因此，洪水涨落期间，不能一味地强调垂线数目、测点数目和测速历时，应当尽量缩短测流历时。

(2)测验频次

流量测验的频次并不取决于测验精度的高低，而是取决于水位—流量的关系，水位—流量关系稳定且简单，所需测次就少，反之，关系复杂且多变，所需测次就多。现行规范规定：水位—流量关系稳定的测站测次，每年不应少于 15 次；水位—流量关系不稳定的测站测次，应满足推算逐日流量和各项特征值的要求。水位—流量关系的稳定与否，直接决定了流量资料的整编方法，也可以这样说，流量测验的频次取决于流量资料的整编方法。《水文资料整编规范》中明确规定：稳定的水位—流量关系应是同一水位只有一个相应流量，其关系呈单一曲线，并符合曼宁公式，相应的整编方法采用单一线法推流。而对于不稳定的水位—流量关系，原因十分复杂，《水文资料整编规范》列举了冲淤影响、变动回水影响、洪水涨落影响、水生植物影响、结冰影响、综合因素影响等 6 种主要影响因素。根据各种影响因素下的水位—流量关系特点，可采用临时曲线法、改正水位法、改正系数法、切割水位法、等落差法、定落差法、落差指数法、校正因数法、抵偿河长法、连时序法、连实测流量过程线法等整编方法。

2.4.2.2 《河流悬移质泥沙测验规范》

(1)测验精度

规范给出的精度指标，是传统的常规采样器(瞬时式、积时式)的取样方法，说明制定本规范的思路是限制在传统的积点法和积深法上。对于采用全断面混合法取样，规范给出的规定相当苛刻。现行规范规定：测验河段为单式河槽且水深较大的站，可采用等部分水面宽全断面混合法进行悬移质输沙率测验;矩形断面用固定垂线取样的站,可采用等部分面积全断面混合法进行悬移质输沙率测验;断面比较稳定的站,可采用等部分流量全断面混合法进行悬移质输沙率测验。上述规定理论完整正确,实际操作中却难以满足测验河段单式河槽且水深较大、矩形断面、断面比较稳定的先决条件,给实际操作造成了较大的难度。

(2)测验频次

一年内悬移质输沙率的测验频次,并不取决于单次测验精度,而是取决于资料整编方法。现行规范规定,假定一类站洪水期平均每月来一场较大洪水,按下限计算,全年输沙率测次不少于60次,如果按上限,则可能达上百次。显然测验频次偏多,尤其对于平、枯水期测验频次的规定偏多。单样含沙量的测验频次也明显偏多。而且,规定没有区别含沙量大小的情况,对有些测站,除洪水期外,其余时间含沙量很小,所取水样难以满足泥沙分析的要求,不得不靠多取水样来弥补,这样就大大增加了工作成本。

2.4.2.3 《水文巡测规范》

(1)测验精度

规范对单次流量和泥沙测验的精度没有再作规定,而是执行《河流流量测验规范》和《河流悬移质泥沙测验规范》,但对水位—流量关系线和各种泥沙关系线的定线允许误差指标以及时段径流量和输沙量的允许误差指标进行了规定。这些指标并不算高,只要严格执行操作规范,是可以完全达到的。

(2)测验频次

规范对巡测站和间测站的测验频次的规定,以及检测频次的规定都是比较合理的。

2.4.2.4 《水文资料整编规范》

对水位—流量关系和单断沙关系曲线定线精度的规定以及水位—流量关系曲线检验的规定,保证了关系曲线的合理性和真实性,从而保证了非实测资料的精度。但对于水位—流量关系、单断沙关系为单一曲线时的精度要求高于其他方法,目前还没有统一的标准。如果将定线精度要求仅在测站类别上加以区分,不再因关系曲线的简单或复杂而有所不同,可能有一些站也可以定单一线;低水部分定线难度最大,在合并定线时考虑了这一因素,精度指标分高、中、低水三种情况区别对待,但在单线定线时却没有考虑,这无疑给定线增加了难度;关系曲线的检验中,以偏离数值检验最难通过,如果将显著性水平 α 的取值范围适当放宽,则定线难度可大大降低,使一些水位—流量关系简单化。当用关系曲线推求时段水量(输沙量),定线的误差对计算的结果影响有限时,可适度放宽 α 的取值。

随着科学技术的进步,新仪器、新方法不断涌现,有些在原理上与传统的水文测验方法有较大差异,旧的规范已不能涵盖。如何在确保成果质量的情况下使新仪器或新方法适应现有规范要求,开展新仪器与现有仪器对比测试试验、新方法与规范规定方法的误差分析是推广新技术的必经之路。

第 3 章　测验断面的选择与测量

3.1　高程系统的建立

3.1.1　高程的定义

地面点沿铅垂线到大地水准面的距离称为该点的绝对高程或海拔，简称高程。通常用大写英文字母 H 加点名作下标表示，见图 3.1-1，图中 H_A 、H_B 分别表示 A 点和 B 点的高程。高程系是一维坐标系，基准是大地水准面。

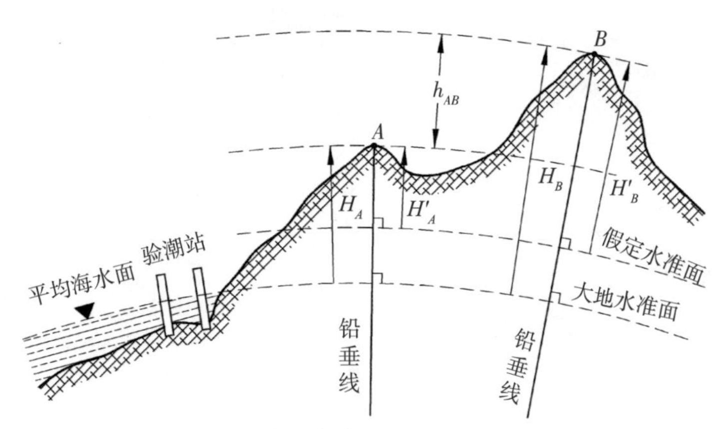

图 3.1-1　高程与高差的定义及其相互关系

因海水面受潮汐、风浪等影响，它的高低时刻在变化，在海边设立验潮站，进行长期观测，求得海水面的平均高度作为高程零点，以通过该点的水准面（大地水准面）为高程基准面，也即大地水准面上的高程为零。

在局部地区，当无法获得绝对高程时，可假定一个水准面作为高程起算面，地面点到假定水准面的铅垂距离，称为假定高程或相对高程，通常用 H' 加点名作下标表示，如图 3.1-1 中 A、B 两点的相对高程表示为 H'_A 和 H'_B 。

地面两点间的绝对高程或相对高程之差称为高差，用 h 加两点点名作下标表示，如图 3.1-1 中 A、B 两点高差为：

$$h_{AB}=H_B-H_A=H'_B-H'_A \tag{3.1-1}$$

3.1.2 国家高程基准

我国以青岛大港验潮站历年观测的资料计算黄海平均海水面,作为高程基准面,并于1954年在青岛市观象山建立了水准原点,用玛瑙石作水准原点标志,设在青岛市观象山验潮站的一间特殊的石屋内(图3.1-2)。通过水准测量的方法,将验潮站确定的高程零点引测到水准原点,求出水准原点的高程。

图3.1-2 国家水准原点

(1)1956年黄海高程系

1956年,采用青岛大港验潮站1950—1956年7年的潮汐记录资料,以此推算出的大地水准面为基准,引测出水准原点的高程为72.289m(图3.1-3),以这个大地水准面为高程基准建立的高程系称为"1956年黄海高程系",简称"56高程系统"。

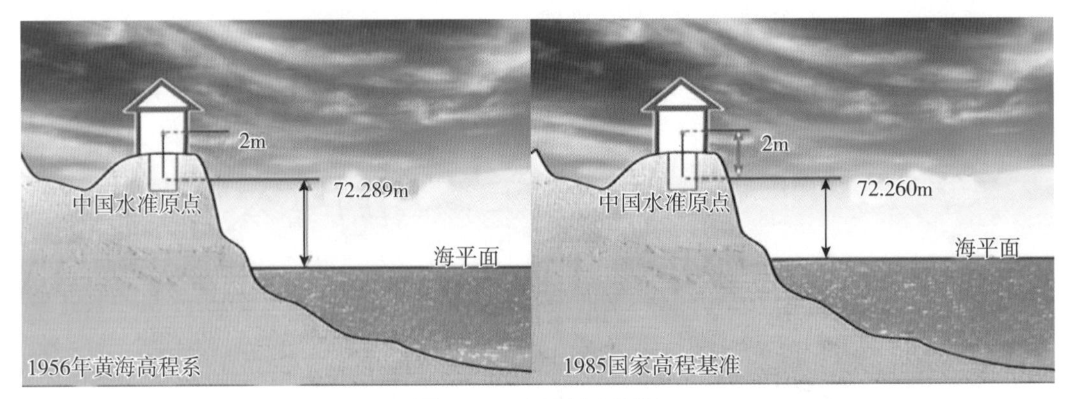

图3.1-3 水准原点高程

(2)1985国家高程基准

20世纪80年代,又采用青岛验潮站1952—1979年的潮汐记录资料推算出的大地水准面为基准,引测出水准原点的高程为72.260m(图3.1-3),以这个大地水准面为高程基准建立的高程系称为"1985国家高程基准",简称"85高程基准"。

由于水准原点实际高程并非为海拔0m,2006年,经国家测绘局批准,由专家精确移植水准原点信息数据,在青岛银海大世界内建起了"中华人民共和国水准零点"。水准零点标志雕塑,底座像一个铅锤,顶部为一地球仪,见图3.1-4(a);在雕塑的下面是一个观测井,井底设有一个红色玛瑙球,见图3.1-4(b),这个球体的顶平面就是海拔0m的地方。

(a) (b)

图 3.1-4 国家水准零点

3.2 断面选择

测验断面一般选择上下游河段要顺直、稳定、水流集中，上下游 300m 内无分流、岔流、斜流、回流、死水和障碍物。断面形状要有规则，尽量水深较大的窄深河段，且冲淤变化不大。对于下游为湖泊(或相对较大的水域)，注意水面风浪对测验断面水流的影响，建议测验断面应放在湖泊上游 500m 以上。对于上下游为水利工程的，注意水利工程调度对测验断面水流的影响，建议测验断面选在水利工程 300m 以外。同样，小支流汇入骨干河流的，小支流的测验断面距离骨干河流宜在 200m 以外。

选择桥测断面时，注意桥测断面要与河流基本垂直，上下游河段较顺直，瞭望效果好，宜选桥面较为水平、桥墩不要过大的桥梁，且过往车辆不宜过多。

3.3 断面布设

根据观测需要，一个流量站会设立不同用途的观测断面：基本水尺断面、流速仪测流断面、浮标测流断面、比降水尺断面等(图 3.3-1)。有的站可能兼有设置在别处的辅助测流断面，有的站不一定需要布置所有类型的观测断面，水位站则仅有基本水尺断面或辅助水尺断面。

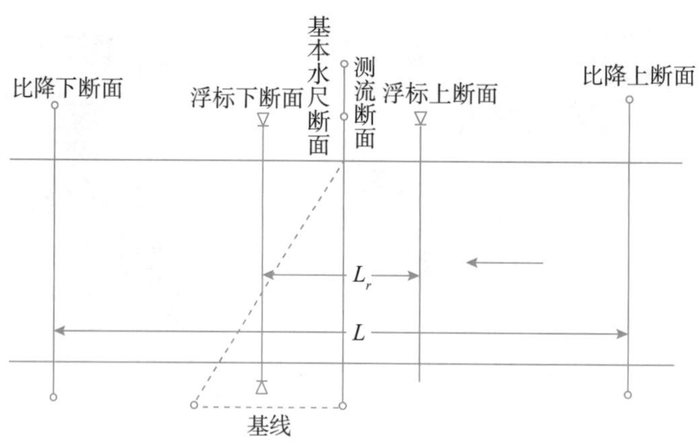

图 3.3-1　水文站断面布设示意图

3.3.1　基本水尺断面

河道站的基本水尺断面需要设置在水流平顺处，两岸水面无横比降，无漩涡、回流、死水等发生，地形条件便于观测及安装自记水位计和其他测验设备，水尺沿断面展开，垂直于流向。基本水尺断面设在测验河段中央且与测流断面重合或者接近，当基本水尺断面与测流断面不能重合时，两断面上的水位应有稳定的关系。为了水位资料系列的一致性，基本水尺断面是不能轻易变动断面位置的，所以初次布设要注意选址的可靠性。当遇特殊情况必须迁移断面位置时，进行新旧断面水位比测，比测的水位级应达到平均年水位变幅的 75%左右。对于测验河段内无法避免有固定分流的站，分流量超过断面总流量的 20%且两者之间没有稳定关系时，需要分别设立水尺断面。非水库站的基本水尺需要建立在坝上跌水范围以外水流平稳的地方。湖泊站、潮位站的基本水尺应该设置在水流平稳、具有水位代表性的位置，避免受附近水闸、泵站等影响，并且需要方便建造观测设施。

堰闸站的上游基本水尺应该代表堰上或闸上稳定水位，不得进入堰闸上游的水面降落区域，通常与堰闸的距离要大于最大水头的 3 倍以上，对于动能水头影响比较大的，需要延长距离；堰闸站下游基本水尺应该代表堰下或闸下稳定水位，需要选在水流平稳处，距离效能设施末端的距离应不少于消能设施总长的 3 倍，宜为 5 倍以上。

3.3.2　流速仪法测流断面

流速仪法测流断面选择在河岸顺直、等高线走向大致平顺、水流集中的河段中央，应尽量与基本水尺断面重合，特殊情况可以分别设置，但两者之间不能有水量的增减量。断面对于不可避免的分汊河段，按照不同汊道垂直各自的流向设置不同方向的断面。流速仪法测流断面上可以采用定位船测、缆道测流、走航 ADCP 测流。当需进行浮标法测流或比降水位观测时，可将浮标法测流断面、比降断面与流速仪法测流断面重叠布设，配合使用。

流速仪法测流断面在高、中、低水位，断面都应垂直于断面平均流向，偏角不得超过 10°，超过时可根据不同时期的流向分别布设测流断面，不同时期的测流断面之间不应有增减水量。低水期时河段内出现分流、串流的，分别垂直于流向布设不同的测流断面。水库、堰闸等水利工程的下游布设流速仪法测流断面，需要避开水流紊动影响，存在不同泄水出口的，分别布设测流断面。

3.3.3 浮标法测流断面

浮标法测流断面是为浮标法测定流量而设置，一般设上、中、下 3 个断面。浮标法测流的中断面尽可能与流速仪法测流断面、基本水尺断面重合。当有困难时分别设置的，两断面之间不应有水量加入或分出。

上、下浮标断面必须平行于浮标中断面并等距，且其间河道地形的变化需要尽量小。河段规整均匀、断面基本一致。上、下浮标断面的距离，应大于最大断面平均流速数值的 50 倍，条件困难时可适当缩短，但不得小于最大断面平均流速数值的 20 倍。中、高水位的断面平均流速相差悬殊时，可分别设置不同水位级使用的上、下浮标断面。

3.3.4 比降水尺断面

比降水尺断面是为观测计算河段水面比降和河床糙率而在测验河段设置的水尺断面。一般设置上、中、下 3 个比降水尺断面。比降水尺断面应在基本水尺断面的上、下分别设置，并可取流速仪测流断面或基本水尺断面兼作比降中断面。比降断面之间的河底与水面，不应有明显的转折，上、下比降断面的间距，应使水面落差远远大于落差的观测误差。上、下比降断面间距可按照下式进行估算：

$$L=\frac{2}{\overline{\Delta Z^2}X_s^2}\left(S_m^2+\sqrt{S_m^4+2\overline{\Delta Z^2}X_s^2S_z^2}\right) \tag{3.3-1}$$

式中：L——比降断面间距，km；

ΔZ——河道每千米长的水面落差，mm，一般取中水位的平均值；

X_s——比降测算允许的不确定度，可取 10%；

S_m——水准测量每千米线路上的标准差，mm（视水准测量的等级而定，三等水准为 6mm，四等水准为 10mm）；

S_z——比降水位观测误差，mm。中、高水位有防浪静水设备时可按 2～5mm 计。

3.4 断面测量

断面测量是流量观测的重要组成部分，断面测量的精度直接影响流量成果的精度。在流量测验中，断面资料也是判断流速分布、进行测流布置的基础依据，断面的变化情况也是确定资料整编方法的重要依据。除了流量测验需要断面测量外，研究河床演变、进行河道整治，还要进行系统的河道断面测量甚至水下地形测量。

3.4.1 断面测量的基本要求

3.4.1.1 测量任务与内容

测流断面俗称大断面，断面测量包括水下和水上部分的测量。断面测量的内容是测定河床各点的起点距(即距断面起点桩的水平距离)及其高程。

对水上部分各点高程采用水准测量、三角高程测量、卫星定位测量等方法测定；水下部分则是测量各垂线水深并观读测深时的水位，将水深测量结果换算为河底高程。

3.4.1.2 测量要求

(1)测量范围

大断面测量的范围，水上部分应测至历年最高洪水位以上0.5～1.0m。漫滩较远的河流，测至最高洪水边界；有堤防的河流，测至堤防背河侧的地面上。

(2)测量次数

新设水文站的基本水尺断面、测流断面、浮标中断面和比降断面应进行大断面测量。测流断面河床稳定的测站，其水位与面积关系点偏离关系曲线在±3%范围内，应在每年汛前或汛后施测一次大断面。河床不稳定的测站，除了在每年汛前和汛后各施测一次大断面外，应当在每次较大洪水后及时施测一次，可只测量过水断面部分，需要注意的是当年最高水位以下部分必须要测量。

(3)测量精度

大断面和水道断面的起点距应以高水位时的断面桩作为起算零点。两岸始末断面桩之间总距离往返测量不符值，不超过1/500。大断面水上部分的高程测量按四等水准测量精度要求执行。地形比较复杂时，可以低于四等水准测量，但往返测量的高差不符值控制在$\pm30\sqrt{k}$ mm(k为往返测量或左右路线所算得的测段路线长度的平均数)范围内，前后视距不等差不大于5m，累积差不大于10m。当复测大断面时，可单程测量闭合于已知高程的固定点。

3.4.2 水道断面测量

(1)测深垂线的布设

测深垂线应均匀布设，并应适当加密垂线以控制河床变化的转折点，使部分水道断面面积无大补大割情况。主槽部分的测深垂线应较滩地更密，平缓的边滩可以适当放宽。断面平缓变化段内垂线数可酌情减少。新设站或新增大断面时，在水位平稳时期沿河宽进行水深连续探测。

在日常观测中,测深垂线数应能满足掌握水道断面形状、满足测流精度需要。在符合精度要求下,当水面宽度大于25m时,垂线数目不小于50条;当水面宽度小于或等于25m时,可以按最小间距为0.5m布设测深垂线。在通常情况下,水道断面随断面测流进行,测速垂线必须测深,其他测深垂线应始终按照大断面测深垂线的布设要求进行。对河床不稳定的测站,需要适当增加测深垂线。

(2)测量要求

新设水文站和河床不稳定的水文站,每次测流应同时测量水道断面。当测站断面冲淤变化不大且变化规律明显时,每次测流可以不同时测量水道断面。当出现特殊水情,测流时测水深有困难时,水道断面的测量可在测流前后的有利时机进行。河床稳定的测站,每年汛前、汛后应全面测量一次,汛期内在每次较大洪水后加测,岩石河床或断面稳定的测站,断面施测的次数可减少。

冰期断面上有局部冰封,测流时需要同时测量冰面边、冰厚、水浸冰厚和冰花厚。冰底不平整时,探测冰底边起点距;冰底平整时,可用岸边冰孔的冰底高程和断面图推算冰底边位置。

(3)测量方法

起点距、水深的测量方法需根据河宽、水深大小和精度要求确定。起点距的测量方法主要有断面索直接量距、缆道定位量距、经纬仪交会法测量、测距仪测量、全站仪测量、卫星定位测量等。水深的测量方法有测深杆测深、测深锤测深、铅鱼测深、超声波测深仪测深等。随着测流仪器设备的发展,全站仪、卫星定位仪(测量型)、超声波测深仪等正在替代过去的手段成为测站普遍使用的装备。

3.4.3 起点距的测定

(1)直接量距法

对于河面不宽的测站或者桥测断面,可以直接利用绳尺、带刻度的钢索、皮尺等架空跨河用测船读取,或者在桥面上直接量距。应注意水面上绳尺受船只漂移拉伸产生的误差,桥面起伏高差影响造成的误差,需要根据实际情况矫正为断面上的水平距离。测距仪、全站仪的推广使用,不仅使得直接量距多了一种手段,而且精度高。

(2)平面交会法

目前,水文测验中已经普遍采用经纬仪、全站仪测角交会方法,以前所用的平板仪交会和六分仪交会已经基本被淘汰。测角交会的具体方法是利用在断面上游或下游岸上与断面具有固定位置关系的位置点，在其上架设经纬仪或全站仪，通过观测断面上目标点与观测位置点与断面基点连线的夹角，计算起点距。这是一种几何学方法，按已知边长和两个夹角，进行三角函数计算，得到未知边长。水文测验中，把这个已知边称为基线。按已知边长与待求边长是否垂直，分“基线与断面垂直”与“基线与断面不垂直”两种基线布置方法。

交会角大小与基线长度对起点距测量的误差可用下式计算：

$$\frac{\mathrm{d}D}{\mathrm{d}\varphi}=L\frac{\mathrm{d}\tan\varphi}{\mathrm{d}\varphi}=\frac{L}{\cos^2\varphi} \tag{3.4-1}$$

式中：D ——起点距，m；

φ ——交会角，°；

L ——基线长度，m。

因此，起点距的相对误差则为：

$$\frac{\mathrm{d}D}{D}=\frac{L}{D}\frac{\mathrm{d}\varphi}{\cos^2\varphi}=\frac{1}{\tan\varphi}\frac{\mathrm{d}\varphi}{\cos^2\varphi}=\frac{2\mathrm{d}\varphi}{\sin 2\varphi} \tag{3.4-2}$$

那么，对于不同的测角精度 $\mathrm{d}\varphi$，可以得到起点距相对误差 $\mathrm{d}D/D$ 的结果。如果按 3 倍中误差为极限误差，对于起点距误差小于 1/500 的要求，则需要控制 $\mathrm{d}D/D$ 不大于 1/1500。当测角精度为 60″的情况下，必须使 $30°<\varphi<60°$，$L=D\cot\varphi$，据此可计算得到基线长度要大于 $0.6D$。

(3)后方交会法

这种方法是利用岸上固定标志，采用六分仪观测，通过后方交会测定观测者在断面上的位置，计算起点距。由于河流断面一般都不大，受船只摇晃和漂移的不稳定影响，使观测的准确性不足，因此这种方法主要用于宽阔的河口区、濒海水域用于船只定位。当卫星定位测量技术出现后，六分仪测量逐渐退出日常应用。

(4)坐标测量法

当全站仪成为测站常规测量仪器后，在起点距测量上发挥了非常大的作用，除了用于平面交会法外，还可以直接以坐标测定方法测量起点距。通常有两种方式：一种是全站仪在断面线上的观测方法，另一种为全站仪不在断面线上的方法。全站仪在断面线上，即为立面交会法。当全站仪不在断面线上，只需要建立以断面基点为原点、断面线为坐标系横轴的直角平面坐标系，然后采用全站仪对断面上的目标点进行坐标测量，其横坐标数值即为起点距值。

(5)卫星定位测量法

除了河口宽阔断面在满足精度要求的情况下外，可以采用亚米级差分或米级差分进行定位。大部分河流的测流断面，必须采用实时相位载波差分定位(RTK)进行卫星定位测量。

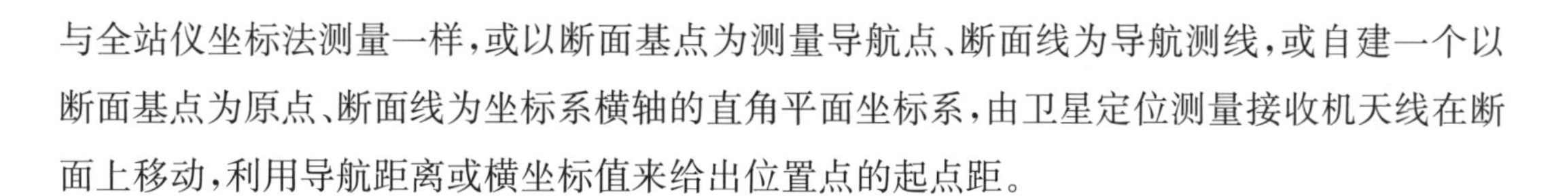

与全站仪坐标法测量一样，或以断面基点为测量导航点、断面线为导航测线，或自建一个以断面基点为原点、断面线为坐标系横轴的直角平面坐标系，由卫星定位测量接收机天线在断面上移动，利用导航距离或横坐标值来给出位置点的起点距。

3.4.4 水深测量

(1)测杆与测深锤

测杆是一种测流器具，主要用于水深不大、流速较小的情况进行断面测深和流速仪测流。测杆上标有刻度，底部有托盘，主要由涉水测量或船测使用，吊箱缆道上也能应用。使用时，将测杆迎着水流插入水中，使得测杆刚好在断面线上插入河底，托盘贴住河底，读取水面在测杆上的读数。

测深锤实际上是特殊的量距尺，在具有较强韧性和强度的绳尺上，一端系上铅质重锤，刻度以锤底为零，主要用于水深较大、流速不大的河流，供船测、桥测使用。流速较大时，需要充足的经验，充分预估重锤沉底的时间，迎水抛出重锤，并合理控制船只的移动，在重锤沉底的瞬间，拎紧绳尺使得船只所在位置刚好使绳尺基本垂直，迅速读取水面在绳尺上的刻度。

(2)悬索测深

悬索测深又叫铅鱼测深，顾名思义是用钢索悬挂铅鱼，读取铅鱼底部自水面起到达河底时相应的悬索释放长度。悬索测深使用于流速较快的河流，使用比较普遍，可以船测，也可以缆道施测。

在通常情况下，测深的同时会测速采沙，铅鱼上或者靠近铅鱼的悬索上装有流速仪，还在悬索上附载了信号线，采沙绞车的悬索上安装有采样器，缆道铅鱼上则可能设备更多，因此会增加整体的阻力，导致出现悬索偏角。这就需要根据水深、流速大小合理选用铅鱼的重量，同时要考虑绞车的荷载能力，船测使用时还要兼顾测船稳定性和对船只操控的影响。

(3)测深仪测深

测深仪采用超声波测深，测深仪的声波使用频率通常为几十赫兹到200Hz之间。河流水深比海洋小很多，测深仪通常采用一两百赫兹的频率。含沙量较高的，选用的频率较低，但由于低频声波的分辨力较低，故过低频率的测深精度是不高的。

测深仪在结构上有手持测深仪和专业测深仪两种类型。手持测深仪比较轻便，但功能单一、适应性弱；专业测深仪往往都是高分辨力设备，功能较多，可以对信号的有关参数进行设置，适应性强。测深仪在记录方式上有记录和无记录两种。无记录的只有数显功能，有记录的则分纸质记录方式、热敏打印等和电子图像记录。部分无记录和所有有记录测深仪都具有数据通信接口，可以高速输出水深数据。

由于声波的传播速度与水温、含盐度有关，因此使用测深仪必须进行声速改正，可以在仪器中进行设置，或后处理修正，采用测深仪测深时，现场必须观测水温、含盐度，非潮水河、淡水湖可以不测含盐度。

需要说明的是，ADCP 并不具有测深仪相同的测深效果，ADCP 四个波束的合成水深并不等于 ADCP 仪器轴向方向上的水深。尽管现在有的 ADCP 增加了专用测深换能器，但与高精度的专业测深仪相比，缺乏进行脉冲宽度调节、发射功率调节、信号门限调节等功能，性能不能与专业测深仪相比，而且换能器笨重。

3.4.5 水上部分断面测量

大断面测量时，水面以上的部分，可采用水准测量、全站仪测量、RTK 测量等方法，沿着断面线控制高低变化转折进行测量。需要注意，在每次洪水过后施测大断面时，对进入洪水覆盖范围、退水后露出水面的岸上部分必须进行测量，以掌握其冲淤变化。

3.4.6 断面资料的整理与计算

(1)大断面成果表

大断面测量成果整理分水上和水下两部分进行，首先根据测量记录整理水上部分各断面点的起点距及其高程的成果，其次是根据水位观测记录和水深测量记录以相应时间计算得到水下部分各断面点的起点距及其高程的成果，两部分数据合并后编制成大断面成果表。最后选择具有代表性和反映年内断面变化的全部或部分实测大断面成果，纳入资料汇编和水文年鉴刊印。

(2)大断面图

根据大断面成果表，以河底高程为纵坐标，起点距为横坐标，绘制大断面图。测站通常将历年断面绘制在同一张图上，以便进行断面冲淤变化的对比，利于分析判断是否需要调整测验方案。

(3)大断面计算

如有需要，可进行大断面水力因素的计算，主要包括分级水位下的面积、水面宽、平均水深、湿周和水力半径。以测深垂线为界，可以计算出不同水位下各垂线间每一部分的面积。其计算方法：两岸部分按三角形面积的计算公式计算，中间部分按梯形面积的计算公式计算，各部分面积的总和为水道断面面积。

(4)水位面积关系曲线

大断面计算的目的是为了推求水位面积关系曲线，因此按水平分层计算不同水位级的断面面积。以分级水位为纵坐标，相应的面积为横坐标，点绘关系曲线(图 3.4-1)。

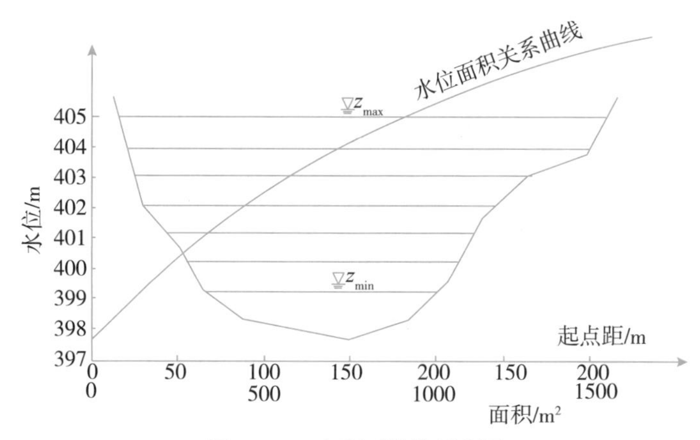

图 3.4-1　大断面计算示意图

大断面计算时以测站历年最低水位为界，最低水位以下断面面积计算按水道断面面积计算方法，最低水位以上断面计算方法是按一定比例绘制横断面图，在图上查得左岸、右岸各级水位的起点距，左、右岸起点距之差得水面宽；计算相邻两水位级之间分级水位的高差；按梯形公式计算相邻两水位级之间所增加的面积，然后以最低水位以下的面积为基数，逐级向上累加各级水位增加的面积，得各级水位的断面面积。根据计算结果，即可点绘水位面积关系曲线。计算机普及利用后，则对应每一水位值，计算一个断面面积，给出逐水位的断面面积表，并拟合出水位面积关系的方程。

第4章　流量测验关键技术

4.1　流量常规测验

4.1.1　天然河流流速分布与流量模型

天然河流中的水流速度因受到水力因素和边界条件等诸多因素的影响，其横向分布和垂直分布都是不均匀的。要准确测量获得其流量值，就必须对流速的分布规律有充分的了解，从而采取合适的测验方案。

(1)流速的横向分布

流速的横向分布，即水流沿河流横断面的流速分布，因受到河岸摩擦的影响，一般呈现“两岸小、中泓大”的分布曲线。常用的有两种描述方法：一是等流速分布曲线法，二是垂线平均流速沿断面线(河宽)的分布曲线法。

等流速分布曲线法是将断面上流速相等的测点连成一条曲线，以此来直观地反映出断面上流速的横向分布情况(图4.1-1)。

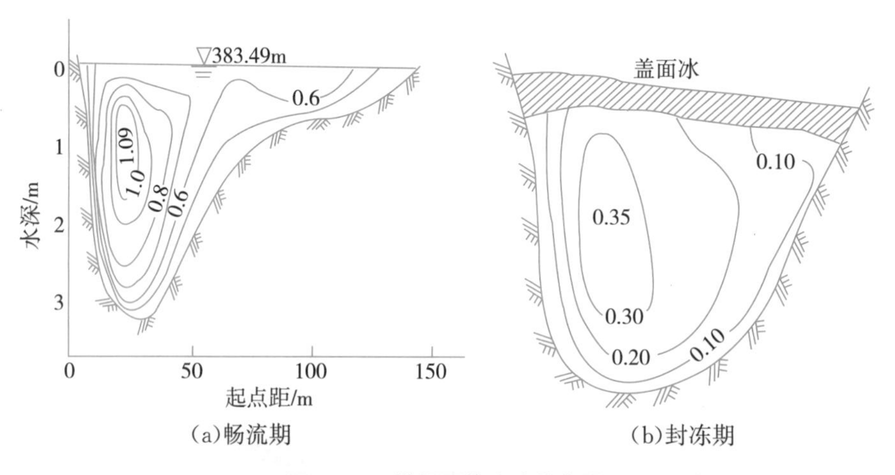

图4.1-1　横断面等流速分布图

流速横向分布的另一种描述方法是绘制垂线平均流速沿断面线(河宽)的分布曲线。在一般情况下，因受到河岸边界的摩擦影响，曲线呈弓形曲线状，中泓流速最大，逐步向岸边缩减为零(图 4.1-2)。

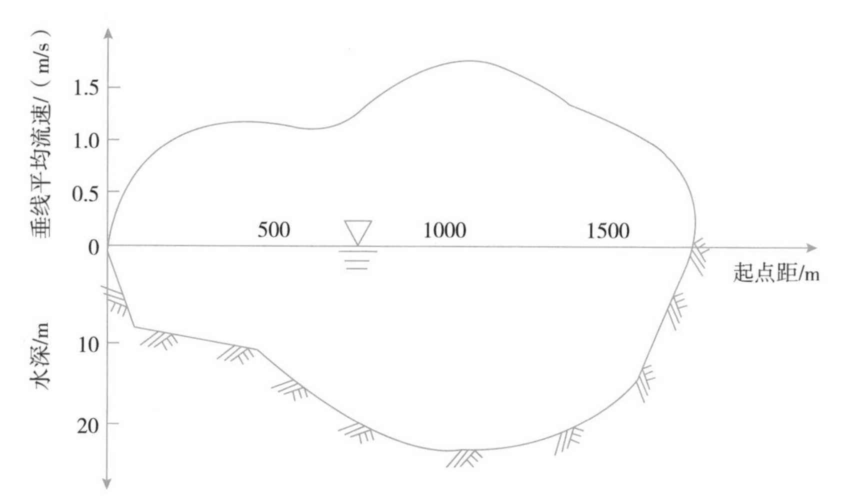

图 4.1-2　垂线平均流速沿河宽分布曲线

(2)流速的垂直分布

因受到河床摩擦影响,天然河道中水流流速沿水深的分布即垂直分布,一般情况下呈“上层大、下层小的曲线分布”,常用垂线流速分布曲线表示(图 4.1-3)。图 4.1-3 中水深用“相对水深”,即各测点水深与垂线水深的比值,便于将不同水深的垂线流速分布曲线绘制在同一坐标系中进行分析比较。

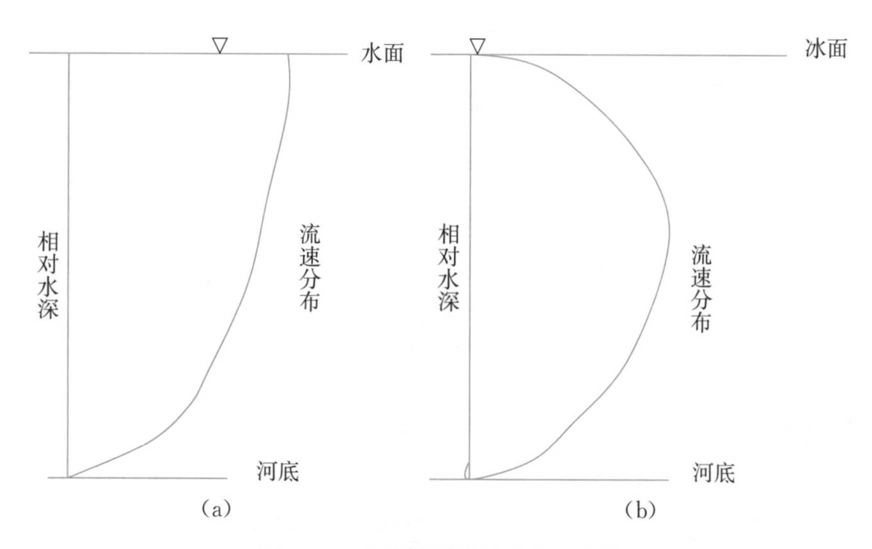

图 4.1-3　河流垂线流速分布示意图

垂线流速总体分布呈一定形状的曲线。畅流期,一般情况下水面流速最大,河底流速为零(图 4.1-3(a))。但特殊的断面形状(如倒梯形)和逆风较大时,最大流速并不出现在水面,在水面下某一深度处(图 4.1-3(b))。封冻期,垂线紧邻冰盖的流速和河底流速为零。潮汐和回水过程的垂线流速分布更为复杂。

由于影响流速曲线形状的因素很多，致使垂线流速分布曲线的形状多种多样。通过研究发现，垂线流速分布曲线可以用曲线函数近似描述。目前，比较常用的描述垂线流速分布的函数曲线有以下4种。

抛物线型：

$$v=v_{\max}-\frac{1}{2P}(h_x-h_m)^2 \tag{4.1-1}$$

对数型：

$$v=v_{\max}+\frac{v_*}{K}\ln\eta \tag{4.1-2}$$

椭圆型：

$$v=v_0\sqrt{1-P\eta^2} \tag{4.1-3}$$

幂指数型：

$$v=v_0\eta^{\frac{1}{m}} \tag{4.1-4}$$

式中：v——分布曲线上任意一点的流速；

$v_{\max}$——垂线上的最大测点流速；

v_0——垂线上的水面流速；

v_*——动力流速；

h_x——垂线上的任意点水深；

h_m——垂线上最大测点流速处的水深；

η——由河底向水面起算的相对水深，$\eta=\frac{y}{h}$；

P——抛物线焦点的坐标，常数；

K——卡尔曼常数；

m——幂指数。

(3)流量模型

在横断面为垂直平面、水流表面为水平面、断面内各点流速矢端为曲面所包围的水流体，称为流量模型。已经知道，断面中流速分布沿水平和垂直方向都是各不相同的，所以流量模型即单位时间内流过断面的水体一般是不规则的(图4.1-4)。图4.1-4还以断面线(OL)、水深线(OH)和流向线(OV)的三维直角坐标系为背景，平面HOL为过流断面，VOL为水平面，曲面即流速矢端曲面。这个曲面体称为流量模型，它可以形象地反映流量的含义。

流量模型表达出竖直方向流速由水面最大递减到河底为零，水平方向流速由中泓最大向两岸递减到零的分布规律。建立流量模型的概念，有助于理解和掌握流量测验方法。

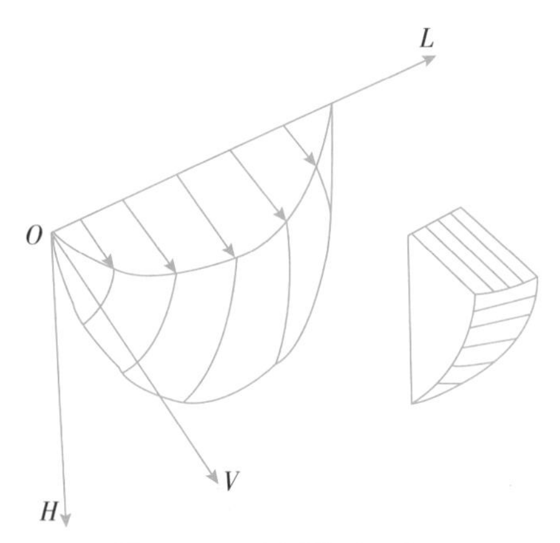

图 4.1-4 流量模型示意图

河道断面流量的计算公式为 $Q=\int_0^B q(x)\mathrm{d}x$ ，由于单宽流量函数 $q(x)$ 很难求出具体的数学表达式，只能由流速面积法求得数值解。下面我们就前面介绍的数值积分法以及现在常用的流量计算方法作简要分析。

在流量测验中，一般利用测速垂线把断面按某种方式划分成若干部分，根据假设条件计算部分流量 q_i ，再进行求和得到断面流量 $Q=\sum q_i$ ，也就是在断面区间 $[0,B]$ 之间布设 n 条测速垂线，则断面测速垂线的岸边距为 $x_i(i=1,\cdots,n)$ ，令 $x_0=0,x_{n+1}=B$ ，$q(x)$ 为测速垂线距岸边距离 x 处的单宽流量，且 $q(x)=h(x)\cdot v(x)$ ，h_i 为第 i 条测速垂线的水深，v_i 为第 i 条测速垂线上的平均流速。

4.1.2 流量测验的主要方法

4.1.2.1 流速面积法

流速面积法是通过实测断面上的流速和过水断面面积来推求流量的一种方法，此法应用最为广泛。根据测定流速的方法不同，又分为流速仪法、测量表面流速的流速面积法（浮标法、电波流速仪法等）、测量剖面流速的流速面积法（时差法、声学多普勒测流）、测量断面局部平均流速的流速面积法（电磁法）。

其中，流速仪法是指用流速仪测量断面上一定测点流速，从而推算断面流速分布。流速仪法使用最多的是机械流速仪，也可以使用电磁流速仪、多普勒点流速仪。

(1)流速仪法

根据流速仪法测定平均流速的方法不同，又分为选点法（也称积点法）和积分法等。

1)选点法

选点法是将流速仪停留在测速垂线的预定点即所谓测点上，测定各测点流速，计算垂线平均流速，进而推求断面流量的方法。目前，普遍用它作为检验其他方法测验精度的基本方法。

2)积分法

积分法是流速仪以运动的方式测取垂线或断面平均流速的测速方法。根据流速仪运动形式的不同,积分法又可分为积深法和积宽法。积分法在过去的流量测验中有少量使用,但由于声学多普勒流速剖面仪(Acoustic Doppler Current Profiler,ADCP)的出现,目前基本不再使用。

(2)测量表面流速的流速面积法

测量表面流速的流速面积法有水面浮标测流法(简称浮标法)、电波流速仪法、光学流速仪法、航空摄影法等。这些方法都是通过先测量水面流速,再推算断面流速,结合断面资料获得流量成果。

1)浮标法

浮标法是通过测定水中的天然或人工漂浮物随水流运动的速度,结合断面资料及浮标系数来推求流量的方法。

一般情况下,认为浮标法测验精度稍差,但它简单、快速、易实施,只要断面和流速系数选取得当,仍是一种有效可靠的方法,特别是在一些特殊情况下(如暴涨、暴落、水流湍急、漂浮物多),该法有时是唯一可选的方法,也有些测站把它作为应急测验方法。

2)电波流速仪法

电波流速仪法是利用电波流速仪测得水面流速,然后用实测或借用断面资料计算流量的一种方法。电波流速仪是一种利用多普勒原理的测速仪器,也称为微波(多普勒)测速仪。由于电波流速仪使用电磁波,频率高达10GHz,属微波波段,可以很好地在空气中传播,衰减较小,因此其仪器可以架在岸上或桥上,仪器不必接触水体,即可测得水面流速,属非接触式测量,适合桥测、巡测和大洪水时其他机械流速仪无法实测时使用。

3)航空摄影法

航空摄影法测流是利用航空摄影的方法,对投入河流中的专用浮标、浮标组或染料等连续摄像,根据不同时间航测照片位置,推算出水面流速,进而确定断面流量的方法。

(3)测量剖面流速的流速面积法

测量剖面流速的流速面积法有声学时差法、ADCP法等。

1)声学时差法

声学时差法是通过测量横跨断面的一个或几个水层的平均流速流向,利用这些水层平均流速和断面平均流速建立关系,求出断面平均流速。配有水位计测量水位,以求出断面面积,计算流量。国际上时差法仪器较成熟可靠,精度较高,较为常用。时差法有数字化数据、无人值守、常年自动运行、提供连续的流量数据、适应双向流等特点。

2)ADCP法

ADCP是自20世纪80年代初开始发展和应用的新型流量测验仪器。按ADCP进行流量测验的方式可分为走航式和固定式。固定式按安装位置不同可以分为水平式、垂直式。垂直式根据安装方式又分为坐底式和水面式。

走航式ADCP也常简称ADCP，是一种利用声学多普勒原理测验水流速度剖面的仪器。它具有测深、测速、定位的功能。当装备有走航式ADCP的测船从测流断面一侧航行至另一侧时，即可测出河流流量。故ADCP流量测验方法的发明被认为是河流流量测验技术的一次革命。

水平式ADCP也称H-ADCP。它是根据超声波测速换能器在水中向垂直于流向的水平方向发射固定频率的超声波，然后分时接收回波信号，解算多普勒频移来计算水平方向一定距离内的流速，利用数理统计方法建立水平ADCP所测的这一层流速和过水面积内平均流速的数学模型，即可得到断面流速。再根据测得的水位，算出过水面积，即可获得瞬时流量。

垂直式ADCP，又称V-ADCP，安装在某一垂线的河底或水面，测量此垂线上多个点的流速分布。流量算法有两种：一是利用测得的垂线流速和断面平均流速建立关系来求出断面平均流速，再根据测得的水位，算出过水面积，即可获得瞬时流量；二是利用测到的断面上各垂线的流速，计算断面流速，再乘以面积就得到流量，这种算法比较适合于管道或宽深比较小的渠道、河流。

(4)测量断面局部平均流速的流速面积法

这类方法主要是指电磁法。电磁法测流是在河底安设若干个线圈，线圈通入电流后即产生磁场。磁力线与水流方向垂直，当河水流过线圈，就是运动着的导体切割与之垂直的磁力线，便产生电动势，其值与水流速度成正比。只要测得两极的电位差，就可求得断面局部平均流速，该法可测得局部瞬时流速。但该法技术尚不够成熟，测站采用很少，目前国外有少量使用，且只用于较小的河流和一些特殊场合。

4.1.2.2 水力学法

测量水力因素，选用适当的水力学公式计算出流量的方法，叫水力学法。水力学法又分为量水建筑物测流法、水工建筑物测流法和比降面积法三类。其中，量水建筑物测流法又包括量水堰、量水槽、量水池等，水工建筑物又分为堰、闸、洞(涵)、水电站和泵站等。

(1)量水建筑物测流法

在明渠或天然河道上专门修建的测量流量的水工建筑物叫量水建筑物。它是通过试验，按水力学原理设计的，建筑尺寸要求准确，工艺要求严格，因此系数稳定的建筑物，测量精度较高。

根据水力学原理可知，通过建筑物控制断面的流量是水头和率定系数的函数。率定系数又与控制断面形状、大小及行近水槽的水力特性有关。系数一般是通过模型试验给出，特殊情况下也可由现场试验，通过对比分析求出。因此，只要测得水头，即可求得相应的流量(当出现淹没或半淹没流时除需要测量水头外，还需要测量其下游水位)。

量水建筑物的形式很多，外业测验常用的主要有两大类：一类为测流堰，包括薄壁堰、三角形剖面堰、宽顶堰等；另一类为测流槽，包括文德里槽、驻波水槽、自由溢流槽、巴歇尔槽和孙奈利槽等。

(2)水工建筑物测流法

河流上修建的各种形式的水工建筑物，如堰、闸、洞(涵、水电站和抽水站等)，不但是控制与调节江河、湖、库水量的水工建筑物，也可用作水文测验的测流建筑物。只要合理选择有关水力学公式和系数，通过观测水位就可以计算求得流量(当利用水电站和抽水站时，除了观测水位外，还常需要记录水力机械的工作参数等)。利用水工建筑物测流，其系数一般情况下需要通过现场试验、对比分析获得，有时也可通过模型试验获得。

(3)比降面积法

比降面积法是指通过实测或调查测验河段的水面比降、糙率和断面面积等水力要素，用水力学公式来推求流量的方法。此法是洪水调查估算洪峰流量的重要方法。

4.1.2.3 化学法

化学法又称为稀释法、溶液法、示踪法等。该法是根据物质不灭原理，选择一种合适于该水流的示踪剂，在测验河段的上断面将已知一定浓度量的指示剂注入河水中，在下游取样断面测定稀释后的示踪剂浓度或稀释比，由于经水流扩散充分混合后稀释的浓度与水流的流量成反比，由此可推算出流量。

化学法根据注入示踪剂的方法不同，又分为连续注入法和瞬时注入法(也称突然注入法)两种。稀释法所用的示踪剂，可分为化学示踪剂、放射性示踪剂和荧光示踪剂。因此，稀释法又可分为化学示踪剂稀释法、放射性示踪剂稀释法、荧光示踪剂法等。使用较多的是荧光染料稀释法。

化学法具有不需要测量断面和流速、外业工作量小、测验历时短等优点。但测验精度受河流溶解质的影响较大，有些化学示踪剂会污染水流。

4.1.2.4 直接法

直接法是指直接测量流过某断面水体的容积(体积)或重量的方法，又可分为容积法(体积法)和重量法。直接法原理简单，精度较高，但不适用于较大的流量测验，只适用于流量极小的山涧小沟和试验室测流。

在以上介绍的多种流量测验方法中，目前全世界最常用的方法是流速面积法，其中流速仪法被认为是精度较高的方法，是各种流量测验方法的基准方法，应用也最为广泛。当水深、流速、测验设施设备等条件满足，测流时机允许时，应尽可能首选流速仪法。在必要时，也可以多方法联合使用，以适应不同河床和水流的条件。

4.1.3 流量测验仪器

4.1.3.1 转子式流速仪

转子式流速仪是根据水流对流速仪转子的动量传递而进行工作的。当水流流过流速仪转子时，水流直线运动能量产生转子转矩。此转矩克服转子的惯量、轴承等内摩阻力，以及水流与转子之间相对运动引起的流体阻力等，使转子转动。从流体力学理论分析，上述各力作用下的运动机理十分复杂，而其综合作用结果使复杂程度深化，难以具体分析，但其作用结果却比较简单，即在一定的速度范围内，流速仪转子的转速与水流速度呈简单的近似线性关系。因此，国内外都应用传统的水槽实验方法，建立转子转速与水流速度之间的经验公式：

$$V = Kn + C \tag{4.1-5}$$

上式是厂家给出公式，现标准规定的公式：

$$V = a + bn \tag{4.1-6}$$

式中：K、b—流速仪转子的水力螺距；

C、a—常数；

n—流速仪转子的转率。

尽管使用上述公式可简单地计算出水流速度，但并不意味着 v 和 n 存在着数学上的线性关系。而仅说明在一定流速范围内，n 和 v 呈近似的线性关系。故该公式仅仅是一个经验公式。经验公式是根据流速仪检定试验得到一组实验点据，经数据处理，求得 K(或 b)和 C (或 a)，从而得到该经验公式。当流速超出规定范围时，此经验公式不成立或误差很大。国内大部分流速仪只提供一个直线公式，用于全量程。国外某些流速仪还另外提供或只提供一张 n-v 关系表格，测得 n 后，可在表格上查找 v。个别仪器如 LS25-1 型，需要扩大低速使用范围时也可给出低速的 v-n 曲线，通过 n 在曲线上查找相应的低速。国外有些仪器提供 2～3 个直线公式，用在不同的速度范围。

转子式流速仪主要由转子、旋转支承、发信、尾翼和机身(身架、轭架)等部分的组成。转子式流速仪根据转子的不同又分为旋桨式流速仪和旋杯式流速仪两种。

4.1.3.2 声学流速仪

声学流速仪利用声波在水中的传播来测量水中各点或某一剖面的水流速度。开始时使用较多的是超声波，所以也被称为超声波流速仪。现在使用的频率范围较广，多称为“声学流速仪”。

水文测验中常用声学多普勒原理和时差法原理制造声学流速仪。其他工业流量计中可能应用其他方法，如频差法、相位差法、波束偏移法等。

声学时差法流速仪测量断面上一个水层的平均流速。这种仪器多用于流量测量系统，直接用于流量计，一般都称为声学时差法流量计。

1842 年，奥地利科学家多普勒(Christian Doppler)发现，当频率一定的振源与观察者之间相对运动时，观察者接收到来自该振源的辐射波频率会发生变化。这种由振源和观察者之间的相对运动而产生的接收信号相对于振源频率的频移现象被称为多普勒效应。测出此频移就能测出物体的运动速度。在测量时，由测量仪器发出辐射波，再接收被测物体的反射波，测出频移，即可计算出被测物体的速度。工作原理见图 4.1-5。

在图 4.1-5 中，I_1 为振源；f_0 为振源频率；A 为被测体；I_2 为接收器；V 为被测体(A)的运动速度；f_0 为 I_1 发射的频率；f_0 为 I_2 接收到的反射波的频率。

如图 4.1-5 所示，当固定 I_1I_2，I_1 发射频率为 f_0 的辐射波，经被测体 A 反射后被 I_2 接收，由于 A 相对于 I_1I_2 运动，因此由 I_2 接收到的反射波的频率为 f'，则多普勒频移为：

$$f_D = f' - f_0 = f_0 \frac{V}{C}(\cos\theta_1 + \cos\theta_2) \tag{4.1-7}$$

式中：f_D——多普勒频移；

C——辐射波的传播速度；

θ_1、θ_2——V 和 I_1A、I_2A 连接线的夹角。

仪器固定后，C、θ_1、θ_2、f_0 均为常数，于是可得：

$$V = Cf_D/f_0(\cos\theta_1 + cos\theta_2) = Kf_D \tag{4.1-8}$$

式中：K——系数，$K = C/f_0(\cos\theta_1 + \cos\theta_2)$。

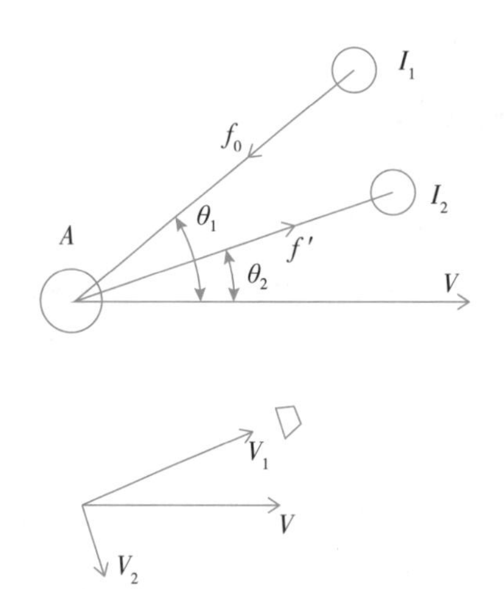

图 4.1-5　反射式多普勒测速原理图

由此可知，流速 V 与 f_D 呈线性关系。这是反射式多普勒测速的基本公式。在实际使用时，往往将水中的悬浮物或小气泡作为反射体，测得其运动速度，也就认为测得了水流的速度。

大部分仪器的发射器和接收器(I_1I_2)设计为同一个换能器，换能器先发射一定的声脉冲后就停止工作，等待接收这些发射的声脉冲的回波。换能器发出的测量声束有很好的方向性，声束散射角很小，接收到的回波也是沿此声束方向轴线的，也就是只测得了实际流速

V 在声束方向上的流速分量 V_1(图 4.1-5)。如果只有一个或一对发送接收换能器,只能测量某一方向的点流速,使用时需要对准流向进行测速。

由于流速分量 V_2 与声束垂直,不会产生多普勒频移。要想测得 V_2,就要另外增设与原有声束换能器交叉一定角度的换能器,测得两个流速分量后合成,得到实际流速和流向。因此,多数该类仪器都配有 3～4 个发送接收换能器,可以测得其他方向的流速。图 4.1-6 是一台 3 个换能器的声学多普勒点流速仪。

要测量某一测点的流速,必须检测出这一点处的反射波。从发射声波脉冲开始,经不同时间检测接收到的反射波就是相应不同距离处测点的反射。它们的多普勒频移代表声束上各测点的流速。如只测量一点流速,可以固定接收某一 t 时间后的反射波,一般情况下,测量点流速的仪器只接收距离换能器 5～20cm 某一固定距离处的反射波,测得这一点的水流速。

图 4.1-6 声学多普勒点流速仪(ADV)

声学多普勒流速仪无转动部分,不受水草缠绕的影响,其探头较小,便于浅水测量使用,测量速度快,对水流干扰小,可自动测量长期记录某点流速。但该仪测量器受含沙量影响较大,含沙量大时仪器无法使用,目前仪器价格远高于转子式流速仪。

4.1.3.3 电波流速仪

(1)工作原理及类型

图 4.1-7 所示的是架设在岸上的测速示意图,工作时电波流速仪发射的微波斜向射到需要测速的水面上。由于有一定斜度,因此除部分微波能量被水吸收外,一部分会折射或散射损失掉。但总有一小部分微波被水面波浪的迎波面反射回来,产生的多普勒频移信号被仪器的天线接收。测出反射信号和发射信号的频率差,就可以计算出水面流速。实际测到的是波浪的流速。如前所述,按照多普勒原理:

$$f_D = 2f_0 \frac{V}{C}\cos\theta \tag{4.1-9}$$

式中:V——水面流速(垂直于测流断面),m/s;

C——电波在空气中传播速度,m/s;

θ——发射波与水流方向的夹角,rad,θ 由俯角 θ_1 和方位角 θ_2 合成。

由上式可得：

$$V=\frac{C}{2f_0\cos\theta}f_D=Kf_D \tag{4.1-10}$$

式中：K——系数，$K=\frac{C}{2f_0\cos\theta}$。

此计算公式和超声多普勒测速的原理基本一致，只是电波流速仪的收发探头是一个，所以可用 $2\cos\theta$ 表示，测得的也只有一个垂直于测流断面的流速分量。

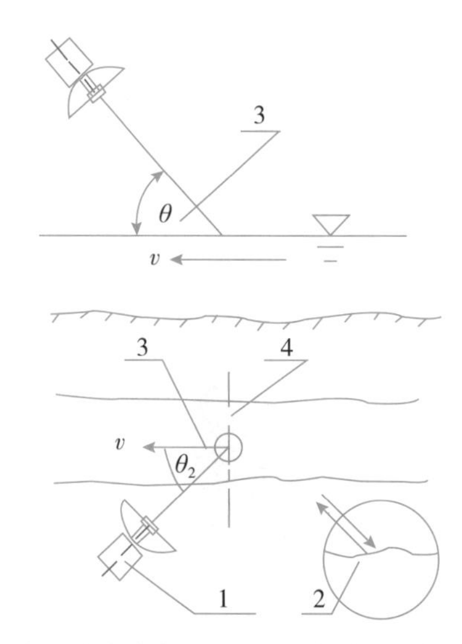

1—电波流速仪；2—水面波浪放大；3—θ_1、θ_2 分别为俯角、方位角；4—测流断面

图 4.1-7　电波流速仪测速示意图

电波流速仪又分为普通电波流速仪、自动测记流速的电波流速仪及自动扫描式电波流速仪。

1）普通电波流速仪

这种仪器需要人工操作，每一次只能测量水面某一点的流速。测得数据有简单的存储功能，一般需人工记录。

2）自动测记流速的电波流速仪

这类仪器能安装在某一固定点（如桥上），长期自动测记仪器对准水面处的水面流速。

3）自动扫描式电波流速仪

有些电波流速仪可以自动测得俯角，甚至有自动扫描功能。自动扫描式电波流速仪可以在海岸上扫描几平方千米甚至几十平方千米范围内的海面海流分布。在河流流速测量中，国外也在试用扫描式电波流速仪，可以固定安装在岸上，也可装在直升飞机上进行水面流速自动测量。

(2)典型电波流速仪简介

1)手持电波流速仪

如图 4.1-8 是一种手持电波流速仪，自带角度改正，可手持也可安装在支架上测量，仪器具有全防水设计，可雨天中使用，可实时显示瞬时流速和平均流速、测量历时、流速方向等。

其主要技术参数：测速范围为 0.20～18.00m/s；标称测速精度为±0.03m/s；计时范围为 0～99.9s；计时精度为 0.1s；波束宽度为 12°；微波频率为 34GHz；最大测程为 100m。

2)带三脚架的电波流速仪

如图 4.1-9 是国内使用较多的一种普通电波流速仪，仪器由探测头、信号处理机、电池三部分组成。探测头上装有发射体和天线。探测头可手持或装在支架上，向水面发射微波，同时接收水面的反射波。信号处理机按照预定的设置，控制探测头发射微波，并处理接收到的反射波，计算频移，再根据俯角、方位角计算出水流速度。一般应在预定的时段中进行多次测量，以计算和显示流速平均值。仪器具有多种自校和自我判别功能。在野外测流时，仪器能自动判别反射波是否稳定和有无足够强度。如能保证测得数据的稳定，仪器才开始测量。如果反射波太弱或不稳定，不能满足测量要求，仪器会自动提示使用者，同时也不进行测速，以避免错误数据的产生。这一款仪器的主要技术指标如下：测量范围为 0.5～15m/s；测量角度为俯角 20°～60°，方位角 0°～30°；测量时段为 10～999s 任选，仪器自动测量出该时段内的平均流速；测量精度为均方差±3%；测量距离为流速大于 3m/s 时，测量距离不少于 20m；仪器工作频率为 10GHz。

图 4.1-8　手持电波流速仪

图 4.1-9　带三脚架的电波流速仪

(3)电波流速仪特点

1)优点

电波流速仪是一种非接触式流速仪，它的最重要特点是可以不接触水体测量流速，主要用途是在桥上或岸上测量一定距离外的水面流速，测量速度很快。因仪器不接触水体，测速时不受含沙量、漂浮物影响，也不受水质、流态等影响。具有操作安全、测量时间短、速度快等优点。电波流速仪尤其适应高速测量，而且流速越快，紊动越强，波浪越大，反射信号就越强，更有利于电波流速仪工作，所以电波流速仪很适合于洪水时流速测量。其体积较小，重量较轻，携带方便，可在岸上、桥梁上测验，便于巡测使用，也适用于巡测桥测方式。因此，在没有测船、缆道等测流设施测站或临时断面，电波流速仪也可方便地开展测验。有的电波流速仪还可以固定安装后，长期工作，自动连续测量水面流速，且测得流速数据可以自动输出。

2)缺点

虽然电波流速仪可以代替浮标测量水流表面流速，但不能取代常规的流速仪测流。在一般情况下，电波流速仪的低速测量性能不好，流速测量范围的低速端常在 0.5m/s 左右。为了得到较强的水面波浪迎波面的回波，要求能有较明显的波浪，这也是不适用于低速的原因。如果水面非常平静，流速较高时仍不会有强反射，仪器也不能正常工作。

电波流速仪测得的是水面波浪迎波面或是水面漂浮物的反射波，波浪和漂浮物的速度并不等于水面流速，其差值因各种水流和漂浮物而不同，其流速还受到风速风向的影响。波浪和漂浮物除了随水流运动外，它们自己也有运动，也会造成一些附加误差。

电波流速仪测速时要用俯角和水平角的余弦进行流速计算，这些角度都是针对声束角中轴线而言的。架设好的仪器这些角度会有 1°～2°的角度误差。雷达波束会有 10°左右的波束角，斜向发射到水面上，会形成一个椭圆形的水面投影。在此投影内，任意一处的强反射都可能被电波流速仪确认为是测点流速，使得测得流速所在位置有很大的不确定性，影响测速准确性。就目前的使用情况而言，电波流速仪的测速准确性低于转子式流速仪。此外，电波流速仪测得的水面流速转换为垂线平均流速时也可能会带来较大误差。

4.1.3.4 电磁流速仪

(1)工作原理及类型

电磁流速仪是基于法拉第电磁感应定律研制而成的，可用来测量多种导电液体的流速，包括天然水在内。图 4.1-10 是测量管道和渠道断面平均流速的电磁流速仪测速原理示意图。

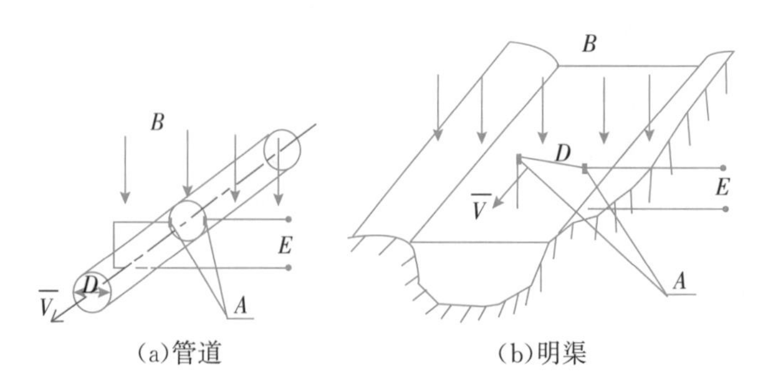

A—检测电极；B—磁场；D—电极间距；E—感应电动势；$\overline{V}$—水流平均速度

图 4.1-10 电磁流速仪测速原理图

根据法拉第电磁感应原理，在与测量水流断面和磁力线相垂直的水流两边安装一对距离为 D 的检测电极。当水流流动时，水流切割磁力线产生感应电动势。此感应电动势由两个检测电极测出，其数值大小与流速成正比。

$$E = KB\overline{V}D \tag{4.1-11}$$

式中：E——感应电动势；

D——电极间距；

B——磁场强度；

$\overline{V}$——水流断面平均速度；

K——系数。

若已知 D 和外加磁场 B，只要测得 E，由经过率定得到的 K 就可计算出 $\overline{V}$。电磁流速仪可以分为测量点流速和断面平均流速两类。

(2)测量点流速的电磁流速仪

仪器由传感器和控制测量仪组成。传感器放到需测速的测点，控制测量仪在岸上，中间用专用电缆相连接。

现在水文测验应用的电磁点流速仪直接在贴近仪器表面处产生一个人造磁场。测量感应电动势的电极就出露在此磁场内，测量此处的流速。使用仪器时，仪器应对准(或自动定向对准)流速方向。有的电磁流速仪测得流速的同时，也可测量流向。

控制测量部分通过电缆传输测得两电极间的感应电动势，换算成流速流量。如果要通过线圈产生磁场，控制测量部分还有自动上电控制功能。测得值可以通过标准接口输出，用于通信传输。

图 4.1-11 是一种用于明渠水流测量的点流速仪。用测杆安装放至水中测点，测量此点流速。由于仪器无运动部件，此类仪器可用于浅水、低速测量，且测速中受水环境、水质影响较小。

图 4.1-11　电磁流速仪

另一种用于海流测量的电磁流速仪常制作成球形，外圆上有 3～4 个测速点，测速点附近有人造磁场。悬吊或悬浮在水体中时，可以同时测得 3～4 个流速分量。再合成为相对于仪器本身坐标的流速矢量。将它定点放置在某一位置时，可以长期自动测量该点流速。

(3)测量河流断面流速的电磁流速仪

整个仪器可称为一个流量测量系统，用于河流断面流速测量时，需要产生一个很大的磁场。由于地球磁场太弱，又受方向性限制，难以应用。因此，需要人工产生磁场。在较小河流的河底或河岸上布设一大型线圈，通电产生横过水流的磁场。这样的电磁法测速不但工程量大，还要有专用的供电系统。电极布设和测控部分也会有相应的不同要求和难度。

(4)电磁流速仪特点

电磁流速仪测速很快，测量传感器无可动部件，不会产生缠绕、堵塞，可以长期自动工作。测量点流速的电磁流速仪在应用要求、功能上和转子式流速仪差别不大。为了保证电磁流速仪有满意的测量结果，测量的水体必须具有足够的导电性。流速仪能正常测量水体的最小电导率，一般在 30～100μS，并且因不同的仪器而不同，也与水体流速有关。总体来说，若水流的流速较低，水体电导性又差，则电磁流速仪测量效果会变差。

当传感器探头表面附着的污染物时，会改变电极的传导性能，可能会影响流速仪的率定基准，仪器每次使用后，都要立即清洁掉探头上的淤泥和其他水污染物，但禁用润滑油。

电磁流速仪可用于需要长期测记流速的场合，仪器能自动工作。电磁流速仪与转子式流速仪类似，也需要率定，以确定该仪器产生的电子信号与被测水流流速和流向的关系。使用中也应该定期对仪器进行对比测试，以防止漂移。如果发现对比测试结果已偏差到不能接受的程度，就应该重新进行全面的检定试验。

4.1.4 流量测验载体

4.1.4.1 渡河设施设备

根据渡河采取的形式不同，渡河设施可分为测船、缆道、测桥、测量飞机等。

(1)渡河设施简介

1)测船

水文测船按有无动力分为机动船和非机动船两类；按建造材料分为钢质船、木船、铝合金船、玻璃钢船和橡皮船；按定位方式分为抛锚机动测船、缆索吊船和机吊两用船；按功能可分为多功能的综合测量船和单一功能的遥测船；按其用途又分为水文测验专用船、水下地形测量专用船、水环境监测专用船、综合测船、辅助测船等。不同类型的测船使用条件、使用要求、保养维护等差异较大。

2)缆道

水文缆道是为把水文测验仪器运送到测验断面内任一指定起点距和垂线测点位置，以进行测验作业而架设的可水平和铅直方向移动的水文测验专用跨河索道系统。根据其悬吊设备不同，水文缆道分为悬索缆道（也称铅鱼缆道）、水文缆车缆道（以下简称“缆车缆道”，也称吊箱缆道）、悬杆缆道、浮标（投放）缆道和吊船缆道等；根据缆道采用的动力系统分为机动缆道、手动缆道两种；根据缆道操作系统的自动化程度又分为人工操作、自动、半自动缆道。根据缆道跨数多少分为单跨缆道和多跨缆道。

用柔性悬索悬吊测量仪器设备的水文缆道称悬索缆道；用刚性悬杆悬吊测量仪器设备的水文缆道称悬杆缆道；悬吊水文缆车，行车上用来承载人员和仪器设备，在测量断面任一垂线水面附近进行测验作业的缆道称水文缆车缆道，水文缆车多为矩形箱子“形状”的设备，因此，也称吊箱缆道；吊船缆道是在测验断面上游架设，能牵引测船作横向运动，并使测船固定的缆道，由于这种缆道相对简单，主要设施设备是一条过河索，因此这种缆道也称吊船过河索。

悬索缆道是应用最普遍的水文缆道，其悬吊一般式铅鱼，因此悬索缆道也称铅鱼缆道。铅鱼缆道根据是否采用拉偏索又分为无拉偏式和拉偏式两种。铅鱼缆道应用最广泛，铅鱼缆道常直接被称为水文缆道。因此，广义的水文缆道包括铅鱼缆道、水文缆车、吊船缆道等，而狭义的水文缆道常是指铅鱼缆道。

3)测桥

测桥是水文测桥的简称，水文测桥又有为水文测验建立的专用测桥和借用交通桥梁进行水文测验的测桥。专用测桥主要用于渠道站和较小的河流上，在天然河流水面较宽时，一般是借助交通桥梁作为水文测桥，随着水文巡回测验工作的开展，利用水文巡测车在桥上测流也已成为一种重要的渡河方式。

测桥是水文测桥的简称，水文测桥又有为水文测验建立的专用测桥和借用交通桥梁进行水文测验的测桥。随着水文巡回测验工作的开展，利用水文巡测车在桥上测流也已成为一种重要的渡河方式。

4)测量飞机

测量飞机用于流量测验的主要有有人驾驶的直升机和遥控飞机。

(2)测验渡河设施的配置原则

测验渡河设施应能满足流量、泥沙、水质等测验的要求，特别是注意既能满足洪水期测流又能满足枯水时测流要求。对于有些测站，为了满足洪水、平水、枯水等各种情况下的测流测沙需要，往往需要同时具有几种渡河设施设备，或按洪水级别配置渡河设施设备。

测站的渡河设施设备主要受测站流量、泥沙测验方法的制约，而流量泥沙的测验方法又受到流速、水面宽、水深、含沙量等测站特性的影响。因此，应根据测站特性及防洪、测洪标准的要求，综合考虑各种因素的影响选择的测验方法，并根据选择的测验方法，选择一种或几种渡河形式建立相应的渡河设施。对于不同类型的测站设施设备可参考下列具体配置原则。

1)大河重要控制站

①根据测站特性选择缆道(铅鱼缆道、缆车缆道)、桥测、机动船测、吊船等一种或多种测验方法,并建立相应的测验设施。只采用一种流量测验方法的测站应建设备用设施。

当一套测验设施不能满足高、中、低水流量测验时,可分别建设高、中、低水流量测验设施。

②应建浮标测流设施和其他应急流量测验设施。

2)大河一般控制站

①根据测站特性选择缆道(铅鱼缆道、缆车缆道)、桥测、机动船测、吊船等一种或多种测验方法,并建立相应的测验设施。当一套测验设施不能满足高、中、低水流量测验时,可分别建设高、中、低水流量测验设施。

②应建浮标测流设施。

3)区域代表站流量测验设施配置原则

①一般情况下选用铅鱼缆道、缆车缆道、桥测、机动船测、吊船等方法中的一种测验方法作为常用测验方法,并根据选定的测验方法建相应的测验设施。

②应建浮标测流设施。

4)小河站流量测验设施配置原则

可采用浮标、缆车、机动船、吊船、桥测、堰槽、水工建筑物等测验方法中的一种测验方法完成流量测验,并根据选择的测验方法建立设施。

4.1.4.2 水文缆道

据统计我国目前有50%左右的水文测站采用水文缆道测验,可见水文缆道是水文最重要的渡河设施。缆道的基本组成、结构、形式、布设、设立、使用等可以参见相关规范,本节重点介绍自动化缆道。

(1)铅鱼自动化缆道

铅鱼自动化缆道系统是在计算机控制下,使水文铅鱼按程序设定方式自动运行,并自动操作测量设备完成水深、起点距、测点流速测量,从而自动计算、保存和输出流量成果的自动化系统。系统主要由缆索部分、锚定与支撑部分和智能测控系统组成,前两部分与常规缆道基本相似。

1)智能测控系统组成

智能测控系统划分为主控子系统、动力子系统和测量子系统三个子系统(图4.1-12)。系统的核心是主控计算机及软件;动力子系统的核心是PLC或功能相似的设备主机;测量子系统的核心是测量仪器。这三个核心设备之间构建通信网络,在主控子系统的控制下完成数据的传送和信息的交流,构成完整的智能测控系统。

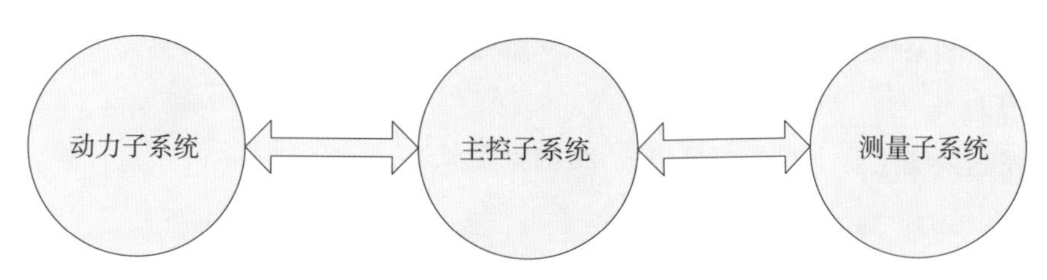

图 4.1-12　智能测控系统功能结构图

①动力子系统。

提供铅鱼缆道运行测量的动力，其驱动多采用变频控制台来完成。

②测量子系统。

主要完成断面流量的测量工作，包括定位（起点距测量）、水深和流速的测量。测速功能支持水文测站目前最常用的流速仪法测量方式；测深功能支持借用水深、铅鱼测深和超声波测波等水文测站常用的几种测深方式。

③主控子系统。

由计算机和智能水文测控软件组成，是全自动或手动操作平台，完成对其他子系统的有效控制，进行数据处理、计算及测流成果输出等工作。

将三大子系统的核心处理机通过网络组织起来，就构成了水文缆道智能测控系统（图 4.1-13）。

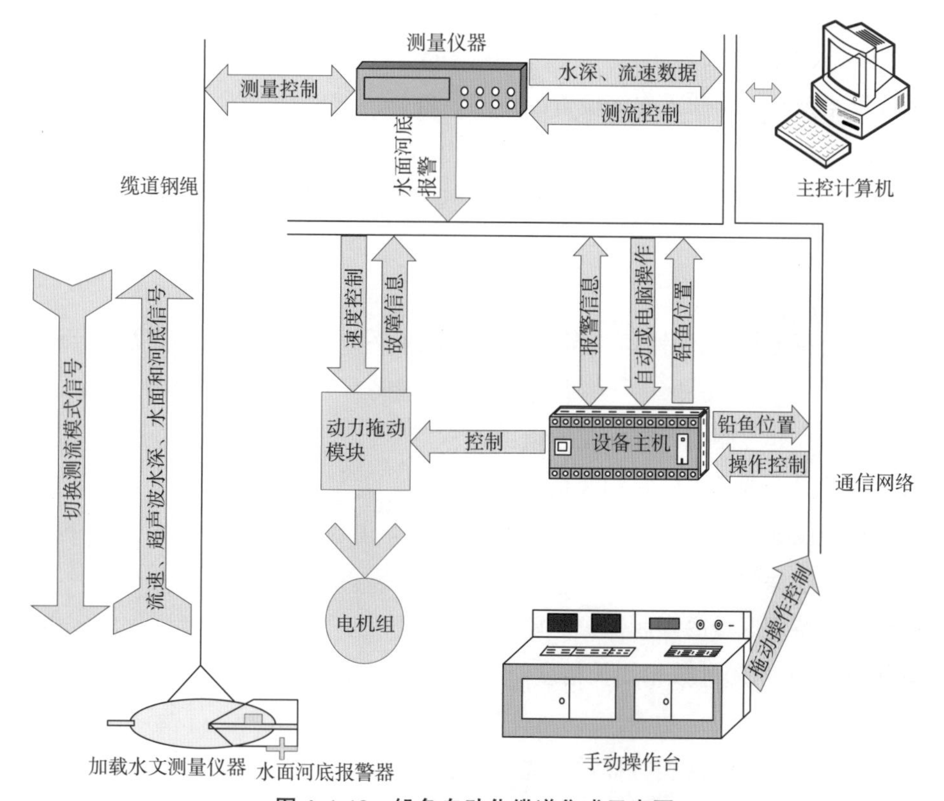

图 4.1-13　铅鱼自动化缆道集成示意图

2)变频控制系统

①结构。

变频控制系统主要由四个部分组成,结构见图 4.1-14。

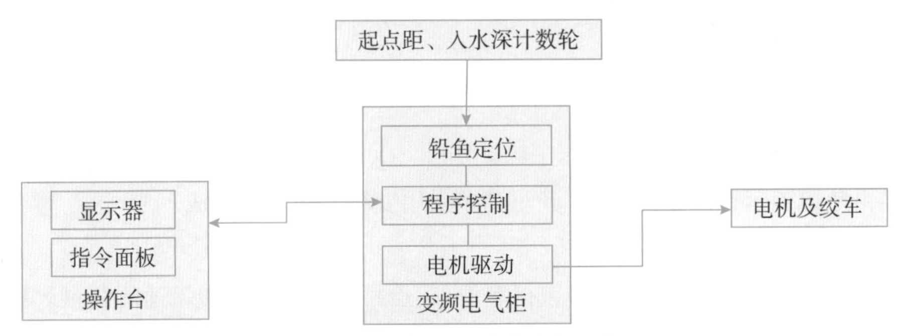

图 4.1-14　变频控制系统功能结构图

结构组成:

a.水文绞车

含带抱刹的交流电动机、减速机、机绞、线筒等部分组成。

b.操作台

含操作指令面板,位置数据显示面板。为方便检修,要求指令及显示面板与电器柜分开设计。

c.起点距、入水深计数轮

分别计量铅鱼起点距和入水深位置的传感装置。

d.变频电气柜

由变频器、PLC、EMI滤波、刹车电阻、电机切换装置、显示仪表和保护报警等多个模块组成。

②功能。

驱动两台交流电机,实现铅鱼出车、回车、上提和下放的拖动运行,速度无极调节,停车时电磁制动刹车。

具有水文铅鱼起点距和入水深位置指示。

起点距定位具有缆道垂度自动修正功能。

提供运行速度显示。

具有铅鱼失速保护功能。

具有铅鱼在特定区域的限制保护功能。

具有起点距、入水深计数轮周长精度修正功能。

具有起点距复位值设定功能。

具有过电流、过电压、缺相等保护功能,并提供声响报警。

软件限位保护,并提供多个外接开关接口,实现硬件保护。

3)测控软件

①软件的结构与组成。

根据水文软件设计要求,可将软件按功能设计成几大模块,几大模块内又可以细分成若干个功能小模块,见图4.1-15。

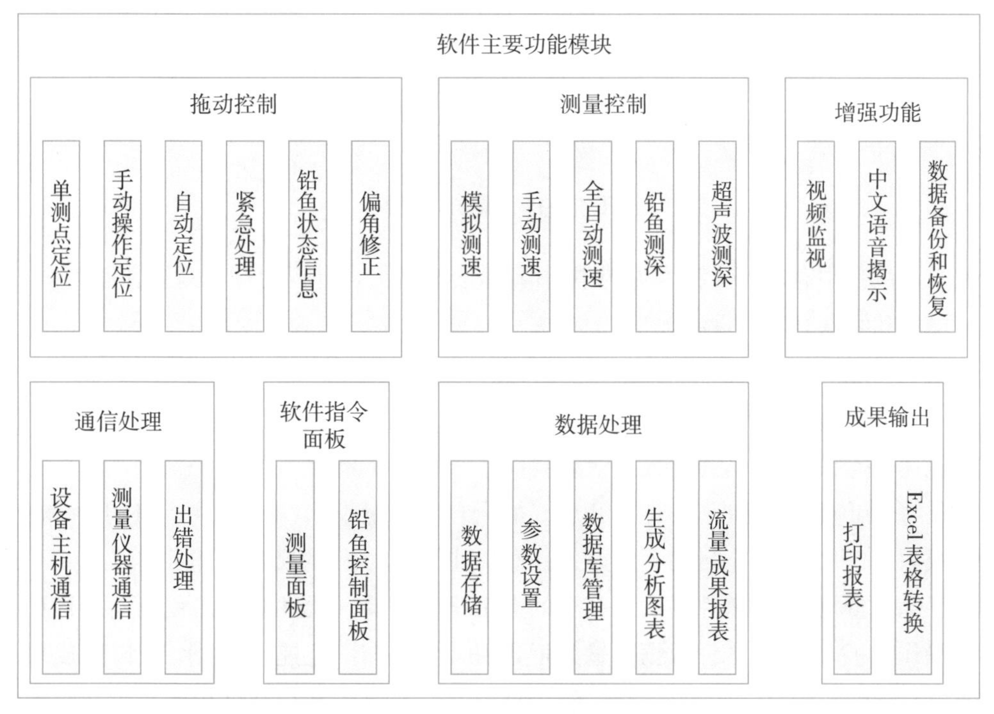

图4.1-15 软件模块结构

②数据的存储与格式。

程序所有测量数据采用多层本地数据库存放,有利用数据共享和数据保护。测量中的各种数据都转成数据库格式进行保存,每个数据库建立了索引,便于检索查找,库相互之间利用外关键字连接。软件通过数据引擎与各数据库之间连接,完成各项数据修改、存贮、调用等工作。

软件主要的三层数据库关系见图4.1-16。

图4.1-16 软件主要的三层数据库结构

在软件中,数据的处理、计算、涉及成果报表的,其数据格式严格遵守水文相关规范要求。数据成果报表基本符合《河流流量测验规范》的要求。软件提供四舍五入和四舍六入两种数据取舍方式供测站人员选择。

③软件工作模式。

智能测控软件具备全自动测量和手动测量两种测量模式，软件主要工作于全自动测流模式。

软件在使用时只需要设置初始参数，选择好测量垂线，确定测量模式后，就可以交给计算机自动完成后来的测量工作，操作流程见图4.1-17。

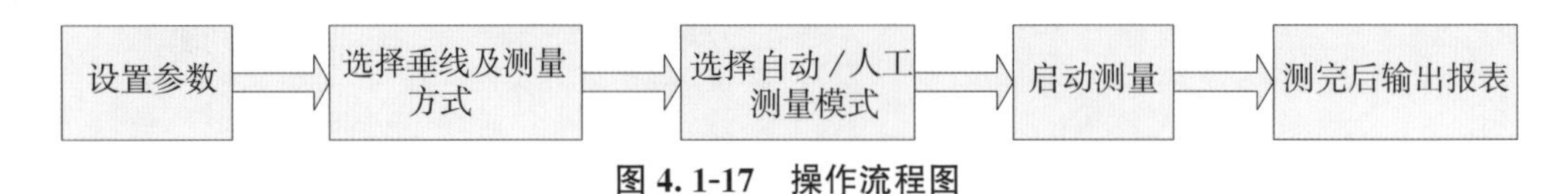

图4.1-17　操作流程图

在自动测量中有以下几种常见的中断情况，会改变正在进行的自动测量过程。

a.测流和测深有时需重测数据。

b.通航河道有船过，需中断测量，避免相撞。

c.水位变化，需要临时增减垂线等操作。

d.流速仪等仪器损坏，需更换后继续测量。

软件特别针对这些情况，设计成开放式的全自动测量模式，即人工可随时干预操作，当干预完成后，又可恢复成全自动测量方式。整个过程中，软件的交互性非常友好，易于操作。

在手动测量模式下，软件提供了完全的人工操作支持。软件提供铅鱼拖动运行和测量仪器的操作面板，提供有各种数据的输入框，提供水边查算、流速计算、水深计算、成果计算等数据计算模块。测站工作人员只需通过鼠标和键盘，就能利用软件操作铅鱼和测量仪器完成测点定位、数据采集、成果计算等工作，非常方便地得到测验成果。

④成果数据输出。

智能水文测控软件的测流成果经过计算后，存储在数据库中。成果数据的输出是采用测流规范报表的格式打印输出，标准打印页面为A4。

报表格式基本上与国家标准《河流流量测验规范》中的缆道畅流期流速仪法的流量计算表格式形式一致。

软件在全自动测量模式下，完成每次测量后，自动打印成果数据报表。软件也支持从数据库中选择历史数据打印。

软件支持将数据库中的成果数据按照打印报表的格式转换成微软Excel电子表格文件，有两大好处：一是可以以直观的数据格式存储数据；二是可以将成果数据在Excel电子表格软件中打印输出。

⑤软件主要功能。

a.有自动测量、手动测量两种工作模式。

b.水道断面图、铅鱼运行位置、测点流速、垂线流速分布图和流速横向分布图等多图显示，方便现场“四随”分析。

c. 现场采集起点距、水深、流速等项目的数据或信号，自动计算水面宽，部分流量，全断面流量，图文显示测流全过程，进行数据处理和存储。

d. 一点法到十一点法测速任意可选，灵活方便。

e. 根据水情，能随时增减测线、测点或重测或补测。

f. 打印输出单次测验成果表，成果报表遵守水文相关规范。

g. 中文语音随时提示测量过程和状态。

h. 软件内置视频采集与显示模块，如果在铅鱼台或机绞设备等位置架设视频头，可直接在软件界面中进行监视，不用另设 CRT 监视器。非常方便工作人员在一旁轻松监视工作过程。

i. 具备数据库自动备份和还原功能，最大限度地避免数据丢失。

j. 流量测验数据保存在数据库中，可按规范报表格式打印存放的多份测量记录，并可以将成果报表文件转换为 Excel 电子表格文件保存。

k. 实现起点距垂度动态修正和水深自动归零功能，使铅鱼定位更加准确，具有铅鱼失速保护和安全运行区域限制等多种保护功能。

l. 如果测量仪器发生故障，软件可模拟测速仪器，通过软件计时和人工按键完成流速测量。

(2)电波测流自动化缆道

将电波流速仪安装在自动化缆道上，通过移动电波流速仪来对断面的水面各点流速进行测验，利用浮标法计算断面流量(图 4.1-18、图 4.1-19)。

图 4.1-18 无线遥控电波流速仪

图 4.1-19 无线遥控电波流速仪测流系统

无线遥控雷达波缆道测流系统由简易缆道、遥控定位雷达波流速仪和计算机控制软件组成，以非接触方式测量河流表面流速，输入水位后，自动计算断面面积和断面虚流量，根据率定的水面系数计算断面流量，生成符合相关水文测验规范的测速记载和流量计算表。缆道的控制系统与铅鱼缆道相似。

4.1.4.3 水文测船

(1)水文测船简介

1)测船测验设备配置

①测船测验设备配置要求。

a. 测船应配备水文测验绞车设备,包括绞车、悬臂、钢缆、偏角指示仪等,水文测验绞车应能将相关信号和参数同步输入计算机,其功能应满足测深、测流、采样要求。

b. 大型、中型、小型测船宜配备电动(或液压)绞车,次小型测船可配备人力或机械式绞车。

c. 测验绞车宜安装在测船中部之前的专用舱室。

d. 测验绞车悬臂宜设在船艏甲板或测验舱室的两边距船首 1/3～1/4 船长处,能自由伸出和收回,端点伸出测船舷外应不小于 0.5m。多浪涌地区测验绞车悬臂可设置在船尾 1/4～1/2 船长处。

e. 测船设置悬挂式或伸缩测验仪器专用支架,其位置宜设置在距船首 1/3～1/4 船长处。

f. 使用全球定位系统(GPS)定位的测船,宜在驾驶室操纵台的左前方或右前方设置显示器。

g. 水下地形测船 GPS 接收天线宜安装在测船顶蓬甲板高度之上,其位置与测深垂线距离应小于 0.2m。

h. 多波束测深仪、声学多普勒流速仪等接收处理装置宜安装在工作室。

②测流悬吊装置。

测船可根据需要配备手摇或电动水文绞车,以满足悬吊铅鱼测速和测深之用。

a. 手摇水文绞车。

手摇水文绞车是常用的船用测流铅鱼等仪器的悬吊设备,型号很多。图 4.1-20 所示是一种类型。

图 4.1-20　手摇水文绞车

手摇水文绞车由基座、悬臂、卷筒、钢丝绳及悬吊装置、手摇传动和制动装置、机械绳长计数器组成。

利用绞车基座可以将手摇绞车固定安装在船身上或安装在其他地方。绞车整个机构可以在基座上水平转动,便于在水上测流时的应用。悬臂要保证将规定重量的铅鱼送到一定距离以外的水面上,悬臂可能是固定的,也可能是可以折叠收缩的。卷筒用以收卷和放出钢丝绳,卷筒外径尺度准确,用以钢丝绳长计测。应该有相应的钢丝绳排线装置,以保证钢丝绳在卷筒上整齐排列。也可能应用带芯钢丝绳,同时传输信号。手摇传动装置保证人力可以收放铅鱼,并配用手动控制的机械制动设施,可以防止铅鱼下滑。应用机械数字计数器计测钢丝绳收卷和放出长度,用来测量水深。

b. 电动船用绞车。

电动船用绞车和缆道用绞车基本相似,但只需有升降功能。其结构、驱动、控制、计数、原理,和缆道用绞车基本相同。有的也可以用于桥测。电动船用绞车能适应较大的水深和吊重,但一般情况下,测船所用的铅鱼重量要小于缆道使用的铅鱼,因此,电动船用绞车功率也相对小些。

③测船测流的信号系统。

测船测流时测船就在测点的水面上,可以应用有线传输、"无线"传输测流信号。

a. 有线传输。

如果水深、流速较小,可以直接用两根导线连接水下仪器和水上信号接收仪器。导线可以用适当方式挂在钢丝绳悬索上,也可漂在水中。当使用带芯钢丝绳时,采用这种方法可以很好地传输水下、水上信号。

b. "无线"传输。

"无线"传输方式和缆道部分应用的方式相同,参见缆道的信号传输部分。

c. 信号发送与接收仪器。

信号发送与接收仪器和缆道测流设备所用的相同,由于传输距离短,对仪器的要求没有缆道测流高。

④测船测流控制设备。

测船测流的控制设备成为船用测流控制台,其工作原理与结构和缆道测流控制台基本相同,只是更加简单,而且无起点距测控功能。较大的机动测船上可以安装半自动或以手动为主的测流控制台。流速、水深信号可采用自动输入,起点距的数据通过人工输入,也可采用 GPS 实现自动输入。

⑤船用测流铅鱼。

船用测流铅鱼的应用品种、性能、结构见测流铅鱼部分。船用测流铅鱼重量较轻,一般不会超过 200kg。

⑥测船采样设施设备配置。

测船采样设备根据承担的任务可配置水质采样器、悬移质采样器、推移质采样器、床沙样本采样器等。

采样设备距测船船舷的水平距离应大于 0.5m。

测船宜设置样品舱和清洗测沙设备的专用清水系统。

⑦测船消防与救生。

a. 大型、中型测船消防水灭火系统应独立配置；小型测船消防水灭火系统水泵宜与舱底水系统水泵合并设置。其他消防设施应按相关标准配备。

b. 测船救生衣应按在船人员总数的 120%配备，前甲板应配备 2 根安全救生带，每层甲板应配救生圈 2 个。

c. 测船上层建筑内部装修所用隔热物应属不燃材料，装修面板应为阻燃材料，机舱不宜装修。

d. 消防栓应启闭灵活，消防栓、水龙带、喷嘴的啮合应紧密牢靠，消防枪喷水射程不应低于 12m。

e. 手提式灭火机药物应有效，储气装置的压力应正常。存放位置应安全方便，便于拿取。

f. 消防管的外壁、接头应无裂纹、腐蚀、变形及其他机械损伤，无漏水或堵塞。

g. 救生衣、救生圈配备的数量应达到规定要求，无腐烂、破损、老化及其他引起浮力减小的缺陷。

2)测船测流方法的选择及设备配置

①测船测流方法的选择。

测船测流常用流速仪定点测流(即定船流速仪法)、声学多普勒流速仪法定点测流或走航式声学多普勒流速仪(动船)测流。在无固定测验设施或测验设施被毁的河段，以及测船无法锚定的河段，可选择走航式声学多普勒流速仪法或动船流速仪法测流。

②测船测流设备的配置。

测船测流设备的配置可根据测船类型按表 4.1-1 的要求配置。

表 4.1-1　　测船测流设备配置表

设备	大型	中型	小型	次小型
铅鱼	每套水文绞车配 2～3 个	每套水文绞车配 1～3 个	每套水文绞车配 1～2 个	√
流速仪(含信号接收、计时仪器)	每套水文绞车配 3～5 架	每套水文绞车配 2～4 架	每套水文绞车配 2～3 架	2～3 架
测流控制系统	每套水文绞车 1 套	每套水文绞车 1 套	√	√
流速测算仪	每套水文绞车 2 个	每套水文绞车 1～2 个	每套水文绞车 1～2 个	1

续表

设备	大型	中型	小型	次小型
流向仪	√	√	√	√
测深设备	配超声波测深系统 1 套或超声波测深仪 1～2 台;测深锤 2～4 个;测深杆根据需要配置	配超声波测深系统 1 套或超声波测深仪 1～2 台;测深锤 2～4 个;测深杆根据需要配置	配超声波测深系统 1 套或超声波测深仪 1～2 台;测深锤 2～4 个;测深杆根据需要配置	√
定位设备	测距仪、六分仪,根据需要可配 GPS	测距仪、六分仪,根据需要可配 GPS	测距仪、六分仪,根据需要可配 GPS	√
通信设备	对讲机 2～3 对。多条测船测验时,可配备数据实时传输系统 1 套	对讲机 2～3 对。多条测船测验时,可配备数据实时传输系统 1 套	对讲机 1～2 对。多条测船测验时,可配备数据实时传输系统 1 套	√

注:表中"√"为可选项。

(2)遥控测量船

遥控测量船是可在岸上远距离遥控操作实现水上航行实现测量的船只。遥控船一般由工程塑料作为外壳,内部由集成电路及电子元件组成。遥控测量船可集 GPS、ADCP 与声呐测深仪于一体,可采集多种测量数据如水深、坐标起点距、流速、水下地形、水下影像等。遥控测量船与常规方法相比,大幅度减少了人力、物力及时间成本。测验人员在岸上操作,可以有效保障测验人员人身安全。

遥控测量船可手动操控,亦可自动导航行驶,通过遥控或自动航行实现水下地形测量、流量测验等,并可实现数据的实时传输。某遥控测量船组成见图 4.1-21。

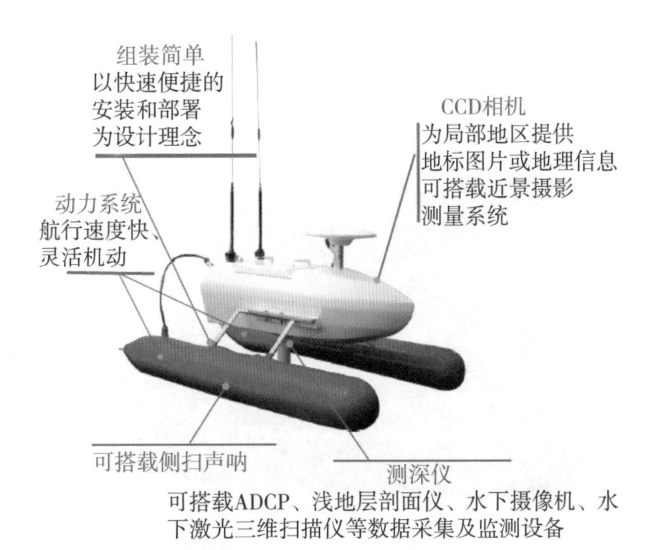

图 4.1-21 某遥控测量船组成

(3)气垫船

气垫船又叫“腾空船”,是一种以空气在船只底部衬垫承托的气垫交通工具。气垫通常是由持续不断供应的高压气体形成。气垫船主要用于水上航行和冰上行驶,还可以在某些比较平滑的陆上地形和浮码头登陆。气垫船是高速船的一种,行走时因为船身升离水面,船体水阻得到减少,以致航行速度比同样功率的船只快。很多气垫船的速度都可以超过50节。气垫船亦可用非常缓慢速度行驶,在水面上悬停。某型号的气垫船组成和工作原理见图4.1-22。

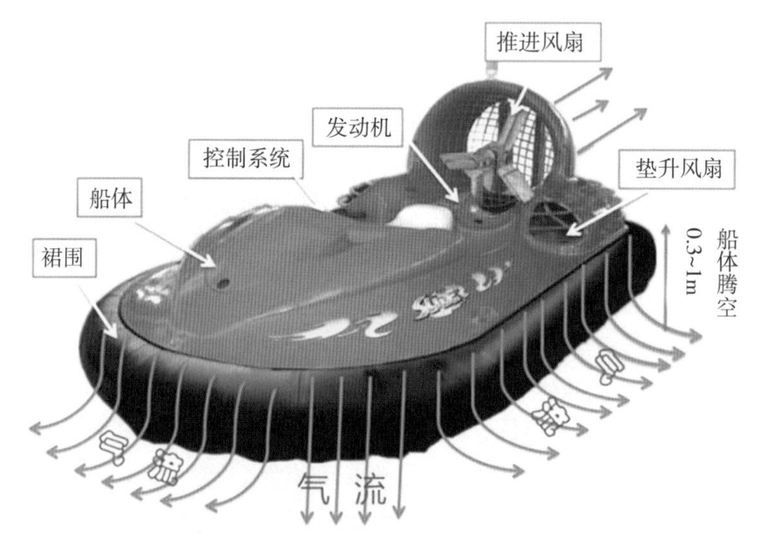

图4.1-22 某型号气垫船组成和工作原理

气垫船(图4.1-23)能够迅速飞过水、薄冰或碎冰块、洪水和积雪,是在诸如沼泽地或海滩等特殊环境下唯一高速、有效的交通工具。因为气垫船可安全地飞行或者登陆悬浮在垫升裙2/3以下的地形,使水文测验人员能够前往乘坐常规的船只或车辆无法到达的地区开展水文测验工作。

图4.1-23 某小型气垫船

以下为某气垫船主要技术指标：

①有气囊的尺寸：长4500mm，宽2200mm，高1700 mm。

②客舱尺寸：长2200mm，宽1270mm，深400mm。

③船体结构：复合材料玻璃钢加强船体。

④荷载：4人，300kg，满载350kg。

⑤速度：45km/h(100km/h)。

⑥油耗：15L/h。

⑦续航里程：可以持续巡航4h。

⑧垫升高度：300mm。

⑨抗风等级：5级。

⑩抗浪等级：3级。

⑪温度范围：－35～45℃。

⑫爬坡能力：200kg载荷时，可在持续8°的光滑坡面上行驶。

⑬运行界面：可以在水上、陆地、冰上、雪上、沙滩、滩涂、泥淖、草地、沙漠等各种环境的较平整的界面上行驶。

(4)冲锋舟

冲锋舟具有运输方便、安装使用简单、速度快等特点，作为水文巡测的渡河设备经常使用。按舟体材料可分为充气式和非充气式两种。非充气式多用玻璃纤维增强塑料(俗称“玻璃钢”)、铝合金合等制成。

充气部分的制作材质基本上可以分为两大类：橡胶材质橡皮艇和PVC材质橡皮艇。橡胶材质橡皮艇主要成分是天然橡胶，一般为手工制作，产量较少。优点是耐磨、耐热、耐臭氧、耐酸碱、抗撕扯、抗屈挠龟裂、气密好、高强度、重量轻等品质；缺点是工序繁杂、造价成本高、不够美观，主要用于部队和防汛部门。PVC材质橡皮艇主要成分是塑料，适应现代社会日益增长的娱乐需求，流水线大批量生产，优点是成本较低，颜色艳丽美观，缺点是耐磨性、耐扎刮性较差，容易修补，使用寿命6年左右。某型号铝合金冲锋舟见图4.1-24，某型号充气冲锋舟见图4.1-25。

图4.1-24 某型号铝合金冲锋舟

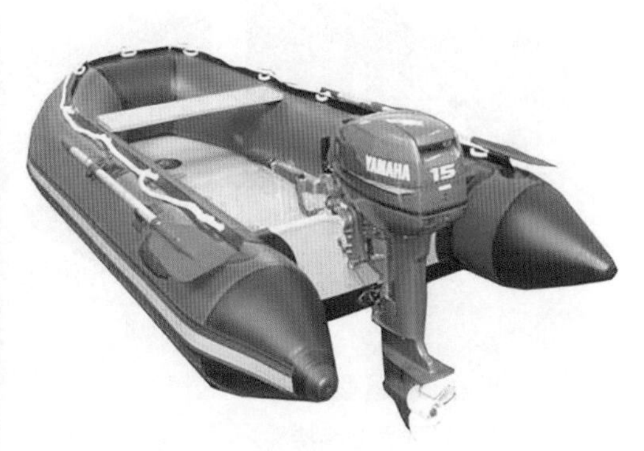

图4.1-25 某小型充气冲锋舟

在动力方面，除常用旋桨式外，尚有大功率喷泵式冲锋舟，其优点是无水草等缠绕桨叶之忧。

4.1.4.4　水文测桥

我国采用桥梁测验的测站较少，而发达国家采用桥测较多，如美国2002年统计约有60％的测站采用桥测测验。采用桥梁测验机动灵活，需要建设的测验设施较少，且便于开展巡侧，是今后水文测验发展的方向。

水文测桥可专门建设或借用交通桥梁。当测验断面较窄，可建立专用的水文测桥，专用水文测桥多用于渠道站。天然河流上的测站多是利用交通桥梁进行测验。在测桥上可建立专用的测验设施或采用巡测车测验，也可利用桥梁使用电波流仪、ADCP或投放浮标等进行测验。

(1)桥上测流的主要设备

桥上测流的主要设备有桥上测验专用简易绞车 、手动(电动)绞车、桥测车等几种。

1)桥上测验专用简易绞车

桥上测验专用简易绞车可采用电动驱动升降，也可采用人力驱动升降。目前，桥测简易起重机在我国尚无规范和定型产品，可根据测站情况因地制宜，自行设计制造，或利用其他设备改造的产品。图4.1-26和图4.1-27是美国地质调查局的桥上测验专用简易起绞车，其结构简单使用方便。

2)手动(电动)绞车

这类桥测水文绞车只有简单的行走设施，一般应用无动力的带轮子的基架安装桥测绞车，或应用带有简单动力装置的自行式车身安装桥测绞车。这类桥测水文绞车类型较多，既有企业生产的，也有使用者自行设计制造的，图4.1-28是具有电动升降和桥上行走功能的水文桥上专用绞车。这些桥测绞车大多有简单的行走设施，可以很方便地在桥拦边行走，也可以在一般道路上短距离行驶。它们的结构比较轻便，绞车臂伸出桥拦的距离较短，使用的铅鱼也较轻。较小的绞车，一般无动力，多以人工推运和升降铅鱼， 较大的绞车多采用蓄电

图4.1-26　美国桥上手持简易绞车

图4.1-27　美国桥上电动简易绞车

图4.1-28　具有桥上行走功能的水文绞车

池提供动力，也有少量采用柴油机提供动力。因为是轻型绞车，适应的测速一般情况下难以超过 3m/s。为了保持绞车平衡，一些绞车有平衡支脚，配重设施。由于这类绞车的臂长较短，需要安放在桥边人行道上工作，以保证能伸出桥拦杆最大距离。

3）桥测车

桥测车既能用于定点测验，也可在巡测使用，在桥测站中应用较多，是桥测的主要设备。对桥测车的基本要求是设计合理，使用方便，控制系统可靠，越野性能良好。

①桥测车的性能要求。

桥测车的性能应满足下列要求：

a. 桥测车的机械性能可靠，仪表信号传递误差在规定范围内。

b. 悬臂伸长应能满足至桥测断面的要求，悬臂应力强度应能承受施测本站最大流速时所悬吊的配套铅鱼重量及水流的冲击力。

c. 桥测车操作运行时，车身应具有足够的稳定性和安全系数。

水文巡测要使用长期自记仪器和去现场实际测量。前者主要是水位、雨量等参数的自动测量，用相应的仪器测记。需要去现场测量的主要是流量和测沙(取水样)，可以用船测和使用桥测车进行桥测。船测设备与一般测船设备类似，见测船测流设备部分。

②机动桥测车。

机动桥测车将电动或液压绞车安装在不同种类的汽车上，通常就称为巡测车或桥测车。除了用于桥上测流外，还具有其他巡测功能。

a. 结构组成。图 4. 1-29 和图 4. 1-30 是两种不同车型的巡测车，它们都由汽车和车载水文绞车组成。

图 4. 1-29　巡测卡车

图 4. 1-30　巡测中巴车

所用的汽车可以是车厢敞开的工具车、桥货车、双排座货车，也可以是较大的面包车。汽车必须能稳定地提供车载水文绞车的安装基座，保证提供绞车的运行动力，并使绞车臂能方便地伸缩运行。所用的汽车还应能搭载数名工作人员，提供较方便舒适的工作环境。按照这些要求，面包车能提供较舒适的工作环境，往往被优先采用。

车载机动水文绞车的结构与水文绞车类似，由于装在汽车上，可使用汽车发动机的动力、电瓶、油压系统，因此可以应用电动或液压绞车。因为绞车臂伸缩的需要，较多应用液压动力。

b.基本性能要求。环境温度：－15～＋50℃；相对湿度：小于等于98%（40℃时）；大气压力：86～106kPa。

同时桥测车底盘不易过低，应具有越野性能，应能适应崎岖、陡峭、风沙多灰尘、暴雨泥泞等环境的非等级路面上长期行驶需求。

c.技术性能。桥上测流车的型号较多，所用车型也不一样。基本性能如下：伸出臂长，大于2m；悬挂重量（铅鱼），大于30kg，动力，液压、电动、手动；适用流速，1～4m/s；适用水深，1～20m。

4）桥用测流仪器

桥上测流要应用信号传输接收仪器、测流铅鱼、流速仪、测沙采样仪器等和船测测流所用仪器基本一致。有条件的测站，可配备使用于桥梁测验的非接触式水面流速测验仪器或声学多普勒流速仪。

（2）桥上测流的方案布置

1）水道断面测量

除河床稳定的断面外，每次流量测验应同时进行水道断面测量。当出现特殊水情且测量水深有困难时，可在测流后水情较稳定的时期进行。测深垂线的布置，宜控制河床变化转折点并适当均匀分布。

2）测速垂线布设

测速垂线布设应遵守下列要求：

①桥上测流断面应尽量避开或减小桥墩对测速的影响，桥上测流断面离桥墩端上游的距离，应根据试验资料分析确定，或参照类似水流条件和墩型的试验成果确定。

②根据本站桥梁类型、墩的现状、孔数及压缩比，分别按高、中、低水的流速和断面形状等因素，确定测速垂线布设方案。

③测速垂线的位置布设，宜在建站初期选取典型桥孔，加密测速垂线，经抽样计算分析后再确定垂线位置。

④孔数较多（大于8孔）的桥梁，可在桥测断面上按每孔对应于孔中央位置处布设一条测速垂线。孔数较少的桥梁，可每孔布设2～3条测速垂线，垂线位置宜对称于孔中央线。

⑤桥墩两侧水流涡漩强烈区（1m范围内），不得布置测速垂线。需在离墩侧1～4m内布置测速垂线时，应根据实测资料分析确定布线位置。

⑥桥测断面形状复杂时，可于控制性位置增设测速垂线。

3）垂线测速点布设要求

垂线测速点布设应遵守下列规定：

①在正常情况下，在0.2、0.8相对水深处采用两点法测速，未经试验不宜采用一点法测速。

②遇有特殊原因不能用两点法测速时，可采用0.2一点法测速，但必须由实测资料分析

垂线平均流速系数。

③当用于垂线平均流速系数的分析或其他专门需要时，可根据具体要求采用多点法测速。

④可加重铅鱼重量并选用优化铅鱼体形以减少偏角，当条件允许时可采用拉偏缆索校正测点位置。

4）大洪水测验

①当发生稀遇洪水，河势、断面有重大变化时，对原测流方案应重新审查，以确定方案是否需作调整。

②当出现特大洪水超过桥梁设计高程或流速超出桥测设备测洪能力时，可选用比降面积法作为抢测洪水的补救措施，并注意比降上、下断面均应设在桥测断面的上游，且比降下断面宜设在避开上游壅水影响范围以外的地方。

（3）专用水文测桥

专用水文测桥是指为开展水文测验而专门建设的工作桥梁。桥梁建设的投资规模随着河宽的增加会大幅上升，专用水文测桥受水文建设投资经费限制一般用于河流宽度较小的河流。水文测桥具有征地手续简单（征地面积小或不用征地），建设、维护费用低，使用安全、方便，性能稳定，测洪能力强等特点。在专用水文测桥设计时可以充分考虑水文测验工作的特点，可以将测验设施安装在测桥上或在测桥上设计仪器设备安装平台。

4.1.4.5 测量飞机

（1）有人驾驶直升飞机

有人驾驶的直升飞机主要用于洪水决堤、溃坝、堰塞湖、泥石流、冰凌灾害等临时应急监测。这种飞机因需要专门的驾驶人员，多为水文部门和防汛部门临时租用专业部门的飞机，完成水文调查勘测任务。美国地调局在多年前就开始采用直升飞机在几条河流上测流，飞机上安装的GPS用于平面定位，采用电波流速仪测量水流表面流速，经换算可得垂线平均流速并计算流量。目前，国内使用有人驾驶直升飞机直接用于水文测验的还比较少，随着经济社会的不断发展，可以预见，不久的将来国内有人驾驶直升飞机也会成为开展水文测验的常规载体。

（2）无人机

无人机近年发展很快，是通过地面远距离无线遥控和机载计算机程控系统进行操控的不载人飞行器，具有设计结构简单、飞行灵活、运行成本低等特点。既可完成有人驾驶飞机的飞行任务，也能完成有人飞机不易执行的特殊环境下的飞行任务，如抗洪抢险、地质灾害等特定危险区域的救灾、应急抢险、现场勘查以及空中救援指挥等。无人机最早出现在20世纪初，当时无人机的研制和应用主要用于军事演习的空中目标靶机，应用范围主要是在作战演习和军事侦察方面。后来随着无线电通信、遥测、遥控技术以及计算机应用技术的不断发展和应用，无人机技术得以快速发展和成熟，并逐渐开始用于民用项目中。从 20 世纪 80 年代以来，随着通信和计算机应用技术迅速发展以及各种新型高精度探测传感器的面世，无人机的飞行和机动性能以及应用水平得以大大提高，其应用的领域也越来越宽。到目前为止，全世界范围内已有上百种类型和用途的无人机在军事和民用领域投入运行使用。一般无人机的续航能力可由数小时到数十个小时，执行任务的载荷能力可从几百克到几百千克。这样使得无人机具备了完成长时间、大范围空中遥感和地面监测的飞行任务的能力。同时，也为其搭载多种用途的传感器和执行多种飞行任务创造了有利条件，拓展了无人机的应用领域。

无人机在水利行业的防洪抢险、水文水资源监测、水土保持监测等方面有着更为广泛的应用前景。在日常防汛检查中，可以立体地查看水利工程、水库库区的地形地貌、河道及堤防险工险段、蓄滞洪区的地形环境等。尤其在遇到洪水的情况下，可克服交通不便等不利因素，及时赶到大洪水河段或出险空域，监视洪水或险情发展，实时传递现场影像数据等信息，为抢险指挥决策提供准确可靠的实时信息。通过无人机的航空遥感技术来获取空间或地面的各类数据信息，具有机动灵活、续航时间长、影像数据实时性强以及对于高危险区域可进行实时现场探测等一系列优点，有效地弥补了卫星遥感或有人驾驶飞机航空遥感作业的局限和不足。在水利管理领域尤其是在防洪抢险以及抗旱减灾中，这一独特的优势将得到普及应用和发展。同时，无人机运输携带方便，其长时间的续航能力和远距离的遥控技术，可最大限度地满足防洪抢险、蓄滞洪区运用等水利管理的一些特殊环境下的需要。在需要实时了解运用的蓄滞洪区范围或是干旱区域面积时，使用无人机可非常有效地完成监测任务。

无人机可分为直升机和固定翼飞机，水文流量测验是针对某水文断面开展的，一般测验区间小，且目前的测验仪器要求载体有较低的运动速度。因此，目前用于水文流量测验的无人机主要为直升机。受无人机荷载的限制，一般无人机在进行水文测量时都采用遥感测量法，避免测验仪器接触水面后受水流冲力影响飞行安全。近年来，遥控四轴飞行器技术得到了较好的发展，四轴飞行器以其较高的飞行稳定性，在水文监测中得到了较好的应用。目前可用于无人机测量的遥感测量法有电波流速仪、视频分析法等。

4.2 流量在线监测方法及分类

流量监测目前主要采用 ADCP、转子式流速仪及涉水测量的 ADP（ADV）测流，通常只能通过升级测流载体的机械自动化水平来达到半自动化测流。

本书主要研究流量在线监测技术。根据传感器是否接触水体，通常可以将流量在线监测技术分为接触式和非接触式两大类（表 4.2-1）。接触式主要有：ADCP 法、声学时差法、水力学法（比降面积法、堰槽法、水工建筑物法）等；非接触式主要有：侧扫雷达法、点雷达波测速法、视频测速法、卫星测流法等。

表4.2-1 流量在线监测技术分类

分类	方法
非接触式	侧扫雷达法
	点雷达波测速法
	视频测速法
	卫星测流法
接触式	声学时差法
	ADCP法
	水力学法

按照测流原理分类主要有声学法、雷达法、图像法及水力学法等。各类方法主要仪器、测量对象、测量优缺点见表4.2-2。

表4.2-2 流量在线监测技术特点

方法	仪器	测量对象	测量范围	优点	缺点	备注
声学法	水平式ADCP	水层流速	30～200m	1. 可快速测得水平层/垂线/扫描范围的流速； 2. 可同时测得断面水深	1. 对含沙量敏感； 2. 浅水河流中难以部署； 3. 边界附近存在测量盲区	可组合布设
	垂直式ADCP	垂线流速	20m、40m			
	扫描式ADCP	扫描区水体流速	30～200m			试用阶段、技术尚不成熟
	超声波时差法	洪水水层平均流速	2～2000m	1. 直接测得水层平均流速； 2. 测量断面可宽达数千米	1. 仪器两岸部署困难； 2. 易受水流扰动影响	可多层布设
雷达法	点雷达流速仪	水面点流速	单点	1. 不受水质、漂浮物影响； 2. 机动性高，可用于巡测	1. 对恶劣的测量条件敏感； 2. 需要水面存在强反射模式； 3. 低流速测量误差较大	测表面流速
	雷达侧扫/超高频雷达	水面流速场	30～500m	可获得水面流速分布	1. 需要现场标定； 2. 单台只能测量径向流速	

续表

方法	仪器	测量对象	测量范围	优点	缺点	备注
图像法	图像测速法	水面流速场	与安装高度有关测流范围较小	1. 时空分辨率高； 2. 测量范围广； 3. 原理直观、信息丰富； 4. 成本低廉、机动性高	1. 依赖于示踪物的可见性； 2. 成像环境复杂易受干扰； 3. 相机需要尽可能地架高； 4. 需要布设地面控制黄河口	测表面流速
	卫星遥感图像法	水位、河势	大尺度	1. 可获得流域信息； 2. 仅需少量现场实测数据	1. 测量误差大； 2. 尚处于研究阶段	主要用于流量反演

注：水力学方法包括水工建筑物法、比降面积法等。

4.3 声学多普勒法

ADCP 通过检测超声回波的多普勒频移量来测量流速。当发射频率为 f_s 的声波以声速在水中传播时，被以速度 v 运动的泥沙、气泡或漂浮物等粒子反射，形成接收频率为 f_R 的回波；如果运动粒子和接收换能器之间的距离缩短，则接收回波的频率增大，反之则减小。这种现象被称作多普勒效应，频率的改变量被称为多普勒频移 f_D，满足如下关系：

$$v=\frac{Cf_D}{2f_s\cos\theta} \tag{4.3-1}$$

式中：θ——发射波和水流方向的夹角；

系数 2——自发自收模式下的频移加倍。

测得 $f_D=|f_R-f_s|$ 就可以计算出水流的运动速度，符号表示运动方向。

固定式 ADCP 测流是将仪器探头固定在过水断面的某一位置处，施测水体中一定范围内的流速，并将部分流速与断面平均流速建立相关关系，进而实现流量在线监测。主要仪器类型有 H-ADCP、V-ADCP(坐底式、漂浮式)和扫描式 ADCP 等。

4.3.1 安装型式

H-ADCP 可安装在河岸、渠道侧壁或其他建筑物侧壁上，进行横向流速测验；V-ADCP 可安装在河底或水面，进行垂线流速测验；扫描式 ADCP 与 H-ADCP 安装型式相同。

4.3.1.1 H-ADCP

H-ADCP 安装时换能器必须保持水平，且平行于断面线，以保证声束为水平发射。H-ADCP 主机的安装高程应根据具体情况而定，基本原则是使 H-ADCP 位于水深的一半处。

当安装河段处水位变化较大时，也可在不同的水位级分别选择不同的安装位置。常用的安装方法主要分为两类：一类是采用滑轨安装型式，分为垂直滑轨和倾斜滑轨，仪器可进行上下提放，见图 4.3-1(a)、图 4.3-1(b)，目前滑轨安装也有采用伺服电机实现自动调整安装高度的形式，汉江局襄阳水文站已开始试验；另一类可采用臂式安装型式，见图 4.3-1(c)。垂直滑轨安装型式适用于岸坡比较陡峭的断面，倾斜滑轨安装和臂式安装型式适用于岸坡比较平缓的断面。

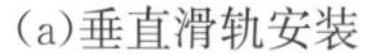
(a)垂直滑轨安装

(b)倾斜滑轨安装

(c)臂式安装型式

图 4.3-1 固定式 ADCP 常见安装型式

对于某些河流较宽的断面，其河宽远远大于 H-ADCP 的流速测验剖面范围，有时为了增加其测流的代表性，采用河道两侧安装的型式。需要说明的是，由于数值积分法推流是以 H-ADCP 测速剖面数据穿透水体为前提，有时也需要采用两侧安装 H-ADCP 的型式。

对某些水位变幅较大的河流，也可采用多层安装型式。在这种情况下，可提高 H-ADCP 施测流速的代表性(图 4.3-2)。

图 4.3-2 H-ADCP 测流示意图

4.3.1.2 V-ADCP

V-ADCP(图 4.3-3)根据安装方式分为坐底式、漂浮式，可根据具体测验条件进行选择。

对于水面较宽的断面,可采用多台 V-ADCP 或 H-ADCP 与 V-ADCP 组合安装的型式进行流量监测。组合安装时应考虑不同设备之间的同频干扰问题。

(1)安装坐底 V-ADCP 进行流量监测

应符合的要求有:①无泥沙淤积影响,规则渠道或渠化河道,或具有自由水面的涵管;②安装位置宜位于河渠中央;③仪器声束平面与河渠水面垂直,与河渠的纵轴线重合。

(2)安装漂浮 V-ADCP 进行流量监测

应符合的要求有:①无漂浮物和船只碰撞影响;②仪器的数量和位置,根据断面流速分布分析以及试验确定;③使用多台仪器时,设备保持或基本保持在同一断面线上。

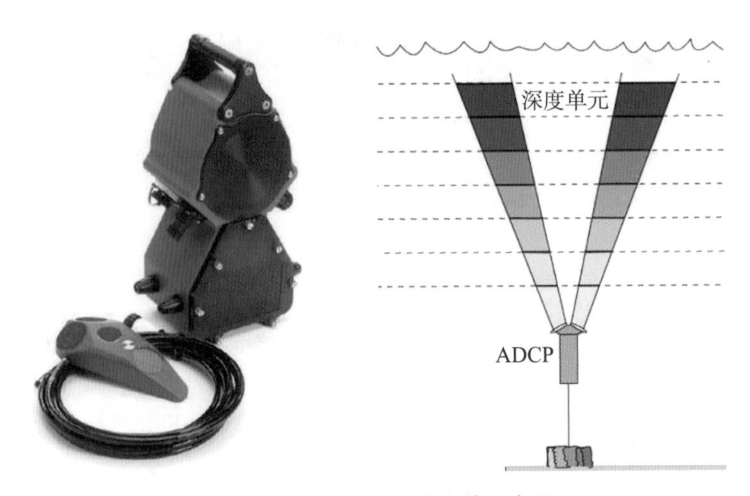

图 4.3-3 V-ADCP 及其安装示意图

4.3.1.3 扫描式 ADCP

H-ADCP 原则上是固定地安装在某一个位置,目前国内外也有动态的安装型式。在河岸上铺设滑轨,在滑轨上安装 H-ADCP 探头,通过步进电机进行编程控制,让 H-ADCP 上下转动扫描,进而获取断面的流速分布,增大实测区域。这种安装方法需要测验条件较好,目前已有成品设备,但技术尚不成熟,不做过多阐述。扫描式 ADCP 测验示意图见图 4.3-4。

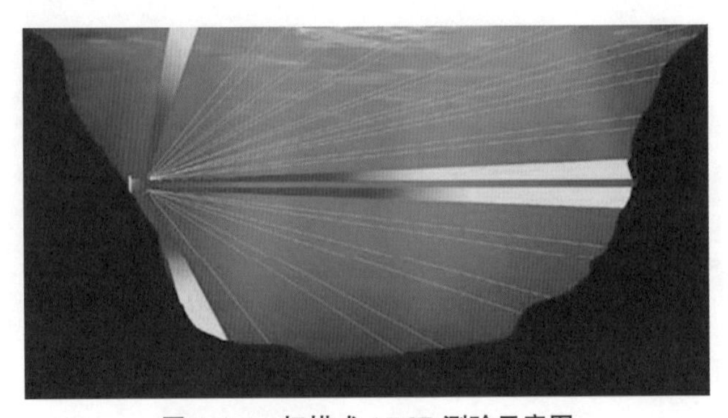

图 4.3-4 扫描式 ADCP 测验示意图

4.3.2 技术指标

目前，固定式 ADCP 较为成熟的有 TRDI 公司的 CM 系列 H-ADCP、V-ADCP，以及 SonTek 公司 SL 系列 H-ADCP 和 IQ 系列 V-ADCP 等，主要技术指标见表 4.3-1、表 4.3-2。

表 4.3-1　TRDI 公司的 CM 系列主要技术指标

<table>
<tr><th>设备名称</th><th>频率/kHz</th><th>测量范围/m</th><th>测速范围/(m/s)</th><th>测速精度</th><th>分辨率/(mm/s)</th><th>单元数</th><th>单元尺寸/m</th><th>盲区/m</th></tr>
<tr><td>CM300</td><td>300</td><td>4～300</td><td rowspan="3">默认±5，最大±20</td><td rowspan="3">±0.5%，±2mm/s</td><td rowspan="3">1</td><td rowspan="3">1～128</td><td>1～8</td><td>1</td></tr>
<tr><td>CM600</td><td>600</td><td>2～90</td><td>0.5～4</td><td>0.5</td></tr>
<tr><td>CM1200</td><td>1200</td><td>1～25m</td><td>0.2～2</td><td>0.2</td></tr>
</table>

表 4.3-2　SonTek 公司 SL 系列主要技术指标

设备名称	频率/kHz	测量范围/m	最小单元尺寸/m	单元数	测速范围/(m/s)
SL3000(3G)	3000	0.1～5	0.5	最大 128	±7
SL1500(3G)	1500	0.2～20	1.0	最大 128	±7
SL500	500	1.5～120	6.5	最大 10	±6

注：走航式 ADCP 也可当做 V-ADCP 使用。

4.3.3 应用条件

采用固定式 ADCP 测流的，应满足下列条件：

①测验河段宜为渠化河段或顺直均匀的自然河段，断面相对稳定，无紊流影响，有足够的顺直长度使得水流平顺、断面流速分布规则稳定，季节性的水生植物对断面流速分布无显著影响。

②具备可选并易于测量的垂线或流层代表流速。

注：代表流层并不一定需要横贯全断面。

③代表流速关系良好时，符合代表流速直接计算流量的使用条件；代表流速关系不好时，符合采用断面推流关系推流的使用条件。

注：代表流速法测流属于实测流量。断面推流关系法测流属于推算流量，该法将代表流速、本站水位、河段比降、上下游站水位等作为输入因子，是一种数学拟合推算方法。

④代表流速关系可覆盖各水位级或流速级，或可按不同水位级或流速级建立多个代表流速关系。

⑤采用单层固定式 H-ADCP 水位变幅不宜过大。

⑥H-ADCP 宜安装在单式断面，河底基本无较大起伏。

⑦坐底 V-ADCP 应具有稳固位置安装，不受推移质影响；漂浮 V-ADCP 应具有稳定措

施安置，不受漂浮物、风力、波浪影响，位置晃动不超过水面宽 1%或半径 2.5m 的较小值。

4.3.4 流量计算方法

固定式 ADCP 测得代表流速后，可采用数值法、代表流速法等进行流量计算。

4.4 超声波时差法

超声波时差法流量计是利用声波传播的特性，基于流速面积法原理制造出的测流仪器。其布置见图 4.4-1，在河流两岸水下某深度 A、B 处安装一对换能器，其距离为 L，声波顺水流传播时，实际传播速度为声速 c 加上水流速度在 AB 方向的分量 v_L，传播时间 $T_1=\frac{L}{c+v_L}$；逆水传播时，实际传播速度为声速 c 减去水流分量 v_L，传播时间 $T_2=\frac{L}{c-v_L}$。

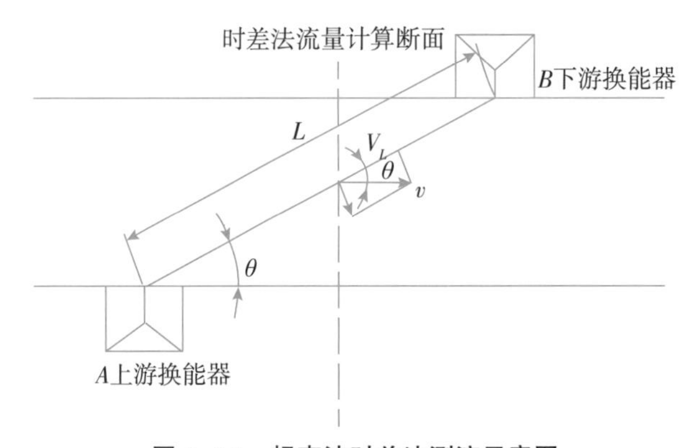

图 4.4-1 超声波时差法测流示意图

测出声波顺水和逆水传播的时间差就能测得水流速度，见式(4.4-1)、式(4.4-2)。

$$v_L=\frac{L}{2}\left(\frac{1}{T_1}-\frac{1}{T_2}\right) \tag{4.4-1}$$

$$v=\frac{v_L}{\cos\theta}=\frac{L}{2\cos\theta}\left(\frac{1}{T_1}-\frac{1}{T_2}\right) \tag{4.4-2}$$

声学时差法测流的优点是能够测得整个水层的瞬时平均流速，原理简单，人工内外业工作量少；无需过河设备，操作安全，还适用于受回水顶托、冰凌、潮汐和受水工建筑物影响的河段的测流。该项测验技术在国外已较为成熟，在国内诸多领域的应用也较为广泛，但大多局限于对固化渠道、有压管道、涵管等的流量监测，近年来也被应用于天然河道中。

4.4.1 安装型式

按河流情况、测流要求不同，超声波时差法流量计有多种工作方式。它们分别是单声道工作方式、交叉声道工作方式、响应工作方式和多层声道工作方式，另外还有简单的“反射工作方式”和“双声程工作方式”。各种工作方式示意图见图 4.4-2。

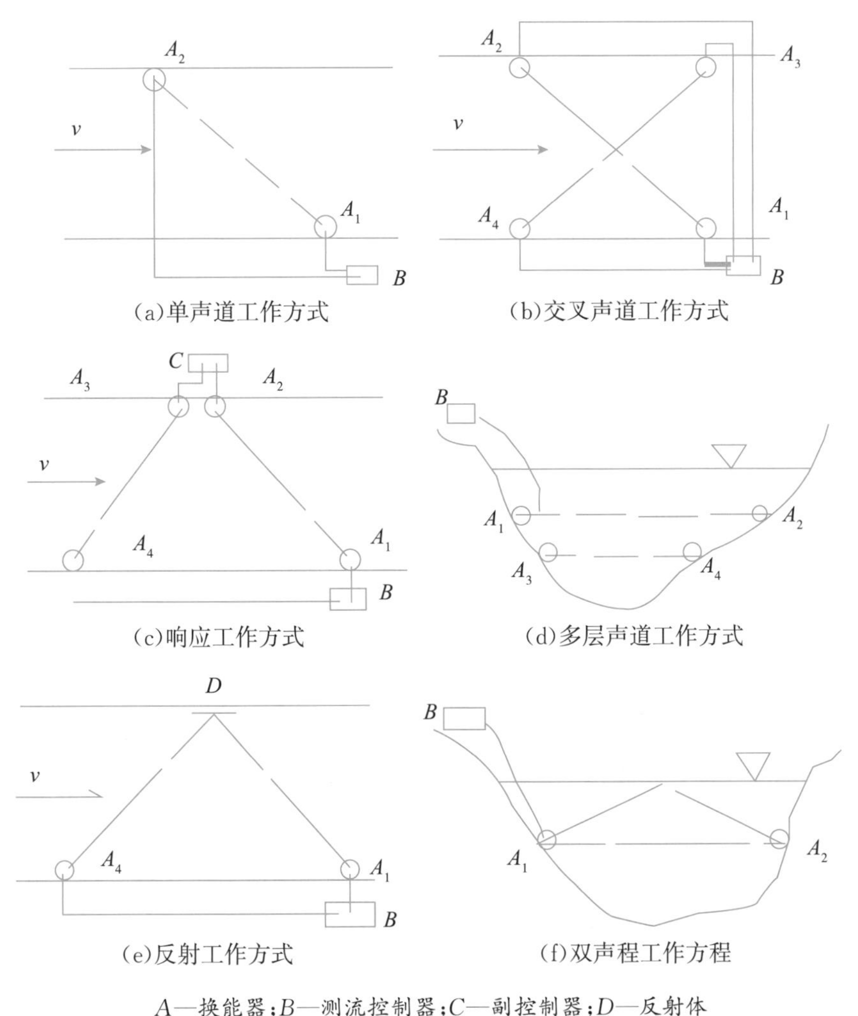

A—换能器；B—测流控制器；C—副控制器；D—反射体

图 4.4-2 超声波时差法流量计的各种工作方式示意图

4.4.1.1 单声道工作方式

单声道工作方式只在河流两岸安装 A1、A2 两个换能器，用一个声道测量断面平均流速，是最基本的型式。工作时，A1、A2 两个换能器用跨河电缆连接在一起，并均兼有发送接收声脉冲的功能。测得 A1 发射 A2 接收和 A2 发射 A1 接收的声脉冲传输时间，计算出时差，测得平均流速。此方式只能测得垂直于过水断面的流速分量，适用于河流流速和断面基本垂直的河段。对流向不太稳定或流向因素比较重要的测流断面，使用这种方式可能达不到测流的精度要求。

4.4.1.2 交叉声道工作方式

交叉声道工作方式在两岸设置两个交叉的声道，安装两组四个换能器，用两个声道测出平均流速和主流流向。工作时，A1、A2 声道测出 A1A2 联线上的流速分量，A3、A4 声道测出 A3A4 联线上的流速分量。此两声道间夹角是已知的，由此两流速分量可以算出平均流速和平均流向。此平均流向受流速的主要方向影响较大。交叉声道工作方式适用于流速不完全平行于河岸和流向不稳定的测流断面。

4.4.1.3 响应工作方式

响应工作方式不需要架设跨河信号电缆,特别适用于通航河流和较大河流。主岸侧架设 A1、A4 换能器和测流控制器,在对岸同一地点架设 A2、A3 两个换能器,但需要一个副控制器和单独的电源。测流时,测流控制器控制 A1 向 A2 发射声脉冲,A2 接收到后,将信号送到副控制器,在副控制器的控制下,A3 立即向 A4 发射声脉冲,A4 接收到后,将信号通过主岸信号电缆送到测流控制器,测流控制器计算出这一方向的声波传播时间。然后,测流控制器控制 A4 向 A3 发射声脉冲,A3 接收到后,在副控制器的控制下,A2 立即向 A1 发射声脉冲,A1 接收到后,测流控制器计算出这一反方向声波传播时间。计算上述两次声波传播时差,就可得到断面平均流速。这种工作方式的声道两次跨越断面,平均流速计算方法和上述不同。但所有信号传输都只在同侧河岸进行,所以不需要架设跨河电缆。但对岸有仪器设备,需要电源。

4.4.1.4 多层声道工作方式

多层声道工作方式适用于水深较大的断面。声学时差法流量计的一个声道只能测得一个水层的平均流速。如果水深较大或流态较复杂,用一个水层流速推求断面平均流速的不确定性较大时,可采用多层声道工作方式。这种工作方式需要在不同水深布设 2 层(或更多)测速声道,测得多个水层平均流速,以此推求较准确的断面平均流速,或用来计算部分水层流量。每层的布设方式可以是前三种工作方式的任一型式。有些制造商认为,每一层声道可以代表 4m 水层。天然河流中较少布设三层以上声道。多层声道工作方式用于水位变化较大、水深较深、流态复杂、流量精度要求高的断面。

4.4.1.5 反射工作方式

反射工作方式的布置类似于响应工作方式,但在对岸只有一个简单的声波反射体,没有复杂的仪器,不用电源,更不需要用过河电缆与主岸相连。反射体将 A1(A4)发射的信号反射回主岸的 A4(A1),反射信号被主岸的换能器接收,由此测得相应的时差。反射回主岸的声波信号肯定很弱,因此只能用于小河和渠道。这种方法较简单,价格也不高,但使用环境有更多的限制。

4.4.1.6 双声程工作方式

双声程工作方式实际上是某一种仪器的特殊测速功能。它的配置和单声道工作方式基本一致,但它能测到两个声程各自的平均流速。一个声程是两个换能器之间的连接直线声程,和单声道工作方式一样。另一个声程是经水面反射后的反射声程。这样的功能可以测得更多的流速信息分布。也有利于将仪器安装在最低水位以下时,水位变化升高后的流速流量测量。水位变化较大的中小河流可以考虑应用此方式。它能测到断面上部水体的流

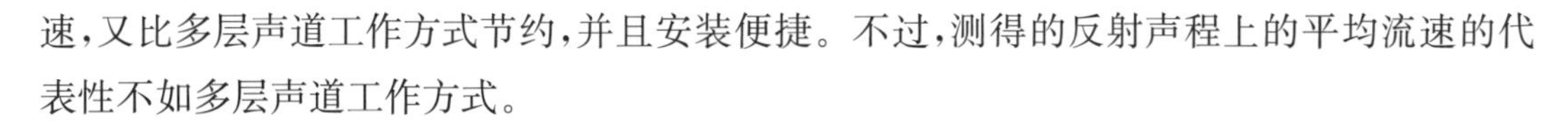

速，又比多层声道工作方式节约，并且安装便捷。不过，测得的反射声程上的平均流速的代表性不如多层声道工作方式。

4.4.1.7 仪器的安装

在水下一定深度的两边河岸上建造固定桩，在桩端或桩壁上固定安装声学换能器。有些换能器可安装在专用斜轨上，斜轨铺设在断面线上的两岸岸坡上。声学换能器可以在此斜轨上移动固定到不同水层，适应不同水位时的流量测量。要保证安装好的声学换能器准确地对准对岸相应的声学换能器，水平、垂直偏斜角度都要在仪器允差范围内。在很多河流上，要有对换能器的保护措施，如防撞、防淤、防人为破坏等。这些措施和仪器的安装设计都不应对水流发生较大的扰动。

如果需要安装跨河电缆，最好在河底铺设。如果只能架空铺设，要有完善的防雷和防干扰措施。如果难以安装跨河电缆，不管河流大小，都可考虑不需要跨河电缆的响应工作方式。但这种工作方式的仪器较为复杂，可能会影响使用效果。小河上可考虑应用简单的反射工作方式。

测流控制器、电源以及可能有的通信传输设备应安装在站房或仪器棚内。连同信号电缆一起，都必须有完善的防雷措施。

4.4.2 技术指标

国内一直在陆续研制出一些用于河流渠道的声学时差法流量计产品。也曾有过一些产品的试验性应用，但被淘汰的较多，有一些还在试应用中。国外这类产品种类很多，大量应用于水文测验中。现以一较先进的、适用于大河的产品为例，对其技术性能作介绍。

表 4.4-1　　时差法测流系统技术指标

频率	测量范围/m	流速量程/(m/s)	流速误差/%	流量误差/%	分辨力/(mm/s)
28kHz	200～2000	±10	在测量的声路上应小于±0.1	通常误差应小于±3 现场校准后优于±1	1
200kHz	1～200	±10	在测量的声路上应小于±0.1	通常误差应小于±3 现场校准后优于±1	1
500kHz	1～100	±10	在测量的声路上应小于±0.1	通常误差应小于±3 现场校准后优于±1	1
1MHz	0.5～15	±10	在测量的声路上应小于±0.1	通常误差应小于±3 现场校准后优于±1	1

①测流声波频率：28kHz～1MHz；

②水中声道长度：0.5～2000m；

③测速范围：±10m/s；

④测速准确度：±0.1%；

⑤输出：数字输出为 RS-232 和 BCD 码，模拟输出 0 或 4～20mA，0～5 或 10V，数字显示；

⑥电源：220VAC，工作功耗 35VA，值守功耗 5VA。

该产品可以使用在各种宽度的河流，对断面的宽深比没有什么要求。使用 28kHz 时，可以适应一定含沙量的水流和很大的河宽。可以测量正反向流速，在近似于零流速时，可以测得每秒几厘米的低流速。测流控制器能连接 8 个声学换能器，组成 4 个声道，以测量较复杂的断面。可以配用其他自动水位计测量水位并接入测流控制器。整个测流系统可以很方便地接入遥测系统。

目前用于中小河流的产品很多，它们的技术性能和上述产品有较大不同。很多是单声道的，测速范围也小些，都用直流供电，功耗也只有几瓦，适于野外使用。但它们的自动化性能也是很强的。

4.4.2.1 准确度分析

与 H-ADCP 相比较，二者都是应用流速面积法进行测流。时差法测速时接收的是另一换能器发射的声波，信号强，接收判别处理正确；多普勒法测速时，接收的是水中气泡、颗粒漂浮物的杂乱回波，信号很弱，还很离散，不利于正确接收和判断多普勒频移，同时由于水体介质和悬浮物的散射作用会降低信噪比，H-ADCP 应用水层的宽度通常小于 200m。二者相比，时差法的测速准确性会高于多普勒法，适用范围也广些。

时差法直接测量的是声脉冲在水中的传输时间，比较容易准确测量；多普勒法测量的是断面两侧对称点水中颗粒回波的多普勒频移，同时假定两对称点和断面上相应点的流速是一致的，这个假定会带来一些误差。时差法的声道虽然和测流断面斜交，但它毕竟横过了整个断面；H-ADCP 往往只能测量岸边一部分断面的水层流速，由此推求的断面平均流速不会比时差法更准确。在大河上应用时更是如此。因此，从流速代表性上讲，时差法优于多普勒法。

时差法可以测得较低流速，并能在很浅的水中工作而不受河流水面河底影响；而 H-ADCP 对断面的宽深比有明确要求。时差法的测速水层可宽达千米以上，受流速和含沙量影响较小；H-ADCP 常常只能测得数十米内的流速。这都有利于时差法的测速应用于更大范围。

H-ADCP 利用声速来确定测点位置，声速变化会影响测得的流速分布。

时差法的测速时间很短，在测速过程中，声波在水中的传播速度不会变化。因此，水层平均流速计算公式中的声速项已自然消去，使得时差法测速准确度与水中声速无关。实际上，声道很长时，若沿程水温、水密度有较大不同，会对声束传播有些微影响。但在绝大部分场合，对测速的影响仍可忽视。

H-ADCP 能测得流速的剖面分布信息，而时差法只能测得整个声程上的平均流速。这是时差法测速的缺陷。

4.4.3 应用条件

4.4.3.1 适用场合

声学时差法的换能器工作时接收的是另一换能器直接发射的超声波，相比水平式ADCP信号更强，数据也更稳定，应用水层可宽达数千米；由于测得的是整个水层的平均流速，具有较好的代表性。最大的缺点是需要在两岸安装设备，仪器的防护和供电较为困难。

超声波时差法流量计可用于人工渠道、天然河流以及管道中，应用在渠道、管道上最为常见，精度也较高。天然河流上超声波时差法流量计对复杂的水流条件适应性比较强，流态紊乱以及有顺逆流的感潮河段都可以用此方法。

时差法流量计不适宜用于断面变化很大和过于宽浅的河道。河流中过于频繁的通航船也可能影响仪器的工作。

4.4.3.2 物理因素对测量的影响

(1)悬浮粒子

经水发送声信号时，信号会丧失一些能量。因此，声信号的高度会不断降低，最终信号被阻尼。这种阻尼意味着所收信号的强度弱于最初所发信号的强度。虽然声信号经水传播时高度会降低，但是频率等其他参数保持不变。

一般来说，使用较低频率时，流量计系统的可靠性会有所提高，但成本较高。

(2)气泡

水从水库闸门降至河道中时形成的气泡或者源自河道底层产氧植物的气泡都会导致声信号阻尼。气泡的物理作用类似于悬浮粒子，包括磨损(信号能量转化为热)和分散问题。但是与水中悬浮粒子相反的是，气泡容易压缩，因此会进一步影响声速。

在有大量空气(无论是因生物过程产生还是水中截留)的测量场地，白天时测量通常会受到干扰或被完全停止。日落后，生物过程减少，声学条件有所改善，流量计能够恢复工作。

(3)温度和含盐量

超声波信号在水中的速度也受温度和含盐量的影响。空气和水之间存在明显温差时，这两者之间会发生能量转移。这会导致水中形成温度梯度，从而将声信号从正常的水平路径转移。这种转移非常严重，会使信号无法遇到接收传感器。在这种情况下，发送器与接收器之间没有声音连接时，当然无法进行测量。含盐量梯度也具有类似的影响。

温度变化通常也存在以下情况：有大量暖水进入河道的冷水入口中；冷水再次进入河流并与自然水流相接的动力设备附近；死水渠道的水与横截面的主水流一起流动之处；深水与自然排放混合之处；或者温度不同的通海孔和河流交汇时。

在夏季，强烈的日照对上层水温的影响大于下层，因此出现负水温梯度。在冬季，温度在 4℃以下，这种影响相反。在含盐量梯度不同的情况下，下层始终含盐量较大，因此总是形成负梯度。一般来说，夏季的负温度梯度会使信号进入河道更深的下层。负含盐量梯度会使信号进入上层。

4.4.3.3 测验河段选择

时差法的声束横过断面，与断面线呈 45°夹角，涉及的河段长和河宽相等。如果采用不架设跨河电缆的响应工作方式，涉及的河段长为 1.4 倍河宽。在这样长的河段以及上下游一定范围内，水流应该保证较为顺直，且具有稳定的流态。时差法对安装河段的要求高于其他流量测量方法。

使用时差法流量计要在河的两岸安装声学换能器，可能有很多困难。有技术和工程上的困难，保护和防破坏的困难，还可能有要经过有关部门批准的困难。选用这类仪器必须先考虑安装问题，同时考虑是否有安装应用跨河电缆的可能，以便正确选型。

有的时差法流量计功耗较大，如不用交流供电，会需要较多的蓄电池供电。

在航运河段，要注意保护声学换能器不受船舶冲撞损坏。船舶驶过时，船体水下部分对声速的阻挡、船尾螺旋桨对水流的扰动和产生的气泡会影响声波传输和产生干扰。因此必须事先清楚地了解仪器这方面的性能和可能的影响程度，否则，在安装和应用中会产生一定困难。船只太多的通航河流更要考虑这些影响。

不应在水草较多的河道安装时差法流量计，声程上的水草会阻挡声束传播，因光合作用水草冒出的气泡也会阻挡声束传播。其他的水中声学仪器也会受此影响。

4.4.4 流量计算方法

时差法流量计算可采用数值法、代表流速法，还可采用流速面积法。具体计算方法可参照 ISO 6416—2017，在此简要介绍单声路系统和多声路系统的计算方法。

(1)单声路系统

$$Q=k_1\times k_2\times V\times A \tag{4.4-3}$$

式中：Q——时差法计算流量，m^3/s；

k_1——理论流速计算的标定系数；

k_2——现场安装造成的标定系数；

V——时差法传感器实测水层平均流速，m/s；

A——过水断面面积，m^2。

(2)多声路系统

多声路系统流量计算方法主要有中截面法和平均截面法，其计算方法比较类似，主要介绍中截面法，计算方法见图 4.4-3。

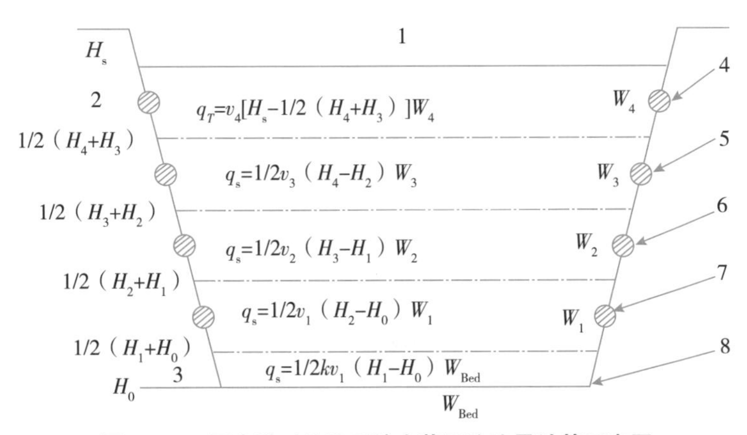

图 4.4-3　四声道时差法系统中截面法流量计算示意图

图 4.4-3 中，标注 1 处为水面，2 为顶部，3 为底部，4 为第四层路径，高程为 H_4，5 为第三层路径，高程为 H_3，6 为第二层路径，高程为 H_2，7 为第一层路径，安装高程为 H_1，8 为河底，高程为 H_0。H 为高程，H_s 为水位，W 为断面横截面宽度，v 为流速，k 为最底部流速系数，通常取值为 0.4～0.8，q_s 为水层部分流量，q_T 为顶部部分流量，从而计算出总流量为：

$$q = q_0 + q_1 + q_2 + q_3 + q_T \tag{4.4-4}$$

时差法系统可自行设置经验系数 k，故最终流量为：

$$Q = k \times q \tag{4.4-5}$$

4.5　雷达测速法

雷达测速法主要分为点雷达测速和侧扫雷达测速两类。

点雷达流量在线监测系统通过多普勒原理测量水体表面点流速，通过分析率定代表流速关系计算断面流量。点雷达测速仪采用 X 波段(10GHz)的微波测量波束覆盖区域内的水面点(小区域)流速。根据部署方式的不同，用于流量在线监测的一般为桥测式、悬臂式及缆道搭载式。仪器的流速测量范围一般为 0.2～15.0m/s。由于操作安全、测量速度快且不受水质和漂浮物的影响，特别适用于监测湍急河段和抢测洪峰。但由于原理上是利用表面波及漂浮物的回波信息，对于缺乏上述水面模式的平滑水面或模式杂乱的紊流区域，难以得到稳定的测量值；此外，波束角、方位角及俯仰角也是影响仪器测量精度的主要参数，由于波束倾斜照射水面，在波束角形成的椭圆投影面内，任一处强反射都可能被识别为测点流速，因此波束角越大，俯仰角越小，测点位置的不确定性也越高。目前该方法主要被用于测验断面相对稳定，且有公路桥、缆道或悬臂可借用的水文断面(图 4.5-1)。

用于测量海面涌流分布的扫描式雷达流速仪(侧扫雷达)近年来被发展用于河流表面流场的测量。相比点雷达流速仪，它具有 3 组独立的八木天线阵列及对应的超高频(UHF)收发器，可以利用表面波对雷达信号产生的 Bragg 散射现象测量±45°扇形区域内的径向水面流速分布(图 4.5-2)。通过建立单元表面流速与断面平均流速的关系,经流速面积法计算得到断面流量。

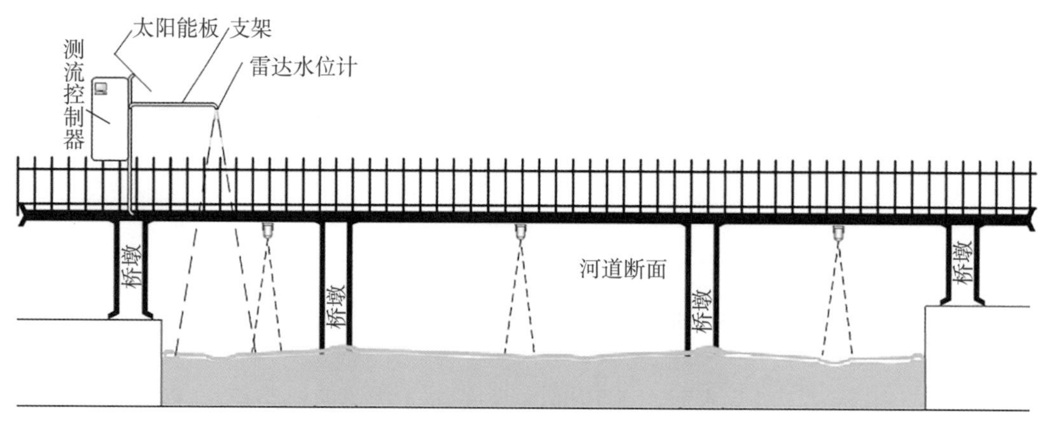

图 4.5-1　多探头布置现场图(借用桥梁)

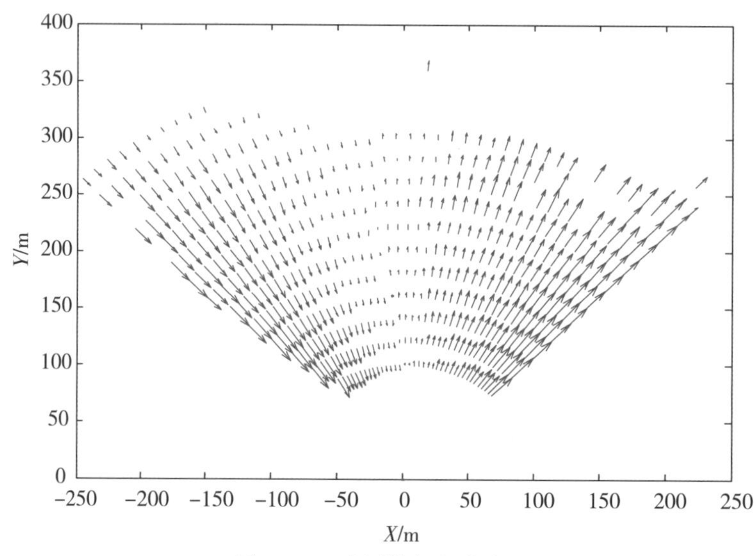

图 4.5-2　实测的径向流速图

4.5.1　仪器类型

雷达测速仪主要有点雷达测速仪和侧扫雷达(超高频雷达)两类,其中点雷达测速一般有固定安装和缆道安装两种。

(1)固定式雷达流速仪

这类仪器能安装在某一固定点(如桥上、岸上),长期自动测记仪器对准水面处的水面流速,部分二合一产品内置雷达水位计,可同时测量水位(图 4.5-3)。

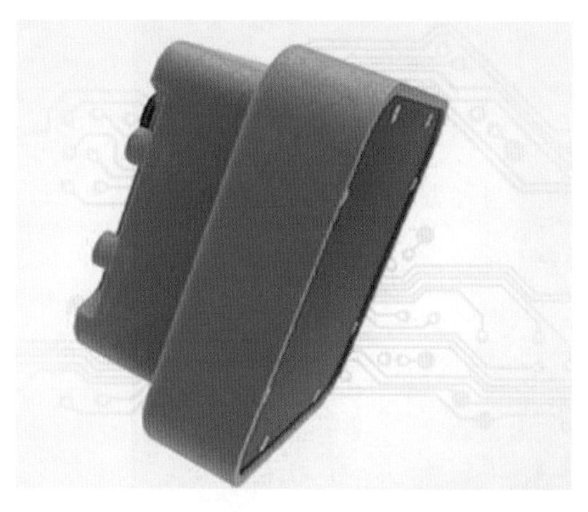

图 4.5-3　固定式的雷达流速仪

(2)移动式雷达流速仪

安装在缆道上进行走航测量多垂线水面流速的雷达流速仪,可以得到更多的水面流速信息。此类雷达流速仪有两种:一种是自带动力的遥控自动测速雷达流速仪,可以安装在简易缆道上进行全断面多垂线水面流速测验,另一种是无动力装置的自动测速雷达流速仪,可以安装在水文缆道行车架上,采用缆道牵引的方式进行多垂线水面流速测验(图 4.5-4)。

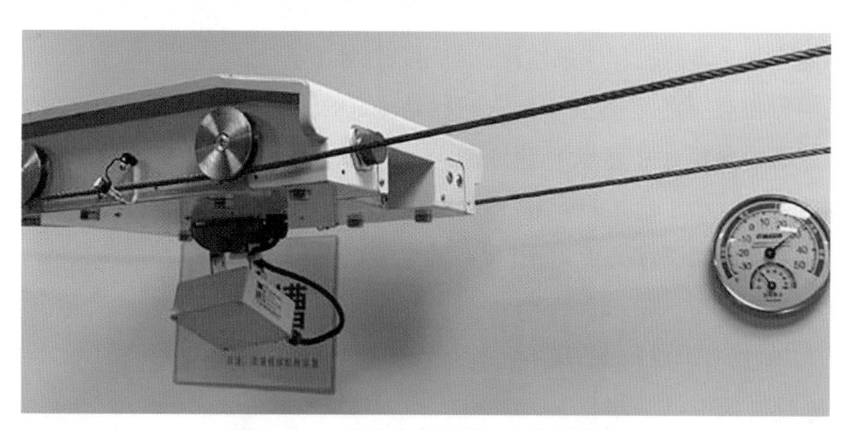

图 4.5-4　移动式自动测速电波流速仪

(3)侧扫雷达

侧扫雷达可以在海岸上扫描几平方千米甚至几十平方千米范围内的海面海流分布。海面上浪很高,有利于微波反射,可以进行扫描测速。在河流流速测量中,侧扫雷达也开始广泛使用,可以固定安装在岸上进行水面流速自动测量(图 4.5-5)。

根据河道条件和需求,侧扫雷达可配置为单站式系统和双站式系统。

图 4.5-5　侧扫雷达(单站式)

4.5.2　应用条件

4.5.2.1　点雷达

雷达测速系统适用于表面流速与断面平均流速能够建立相关关系的测站,尤其适合山区性河流中高水的流量测验与应急监测。应用条件如下:

①测验河段相对顺直,一般要求顺直河段是河宽的 3～5 倍;

②断面流态情况相对稳定、无回流或漩涡;

③表面流速不宜小于 0.2～0.5m/s,且要求有一定的水波纹;

④仪器距水面距离不宜高于 35m;

⑤波束与水面夹角宜在 45°～60°;

⑥应注意风、雨对测验精度的影响。

4.5.2.2　侧扫雷达

侧扫雷达测速系统适用于能够根据河流断面及水流特性建立流量计算模型的测站,尤其适合高洪流量测验、浅滩过水流量测验与应急监测等。应用条件如下:

①测验河段相对顺直,一般要求顺直河段是河宽的 3～5 倍;

②断面流态情况相对稳定、无回流或漩涡;

③河宽在 30～1000m;

④表面流速不宜小于 0.2～0.5m/s,且要求有一定的水波纹。

侧扫雷达安装方式有:安装在岸边、水文站等建筑物上、车载等。安装及应用中应注意以下问题:

①雷达安装点到河面区间应开阔、无遮挡;

②安装点应考虑电磁环境及干扰防护，应与高压线、电站、电台、工业干扰源保持安全距离；

③安装点应选择在平直的河道上，尽量远离水坝、水库或降低水坝、水库影响；

④应尽量避免受到紊流影响，减少受过往船只和停泊船只影响；

⑤使用期间应避免同频信号干扰影响，避免在侧扫雷达附近使用同频设备。

4.5.3 技术指标

4.5.3.1 点雷达

系统组件包括：雷达传感器及机箱总成、测流控制器（含避雷器）、风速风向传感器、雷达水位计、GPRS 模块、供电系统以及测流软件。主要技术指标如下：

表 4.5-1 雷达测速仪主要技术指标

性能指标	技术参数
测速范围	0.2～15m/s
测速精度	±1%FS
测速分辨率	0.01m/s
工作电压	DC6～30V
通信协议	4～20mA/HART、RS485、MODBUS 协议
工作温度	－35～50℃
防护等级	IP68

4.5.3.2 侧扫雷达

国内目前有 10 余家雷达表面流速仪生产厂家，雷达测速的原理方法均大致相同，只是在流量反演方法上有一定的区别。一个完整的侧扫雷达测速系统一般由侧扫雷达测流仪、水文基础数据通用平台、射频线缆、综合机箱（包含电磁波收发组件、中频信号处理机、工业控制计算机和稳压直流电源）、通信设备、太阳能电源等组成。侧扫雷达测流仪测量断面流速并将流速数据发送到云端的数据平台，数据平台通过断面资料、水位和流速数据合成流量数据。侧扫雷达测流仪包括发射和接收天线，由电磁波收发组件实现发射机和接收机的功能，中频信号处理机和工业计算机实现信号处理和数据转发等功能，数据存储在云数据服务器上，数据显示由访问云数据服务器的计算机或手机实现。

侧扫雷达的主要特点有：

①适用范围广，测量面积大，环境适应性好，不受天气影响，可全天候连续工作，还可以车载使用。

②可直接、连续获得河流表面流场。

③安装简单，全自动操作，雷达结构简单，采用侧扫方式工作，对安装地点要求降到最低。现场安装简单方便。设备不需要人员监管，全自动工作使用。

④用 Bragg 散射效应，回波质量高，探测性能优于多普勒效应的电波流速仪。

据了解，目前侧扫雷达运用比较广的有武汉大学自主研发的 RISMAR-U 雷达测流系统、南京微麦科斯电子科技有限责任公司的 Ridar－200 型侧扫雷达等。主要技术指标见表 4.5-2。

表 4.5-2　侧扫雷达主要技术指标

名称	参数
雷达波段	UHF 波段
供电电压	220VAC 或 24VDC
平均功率/W	90
覆盖面积/m^2	160000
测量河流宽度/m	30～500m
方位角分辨率/°	1
测速范围/(cm/s)	2.0～500

4.5.4 流量计算方法

雷达测速仪测得表面流速后，可采用数值模拟法、代表流速法等进行流量计算，侧扫雷达还可采用水动力学模型法进行流量计算。

①采用数值模拟法对河流进行流体动力学模拟的方法，取得不同边界和初始条件下的河流研究范围内任一断面或者不同点的流速。

②将雷达侧扫技术平台获得的表面流场流速数据同化到三维水动力学模型中。

③结合水位和大断面地形即可实时计算断面流量，从而提高断面流量监测能力和计算精度。

4.6 图像测速法

20 世纪 90 年代，Fujita 等将实验室流体力学研究中的粒子图像测速(PIV)技术改进用于现场河流的水面流场观测及流量估计，称之为大尺度粒子图像测速(LSPIV)。该方法以河流水面的植物碎片、泡沫、细小波纹等天然漂浮物及水面模式作为水流示踪物，认为示踪物的运动状态即代表被测水面二维流场中局部流体的运动状态。根据描述流体运动的拉格朗日法，若以 t_1 时刻划分的 1 个图像分析区域内包含的局部粒子微团为研究对象，假设 2 帧图像曝光的时间间隔 Δt 足够短，则认为在 t_2 时刻的图像中存在 1 个没有粒子流进和流出的匹配区域对应于相同的局部粒子微团，因此只要在分析区域的空间邻域内搜索具有最大相似度的匹配区域，得到 2 区域中心的间距 S，就可以估算出该局部流体微团的运动矢量 $\nu=S/\Delta t$（图 4.6-1）。

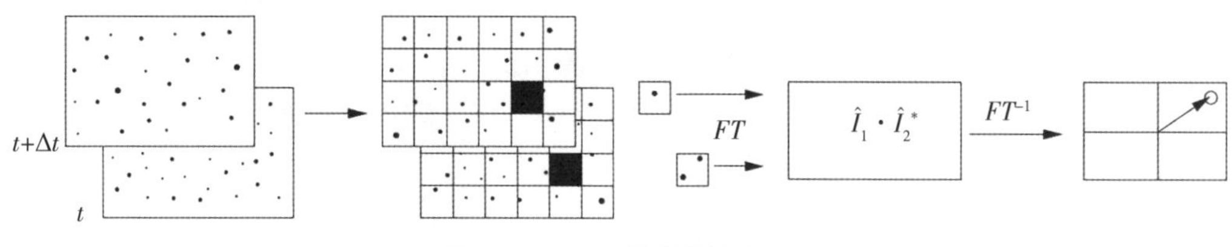

图 4.6-1　PIV 技术基本原理

4.6.1　应用条件

（1）优点

相比其他非接触式方法，大尺度粒子图像测速法（LSPIV）具有如下优势：

①时空分辨率高，测量系统能在数分钟内完成图像采集和分析，测量结果为二维流速矢量场和断面流量。

②测量范围广，理论上只要视频图像的帧速率足够大，就没有流速测量的上限。

③原理直观，信息丰富，数字图像易于理解、分析、存储和传输，除了能获得水面的瞬时和时均流场信息，图像本身还可用于工情监测。

④成本低廉，机动性高，系统可基于现有的水利视频监控系统实现，或采用市面上成熟且通用的硬件产品搭建，具有明显的经济效益。鉴于以上特点，LSPIV 不仅可用于常规条件下明渠水流紊动特性的研究，更具有极端条件下河道水流监测的应用潜力。

（2）缺点

LSPIV 的主要缺点如下：

①测量的可靠性较为依赖于水流示踪物，因此在水面缺乏天然漂浮物或水面模式的情况下测速效果受影响；

②河流水面成像的光学环境复杂，大气散射、水面反射及水下散射等的噪声都会影响水面目标的可见性；

③图像采集设备应尽可能架高才能避免小角度下拍摄造成的远场分辨率不足；

④测流前需要在现场布置人工控制点或勘测地物特征点用于流场定标。

在 2018 年金沙江“11 • 3”白格堰塞湖应急监测结束后，长江委水文局利用堰塞湖现场无人机拍摄影像资料，联合相关技术单位，采用 LSPIV 技术对堰塞湖溃决时的流速进行了后期分析，与现场实测数据有较好的一致性，验证了 LSPIV 技术在应急监测中的实用性（图 4.6-2）。

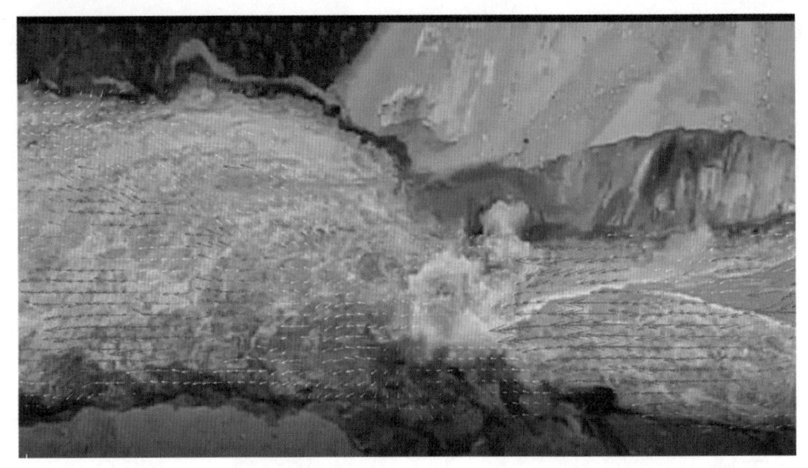

图 4.6-2　白格堰塞湖溃决过程的 LSPIV 流场识别结果

4.6.2　技术指标

图像测速系统可架设于桥上或者岸边，具备安装简便、系统稳定等特点，不需要人员值守，在一些极端情况下也能进行稳定可靠的测量。

目前，主要厂家有南京吴控公司、武汉大学智慧水业研究所、天地伟业技术有限公司等，主要技术指标见表 4.6-1。

表 4.6-1　　图像测流技术指标

测量范围/(m/s)	流速误差/%	流量误差/%	测量间隔/s	供电方式AC/V	工作温度/℃	工作湿度/%	防护等级
0～10（量程与安装高度有关，可支持测量更高流速）	<8	<12	600（可设置，采集频率最高支持 12 次/s）	220（太阳能供电选配）	−40～60	0～90（RH）	IP65

4.6.3　流量计算方法

图像测速系统测得表面流速后，流量计算方法与雷达测流系统相同，可通过数值法、代表流速法等进行流量计算。

4.7　卫星遥感测流

以遥感技术为代表的河道流量反演方法是近年来计算机科学和空间科学深入探究的产物，可在复杂地质条件和外部恶劣条件下，以非接触的形式完成流量反演。按照采用的遥感不同，可分为微波（雷达）遥感测流和光学遥感测流。

(1)微波遥感

利用微波遥感技术获取河流水面宽、水深、流速等水文参量或水面坡度、河床宽度等状态参量,结合河川径流实测数据,建立水文或状态参量与河流流量之间的关系模型。主要包括遥感经验关系模型和全遥感参量模型两种。

1)遥感经验关系模型

遥感经验关系模型较多,目前应用较为广泛的是基于水面宽度变化、水体区域与非水体区域微波辐射差异的流量估算模型。它们利用卫星遥感获取的河流水面宽、水体区域与非水体区域微波信号比和实测流量数据建立经验关系。前者主要从主动微波影像中提取,后者主要从被动微波影像中提取,已成功地应用于全球大型河川径流监测中。上述方法的关键是利用遥感影像获取河流水面空间分布和电磁响应变化特征。目前,ERS-1、RADARSAT、SMMR(扫描式多通道微波辐射计)和 AMSR-E(微波扫描辐射计)等主被动微波遥感影像均可用于河流水面变化信息检测,为方法的推广应用提供了数据保证。

然而,基于一个地区特定河流建立的关系难以移用到其他河流。此外,对于主动微波影像而言,由于规则矩形河流和形态极不规则河流的流量与水面宽度之间不存在明显的线性关系,基于水面宽度变化的河流流量估算方法无法使用。对于被动微波影像而言,其较低的空间分辨率,限制了它在中小型河川径流监测方面的应用。

2)全遥感参量模型

为提高遥感河流流量监测方法的精度,增加方法的适应性,主要有基于河流水面流速、水面宽和水深 3 个参数的河流径流全遥感参量估算模型。

$$Q = V \times W \times Y \tag{4.7-1}$$

式中:V——平均流速;

W——河流水面宽;

Y——平均水深。

其中,平均流速采用表面流速乘以特定系数的方式计算。由于遥感测量河流表面流速对遥感器飞行方向和风向的要求很高,成功应用的航空遥感数据为美国喷气推进实验室的干涉雷达遥感影像 AirSAR。表面流速采用多普勒沿轨道干涉测量技术从雷达遥感影像上获取。水面宽度参量的获取相对而言最为简单,只需从卫星影像或地形图上提取出河流水面信息,并估算所选河段的平均宽度即可。由于水深不能直接由遥感测量,需利用遥感监测的水位及河流底部参考高程进行估算,即利用遥感获得的河流水位减去实测或地形图上量测得到的河流底部参考高程来计算。常用的河流水位监测雷达高度计数据源包括 ERS、TOPEX/Poseidon、ENVISAT 等。

由于全遥感监测数据驱动的河川径流估算方法,不依赖于实测数据,估计误差最小,且适用于不同河流,它是理想的河流流量监测方法。对于河流水面宽度参数的提取,在轨运行的卫星平台可以提供大量的数据源。然而,对于水面流速和水位参数而言,只有少量数据源可用。因此，在水面宽度、流速和水深不能同时从遥感影像上获取时，基于实测数据的统计关系模型仍然是不错的选择。

(2)光学遥感

多光谱卫星影像具有光谱分辨率、空间分辨率高、覆盖范围广、重返周期短等特点。水体和其他地物在多光谱影像上的光谱特征存在明显不同，这些特征也可用于监测河川径流变化。

多光谱遥感影像在河川径流监测中的应用主要有两个方面：一是直接利用河流水面和其他陆面的光谱差异与实测流量建立数值关系。二是利用河流水面在多光谱影像不同波段上的吸收和反射特性，从多光谱影像上提取不同河段的水面宽度，再与实测河流流量数据建立经验数值关系。对于这类方法而言，水面与其他陆面之间的光谱差异分析，以及河流水面信息提取方法是关键。目前为止，这方面的研究已经比较成熟，LandsatMSS/TM/ETM+、MODIS、ASTER、SPOT 等常用多光谱影像均已被成功应用于地表水面信息提取。

然而与微波遥感经验模型一样，方法的建立必须以实测河流径流数据为基础，基于一个地区建立的数值关系模型难以移用到其他地区。这也是当前多光谱卫星影像数据源虽然十分丰富，但在河川径流监测方面应用较少的主要原因之一。此外，多光谱卫星对地观测时，易受降雨、云雾等恶劣天气影响是限制其应用的另一个原因。

利用卫星遥感技术进行水文监测与地面站点水文监测相比，获得的监测数据具有覆盖范围大、受地形因素影响小等特点，具有广泛的科学和社会价值。由于各种原因，现阶段大部分偏远的河流上只有少量水文监测站点，没有或者缺乏水文资料，有些地区的河流流量由于建站条件、交通条件等因素的影响甚至根本无法实地测量。遥感以高效、数据量大、观测范围广的优点，在河川径流监测实践中可发挥重要的作用。

4.7.1 适宜性分析

分析现阶段卫星遥感技术进行水文监测的适宜性，可从遥感数据获取能力、遥感数据处理能力等方面进行综合评估。

(1)遥感数据获取能力

遥感数据获取能力可从空间分辨率与时间分辨率(重返周期)两个维度进行评估。

1)水文监测需求分析

从空间分辨率来看，若在无人区、源头区河段开展卫星测流，由于这些区域的河流往往较小，河宽较窄，因此对卫星遥感的空间分辨率需求较高，至少应不低于 5～10m；而对于大江大河而言，往往河宽可达数百米，卫星遥感空间分辨率可满足需求。

从时间分辨率来看，当河段径流变化很慢时，可数日监测一次流量，其时间分辨率需求可稍低；而对于洪水期而言，要求时间分辨率尽量高，对于山区性河流而言更是如此，一般不宜低于 0.5～2 小时，则时间分辨率需求较高。

2)卫星遥感的输出能力

卫星遥感的时间分辨率和空间分辨率存在内在矛盾,两者往往此消彼长、不可兼得。空间分辨率较高的卫星,其时间分辨率极低,如 WorldView-3,分辨率可达 0.3m,是当今世界上分辨率最高的光学卫星,但其重访周期却需要 13 天;而时间分辨率较高的卫星,其空间分辨率较低,如高分 4 号的重访周期可达分钟级别,但其空间分辨率仅有 400m。理想的卫星遥感产品是同时具有较高的时间分辨率和空间分辨率。近年来,随着卫星技术的进步,“一星多用、多星组网、多网融合”的星座大规模应用阶段的到来推动了卫星时间和空间分辨率的提升,目前“吉林一号”最高分辨率是 0.72m,单日同地点访问 5~8 次,未来仍将继续提升。

3)适宜性评价

从需求分析及实际输出能力的对比可见,水文监测需求分析与卫星遥感的实际输出能力存在一定的矛盾,如在河宽较小、流量变化较快的时期,卫星遥感测流应用难度较大。不过在有些场合卫星遥感测流则基本可满足实际需求,如在河宽较大、流量变化缓慢的时期,可探索采用卫星遥感进行流量推算。尤其是在重访周期很短但河宽较大时,可采用卫星遥感测流。

(2)遥感数据处理能力

1)数据处理现状

遥感图像处理是对遥感图像进行预处理、辐射校正、几何纠正、图像整饰、投影变换、图像镶嵌、特征提取、地物分类以及各种专题处理等一系列操作,以求达到预期目的的技术。而这一过程目前在很大程度上还采用人工与自动化处理相结合的模式进行,自动化程度较低、时效性不高,遥感数据处理能力还明显不足。

2)适宜性评价

从数据处理现状可见,当前遥感数据处理时效还明显不足,不具备传统水文监测中测验完毕即出成果的特点;即便建立了遥感图像自动解译专家系统,实现遥感图像专题信息提取的自动化,也还受卫星数据预处理中诸如校正文件无法及时获取等因素的制约,因此也无法即时计算出测流成果。

对于超标准洪水应急监测,可采用概化处理的方式,在牺牲一定精度的前提下换取一定的时效性,仍可探索采用卫星遥感进行流量测验。

4.7.2 径流反演方法

卫星遥感图像用于获取地面河流的形态、水位等信息,并结合地面测量值和水文模型估计河流流量。方法大致可分为以下 3 类:

(1)利用河宽估计流量

Leopold 等提出河道宽度 W 与流量 Q 之间近似存在 $W=aQ^b$ 的关系(a 和 b 为系数)。

以此为基础，Smith 等用 ERS-1 的 C 波段探测了 Iskut 河最复杂河段的宽度。分辨率为 12.5cm 的 SAR 图像经辐射测量标准化处理后，将控制区内介入水体的像素点数除以河段长度得到有效河道宽度。在 28 次测量中，河宽的变化范围是 100～1100m，对应的流量为 240～6350m^3/s，估计误差在 200%以内。

(2)利用水位估计流量

如果河段的水位－流量关系相对稳定，则可以根据率定曲线估算出流量。1998 年，Birkett 利用 TOPEX/POSEIDON 卫星上搭载的 NASA 雷达高度计(NRA)对亚马孙河流域 1km 宽的河流和湿地进行了长达 4 年的连续监测，水位测量的准确度在±10～±20cm。

(3)利用多变量估计流量

针对利用单一信息估计流量误差大的问题，2003 年，Bjerklie 等提出了一种多变量组合的方法估计河流流量，包括水面宽度、高程及流速，这些观测变量完全通过遥感手段获得。该方法对流量变化范围为 1～200000m^3/s 的 1000 多组测量值进行多元线性回归分析，建立了多变量河流流量估计方程，流量估计的不确定度小于 20%。

目前，关于卫星遥感图像法测流的研究主要面向宽浅河流的流量估计，由于对地面信息和历史数据的依赖及过大的测量误差使之尚无法实用化，但可以为洪水、湿地、泥石流、堰塞湖等难以到达地区的灾害应急监测提供及时的先验信息。

4.7.3 径流反演模型精度

从卫星测流原理可知，卫星遥感无法直接施测流量，需建立模型反演河流流量。模型构建是否正确、建模所采用资料是否具有代表性等直接会决定其推流精度是否符合河流流量测验规范的精度要求。

在模型构建方面，存在模型选择不当、模型参数非最优化的不确定性。如在模型选型时，本身需要采用非线性模型时，却采用了线性模型来反演流量；又或是在模型调参时，采用了过度复杂的参数使模型过拟合、采用过度简单的参数使模型欠拟合时，这些都势必会导致模型推流精度不高。

在建模资料的使用方面，存在样本数量不足、样本代表性不够、卫星影像数据处理方法不准确而导致的样本质量不高等因素，这些不良因素同样也会导致模型推流精度不高。

针对上述两方面的研究还有待进一步加强，以期进一步提高卫星遥感测流的精度。

4.8 水位—流量单值化法

4.8.1 理论与方法

4.8.1.1 非恒定渐变水流运动规律

天然河流某一断面受流域气象条件和汇流因素以及下游水力学因素(如回水顶托)影响

时，水流在时空分布上表示出不同的流态。依据水力学角度观察，可分为稳定流（恒定流）和不稳定流（非恒定流）。

1871 年，法国科学家 Saint-Venant 提出了圣维南方程组来描述水道和其他具有自由表面的浅水体中非恒定渐变水流运动规律。圣维南微分方程组由反映质量守恒律的连续方程和反映动量守恒律的偏微分运动方程组成，能够高度准确，高度概括，表达河流流态。

$$\frac{\partial Q}{\partial L}+\frac{\partial A}{\partial t}=0 \tag{4.8-1}$$

$$i-\frac{\partial z}{\partial L}=\frac{v}{g}\frac{\partial v}{\partial L}+\frac{1}{g}\frac{\partial v}{\partial t}+\frac{Q^2}{\bar{K}^2} \tag{4.8-2}$$

式中：Q——流量，m^3/s；

L——河段长度，m；

i——比降；

z——水位，m。

K——流量模数，$K=\frac{A}{n}\cdot R^{\frac{2}{3}}$，$n$ 为天然河道糙率，R 为水力半径。

4.8.1.2 水位—流量关系的落差开方根法

稳定的水位—流量关系用曼宁公式描述，曼宁公式见式（4.8-3）。

$$V=\frac{1}{n}R^{\frac{2}{3}}S^{\frac{1}{2}} \tag{4.8-3}$$

可以推出流量计算公式为：

$$Q=AV=\frac{1}{n}AR^{\frac{2}{3}}S^{\frac{1}{2}} \tag{4.8-4}$$

式中：V——断面平均流速；

Q——断面流量；

A——断面面积；

R——水力半径；

S——水流比降；

n——河道糙率。

由式（4.8-4）可以看出，水位—流量关系稳定的条件是：在同水位下，必须使 n、A、R、S 等因素保持不变；或虽有变化，但能相互补偿。只有满足上述条件，水位与流量才能成为稳定的单值关系。

要想保持水位—流量的单值关系，要使 n、A、R、S 保持不变，必须有良好的测站控制。测站控制分为河槽控制和断面控制。河槽控制一般多发生在河流的下游，依靠具有一定长度的顺直河段来实现；断面控制多发生在河流的上游，利用测站下游的石梁、急滩、卡口、弯道等断面控制，形成临界流，此时水位—流量关系成单一关系，而水位—面积、水位—

流速关系可能散乱，但相互之间可以补偿。

天然河流因受洪水涨落、冲淤变化、变动回水、水草、冰凌等多种因素影响，其水位—流量关系多呈不稳定的型态，其共同的特点是：同一水位下，有多个流量值与之对应。由圣维南非恒定流动量方程可得：

$$Q=K\sqrt{S_0-\frac{\partial h}{\partial x}-\frac{1}{g}\frac{\partial u}{\partial t}\pm\frac{1}{2g}\frac{\partial u^2}{\partial x}} \tag{4.8-5}$$

圣维南微分方程组中连续方程反映了水量平衡的质量守恒法则，即蓄量的变化率应等于沿程流量的变化率。运动方程反映了能量守恒法则，主要特征为重力项、摩阻项和惯性项之间的相互关系。由于对水文站流量测验而言，受变动回水和洪水涨落影响的流态均发生在汛期，而且测站流量测验断面具有一定的控制作用，因此可以忽略惯性项。

圣维南方程组在数学上属于非线性双曲型偏微分方程，通常无法获得精确的解析解，而要用瞬态法、特征线法、有限差分法、有限元法近似求解。通过水力学理论证明，又经过多年大量观测资料的检验，中高水时期的流量测验断面流速随水位的升高变化很小，在测流河段内随距离的变化也很小，对于平原河道，以上公式的后两项，即局地加速度和对流加速度与其他各项相比较，其量可忽略不计。上式可写成：

$$Q=K\sqrt{S_0-\frac{\partial h}{\partial x}}=K\sqrt{S} \tag{4.8-6}$$

对于稳定的天然河道，输水系数 K 及正常比降 S_0 基本上水深成单一关系，对于冲淤变化明显的河道，则不便作单一线处理。附加比降对于无回水影响的河段，只取决于洪水变形，或洪水涨落。对于有回水影响的江段，则受涨落和回水两个方面的综合影响。

如将动量方程中的水面比降 S 改写成河段水位差与河段距离相除，则有：

$$\frac{Q}{(\Delta Z)^{\frac{1}{2}}}=\frac{AR^{\frac{2}{3}}}{nL^{\frac{1}{2}}} \tag{4.8-7}$$

式中：ΔZ ——过流断面处水位与下游参证站水位之间的水位差；

L ——相应间距。

因此可得：

$$Q=\frac{AR^{\frac{2}{3}}}{nL^{\frac{1}{2}}}(\Delta Z)^{\frac{1}{2}} \tag{4.8-8}$$

令：

$$q=\frac{AR^{\frac{2}{3}}}{nL^{\frac{1}{2}}} \tag{4.8-9}$$

得：

$$q=\frac{Q}{(\Delta Z)^{\frac{1}{2}}} \tag{4.8-10}$$

式(4.8-10)即为水位—流量关系的落差指数法，即理论的单值化处理公式，是水流阻力平方律的反映。

4.8.1.3 水位—流量关系单值化公式的建立

由式(4.8-10)可以清晰地看出，在同水位下，n、A、R 与水深 h 呈单值关系，由此得到的 q 与 h 为单值关系，故此将 q 称为流量校正因素，或称为单值化流量。

1970 年代初，长江委水文局技术人员在水文资料整编采用落差开方根法时发现，将落差指数 1/2 加以变动，定线精度明显提高，各站年落差指数一般为 0.3～0.6，也有些站年出现 0.2 或 1.3 的极端情况，多数人员认为落差指数不等于 1/2 缺乏理论依据，而 0.2 或 1.3 的极端情况是概念错误。对此，葛维亚从水力学推演中证明，落差开方根法为棱柱形河道稳定流计算公式，而天然河道横断面各异，流态随时间、空间而变，极为复杂。落差指数并非 1/2，属正常现象，天然河道几何形态阻水和糙率过大或过小时，出现落差指数 0.2 或 1.3 的极端情况也是可能的。葛维亚通过附加比降概念，进一步分析了落差指数与各种影响因素之间的关系，又从数学上认为变动落差指数体现了参数最优化思路。因此把落差开方根法的落差指数 1/2 加以变动，可以用在各种流态的天然河流。

$$q=\frac{Q}{(\Delta Z)^{\alpha}} \tag{4.8-11}$$

式(4.8-11)即为最常用的单值化处理公式——落差改正公式，α 为落差指数，适用于单一河道。然而，在河道中，在上下游 20～50km 河段内，既没有支流加入又没有支流分出条件的单一河道为极少数，而绝大多数都是非单一河道，公式应用受到极大的限制。在实际工作中，长江委水文局通过对若干站的实测资料分析总结，对非单一河道，同时用几个落差组成综合落差，其表达式：

$$\Delta Z_m=\sum_{i=1}^{m}(K_{mi}\cdot\Delta Z_i)+B\quad(i=1,2,\cdots,m) \tag{4.8-12}$$

式中：ΔZ_m——综合落差；

ΔZ_i——各辅助站落差；

K_{mi}——各辅助站落差权重系数。

B——综合落差改正值。

对于顺逆流站引入 K_1、K_2 参数的概念，K_1 为顺逆流改正系数，K_2 为综合落差改正系数，最后构成综合落差指数法的通用标准公式：

$$q=\frac{K_1Q}{\left(K_2\left(\sum_{i=1}^{m}(K_{mi}\cdot\Delta Z_i)+B\right)\right)^{\alpha}} \tag{4.8-13}$$

式(4.8-13)中，待定参数有 K_1,K_2,K_{mi},B,α。这些参数一般随基本站水位或辅助站水位变化，也可能随落差变化、汛枯季节的时间变化，还有的为常数。随着现代计算机技术的高速发展，这些参数均能通过已有实测流量资料优选获取，无论理论还是实际应用都得到了极大的创新。

4.8.2 水位—流量关系单值化方法的创立及其应用

4.8.2.1 方法创立及测站应用

1972—1975年，长江委水文局将该方法命名为落差指数法，并就优选目标函数、优选范围、精度要求、优选精度与优选次数理论公式、落差水尺选定公式等问题，继续对落差指数和相应的落差水尺优选及其误差开展深入研究。经采用长江汉口站和宜昌站近十年资料计算，水文资料整编成果的各项指标均符合1964年8月水利电力部颁发的《水文年鉴审编刊印暂行规范》。

同期，葛维亚采用水文学水量平衡原理对水位—流量关系单值化课题进行研究，推导出水量平衡法校正计算公式，该方法与落差指数法一样以水位落差作为唯一依据，对水位—流量关系进行单值化处理，验算证明此法虽有较高精度，但判断与计算繁复，在推广应用中难度很大。经理论分析导演证明，落差指数法和水量平衡法是概括性极强的通用单值化处理方法，它既可以用在稳定流的单值水位—流量关系，也可用在只受洪水涨落或只受变动回水单一影响的非单值水位—流量关系，还可以用在同时受洪水涨落和变动回水混合影响的更为散乱的非单值水位—流量关系。1976年根据这些研究成果，谢汉彪、罗钟毓针对同时受变动回水与洪水涨落混合影响下的水位—流量关系，经过校正计算，完成了初步的混合影响下水位—流量关系单值化探索；1979年由葛维亚、罗学棋等针对稳定河床下的水位—流量关系，提出了一个概念明确、简单适用的单值化计算方法，并以此为基础解决当时水文资料计算机整编问题。1981年，原浙江省水文总站有关人员参照此校正计算方法，提出用落差指数法计算分析浦阳江水位—流量关系，并将水位—流量关系单值化成果成功运用到水文预报。

1973年，长江委水文局下属上游水文局、中游水文局、汉江水文局在长江寸滩、万县、奉节、汉口及汉江襄阳等水文站试用，取得良好进展。

自1979年始，长江委下属有关测站先后投入单值化试点与探索工作，其中上游水文局童显光等对长江寸滩、万县、奉节单值化处理取得成功，经上报批准，万县、奉节按单值化技术要求测流和整编。寸滩站为流域的重要控制站，虽单值化精度达到要求，出于慎重考虑，准备利用未来年份的水文资料，特别是丰水年的洪峰资料验证后，再利用单值化技术要求测流和整编；中游水文局杨自珍等对流态极其复杂的洞庭湖水系十几个测站进行大量分析工作，取得决定性进展，正式把单值化成果用于精简测流次数和定线推流，得到上级机关批准，大大减少测流次数，节省了人力、物力和财力；中游水文局施修端专注于水位—流量关系极为复杂散乱的长江汉口站单值化处理，取得关键进展。

4.8.2.2 推广应用

1979年的长江委水文局全江水文测验交流会上，对落差指数法做了专题交流，重点介绍了落差指数法的原理、公式、落差水尺优选、落差指数优选、计算误差与随机误差、落差指数法在整编和测验上的应用。至此，落差指数法这一崭新的校正方法，正式列入水位—流量关系单值化处理的重要方法，为资料整编和水文测验标准规范化、通用化、自动化开辟了一条可行之路。特别需要指出的是，"单值化"这一技术术语，简明扼要而又准确，得以在国内吸引了相关技术人员的注意，并在以后的各种有关技术规范、报告文献以及专业教材里被成功引用。

1979—1983年，长江委水文局大力推广水位—流量关系单值化技术，通过培训班、交流会继续予以推动。长江委水文局下属上游水文局、中游水文局、汉江水文局、荆江水文局已有一批技术骨干从事推广应用工作。1982年，中游水文局施修端对长江汉口站长系列水文资料进行了水位—流量关系单值化处理，取得满意的结果，对综合落差的应用取得实用性进展。1979—1989年，罗学棋使用落差指数法在DJS-6和VAX11计算机上成功完成水位—流量关系单值化定线、推流以及整编，开始向全国推广。

1983年4月，葛维亚等与上游水文局谢世和等合作，开展了利用单值化方法精简测流次数和按水位级控制由常测变为间测或巡测的探索，取得突破性进展，可把每年测次从100～200次减少到30～40次，为水文测验方式向间测和巡测转变提供了新思路。欧阳美采用单纯形最优化方法，首先研制并设计编写了微机单值化精简测流次数程序。

1982年7月，联合国世界气象组织和教科文组织在英国举办了第一届国际水文科学大会，葛维亚在国际地表水委员会全体会议上，就"水位—流量关系单值化原理及应用"作专题学术报告，论文入选国际水文科学协会IAHS的权威刊物。1981—1983年，向来华的美国水文代表团等国外水文专家分别介绍了单值化方法，普遍认为只用水位一个水力学要素解决复杂水位—流量关系单值化问题，原理清楚，方法独特，简便易行，适用性强，极具特色。

1985年6月，通过水文科技情报网发布了《水位—流量关系单值化技术及其应用》(约22万字)。该书全面系统地阐述了单值化技术的理论基础、适用条件、基本公式、参证水尺确定、落差系数优选、落差指数优选、误差估算、合理性检查、在整编上的应用、在测验上的应用、推广应用实例等，将单值化技术向全国推广，推动了有关省区的专题培训和推广。

河海大学周宗远教授等在1981—1986年也对"落差指数法"的理论依据、参数确定、方法误差、应用范围等诸多方面进行了深入探讨与研究，并从误差角度提出了改进设想，试图将"落差指数法"引入"水文测验"课程教学，对落差指数法在全国推广应用起到了好的效果。

1988年，水利电力部将重新修订的《水文年鉴编印规范》(SD 244—87)作为部级标准颁发，规范中首次引入水位—流量关系单值化处理的落差指数法。目前为止，水位—流量关系单值化研究已经发展了40多年，单值化技术已经在长江、黄河、海河、淮河、松花江、辽河、珠江等流域机构和广西、福建、山东、湖南、湖北、河南、陕西、内蒙、新疆、江西、浙江、广东、安徽、吉林、江苏、河北、黑龙江、辽宁、山西、甘肃、四川等省(自治区)水文部门推广应用，取得显著技术进步和经济效益，水文站测流次数从每年几百次降低至几十次，甚至十几次，大大节省了人力、物力、财力，也把测流风险度降到最低。

何超典为此指出，着重探讨落差指数法的基本原理及其在水文测验、整编改革中的应用问题，落差指数法具有较好的概括性与适应性，论据充分、方法简捷、便于应用、精度较高是其独具优点，适合大中河流水文测站应用，成果为推广这一方法和改革水文测验整编在判断上提供了依据和可能，也为应用电算技术实现水文整编程序的自动化、通用化和标准化创造了条件。

4.8.2.3 持续深入的研究

20 世纪 90 年代后期，有关应用和科研部门科技人员针对水文测、报、整、算，继续进行了单值化技术的研究和探讨，取得很大进展。魏进春等运用投影追踪回归分析方法解决河流水位—流量关系的单值化处理难题；李林华、安莉娜、黄诚良探讨了不同影响因素下的水位—流量单值化处理方法以及最优落差估计方法。其中，最具代表性的是中国水利水电科学研究院戴清、韩其为等 1998 年针对长江中游散乱水位—流量关系进行单值化处理方法研究，该研究在重点分析荆江、洞庭湖防洪重要水文站监利、城陵矶（七里山）、螺山、武汉关水位—流量长系列实测资料的基础上，初步建立了考虑河段水面比降因子，模拟水位—流量的单一关系模式，即 $J=J_0+J_Q$。该式待定系数意义明确，简便易求，并可借此对河道水流特性进行深入分析，利用该方法所求结果与实测值完全吻合。该成果采用的综合落差指数法和幂函数拟合法的概念和思路均和当年单值化处理的落差指数法有许多相似之处，他们均采用了较远距离参证水尺的水位资料，以落差或比降作为校正要素，并将落差系数和落差指数作为重要参数并进行优选，但面对长江河流严重冲淤，河道和断面严重变化以及上游三峡川江和清江洪水涨落影响以及下游干流、洞庭湖、汉江变动回水影响，水位—流量关系极其复杂多变。戴清等在深入分析错综复杂的影响因素和对荆江河段水流流态加以剖析后，引入了“平均流量”“河段平均比降”“下游水位在某数量级流量同频率条件水位变化”等新思路，成功解决了最复杂河段单值化问题，对水位—流量关系单值化处理方法研究和推广应用作出了重要阐述。

2010 年以来，长江委吴世勇、李世强、伍勇、万凤鸣、章磊、牟芸等也基于水位—流量单值化方法提出了各个重要水文站的单值化处理方案，并投入生产实践中。在此期间，单值化技术的研究和应用得到了水利部水文局领导和专家、长江委水文局领导的肯定和大力支持。

4.8.2.4 水位—流量关系单值化在水文测验方式方法创新中的应用

长江委水文局自 20 世纪 70 年代开始进行水文监测体系创新的探讨，逐渐试验了巡测、水文调查、应急补充监测等方式，并开发或发明了相应的监测整编技术。根据我国防洪压力大，对洪水信息时效性强的要求，提出了汛期为保证水文测验精度与时效，采用欧美国家巡测模式不能完全适应我国实际的观点，应视条件驻巡结合。并经过研究认为欧美采用双对数水位—流量关系，其精度不能满足我国防洪需求，必须研究新的水位—流量关系的方法用于精简流量测次。因此,“巡测优先、驻巡结合、应急补充”的水文测验管理体系,即与国际接轨,又有鲜明的中国特色,保证了水文信息收集的广泛性、及时性和水文资料的准确性,这套水文测验管理体系是确保水文监测活动正常运行的关键。长江委水文局在 2005 年 7 月 1 日在全国率先实现了所属 118 个中央报汛站水位、雨量及相应流量自动报汛,但水文测验管理体系及流量、泥沙测验的方式方法上尚不能支撑巡测及应急快速监测的要求。

开展流量巡测,其水文站流量测验次数就不宜太多,否则将得不偿失。河流水位与流量关系受洪水涨落、变动回水、断面冲淤变化、水利水电工程等诸多复杂因素的影响,并非为确定的函数关系,表现在水位—流量关系曲线形状上呈现出单一绳套或极不规则、大小不一、位置不定的复式绳套。为确保《水文资料整编规范》的定线精度,我国水文站测流次数多达百次以上,甚至四五百次,水文测验工作量异常巨大,不可能采用巡测方式。因此,水位—流量关系的单值化是实现水文巡测的关键。

目前,长江委水文局所属水文测站,已经通过水位—流量单值化方案实现巡测的站点有 30 个以上,通过水位—流量单值化方案实现流量测次大幅度减少的水文测站有 60 多个。上述站点包括全江的干流支流、湖区库区、山区平原等多类型、多要素的水文测站,以及长江口受潮汐影响的河口区域水文站,这也充分说明了水位—流量关系单值化(落差指数法)方法的适用性。图 4.8-1 为监利(二)水文站 2012 年水位—流量关系单值化之前与 2022 年水位—流量关系单值化方案投产之后的水位—流量关系对比图,因江湖汇流,水情复杂,水位—流量关系定线一般为连时序法,2012 年流量测次 77 次,2022 年流量测次为 30 次。

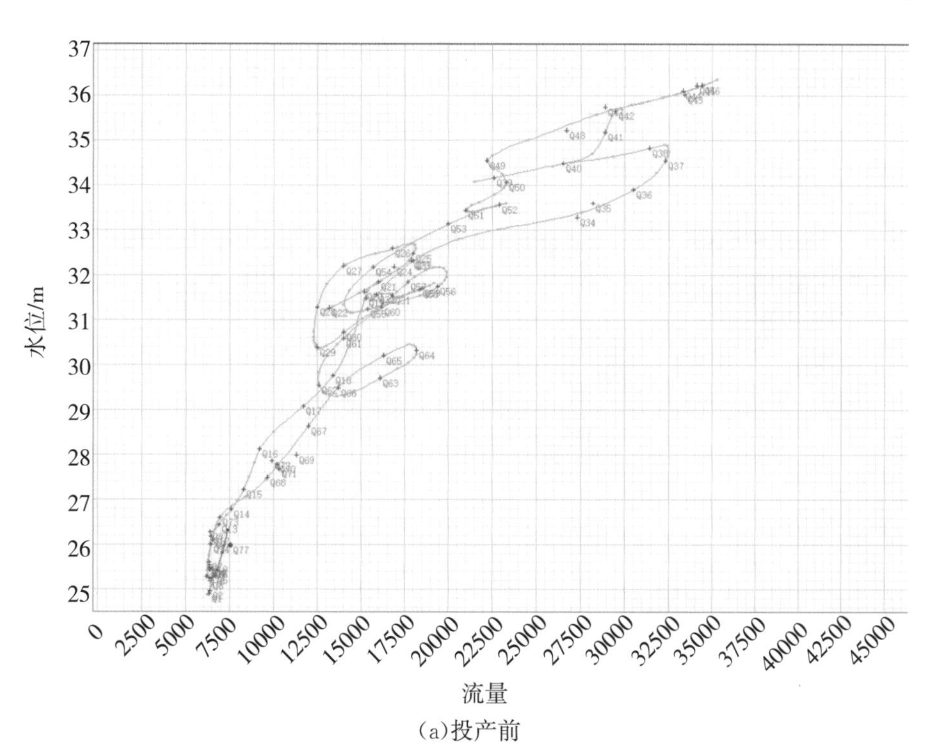

(a)投产前

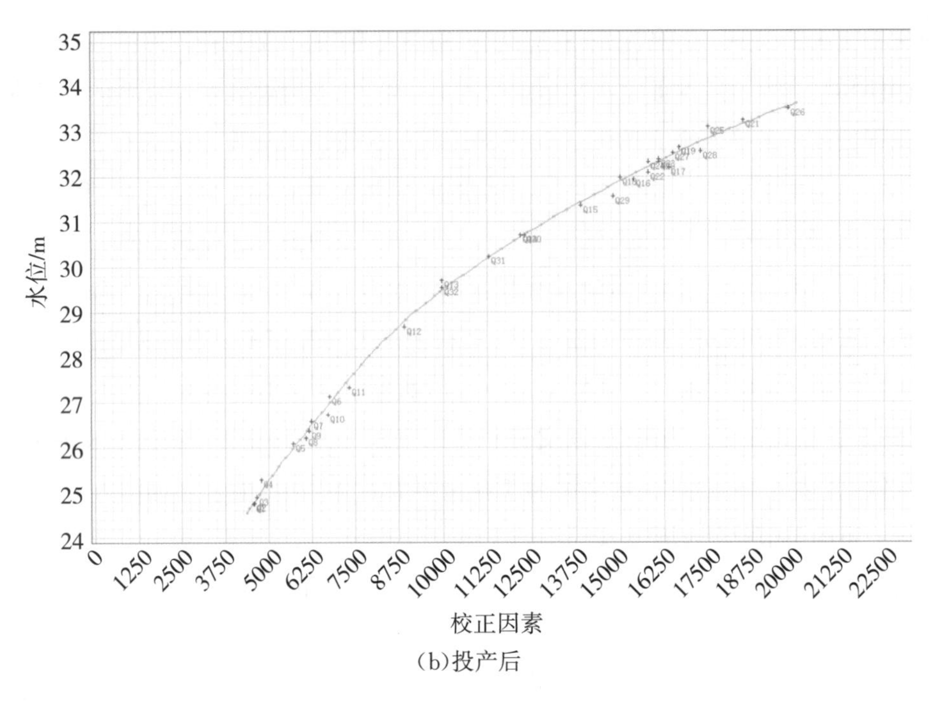

(b)投产后

图 4.8-1　监利(二)水文站水位—流量关系单值化方案投产前与投产后的水位—流量关系对比

而处于顺逆流相互转换的洞庭湖区水文站，其流量测次更多，有的年份流量测次多达300次以上，水位—流量单值化方案投产后，各水文站只需按年水位变幅在高、中、低水位级均匀分布15～30次流量，比历年平均流量测次减少50%～73%以上，每个测站每年可减少测次100次以上，可节省大量人力和物力，为巡测奠定了基础。长江干流的枝城、沙市及长江入洞庭湖的新江口、沙道观(二)、藕池(管)、藕池(康三)等水文站也通过水位—流量关系单值（表4.8-1)，实现了测站的流量测次按单值化整编定线要求进行布设，流量测次按水位级均匀布置，大大地优化了流量测次。

表 4.8-1　　长江干流各水文站水文流量关系单值化方案投产前后年流量测次对比

站名	年流量测次		定线误差		
	单值化方案投产前	单值化方案投产后	随机不确定度/%	系统误差/%	三种检验
枝城	109	54	3.48	0.26	合格
沙市	110	49	3.60	−0.28	合格
新江口	98	37	3.50	−0.19	合格
沙道观(二)	63	28	6.74	0.06	合格
藕池(管)	86	42	8.94	0.24	合格
藕池(康三)	56	24	7.72	0.59	合格

目前，水文的流量要素测验已逐渐向自动监测、实时在线监测方向发展，时效性及精度

均有较大的提高。这些新技术、新仪器的应用极大推动了水文生产力的发展，也给水文资料整编技术和方法带来了挑战与机遇。这些新仪器与新技术的显著特点之一便是产生了大量的水文原始数据，如水位数据由原来人工观测的段制（枯季两段，汛期四段或八段）变为自记后的每 5 分钟或 6 分钟一个数据，流量数据由原来常规方法的一天一次或几天一次变为在线监测后的每半小时或一小时一个数据等，而这些海量、质优的水文原始数据紧靠人工或现有的整编技术是无法应对和处理的，迫切需要开发新的水文整编技术来进行成果展示。因此，针对在线自动监测设备的数据特点，利用技术成熟的水位自动监测技术，开展水位—流量单值化分析，努力实现成果快速输出与展示，是当前针对海量水文监测数据处理的必然选项。

同时，结合在线自动监测设备的数据进行水位—流量关系单值化分析也能促进在线设备的更新与发展、促进在线监测设备的测量精度提升。通过海量的水文全要素监测数据，也能拓展水位—流量单值化分析的道路，可以朝着非落差指数法的方向进行水位—流量关系单值化率定。

4.8.3 水位—流量关系单值化赋能新阶段水利高质量发展

4.8.3.1 对水位—流量关系单值化的再认识

水位—流量关系是江河水资源状况以及湖泊、水库等水量变化衡量的重要因素。水文测验则是反映江河径流、水量瞬时变化资料的重要手段，建立河流、渠道水位—流量相关关系是水文测验掌握河流变化规律的重要方法之一。通过时段内断面实测水位、流量数据及时建立或修正相关关系不仅可以反映定期内河流、渠道两者变化规律，而且还可预测范围要求内的流量大小，起到河流洪水预防效果。通过基本水尺断面水位观测，依靠流量测验断面确定断面流速，建立水位—流量相关关系，依据关系可提高测验精确度、简化测验步骤，为实现河流水位—流量测验可控、可预测做好铺垫。

水位—流量关系单值化是在测验条件多变条件下，通过寻求水位—流量关系，达到预测河流量的目的。基于关系形成条件，一般分为稳定河床水位—流量关系单值化处理和不稳定河床水位—流量关系单值化处理。稳定河床水位—流量关系可通过单一曲线或者分时分段曲线判定适应条件单值化处理，对于不稳定河床水位—流量关系可通过界定条件或者变换影响关系来率定，使得水位—流量单值化。其实，水位—流量关系单值化方案中各个测站的具体方法都存在差异，长江委水文局及其他省（自治区、直辖市）水文机构多通过落差指数法，但其中也有些测站使用改正水位法、校正因素法、抵偿河长法等，国外也有使用双对数坐标系下的单值化方案，它们的关键控制条件则为断面因素与糙率。

水位—流量关系单值化处理，主要是通过对大量实测资料分析，建立水文要素之间稳定的相关关系，依据这种关系，用易测的观测项目，推求流量、输沙率，减少直接测验流量、输沙率的工作量。为水文站网建设工作提供更加便捷的路线，分析水位—流量单值化条件，以达到优化测验方法、简化测验步骤的目的，为全面实现水文巡测创造技术条件，减少了相当大的工作量，节约水文站的人力物力成本。

当前为满足水资源管理、跨省江河流域水量调度管理等要求，各地都在加强省界断面水文监测管理，省界断面往往位于生活较困难的地区，大量布置长期驻守的省界水文站将消耗大量的人力物力。因此，针对不同省界断面的特点，利用技术成熟的水位自动监测技术，开展水位—流量单值化分析，努力在省界断面实现巡测、间测或校测，是省界断面监测的必然选项。例如，对于西部山区省界断面，利用其稳定的断面，大多能确定单一的水位—流量关系曲线，可大量精简测次实现巡测甚至间测；对于东中部平原河网的省界断面，可开展水位—流量单值化分析，利用较完善的交通及快速监测技术进行巡测。

4.8.3.2　水位—流量关系单值化方案的下一阶段应用

（1）在整编系统中的应用

2021 年 1 月 1 日，水文资料在线整编系统在长江委水文局正式投产，标志着水文资料整编工作由“日清月结”正式迈向“实时智能”。从水文资料整编系统 2.0 到 5.0，再到现在的水文资料在线整编系统，资料整编的脚步一直在向前大迈进。但是回头看，在计算机技术受到制约的 20 世纪 70 年代，利用计算机整编水位、流量、含沙量、输沙率资料，其中一个重要方面就是必须建立水位—流量之间的某种数学关系，依据这种数学关系由水位推算出相应的流量，以落差指数法为基础的水位—流量关系的单值化处理方法使水文资料计算机整编自动化成为可能，并得到广泛应用。

（2）站网规划中的应用

现阶段，我国的水文监测体系下逐步由测站驻守方式向“巡测优先、驻巡结合、应急补充”的水文监测管理体系过渡。但是目前，站网密度偏小，效率低下。要实现现代水文管理模式，必须首先对现有的站网结构进行调整。现有水文站网的规划方法尚不成熟，并与当前的治水思路不相适应。主要表现在我国大多数水文测站是 20 世纪 60 年代以前主要为防汛服务设立的，功能单一，设站目的和任务已经严重滞后。随着我国经济社会的发展，现有站网结构和布局已不能适应水资源开发管理、生态环境建设、河道整治的需要，无法满足水资源优化配置的要求，同时也远远不能满足城市防洪和城市水资源管理的需要。加强监测站网规划，适当增加站网密度，完善站网结构，实现各类监测站网的有机结合，提升站网整体功能。

水文站网调整依赖于水文巡测技术的提高，水文巡测技术是站网调整的前提。目前，我国水文观测成果均要求整编，对于驻守站，因测次较多，一般均可以满足整编定线的需要。然而开展巡测以后，因测次减少，尽管每次测验的精度有所提高，由于不能控制水情变化的全过程，整编有一定的难度。20 世纪 70—80 年代，开展的水位—流量单值化分析，对解决部分地区的巡测资料整编起到了相当大的作用。

(3)在相应流量报汛中的应用

许多测站常常采用连时序法或过程线法进行报汛，本质上都是通过实测水位—流量数据跟踪水位—流量关系的变化，分析产生变化的影响因素，推理水位—流量关系变化的趋势并据此进行流量报汛。使用流量数据进行预报时，会根据该测站的属性、水位—流量关系的影响因素、上下游的流量值和水量平衡等，判断水位—流量关系走向，并据此进行预报；预报发布后，根据流量预报成果和实况报汛流量进行精度评定。因此，流量预报的精度取决于流量报汛的精度，采用水位—流量同化(以下简称“相应流量”)报汛的测站，相应流量报汛的精度直接影响到水情预报的精度。因此，对于水位—流量关系多杂的测站，除增加测次途经外，提高预报精度，通过对复杂水位—流量关系单值化将测次降下来亦是保证预报精度的有效手段。但有时候实测流量在相应流量转换过程中起不到任何校正作用，一旦相应流量转换出现较大偏差，得不到即时的校正，会对洪水预报产生较大的偏差，故此类测站应大力开展巡测、间测或校测，若洪水预报出现较大偏差，应立即安排测次校验。

4.9 GNSS浮标

在水体运动测量方法上，采用GNSS浮标跟踪水体的运动轨迹。根据当前河道断面信息，选取合适的断面位置通过无人机、船投放GNSS浮标，在一些极端条件下保障了人员的安全(图4.9-1、图4.9-2)。可设定时间返回定位坐标数据，结合计算机系统可实现长时间监控得到每个浮子随河流的运动轨迹。对浮子运动轨迹的分析计算可以得到超长河流的流场运动情况。

GNSS浮子的主体部分需要位于水面以下30cm以上，尽可能避免波浪对浮子运动的影响。浮子上半部分尽可能简化至只剩下圆柱形主体部分，降低波浪对浮子的影响。GPS模块置于顶部，浮子下半部分安装导流片，提升浮子随河流的跟随性，配重置于底部。

图4.9-1 GNSS浮标结构图

图4.9-2 无人机抛投GNSS浮子

4.10 流量计算方法

在线流量监测系统实际上均为代表流速的在线监测，监测到流速后还需将实时流速转换为实时流量，流量计算的常用方法有数值法和代表流速法两类。

在线测沙的关系拟合方法与流量基本相同，本章主要以流量在线监测关系拟合为例，介绍关系拟合的主要技术。

4.10.1 数值法

数值法的基本原理是利用明渠流速分布规律和实测流速数据推算河道过水断面上各个点的流速(即流速分布)，然后对整个过水断面流速分布进行积分算出断面流量。“数值法”原则上不需要现场率定。

数值法一般要求代表测速测量范围覆盖整个过水断面。然而对于河床糙率比较均匀和流态比较稳定的河道，该条件可适当放宽，下面以 H-ADCP 为例，介绍数值法的基本原理。

当应用数值法时，要求 H-ADCP 安装在河岸边，其高程 Z_{ADCP}(以 H-ADCP 垂向换能器的顶表面为准)需要精确确定。H-ADCP 轴线应尽可能与水流主流方向垂直。即 H-ADCP 仪器坐标 x 方向与水流主流方向基本平行，y 方向与过水断面基本平行。

设 $V(y,z)$ 为垂直于河道过水断面的流速分量，则流量可由下式计算：

$$Q=\iint_{s}V(y,z)\mathrm{d}x\mathrm{d}y \tag{4.10-1}$$

假定 $V(y,z)$ 符合如下幂函数分布，即

$$V(y,z)=\alpha(y)\cdot(z-z_b)^{\beta} \tag{4.10-2}$$

式中：z_b ——河底高程；

$\alpha(y)$ ——流速分布系数；

β ——经验常数。

β 与河床糙率、河流流态有关。$\alpha(y)$ 可由 H-ADCP 测得的单元流速求得：

$$\alpha(y)=\frac{V(y,z_{\mathrm{ADCP}})}{(z_{\mathrm{ADCP}}-z_b)^{\beta}} \tag{4.10-3}$$

式中，$V(y,z_{\mathrm{ADCP}})$——H-ADCP 测得的(y,z_{ADCP})点的单元流速。

在实际计算中，首先将河道过水断面划分成许多方形单元。单元的宽度一般为最大水深的 1/10，然后计算出各个矩形单元的流速，最后采用高斯数值积分计算流量。

4.10.2 代表流速法

代表流速法(Index-Velocity Method)最早由美国地质调查局(USGS)提出和应用。代表流速法的基本原理是建立断面平均流速与代表流速(即某一实测流速)之间的相关关系(即率定曲线或回归方程)。代表流速实际上是河流断面上某处的局部流速。断面平均流速

则可以认为是河流断面上的总体流速。因此,代表流速法的本质是由局部流速来推算总体流速。

在实际应用中,有 3 种局部流速可以用来作为代表流速:①某一点处的流速;②某一垂线处的深度平均流速;③某一水层处某一水平线段内的线平均流速。单点流速可以采用单点流速仪测出。垂线平均流速可以采用坐底式 ADCP 测出。水平线平均流速可以采用 H-ADCP 或时差式超声波流速仪测出。需要指出的是,第三种代表流速只要求某一水层处某一水平线段内的线平均流速,并不要求整个河宽范围内的水平线平均流速。经验表明,即使几百米甚至上千米宽的河流,仍然可以采用几十米宽范围内的水平线平均流速作为代表流速。代表流速法特别适用于感潮河段以及测流断面上游或下游有闸门或其他水工建筑物的测站。在这些地方,通常不存在水位—流量的单一关系,因而不能采用传统的水位—流量率定方法推算流量。

目前,H-ADCP 代表流速关系拟合的主要方法是回归分析、深度学习等,常用的 H-ADCP 关系拟合方法有简单线性回归、分段线性回归、加入水位等因素的多元回归和神经网络等。

①简单线性回归较为常见,适用性也较广;

②分段线性回归主要适用于复式河床、感潮河段等情况;

③加入水位的多元回归是当仅用代表流速作为模型输入无法获得较好精度时,加入水位等因子作为输入,改善模型精度的一种方法;

④多单元格多元回归,将多个单元格流速作为输入参与关系率定,能有效改善精度;

⑤机器学习算法,BP 神经网络等。

4.10.2.1 回归分析

流量计算的基本公式为:

$$Q = AV \tag{4.10-4}$$

式中:V——断面平均流速;

A——过水断面面积。

过水断面面积由断面几何形状和水位确定。对于某一断面,过水断面面积仅为水位的函数:

$$A = f(H) \tag{4.10-5}$$

式中:H——水位。过水断面面积与水位的关系通常采用表格或经验曲线来表示。

假定断面平均流速是代表流速和水位的函数,则流速回归方程的一般形式为:

$$V = f(V_I, H) \tag{4.10-6}$$

式中:V_I——代表流速;

f——流速回归函数或方程。

在许多情况下,断面平均流速仅为代表流速的函数,即

$$V=f(V_I) \tag{4.10-7}$$

代表流速法是一种率定方法，建立率定关系（即流速回归函数或方程）需要两个步骤。第一步是现场流量和代表流速测验。在现场采用 H-ADCP 进行代表流速测验的同时，需用人工船测或走航式 ADCP 测验流量和断面面积，从而得到断面平均流速数据。现场同步采样需要在不同的流量或水位情况下进行。这样就得到一组断面平均流速与代表流速以及水位的数据。

第二步是回归分析。首先选择合适的回归方程，表 4.10-1 列出了几种常用的流速回归方程，然后通过对数据进行回归分析（如采用最小二乘法）确定回归系数。一般可以采用表中 5 种形式的回归方程进行回归分析。值得指出的是，回归方程的选择不是唯一的。通常可以采用几种方程进行回归分析，然后对回归分析结果进行综合评价后确定“最佳”回归方程。

表 4.10-1　　几种常用的流速回归方程

回归方程名称	函数关系
一元线性	$V=b_1+b_2V_I$
一元二次	$V=b_1+b_2V_I+b_3{V_I}^2$
幂函数	$V=b_1{V_I}^{b_2}$
复合线性	$V=b_1+b_2V_I(V_I\leqslant V_c)$ $V=b_3+b_4V_I(V_I\geqslant V_c)$
二元线性	$V=b_1+(b_2+b_3H)V_I$
多元线性	$V=b_1+b_2V_I+b_3V_2+\cdots+b_{n+1}V_n$

注：表中 b_1、b_2、b_3、b_4、…、b_n 为回归系数。

4.10.2.2　机器学习

根据前面流量推算模型描述，断面平均流速可表示为某一代表流速的函数。因为断面流速分布受很多因素的影响，这些因素的影响大小、方式都很难简单地通过建立数学模型描述，所以这一函数关系的率定是一个典型的非线性问题。一般而言，我们都在函数拟合过程中作了不同程度的简化。运用机器学习算法（以神经网络为主）进行非线性拟合、预测是近年来兴起的方法，其优点是可以模仿人脑的智能化处理，对大量非线性、非精确性规律具有自适应功能，具有信息记忆、自主学习、知识推理和优化计算的特点，特别是其自学习和自适应功能是常规算法和专家系统所不具备的。神经网络模型的类型很多，水文过程模拟和预测中常用的是多层前馈网络中的 BP 网络。BP 网络的特点是：多神经元只接受前层的输入，并输出给下一层；多神经元有多种输入，但只有一种输出；输入层各接点只起输入作用。

BP 算法的基本思路是：以网络学习时输出层的输出与期望输出的误差为原则，将这个误差沿输出层到隐层，再到输入层的反向传播修正各层的连接权重和阈值，直到误差达到要求为止。

由于 3 层前馈神经网络模型应用较广泛，因此我们仅以 3 层 BP 网络为例介绍其基本原理。一个典型的 3 层 BP 网络的拓扑结构见图 4.10-1。

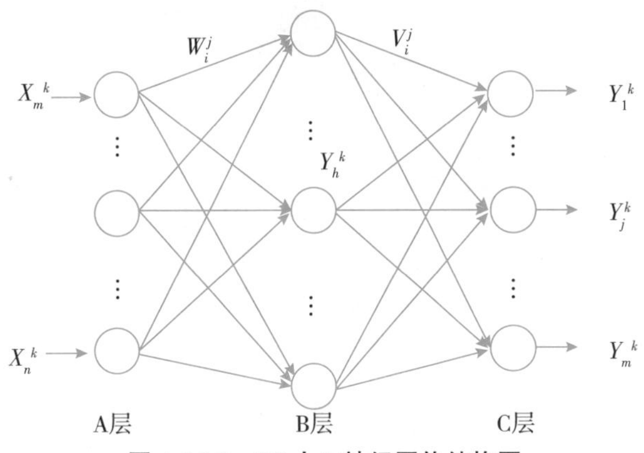

图 4.10-1 BP 人工神经网络结构图

图 4.10-1 中：A 层为输入层，B 层为隐层，C 层为输出层。样本总数为 N 个，A 层输入节点数为 n 个，B 层的节点数为 p 个，C 层输出节点数为 m 个。A 层与 B 层之间的连接权用 $W_i^j(i=1,2,\cdots,n;j=1,2,\cdots,p)$ 表示；B 层与 C 层之间的连接权用 $W_i^j(i=1,2,\cdots,p;j=1,2,\cdots,m)$ 表示。B 层的各节点阈值为 $b_i(i=1,2,\cdots,p)$，C 层的各节点阈值为 $c_i(i=1,2,\cdots,m)$。

实际使用时，选定有代表性的 H-ADCP 实测流速作为输入层，并根据事先训练好的 BP 网络进行计算，将断面平均流速作为输出层，最终确定断面平均流速。

4.11 多源融合推流技术研究

为结合非接触式与接触式在线实时流量监测的优点，有必要发展接触与非接触式一体化监测技术。利用表面流速与断面流速分布平均流速相关、水中点流速、线流速与断面流速分布平均流速相关相互率定，以期取得精度较高的断面平均流速。

在技术发展方面，将当前非接触式雷达局部表面流速测量技术、STIV 表面流场测量技术与水中 H-ADCP、单波束 ADCP、高精度多普勒点流速测量技术结合到一个系统里，取得良好的测量计算效果（图 4.11-1）。

在模型计算方面，明渠断面流速分布可通过 Navier-Stokes (N-S) 方程（这是流体力学中最重要的方程之一）来较好地解决。但是利用数值方法求解不可压缩 N-S 方程，随着网格划分数目越多，计算规模会越来越大，当计算规模达到足够大时，计算将会由于机器硬件资源的限制而无法进行。近年来，随着计算机多核处理器的发展，并行计算在一定程度上得以普及，设计合适的并行算法，既可以提高计算速度，又可以缓解内存的不足。因此采用并行计算，将大规模重复性的单元分析分配在不同的节点上同时进行，将会大大缩短计算的时间，提高计算的效率。这个是需要发展的计算方向。

图 4.11-1　一体化监测技术现场安装图

另外，需要尽快研究利用局部流速信息，如剖面点流速、线流速来模拟流速分布，进行流速数据顺序同化，得到断面平均流速最终实现流量计算。该方法的基本过程是：①以模式预报场作为初估场，用新来的观测（包括非常规观测）更新初估场；②对更新后的场作初值化处理；③模式向前预报若干步，并将新的预报场作为下一次更新的初估场，然后再返回到① 如此反复，形成了一个循环过程：插入观测—更新预报场—初值化—模式预报—插入观测—更新预报场—初值化—模式预报。在这种同化方法中，每一次循环过程的开始，都是用新来的观测更新预报场(图 4.11-2)。

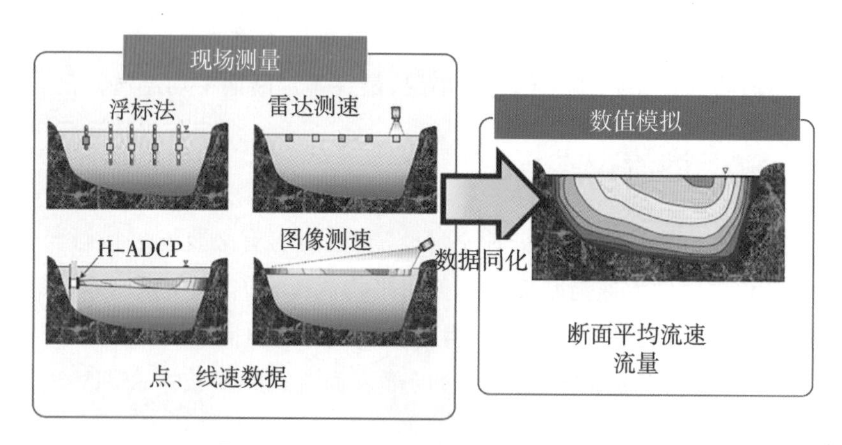

图 4.11-2　一体化监测流量推算示意图

美国科研机构已研究出中心站服务器运算 Navier-Stokes (N-S)结合数据同化技术，推出实用型基于任意局部流速推算断面流速分布而得出断面平均流速的软件，大大提高了雷达、图像、旋桨、超声波、水平 ADCP、单波束 ADCP 等流速测量设备的应用广度与深度。

第 5 章　流量监测典型现场实践与适应性研究

5.1　声学多普勒法应用实例

5.1.1　北碚站 H-ADCP

5.1.1.1　北碚站概况

北碚站位于重庆市北碚区龙凤桥街道白庙一村，东经 106°28′，北纬 29°49′，集水面积为 156736km²。北碚站设立于 1939 年 1 月，1976 年 1 月上迁 106m，2007 年 1 月下迁 8.3km，测验河段位于嘉陵江观音峡内，河段顺直，左岸平缓而稳定，右岸较陡，断面近似“U”形，由乱石组成，断面较稳定。上游来水受草街电站蓄放水影响，下游受三峡水库蓄放水影响。当三峡水库坝前水位较高时或长江涨水水位较高时，易受下游水体顶托影响。北碚站为嘉陵江下游干流控制性基本水文站，负责水位、流量、泥沙等测验项目，北碚水文站为一类精度流量站，二类泥沙站。

5.1.1.2　测站特性分析

(1)断面变化

分析了北碚站近 13 年大断面资料，北碚断面较稳定，除起点距 210m 处因右岸的陡坡石坎造成测量误差略有变化外，受水流冲击影响小，断面多年基本无变化(图 5.1-1)。

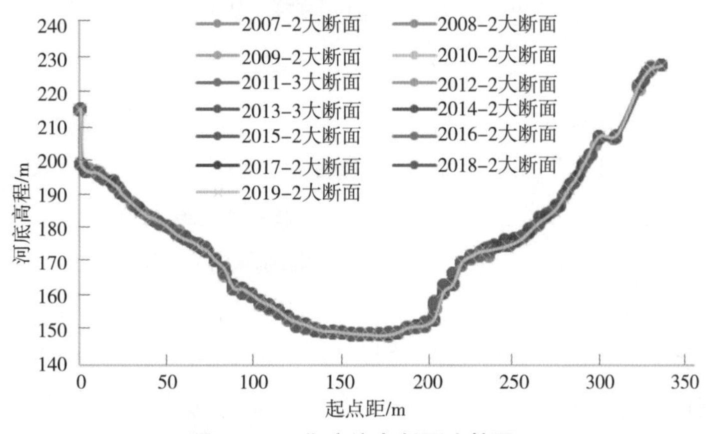

图 5.1-1　北碚站大断面比较图

(2)流速分布

北碚站测验河段位于嘉陵江观音峡内，河段顺直，左岸相对于右岸较平缓，右岸较陡，左右岸均为基岩出露，岸坡较稳定，站房位于左岸。北碚站位于观音峡谷，当水流较大时，水面流态较乱，有成片的涡漩漂浮于水中，按水位级不同，流速横向分布不同。纵向流速分布多呈半圆形，相对位置 0.2 流速较小，相对位置 0.6 多为垂线最大测点流速，偶有相对位置 0.8 流速较大的情况。

(3)水面流速关系

根据 2007—2018 年 34 次多线多点法测验资料，流量变幅 500～25000m^3/s，分析相对位置 0.2 一点法流速与多线多点法流速关系，分析相对位置 0.2 一点法与多线多点法关系为$V_{断面平均}=1.0544V_{0.2}$，系统误差为－2.06%，标准差为 5.07%，最大相对误差为－9.43%。

(4)代表流速关系

根据 2007—2018 年 34 次多线多点法测验资料，分析岸边垂线或岸边 1～3 条垂线与多线多点法全断面流速之间的关系，选取左岸岸边 75.0m 垂线平均流速、95.0m 垂线平均流速、75.0m 与 95.0m 垂线平均流速分别建立与多线多点法全断面流速关系。北碚站多线多点法全断面流速与代表垂线平均流速的相关关系最好的为起点距 95.0m，$V_{断面平均}=1.0926V_{95m垂线平均}$，其系统误差为－3.47%，标准差为 8.64%。

(5)年际水流特性变化

多年来，北碚站年际水位—流量关系整体变化不大，基本一致。但自三峡水库蓄水以来，中低水时水位—流量关系会受三峡水库顶托影响，2007 年草街电站修建好开始运行，中低水水位—流量关系部分时段会同时受草街电站和三峡电站的蓄放水影响，同水位级流量明显偏小，关系较紊乱；当中低水水位—流量关系不受草街电站和三峡电站的蓄放水影响时，水位—流量呈单一曲线。中高水时当三峡水库坝前水位较高或长江水位较高时，呈现带幅较窄的逆时针绳套曲线或者临时曲线，其他时段主要是受洪水涨落影响呈正常的绳套曲线。点绘北碚站每年中低水呈单一线水位—流量关系，历年间变化不大，整体较稳定。

(6)含沙量分析

1)单断沙关系年际变化

以北碚站 2007—2018 年历年单断沙关系分析，北碚站单断沙关系系数为 0.9341～1.0200，历年关系比较稳定，各年关系线与历年综合线相比最大偏差为－0.07%，平均偏差为 0.00%。相邻年份平均偏离率为 0.02%，最大偏离率为 0.08%。

2)输沙量年内变化

北碚站全年施测泥沙的一类精度站，分析 2007—2018 年 1—4 月和 11—12 月连续 3 个月以上的时段输沙量与多年平均输沙量可知，枯水期输沙量除了 2012 年枯水期涨水外，其余年份占比均未超过年总量的 3%。

3)小沙分析

北碚站迁站后的12年断面含沙量小于0.005kg/m^3时段的水位、流量资料,取频率P为90%、10%所对应的流量级为612～5500m^3/s。断面含沙量连续3天小于0.005kg/m^3流量级为295～952m^3/s。2007—2018年连续3个月以上的时段输沙量与多年平均输沙量的比值小于3%的流量级为1620～11000m^3/s。汛期断面含沙量小于0.05kg/m^3的时段流量级为212～3220m^3/s。

5.1.1.3 设备安装方案

北碚站水位—流量关系易受三峡水库蓄水顶托影响,过程控制工作量大,难度也较大,汛期洪水来临,河面漂浮物较多,特别适合采用非接触式在线监测设备进行流量测验。根据北碚站地形及测站特性,北碚站测验河段位于嘉陵江观音峡内,部分时段风力较大。河段顺直,左岸相对于右岸较平缓,右岸较陡,左右岸均为基岩出露,断面形态规则呈"U"形,两岸有一定坡度,水面宽主要为280～153m,0.75%的保证率水位为193.95m。当水流较大时,水面流态较乱,按水位级不同,流速横向分布不同。上游来水较大时,常常伴随有较多的漂浮物,综合以上考虑,北碚站选择采用H-ADCP进行在线流量测验。

北碚站H-ADCP系统主要由Channel Master300kHz H-ADCP、计算机、Q-Monitor-H流量通数据采集及回放软件、电源等组成。北碚站H-ADCP的连接方式是将仪器主机数据和电源通过有线的方式直接接到缆道操作房,平时采用仪器自动记录存储,定时提取数据,同时安装RTU,将数据上传至服务器,接入水情分中心,可实时监视数据。其连接方式见图5.1-2。

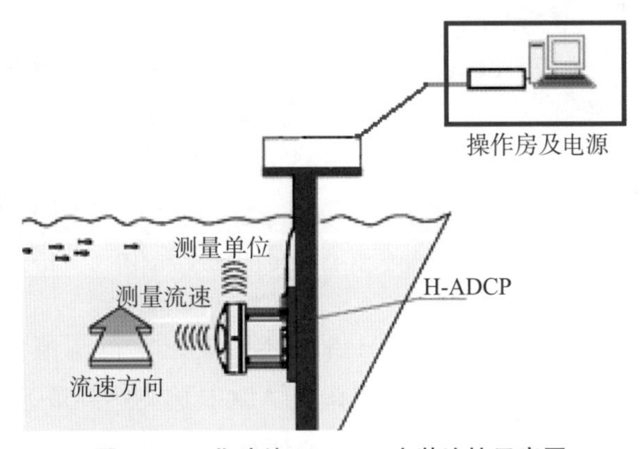

图5.1-2 北碚站H-ADCP安装连接示意图

北碚站H-ADCP仪器安装方案经过比较分析,选择在基本水尺断面的左岸。经反复试验安装,经过调试后,采用垂直钢结构支架安装,该仪器位置在断面的起点距76.0m处,仪器安装位置高程为172.52m。经过现场调整,仪器表面水平指向对岸,且与水流方向垂直,确保纵、横摇角度与初始采集安装角度变化确保在±0.5°以内,且放置位置固定(图5.1-3,图5.1-4)。

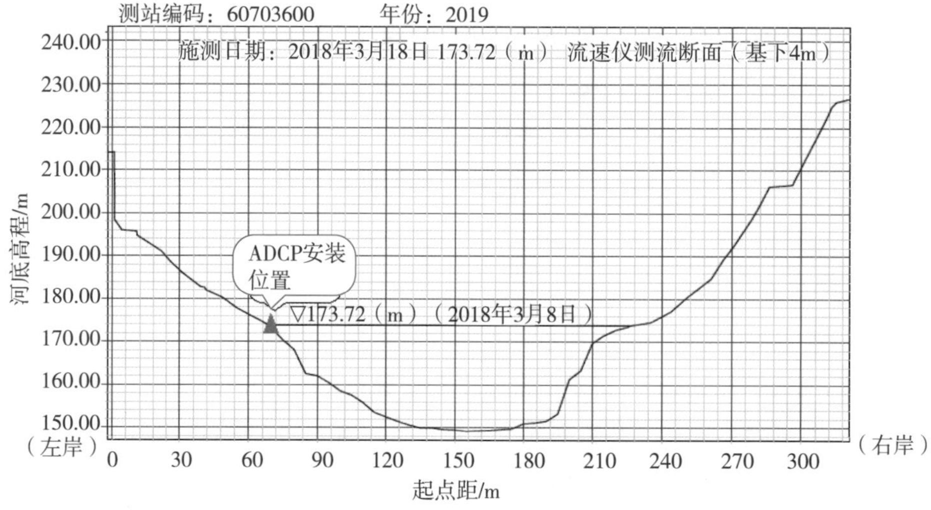

图 5.1-3 北碚水文站大断面及 H-ADCP 安装位置图

图 5.1-4 北碚站 H-ADCP 现场安装图

根据北碚站 H-ADCP 回波强度图，H-ADCP 回波正常范围值约 119m。北碚站 H-ADCP 仪器安装在起点距 76.0m 位置上，换算 H-ADCP 施测达到最远起点距是 195m，该起点距覆盖了北碚站测流断面中泓处的最大流速所代表起点距。从总体上来看，安装位置较好。

5.1.1.4 对比测试分析

(1)对比测试资料选取

1)资料系列收集

北碚站岸边水流条件复杂，H-ADCP 管线在安装后曾多次被冲毁，探头被冲歪，数据异常，北碚站总结经验，通过加固改造，于 2017 年 1 月 1 日至 2018 年 12 月 31 日收集对比测试资料，进行对比测试分析。

对比测试期水位变幅：172.73～183.96m。

对比测试期流量变幅：258～13900m^3/s。

对比测试期(流速仪)流速变幅：0.11～3.78m/s（断面平均流速）。

对比测试期含沙量变幅：0.003～4.91kg/ m^3。

对比测试分析时间内部分时段由于 H-ADCP 在测验期间受到仪器数据存储量不够、数据格式损坏等原因，在 2017 年 9 月 12 日至 2017 年 11 月 12 日(数据格式损坏)、2017 年 6 月 19 日至 2017 年 6 月 29 日、2017 年 8 月 24 日至 2017 年 8 月 28 日、2017 年 8 月 30 日、2018 年 7 月 2 日至 2018 年 7 月 4 日及 2018 年 7 月 12 日至 2018 年 7 月 13 日等六个时间段内，未收集到数据。但是此时段相对整个分析时间来说，时间较短，不影响资料分析。2017 年共计收集对比测试资料 161 次，2018 年共计收集资料 153 次。

该项目对比测试仪器的选型、安装和参数的设置合理，操作方法适当，测站在对比测试期间严格遵照操作方法来完成对比测试资料的收集，资料准确可靠。对比测试数据较多，覆盖了北碚站自迁站以来较大水位变幅和流速变幅，用于代表流速率定具有一定的代表性。

2)代表流速段的选取

对比测试时段内 H-ADCP 代表流速数据处理原则为：重点研究其出现单元段流速开始减少，流速棒开始紊乱的时段，在分析的代表流速单元段内，要求各层流速棒正常，最远段单元能覆盖横向 70m 以上的距离，流速段选择在断面上具有一定的代表性，考虑含沙量对 ADCP 的影响，尽量靠近左岸。

依据代表流速稳定程度看，选取回波信号稳定，流速紊动较小的单元段，流速紊动较小，结合大断面资料，初步确定北碚站 H-ADCP 的代表流速的水平段按照表 5.1-1 单元范围进行选取。

表 5.1-1　　北碚 H-ADCP 流速单元选取范围表

序号	宽度单位序号	代表流速宽度/m	离仪器距离/m
1(8～15)	8～15	16	17.40～33.40
2(4～6)	4～6	6	9.40～15.40
3(4～8)	4～8	10	9.40～19.40
4(4～10)	4～10	14	9.40～23.40
5(4～16)	4～16	26	9.40～35.40
6(4～26)	4～26	46	9.40～55.40

注：离仪器距离含 H-ADCP 盲区数据 3.42m。

3)分析资料的选取

对 H-ADCP 收集的资料进行全程回放发现：北碚站 H-ADCP 代表流速受上游三江不同来水、来沙有一定影响，在出现较大洪峰、较大沙峰涨落过程中，对应洪水位一般为 182.28m 及以上时 H-ADCP 代表流速区间的流速棒会发生紊乱。受沙质来源不同，部分时段含沙量达到 1.50kg/m³ 时代表流速区间流速棒会发生一定程度的紊乱和不合理变化。

为了保证对比测试分析精度，确保代表流速分析到位，通过以上分析，2017 年 9 月 11 日 06:00～2017 年 9 月 12 日 01:30、2018 年 6 月 28 日 02:00～2018 年 6 月 28 日 12:00、2018 年 7 月 11 日 16:10～2018 年 7 月 14 日 21:00、2018 年 7 月 15 日 03:05～2018 年 7 月 17 日 13:00 等时段存在水位、沙量变化较大的情况，H-ADCP 代表流速区间由远及近出现不同程度的流速棒紊乱现象，对比测试的数据过程相对离散，流速段的代表性较差，上述时段对比测试数据不用于分析率定相关关系。最终，参与对比测试率定数据采用 2017 年和 2018 年共计 234 次对比测试数据进行分析，见表 5.1-2。

表 5.1-2　　北碚率定数据过程表

代表流速时段	$V_{sl(8-15)}$ /(m/s)	$V_{sl(4-6)}$ /(m/s)	$V_{sl(4-8)}$ /(m/s)	$V_{sl(4-10)}$ /(m/s)	$V_{sl(4-16)}$ /(m/s)	$V_{sl(4-26)}$ /(m/s)	V_{s25-3} /(m/s)	测次
2017-01-02 07:30～09:35	0.15	0.14	0.14	0.14	0.15	0.15	0.15	1
2017-01-04 08:50～10:05	0.16	0.16	0.16	0.16	0.16	0.15	0.14	2
2017-01-04 16:50～18:05	0.24	0.21	0.22	0.22	0.23	0.24	0.23	3
2017-01-06 08:05～09:15	0.11	0.11	0.10	0.10	0.11	0.11	0.11	4
2017-01-13 14:45～16:15	0.42	0.40	0.40	0.41	0.42	0.43	0.43	5
2017-01-18 10:15～11:30	0.11	0.11	0.11	0.11	0.11	0.11	0.11	6
2017-01-31 09:05～10:20	0.17	0.16	0.16	0.16	0.17	0.17	0.17	7
2017-02-06 15:00～16:30	0.22	0.20	0.21	0.21	0.21	0.22	0.20	8
2017-02-13 11:32～12:47	0.28	0.28	0.28	0.27	0.28	0.28	0.25	9
2017-02-13 17:17～18:32	0.33	0.32	0.32	0.32	0.33	0.34	0.33	10
2017-02-20 12:30～14:00	0.31	0.30	0.30	0.30	0.31	0.32	0.31	11
2017-02-21 13:16～14:31	0.41	0.39	0.40	0.40	0.40	0.42	0.37	12
2017-02-25 16:50～18:20	0.64	0.58	0.59	0.60	0.62	0.63	0.61	13
2017-03-11 07:01～08:12	0.16	0.15	0.15	0.15	0.16	0.17	0.15	14
2017-03-15 14:45～16:15	0.60	0.57	0.57	0.57	0.59	0.60	0.62	15
2017-03-17 09:15～11:15	0.38	0.36	0.37	0.37	0.38	0.39	0.38	16
2017-03-25 14:00～15:15	0.54	0.48	0.49	0.50	0.52	0.54	0.53	17
2017-04-01 14:55～16:25	0.63	0.60	0.61	0.61	0.62	0.63	0.65	18
2017-04-09 19:15～20:45	0.86	0.78	0.80	0.81	0.84	0.87	0.89	19

续表

代表流速时段	$V_{sl(8-15)}$ /(m/s)	$V_{sl(4-6)}$ /(m/s)	$V_{sl(4-8)}$ /(m/s)	$V_{sl(4-10)}$ /(m/s)	$V_{sl(4-16)}$ /(m/s)	$V_{sl(4-26)}$ /(m/s)	V_{s25-3} /(m/s)	测次
2017-04-10 08:30～10:00	0.83	0.79	0.80	0.80	0.82	0.83	0.89	20
2017-04-14 06:30～07:45	0.41	0.36	0.37	0.37	0.40	0.41	0.38	21
2017-04-17 13:55～15:10	0.50	0.46	0.47	0.48	0.49	0.50	0.54	22
2017-04-24 07:00～10:10	0.51	0.47	0.48	0.48	0.50	0.52	0.59	23
2017-04-29 10:25～11:40	0.46	0.44	0.45	0.45	0.46	0.48	0.49	24
2017-05-03 16:45～18:30	0.77	0.69	0.71	0.72	0.75	0.77	0.80	25
2017-05-03 22:15～23:45	1.12	1.02	1.04	1.05	1.10	1.13	1.18	26
2017-05-04 15:50～17:35	1.53	1.43	1.44	1.46	1.50	1.50	1.53	27
2017-05-05 12:20～13:35	1.15	1.06	1.08	1.09	1.13	1.18	1.22	28
2017-05-07 09:35～10:50	0.73	0.68	0.69	0.70	0.72	0.72	0.75	29
2017-05-15 14:15～15:30	0.82	0.78	0.79	0.79	0.81	0.81	0.88	30
2017-05-21 11:46～13:16	0.91	0.84	0.85	0.86	0.89	0.91	0.95	31
2017-05-24 08:27～09:57	0.73	0.69	0.70	0.69	0.72	0.73	0.78	32
2017-05-25 08:15～09:45	0.50	0.46	0.47	0.47	0.49	0.51	0.51	33
2017-06-02 08:15～09:30	0.19	0.18	0.18	0.18	0.18	0.19	0.20	34
2017-06-06 09:30～10:45	0.90	0.87	0.88	0.87	0.90	0.91	0.97	35
2017-06-09 08:29～10:14	1.72	1.58	1.61	1.64	1.68	1.73	1.66	36
2017-06-09 13:59～15:44	1.76	1.64	1.66	1.69	1.73	1.74	1.77	37
2017-06-10 01:59～03:29	1.40	1.31	1.33	1.34	1.38	1.40	1.43	38
2017-06-12 12:10～13:25	0.88	0.82	0.84	0.83	0.86	0.88	0.97	39
2017-06-15 06:25～07:40	0.91	0.86	0.87	0.88	0.90	0.90	0.89	40
2017-06-15 12:45～14:15	1.40	1.29	1.31	1.33	1.37	1.38	1.39	41
2017-06-16 00:45～02:15	1.95	1.82	1.85	1.88	1.91	1.90	1.89	42
2017-06-16 06:30～08:00	2.18	2.04	2.08	2.11	2.15	2.15	2.17	43
2017-06-16 12:00～13:45	2.28	2.11	2.15	2.18	2.23	2.23	2.20	44
2017-06-17 05:45～07:30	2.05	1.91	1.94	1.97	2.01	2.01	1.98	45
2017-06-17 08:00～10:30	1.87	1.74	1.77	1.80	1.83	1.82	1.75	46
2017-06-17 18:15～19:45	1.39	1.30	1.32	1.33	1.37	1.40	1.42	47
2017-07-06 05:06～06:40	0.27	0.27	0.27	0.27	0.27	0.29	0.29	51
2017-07-06 10:40～12:10	0.72	0.67	0.68	0.69	0.71	0.73	0.76	52
2017-07-06 21:55～23:40	1.22	1.16	1.17	1.17	1.21	1.24	1.26	53
2017-07-07 01:55～03:40	2.15	1.99	2.03	2.06	2.11	2.11	2.17	54

续表

代表流速时段	$V_{sl(8-15)}$ /(m/s)	$V_{sl(4-6)}$ /(m/s)	$V_{sl(4-8)}$ /(m/s)	$V_{sl(4-10)}$ /(m/s)	$V_{sl(4-16)}$ /(m/s)	$V_{sl(4-26)}$ /(m/s)	V_{s25-3} /(m/s)	测次
2017-07-07 05:10～05:40	2.24	2.07	2.11	2.14	2.20	2.22	2.21	55
2017-07-07 10:55～12:40	2.29	2.13	2.17	2.20	2.24	2.26	2.10	56
2017-07-07 21:10～21:55	1.79	1.68	1.71	1.73	1.76	1.75	1.78	57
2017-07-08 15:10～16:55	1.90	1.75	1.78	1.81	1.86	1.84	1.80	58
2017-07-09 07:55～09:40	1.65	1.50	1.53	1.56	1.61	1.61	1.58	59
2017-07-10 17:05～18:20	0.94	0.88	0.90	0.90	0.92	0.93	0.98	60
2017-07-13 08:30～09:45	0.21	0.20	0.20	0.20	0.21	0.22	0.22	61
2017-07-13 17:00～18:30	0.82	0.76	0.77	0.78	0.80	0.82	0.89	62
2017-07-14 08:37～09:52	0.21	0.20	0.20	0.20	0.21	0.21	0.21	63
2017-07-16 09:22～10:37	1.01	0.96	0.98	0.97	1.00	1.01	1.02	64
2017-07-20 09:30～10:45	0.90	0.83	0.85	0.86	0.88	0.89	0.91	65
2017-07-24 08:15～10:15	0.73	0.67	0.68	0.68	0.72	0.74	0.75	66
2017-07-26 09:15～10:45	0.53	0.49	0.50	0.50	0.52	0.54	0.49	67
2017-07-28 15:00～16:30	0.66	0.60	0.61	0.62	0.64	0.67	0.67	68
2017-07-29 11:00～12:30	0.51	0.48	0.49	0.48	0.5	0.54	0.47	69
2017-08-07 15:45～17:15	0.52	0.47	0.48	0.48	0.51	0.53	0.53	70
2017-08-09 10:45～12:00	0.84	0.78	0.79	0.79	0.83	0.85	0.85	71
2017-08-10 06:15～07:45	0.47	0.43	0.44	0.44	0.46	0.47	0.46	72
2017-08-11 08:15～09:45	0.29	0.25	0.26	0.26	0.28	0.28	0.25	73
2017-08-18 08:30～09:45	0.29	0.29	0.29	0.28	0.29	0.29	0.31	74
2017-08-20 08:15～09:30	0.15	0.15	0.15	0.15	0.15	0.15	0.17	75
2017-08-22 22:00～23:15	0.85	0.80	0.81	0.82	0.84	0.85	0.88	76
2017-08-23 11:00～12:30	1.07	0.99	1.01	1.02	1.05	1.06	1.09	77
2017-08-23 22:30～23:45	0.95	0.88	0.90	0.91	0.93	0.96	1.03	78
2017-08-28 14:45～16:00	1.07	0.99	1.01	1.02	1.05	1.06	1.11	83
2017-08-29 00:00～01:30	1.52	1.43	1.44	1.46	1.50	1.50	1.56	84
2017-08-29 06:00～07:45	1.73	1.60	1.62	1.65	1.70	1.70	1.71	85
2017-08-29 12:15～13:45	1.47	1.35	1.38	1.40	1.44	1.43	1.43	86
2017-08-31 09:35～11:05	1.45	1.34	1.36	1.38	1.42	1.43	1.44	89
2017-08-31 18:35～19:50	1.06	1.00	1.01	1.01	1.04	1.06	1.09	90
2017-09-01 09:05～10:05	0.86	0.76	0.77	0.79	0.83	0.87	0.87	91
2017-09-02 06:20～07:50	1.39	1.29	1.3	1.32	1.36	1.38	1.39	92

续表

代表流速时段	$V_{sl(8\text{-}15)}$ /(m/s)	$V_{sl(4\text{-}6)}$ /(m/s)	$V_{sl(4\text{-}8)}$ /(m/s)	$V_{sl(4\text{-}10)}$ /(m/s)	$V_{sl(4\text{-}16)}$ /(m/s)	$V_{sl(4\text{-}26)}$ /(m/s)	$V_{s25\text{-}3}$ /(m/s)	测次
2017-09-04 06:05～07:35	1.53	1.43	1.45	1.47	1.50	1.51	1.54	93
2017-09-04 16:00～17:15	0.91	0.84	0.85	0.86	0.89	0.92	0.98	94
2017-09-06 11:00～12:15	1.08	0.99	1.01	1.03	1.06	1.06	1.02	95
2017-09-06 18:15～19:45	1.43	1.33	1.35	1.36	1.41	1.42	1.40	96
2017-09-07 05:45～07:15	1.69	1.57	1.59	1.62	1.66	1.66	1.64	97
2017-09-07 16:30～18:00	1.39	1.29	1.31	1.33	1.36	1.38	1.48	98
2017-09-09 06:31～07:46	0.90	0.82	0.84	0.84	0.88	0.90	0.94	99
2017-09-10 00:16～02:01	1.54	1.42	1.44	1.46	1.51	1.55	1.58	100
2017-09-10 15:31～17:01	1.75	1.62	1.65	1.68	1.72	1.74	1.72	101
2017-09-10 21:01～22:31	2.17	2.02	2.06	2.09	2.13	2.14	2.13	102
2017-11-14 06:30～07:45	0.35	0.33	0.34	0.33	0.34	0.35	0.39	152
2017-11-21 09:00～10:15	0.30	0.29	0.30	0.30	0.30	0.30	0.33	153
2017-11-22 06:00～07:15	0.16	0.17	0.18	0.17	0.17	0.16	0.18	154
2017-11-24 07:15～09:00	0.50	0.47	0.48	0.49	0.50	0.50	0.52	155
2017-11-30 07:41～09:00	0.18	0.18	0.18	0.18	0.18	0.17	0.20	156
2017-12-04 08:30～09:45	0.11	0.13	0.12	0.11	0.12	0.12	0.14	157
2017-12-14 08:00～09:30	0.13	0.12	0.12	0.12	0.12	0.13	0.13	158
2017-12-25 08:35～09:50	0.14	0.14	0.14	0.14	0.14	0.14	0.14	159
2017-12-28 15:01～16:16	0.43	0.37	0.39	0.40	0.42	0.43	0.40	160
2017-12-31 08:22～09:37	0.18	0.17	0.17	0.17	0.18	0.19	0.18	161
2018-01-01 08:32～09:47	0.19	0.20	0.20	0.19	0.20	0.20	0.20	1
2018-01-04 07:38～09:10	0.11	0.12	0.11	0.11	0.12	0.12	0.13	2
2018-01-08 09:10～10:25	0.17	0.17	0.17	0.17	0.17	0.17	0.15	3
2018-01-11 08:39～09:55	0.15	0.15	0.14	0.14	0.15	0.16	0.16	4
2018-01-17 07:23～08:38	0.13	0.11	0.11	0.12	0.12	0.13	0.12	5
2018-01-22 14:00～15:30	0.61	0.59	0.59	0.59	0.6	0.62	0.62	6
2018-01-23 08:00～09:15	0.15	0.16	0.15	0.15	0.15	0.16	0.18	7
2018-01-24 08:15～09:30	0.11	0.10	0.10	0.10	0.11	0.11	0.12	8
2018-02-02 08:46～10:01	0.16	0.17	0.17	0.16	0.17	0.16	0.15	9
2018-02-10 08:45～10:00	0.22	0.20	0.20	0.20	0.21	0.22	0.19	10
2018-02-15 14:20～15:35	0.23	0.21	0.22	0.22	0.23	0.23	0.23	11
2018-02-16 18:21～19:36	0.13	0.12	0.11	0.11	0.13	0.13	0.12	12

续表

代表流速时段	$V_{sl(8-15)}$ /(m/s)	$V_{sl(4-6)}$ /(m/s)	$V_{sl(4-8)}$ /(m/s)	$V_{sl(4-10)}$ /(m/s)	$V_{sl(4-16)}$ /(m/s)	$V_{sl(4-26)}$ /(m/s)	V_{s25-3}	
							/(m/s)	测次
2018-02-22 14:27～15:42	0.16	0.17	0.17	0.17	0.17	0.17	0.16	13
2018-02-25 07:12～08:27	0.15	0.14	0.14	0.14	0.15	0.15	0.17	14
2018-03-05 08:45～10:00	0.13	0.13	0.13	0.13	0.13	0.14	0.13	15
2018-03-06 11:00～12:15	0.17	0.15	0.15	0.15	0.17	0.18	0.16	16
2018-03-11 16:44～17:59	0.19	0.20	0.19	0.18	0.19	0.20	0.21	17
2018-03-12 15:27～16:27	0.35	0.31	0.32	0.33	0.34	0.36	0.33	18
2018-03-16 05:45～07:00	0.12	0.11	0.11	0.11	0.12	0.13	0.13	19
2018-03-19 14:30～15:45	0.30	0.25	0.27	0.27	0.29	0.30	0.27	20
2018-03-20 14:00～16:15	0.29	0.28	0.29	0.28	0.29	0.30	0.29	21
2018-03-23 15:21～16:36	0.23	0.20	0.20	0.21	0.22	0.22	0.19	22
2018-03-31 12:30～13:46	0.41	0.39	0.39	0.39	0.40	0.42	0.43	23
2018-04-04 06:47～08:17	0.11	0.09	0.09	0.10	0.11	0.11	0.12	24
2018-04-13 08:05～09:20	0.64	0.58	0.60	0.60	0.63	0.65	0.68	25
2018-04-15 13:05～14:20	0.52	0.48	0.49	0.49	0.51	0.52	0.52	26
2018-04-16 22:42～23:57	0.73	0.68	0.69	0.70	0.72	0.73	0.80	27
2018-04-20 06:49～08:04	0.21	0.22	0.22	0.22	0.21	0.22	0.25	28
2018-04-23 16:00～17:30	0.90	0.82	0.83	0.84	0.88	0.89	0.91	29
2018-04-25 09:15～10:30	0.88	0.81	0.82	0.83	0.86	0.86	0.90	30
2018-04-25 17:00～18:30	1.46	1.36	1.38	1.40	1.44	1.47	1.50	31
2018-04-26 10:45～12:00	1.32	1.23	1.24	1.26	1.29	1.29	1.36	72
2018-04-27 08:45～10:00	0.95	0.88	0.89	0.91	0.93	0.93	0.93	73
2018-04-28 08:15～09:30	0.55	0.51	0.52	0.52	0.54	0.55	0.54	75
2018-05-14 14:37～16:52	0.83	0.77	0.78	0.78	0.79	0.78	0.81	35
2018-05-15 07:07～08:22	0.17	0.16	0.16	0.16	0.17	0.17	0.17	36
2018-05-17 06:22～08:00	0.12	0.11	0.11	0.11	0.12	0.12	0.15	37
2018-05-20 08:39～09:54	0.44	0.41	0.42	0.42	0.43	0.44	0.41	38
2018-05-22 12:35～14:05	1.09	1.01	1.03	1.03	1.07	1.09	1.11	39
2018-05-22 20:05～21:35	1.55	1.47	1.48	1.50	1.52	1.55	1.56	40
2018-05-23 09:35～11:05	1.39	1.30	1.32	1.33	1.37	1.37	1.38	41
2018-05-24 09:35～11:05	1.56	1.43	1.46	1.48	1.52	1.54	1.60	42
2018-05-24 17:35～19:05	1.24	1.14	1.16	1.17	1.21	1.24	1.28	43
2018-05-25 10:50～12:50	1.14	1.07	1.08	1.09	1.12	1.13	1.15	44

续表

代表流速时段	$V_{sl(8-15)}$ /(m/s)	$V_{sl(4-6)}$ /(m/s)	$V_{sl(4-8)}$ /(m/s)	$V_{sl(4-10)}$ /(m/s)	$V_{sl(4-16)}$ /(m/s)	$V_{sl(4-26)}$ /(m/s)	V_{s25-3} /(m/s)	测次
2018-05-28 13:25～14:55	0.71	0.66	0.67	0.67	0.70	0.71	0.73	45
2018-06-05 06:18～07:33	0.16	0.15	0.15	0.15	0.16	0.17	0.18	46
2018-06-07 07:18～08:30	0.11	0.11	0.10	0.10	0.11	0.12	0.13	47
2018-06-19 06:10～07:40	0.94	0.87	0.88	0.89	0.92	0.94	0.98	48
2018-06-20 02:10～03:25	1.41	1.30	1.33	1.34	1.38	1.38	1.40	49
2018-06-20 08:55～10:25	1.57	1.47	1.49	1.51	1.54	1.55	1.56	50
2018-06-21 02:10～03:40	1.39	1.32	1.33	1.34	1.37	1.39	1.39	51
2018-06-22 14:10～15:25	0.81	0.77	0.79	0.78	0.80	0.80	0.84	52
2018-06-26 00:25～01:40	1.05	0.99	0.99	1.00	1.03	1.04	1.02	53
2018-06-26 09:55～11:25	1.65	1.53	1.56	1.58	1.62	1.62	1.62	54
2018-06-26 20:40～22:25	2.00	1.88	1.90	1.93	1.97	1.96	1.91	55
2018-06-27 10:55～12:55	2.19	2.00	2.04	2.08	2.13	2.13	2.06	56
2018-06-28 15:15～16:30	1.00	0.99	1.00	0.99	1.00	1.30	0.98	59
2018-06-29 09:00～10:30	1.21	1.12	1.14	1.15	1.19	1.18	1.23	60
2018-07-01 14:30～16:00	1.60	1.48	1.51	1.53	1.57	1.56	1.55	61
2018-07-05 08:50～11:35	2.63	2.38	2.45	2.50	2.58	3.13	2.50	71
2018-07-05 20:20～21:50	2.74	2.48	2.52	2.57	2.67	2.78	2.65	72
2018-07-06 17:20～18:50	2.63	2.38	2.44	2.48	2.56	2.62	2.54	73
2018-07-08 08:50～10:20	2.47	2.25	2.30	2.34	2.41	2.44	2.42	74
2018-07-09 08:40:10:10	2.04	1.89	1.93	1.96	2.00	2.00	2.03	75
2018-07-10 11:10:12:40	2.19	2.03	2.06	2.09	2.14	2.13	2.08	76
2018-07-10 16:55～18:40	2.62	2.38	2.44	2.49	2.56	2.60	2.56	77
2018-07-11 08:40～10:25	2.88	2.58	2.64	2.70	2.80	2.87	2.81	78
2018-07-15 03:50～05:20	2.84	2.52	2.60	2.65	2.76	3.10	2.78	88
2018-07-15 09:05～10:50	2.32	2.07	2.12	2.18	2.25	2.79	2.19	89
2018-07-15 20:20～21:35	2.08	1.91	1.95	1.99	2.04	2.54	2.08	90
2018-07-16 08:00～09:45	2.44	2.21	2.27	2.31	2.38	2.46	2.36	91
2018-07-17 11:45～13:15	2.82	2.47	2.57	2.63	2.73	2.88	2.70	94
2018-07-18 10:30～12:00	2.29	2.07	2.12	2.16	2.24	2.28	2.17	95
2018-07-19 08:00～09:45	1.66	1.54	1.56	1.59	1.62	1.62	1.57	96
2018-07-19 20:30～21:45	1.17	1.08	1.09	1.11	1.15	1.16	1.17	97
2018-07-20 09:15～10:30	0.88	0.83	0.84	0.84	0.86	0.87	0.89	98

续表

代表流速时段	$V_{sl(8-15)}$ /(m/s)	$V_{sl(4-6)}$ /(m/s)	$V_{sl(4-8)}$ /(m/s)	$V_{sl(4-10)}$ /(m/s)	$V_{sl(4-16)}$ /(m/s)	$V_{sl(4-26)}$ /(m/s)	V_{s25-3} /(m/s)	测次
2018-07-21 16:30～17:45	1.20	1.12	1.13	1.13	1.18	1.22	1.25	99
2018-07-27 11:15～12:45	1.48	1.37	1.39	1.41	1.45	1.46	1.45	100
2018-07-31 08:31～10:16	1.65	1.52	1.55	1.57	1.61	1.61	1.62	101
2018-08-02 09:35～11:20	1.47	1.37	1.40	1.41	1.44	1.44	1.41	102
2018-08-02 17:50～20:05	1.71	1.60	1.62	1.65	1.68	1.69	1.70	103
2018-08-03 08:35～10:35	2.37	2.17	2.23	2.27	2.23	2.35	2.34	104
2018-08-03 14:05～16:20	2.16	2.01	2.05	2.08	2.12	2.13	2.11	105
2018-08-03 22:14～23:44	1.40	1.30	1.32	1.34	1.37	1.39	1.41	106
2018-08-04 08:20～09:35	0.95	0.87	0.89	0.90	0.93	0.97	0.98	107
2018-08-04 18:50～20:35	1.70	1.57	1.60	1.62	1.66	1.68	1.73	108
2018-08-05 09:05～10:35	1.38	1.28	1.31	1.33	1.36	1.35	1.39	109
2018-08-05 16:20～17:50	0.99	0.93	0.94	0.95	0.97	0.98	1.05	110
2018-08-06 06:05～07:35	1.33	1.24	1.26	1.28	1.30	1.31	1.34	111
2018-08-07 09:45～11:15	0.87	0.83	0.83	0.83	0.86	0.87	0.86	112
2018-08-07 20:15～21:45	1.34	1.25	1.26	1.27	1.32	1.36	1.36	113
2018-08-18 08:47～10:02	0.53	0.47	0.48	0.49	0.51	0.53	0.53	114
2018-08-19 08:17～09:47	0.86	0.79	0.80	0.81	0.84	0.87	0.88	115
2018-08-20 11:13～12:43	0.49	0.47	0.47	0.47	0.49	0.50	0.50	116
2018-08-23 09:13～10:40	0.72	0.66	0.68	0.69	0.70	0.72	0.71	117
2018-08-26 09:10～10:25	0.64	0.60	0.61	0.60	0.63	0.64	0.66	118
2018-09-03 08:15～09:40	0.34	0.31	0.31	0.32	0.33	0.33	0.33	119
2018-09-07 09:00～10:30	0.92	0.84	0.85	0.86	0.89	0.92	0.96	120
2018-09-12 15:30～17:00	0.66	0.62	0.63	0.63	0.65	0.66	0.67	121
2018-09-13 14:40～15:55	0.27	0.25	0.25	0.25	0.26	0.28	0.28	122
2018-09-17 08:25～09:55	0.42	0.39	0.39	0.40	0.41	0.42	0.45	123
2018-09-19 16:40～17:55	0.84	0.78	0.79	0.80	0.83	0.85	0.88	124
2018-09-20 11:24～12:54	0.84	0.77	0.78	0.79	0.82	0.83	0.86	125
2018-09-20 20:24～21:39	1.01	0.95	0.96	0.96	0.99	1.01	1.01	126
2018-09-21 14:09～15:39	1.73	1.59	1.62	1.65	1.69	1.68	1.69	127
2018-09-22 13:09～14:39	1.52	1.39	1.42	1.44	1.48	1.48	1.50	128
2018-09-23 12:24～13:39	0.87	0.80	0.81	0.82	0.85	0.86	0.87	129
2018-09-27 09:15～10:45	0.57	0.52	0.52	0.53	0.55	0.56	0.58	130

续表

代表流速时段	$V_{sl(8-15)}$ /(m/s)	$V_{sl(4-6)}$ /(m/s)	$V_{sl(4-8)}$ /(m/s)	$V_{sl(4-10)}$ /(m/s)	$V_{sl(4-16)}$ /(m/s)	$V_{sl(4-26)}$ /(m/s)	V_{s25-3}	
							/(m/s)	测次
2018-09-30 09:45～11:15	0.69	0.64	0.65	0.66	0.67	0.69	0.71	131
2018-10-02 11:15～12:30	0.59	0.55	0.55	0.56	0.58	0.59	0.60	132
2018-10-04 10:00～11:15	0.80	0.76	0.78	0.77	0.79	0.80	0.85	133
2018-10-07 16:15～17:45	0.59	0.57	0.58	0.58	0.59	0.60	0.62	134
2018-10-10 17:00～18:30	0.52	0.49	0.49	0.49	0.51	0.53	0.55	135
2018-10-15 08:45～10:15	0.60	0.54	0.55	0.56	0.58	0.60	0.64	136
2018-10-16 07:45～09:15	0.37	0.35	0.36	0.36	0.36	0.35	0.42	137
2018-10-18 15:00～16:30	0.75	0.69	0.70	0.71	0.73	0.76	0.81	138
2018-10-20 07:30～09:00	0.14	0.14	0.14	0.14	0.14	0.14	0.16	139
2018-10-20 09:15～10:15	0.18	0.18	0.18	0.17	0.17	0.18	0.18	140
2018-10-21 09:00～10:15	0.18	0.18	0.18	0.18	0.18	0.18	0.20	141
2018-10-27 08:30～09:45	0.26	0.28	0.28	0.28	0.27	0.25	0.29	142
2018-10-29 12:30～14:15	0.47	0.44	0.45	0.45	0.46	0.48	0.52	143
2018-10-30 08:15～09:30	0.16	0.17	0.17	0.16	0.16	0.16	0.19	144
2018-11-04 07:02～08:32	0.12	0.12	0.12	0.11	0.12	0.12	0.13	145
2018-11-05 09:30～10:45	0.15	0.15	0.15	0.15	0.15	0.16	0.14	146
2018-11-11 08:15～09:45	0.70	0.66	0.67	0.67	0.69	0.70	0.76	147
2018-11-15 15:10～16:25	0.58	0.54	0.55	0.55	0.57	0.60	0.67	148
2018-11-18 09:10～10:25	0.14	0.14	0.14	0.14	0.14	0.14	0.14	149
2018-11-19 13:06～14:36	0.40	0.36	0.37	0.37	0.39	0.40	0.41	150
2018-12-04 15:15～16:30	0.22	0.24	0.23	0.22	0.23	0.23	0.27	151
2018-12-28 08:45～10:00	0.19	0.21	0.21	0.20	0.20	0.21	0.22	152
2018-12-30 08:00～09:30	0.38	0.36	0.36	0.36	0.37	0.36	0.39	153

注:V_{s25-3} 为根据缆道流速仪法施测时段计算缆道流速仪法断面平均流速,$V_{sl(8-15)}$、$V_{sl(4-6)}$、$V_{sl(4-8)}$、$V_{sl(4-10)}$、$V_{sl(4-16)}$、$V_{sl(4-26)}$ 为根据流速仪对应时段 H-ADCP 不同单元代表流速的平均值。

(2)最优代表流速段选取

结合以上分析数据,采用 H-ADCP 代表流速 V_{sl} 与常规流速仪的流速 V_{s25-3} 进行回归分析时,各种不同的代表流速段按照一元一次、一元二次等多种代表流速回归方程进行分析计算,率定 2017—2018 年的综合代表流速方案。

1)一元线性回归方程方案

通过率定缆道流速仪法 V_{s25-3} 与选定的 H-ADCP 代表流速段 $V_{sl(8-15)}$、$V_{sl(4-6)}$、$V_{sl(4-8)}$、

$V_{sl(4-10)}$、$V_{sl(4-16)}$、$V_{sl(4-26)}$一元一次线性回归方程关系见表 5.1-3。其中，代表流速段 $V_{sl(4-8)}$、$V_{sl(4-16)}$与断面平均流速相关系数 R^2 为 0.9971，相关关系表现为最优。

表 5.1-3　　不同代表流速段的一元一次线性回归方程成果表

序号	方案	综合资料率定公式	相关系数 R^2
1	$V_{sl(8-15)}$	$V_{s25-3}=0.9680V_{sl(8-15)}+0.0300$	0.9970
2	$V_{sl(4-6)}$	$V_{s25-3}=1.0609V_{sl(4-6)}+0.0158$	0.9970
3	$V_{sl(4-8)}$	$V_{s25-3}=1.0377V_{sl(4-8)}+0.0208$	0.9971
4	$V_{sl(4-10)}$	$V_{s25-3}=1.0176V_{sl(4-10)}+0.0285$	0.9969
5	$V_{sl(4-16)}$	$V_{s25-3}=0.9926V_{sl(4-16)}+0.0254$	0.9971
6	$V_{sl(4-26)}$	$V_{s25-3}=1.0176V_{sl(4-26)}+0.0285$	0.9969

图 5.1-5、图 5.1-6 为代表流速段与断面平均流速的相关关系图。

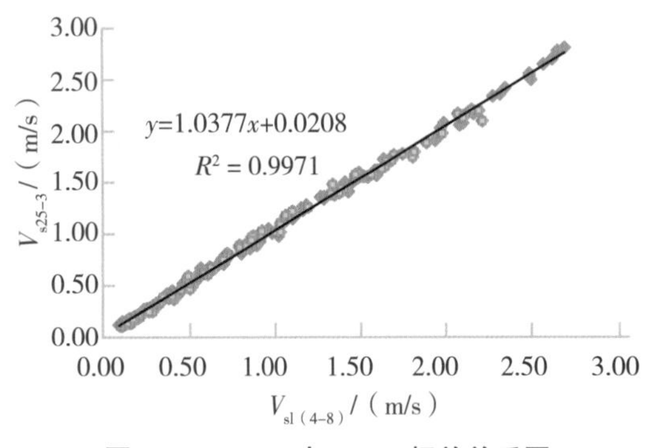

图 5.1-5　V_{s25-3} 与 $V_{sl(4-8)}$ 相关关系图

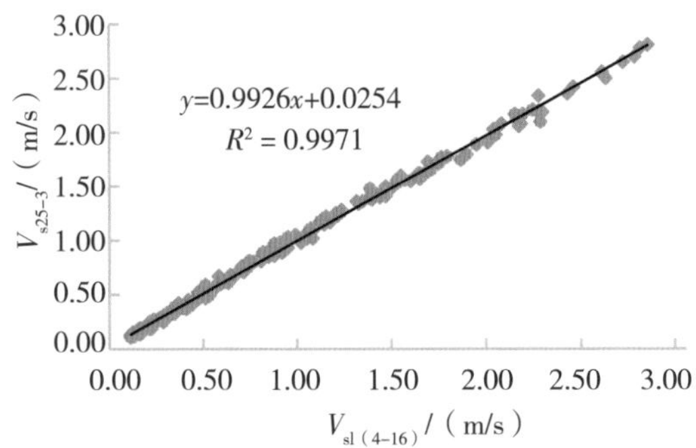

图 5.1-6　V_{s25-3} 与 $V_{sl(4-16)}$ 相关关系图

从图 5.1-5、图 5.1-6 中可以看出，代表流速段 $V_{sl(4-8)}$、$V_{sl(4-16)}$与断面平均流速的相关关系整体较紧密。

2)一元二次回归方程方案

通过率定缆道流速仪法 V_{s25-3} 与选定的 H-ADCP 代表流速段 $V_{sl(8-15)}$、$V_{sl(4-6)}$、$V_{sl(4-8)}$、$V_{sl(4-10)}$、$V_{sl(4-16)}$、$V_{sl(4-26)}$建立一元二次回归方程。从回归方程可以看出，代表流速段 $V_{sl(8-15)}$、$V_{sl(4-16)}$与断面平均流速相关系数 R^2 为 0.9977，代表流速段 $V_{sl(4-8)}$与断面平均流速相关系数 R^2 为 0.9974，相关性较高(表 5.1-4 及图 5.1-7 至图 5.1-9)。

表 5.1-4　　不同代表流速段的一元二次线性回归方程成果表

序号	方案	综合资料率定公式	相关系数 R^2
1	$V_{sl(8-15)}$	$V_{s25-3}=-0.0338V_{sl(8-15)}{}^2+1.0500V_{sl(8-15)}-0.0001$	0.9977
2	$V_{sl(4-6)}$	$V_{s25-3}=-0.0215V_{sl(4-6)}{}^2+1.1085V_{sl(4-6)}-0.0003$	0.9972
3	$V_{sl(4-8)}$	$V_{s25-3}=-0.0269V_{sl(4-8)}{}^2+1.0985V_{sl(4-8)}-0.0001$	0.9974

续表

序号	方案	综合资料率定公式	相关系数 R^2
4	$V_{sl(4-10)}$	$V_{s25-3}=-0.0320V_{sl(4-10)}^2+1.0913V_{sl(4-10)}+0.0028$	0.9974
5	$V_{sl(4-16)}$	$V_{s25-3}=-0.0317V_{sl(4-16)}^2+1.0677V_{sl(4-16)}-0.0017$	0.9977
6	$V_{sl(4-26)}$	$V_{s25-3}=-0.0320V_{sl(4-26)}^2+1.0913V_{sl(4-26)}+0.0028$	0.9974

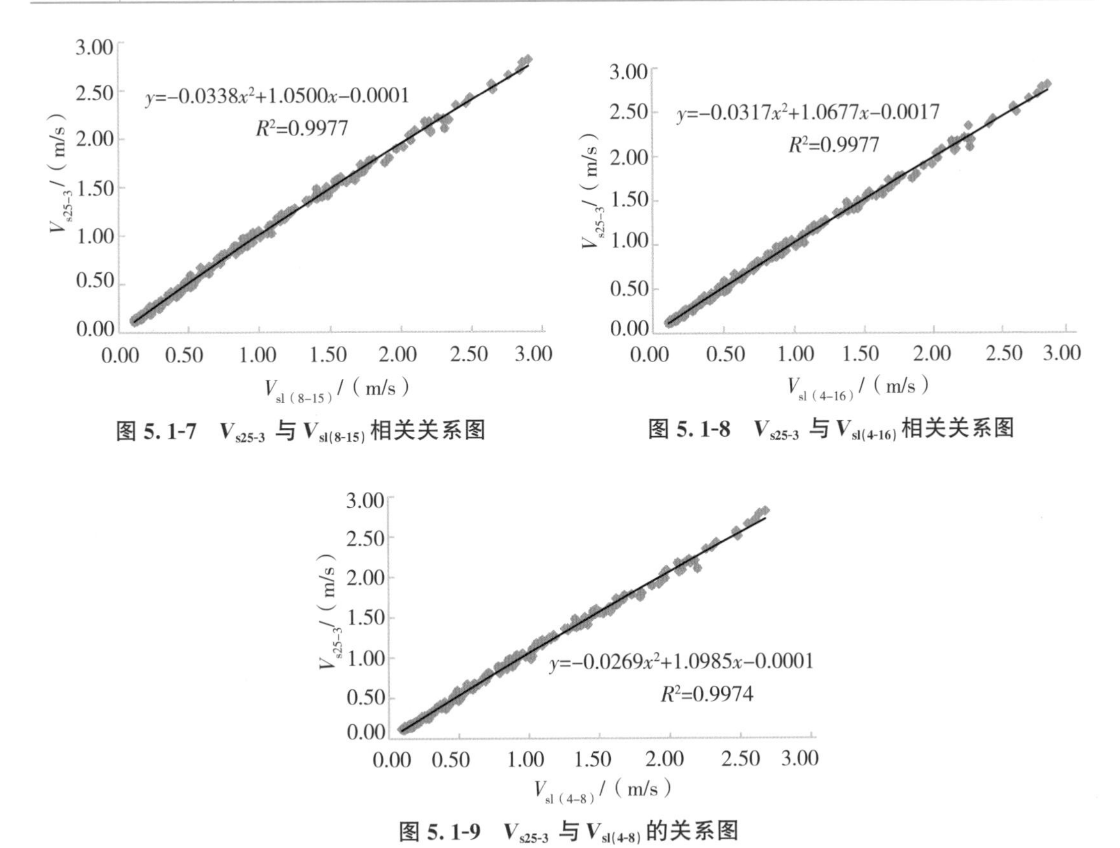

图 5.1-7 V_{s25-3} 与 $V_{sl(8-15)}$ 相关关系图

图 5.1-8 V_{s25-3} 与 $V_{sl(4-16)}$ 相关关系图

图 5.1-9 V_{s25-3} 与 $V_{sl(4-8)}$ 的关系图

从一元一次回归方程与一元二次回归方程关系可以看出，代表流速段 $V_{sl(8-15)}$、$V_{sl(4-16)}$、$V_{sl(4-8)}$ 与断面平均流速的相关关系较好。

根据分析，当水位为 188.04m、含沙量在 1.83kg/m^3 时，H-ADCP 代表流速因含沙量增加、部分代表流速区间数据缺失，正常流速棒范围在 0～60m，60m 以外范围流速棒有轻微向外倾斜导致数据的不合理；当水位为 189.13m、含沙量为 1.98kg/m^3 左右时，H-ADCP 代表流速因含沙量增加、部分代表流速区间数据缺失，正常流速棒范围在 0～51m，51m 以外范围流速棒流速值出现明显偏小导致数据的不合理；2018 年 6 月 28 日 2:00～12:00，H-ADCP 代表流速紊乱，此时段最高水位 183.14m，最大含沙量 4.91kg/m^3，代表流速正常范围缩小至 20m 以内。从总体上来看，H-ADCP 受含沙量影响较明显，随着含沙量的增加，正常代表流速段范围逐渐缩小。

综合考虑，代表流速段的选择在保证精度的同时选择较短单元段，因此本次选择代表流速段$V_{sl(4-8)}$作为最优分析段，距离仪器范围为9.40～19.40m，代表流速段与断面平均流速关系为$V_{s25-3}=1.0377V_{sl(4-8)}+0.0208$。

(3)代表流速率定方案精度分析

将$V_{sl(4-8)}$代表平均流速代入公式计算2019年1—7月断面平均流速与流速仪法断面平均流速进行验证(表5.1-5)。

表5.1-5　北碚站H-ADCP $V_{sl(4-8)}$方案误差统计分析表

序号	施测号数	时间	相应水位/m	计算断面平均流速/(m/s)	$V_{sl(4-8)}$/(m/s)	相对误差/%
1	1	2019-01-01	174.88	0.45	0.42	−6.67
2	2	2019-01-04	174.61	0.39	0.39	0.00
3	3	2019-01-05	173.35	0.17	0.16	−5.88
4	4	2019-01-07	174.28	0.34	0.36	5.88
5	5	2019-01-08	174.28	0.33	0.34	3.03
6	6	2019-01-09	173.25	0.18	0.18	0.00
7	9	2019-01-21	173.19	0.17	0.19	11.76
8	11	2019-02-02	172.84	0.12	0.13	8.33
9	12	2019-02-14	173.45	0.22	0.23	4.55
10	13	2019-02-16	172.80	0.14	0.14	0.00
11	14	2019-02-25	173.85	0.26	0.29	11.54
12	15	2019-03-10	173.96	0.29	0.29	0.00
13	16	2019-03-15	174.62	0.44	0.41	−6.82
14	18	2019-03-23	172.82	0.13	0.14	7.69
15	19	2019-03-29	172.99	0.17	0.15	−11.76
16	20	2019-04-09	173.72	0.25	0.28	12.00
17	21	2019-04-10	175.55	0.63	0.64	1.59
18	22	2019-04-12	174.18	0.33	0.38	15.15
19	23	2019-04-13	176.05	0.77	0.72	−6.49
20	24	2019-04-19	174.45	0.37	0.37	0.00
21	25	2019-04-21	175.28	0.57	0.56	−1.75
22	26	2019-04-22	176.39	0.82	0.79	−3.66
23	27	2019-05-03	172.89	0.15	0.15	0.00
24	28	2019-05-09	176.46	0.87	0.82	−5.75
25	29	2019-05-19	177.07	0.97	0.98	1.03
26	30	2019-05-22	178.35	1.21	1.06	−12.40

续表

序号	施测号数	时间	相应水位/m	计算断面平均流速/(m/s)	$V_{sl(4-8)}$/(m/s)	相对误差/%
27	31	2019-05-23	175.15	0.53	0.52	−1.89
28	32	2019-06-05	175.43	0.67	0.64	−4.48
29	33	2019-06-05	177.24	1.10	1.06	−3.64
30	34	2019-06-06	179.90	1.64	1.68	2.44
31	35	2019-06-06	179.61	1.50	1.47	−2.00
32	36	2019-06-07	177.82	1.05	1.12	6.67
33	37	2019-06-07	174.70	0.41	0.41	0.00
34	38	2019-06-08	177.01	1.00	0.97	−3.00
35	39	2019-06-16	177.18	1.01	1.02	0.99
36	40	2019-06-21	177.90	1.20	1.19	−0.83
37	41	2019-06-22	177.64	1.23	1.24	0.81
38	42	2019-06-22	179.37	1.53	1.51	−1.31
39	43	2019-06-22	181.33	1.90	1.89	−0.53
40	44	2019-06-22	181.23	1.84	1.86	1.09
41	45	2019-06-23	181.65	1.87	1.96	4.81
42	46	2019-06-23	180.23	1.63	1.64	0.61
43	47	2019-06-25	178.36	1.22	1.16	−4.92
44	56	2019-07-02	176.60	0.81	0.82	1.23
45	57	2019-07-05	177.43	1.06	1.10	3.77
46	58	2019-07-11	174.23	0.33	0.35	6.06
47	59	2019-07-17	178.52	1.37	1.34	−2.19
48	60	2019-07-17	181.16	1.97	1.97	0.00
49	61	2019-07-18	181.04	1.92	1.93	0.52
50	62	2019-07-18	183.56	2.40	2.41	0.42
51	63	2019-07-18	186.20	2.82	2.80	−0.71
52	65	2019-07-20	187.04	2.77	2.68	−3.25
53	66	2019-07-21	185.14	2.46	2.46	0.00
54	67	2019-07-21	182.47	2.01	2.02	0.50
55	68	2019-07-22	179.68	1.42	1.45	2.11
56	73	2019-07-25	181.75	1.85	1.86	0.54
57	74	2019-07-27	180.61	1.58	1.68	6.33
58	75	2019-07-28	178.31	1.17	1.18	0.85

续表

序号	施测号数	时间	相应水位/m	计算断面平均流速/(m/s)	$V_{sl(4-8)}$/(m/s)	相对误差/%
59	76	2019-07-29	177.13	1.01	0.95	−5.94
60	77	2019-07-30	178.53	1.33	1.33	0.00
61	78	2019-07-30	180.91	1.85	1.95	5.41
62	79	2019-07-31	181.87	1.90	1.94	2.11
系统误差						0.55
标准差						5.30

根据上表统计分析结果，分析样本为62个，相对误差大于10%的样本为6个，系统误差为0.55%，标准差为5.3%。认为选取$V_{sl(4-8)}$的一元线性方程$V_{s25-3}=1.0377V_{sl(4-8)}+0.0208$作为推荐方案是合适的。

5.1.1.5 资料整编

水文监测〔2019〕392号文批复了北碚水文站H-ADCP投产使用，2019—2021年均采用H-ADCP数据进行了水文资料整编。3年来，H-ADCP运行基本正常，成果上下游对照水量平衡（表5.1-6及图5.1-10）。

表5.1-6 2019—2021年北碚站上下游水量平衡成果对照表

河名	站名	集水面积/km^2	2019年		2020年		2021年	
			年平均流量/(m^3/s)	年径流量/亿m^3	年平均流量/(m^3/s)	年径流量/亿m^3	年平均流量/(m^3/s)	年径流量/亿m^3
长江	朱沱(三)	694725	8710	2748	10100	3179	7740	2440
嘉陵江	北碚(三)	156736	2540	801.8	2800	886.7	3490	1101
	朱沱+北碚	851461	11200	3550	12900	4066	11200	3541
长江	寸滩	866559	11300	3577	13300	4221	11400	3605
	偏差/%	1.77	0.89	0.76	3.1	3.81	1.79	1.81

5.1.2 徐六泾站V-ADCP

5.1.2.1 徐六泾站测站特性

（1）测站概况

徐六泾站位于长江河口徐六泾节点段，为长江干流入海前最后一个控制水文观测站，同时也是长江河口段水文要素观测的基本站。它处于长江河口“三级分汊、四口入海”的咽喉

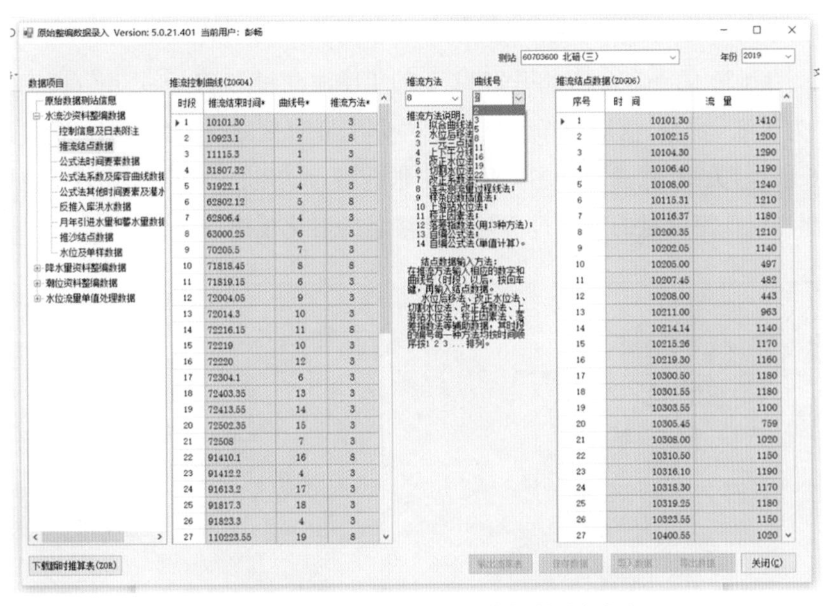

图 5.1-10　北碚站 2019 年水文资料整编数据加工

之处，控制着长江口河段径流、潮流水情。徐六泾站地处江苏省常熟市碧溪新区，始建于1984年1月，主要观测项目有潮水位、潮流量、含沙量、风向风速、水温、盐度。

(2)测验河段概况

徐六泾水文断面所在河段上承澄通河段通州沙汊道段，下连长江口北支和白茆沙汊道段(图 5.1-11)。通州沙汊道段上起十三圩，下至徐六泾，全长约 39km，通州沙汊道段为多滩多分汊河道，目前为复杂的多汊分流格局。白茆沙汊道段上起徐六泾，下至七丫口，全长35.5km，大部分径流从白茆沙汊道下泄至南支主槽，小部分径流分流北支，该河段同样是复杂的多汊分流河段。徐六泾节点段进口河宽约 4.6km(2011 年通海沙围垦前为 5.7km)，往下逐渐放宽，白茆河口附近河宽约 7.5km，断面所在节点段是长江口唯一单一且较顺直河段，具有较好的断面控制作用。

(3)断面形态

徐六泾水文断面江面宽阔，断面宽约 4.6km，断面形状徐六泾水文断面呈不对称“W”形，主槽宽约 2.35km(－10m 等高线间距，1985 国家高程基准)，最深点达－49m，主流偏南，断面主槽多年来基本保持稳定。断面形态见图 5.1-12。

(4)水文特性

徐六泾水文断面处于洪水期潮流界以下，是长江口外海潮波向内上溯的咽喉，由于受到径流和潮汐的双重影响，河口段水流呈周期性涨落往复，径流与潮流相互作用、相互混合，水流形势、水沙造床运动相当复杂。汛期，断面主槽落潮流速大于涨潮流速；枯期，最大涨潮流速可能大于落潮流速。由于断面上落潮流速大、历时长，因此塑造本河段主槽河床形态的主要动力是落潮流。断面历年(2005—2020 年)涨潮潮量为 4071 亿 m^3、落潮潮量为 13170

亿 m³、净泄潮量为 9097 亿 m³，年落潮潮量是涨潮潮量的 3.2 倍。历年中丰水年 2020 年的年净泄潮量为 11620 亿 m³，特枯水年 2011 年的年净泄潮量为 7149 亿 m³，最丰年与最枯年净泄潮量比为 1.6。涨潮、落潮及净泄潮量年内分配呈明显的季节性变化，涨潮潮量与落潮潮量呈“此长彼消”关系，涨潮潮量主要集中在非汛期，而落潮潮量与净泄潮量主要集中在汛期，尤其净泄潮量。潮流量的变化过程与净泄潮量的变化规律一致。

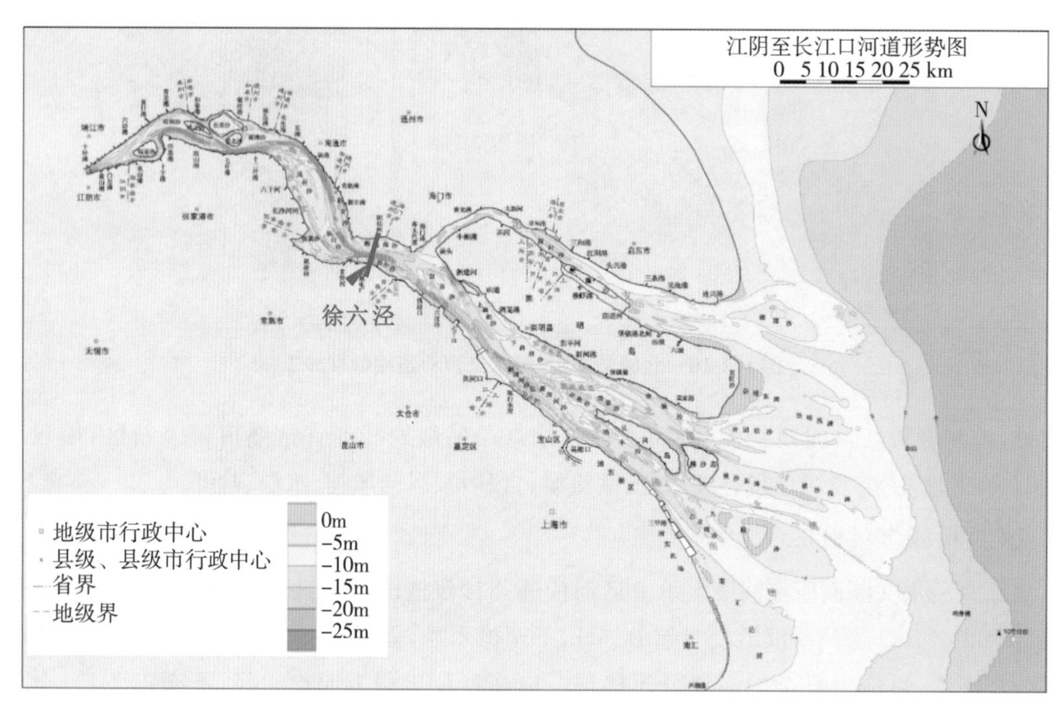

图 5.1-11　徐六泾水文站地理位置

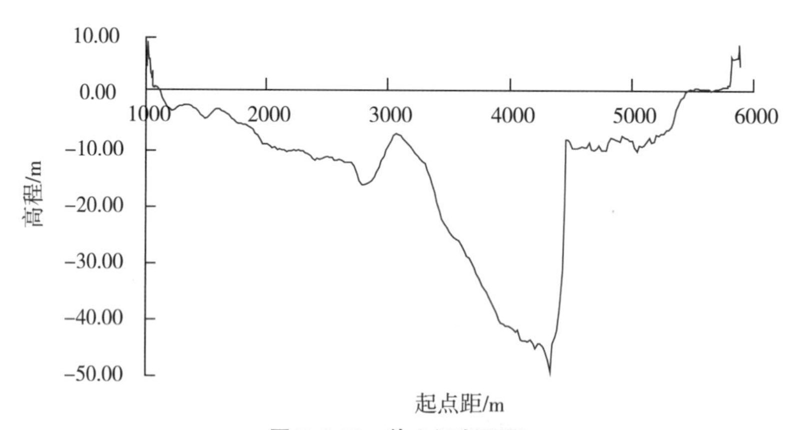

图 5.1-12　徐六泾断面图

断面主槽床沙以南底质以淤泥质亚黏土，抗冲击性较强，主槽以北为粉砂，易起动。断面悬沙以细粒组分为主，多为极细粉砂和黏土；枯季悬沙中值粒径一般比洪季中值粒径大，这与枯季受长江口潮汐和寒潮风暴影响大有关。断面上测点含沙量一般小于 1kg/m³，盐度在 1‰以下。枯季一般涨潮含沙量大于落潮含沙量，洪季含沙量大多大于枯季含沙量（特枯水年除外），且三峡水库蓄水后，洪季含沙量减小趋势较为明显。

5.1.2.2 V-ADCP 自动监测系统介绍

2005 年起，根据代表线法测流原理，采用浮标 ADCP 结合平台 ADCP 自动监测系统（以下简称“监测系统”），徐六泾水文站成功实现了断面潮流量的实时监测。其测验成果达到了整编要求。

(1)系统组成及功能

1)系统组成

监测系统布设于徐六泾测流断面上，由 4 个浮标、1 个平台中继站和接收中心站组成。数据传输采用 GPRS 作为通信方式。

1#、2#、3#、4#浮标和平台作为断面上 5 条代表垂线，沿徐六泾断面自北向南布设，采用 ADCP 施测代表垂线的流速流向，其中 4 条垂线为抛置浮标，ADCP 装在浮标上，换能器向下；另一条垂线设在平台上，ADCP 为座底方式，换能器向上。ADCP 每半小时自动采集流速流向数据并存储在内存中，每小时向中心站发送整点的数据。监测系统总体结构见图 5.1-13，浮标及平台在断面上的分布见图 5.1-14。

①浮标。

每个浮标由 ADCP、GNSS、OBS-3A 等传感器，数据通信终端，浮标数据采集终端(SCADA)等设备组成（具体设备见表 5.1-7），采用太阳能浮充蓄电池供电，通过 GPRS 传输数据，完成流速流向、浮标位置、浊度等要素的自动监测，实现定时自动向徐六泾中心站报送垂线流速、流向分布、浮标坐标、水面浊度和电压数据。浮标设备组成结构见图 5.1-15。

浮标上的关键设备是 SCADA。它是由采集单元和远程传输单元组成的，两部分独立工作，时间自动同步。采集单元负责采集和存储 OBS-3A 和 GNSS 接收机的数据，远程单元则是采集 ADCP 流速流向仪的数据。

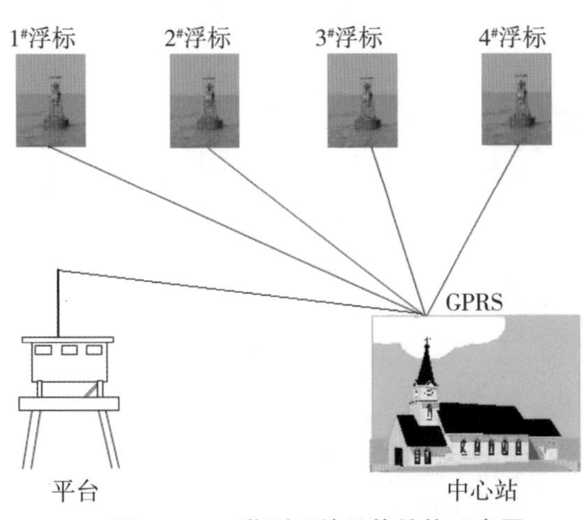

图 5.1-13 监测系统总体结构示意图

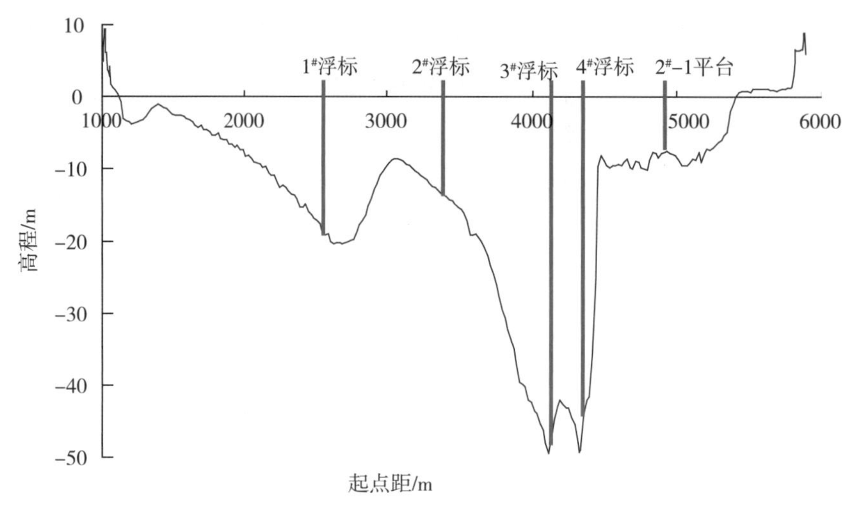

图 5.1-14　浮标及平台位置图

表 5.1-7　浮标设备配置表

序号	设备名称	数量
1	ADCP	1台
2	OBS-3A	1台
3	GNSS 接收机	1台
4	数据采集终端(SCADA)	1套
5	GPRS 终端	1台
6	太阳能电源(80W)及充电控制器	1套
7	同轴避雷器	1套
8	蓄电池(100AH)	2只
9	水密仪器箱	1个

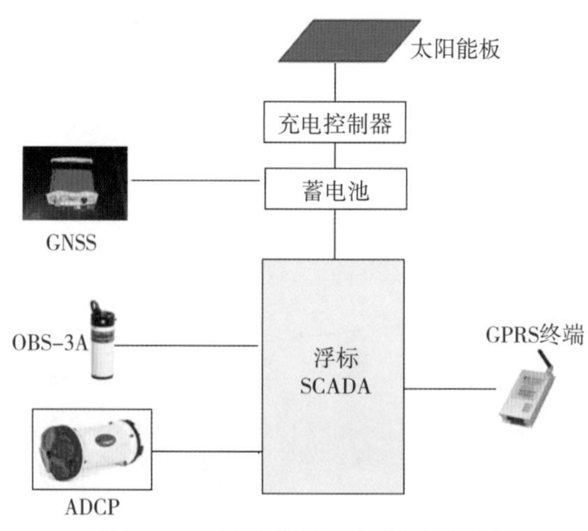

图 5.1-15　浮标设备组成结构示意图

②接收中心站。

接收中心站建立了计算机局域网系统平台，配备有服务器和 PC 机工作站，通过网络接收由 GPRS 发送来的各项浮标监测信息，并利用计算机局域网络系统平台和数据库网络系统平台，对实时数据库进行分析、整理，建立水文数据库，通过徐六泾水文信息综合应用系统，可实时查看各浮标及平台的流速流向。

2）主要功能

监测系统通过在浮标和平台上安装 ADCP 定时进行自动测量，并通过发射设备把采集的数据实时传送到水文站的控制中心，中心控制站接收到数据后可实时处理，实现了流量监测的自动化、连续化，能实时收集有较高精度的潮流量资料，进而整编出徐六泾节点的入海潮量。它是一套适合于长江口河段水沙特性的自动测验系统（图 5.1-16 至图 5.1-19）。监测系统具有如下功能：

图 5.1-16　浮标上部太阳能板和发射天线

图 5.1-17　数据采集终端（SCADA）

图 5.1-18　浮标中部数据采集终端 SCAD

图 5.1-19　浮标下部仪器舱

①自动将采集ADCP、GNSS数据进行存储和定时发送；

②根据设定的采集层数和定时时间自动接收ADCP的测量数据并转发至中心站；

③自动通过GNSS对时，并在接收数据时与ADCP进行时间同步微调，保持测流设备的时间统一性；

④通过GPRS可以实现对浮标设备的远地参数设置和基本故障检测；

⑤能远地开启跟踪模式，实现GNSS的连续测量，以确定浮标的位置，防止浮标丢失。

(2)数据传输

1)通信方式

根据长江口地区自然地理及浮标位于水上的特性，同时考虑投资效益、系统运行管理的便利度等方面，监测系统数据传输通信采用GPRS通信方式。

2)工作机制

数据传输常用的工作机制有自报式、应答式和混合式三种。在自报式系统中，测站按规定时间或被测参数发生一个规定变化时，自动向中心站发送实时数据。应答式是先向测站响应中心站查询，再将采集到的数据向中心站发送。而混合式兼具了自报式和应答式的优点，实时性和可控性较好，是自动测报系统工作方式的发展方向。因此本监测系统采用混合式的工作机制，具有现地和远地编程控制功能的定时自报或事件自报功能与查询应答功能。

混合式工作机制的运行方式为：测站由预先设定的定时间隔或参数变化加报标准定时或定量启动通信设备，向水文数据接收中心发送水文数据；测站可接收测控中心的查询召测指令，将当前值或将过去的存贮数据按指定的路径和指定的信道发送；并可接收控制中心的各种控制命令，完成校对时钟、改变运行参数等工作。

3)组网方案

根据长江口地区的地形条件，采用GPRS通信方式与中心站进行通信。此采集传输网络投资小、运行费用低、可靠性高、便于管理。系统数据传输网络结构见图5.1-20。

GPRS无线终端设备，在中心站配置数据接收转发软件和中心数据处理软件。数据采集终端(SCADA)生成的数据文件，通过串口传至GPRS无线终端上，无线终端把数据封装成TCP/IP数据包，然后通过GPRS网络把数据发送到中国移动的内部网(CMNET)。然后中国移动通过GPRS服务节点(GSN)，把数据传输到Internet上，并且去寻找在Internet上的一个指定的中心服务器，中心服务器通过数据接收软件将数据接收，数据接收后可以转发到内部网络的指定数据处理服务器上。数据处理服务器通过数据处理软件将数据进行解密、解压把数据还原成原始数据，同时亦可实现数据的反向传输。整个数据传输通道使用TCP/IP协议进行数据通信。

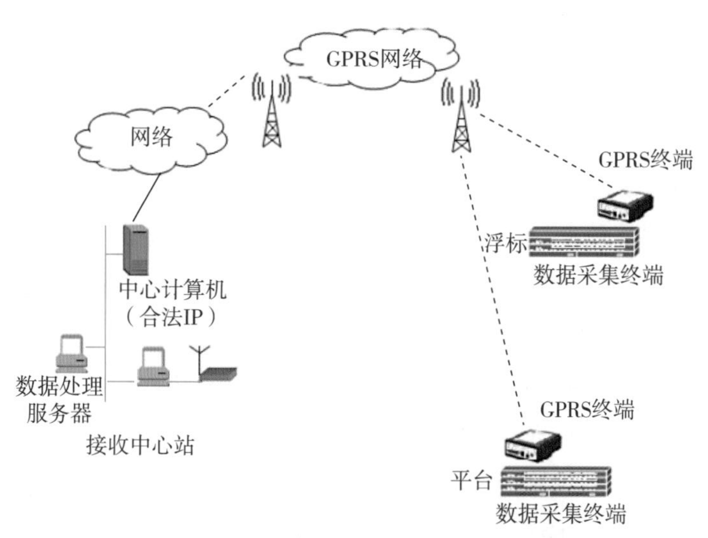

图 5.1-20　系统数据传输网络结构示意图

（3）主要设备

1）浮标体

浮标体选用 Φ3050 钢质航标，经过优化改造后，适用于 ADCP 和 OBS-3A 等仪器的安装。改造的主要工作，一是增加仪器舱，二是对尾管和平衡块进行优化，尽量缩小其直径，以减少对水流的扰动。

2）数据采集终端

采用武汉长江测报自动化技术公司生产的 YAC9900 浮标信息自动监控及采集终端。该终端具备测、报、控一体化结构，具有数据固态存储、接收多种传感器、选择多种通信方式组合、双信道备份自动切换、低功耗等特点。

3）ADCP

流速流向测量采用 RDI 公司生产的瑞江牌“河流”型 ADCP，采用换能器频率为 600kHz，该型号采用 12V 直流电源，适合应用于浮标上。为记录数据，配置了 220M 内部存储卡。

4）GNSS 接收机

浮标位置监测采用美国 CSI 公司专为沿海地区差分全球定位系统信标台站配套集成的 Mini Max 信标/GNSS 接收机，其为一体天线，整套系统体积小、重量轻、操作简便、性能可靠，在徐六泾站可直接接收大戢山信标台站的差分信号。

5）GPRS DTU

GPRS 通信终端采用深圳市宏电技术开发有限公司开发的 H7118 GPRS DTU，提供高速、永远在线、透明数据传输的虚拟专用数据通信网络。利用 GPRS 网络平台实现数据信息的透明传输，同时考虑到各应用部门组网方面的需要，在网络结构上实现虚拟数据专用网。

6)电源系统

浮标电源系统均采用太阳能浮充免维护蓄电池供电。蓄电池容量及太阳能电池板功率保证在连续 30 天阴雨的情况下能维持设备正常运行。蓄电池 200Ah，太阳能板功率为 40W。

(4)系统日常管理维护

为了取得连续的浮标观测数据，长江委水文局长江口局加强对浮标的运行管理，采取多种手段来保障监测系统的稳定运行。

1)加强监测系统维护管理，做好系统运行检查和养护工作(图 5.1-21)。

①全年租用一条测船在徐六泾断面对浮标和平台进行看护，每天早晚进行巡视，发现情况及时汇报徐六泾分局，小故障当场解决。

图 5.1-21　测船在徐六泾断面对浮标和平台进行看护

②徐六泾分局实行值班制度(图 5.1-22)，实时检查浮标和平台的自动监测情况，一发现有异常情况马上汇报，维护人员及时维修恢复。

③定期对仪器进行检查和维护、仪器清洁、电瓶充电、系统检查等工作，并读取仪器存储卡内的数据(图 5.1-23，图 5.1-24)。

图 5.1-22　安排人员值班

图 5.1-23　浮标设备维护

图 5.1-24　ADCP 维护、电瓶检查等仪器维护工作

2)保证足够的备品、备件

由于徐六泾河段航道复杂，船舶流量大，因此抛设的浮标经常受到过往船只不同程度的撞击。从运行情况看，浮鼓的设计能较好地保护水下部分 ADCP 等贵重仪器，受损失较多的是太阳能电板、GNSS 天线等，为确保监测数据的连续性，因此需要保持足够的备品、备件。

3)做好仪器设备的维修工作(图 5.1-25)

①在仪器设备有故障后，能自己修理的马上修复，不能自己维修的及时送修。

②如遇在浮标被撞损坏，及时联系上海航道处的维修船，做好浮标和仪器设备的抢修工作。在浮标修复的同时，恢复仪器的正常工作。

图 5.1-25　浮标维修

5.1.2.3 潮流量测验和整编方法

(1)技术路线

潮流量测验和整编主要包括三部分内容：

1)代表线流速测验

采用4个浮标和1个平台上安装V-ADCP施测流速流向，每半小时施测一次，得到全年连续的代表线垂线平均流速。

2)徐六泾断面潮流量定线对比测试

采用ADCP走航施测徐六泾断面潮流量，分别于3月、7月、10月各开展1次，每次施测一个大潮和一个中潮，计算得到实测断面平均流速。

3)资料整编

首先进行定线推流，利用代表垂线流速和实测断面平均流速按照多元线性回归法相关关系(即代表流速关系)。再采用相关关系式计算得出连续的断面平均流速，进而计算得出断面平均流量；最后按照《水文资料整编规范》和《水文年鉴汇编刊印规范》的要求，整编出各项潮流量成果。技术路线见图5.1-26。

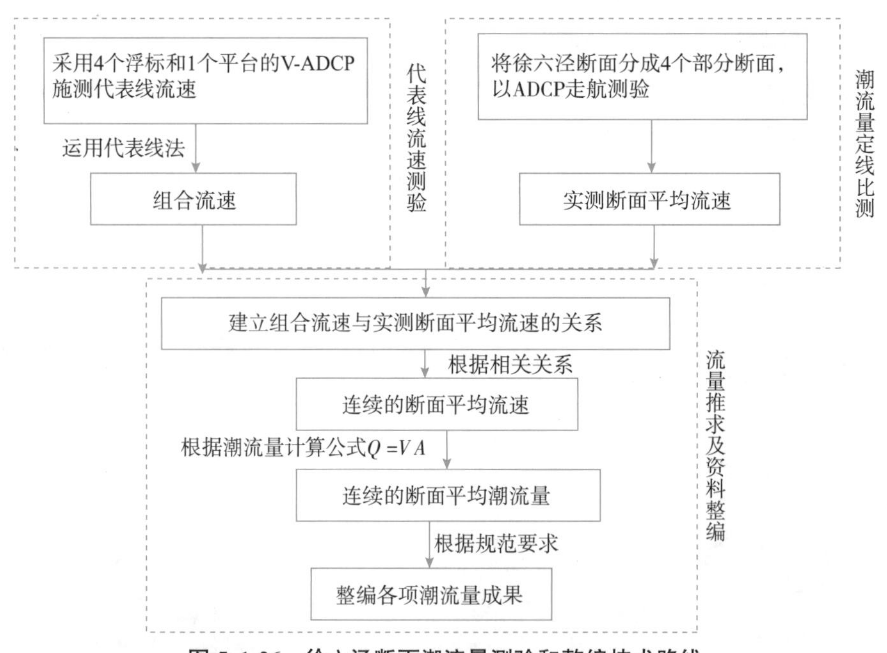

图5.1-26 徐六泾断面潮流量测验和整编技术路线

(2)ADCP测流浮标布设

按照组合代表线的基本原理及选配方法，根据多次全潮水文测验的流速及流量成果，确定了徐六泾水文站测流断面中泓部分各组合代表线的位置，也就是ADCP测流浮标的投放位置。各浮标的具体位置为：2#浮标起点距为3384m、3#浮标起点距为4128m、4#浮标起点距为4343m；1#浮标为浅水浮标布设在左边滩区域，用于左边滩流量的单代表线推流，右边滩流量则以水文观测平台作为单代表线推流。5 条代表垂线位置见表 5.1-8。

表 5.1-8　　徐六泾断面代表垂线位置表

序号	垂线	起点距/m
1	1# 浮标	2558
2	2# 浮标	3384
3	3# 浮标	4128
4	4# 浮标	4343
5	2# —1 平台	4913

(3)代表线流速测验和计算

1)代表线流速测验

代表线流速的测验目的是为了推算连续的潮流量过程，进而整编出各项潮流量成果。徐六泾水文站代表线流速由自动监测系统采集，采用 4 个浮标和 1 个平台上安装的 ADCP 每半小时自动采集流速流向数据并存储在内存中，每小时向中心站发送整点的数据。

2)垂线平均流速计算方法

浮标上的定点 ADCP 向水下发射固定频率的声波短脉冲。这些脉冲碰到水中的散射体(浮游生物，泥沙等)发生背散射。ADCP 接收回波信号并处理得到流速。所得垂线各层流速剔除上下层坏数据，算术平均计算得垂线流速。

(4)潮流量定线对比测试

潮流量定线对比测试目的是为了建立代表线流速与断面平均流速的关系曲线，即对代表流速进行率定，用于推算逐时流量，进而整编出逐潮及月年潮量。

1)子断面划分

徐六泾水文站测流断面宽近 4.6km，潮流随时间不断变化，为保证单次潮流量测验的精度，根据断面的几何形状将断面分为 6 个子断面(图 5.1-27)。测验分岸边潮流量测验和主泓潮流量测验两大部分。

主泓断面由 2#、3#、4#、5# 四个子断面组成，为提高实测成果的同步性采用 4 台 ADCP 走航测验，在每个子断面同步施测潮流量。主泓部分流量占全断面流量的 95%左右。1# 及 6# 断面处于左、右岸的边滩部分，其流量约占全断面流量的 5%。

表 5.1-9　　主泓各子断面起点距范围

序号	子断面号	起点距范围/m	备　注
1	2#	1200～1800	
2	3#	1800～2800	
3	4#	2800～4200	以 3300～4100m 为主航道
4	5#	4200～5200	以 4100～4800m 为主航道

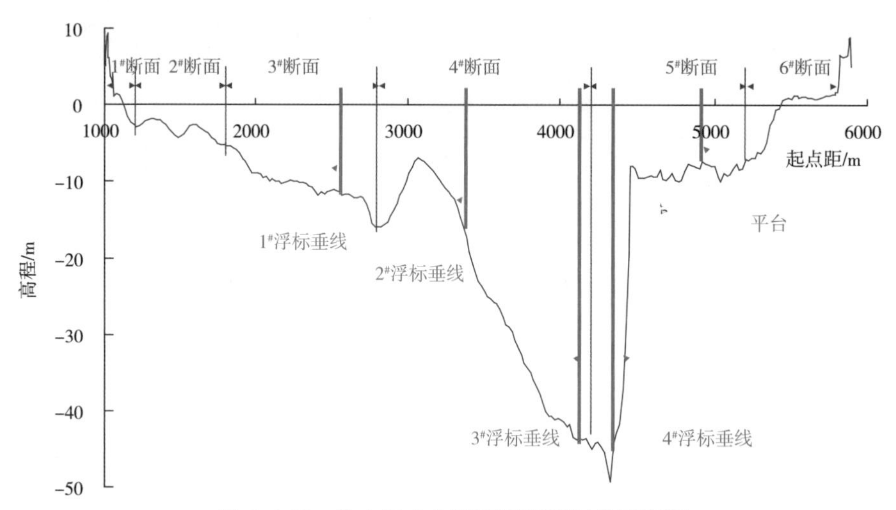

图 5.1-27 徐六泾水文断面子断面划分示意图

2)测次布置

现行《水文资料整编规范》(SL/T 247—2020)未对年内潮流量定线对比测试的次数作明确的规定,目前暂依据有关的研究成果、断面变化情况,确定精密流量测验次数每年为 3 次,分别安排在 3 月、7 月、10 月进行,每次施测一个大潮和一个中潮。

为获取涨、落潮至少各 30 个潮流量数据的需求,考虑潮流的实际变化及流量测验条件,确定大潮、中潮测验期间每半小时测流 1 次,每个代表潮连续施测 3 个涨潮期和 2 个落潮期(落憩至第 3 个涨憩)。

3)断面潮流量计算

全断面流量由三部分组成,左边滩流量(左岸—起点距 1200m)、中泓流量(起点距 1200~5200m)、右边滩流量(起点距 5200m—右岸),见图 5.1-28。

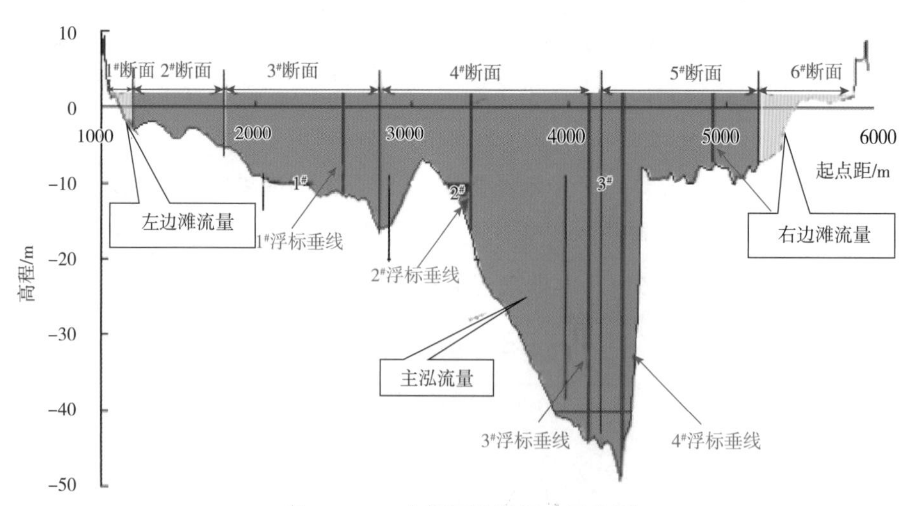

图 5.1-28 全断面流量组成示意图

①左边滩流量计算。

左边滩流量计算由起点距 1200m 处流速和左边滩断面面积推算，计算方法：

$$V_{左}=V_{1200}\cdot 0.75 \tag{5.1-1}$$

$$Q_{左}=V_{左}\cdot A_{左} \tag{5.1-2}$$

式中：$Q_{左}$——左边滩流量，m^3/s；

$V_{左}$——左边滩平均流速，m/s；

V_{1200}——起点距 1200m 垂线平均流速，m/s；

$A_{左}$——左边滩面积，m^2；

0.75——岸边系数，按斜坡岸边取值。

②右边滩流量计算。

右边滩流量由起点距 5200m 处流速和右边滩断面面积推算，计算方法：

$$V_{右}=V_{5200}\cdot 0.75 \tag{5.1-3}$$

$$Q_{右}=V_{右}\cdot A_{右} \tag{5.1-4}$$

式中：$Q_{右}$——右边滩流量，m^3/s；

$V_{右}$——右边滩平均流速，m/s；

V_{5200}——起点距 5200m 垂线平均流速，m/s；

$A_{右}$——右边滩面积，m^2；

0.75——岸边系数，按斜坡岸边取值。

③主泓流量计算。

主泓流量计算为 2#、3#、4#、5# 子断面流量之和。

$$Q_{主}=Q_{2\#}+Q_{3\#}+Q_{4\#}+Q_{5\#} \tag{5.1-5}$$

式中：$Q_{主}$——主泓流量，m^3/s；

$Q_{2\#}$——2# 子断面流量，m^3/s；

$Q_{3\#}$——3# 子断面流量，m^3/s；

$Q_{4\#}$——4# 子断面流量，m^3/s；

$Q_{5\#}$——5# 子断面流量，m^3/s。

各子断面流量计算方法如下：从实测流量中提取子断面对应长度的流量，时间为子断面每次测验时段的中间时间，然后再把流量插补（直线插补）到半点和整点时刻。

④全断面流量计算。

$$Q=Q_{左}+Q_{主}+Q_{右} \tag{5.1-6}$$

式中：Q——全断面流量，m^3/s；

$Q_{左}$——左边滩流量，m^3/s；

$Q_{主}$——主泓流量，m^3/s；

$Q_{右}$——右边滩流量，m^3/s。

4)过水断面面积的计算

过水断面面积的计算是通过借用最近测次的大断面数据，通过瞬时水位插补水边起点距，按面积累加求得过水断面面积。水位数据为了确保真实可靠，均采用徐六泾水文站整编后潮水位数据。

5)实测断面平均流速的计算

采用实测的断面潮流量除以过水断面面积，即得到实测断面平均流速。

$$V_{实}=Q/A \tag{5.1-7}$$

式中：$V_{实}$——实测断面平均流速，m/s；

Q——全断面流量，m^3/s；

A——过水断面面积，m^2。

(5)定线推流

1)定线方法和原则

徐六泾水文站代表线流速与实测断面平均流速的关系线的确定有以下一些基本方法和原则：

①在徐六泾水文站测流断面，一次定线包括大、中潮两种潮型的流量测验，其实测断面平均流速与代表线流速的关系，如按时序连接，则大、中潮将形成为围绕同一核心的绳套曲线。因此可以把这一次流量测验资料看作一个总体，在绘制代表线流速与断面平均流速关系线时，不必将大、中潮分开定线，这已得到了曲线 t 检验的证实。

②采用多元线性回归分析法确定实测断面平均流速与代表线流速的关系式。

③两条关系曲线之间可以配置内插曲线。一年中实测流量的次数是有限的，一次实测流量，可以得到一条代表线流速与流量的关系曲线：两次测流，可得两条代表线流速与流量的关系曲线。如果在两次测流中间，断面稳定，前后两条关系曲线将重合一致，这样就可由一条关系曲线将这段时期流量过程推算出来。如果其间断面有变化，两条曲线就会有差异，此时可用两条关系曲线的内插曲线，推算两者之间时段的流量过程。

2)代表线选配

徐六泾断面因为河道宽阔，断面几何形状复杂，水流往复流动，水力条件变化复杂，以单线作为代表线与断面平均流速的关系并不是太理想的。故而需要选配若干条垂线进行组合，即组合垂线作为断面平均流速代表线，才有可能使代表线流速与断面平均流速有更好的相关性。

根据有关研究成果，徐六泾水文站确定了五线、四线、三线、双线共 18 种代表线组合。在推流时，流量主要采用最佳的五线组合。当五条代表垂线中有垂线由于某种原因缺测时，四线组合、三线组合和双线组合将作为特殊情况下的备用定线方案，从而保证流量过程的完整。

①五线组合为断面上五条代表垂线的组合，即 1# 浮标＋2# 浮标＋3# 浮标＋4# 浮标＋

平台，通常情况下，五线组合较好地满足规范规定的精度，且相对于其他组合，其与实测断面平均流速的关系最优。

②四线组合可以较好地满足规范规定的精度。可选作四线组合的有五种，分别为：1# 浮标+2# 浮标+3# 浮标+平台、1# 浮标+2# 浮标+3# 浮标+4# 浮标、1# 浮标+2# 浮标+4# 浮标+平台、1# 浮标+3# 浮标+4# 浮标+平台、2# 浮标+3# 浮标+4# 浮标+2# 平台。

③三线组合可以达到符合规范规定的精度。可选作三线组合的有八种，分别为：1# 浮标+2# 浮标+3# 浮标、1# 浮标+2# 浮标+4# 浮标、1# 浮标+3# 浮标+平台、1# 浮标+3# 浮标+4# 浮标、1# 浮标+4# 浮标+平台、2# 浮标+3# 浮标+平台、2# 浮标+3# 浮标+4# 浮标、2# 浮标+4# 浮标+平台。

④双线组合虽然优于单代表垂线，但精度不理想。可选作双线组合的有四种，分别为：2# 浮标+4# 浮标、2# 浮标+3# 浮标、1# 浮标+3# 浮标、1# 浮标+4# 浮标。

3)代表线流速与实测断面平均流速关系率定

按照多元线性回归法，建立代表线流速和实测断面平均流速之间的关系。断面平均流速由式(5.1-8)计算得到：

$$V=\sum_{i=1}^{n=1} a_i V_i + C \tag{5.1-8}$$

式中：V——断面平均流速，m/s；

V_i——第 i 个代表线流速，m/s；

n——代表线流速数量；

a_i——代表线流速 V_i 的回归系数；

C——常数。

仅在 3 月、7 月、10 月开展了定线对比测试，故其他月份的代表线流速—断面流量关系需通过内插过渡线的方式取得。为方便计算并保证推流精度，采取每个月内插一条线的方法，具体计算时用上一年 10 月和本年 3 月曲线内插出 1 月、2 月关系线，用 3 月、7 月关系线内插出 4 月、5 月、6 月关系线，用 7 月、10 月关系线内插出 8 月、9 月关系线，用 10 月和下一年 3 月的关系线内插出 11 月、12 月关系线。通过以上方式，就得到了全年 12 个月代表线流速与断面平均流速的率定公式，并据此计算出全年连续的断面平均流速。

4)流量推求

断面潮流量是断面面积和断面平均流速的乘积。将断面平均流速转换为河向流速(上游流向下游为正，反之为负)，则断面潮流量计算方法见式(5.1-9)，求得全年连续的断面潮流量。

$$Q=V \cdot A \tag{5.1-9}$$

式中：Q——断面潮流量，m^3/s，当 $Q>0$ 时为落潮，当 $Q<0$ 时为涨潮；

V——断面平均流速，m/s；

A——断面面积，m^2。

5)定线精度分析

采用代表流速法，徐六泾水文站已取得了16年的断面潮流量成果，且五线组合、四线组合的定线精度指标均达到《水文资料整编规范》(SL/T 247—2020)所规定的三类水文站以上的精度要求，整编成果可靠。

下面以2020年7月定线成果为例，对双线、三线、四线、五线共18种组合进行定线精度分析。从整编的结果来看(表5.1-10)：

①各种组合定线的潮流量整编系统误差均达到一类精度的水文站要求。

②根据《水文资料整编规范》规定潮流量定线随机不确定度统计量应控制在20%以下。随机不确定度($\alpha=0.05$)下的统计量，18种组合定线的潮流量定线均在规范规定的范围内。其中五线组合、四线组合均达到二类精度的水文站要求。

③曲线检验：符号检验，是检验定线是否存在系统偏离，由于关系曲线采用线性回归法确定，符号检验均满足规范规定要求。适线检验，是检查关系线正负号分布的均匀性，对于周期性往复运动的潮汐水流，相对其他检验，适线检验不易达到规范规定的要求，本次定线的适线检验除1个双线组合外，其他17个组合均能满足规范的要求。偏离数值检验，是不同样本均值偏离检验；在大、中合并定线后，偏离数值检验一般都能满足规范规定要求，由此可说明大、中潮以同一总体进行定线是可行的。

(6)成果收集及应用情况

徐六泾流量自动监测系统通过浮标和平台上安装ADCP定时进行自动测量，并采用GPRS进行传输，实现了徐六泾断面潮流量数据采集的自动化、连续化。自2005年投入运行以来，监测系统运行稳定，数据传输与接收率达98%以上。另外，由于测验浮标被撞、仪器故障等问题，造成部分时间段流速数据缺测，经统计，2005—2021年代表线流速数据完整率为96.3%。在推流时，通过垂线组合的应用，避免了断面潮流量的缺测，历年潮流量数据完整，无缺测。

系统运行以来所取得的潮流量和输沙量成果资料为长江口航道管理局、长江委水文局、上海市水务局以及《水文年鉴》的汇总单位等多个部门所采用，为长江口自然科学研究、工程建设管理、水资源开发利用和国民经济建设提供了基础数据资料。

5.1.3 高坝洲站H-ADCP

5.1.3.1 高坝洲站概况

高坝洲站位于湖北省宜都市高坝洲镇天平山村，东经111°21′32.7″，北纬30°24′32.0″，属国家基本站。高坝洲站设立于1999年8月，集水面积为15650km^2。

表 5.1-10　　定线精度分析

垂线组合	偏差		系统误差/%		随机不确定度(α=0.05)		相关性检验		符号检验(α=0.25)		适线检验(α=0.05)		偏离数值检验(α=0.10)	
	最大(+)	最大(-)	统计值	精度类别	统计量	精度类别	r	结果	u	结果	u	结果	t	结果
1浮+2浮+3浮+4浮+平台	15.2	-41.4	-0.62	1	14.7	2	1	接受	0.23	接受	0.58	接受	-0.70	接受
1浮+2浮+3浮+平台	15.4	-13.6	0.59	1	9.9	1	1	接受	0.24	接受	1.33	接受	0.97	接受
1浮+2浮+3浮+4浮	17.1	-31.3	-0.05	1	12.1	2	1	接受	0.79	接受	0.82	接受	-0.23	接受
1浮+2浮+4浮+平台	21.4	-35.0	0.12	1	14.1	2	1	接受	0.71	接受	—	免检	0.11	接受
1浮+3浮+4浮+平台	13.3	-38.5	-1.26	1	14.8	2	1	接受	0	接受	—	免检	-1.43	接受
2浮+3浮+4浮+平台	19.5	-25.0	-0.40	1	13.0	2	1	接受	0.34	接受	1.45	接受	-0.39	接受
1浮+2浮+3浮	28.1	-31.3	-0.47	1	17.5	3	1	接受	0.11	接受	—	免检	-0.49	接受
1浮+2浮+4浮	25.0	-38.9	0.15	1	14.9	2	1	接受	0.70	接受	0.35	接受	0.22	接受
1浮+3浮+平台	30.8	-27.8	0.55	1	16.9	3	1	接受	0	接受	—	免检	0.54	接受
1浮+3浮+4浮	25.0	-26.7	0.33	1	13.9	2	1	接受	0.92	接受	—	免检	0.24	接受
1浮+4浮+平台	29.6	-38.1	-0.14	1	18.9	3	1	接受	-0.11	接受	0.23	接受	-0.12	接受
2浮+3浮+平台	22.0	-38.1	-0.65	1	16.1	3	1	接受	0.11	接受	—	免检	-0.68	接受
2浮+3浮+4浮	26.7	-34.8	-1.37	1	18.2	3	1	接受	0.34	接受	0.23	接受	-1.43	接受
2浮+4浮+平台	29.6	-35.0	0.08	1	17.8	3	1	接受	-0.11	接受	1.35	接受	-0.06	接受
1浮+3浮	26.7	-26.7	0.67	1	15.6	2	1	接受	0.57	接受	0	接受	0.73	接受
1浮+4浮	29.6	-35.3	0.36	1	17.3	3	1	接受	0.34	接受	0.68	接受	0.35	接受
2浮+3浮	15.2	-31.8	-1.05	1	16.7	3	1	接受	-0.12	接受	—	免检	-1.13	接受
2浮+4浮	20.9	-40.0	-0.37	1	19.0	3	1	接受	0	接受	1.70	拒绝	-0.39	接受

测站上游 2.0km 为高坝洲水利枢纽工程，上游约 1.1km 为高坝洲大桥，上游约 300m 左岸有一小溪沟汇入，测站下游 700m 有一弯道，下游约 7.0km 右岸有渔洋河汇入，下游 10km 为清江汇入长江处；本站水位—流量关系主要是受高坝洲水利枢纽工程调节和长江水位顶托影响。

测验河段约有 3.0km 顺直段，流速仪测流断面位于基下 35m，断面近似“W”形，水位低于 42m 时江中卵石堆露出水面，基本无冲淤，高水时水面宽约 320m，起点距 190～250m 处有约 60m 宽深槽，低水时水流主要集中于槽中，断面左岸为土坡，右岸为狮子崖山包。水平式 ADCP 流量测验断面位于基上 468m，断面近似“U”形，水位低于 40m 时江中卵石堆露出水面，基本无冲淤，高水时水面宽约 280m，起点距 180～250m 处有约 70m 宽深槽，低水时水流主要集中于槽中。河床上有许多坑洼和卵石堆，断面左岸为电厂围墙，右岸为砌石护坡，河床由卵石组成。

高坝洲站为清江汇入长江出口控制站，负责水位、流量、降水、蒸发等测验项目，高坝洲站为一类精度流量站。

5.1.3.2 高坝洲站特性分析

(1)断面变化情况

选取高坝洲站 2004—2021 年大断面数据资料，绘制历年大断面图(图 5.1-29)。由历年大断面图可见，在过去的 18 年间，高坝洲站河床形态基本稳定，未发生明显冲淤。河床断面形状整体呈“W”形，中部(起点距 60～200m)有隆起，最大隆起高度近 5m，在枯水期，水流被其分为左、右两股，全年水流形态较为复杂多变。高坝洲站全河段为卵石河床，坚固、稳定，经常年水流冲击仍能保持不变。

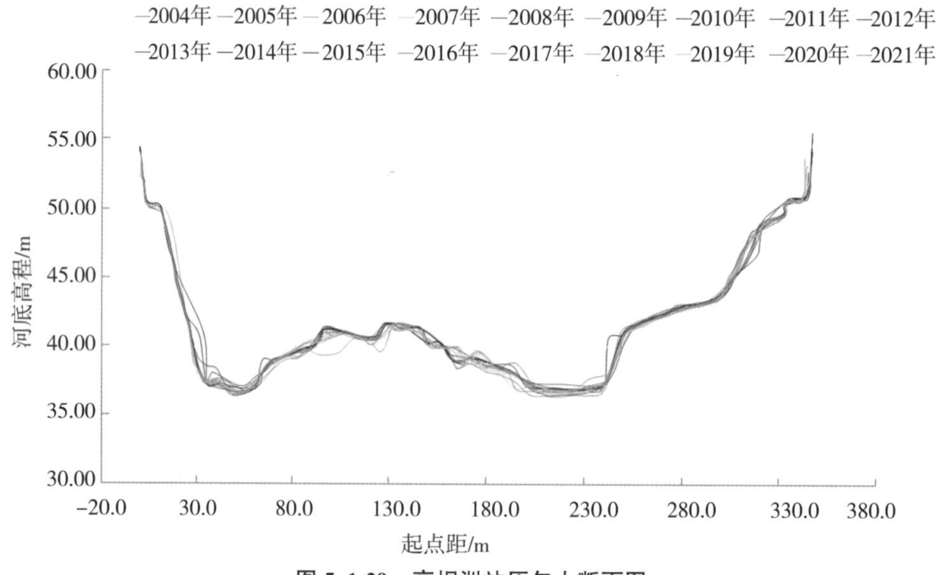

图 5.1-29 高坝洲站历年大断面图

(2)水文特性

根据高坝洲站 2000—2021 年共 22 年的水文资料,点绘该站年平均水位、年最高、最低水位的变化过程线(图 5.1-30)。高坝洲站历年最高水位为 51.01m(2004 年 9 月 9 日),最低水位为 37.70m(2013 年 12 月 3 日)。

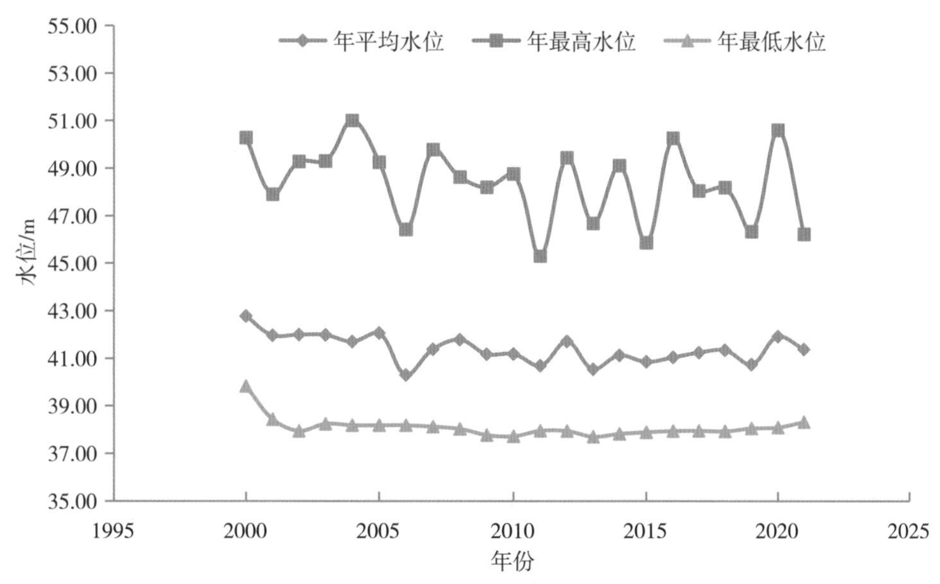

图 5.1-30 高坝洲站历年平均、年最高、最低水位变化过程线

点绘该站历年平均年最大、最小流量的变化过程线,高坝洲站历年最大流量为 $7840m^3/s$(2020 年 6 月 29 日),最小流量为 $0m^3/s$,年最大流量波动很大(图 5.1-31)。

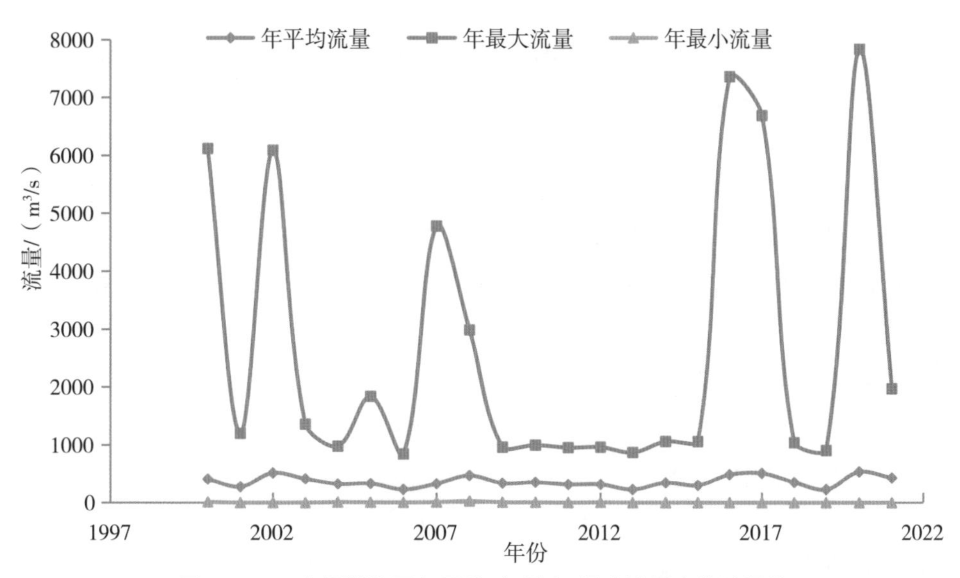

图 5.1-31 高坝洲站历年平均、年最大、最小流量变化过程线

5.1.3.3 高坝洲水文站 H-ADCP 对比测试试验

(1)传统流量测验方法

高坝洲水文站采用传统流速仪法测验时，水位 42.10m 以下按单一线或多条单一线布置测次，水位在 42.10m 以上按连时序法布置测次。测速垂线布置见表 5.1-11。

表 5.1-11　　高坝洲水文站测速垂线布置表

测验方法	测速线点	起点距/m(随水位涨落而增减)
常规测验方法	7～15 线二点法	35.0、50.0、75.0、95.0、130、165、180、195、210、225、240、260、290、310、325

注：低水水位落槽时可根据水深和流速分布情况补充或转移测速垂线。

高坝洲站上游来水受高坝洲水利枢纽工程电站蓄放水控制，有陡涨、陡落的特点，多年实测最大流量为 6380m^3/s，调查最高水位为 50.28m，历史最低水位 37.94m，实测最大流速为 3.48m/s。断面上游 2km 是高坝洲水电站，其坝顶高程 83m，装机容量 25.2 万 kW，为电网调峰电站，机组放、关水无特定规律，在 1 天内就可能开关闸数次，破坏了河流天然规律，很难监测其流量变化过程。同时，汛期受长江回水顶托影响，本站水位—流量关系极为复杂，利用常规测流方法很难满足水位—流量关系曲线定线要求，致使流量在测、整、报等工作方面造成了极大困难。为解决以上难题，高坝洲水文站于 2017 年 7 月安装了 RDI CM 600kHz H-ADCP，拟实现流量过程监测，满足准确推求水量的要求。

(2)H-ADCP 测验原理及对比测试采用的主要技术指标

1)基本原理

H-ADCP，利用压电陶瓷作为声学换能器，向水流中发射脉冲声波，然后接收被水中颗粒物散射回来的声波，依据声波脉冲频移，计算出水流的流速和流向。H-ADCP 通常安装在河流岸边，从岸边向河流中央水平发射有一定夹角的两条波束，实时测量某一水层的流速分布，作为指标流速。H-ADCP 与走航式 ADCP 或转子流速仪等进行对比测试，率定 H-ADCP 测量的指标流速与断面平均流速的相关关系。根据指标流速与断面平均流速的相关关系，可以将 H-ADCP 实测的指标流速求出断面平均流速，再将断面平均流速乘以过水断面面积得到实时流量。其计算基本公式如下：

断面平均流速是指标流速的函数：

$$V_c = f(V_i) \tag{5.1-10}$$

过水断面面积为水位的函数：

$$A = f(H) \tag{5.1-11}$$

流量计算公式：

$$Q = A \times V_m \tag{5.1-12}$$

式中：V_m——断面平均流速，m/s；

V_i——指标流速或 ADCP 流速，m/s；

H——水位，m；

A——过水断面面积，m^2；

Q——流量，m^3/s。

H-ADCP 利用声学多普勒原理通过自动测定河流代表流层指标流速的方式来进行流量测验，具有不扰动流场、历时短、自动化程度高、实时性好等优点，可有效地解决受水利工程影响的河道流量测验问题，极大地减轻水文测验劳动强度，提高测验工作效率。

2)水平式声学多普勒流速剖面仪的主要指标

对比测试试验使用的水平式声学多普勒流速剖面仪是 RDI 公司 600kHz 的 Channel Master H-ADCP(图 5.1-32)。

图 5.1-32 RDI 600 kHz H-ADCP 外观

①固件版本：28.36。

②工作频率：600kHz。

③剖面参数：量程 90m，流速分辨率 1mm/s，流速范围±5m/s，深度单元个数 1～128。

④通信：串口，RS232 或 RS-422 可转换，波特率 9600。

⑤流速测量换能器配置：双声束、±20° 声束角。

⑥超声波水位计：量程 0.1～10m，精度±2mm，分辨率 0.1mm。

⑦压力式水位计：量程 0.1～10m，精度±2mm，分辨率 1.0mm。

⑧温度探头：量程−4～35℃，精度±0.2℃，分辨率 0.01℃。

⑨倾斜计：量程± 15°，精度±0.5°，分辨率 0.01°

⑩电源：DC 直流输入 10.5～18V，外部供电。

⑪环境：工作温度−5～45℃，储存温度−30～75℃，空气中重量 4.76kg，水中重量 2.0kg。

⑫测流软件：WinH-ADCP Version 4.04 英文版。

(3)H-ADCP 安装对比测试主要参数

1)仪器安装

根据高坝洲站河段水流特征和断面的形状等综合考虑,经实地查勘、测量、比较和分析,将 H-ADCP 安装位置选在基本水尺断面右岸上游 468m 处,此断面河道顺直,断面上、下游有效测量区域河床对称、没有突起障碍物,流场稳定,高、中、低水均能测到主流区域水力各因素指标。

2017 年初,荆江局宜都分局在选定断面的右岸开始新建 H-ADCP 安装栈桥,7 月建成后完成了仪器安装。H-ADCP 安装在栈桥桥墩外侧,换能器安装方式为悬挂侧壁式,将换能器安装高程确定为 38.33m(图 5.1-33、图 5.1-34)。

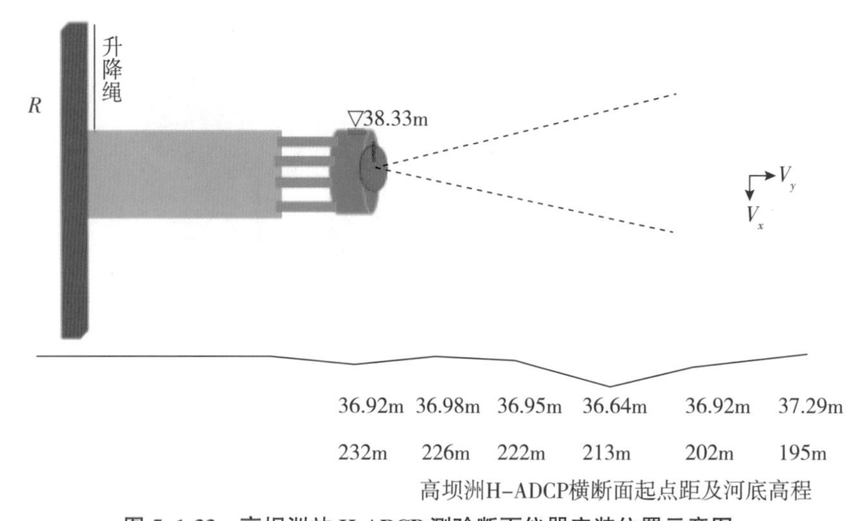

图 5.1-33 高坝洲站 H-ADCP 测验断面仪器安装位置示意图

图 5.1-34 高坝洲站 H-ADCP 安装实景图

2)个性化技术参数设置

根据高坝洲站 H-ADCP 断面具体情况,除了主要缺省值参数不改变以外,对比测试时部分参数设置见表5.1-12、表5.1-13。

表5.1-12　　高坝洲站H-ADCP仪器安装相关参数

H-ADCP对比测试相应水位变幅范围/m	流量范围/(m^3/s)	V_i单元范围	H-ADCP安装高程/m
38.58～44.88	≤2190	6～50	38.33

表5.1-13　　高坝洲站600kHz H-ADCP测验参数设置表

参数名称	设置值
盲区/m	0.5
单元数量	128
单元尺寸/m	0.5
盐度	0
采样时间间隔/s	300(与自记水位采集时间同步)
数据平均时段/s	60

(4)对比测试资料误差分析

1)对比测试时间

对比测试时间为2017年8月7日至2018年4月29日。

2)对比测试资料采集过程

对比测试期间,采用水文缆道流速仪两点法同步施测流量。对比测试资料包含高坝洲河段受长江顶托、微顶托、不顶托,以及受长江水位消退,从顶托到不顶托过程、泄洪、电厂不同数量机组开、关闸等各种情况下的实测流量数据,共收集对比测试样本37个,水文缆道转子式流速仪测流断面对比测试样本流量变幅为23.6～2190m^3/s,相应水位变幅为38.58～44.88m,平均流速变幅为0.19～1.72m/s。H-ADCP断面对比测试样本相应水位变幅为38.59～45.00m,平均流速变幅为0.17～1.63m/s。

2018年4月2日、4月27—29日,在湖北清江水电开发有限责任公司梯调管理中心配合下,通过节制高坝洲水电站发电放水流量,分多个流级分别在3个小时的时间内均匀下泄洪水,提高了流量对比测试的精度。

受本站测站特性影响下很难用流速仪法准确施测相应水位为38.58m或稍高水位级的断面流量,在本站低枯水水位—流量为单一线,且在关系较好的基础上,采用整编成果直接查算了2次相应水位为38.58m的流量数据,合计采用样本35个,见表5.1-14(其中采用整编成果数据作为样本的序号为34、35列)。

表 5.1-14　　高坝洲站 H-ADCP 对比测试断面 V_m-V_i 相关计算分析统计表

序号	测量日期	开始时间	结束时间	流速仪测流断面			H-ADCP 对比测试断面			推算平均流速 V_m/(m/s)	线上 V_m/(m/s)	水位变幅/cm	是否顶托
				测流水位/m	流量/(m^3/s)	平均流速 V_m/(m/s)	水位/m	相应面积/m^2	指标流速 V_i/(m/s)				
1	2017-08-07	8:40	9:40	41.64	857	1.41	41.79	758	1.26	1.13	1.13	8	是
2	2017-08-07	13:00	15:10	41.86	801	1.19	41.89	780	1.13	1.03	1.03	−3	是
3	2017-08-07	13:00	15:10	41.86	829	1.23	41.89	780	1.13	1.06	1.03	−3	是
4	2017-08-30	15:00	16:40	44.23	743	0.58	44.28	1350	0.53	0.55	0.53	8	是
5	2017-09-26	14:45	16:30	42.22	761	1.00	42.29	869	0.95	0.88	0.88	1	是
6	2017-10-02	11:47	12:22	42.23	1130	1.48	42.25	860	1.54	1.31	1.37	45	泄洪
7	2017-10-02	13:45	15:00	43.51	1880	1.72	43.49	1150	1.88	1.63	1.65	21	泄洪
8	2017-10-02	15:10	16:40	43.58	1910	1.71	43.65	1190	1.85	1.61	1.62	3	泄洪
9	2017-10-06	11:15	12:25	44.88	2190	1.50	45.00	1540	1.68	1.42	1.48	5	泄洪
10	2017-10-12	15:00	16:10	44.36	1550	1.16	44.57	1430	1.18	1.08	1.07	3	泄洪
11	2017-10-12	17:25	18:35	44.64	1850	1.30	44.85	1500	1.37	1.23	1.23	−1	泄洪
12	2018-02-27	11:35	12:15	39.71	274	1.13	39.95	380	0.77	0.72	0.73	0	无
13	2018-02-27	12:25	13:30	39.69	269	1.11	39.91	372	0.71	0.72	0.68	−2	无
14	2018-02-27	15:45	16:25	39.67	265	1.11	39.90	370	0.81	0.72	0.76	0	无
15	2018-03-14	14:00	15:35	41.48	768	1.41	41.68	735	1.17	1.04	1.06	0	无
16	2018-03-22	13:50	14:50	40.70	461	1.20	40.90	572	0.92	0.81	0.85	−1	无
17	2018-03-22	15:10	16:10	40.70	455	1.20	40.90	572	0.92	0.80	0.85	−1	无
18	2018-04-02	16:15	17:35	41.42	799	1.50	41.62	722	1.29	1.11	1.16	0	无
19	2018-04-27	8:30	9:30	40.96	536	1.27	41.19	632	0.91	0.85	0.84	10	微顶

续表

序号	测量日期	开始时间	结束时间	流速仪测流断面			H-ADCP 对比测试断面			推算平均流速 V_m/(m/s)	线上 V_m/(m/s)	水位变幅/cm	是否顶托
				测流水位/m	流量/(m³/s)	平均流速 V_m/(m/s)	水位/m	相应面积/m²	指标流速 V_i/(m/s)				
20	2018-04-27	11:00	12:15	41.26	642	1.32	41.48	692	0.95	0.93	0.88	5	微顶
21	2018-04-27	17:10	18:20	41.37	698	1.37	41.61	720	0.98	0.97	0.90	10	微顶
22	2018-04-28	8:05	9:00	40.50	318	0.91	40.66	523	0.58	0.61	0.57	−8	微顶
23	2018-04-28	9:05	10:00	40.44	335	0.98	40.62	514	0.58	0.65	0.57	−1	微顶
24	2018-04-28	11:05	11:55	40.60	383	1.06	40.78	547	0.64	0.70	0.62	6	微顶
25	2018-04-28	14:05	14:45	40.04	178	0.63	40.12	414	0.36	0.43	0.39	−9	微顶
26	2018-04-28	14:50	15:30	39.98	172	0.64	40.07	404	0.37	0.43	0.40	−2	微顶
27	2018-04-28	17:20	18:15	40.90	495	1.19	41.12	617	0.77	0.80	0.73	10	微顶
28	2018-04-29	8:05	8:50	40.09	230	0.78	40.22	434	0.51	0.53	0.51	−8	微顶
29	2018-04-29	8:55	9:40	40.03	218	0.76	40.17	424	0.51	0.51	0.51	−2	微顶
30	2018-04-29	11:05	12:00	40.23	282	0.89	40.40	470	0.58	0.60	0.57	6	微顶
31	2018-04-29	12:05	12:50	40.26	275	0.86	40.42	474	0.58	0.58	0.57	0	微顶
32	2018-04-29	14:10	14:55	39.79	121	0.48	39.86	362	0.28	0.33	0.32	−2	微顶
33	2018-04-29	15:05	16:00	39.78	119	0.48	39.85	360	0.26	0.33	0.31	1	微顶
34	2018-01-10	2:40	2:40	38.58	23.6	0.19	38.59	131	0.09	0.18	0.16	0	无
35	2018-01-22	2:30	2:30	38.58	23.6	0.19	38.60	132	0.09	0.18	0.16	0	无

3)数据处理方法

本站数据回放与处理均采用生产厂家标配测流软件：WinH-ADCP Version 4.04 英文版进行数据回放和处理。

根据本站特性，按流速仪测流断面流量测验时间，对应时段选取 H-ADCP 实测指标流速平均得到对应的指标流速数据；流速仪测流断面测得的流量与 H-ADCP 对比测试断面的面积相除得到 H-ADCP 断面平均流速；将 H-ADCP 断面指标流速与 H-ADCP 断面相对应断面平均流速相关，建立 H-ADCP 断面平均流速 V_m 与指标流速 V_i 关系。根据相关关系分析的需要，按照不同的测量单元剖面范围回放处理 H-ADCP 指标流速数据，建立了多组相关模型进行分析。

4)误差分析

H-ADCP 对比测试资料的误差计算以常规流速仪法测验成果为“真值”，利用数理统计方法，统计断面流量等水力因素的系统误差和随机不确定度。根据建立的多组相关模型进行分析，从中优选出 6～50 单元区间一组相关模型，不同分析方案精度统计见表 5.1-15。

6～50 单元区间线性相关关系良好，相关系数 $R^2=0.990$(图 5.1-35)，系统误差为 1.2%，随机不确定度为 10.0%，符号、适线、偏离数值检验均满足要求，V_i 与 V_m 关系曲线检验计算统计见表 5.1-16。相关关系定线精度指标符合 SL 247 定线精度要求(一类精度站，系统误差不超过±2%，不确定度不超过 12%)。

表 5.1-15　　不同分析方案精度统计表

序号	单元范围	方案关系式	系统偏差/%	不确定度/%	最大偏差/%
1	1-11	$V_m=0.787V_i+0.0602$	2.6	67.7	36.5
2	2-17	$V_m=0.8511V_i-0.0899$	1.5	14.9	24.4
3	2-21	$V_m=0.8426V_i-0.0609$	1.4	11.1	9.6
4	2-27	$V_m=0.749V_i-0.0349$	1.7	15.1	−13.5
5	6-30	$V_m=0.8626V_i-0.0476$	−1.3	11.9	−22.1
6	10-42	$V_m=0.873V_i-0.0066$	1.3	11.7	−10.3
7	10-50	$V_m=0.8363V_i+0.0653$	1.6	11.6	−16.5
8	4-50	$V_m=0.8587V_i-0.0239$	−1.4	10.8	−12.9
9	6-50	$V_m=0.816V_i+0.104$	1.2	10.0	−10.8
10	6-60	$V_m=0.8702V_i+0.0441$	−1.5	11.9	−22.1

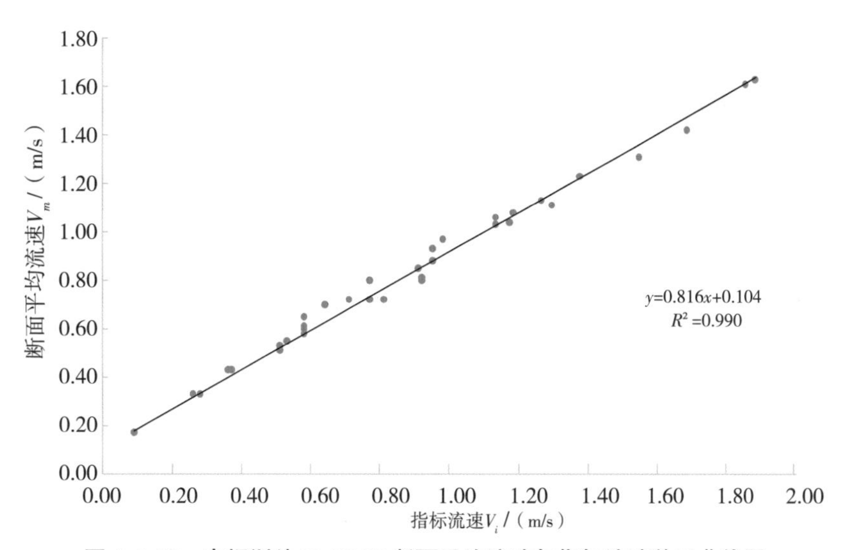

图 5.1-35　高坝洲站 H-ADCP 断面平均流速与指标流速关系曲线图

表 5.1-16　　高坝洲站 V_i-V_m 关系曲线检验计算统计表

序号	施测号数	指标流速 V_i/(m/s)	平均流速 V_m/(m/s)	线上 V_m/(m/s)	偏差 P(%)	$P_{(i)}-P_{(平)}$	$[P_{(i)}-P_{(平)}]^2$
1	34	0.09	0.170	0.180	−5.56	−6.72	45.16
2	35	0.09	0.170	0.180	−5.56	−6.72	45.16
3	33	0.26	0.330	0.320	3.12	1.96	3.84
4	32	0.28	0.330	0.330	0.00	−1.16	1.35
5	25	0.36	0.430	0.400	7.50	6.34	40.20
6	26	0.37	0.430	0.410	4.88	3.72	13.84
7	28	0.51	0.530	0.520	1.92	0.76	0.58
8	29	0.51	0.510	0.520	−1.92	−3.08	9.49
9	4	0.53	0.550	0.540	1.85	0.69	0.48
10	22	0.58	0.610	0.580	5.17	4.01	16.08
11	23	0.58	0.650	0.580	12.07	10.91	119.03
12	30	0.58	0.600	0.580	3.45	2.29	5.24
13	31	0.58	0.580	0.580	0.00	−1.16	1.35
14	24	0.64	0.700	0.630	11.11	9.95	99.00
15	13	0.71	0.720	0.680	5.88	4.72	22.28
16	12	0.77	0.720	0.730	−1.37	−2.53	6.40
17	27	0.77	0.800	0.730	9.59	8.43	71.06
18	14	0.81	0.720	0.760	−5.26	−6.42	41.22
19	19	0.91	0.850	0.850	0.00	−1.16	1.35

续表

序号	施测号数	指标流速 V_i/(m/s)	平均流速 V_m/(m/s)	线上 V_m/(m/s)	偏差 P(%)	$P_{(i)}-P_{(平)}$	$[P_{(i)}-P_{(平)}]^2$
20	16	0.92	0.810	0.850	−4.71	−5.87	34.46
21	17	0.92	0.800	0.850	−5.88	−7.04	49.56
22	5	0.95	0.880	0.880	0.00	−1.16	1.35
23	20	0.95	0.930	0.880	5.68	4.52	20.43
24	21	0.98	0.970	0.900	7.78	6.62	43.82
25	2	1.13	1.03	1.03	0.00	−1.16	1.35
26	3	1.13	1.06	1.03	2.91	1.75	3.06
27	15	1.17	1.04	1.06	−1.89	−3.05	9.30
28	10	1.18	1.08	1.07	0.93	−0.23	0.05
29	1	1.26	1.13	1.13	0.00	−1.16	1.35
30	18	1.29	1.11	1.16	−4.31	−5.47	29.92
31	11	1.37	1.23	1.22	0.82	−0.34	0.12
32	6	1.54	1.31	1.36	−3.68	−4.84	23.43
33	9	1.68	1.42	1.47	−3.40	−4.56	20.79
34	8	1.85	1.61	1.61	0.00	−1.16	1.35
35	7	1.88	1.63	1.64	−0.61	−1.77	3.13
样本容量：N=35			正号个数：19.5			符号交换次数：22	
符号检验：u=0.51			允许：1.15(显著性水平 a=0.25)			合格	
适线检验：U=−1.89			免检				
偏离数值检验：$\|t\|$=1.43			允许：1.67(显著性水平 a=0.10)			合格	
标准差：S_e(%)=5.0			随机不确定度(%)：10.0			系统误差(%)：1.2	

5)时段整编成果对比分析

2018 年 1—3 月，长江宜都段流量(清江入汇口)大多数时间在 10000m³/s 以下，高坝洲测验断面不受长江顶托，到 4 月，长江流量上涨，高坝洲断面处于顶托状态，无论是电厂开关闸，断面水位都在 38.58m 以上，也就是在 H-ADCP 的有效测验水位范围内，为了更好地对比分析两种方法推算的整编成果，选取 2018 年 4 月资料进行整编，逐日流量过程线对照见图 5.1-36，时段整编成果对比分析统计见表 5.1-17。

从 4 月整编成果统计表可以看出，两种方式推算的月平均流量相近，最大、最小流量推算基本一致，月极值对应日期完全相同，径流量基本相近，H-ADCP 较转子式流速仪偏大 3.72%，H-ADCP 整编成果精度可靠。

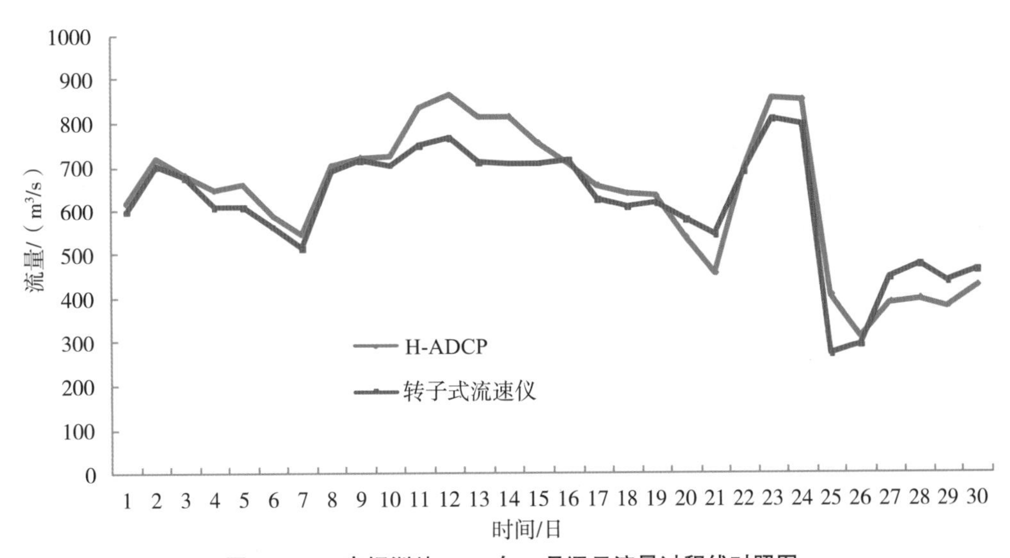

图 5.1-36 高坝洲站 2018 年 4 月逐日流量过程线对照图

表 5.1-17 时段整编成果对比分析(2018 年 4 月)

测验方式	月平均流量/(m³/s)	月最大流量/(m³/s)	相应日期(月.日)	月最小流量/(m³/s)	相应日期(月.日)	径流量/亿 m³
H-ADCP	634	1030	4.22	28.6	4.25	16.44
转子式流速仪	611	1030	4.22	32.0	4.25	15.85

5.1.3.4 对比测试结论及投产方案

(1)对比测试结论

采用实测断面平均流速与 H-ADCP 的指标流速建立的多组相关模型进行分析，从中优选出 6～50 单元区间一组相关模型，该区间线性相关关系良好，相关系数 $R^2=0.990$，系统误差为 1.2%，随机不确定度为 10.0%，相关关系定线精度指标符合 SL 247 定线精度要求(一类精度站，系统误差不超过±2%，不确定不超过 12%)，H-ADCP 可在相应水位级 38.58～44.88m(或流量 23.6～2190m³/s)内投产使用于实时流量监测。

(2)投产方案

1)测验方案

①水位:采用基本水尺断面水位，以自记为主，人工每月校测 1 次。

②面积:每年汛前进行一次大断面测验，通过高坝洲站 H-ADCP 断面大断面实测数据录入至测验软件，根据 H-ADCP 内部水位直接计算断面面积，经校核软件计算的面积和手工计算面积一致。

③流量。

a. 水位级 38.58～44.88m(或流量 23.6～2190 m^3/s)。

根据本次方案选取的最优单元数量 6～50,以及换能器安装高程及仪器本身的参数推算,H-ADCP 测验的最低水位为 38.58m,根据本站历年水情实况,一般在 3 月下旬至 10 月中下旬,受长江水位顶托,本测验断面最低水位均大于 38.58m,可直接采用 H-ADCP 在线流量监测。

通过 WinH-ADCP Version 4.04 英文版或流量通软件对高坝洲站 H-ADCP 断面指标流速按 5 分钟一次的频率进行采集,再通过率定的指标流速与断面平均流速公式计算断面平均流速,通过断面平均流速和断面面积计算出断面流量:

$$V_m = 0.816V_i + 0.104 \tag{5.1-13}$$

$$Q \approx A \cdot V_m \tag{5.1-14}$$

式中:V_m——H-ADCP 对比测试断面平均流速,m/s;

V_i——指标流速,m/s;

Q——断面流量,m^3/s;

A——H-ADCP 对比测试断面面积,m^2。

b. 其他时段的流量测验方案。

由于高坝洲河段存在枯季电站关闸造成河道断流、河床干涸等特殊因素,H-ADCP 无法测到水位 38.58m 以下有效流量,当水位 38.58m 以下时,在流速仪测流断面采用水文缆道转子式流速仪法测流,水位—流量关系呈单一线。本次对比测试高水部分资料不足,当水位或流量超出现有对比测试范围时,测站应及时在基本断面采用水文缆道转子式流速仪法测流。

2)整理整编方案

按照《声学多普勒流量测验规范》(SL 337—2006),采用 Q-MONITOR(流量通)中文版软件对数据文件进行回放处理,可通过流量月报程序按照流量变幅筛选摘录处理,得到 H-ADCP 断面流量整编 Z0G 文件。采用流量过程线法推求逐日平均流量和径流量,进而完成流量资料整编。另外,在制作本站水位月报时,将流量月极值对应的时间,手工加入至水位月报必摘时间中,保证流量月极值的对应水位在导出的水位整编 Z0G 文件中。

3)报汛方案

采用高坝洲站基本水尺断面自记水位,及对应时间节点采集相应的指标流速,经过软件自动计算实时监测流量向荆江局网信中心自动报汛(基本水尺断面自记水位与 H-ADCP 流量测验数据采集频率均是 5 分钟采集一次)。这样以来大大提升报汛质量和时效性,从根本上解决了山溪性河流或受工程影响测站流量测报的难题,同时也将水文信息化向水文智能化发展提升了一个高度。

5.1.4 弥陀寺站 H-ADCP

5.1.4.1 弥陀寺站概况

弥陀寺站位于湖北省荆州市荆州区弥市镇弥陀寺社区，东经112°07′15.4″，北纬30°13′00.1″，为荆江四口虎渡河的主要控制站，设立于1952年6月。测站上游距河口太平口约8.6km，太平口左岸有荆江分洪闸北闸，上游约2.3km有荆松一级公路虎渡河大桥，上游750m有弥市大桥；测站下游约41km为中河口分流与松滋河(东支)相通，流向顺逆不定，下游约83km处有节制闸南闸，再下游与松滋河及澧水汇合后流入洞庭湖。

测验河段顺直长度约2.5km，下游400m处有弯道。主槽为单式断面。流量测验断面左岸子堤高程约45.00m，在水位45.00m以上时开始漫滩，洲滩宽约350m，有农作物生长；右岸高程33.00m以上有人工护坡，高程45.00m以上有水文站挡水墙保护；河床由沙质组成。

弥陀寺站为长江四口分流虎渡河控制站，负责水位、流量、含沙量等测验项目，为一类精度流量站、一类泥沙站。

5.1.4.2 弥陀寺站特性分析

(1)断面变化情况

根据弥陀寺站2017—2021年的实测大断面资料，点绘弥陀寺站近5年的大断面图(图5.1-37)，可以看出：弥陀寺站测验断面整体呈“U”形，2021年与前几年相比，左岸170～260m处有明显淤积。右岸有护坡，相对稳定，左岸为浅滩。

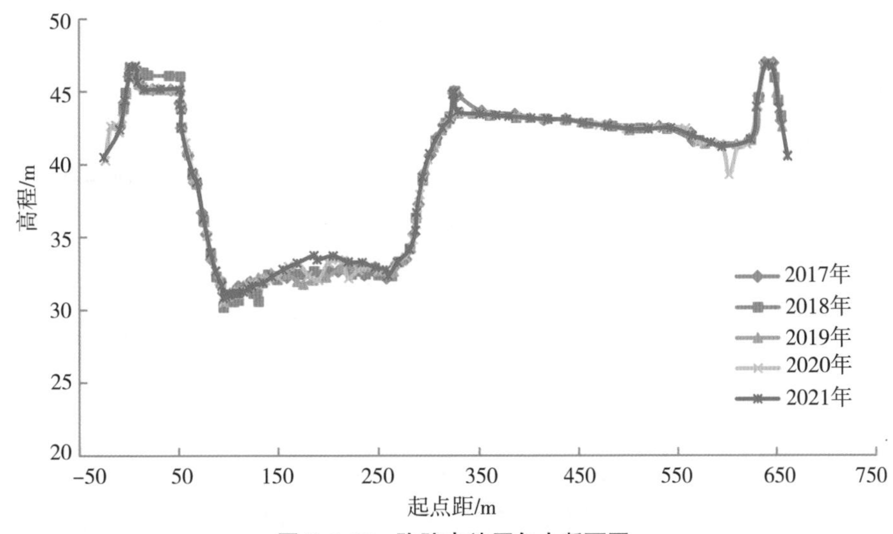

图5.1-37 弥陀寺站历年大断面图

(2)水文特性

弥陀寺站历史最高洪水位44.90m(1998年8月17日)，历史最低水位31.57m(1978年

4 月 20 日)；历史最大流量 3210m^3/s(1962 年 7 月 10 日)，历史最小流量－296m^3/s(2019 年 7 月 4 日)，通流水位约 32.30m。

根据弥陀寺站 2010—2021 年共 11 年的水文资料，点绘该站历年平均、年最高、最低水位的变化过程线，见图 5.1-38。

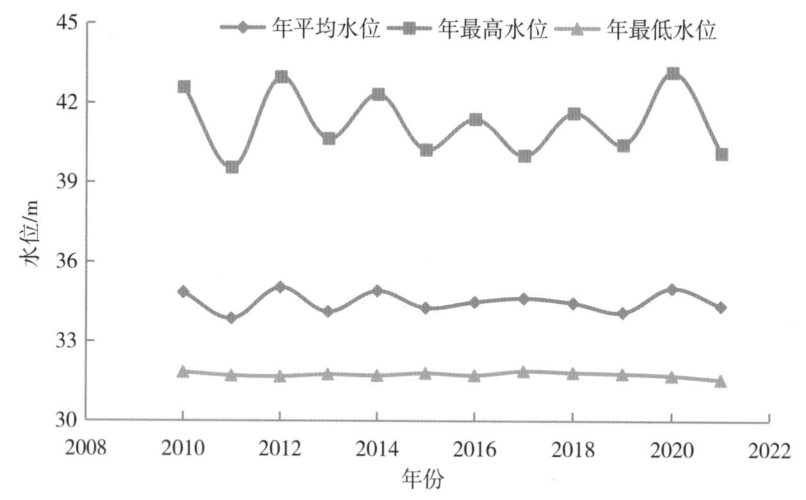

图 5.1-38 弥陀寺站历年平均、年最高、最低水位变化过程线

可以看出，近年来弥陀寺站年最低水位变化不大，年最高水位有一定的波动，年平均水位也有一定变化，变化范围为 33.86～35.03m。

根据弥陀寺站 2010—2021 年共 11 年的水文资料，点绘该站历年平均、年最大、最小流量的变化过程线(图 5.1-39)，可以看出：2011—2019 年，弥陀寺站年最大流量基本呈减小趋势，2020 年受特殊水情影响，年最大流量较大；年平均流量变化不大，受变动回水和顶托影响，弥陀寺站存在一定的负流量。

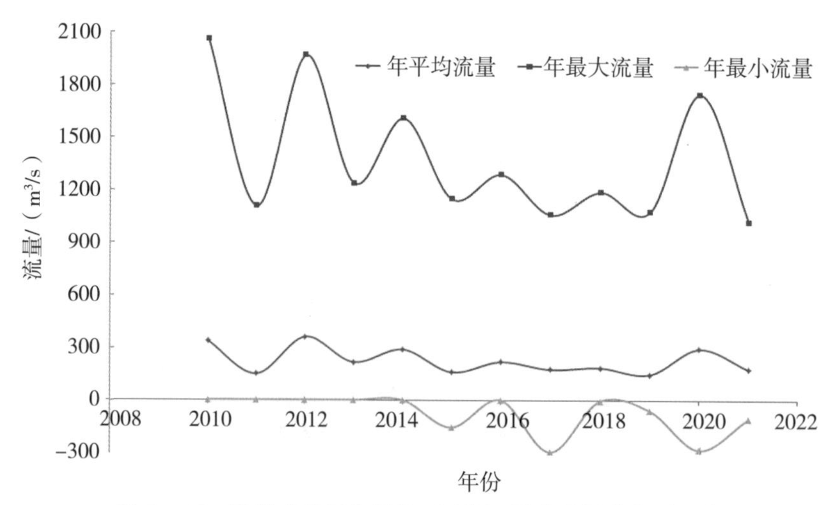

图 5.1-39 弥陀寺站历年平均、年最大、最小流量变化过程线

5.1.4.3 仪器设备及安装

(1)仪器设备情况

弥陀寺站使用美国 TRDI 公司 Channel Master 型 H-ADCP(简称 CM 型 H-ADCP),型号 600kHz,设备技术指标见图 5.1-40。

CM型 H-ADCP

技术指标

系统频率:	300kHz	600kHz	1200kHz
流速剖面测量(宽带专利技术):			
单元数	1~128	1~128	1~128
最小单元尺寸(m)	1	0.5	0.25
最大单元尺寸(m)	8	4	4
最大剖面范围(m)[1]	300	90	20
1st单元起点(m);	2~40	1~20	0.5~10
准确度(cell=1/2max)	±0.5% ±0.2cm/s	±0.25% ±0.2cm/s	±0.5% ±0.2cm/s
分辨率(mm/s)	1	1	1
流速量程(m/s)	±5[默认] ±20[最大]	±5[默认] ±20[最大]	±5[默认] ±20[最大]
外形尺寸、重量:			
空气中重量(kg)	6.80	4.76	3.40
水中重量(kg)	3.17	2.00	1.58
高度(cm)[2]	18.3	18.3	18.3
宽度(cm)[2]	32.5	26.4	18.3
纵深(cm)[2]	19.8	19.3	18.9
换能器:			
数量及几何形状:	2声束; ±20°	2声束; ±20°	2声束; ±20°
声束开角:	2.2°	1.5°	1.5°

1.最大剖面范围取决于温度、热度、含沙量等参数。
2.水平安装。
3.占空比10%的参数设置。

标准传感器

- 超声波水位计: 量程 0.1~10.0mm默认,19m最大;准确度±0.1%±3mm;分辨率0.01cm
- 压力水位计: 量程 0.1~100m;准确度0.5%;分辨率0.1cm
- 温度探头: 量程 -4~40℃;准确度±0.2℃;分辨率0.01°
- 倾斜计(2轴): 量程 ±10°;准确度±0.2±@0°,±0.5° @10°;分辨率0.01°

通信

RS-232、SDI-12或RS-422
- 支持SDI-12 v 1.3
- 同时支持RS-232、SDI-12、内存记录

波特率: 300~115.200 bps

外壳构造、安装

聚亚胺酯浇铸壳体、钛合金连接件、不锈钢安装架

电源

电压: 10-18VDC

典型功耗[3]: CM1200-0.13W; CM600-0.14W; CM300-0.16W.

待机功耗: 0.00025W

内存: 4MB

软件: 标准软件“WinH-ADCP”,升级软件“流量通-H”

图 5.1-40 弥陀寺 H-ADCP 主要技术指标

(2)设备安装情况

根据弥陀寺站水流特性和断面特征等综合考虑,经实地查勘、分析,最终安装位置选定在基本水尺断面上游约 3m 处,H-ADCP 固定安装在特制的倾斜式双轨滑槽上(图 5.1-41)。H-ADCP 测验断面在基本水尺断面上游 3m,缆道流速仪测验断面位于基本水尺断面下游 5m,H-ADCP 测验断面与流速仪测验断面相距 8m,两种测验方式开展测验时互不影响。

弥陀寺 H-ADCP 探头于 2017 年 6 月 21 日安装高程为 33.82m,起点距 82.4m;2017 年 8 月 12 日调整安装高程为 34.49m,起点距 79.8m;2018 年 5 月 22 日调整安装高程为 35.05m、起点距 78.5m。2018 年底通过对 2017—2018 年 H-ADCP 监测资料进行分析,两个探头回波强度不吻合、监测指标流速过程较紊乱,仪器经返厂检测,属仪器主板存在问题,

2019年6月更换另外一部设备开始重新对比测试试验。经资料分析，当仪器安装高程为35.05m、起点距78.5m时，H-ADCP对比测试效果较好，2020年仪器稳定运行期间，纵摇变化范围为0.06°～0.08°，横摇变化范围为0～0.02°，仪器安装稳定可靠。

H-ADCP声束开角为1.5°，根据：$\tan\theta=\dfrac{y}{x}$（式中：θ为声束夹角的一半；x为仪器波束采样的水平距离；y为仪器采样波束平行于水面的垂直高度），可以计算出，仪器声束的相应测量范围，结果见表5.1-18。

图5.1-41　弥陀寺(二)H-ADCP安装示意图

表5.1-18　H-ADCP有效测量范围(加入纵摇影响)

安装高度/m	单元数/个	测量距离/m	波束角/°	纵摇/°	y/m	高程/m	
35.05	50	51.71	1.5	0.08	0.72	35.77	34.33
	80	81.71			1.16	36.21	33.89

如图5.1-42所示，仪器安装在35.05m高程处，取有效单元50个，当水位为35.77m时，H-ADCP第50单元末端处打出水面，因此，如需要收集到完整有效的50个单元数据，水位不得低于35.77m；取有效单元80个，当水位为36.21m时，H-ADCP第80单元末端处打出水面，因此，如果需要收集到完整有效的80个单元数据，水位不得低于36.21m。

(3)设备流量测验软件参数选用依据与设置

H-ADCP软件采用TRDI配套的WinH-ADCP软件进行数据收集(图5.1-43)。目前弥陀寺站水位通过YAC9900设备自动采集，YAC9900水位数据每5min存储一次，考虑到H-ADCP采集数据时间与水位数据时间同步问题，每次H-ADCP启动时间均从0或5min开始。

具体参数设置见表5.1-19，单元长度1.00m，单元数量80个，盲区1.00m，盐度0，采样时间间隔 12s，数据平均时段 300s，电源供电采用蓄电池直流供电，电压保证在 12V 以上，H-ADCP 每 12s 采集一组原始数据，设置平均时段为 5min，即将 5min 内的数据进行平均处理后输出，有助于消除受水流脉动影响而导致瞬时流速跳变的情况。

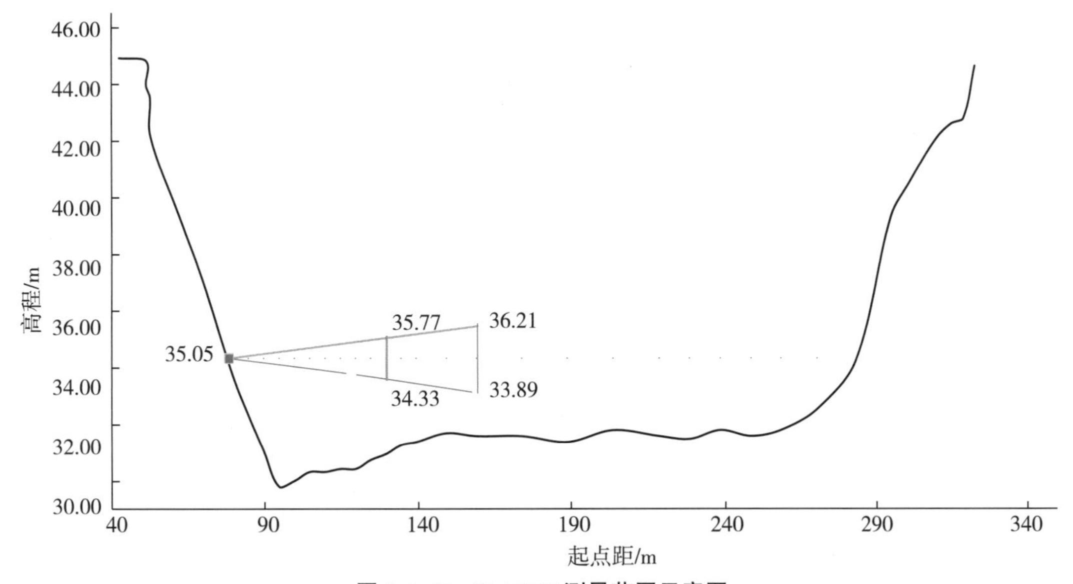

图 5.1-42　H-ADCP 测量范围示意图

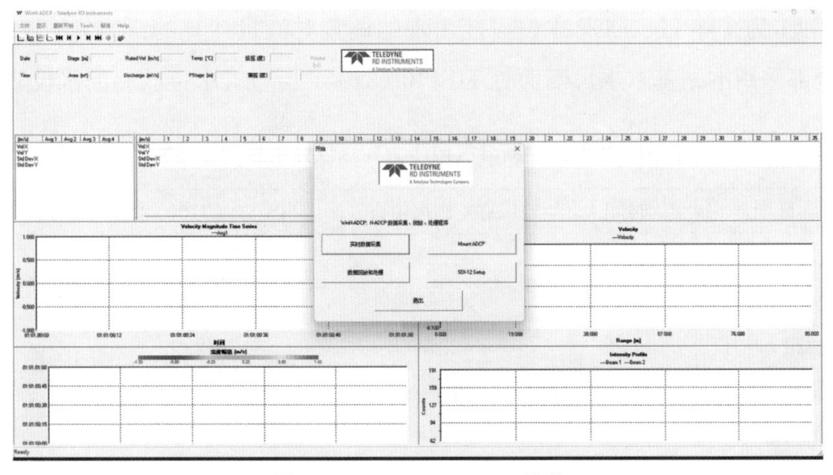

图 5.1-43　WinH-ADCP 软件

表 5.1-19　　弥陀寺站 600kHz H-ADCP 测验参数设置表

参数名称	设置值
盲区/m	1.00
单元数量/个	80
单元尺寸/m	1.00
盐度	0

续表

参数名称	设置值
采样时间间隔/s	12
数据平均时段/s	300(与自记水位采集时间同步)

5.1.4.4 弥陀寺水文站 H-ADCP 对比测试试验

(1)资料收集

1)水位数据

水位主要用于根据大断面数据或水位面积曲线推算水道断面面积、计算断面流量。统计 2020 年 7 月 19 日至 8 月 19 日，每日 02:00、08:00、14:00、20:00 四段制 H-ADCP 水位数据与气泡压力式水位计数据进行对比分析，合计 124 组对比测试数据，计算系统偏差为 0.01m，其中偏差超过±0.03m 的对比测试样本 16 次，占总样本的 12.9%，最大偏差为 0.12m，通过回放 H-ADCP 测量数据发现，出现偏差较大的情形，均是在 H-ADCP 超声波传感器无数据的情况下，H-ADCP 采用压力传感器水位测量数据，导致水位偏差较大(表 5.1-20)。部分时段超声波传感器无数据出现原因暂不明确，有待后期继续对比测试寻找原因。考虑到 H-ADCP 水位数据部分样本偏差较大，而 H-ADCP 安装位置与本站基本水尺断面距离仅有 3m，因此，为排除 H-ADCP 水位可能出现的偏差对流量计算的影响，本书中所使用的水位数据全部采用本站基本水尺断面处 HS/40 (3100) 压力式水位监测的水位数据。

表 5.1-20　　H-ADCP 水位数据与气泡压力式水位计数据对比分析

序号	日期	时间	H-ADCP 水位/m	HS/40 (3100)水位/m	偏差/m
1	2020-07-22	8:00	42.61	42.67	0.06
2	2020-07-22	14:00	42.60	42.67	0.07
3	2020-07-31	14:00	42.24	42.29	0.05
4	2020-08-02	14:00	41.79	41.89	0.10
5	2020-08-03	14:00	41.66	41.76	0.10
6	2020-08-04	14:00	41.25	41.36	0.11
7	2020-08-06	14:00	40.89	40.99	0.10
8	2020-08-06	20:00	40.87	40.98	0.11
9	2020-08-07	8:00	40.85	40.97	0.12
10	2020-08-12	14:00	40.61	40.71	0.10
11	2020-08-13	8:00	41.15	41.24	0.09
12	2020-08-13	14:00	41.30	41.39	0.09
13	2020-08-13	20:00	41.43	41.52	0.09

续表

序号	日期	时间	H-ADCP 水位/m	HS/40 (3100)水位/m	偏差/m
14	2020-08-14	14:00	41.71	41.81	0.10
15	2020-08-15	14:00	41.81	41.92	0.11
16	2020-08-16	14:00	41.75	41.85	0.10

注:采用 2020 年 7 月 19 日至 8 月 19 日每日四段制 H-ADCP 水位数据与气泡压力式水位计数据。

2)流量数据收集方法

弥陀寺(二)站流量常规测验为水文缆道流速仪法测流,一般情况垂线流速测量采用二点法测速。当测速垂线离岸边太近或太远,及时对测速垂线进行调整或补充。2020 年全年根据水情变化过程合理布置流量测次,同时根据水位变幅适时增加对比测试测次,缆道流量测验过程中,H-ADCP 同步收集对比测试资料,一般情况下,除设备维护外,H-ADCP 全天 24h 运行,收集固定测验断面代表流速数据(表 5.1-21)。

表 5.1-21　　弥陀寺(二)站流量常规测验方法

测验方法	测速线点	垂线起点距/m(随水位涨落而增减)
常规测验方法	$Z\geqslant$35.70m 5～15 线两点法	60.0、80.0、90.0、100、110、120、140、160、190、220、240、260、285、300、320
	$Z<$35.70m 5～11 线两点法	90.0、100、110、120、130、140、160、190、220、240、260

注:当左岸漫滩时增加 325m、330m、470m、560m、625m。

3)资料收集成果

2020 年弥陀寺(二)站开展 H-ADCP 与缆道流速仪法对比测试工作,探头安装高程为 35.05m,对比测试时间为 2020 年 7 月 3 日至 10 月 7 日,在此期间,弥陀寺(二)站缆道流速仪法共收集流量对比测试资料 63 次(表 5.1-22)。

表 5.1-22　　2020 年弥陀寺(二)站流速仪测验数据

序号	常规法测次	日期	开始时间	结束时间	相应水位/m	流量/(m^3/s)	断面面积/m^2	平均流速/(m/s)	H-ADCP 5-41 单元代表流速/(m/s)	备注
1	35	2020-07-03	7:30	9:00	41.38	1000	1910	0.52	0.472	
2	36	2020-07-05	10:00	11:30	41.14	817	1860	0.44	0.393	
3	37	2020-07-06	11:30	13:00	41.48	1050	1940	0.54	0.470	
4	38	2020-07-07	9:30	11:00	41.41	692	1930	0.36	0.343	

续表

序号	常规法测次	日期	开始时间	结束时间	相应水位/m	流量/(m^3/s)	断面面积/m^2	平均流速/(m/s)	H-ADCP 5-41单元代表流速/(m/s)	备注
5	39	2020-07-08	9:30	11:00	41.40	536	1930	0.28	0.266	
6	40	2020-07-08	15:00	16:00	41.42	594	1930	0.31	0.296	
7	41	2020-07-09	9:00	10:40	41.20	462	1880	0.25	0.234	检验样本
8	42	2020-07-10	8:50	10:50	40.69	473	1760	0.27	0.238	检验样本
9	43	2020-07-11	9:00	10:40	40.10	270	1610	0.17	0.218	特殊水情
10	44	2020-07-12	9:00	10:50	39.59	176	1490	0.12	0.108	
11	45	2020-07-13	12:00	13:20	39.03	117	1370	0.085	0.108	特殊水情
12	46	2020-07-14	18:00	19:00	39.00	430	1330	0.32	0.323	
13	47	2020-07-16	9:50	11:10	40.14	921	1590	0.58	0.527	
14	48	2020-07-17	9:40	11:00	40.82	1020	1760	0.58	0.587	
15	49	2020-07-18	11:00	12:20	41.58	1260	1930	0.65	0.614	
16	50	2020-07-19	7:40	8:50	42.34	1440	2120	0.68	0.712	
17	51	2020-07-20	10:00	11:20	42.70	1280	2160	0.59	0.564	
18	52	2020-07-22	17:00	18:10	42.69	1290	2150	0.60	0.591	
19	53	2020-07-24	10:00	11:00	43.06	1590	2240	0.71	0.657	
20	54	2020-07-24	22:40	23:40	43.07	1520	2240	0.68	0.629	
21	55	2020-07-26	9:30	10:30	42.38	1280	2050	0.62	0.577	
22	56	2020-07-28	16:30	17:30	42.26	1320	2020	0.65	0.617	
23	57	2020-07-29	17:00	18:20	42.44	1500	2060	0.73	0.651	
24	58	2020-07-31	11:20	13:00	42.32	1430	2030	0.70	0.613	
25	59	2020-08-01	17:30	18:30	41.88	1250	1930	0.65	0.588	
26	60	2020-08-02	12:00	13:20	41.88	1380	1930	0.72	0.650	
27	61	2020-08-03	15:00	16:20	41.71	1240	1910	0.65	0.588	
28	62	2020-08-05	10:30	12:00	41.30	1260	1810	0.70	0.645	检验样本
29	63	2020-08-05	14:00	15:00	41.29	1200	1810	0.66	0.631	
30	64	2020-08-06	14:30	15:30	40.98	1140	1740	0.66	0.600	检验样本
31	65	2020-08-09	9:30	11:00	40.56	1030	1640	0.63	0.610	
32	66	2020-08-12	11:00	12:00	40.67	1060	1670	0.63	0.660	
33	67	2020-08-13	18:00	19:10	41.50	1380	1870	0.74	0.682	
34	68	2020-08-15	7:40	9:00	41.94	1390	1970	0.71	0.654	

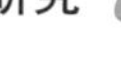

续表

序号	常规法测次	日期	开始时间	结束时间	相应水位/m	流量/(m^3/s)	断面面积/m^2	平均流速/(m/s)	H-ADCP 5-41 单元代表流速/(m/s)	备注
35	69	2020-08-17	9:20	10:40	42.02	1420	2000	0.71	0.650	
36	70	2020-08-19	10:20	11:40	42.61	1630	2160	0.75	0.668	
37	71	2020-08-20	15:30	17:00	42.94	1720	2230	0.77	0.639	
38	72	2020-08-21	14:00	15:00	43.10	1750	2280	0.77	0.648	高含沙量
39	73	2020-08-22	10:00	11:00	43.04	1620	2260	0.72	0.623	高含沙量
40	74	2020-08-25	9:30	10:30	43.00	1620	2240	0.72	0.612	高含沙量
41	75	2020-08-25	19:00	20:00	42.96	1570	2210	0.71	0.635	高含沙量
42	76	2020-08-26	18:00	19:00	42.42	1340	2080	0.64	0.469	高含沙量
43	77	2020-08-27	18:00	19:00	41.62	1120	1860	0.60	0.390	高含沙量
44	78	2020-09-01	18:00	19:00	40.66	1080	1640	0.66	0.591	高含沙量
45	79	2020-09-02	14:00	15:30	40.32	975	1540	0.63	0.554	
46	80	2020-09-05	10:30	11:40	39.30	770	1300	0.59	0.568	
47	81	2020-09-09	9:30	11:40	39.34	785	1300	0.60	0.588	
48	82	2020-09-11	10:30	11:40	38.38	464	1090	0.43	0.421	
49	83	2020-09-13	12:30	14:00	37.26	337	848	0.40	0.433	
50	84	2020-09-15	10:00	11:20	37.14	336	812	0.41	0.447	
51	85	2020-09-16	9:00	10:20	37.73	453	940	0.48	0.510	
52	86	2020-09-17	16:20	17:30	38.80	686	1170	0.59	0.569	
53	87	2020-09-19	15:20	16:40	39.11	622	1240	0.50	0.512	
54	88	2020-09-24	13:00	14:20	39.18	725	1270	0.57	0.507	
55	89	2020-09-26	8:10	9:30	39.12	618	1250	0.49	0.489	
56	90	2020-09-27	12:10	13:20	38.54	468	1120	0.42	0.455	
57	91	2020-09-30	12:00	13:20	37.28	232	840	0.28	0.337	
58	92	2020-10-01	18:30	19:30	36.10	64.0	601	0.11	0.104	
59	93	2020-10-02	16:30	17:30	35.40	83.5	444	0.19	0.257	水位过低
60	94	2020-10-04	11:00	12:10	35.26	136	417	0.33	0.463	水位过低
61	95	2020-10-05	13:30	15:00	36.18	220	614	0.36	0.419	检验样本
62	96	2020-10-06	11:50	13:00	37.21	322	831	0.39	0.452	检验样本
63	97	2020-10-07	11:50	13:00	38.11	511	1030	0.50	0.522	

注：共收集流量对比测试资料 63 次，去除特殊水情 2 次，高含沙量 7 次，及水位过低 2 次，有效对比测试样本为 52 次，其中包括检验样本 6 次。

对比测试期间水位变幅为 35.26～43.10m，流量变幅为 64.0～1750m^3/s（表 5.1-23）。

表 5.1-23　　弥陀寺（二）站 H-ADCP 对比测试水位、流量变幅

H-ADCP 对比测试相应水位变幅范围/m	流量范围/（m^3/s）	V_i 单元范围	H-ADCP 安装高程/m
35.26～43.10	64.0～1750	1～80	35.05

（2）H-ADCP 实测流速与断面平均流速的相关关系

回放 H-ADCP 测验数据，从第 50 单元开始，两波速探头回波强度拟合效果较差，因此，弥陀寺（二）站 H-ADCP 指标流速分析只采用第 1 单元至第 50 单元内（起点距 80.2～130m）的数据。取缆道流速仪法开始时间与结束时间为对比测试时段，摘取对比测试时段内 H-ADCP 每 5min 采集的各组流速值，取其各单元平均值作为对比测试指标流速 V_1、V_2、V_3、…、V_{50}。

分析 H-ADCP 指标流速与断面平均流速的相关关系，分别采用一个单元、两个单元、…、50 个单元等不同单元组合进行平均作为 H-ADCP 断面指标流速（合计有 1275 种方案），与缆道流速仪法断面平均流速进行回归分析（采用最小二乘法），确定每种组合方案的回归系数，并对各方案建立的相关关系进行不确定度计算，优选出不确定度满足规范要求的组合方案进行检验。几种常用的流速回归方程见表 5.1-24。

表 5.1-24　　几种常用的流速回归方程

归方程名称	函数关系	
一元线性	$V=a+b\times V_i$	
一元二次	$V=a+b\times V_i+c\times V_i^2$	
幂函数	$V=a\times V_i^b$	
复合线性	$V=a_1+b_1\times V_i$	$V\leqslant V_e$
	$V=a_2+b_2\times V_i$	$V\geqslant V_e$
二元线性	$V=a+(b+c\times H)\times V_i$	

注：其中 a,b,c 为回归系数。

为验证建立的代表流速相关关系可靠性，避免过拟合的情况出现，本次分析将数据分为率定样本与检验样本，通过程序代码随机分配，本次随机预留了 6 次样本数据（random_state=4）作为检验样本，预留样本测次为第 41、42、62、64、95、96 测次。

通过计算，发现弥陀寺站 H-ADCP 采用一元线性、一元二次多项式、幂函数三种方式进行相关关系率定时，由代表性较好的部分区间流速平均作为指标流速同断面平均流速直接建立关系，关系点分布较散乱（图 5.1-44），拟合效果较差，不确定度不满足规范要求。

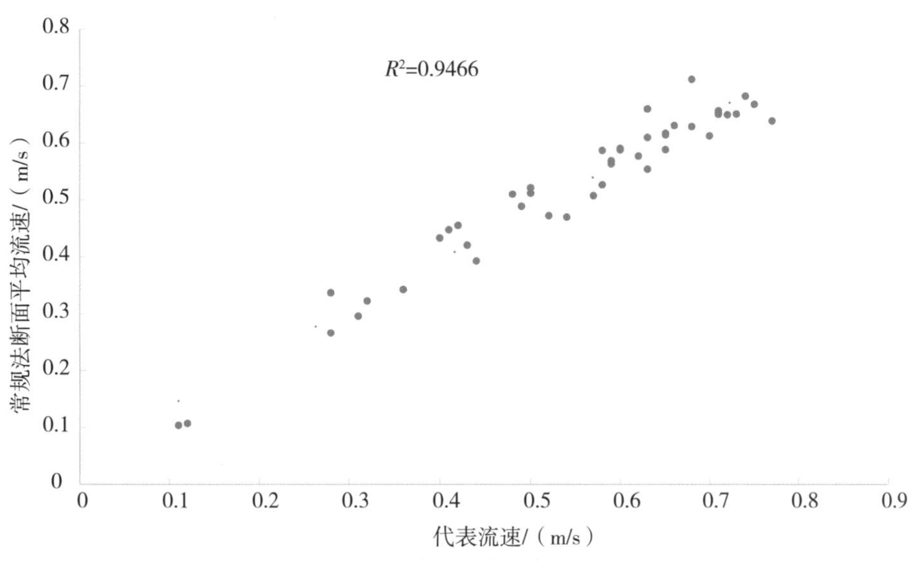

图 5.1-44　H-ADCP 代表流速与断面平均流速相关关系

为提高 H-ADCP 指标流速与断面平均流速拟合精度，采用二元线性回归方程，增加水位作为参数（缆道流速仪法测流时段平均水位），直接通过二元线性回归方程对 1275 种指标流速组合方案进行率定，以最小二乘法为基础算法拟合回归方程，确定回归系数，合计有 499 种方案标准差小于 6.0%，点绘方案标准差与方案采用单元个数散点图（图 5.1-45），从所有方案中挑选出不确定度、三项检验均满足规范要求的方案，结果见表 5.1-25。

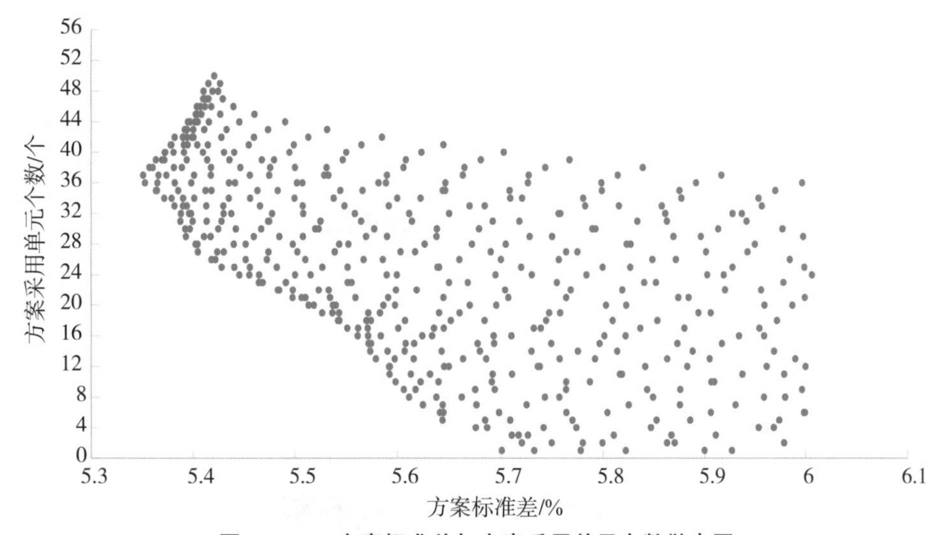

图 5.1-45　方案标准差与方案采用单元个数散点图

表 5.1-25　　不同单元组合方案精度统计表（二元线性回归方程）

方案编号	回归方程	标准差/%	a	b	c	相关系数	开始单元	结束单元
230	二元线性	5.5	0.01171	0.02765	−0.10100	0.96539	5	41

续表

方案编号	回归方程	标准差/%	a	b	c	相关系数	开始单元	结束单元
239	二元线性	5.6	0.01651	0.01605	0.32949	0.96673	5	50
…								

注:合计有499种方案标准差小于6.0%。

(3)误差分析

1)模型误差分析

摘取表5.1-25中第230、239方案相关关系进行符号检验、适线检验、偏离数值检验计算,计算结果见表5.1-26。

表5.1-26　　不同分析方案精度统计表

方案号	单元范围	方案关系式	不确定度/%	系统偏差/%	最大偏差/%
230	第5~41单元	$V=0.01171+(-0.101+0.02765\times H_i)\times V_i$	11.0	0.3	16.7
239	第5~50单元	$V=0.01651+(0.32949+0.01605\times H_i)\times V_i$	11.2	0.5	15.7

利用预留样本进行检验,计算结果见表5.1-27,检验误差最大为11.6%,结果表明,以上方案拟合关系精度效果较好,能够满足水文测验相关要求。

表5.1-27　　检验样本计算结果

流量测次	检验偏差/%	
	第230方案	第239方案
41	1.8	2.5
42	−5.5	−4.0
62	−2.4	−2.4
64	−4.4	−3.1
95	8.0	9.6
96	10.7	11.6

根据不确定度、系统误差、单次测验最大偏差、对预留样本进行检验,根据检验结果最终选择采用第230方案(即取用第5~41单元数据),率定代表流速与常规测验断面平均流速相关关系为:$V=0.01171+(-0.101+0.02765\times H_i)\times V_i$,三项检验合格,不确定度11.0%,系统误差0.3%,精度满足《水文巡测规范》(SL 195—2015)高水随机不确定度小于12%、中水随机不确定度小于14%的要求(图5.1-46),三项检验结果见表5.1-28。

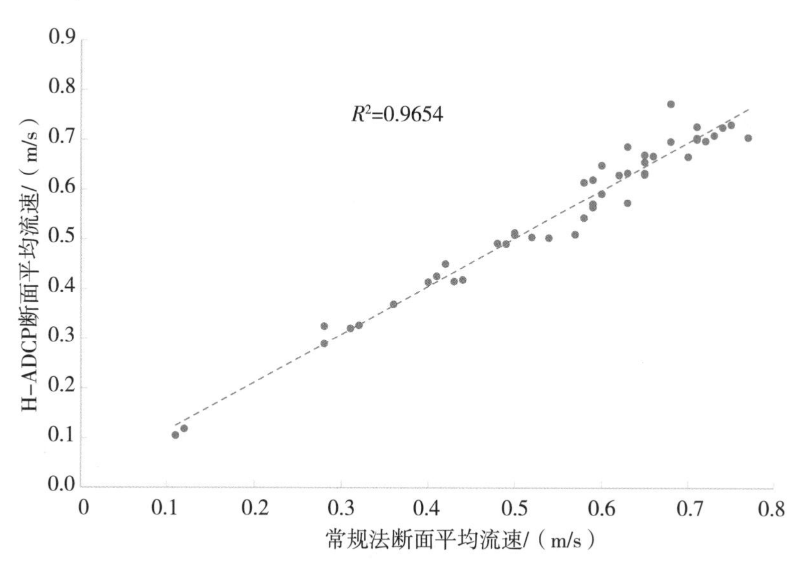

图 5.1-46　H-ADCP 断面平均流速与断面平均流速相关关系

表 5.1-28　弥陀寺(二) 站 H-ADCP 代表流速—断面平均流速关系曲线检验计算表

序号	代表流速/(m/s)	H-ADCP 断面平均流速/(m/s)	常规法断面平均流速/(m/s)	偏差 P/%	$P_{(i)}-P_{(平)}$	$[P_{(i)}-P_{(平)}]^2$
1	0.104	0.105	0.11	−4.55	−4.89	23.91
2	0.107	0.118	0.12	−1.67	−2.01	4.04
3	0.233	0.254	0.25	1.60	1.26	1.59
4	0.237	0.255	0.27	−5.56	−5.9	34.81
5	0.337	0.325	0.28	16.07	15.73	247.43
6	0.266	0.289	0.28	3.21	2.87	8.24
7	0.296	0.320	0.31	3.23	2.89	8.35
8	0.322	0.327	0.32	2.19	1.85	3.42
9	0.342	0.369	0.36	2.50	2.16	4.67
10	0.419	0.388	0.36	7.78	7.44	55.35
11	0.452	0.431	0.39	10.51	10.17	103.43
12	0.433	0.414	0.40	3.50	3.16	9.99
13	0.447	0.426	0.41	3.90	3.56	12.67
14	0.455	0.450	0.42	7.14	6.80	46.24
15	0.420	0.415	0.43	−3.49	−3.83	14.67
16	0.392	0.418	0.44	−5.00	−5.34	28.52
17	0.510	0.492	0.48	2.50	2.16	4.67
18	0.488	0.490	0.49	0.00	−0.34	0.12

续表

序号	代表流速/(m/s)	H-ADCP断面平均流速/(m/s)	常规法断面平均流速/(m/s)	偏差P/%	$P_{(i)}-P_{(平)}$	$[P_{(i)}-P_{(平)}]^2$
19	0.511	0.513	0.50	2.60	2.26	5.11
20	0.521	0.508	0.50	1.60	1.26	1.59
21	0.472	0.504	0.52	−3.08	−3.42	11.70
22	0.469	0.503	0.54	−6.85	−7.19	51.70
23	0.507	0.510	0.57	−10.53	−10.87	118.16
24	0.587	0.615	0.58	6.03	5.69	32.38
25	0.526	0.543	0.58	−6.38	−6.72	45.16
26	0.563	0.620	0.59	5.08	4.74	22.47
27	0.567	0.571	0.59	−3.22	−3.56	12.67
28	0.569	0.564	0.59	−4.41	−4.75	22.56
29	0.590	0.649	0.60	8.17	7.83	61.31
30	0.588	0.592	0.60	−1.33	−1.67	2.79
31	0.577	0.629	0.62	1.45	1.11	1.23
32	0.659	0.686	0.63	8.89	8.55	73.1
33	0.554	0.573	0.63	−9.05	−9.39	88.17
34	0.609	0.633	0.63	0.48	0.14	0.02
35	0.588	0.630	0.65	−3.08	−3.42	11.70
36	0.614	0.655	0.65	0.77	0.43	0.18
37	0.616	0.670	0.65	3.08	2.74	7.51
38	0.588	0.633	0.65	−2.62	−2.96	8.76
39	0.599	0.630	0.66	−4.55	−4.89	23.91
40	0.630	0.668	0.66	1.21	0.87	0.76
41	0.628	0.697	0.68	2.50	2.16	4.67
42	0.711	0.772	0.68	13.53	13.19	173.98
43	0.645	0.683	0.70	−2.43	−2.77	7.67
44	0.612	0.666	0.70	−4.86	−5.2	27.04
45	0.650	0.701	0.71	−1.27	−1.61	2.59
46	0.656	0.727	0.71	2.39	2.05	4.20
47	0.654	0.704	0.71	−0.85	−1.19	1.42
48	0.649	0.698	0.72	−3.06	−3.40	11.56
49	0.650	0.709	0.73	−2.88	−3.22	10.37
50	0.682	0.725	0.74	−2.03	−2.37	5.62

续表

序号	代表流速/(m/s)	H-ADCP 断面平均流速/(m/s)	常规法断面平均流速/(m/s)	偏差 P/%	$P_{(i)}-P_{(平)}$	$[P_{(i)}-P_{(平)}]^2$
51	0.667	0.731	0.75	−2.53	−2.87	8.24
52	0.638	0.705	0.77	−8.44	−8.78	77.09
样本容量	$N=52$	正号个数 26.5			符号交换次数 24	
符号检验	$u=-0.14$	允许 1.15(显著性水平 $a=0.25$)			合格	
适线检验	$U=0.42$	允许 1.64(显著性水平 $a=0.05$)			合格	
偏离数值检验:	$\|t\|=0.45$	允许 1.67(显著性水平 $a=0.10$)			合格	
标准差(%)	$S_e=5.5$	随机不确定度:11.0			系统误差:0.3	

2)断面冲淤变化引起的误差分析

统计 2020 年对比测试过程中,每次对比测试缆道铅鱼实测断面面积与根据水位直接查线得到面积的误差情况,通过分析 63 次对比测试资料,当水位面积曲线全部采用 3 月 30 日大断面数据,通过水位查算水道断面面积与实测断面面积平均误差为 8.7%;当水位面积曲线全部采用 9 月 1 日大断面数据,通过水位查算水道断面面积与实测断面面积平均误差为 −0.71%,但部分连续时段的系统误差较大。为尽量减少因查线断面面积误差对流量计算的影响,利用 7 月 3 日、9 月 24 日缆道流速仪法实测水深数据,计算水位面积曲线,分时间段分别采用三次不同水位面积曲线进行面积查算,结果见图 5.1-47、表 5.1-29,通过水位查算水道断面面积与实测断面面积平均误差为−0.28%,面积查算误差较小。因此,为尽可能减小因面积查算导致的流量推算误差,可以通过加密大断面测次的方式,特别是较大洪峰、较大沙峰期间,及时施测大断面,来提高 H-ADCP 推算流量的精度。

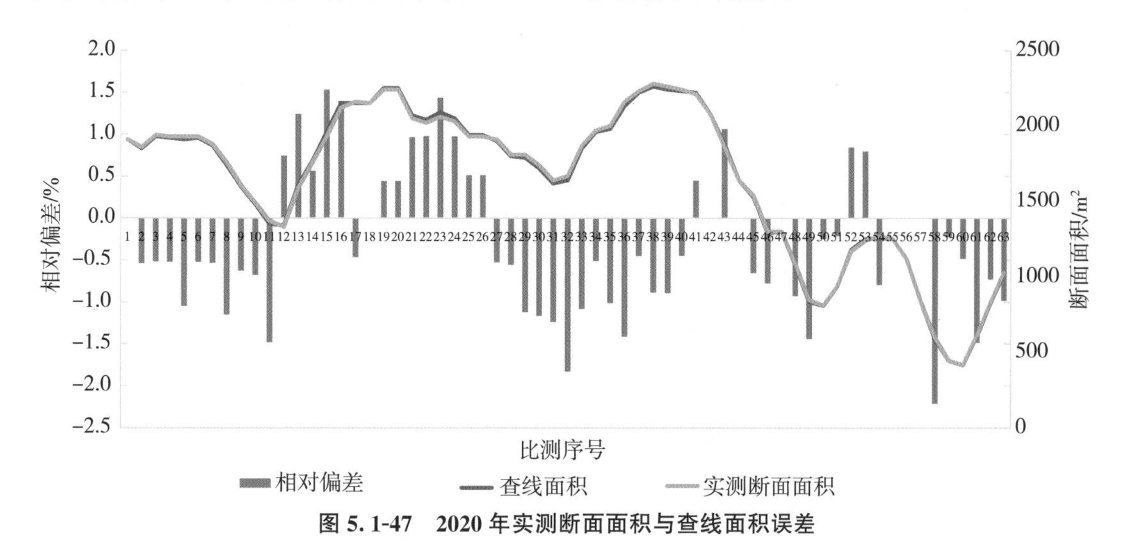

图 5.1-47 2020 年实测断面面积与查线面积误差

表 5.1-29　　2020 年实测断面面积与查线面积误差计算表

序号	流速仪法测次	开始时间	开始时间	结束时间	相应水位/m	实测断面面积/m²	查线面积/m²	相对偏差/%	绝对偏差/m²	采用大断面
1	35	2020-07-03	7:30	9:00	41.38	1910	1910	0	0	07-03
2	36	2020-07-05	10:00	11:30	41.14	1860	1850	−0.5	−10	
3	37	2020-07-06	11:30	13:00	41.48	1940	1930	−0.5	−10	
4	38	2020-07-07	9:30	11:00	41.41	1930	1920	−0.5	−10	
5	39	2020-07-08	9:30	11:00	41.40	1930	1910	−1.0	−20	
6	40	2020-07-08	15:00	16:00	41.42	1930	1920	−0.5	−10	
7	41	2020-07-09	9:00	10:40	41.20	1880	1870	−0.5	−10	
8	42	2020-07-10	8:50	10:50	40.69	1760	1740	−1.1	−20	
9	43	2020-07-11	9:00	10:40	40.10	1610	1600	−0.6	−10	
10	44	2020-07-12	9:00	10:50	39.59	1490	1480	−0.7	−10	
11	45	2020-07-13	12:00	13:20	39.03	1370	1350	−1.5	−20	
12	46	2020-07-14	18:00	19:00	39.00	1330	1340	0.7	10	
13	47	2020-07-16	9:50	11:10	40.14	1590	1610	1.2	20	
14	48	2020-07-17	9:40	11:00	40.82	1760	1770	0.6	10	
15	49	2020-07-18	11:00	12:20	41.58	1930	1960	1.5	30	
16	50	2020-07-19	7:40	8:50	42.34	2120	2150	1.4	30	
17	51	2020-07-20	10:00	11:20	42.70	2160	2150	−0.5	−10	09-01
18	52	2020-07-22	17:00	18:10	42.69	2150	2150	0	0	
19	53	2020-07-24	10:00	11:00	43.06	2240	2250	0.4	10	
20	54	2020-07-24	22:40	23:40	43.07	2240	2250	0.4	10	
21	55	2020-07-26	9:30	10:30	42.38	2050	2070	1.0	20	
22	56	2020-07-28	16:30	17:30	42.26	2020	2040	1.0	20	
23	57	2020-07-29	17:00	18:20	42.44	2060	2090	1.4	30	
24	58	2020-07-31	11:20	13:00	42.32	2030	2050	1.0	20	
25	59	2020-08-01	17:30	18:30	41.88	1930	1940	0.5	10	
26	60	2020-08-02	12:00	13:20	41.88	1930	1940	0.5	10	
27	61	2020-08-03	15:00	16:20	41.71	1910	1900	−0.5	−10	
28	62	2020-08-05	10:30	12:00	41.30	1810	1800	−0.6	−10	
29	63	2020-08-05	14:00	15:00	41.29	1810	1790	−1.1	−20	
30	64	2020-08-06	14:30	15:30	40.98	1740	1720	−1.2	−20	
31	65	2020-08-09	9:30	11:00	40.56	1640	1620	−1.2	−20	

续表

序号	流速仪法测次	开始时间	开始时间	结束时间	相应水位/m	实测断面面积/m^2	查线面积/m^2	相对偏差/%	绝对偏差/m^2	采用大断面
32	66	2020-08-12	11:00	12:00	40.67	1670	1640	−1.8	−30	09-01
33	67	2020-08-13	18:00	19:10	41.50	1870	1850	−1.1	−20	
34	68	2020-08-15	7:40	9:00	41.94	1970	1960	−0.5	−10	
35	69	2020-08-17	9:20	10:40	42.02	2000	1980	−1.0	−20	
36	70	2020-08-19	10:20	11:40	42.61	2160	2130	−1.4	−30	
37	71	2020-08-20	15:30	17:00	42.94	2230	2220	−0.5	−10	
38	72	2020-08-21	14:00	15:00	43.10	2280	2260	−0.9	−20	
39	73	2020-08-22	10:00	11:00	43.04	2260	2240	−0.9	−20	
40	74	2020-08-25	9:30	10:30	43.00	2240	2230	−0.4	−10	
41	75	2020-08-25	19:00	20:00	42.96	2210	2220	0.5	10	
42	76	2020-08-26	18:00	19:00	42.42	2080	2080	0	0	
43	77	2020-08-27	18:00	19:00	41.62	1860	1880	1.1	20	
44	78	2020-09-01	18:00	19:00	40.66	1640	1640	0.0	0	
45	79	2020-09-02	14:00	15:30	40.32	1540	1530	−0.7	−10	09-24
46	80	2020-09-05	10:30	11:40	39.30	1300	1290	−0.8	−10	
47	81	2020-09-09	9:30	11:40	39.34	1300	1300	0	0	
48	82	2020-09-11	10:30	11:40	38.38	1090	1080	−0.9	−10	
49	83	2020-09-13	12:30	14:00	37.26	848	836	−1.4	−12	
50	84	2020-09-15	10:00	11:20	37.14	812	810	−0.2	−2	
51	85	2020-09-16	9:00	10:20	37.73	940	938	−0.2	−2	
52	86	2020-09-17	16:20	17:30	38.80	1170	1180	0.8	10	
53	87	2020-09-19	15:20	16:40	39.11	1240	1250	0.8	10	
54	88	2020-09-24	13:00	14:20	39.18	1270	1260	−0.8	−10	
55	89	2020-09-26	8:10	9:30	39.12	1250	1250	0	0	
56	90	2020-09-27	12:10	13:20	38.54	1120	1120	0	0	
57	91	2020-09-30	12:00	13:20	37.28	840	840	0	0	
58	92	2020-10-01	18:30	19:30	36.10	601	588	−2.2	−13	
59	93	2020-10-02	16:30	17:30	35.40	444	443	−0.2	−1	
60	94	2020-10-04	11:00	12:10	35.26	417	415	−0.5	−2	
61	95	2020-10-05	13:30	15:00	36.18	614	605	−1.5	−9	
62	96	2020-10-06	11:50	13:00	37.21	831	825	−0.7	−6	
63	97	2020-10-07	11:50	13:00	38.11	1030	1020	−1.0	−10	

续表

序号	流速仪法测次	开始时间	开始时间	结束时间	相应水位/m	实测断面面积/m²	查线面积/m²	相对偏差/%	绝对偏差/m²	采用大断面
平均偏差								−0.28	−3.3	

3)时段整编成果对比

H-ADCP 测验断面面积采用水位—面积关系线节点插算法。通过每次大断面测量成果,计算出不同水位 Z 的过水断面面积 A,生成各水位—面积结点数据。根据水位数据,直接读取结点数据中该水位所对应的断面面积。

根据表 5.1-29 中时间段划分,分别采用不同大断面数据进行断面面积查算,根据表 5.1-26 中优选出的最佳代表流速组合方案,通过 $V=0.01171+(-0.101+0.02765\times H_i)\times V_i$ 计算 H-ADCP 断面平均流速,同时根据相应水位,查算断面面积,即可计算出 H-ADCP 流量。采用 2020 年 9 月 1 日所测得大断面数据,以及 7 月 3 日、9 月 24 日缆道流速仪法实测水深数据,计算水位面积曲线,分时间段分别采用不同水位面积曲线进行面积查算,对 2020 年 7 月 19 日至 9 月 30 日 H-ADCP 数据进行流量计算,与弥陀寺站流速仪法连时序整编流量进行对比(图 5.1-48),7 月 19 日至 8 月 20 日 H-ADCP 逐时流量过程与流速仪法连时序法推算流量过程线整体变化趋势基本一致。

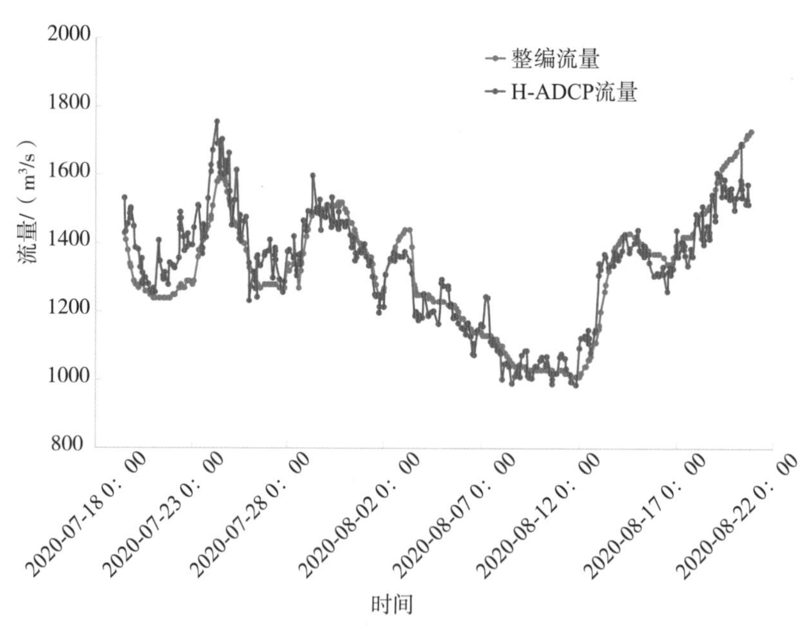

图 5.1-48　7 月 19 日至 8 月 20 日逐时流量过程线

统计 7 月 19 日至 9 月 30 日期间(去除高含沙量区间 8 月 20 日至 9 月 2 日数据)特征值见表 5.1-30,两种测验方式 1 日最大洪量、3 日最大洪量偏差较小,时段径流量误差为

0.37%，满足规范不超过 2%的要求。瞬时最大、瞬时最小流量偏差较大，主要是两种测验和推算的方法不一样，H-ADCP 是在 5min 的系列值中挑选特征值，现行连时序法是在建立水位—流量关系后通过水位查读关系线推算流量，两者相对误差大，但日均最大流量与日均最小流量相差较小，逐日平均流量过程线对照见图 5.1-49。

表 5.1-30　特征值对比分析(7 月 19 日至 9 月 30 日(不含 8 月 20 日至 9 月 2 日数据))

特征值	缆道流速仪法	H-ADCP	偏差/%
瞬时最大流量/(m^3/s)	1730	1897	
瞬时最小流量/(m^3/s)	172	202	
日均最大流量/(m^3/s)	1630	1560	
日均最小流量/(m^3/s)	236	287	
1 日最大洪量/(亿 m^3)	1.408	1.408	0
3 日最大洪量/(亿 m^3)	3.931	3.983	1.30
时段径流量/(亿 m^3)	50.4	50.6	0.37

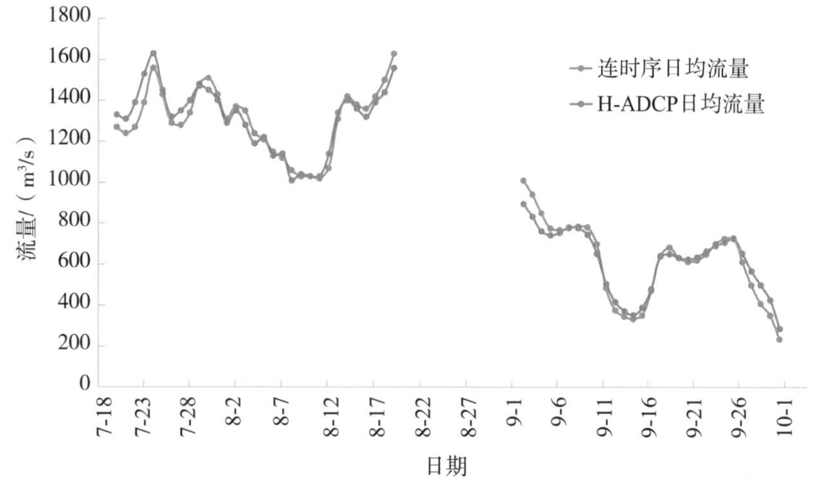

图 5.1-49　7 月 19 日至 9 月 30 日逐日平均流量过程线(不含 8 月 20 日至 9 月 2 日数据)

5.1.4.5　对比测试结论及投产方案

(1)对比测试结论

2020 年 H-ADCP 与缆道流速仪法开展对比测试工作，排除对比测试期间不满足要求的测次，实际有效对比测试水位范围为 36.10～43.07m，流量范围为 64.0～1720m^3/s。通过对流速仪法断面平均流速与 H-ADCP 代表流速、水位相关关系进行分析，从中优选出第 5～41 单元为代表单元，该区间代表流速与断面平均流速、水位建立二元一次关系，相关关系良好，关系线系统误差为 0.3%，随机不确定度为 11.0%，径流量、次洪量误差较小，推流成果与连时序整编过程线对照较好，各项指标精度符合满足《水文巡测规范》(SL 195—2015)定线精度要求(一类精度站,系统误差不超过±2%,高水随机不确定度小于12%、中水随机不确定度小于14%的要求)。根据所取用的H-ADCP代表单元范围,计算H-ADCP可应用的最低相应水位为35.65m,因此在相应水位级35.65~43.07m(或流量64~1720m³/s)内可以投产使用。

(2)投产方案

1)水位

采用基本水尺断面水位,以HS/40(3100)压力式水位自记为准,每月人工校测不少于1次。

2)面积

弥陀寺站大断面略有冲淤,为提高H-ADCP流量推算精度,每年汛前、主汛后进行一次大断面测验,较大洪峰、沙峰期间及时施测大断面,及时更新水位面积关系结点数据,根据HS/40(3100)压力式水位自记水位直接查读相应断面面积。

3)流量测验

根据本次方案选取的最优单元组合方案为第5~41单元,当水位在35.65~43.07m(或流量64.0~1720m³/s)范围内时,可直接采用H-ADCP在线流量监测。

通过WinH-ADCP(Version 4.04)软件对弥陀寺(二)站H-ADCP断面指标流速按5min一次的频率进行输出,再通过率定的指标流速与断面平均流速公式计算断面平均流速,通过断面平均流速和相应水位下断面面积计算出断面流量。

代表流速计算:

$$V=0.01171+(-0.101+0.02765\times H_i)\times V_i \tag{5.1-15}$$

H-ADCP流量计算:

$$Q=A\times V \tag{5.1-16}$$

式中:V——H-ADCP断面平均流速,m/s;

V_i——代表流速,m/s;

H_i——HS/40(3100)压力式水位自记水位,m;

Q——断面流量,m³/s;

A——相应水位下断面面积,m²。

H-ADCP正常使用期间,应在不同水位、流量级收集一定次数的缆道流速仪法测流资料,对H-ADCP监测流量精度进行验证,如有明显差异,需结合之前的对比测试资料,对指标流速和断面平均流速相关关系进行修正,误差较大无法修正的恢复缆道流速仪法按连时序布置测次。

当水位或流量超出现有对比测试范围时,测站应及时采用缆道流速仪法测流、按连时序法布置测次。缆道流速仪法测流资料可结合前期对比测试资料综合分析指标流速和断面平均流速相关关系,如关系稳定可用于年度资料整理整编。

4)整理整编方案

按照《声学多普勒流量测验规范》(SL 337—2006),采用WinH-ADCP(Version 4.04)软件对数据文件进行回放处理,可通过流量月报程序按照流量变幅筛选摘录处理,得到H-ADCP断面流量整编Z0G文件。采用流量过程线法推求逐日平均流量和径流量,进而完成流量资料整编。另外,在制作本站水位月报时,将流量月极值对应的时间,手工加入至水位月报必摘时间中,保证流量月极值的对应水位在导出的水位整编Z0G文件中。

5)报汛方案

采用弥陀寺站HS/40(3100)压力式水位自记水位,及对应时间节点采集相应的指标流速,经过软件自动计算实时监测流量向荆江局网信中心自动报汛(基本水尺断面自记水位与H-ADCP流量测验数据采集频率均是5min采集一次)。

5.2 超声波时差法应用实例

5.2.1 陶岔站时差法

南水北调工程是实现我国水资源优化配置、促进经济社会可持续发展、保障和改善民生的重大战略性基础工程。陶岔渠首枢纽工程是南水北调中线输水总干渠的渠首引水工程,其设计流量350m^3/s,加大流量可达420m^3/s。

随着南水北调中线工程的正式运行,对水量的配置、监控、调度、管理和考核提出了更高要求。水量的精确计量不仅关系到工程的运行管理,也决定着沿线城市用水管理的精细化程度。目前常规的流量测验方式主要有转子式流速仪、走航式ADCP等,测验精度高,但人工工作强度大,间隔时间长,无法实现实时、在线监测。为此,通过技术比选,长江委水文局在渠首工程闸下1+400m桩号处设立了陶岔水文站,安装了四声路超声波时差法流量计,实现了流量在线监测,为南水北调中线引调水控制、计量提供了精确的数据支撑。

但时差法流量计实际测得的为流速,如何将流速转化为流量才是关键也是难点所在,涉及对比测试方案及代表流速关系的建立。目前国内对超声波时差法流量计的研究主要集中在管道测流方面,在明渠上的应用研究及流量计算方法的研究较少。王慧等研究了小波变化与傅里叶变换对时差法数据处理的效;刘正伟等研究了时差法在牛栏江—滇池补水工程中的应用;韩继伟等研究了虚拟垂线流速时差法流量计算方法;赵德友研究了运河水文站流量自动监测系统建立与实现技术。但是关于时差法流量计算原理、对比测试方案本身的精度及代表流速关系拟合方法的研究相对较少,本书对时差法测验原理、流量计算方法等进行了详细阐述,提出了基于多元回归的多声路时差法断面平均流速计算方法。以陶岔站为例,以实测流量作为率定样本，分析研究了陶岔站超声波时差法测验精度及本方法的适用性。同时研究了陶岔站垂线流速分布规律，计算了幂函数流速分布指数，及幂指数对本站 ADCP 流量测验精度的影响。研究成果可为明渠及河道流量在线监测推流方法的选择及测流精度的提高提供参考。

5.2.1.1 陶岔水文站测验情况

陶岔水文站隶属于长江委水文局，为南水北调中线水情控制基本水文站，始建于 2002 年 8 月，位于河南省淅川县九重乡陶岔村，2014 年 1 月 1 日下迁 340m，至渠首闸上 140m。为做好陶岔渠首水情控制、水资源监督管理服务等任务，2019 年 6 月将测流断面迁至闸下 1+400m 桩号处，建设了水位、流量、雨量等水文测报设施，架设测流缆道一座、安装超声波时差法流量计一套。

陶岔水文站时差法测流系统为德国 Quantum 有线时差法系统，采用四层换能器系统。根据断面及实测流量资料分析确定四层换能器的安装高程分别为 142.5m、144.2m、145.8m、147.5m(图 5.2-1)，于 2019 年 10 月完成调试，投入运行。

采用转子式流速仪法和走航式 ADCP 法进行对比测试，对比测试时间为 2019 年 10 月 26 日至 2020 年 5 月 27 日，共收集实测流量 35 次，其中流速仪法 8 次，走航式 ADCP 法 27 次。对比测试范围 172～420m^3/s，基本涵盖了陶岔输水量级范围，资料代表性较好。

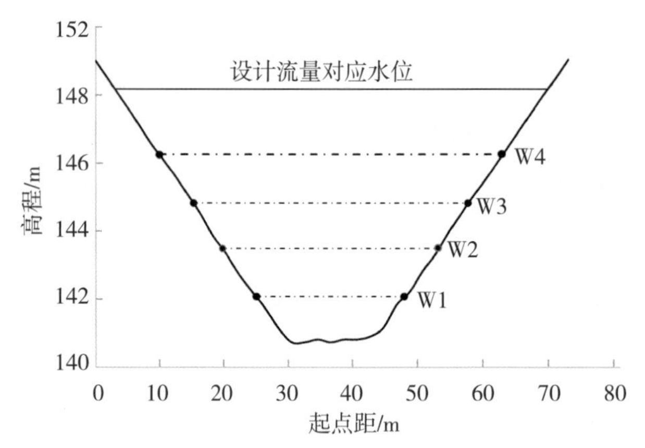

图 5.2-1 陶岔水文站大断面及时差法探头安装位置图

5.2.1.2 关系拟合方案制定

(1)断面面积计算

由于测流断面与时差法流量计算断面往往并不重合，同时走航式 ADCP 存在航迹线不是严格直线、盲区插补误差，以及 ADCP 本身的测深误差等，这些都会导致面积测量存在误差，造成 ADCP 测得断面面积与时差法采用的断面面积不一致，经分析计算，陶岔站这种面积误差为2%～3%。由于陶岔站位于南水北调输水渠道，河段为固化渠道、无冲淤变化，断面稳定，且水文站定期实测大断面，故分析时统一采用水位查大断面计算断面面积，以消除断面面积不一致带来的流量计算误差。

(2)断面平均流速计算

按照规范要求对实测流量资料进行处理，计算出实测流量。实测流量除以时差法流量计算断面面积得到断面平均流速：

$$\overline{v}=Q_{实测}/A_{时差法} \tag{5.2-1}$$

(3)时差法分层流速处理

将每次测流时间内的时差法流量计测得的各层流速进行平均，得到相应的$\overline{v}_1$、$\overline{v}_2$、$\overline{v}_3$、$\overline{v}_4$。

(4)进行关系拟合

将断面平均流速和对应的时差法分层流速进行关系拟合，采用非线性规划进行求解。为防止过拟合，本次随机挑选27组数据进行拟合，预留8组数据进行检验。

5.2.1.3 关系拟合精度评价

(1)关系拟合

按照制定的方案进行关系拟合，计算出的拟合结果为：

$$v_{平}=0.013v_1+0.265v_2+0.67v_4-0.05 \tag{5.2-2}$$

具体拟合计算误差统计结果见表5.2-1。

表5.2-1 不同拟合方案误差指标表 (单位：%)

方案	算法	系统误差	随机不确定度	最大相对误差
1	仪器算法	−0.13	3.92	4.99
2	拟合算法	−0.02	2.93	4.20

可以看出，时差法流量计的精度较高，采用本书提出的拟合方法能进一步降低流量计算的系统误差及随机不确定度，单次流量推算误差均在4.2%以内，能有效提高流量测验精度。

(2)成果检验

本次研究随机预留了8组数据作为检验样本，检验结果见表5.2-2。结果表明，本书提出的拟合方案检验误差均不超过3%，整体精度优于仪器自带方案，能够满足水文测验精度要求。

表 5.2-2　　检验样本流量计算结果

测次	实测流量/(m^3/s)			相对误差/%	
	实测	仪器	拟合	仪器	拟合
3	206	215	202	4.23	−1.79
7	184	186	183	0.88	−0.30
12	369	371	378	0.49	2.53
16	382	387	386	1.38	1.01
20	385	389	387	1.09	0.46
24	415	410	405	−1.32	−2.31
28	416	412	412	−0.90	−0.96
32	407	412	412	1.29	1.17

(3)流量过程推求

采用断面平均流速拟合公式,结合断面数据,计算出 2020 年 5 月 1—12 日每 5min 的流量过程(图 5.2-2)。

从图 5.2-2 可以看出,虽然受水流紊动影响,5min 流量存在一定程度的跳动,但流量过程合理,与对比测试流量吻合程度较好,表明推算的流量精度较高。

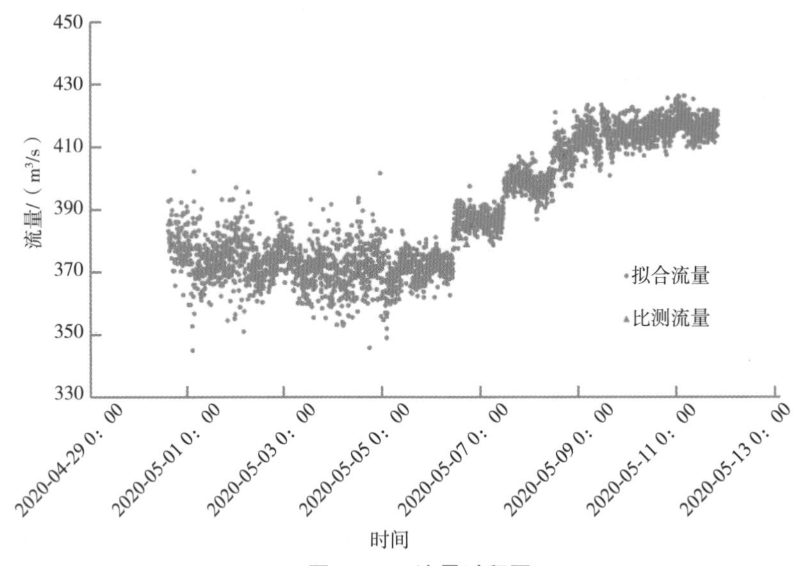

图 5.2-2　流量过程图

5.2.1.4　垂线流速分布规律研究

提取出各次 ADCP 测验成果的点流速数据,计算相对水深和流速,点绘相对水深—流速关系图,通过重心拟合分布曲线,计算出拟合程度最好的幂指数,各测次拟合结果见表 5.2-3。

表 5.2-3 各次垂线流速分布拟合表

测次	幂指数	测次	幂指数
1	0.1227	17	0.1206
2	0.1080	18	0.1183
3	0.1273	20	0.1170
4	0.1216	21	0.1118
6	0.1359	23	0.1075
7	0.1511	24	0.1268
8	0.1527	26	0.1118
9	0.1172	27	0.1192
10	0.1194	29	0.1226
11	0.1032	30	0.1167
12	0.1398	32	0.1188
13	0.1025	33	0.1094
14	0.1219	35	0.1196
15	0.1194	均值	0.1208

以各次拟合幂指数的均值 0.1208 作为陶岔站垂线流速拟合的幂指数。经对比，ADCP 流量计算时，幂指数 0.1208 与默认幂指数 0.1667 推算的流量值，两者差值占总流量的 1%～2%。为提高流量测验精度，建议陶岔站用 ADCP 进行流量测验时，将幂指数设置为 0.1208，并定期进行分析验证。

5.2.1.5 结论

对超声波时差法的测流原理、流量计算方法进行了研究，在常规流量计算方法的基础上，提出了基于多元回归的多声路时差法断面平均流速及流量计算方法，并以陶岔站为例，制定了其代表流速关系拟合方案，分析了其拟合精度及推流精度，并研究了陶岔站的垂线流速分布规律，计算了最优幂指数及其对流量大小的影响。结果表明：

①在用 ADCP 进行超声波时差法对比测试率定时，应注意两者所用断面面积的一致性，对于固化渠道，定期测验大断面的前提下，建议分析时统一采用水位查大断面计算断面面积，以减小断面不一致带来的流量计算误差。

②陶岔站超声波时差法的流量测验精度较高，能满足南水北调水量计量的要求；本书提出的基于多元回归的多声路时差法断面平均流速计算方法能进一步提高流量监测的精度。该方法可作为时差法等在线监测设备的代表流速关系拟合方法，相比传统的线性拟合方法能较明显地提高拟合精度，具有较大的实用价值。

③陶岔站垂线流速分布符合幂函数分布，幂指数为 0.1208，在用走航式 ADCP 进行流量测验时，应采用此系数，若采用默认系数，单次流量测验误差为 1%～2%，在进行流量测验时应采用分析计算值。

5.2.2 沿河站时差法

5.2.2.1 测站概况

沿河站建于1983年，为乌江干流站，位于贵州省沿河县和平镇月亮岩村，东经108°28′，北纬28°33′，集水面积55237km²，距河口距离244km。沿河站监测项目有水位、流量、水温、悬移质泥沙，为控制乌江水情变化的二类精度流量站、二类精度泥沙站，属国家基本水文站，是彭水水利枢纽工程的入库站，为该枢纽工程规划设计、施工、运行管理以及水库调度的主要控制站。

天然状况下断面下游约700m有五门滩起低水控制，断面下游约500m有红军渡卡口及长达2km的顺直河道起中水控制，再下游约10km有黎志峡大弯道起高水控制。站房下游约8km有一小河从右岸汇入，遇区间暴雨或较大洪水暴发时对水位—流量关系有顶托影响；低中水主泓在103～125m，最大垂线流速起点距103m随水位升高逐渐移至起点距195m，水位286.5m时左岸漫滩，294m以上流速横向分布呈矩形。沿河站断面上游约9km有沙沱电站，2009年彭水电站开始蓄水，坝前水位285m时对该站水位—流量关系有顶托影响。水位—流量关系受上游沙沱水电站和下游彭水电站蓄放水影响，水位—流量关系复杂。

沿河站测验河段顺直长约3km，河床较稳定，基本水尺断面位于猫滩下游约200m，中水位时水流不稳定，水位286～288m时左岸逐步漫滩河宽增加80m。流量测验断面同基本水尺断面。采用缆道悬索悬吊方式测量，主要测流仪器为转子式流速仪。流量测次主要按水位级布置，相邻测点间距不大于0.5m，年最大洪峰过程增加测次，测出洪水变化过程。测次安排一般在电站出流稳定时期，且相邻测次间隔不超过15天。在洪峰前或洪峰后布置测次，当河床冲淤变化较大时增加垂线数目和断面测次。受上下游电站调节影响，沿河站水位—流量关系复杂，测量时机不宜把控，整编定线有一定的任意性。针对测验作业时间长、工作强度大、流量得不到实时监测等问题，沿河站于2019年建设了超声波时差法流量监测系统（图5.2-3、图5.2-4）。

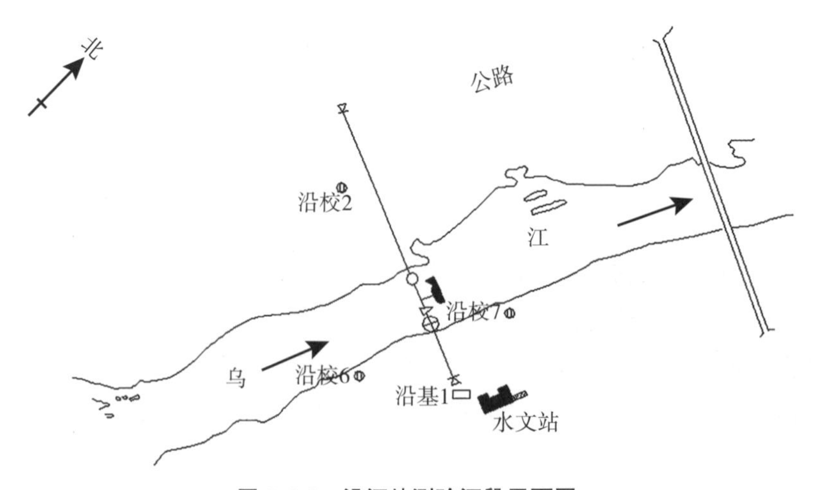

图5.2-3 沿河站测验河段平面图

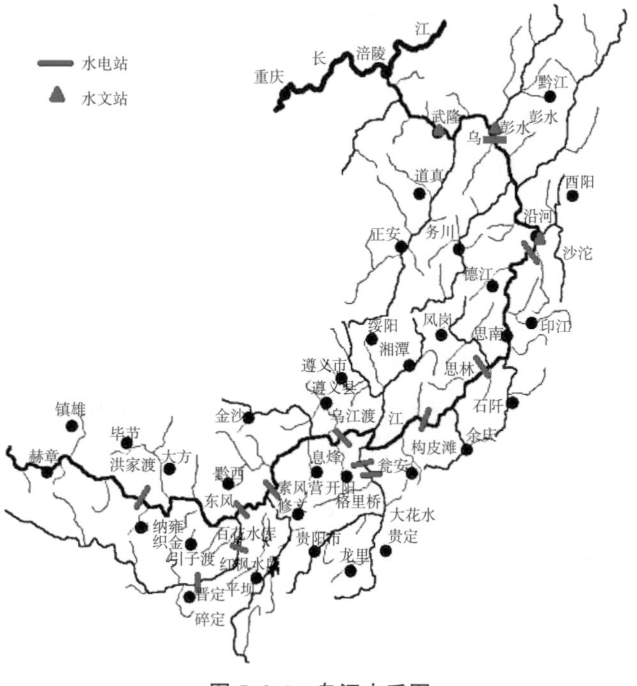

图 5.2-4　乌江水系图

5.2.2.2　时差法

(1)时差法简介

人对声音的感知频率范围为 20Hz～20kHz,频率超过 20kHz 的为超声波。正如我们知道的,声波必须要靠介质才能传播,声波在常温的纯净水中传播速度为 1.4～1.5km/s,声速取决于介质的密度和弹性。声波在水中的传播过程存在传播损失、扩散损失和衰减损失。超声波流量计是以流体为介质,通过检测流体流动对超声波的作用以测量流量的仪表,根据测量基本原理可分为时差法、相位差法、频率法、波速偏移法、多普勒法等,其中国内采用的多为时差法和多普勒法,但时差法测流原理比声学多普勒测速要简单得多。

早在 1955 年就有人提出采用超声波时差法进行流量测验,1964 年由日本成功研制出超声波测速装置,现今该项技术已得到广泛应用。时差法测流系统是采用超声波进行流量测验,利用在河渠两岸上下游之间的声脉冲在水介质中沿声道传播的时间差来达到测流目的。就其本质而言,其核心原理在于统计脉冲在介质中传播的时间差,技术人员在操作逆流转换器的过程中,会对不同方向的超声波进行发送与接收,并按照不同时间节点来进行检测,这样才能够保证所获取的流体实时流速准确无误。究其原因,主要是因为超声波能够在较长的范围之内达成逆向传播这一目的,并且传播所消耗的时间相对较短。声波在静水中的传播速度一般为一个恒定值,顺着水流传播时,实际传播速度为声速加上水流速度沿声道方向的分量,逆着水流传播时,实际传播速度为声速减去水流速度沿声道方向的分量。于是,在河渠上下游两岸固定点之间，声波顺水和逆水传播存在时间差，测出该时间差就能得到水流速度。

超声波时差法测流分为单层测流和多层测流，其通过单层平均流速或多层平均流速与断面平均流速建立关系，求出断面平均流速，再通过断面平均流速与该水位下断面面积的乘积求得断面流量。

(2)工作原理

时差法超声波流量计安装测流见图5.2-5，两换能器之间的距离 L 称为声程。工作时，换能器 A 向换能器 B 顺水流发射声脉冲，测出顺水流穿过声程的传播时间，换能器 B 向换能器 A 逆水流发射声脉冲，测出逆水流穿过声程的传播时间，则从换能器 A 到换能器 B 的历时为：

$$t_1 = L/(c + v\cos\theta) \tag{5.2-3}$$

从换能器 B 到换能器 A 的历时为：

$$t_2 = L/(c - v\cos\theta) \tag{5.2-4}$$

换能器对应水层流速为：

$$v = \frac{1}{2\cos\theta}\left(\frac{1}{t_1} - \frac{1}{t_2}\right) \tag{5.2-5}$$

式中：t_1——超声波从换能器 A 到换能器 B(顺流)的传输时间，s；

t_2——超声波从换能器 B 到换能器 A(逆流)的传输时间，s；

v——河流某水层平均流速，m/s；

L——换能器 A 和 B 之间的距离，m；

c——特定水温下，超声波在该水环境下的传播速度；

θ——声波传输路径与水流方向的夹角，一般为30°～60°。

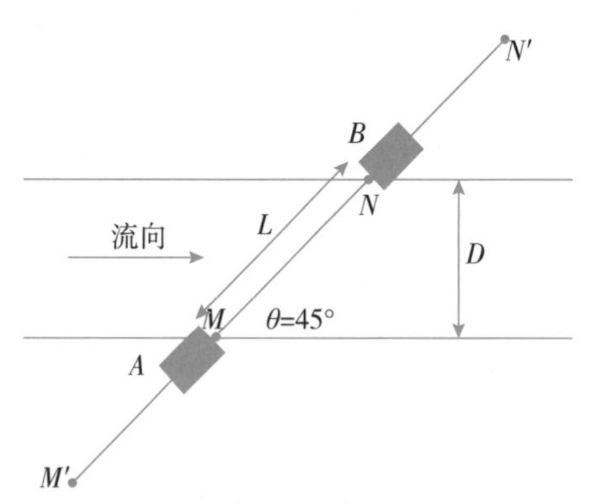

图5.2-5　时差法超声波流量计安装测流示意图

(3)技术指标

①由于声音在水中传播的速度达到1500m/s，是空气中传播速度的4.4倍。沿河水文站所在的乌江河流宽度大约为150m，两岸间换能器斜线声道距离大约210m，从左岸换能器

发射声脉冲到右岸换能器接收只需要 0.14s，反之也只需要 0.14s。一般电子处理器采用 1s 各收发一次，理论和实际上完成一次时差法测流只需要 2s 就能完成。因此，声波高速度传播特性能够实现高效率的实时在线测量。

②声脉冲在穿越两岸上下游整个水层之间时，顺流方向的声脉冲会受到该断面水层缓—慢—快—急，甚至漩涡回流等各种水流速流态推力的作用影响，所以声脉冲从 A 点到 B 点的传播运行会快一些；反之，从 B 点到 A 点传播运行的声脉冲会受到各种水流速流态的阻力的作用影响会慢一些，采用精准计时和高分辨率的电子处理系统，可实现该整个水层无遗漏瞬间测量，并且得到的是瞬时精准的平均流速。

③由于声脉冲传播运行速度快，相对于不大于 10m/s 的河水运动流速，几乎是无障碍运行，因此超声波时差法测流仪可满足 10m/s 的流速测量，同时由于本仪器采用高效精准的处理技术，最低可测 0.01m/s 的流速。

(4)安装调试

1)安装调试期(2019 年 6 月至 2021 年 3 月)

2019 年 6 月沿河站时差法测流装置(标准配置)配备两对换能器(A 组和 B 组)，换能器之间的声道与测流断面呈 45°夹角。换能器探头固定安装在专用的安装滑轨上，通过电缆连到机箱内。采用两层声道设计应用；两声道采用固定高程应用，为达到高效运行维护和维修，两岸斜坡上换能器布点位置采用混凝土斜道和步梯建造，铺设安装不锈钢运行双轨道(两声道换能器独立运行)和牵引装置，实现换能器可移动或定位应用。左、右两岸同一对换能器均安装在相同高程处。换能器安装位置按《河流流量测验规范》(GB 50179—2015)的要求进行选择。为防止雷击及其他强干扰源对换能器探头产生影响，电缆采用保护管和铠装屏蔽线进行保护，达到不易被破坏的要求。

超声波时差法测流系统安装，涉及河道左、右岸地形条件，主、辅机位置确定，换能器安装适用条件，仪器与换能器电缆线长度及铺设，电源应用条件，通信方式等综合要素。沿河站时差法设备安装总体布置见图 5.2-6。

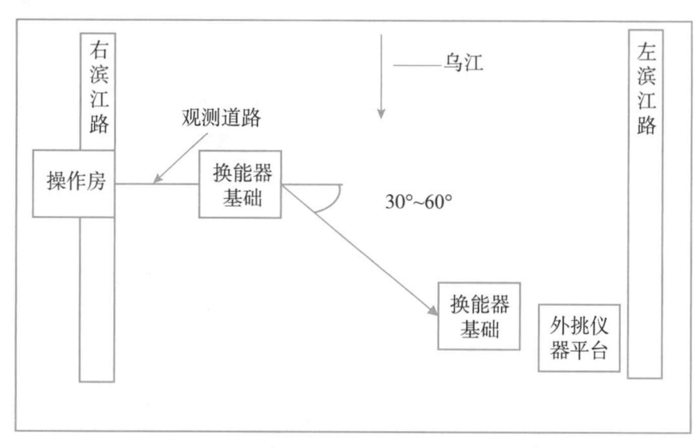

图 5.2-6 沿河站时差法设备安装总体布置

沿河站时差法分两级水位安装换能器探头,后多次调整换能器探头高程寻找最佳安装位置。其中部分时段由于设备配件问题,造成时差法测得流速数据较散乱,后因设备方来回多次调试,直至 2021 年 3 月,时差法数据记录连续性好。

2)稳定运行期(2021 年 4 月至今)

经过前期对安装位置、设备配件性能提升及数据存储等方面的不断探索尝试,2021 年 4 月至今,沿河站时差法运行稳定,换能器 A 组(287.25m 探头)能在工作量程内持续记录有效流速数据。换能器 B 组一直处于调整安装位置过程中,目前安装高程为 286.30m,但尚未能正常采集数据,后期将进一步调试 B 组探头,以期完成低水时自动监测。

5.2.2.3 时差法测流比测

(1)时差法数据采集与处理

1)时差法数据处理

在处理时差法获得的数据时,如果其中混杂着若干异常值,可能导致整个试验的可靠性降低,甚至试验结论的错误。若异常值是由于客观外界条件变动,测量人员操作、记录错误以及仪器故障等方面得出则考虑删除。仪器运行期间存在数据跳动现象,但这部分数据无法人为判定其合理性,应采用数理统计方法进行异常值剔除。另外,比测环境也十分重要,上游沙沱水电站开闭闸造成断面来水量变化急剧,水流流态不稳定,也可能影响时差法测流的精度。基于上述几种情景,本书制定了有效比测数据挑选原则:①时差法记录数据出现突跳的,经统计学方法(肖维勒准则)剔除异常值后采用;②沿河站断面水流流态受上游沙沱水电站开闸放水影响较大,电站出库流量变化急剧时,测流断面水流不稳定,不利于比测分析,因此沙沱水电站相邻两整点的出库流量变幅超过 40%的测次不纳入比测分析。

拉依达准则(3σ 准则)是水文数据异常值剔除中常采用的判别方法,其使用方法简单方便,适合大样本情形,测量次数较少时,不宜使用拉依达准则。肖维勒准则适合测量次数不是很多的情形,其判别规则更为严格,剔除效果也更明显。本书中时差法平均流速采用转子式流速仪比测期间开始和结束测流时间为节点,算数平均测流时段内时差法仪器所采集的流速数据计算而来,其间数据量较少,因此采用肖维勒准则进行异常值剔除。

肖维勒准则:在 n 次测量中,取不可能发生的数据个数为 1/2,这可以和舍入误差中的 0.5 相联系,那么对正态分布而言,误差不可能出现的概率为:

$$1-\frac{1}{\sqrt{2}}\int_{-\omega_n}^{\omega_n}\exp\left(-\frac{x^2}{2}\right)\mathrm{d}x=\frac{1}{2n} \tag{5.2-6}$$

由标准正态函数的定义,则有:

$$\Phi(\omega_n)=\frac{1}{2}\left(1-\frac{1}{2n}\right)+0.5=1-\frac{1}{4n} \tag{5.2-7}$$

利用标准正态函数表,根据等式右端的已知值可求出肖维勒系数 ω_n。对于数据点 x_d,若其残差 V_d 满足 $|V_d|>\omega_n\sigma$ 则剔除,σ 为该序列的标准差。

流速仪测流断面和时差法测流断面距离相近，断面变化不大，故本书直接采用流速进行比测分析。取沿河水文站流速仪实测流量资料，用流速仪测流时段挑选出时差法测得流速进行时段平均得到时差法平均流速。挑选出的时差法监测数据采用肖维勒准则剔除异常数据。

2)比测资料收集情况

本次比测工作主要包括前期准备工作、外业测验工作和内业整理分析工作三部分。其中前期准备工作包括：仪器设备安装调试，比测方案制定，数据获取和处理方法等。外业测验工作包括：实测大断面、流速仪法流量测验和时差法测流。

外业测验工作从 2019 年 6 月开展至今，为保证时差法资料具有较好的代表性，本次采用时差法设备稳定运行期内收集的数据进行比测分析。采用流速仪实测资料的时间范围为 2021 年 4 月 27 日至 2022 年 7 月 30 日，数据详情见表 5.2-4。比测有效数据共计 51 次，水位变幅为 287.50～293.55m，流量变幅为 44.0～2380m^3/s，流速变幅为 0.035～1.74m/s。基本涵盖了沿河站多年实测水文要素变化范围，比测资料代表性好。

表 5.2-4　　比测数据统计表

日期	时间			水位/m	断面面积/m^2	流量/(m^3/s)	时差法平均流速/(m/s)	断面平均流速/(m/s)
	起	止	平均					
2021-04-27	15:46	16:26	16:06	288.20	943	794	0.750	0.840
2021-05-03	11:27	12:07	11:47	287.89	903	429	0.430	0.480
2021-05-03	20:38	21:34	21:06	290.58	1320	1600	1.300	1.210
2021-05-11	15:26	16:12	15:49	289.50	1150	1720	1.480	1.500
2021-05-12	5:14	7:04	6:09	289.56	1150	1700	1.480	1.480
2021-05-19	9:11	10:01	9:36	289.99	1220	1900	1.590	1.560
2021-05-23	16:19	17:17	16:48	290.86	1370	2380	1.740	1.740
2021-05-26	15:31	16:11	15:51	288.00	918	1040	1.040	1.130
2021-06-02	16:33	17:24	16:53	289.27	1120	1740	1.570	1.550
2021-06-04	6:01	6:49	6:25	290.42	1290	1960	1.540	1.520
2021-06-09	16:03	16:47	16:25	289.07	1080	1660	1.620	1.540
2021-06-09	8:41	9:26	9:03	289.66	1180	1900	1.620	1.610
2021-07-01	15:14	16:07	15:40	290.41	1300	2160	1.760	1.660
2021-07-07	15:16	16:01	15:38	288.49	998	1280	1.210	1.280
2021-07-15	16:28	17:19	16:53	289.69	1180	1730	1.490	1.470
2021-07-22	16:39	17:28	17:03	289.70	1170	1700	1.470	1.450
2021-07-31	10:36	11:31	11:03	289.54	1150	1760	1.490	1.530

续表

日期	时间			水位/m	断面面积/m²	流量/(m³/s)	时差法平均流速/(m/s)	断面平均流速/(m/s)
	起	止	平均					
2021-08-09	8:41	9:33	9:07	289.72	1170	1830	1.540	1.560
2021-08-20	13:19	14:56	14:08	287.70	859	899	0.960	1.050
2021-10-10	15:08	16:03	15:36	288.75	1030	349	0.320	0.340
2021-10-23	8:42	9:26	9:04	288.98	1060	372	0.340	0.350
2021-10-28	6:13	7:16	6:44	290.42	1300	150	0.120	0.120
2021-11-05	6:56	7:43	7:20	289.25	1110	291	0.270	0.260
2021-12-22	16:33	17:26	17:00	290.19	1250	385	0.290	0.310
2022-01-01	14:01	15:02	14:32	290.05	1230	321	0.260	0.260
2022-01-10	16:13	17:09	16:41	291.53	1480	538	0.340	0.360
2022-01-29	15:56	16:53	16:24	290.98	1380	643	0.420	0.470
2022-02-05	17:23	18:11	17:47	290.56	1300	282	0.210	0.220
2022-02-11	14:07	14:59	14:33	292.71	1670	1350	0.810	0.810
2022-02-23	13:29	14:31	14:05	292.35	1600	1070	0.720	0.670
2022-03-03	14:56	16:01	15:28	291.02	1380	366	0.260	0.270
2022-03-11	8:44	9:49	9:16	291.68	1480	1040	0.710	0.700
2022-03-25	4:00	5:22	4:41	290.36	1260	44	0.0340	0.0350
2022-04-02	15:47	16:47	16:17	291.30	1420	332	0.240	0.230
2022-04-13	16:31	17:13	16:52	288.82	1020	309	0.300	0.300
2022-04-17	15:37	16:32	16:04	291.18	1400	1290	0.930	0.920
2022-04-19	13:42	14:27	14:04	288.37	945	379	0.350	0.400
2022-04-29	19:00	19:57	19:28	293.00	1710	998	0.610	0.580
2022-05-04	17:21	19:33	18:27	293.55	1810	1690	0.960	0.930
2022-05-10	8:54	9:47	9:20	292.99	1710	1050	0.670	0.610
2022-05-13	6:16	7:04	6:40	288.92	1020	1080	0.950	1.060
2022-05-26	15:53	16:36	16:14	288.71	982	1260	1.290	1.280
2022-06-01	14:47	15:21	15:04	287.59	818	755	0.820	0.920
2022-06-02	12:42	13:33	13:07	289.65	1140	1830	1.620	1.610
2022-06-08	8:39	9:27	9:03	289.60	1130	1660	1.440	1.470
2022-06-14	8:41	9:24	9:02	288.83	1010	1380	1.310	1.370
2022-06-20	18:16	19:03	18:39	289.22	1070	1590	1.490	1.490
2022-06-26	9:21	10:01	9:41	288.22	902	1030	1.000	1.140

续表

日期	时间			水位/m	断面面积/m²	流量/(m³/s)	时差法平均流速/(m/s)	断面平均流速/(m/s)
	起	止	平均					
2022-07-03	11:07	11:49	11:28	288.79	1000	1460	1.330	1.460
2022-07-18	15:09	15:53	15:31	288.88	1020	1350	1.350	1.320
2022-07-30	9:39	10:12	9:55	287.50	812	661	0.760	0.810

注:表中时差法平均流速值均为剔除异常值后的算术平均值。

(2)成果精度评价方法

以常规流量测验方法测得流速为基准,计算样本数据时差法测得流速的平均相对误差δ,计算公式如下:

$$\delta=\frac{1}{n}\sum_{i=1}^{n}\frac{V_{is}-V_{ic}}{V_{ic}}\times 100\% \tag{5.2-8}$$

计算相对误差标准差 S,公式如下:

$$S=\sqrt{\frac{\sum_{i=1}^{n}\left(\frac{V_{is}-V_{ic}}{V_{ic}}-\delta\right)^2}{n-1}} \tag{5.2-9}$$

随机不确定度计算公式如下:

$$X=ZS \tag{5.2-10}$$

式中:V_{is}——第 i 个测次时差法超声波流量计测得流速;

V_{ic}——第 i 个测次常规流量测验方法测得流速;

n——样本数量;

S——时差法超声波流量计测得流量的相对误差标准差。

Z——置信系数,若观测次数大于 30 次,系数 Z 一般取 2,对应置信概率为 95%,当观测次数不足 30 次时,系数 Z 按表 5.2-5 取值。

表 5.2-5 置信系数取值表

n	2	3	4	5	6	7	8	9	10	20	30
P=0.95	12.7	4.30	3.18	2.78	2.57	2.45	2.36	2.31	2.26	2.09	2.05

t(学生式)检验,应按式(5.2-11)、式(5.2-12)分别计算统计量 t 值和 s 值:

$$t=\frac{|\bar{x}_1-\bar{x}_2|-|\mu_1-\mu_2|}{s\sqrt{\frac{1}{n_1}-\frac{1}{n_2}}} \tag{5.2-11}$$

$$s=\sqrt{\left[\sum_{i=1}^{n_1}(x_{1i}-\bar{x}_1)^2+\sum_{i=1}^{n_2}(x_{2i}-\bar{x}_2)^2\right]/(n_1+n_2-2)} \tag{5.2-12}$$

式中：t——统计量；

x_{1i} 和 x_{2i} ——原定关系线测点对关系曲线的相对偏离值和校测点对同一关系曲线的相对偏离值；

$\overline{x}_1$ 和 $\overline{x}_2$——两组测点平均偏离值；

μ_1 和 μ_2——两组样本总体均值；

n_1 和 n_2——两组测点总数，s 为两组测点综合标准差。

α 值采用 0.05，临界值按表 5.2-6 查得，当 $|t|<t_{1-\alpha/2}$ 时认为原定曲线可使用。

表 5.2-6　临界值 $t_{1-\alpha/2}$

α	k							
	6	8	10	15	20	30	60	∞
0.05	2.45	2.31	2.23	2.13	2.09	2.04	2.00	1.96
0.10	1.94	1.86	1.81	1.75	1.73	1.70	1.67	1.65
0.20	1.44	1.40	1.37	1.34	1.33	1.31	1.30	1.28
0.30	1.13	1.11	1.09	1.07	1.06	1.06	1.05	1.04

注：k 为自由度，$k=n_1+n_2-2$。

(3)时差法流速率定

1)模型确定

由于测验河段顺直，时差法断面与测流基本断面相距较近，可认为同一时间过水面积相同，因此可采用时差法平均流速与实测断面平均流速建立关系模型。为防止过度拟合，本次按水位级随机挑选 34 组(约占 2/3)数据进行拟合，剩余 17 组(约占 1/3)数据进行检验。用于模型拟合和模型验证的流速数据见表 5.2-7、表 5.2-8。

表 5.2-7　时差法用于拟合流速关系曲线的数据

序号	日期	水位/m	时差法平均流速/(m/s)	断面平均流速/(m/s)
1	2022-07-30	287.50	0.760	0.810
3	2021-08-20	287.70	0.960	1.050
4	2021-05-03	287.89	0.430	0.480
6	2021-04-27	288.20	0.750	0.840
7	2022-06-26	288.22	1.000	1.140
9	2021-07-07	288.49	1.210	1.280
10	2022-05-26	288.71	1.290	1.280
12	2022-07-03	288.79	1.330	1.460
13	2022-04-13	288.82	0.300	0.300

续表

序号	日期	水位/m	时差法平均流速/(m/s)	断面平均流速/(m/s)
15	2022-07-18	288.88	1.350	1.320
16	2022-05-13	288.92	0.950	1.060
18	2021-06-09	289.07	1.620	1.540
19	2022-06-20	289.22	1.490	1.490
21	2021-06-02	289.27	1.570	1.550
22	2021-05-11	289.50	1.480	1.500
24	2021-05-12	289.56	1.480	1.480
25	2022-06-08	289.60	1.440	1.470
27	2021-06-09	289.66	1.620	1.610
28	2021-07-15	289.69	1.490	1.470
30	2021-08-09	289.72	1.540	1.560
31	2021-05-19	289.99	1.590	1.560
33	2021-12-22	290.19	0.290	0.310
34	2022-03-25	290.36	0.034	0.035
36	2021-06-04	290.42	1.540	1.520
37	2021-10-28	290.42	0.120	0.120
39	2021-05-03	290.58	1.300	1.210
40	2021-05-23	290.86	1.740	1.740
42	2022-03-03	291.02	0.260	0.270
43	2022-04-17	291.18	0.930	0.920
45	2022-01-10	291.53	0.340	0.360
46	2022-03-11	291.68	0.710	0.700
48	2022-02-11	292.71	0.810	0.810
49	2022-05-10	292.99	0.670	0.610
51	2022-05-04	293.55	0.960	0.930

注:表中数据按水位高低排序。

表 5.2-8　　时差法用于验证流速关系曲线的数据

序号	日期	水位/m	时差法平均流速/(m/s)	断面平均流速/(m/s)
1	2022-06-01	287.59	0.82	0.92
2	2021-05-26	288.00	1.04	1.13
3	2022-04-19	288.37	0.35	0.40

续表

序号	日期	水位/m	时差法平均流速/(m/s)	断面平均流速/(m/s)
4	2021-10-10	288.75	0.32	0.34
5	2022-06-14	288.83	1.31	1.37
6	2021-10-23	288.98	0.34	0.35
7	2021-11-05	289.25	0.27	0.26
8	2021-07-31	289.54	1.49	1.53
9	2022-06-02	289.65	1.62	1.61
10	2021-07-22	289.70	1.47	1.45
11	2022-01-01	290.05	0.26	0.26
12	2021-07-01	290.41	1.76	1.66
13	2022-02-05	290.56	0.21	0.22
14	2022-01-29	290.98	0.42	0.47
15	2022-04-02	291.30	0.24	0.23
16	2022-02-23	292.35	0.72	0.67
17	2022-04-29	293.00	0.61	0.58

注：表中数据按水位高低排序。

由于超声波探头安装位置高程固定，随水位变化，时差法测得流速所在水层相对水深也在变化，导致时差法测得流速与断面平均流速非单一关系，因此在分析建立时差法流速拟合模型时，本书采用按水位级分段的模型对时差法平均流速与断面平均流速进行关系线拟合。

本书对水位 290.00m 及 290.00m 以下流速和水位 290.00m 以上流速分级分别采用多项式拟合（二次）和线性拟合方式。从相关关系图（图 5.2-7、图 5.2-8）可以看出，测点基本均匀分布于拟合曲线两侧，无系统性偏离，水位 290.00m 及以下流速拟合相关系数为 0.9909，水位 290.00m 以上流速拟合相关系数为 0.9972。

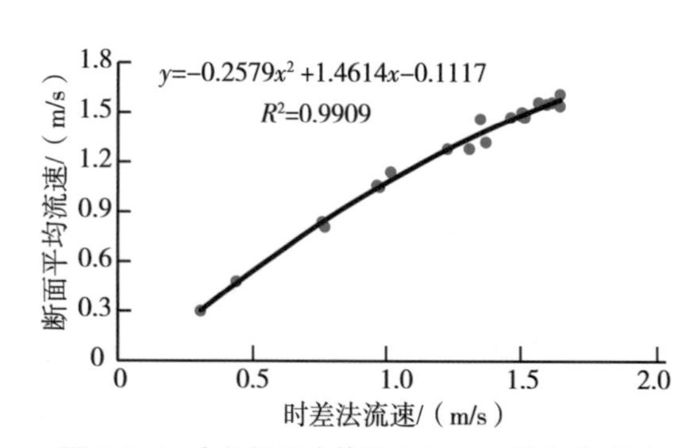

图 5.2-7　水位低于或等于 290.00m 拟合关系图

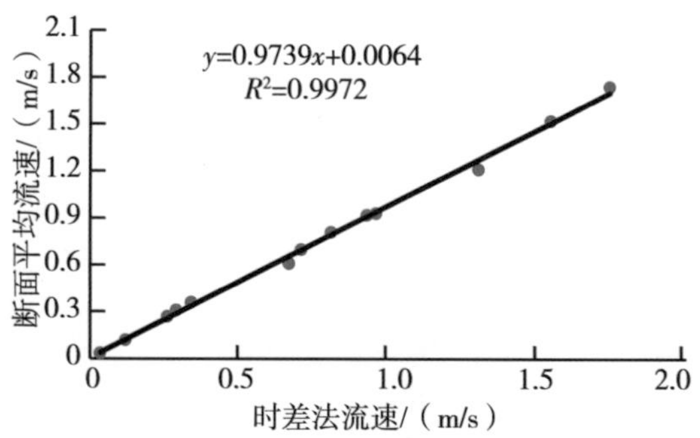

图 5.2-8　水位高于 290.00m 拟合关系图

根据上述拟合公式，水位低于或等于 290.00m 时拟合流速为 $V_1=-0.2579V_{时差法}^2+1.4614V_{时差法}-0.1117$m/s，水位高于 290.00m 时拟合流速为 $V_2=0.9739V_{时差法}+0.0064$m/s。通过水位分级拟合模型，把时差法平均流速转化为时差法拟合流速，并以实测断面平均流速为真值，计算修正后的时差法拟合流速的相对误差(表 5.2-9)。分水位级拟合模型拟合值的系统误差为 0.24%，相对误差标准差为 4.04%，随机不确定度为 8.08%，满足《水文资料整编规范》(SL/T 247—2020)中二类精度站水位—流量关系定线精度要求(系统误差不超过±2 %，随机不确定度不超过 12%)。

表 5.2-9　　时差法拟合值误差分析结果

序号	日期	水位/m	断面平均流速/(m/s)	拟合流速/(m/s)	相对误差
1	2022-07-30	287.50	0.81	0.85	4.94
3	2021-08-20	287.70	1.05	1.05	0.00
4	2021-05-03	287.89	0.48	0.47	−2.08
6	2021-04-27	288.20	0.84	0.84	0.00
7	2022-06-26	288.22	1.14	1.09	−4.39
9	2021-07-07	288.49	1.28	1.28	0.00
10	2022-05-26	288.71	1.28	1.34	4.69
12	2022-07-03	288.79	1.46	1.38	−5.48
13	2022-04-13	288.82	0.30	0.30	0.00
15	2022-07-18	288.88	1.32	1.39	5.30
16	2022-05-13	288.92	1.06	1.04	−1.89
18	2021-06-09	289.07	1.54	1.58	2.60
19	2022-06-20	289.22	1.49	1.49	0.00
21	2021-06-02	289.27	1.55	1.55	0.00
22	2021-05-11	289.50	1.50	1.49	−0.67
24	2021-05-12	289.56	1.48	1.49	0.68
25	2022-06-08	289.60	1.47	1.46	−0.68
27	2021-06-09	289.66	1.61	1.58	−1.86
28	2021-07-15	289.69	1.47	1.49	1.36
30	2021-08-09	289.72	1.56	1.53	−1.92
31	2021-05-19	289.99	1.56	1.56	0.00
33	2021-12-22	290.19	0.31	0.29	−6.45
34	2022-03-25	290.36	0.035	0.040	14.29
36	2021-06-04	290.42	1.52	1.51	−0.66

续表

序号	日期	水位/m	断面平均流速/(m/s)	拟合流速/(m/s)	相对误差
37	2021-10-28	290.42	0.12	0.12	0.00
39	2021-05-03	290.58	1.21	1.27	4.96
40	2021-05-23	290.86	1.74	1.70	−2.30
42	2022-03-03	291.02	0.27	0.26	−3.70
43	2022-04-17	291.18	0.92	0.91	−1.09
45	2022-01-10	291.53	0.36	0.34	−5.56
46	2022-03-11	291.68	0.70	0.70	0.00
48	2022-02-11	292.71	0.81	0.80	−1.23
49	2022-05-10	292.99	0.61	0.66	8.20
51	2022-05-04	293.55	0.93	0.94	1.08

2)成果检验

将随机预留的17组数据作为检验样本,采用以下分水位级拟合模型(表5.2-10)进行计算。检验数据拟合流速与断面平均流速相对误差绝对值最大不超过13%,误差平均值为0.82%,随机不确定度为9.90%,验证数据拟合值误差分析结果见表5.2-11。

表5.2-10　　时差法流速拟合模型

分段拟合	方案	公式
水位≤290.00m		$V_{拟合}=-0.2579V_{时差法}^2+1.4614V_{时差法}-0.1117$
水位>290.00m		$V_{拟合}=0.9739V_{时差法}+0.0064$

表5.2-11　　时差法验证数据拟合值误差分析结果

序号	日期	水位/m	断面平均流速/(m/s)	拟合流速/(m/s)	相对误差
1	2022-06-01	287.59	0.92	0.92	0.00
2	2021-05-26	288.00	1.13	1.13	0.00
3	2022-04-19	288.37	0.40	0.37	−7.50
4	2021-10-10	288.75	0.34	0.34	0.00
5	2022-06-14	288.83	1.37	1.36	−0.73
6	2021-10-23	288.98	0.35	0.36	2.86
7	2021-11-05	289.25	0.26	0.27	3.85
8	2021-07-31	289.54	1.53	1.50	−1.96
9	2022-06-02	289.65	1.61	1.58	−1.86
10	2021-07-22	289.70	1.45	1.48	2.07
11	2022-01-01	290.05	0.26	0.26	0.00

续表

序号	日期	水位/m	断面平均流速/(m/s)	拟合流速/(m/s)	相对误差
12	2021-07-01	290.41	1.66	1.71	3.01
13	2022-02-05	290.56	0.22	0.22	0.00
14	2022-01-29	290.98	0.47	0.41	−12.77
15	2022-04-02	291.30	0.23	0.25	8.70
16	2022-02-23	292.35	0.67	0.70	4.48
17	2022-04-29	293.00	0.58	0.60	3.45

根据《水文资料整编规范》(SL/T 247—2020),三项检验是用于判定新增数据后原定关系曲线还是否成立的依据。符号检验可以检验所定关系曲线两侧数据点的数目均衡分布的合理性;适线检验可以检验数据点按流速大小序列偏离关系曲线正负符号的排序情况;偏离数值检验是检验数据点与关系线间平均偏离数值。检验结果(表 5.2-12)显示,三种检验结果均合理,认为原定关系曲线正确合理。

表 5.2-12　　关系曲线检验结果

项目	临界值	统计量	判别条件	合理性
符号检验	$u_{1-\alpha/2}=1.15(\alpha=0.25)$	$u=0$	$u<u_{1-\alpha/2}$	合理
适线检验	$u_{1-\alpha}=1.64(\alpha=0.05)$	变号次数 $k>0.5(n-1)$,不做检验		合理
偏离数值检验	$t_{1-\alpha/2}=1.75(\alpha=0.10)$	$t=-0.09$	$\lvert t\rvert<t_{1-\alpha/2}$	合理

(4)推流分析

由于沿河站时差法探头安装高程为 287.25m,不能覆盖全年水位变幅,水位低于 287.25m 时无法测得流速数据,因此选取时差法数据记录完整连续的 2021 年 6 月 1 日 0:00 至 2021 年 9 月 1 日 0:00 时段的数据进行时差法拟合流量过程、沙沱水电站出库流量过程、沿河站资料整编成果进行水量和流量过程分析。将时差法记录的流速整理为每小时平均流速,又通过分水位级拟合公式得到拟合流速式,再乘以相应时间的水位对应的过水断面面积,就得到该时段内每小时平均流量。

2021 年 7 月 1 日洪水水位和流量过程线对比见图 5.2-9。由图可知,时差法推流的洪水涨落过程与整编成果整体上基本一致,两者同步性略有差异。整编成果流量过程变化明显滞后于水位变化过程,这与常见的天然河道涨水过程特征值出现的先后顺序明显不符。反观时差法推求的流量变化过程,其变化与水位变化过程高度一致,由此可认为通过时差法推求的流量效果更好,更能反映流量实际变化过程。

通过 2021 年 7 月 22 日 21:10 至 31 日 24:00 时段内时差法推求的流量过程,分别与沙沱电站出库流量和整编成果进行比对分析(图 5.2-10、图 5.2-11)可知,时差法流量与上游电站出库流量变化过程一致性、同步性较高;时差法流量与整编成果对比,虽然变化趋势基本一致,但整编成果值普遍偏高,其可能原因是在实测点不够密集的情况下,整编时定线存在一定任意性,导致整编成果系统性偏离。

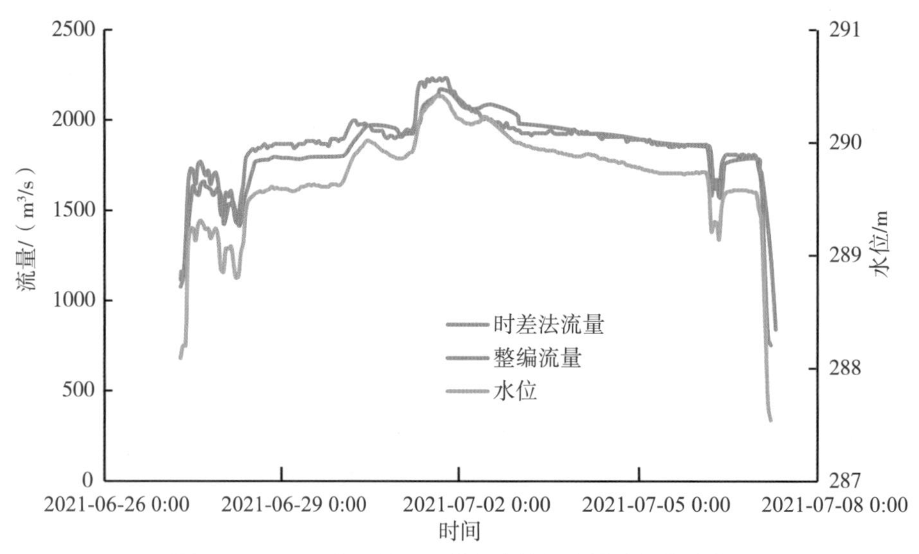

图 5.2-9　2021 年 7 月 1 日洪水水位和流量过程线对比图

根据沿河水文站 2021 年水文资料整编成果,2021 年 7 月 22 日 21:10 至 31 日 24:00 时段采用图 5.2-12 中红线进行流量推求。由于该时段内仅 7 月 31 日 10:36 有一个实测点,且根据水位过程该点施测时水位相对较高,这将导致该时段内低水位时定线任意性较大,出现系统偏大的情况。

对某时段内流量过程进行积分可得该时段内的径流量。2021 年 6 月 1 日 0:00 至 9 月 1 日 0:00 时段,沿河水文站起始水位为 289.54 m,终止水位为 289.48m,水位覆盖范围为 287.26～292.86m。整编成果对应的径流量为 120.49 亿 m^3,时差法所得径流量为 117.61 亿 m^3,沙沱水电站出库水量为 116.09 亿 m^3。沿河水文站集水面积为 55237km^2,沙沱水电站集水面积为 54508km^2,具有约 1.34%的面积差,时差法水量与出库水量基本也差 1.31%左右,而整编成果水量偏大约 3.80%。因此,从水量上看,资料整编成果整体呈偏大趋势。这可能与整编定线方法的缺陷有关,即在实测点不够密集时定线存在一定任意性。

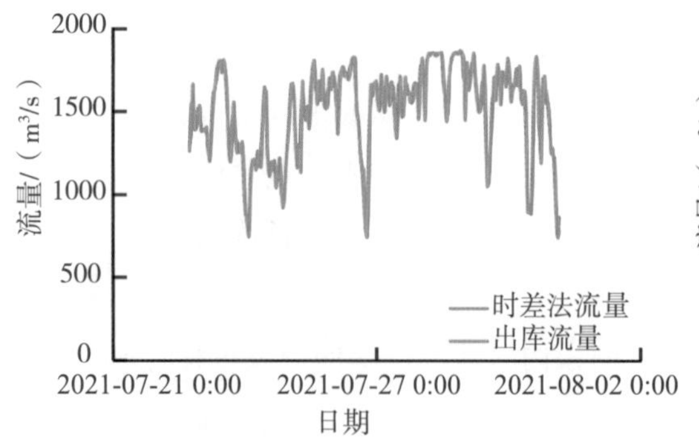

图 5.2-10　时差法流量过程与出库流量对比

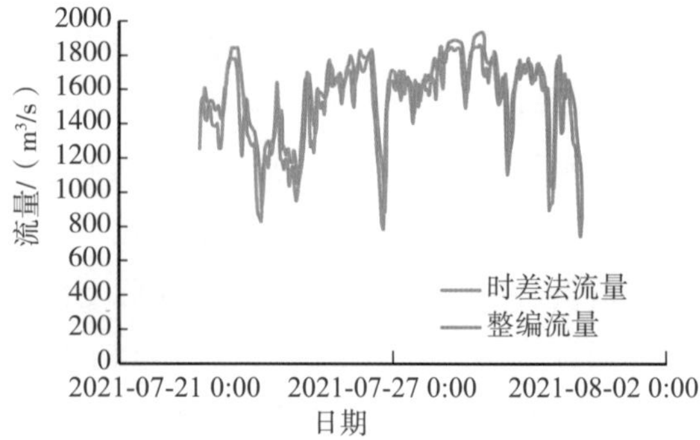

图 5.2-11　时差法流量过程与整编流量对比

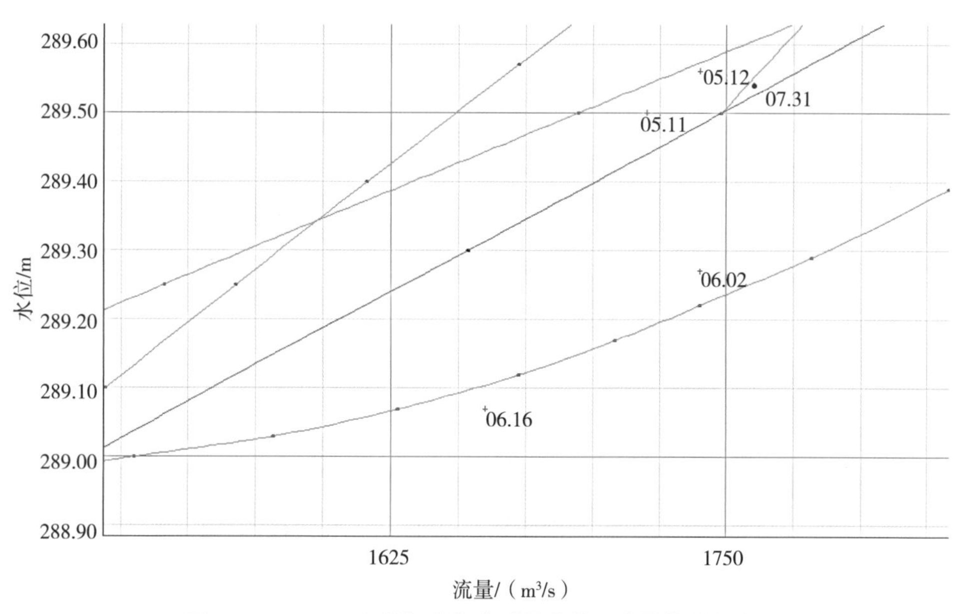

图 5.2-12　2021 年沿河站部分时段水位—流量整编定线图

综上，时差法推算流量整体效果良好，相较整编成果能更好地反映流量过程，能在很大程度上弥补传统测流方法的不足。

(5)比测结果

根据沿河水文站实际情况，本书制定了按水位级分段拟合模型对时差法平均流速和断面平均流速进行关系拟合，并对其拟合精度进行了评价，结果见表 5.2-13。

表 5.2-13　　不同拟合方案误差

方案编号	分段拟合方案	公式	系统误差/%	随机不确定度/%
1	水位≤290.00 m	$V_{拟合}=-0.2579V_{时差法}^2+1.4614V_{时差法}-0.1117$	0.24	8.08
	水位>290.00 m	$V_{拟合}=0.9739V_{时差法}+0.0064$		

本书共计收集到时差法测量范围内 51 次比测数据，随机抽取 34 次来建立拟合模型，剩余 17 次作为检验数据。采用分水位级拟合模型，系统误差为 0.24%，随机不确定度为 8.08%，其拟合精度能满足整编规范对二类精度站水位—流量关系定线精度要求；另外，三项检验显示，拟合曲线合理可靠。推流结果显示，时差法拟合流速推求的断面流量过程与上游沙沱水电站出库流量变化过程一致性较高，资料整编成果对某些过程的流量推算偏高，与电站出库流量偏差较大。水量计算结果显示，时差法推算水量与沙沱水电站出库水量的相对误差更小。综上，本书认为沿河水文站时差法比测效果良好，基本满足《水文资料整编规范》(SL/T 247—2020)定线精度要求，在一定条件下可以投产使用。

5.2.2.4 结论及建议

(1)结论

2021年4月至2022年7月,沿河水文站共收集到51次有效比测数据,水位变幅在287.50～293.55m,流量变幅在44.0～2380m³/s,流速变幅在0.035～1.74m/s。本书采用按水位分段的分段模型对该站时差法超声波测得代表流速与断面平均流速进行关系拟合,并进行关系曲线检验和推流成果分析。得出如下结论:

①时差法测得流速与转子流速仪测得流速相关关系良好,分段拟合模型系统误差为0.24%,不确定度为8.08%。水位低于或等于290.00m时拟合流速为$V_{拟合}=-0.2579V_{时差法}^2+1.4614V_{时差法}-0.1117$m/s,水位高于290.00m时拟合流速为$V_{拟合}=0.9739V_{时差法}+0.0064$m/s。关系曲线检验结果和推流结果均显示,时差法可较精准地反映断面处流量及其变化过程。

②当时差法设备运行正常时,数据关系良好,与传统测流方法得到的数据误差较小,在合理范围内。能建立有效的相关关系时,即水位变化区间为287.50～293.55m,流速变幅在0.035～1.74m/s时,可以使用时差法代替缆道流速仪法测流,通过上述水位分段拟合模型,结合断面数据和自记水位数据获取可靠便捷的流量资料。

(2)问题及建议

①低流速比测资料较少,特别是流速小于0.2m/s,可能造成低流速关系曲线拟合代表性不足,建议后续增加低流速比测资料的收集工作,并积极检验现有流速拟合关系线,目前可暂时性地使用拟定关系线进行资料分析。

②若后期沿河站时差法超声波测流设备投产,应当注意设备运行不正常时,数据为零,或与转子流速仪测流方法得到的数据误差较大,不在合理范围内,不能建立有效的相关关系。首先要及时采用缆道流速仪法或走航式ADCP等其他方法测流,补充资料的完整性;其次,要及时查明数据中断或不正常的原因并进行修复。

5.3 雷达测速法应用实例

5.3.1 仙桃站超高频雷达

5.3.1.1 仙桃站概况

仙桃站地处湖北省仙桃市龙华山六码头,东经113°28′,北纬30°23′,集水面积142056km²,距汉江河口距离约157km;1932年3月设立,观测水位,1938年6月停测,1951年1月恢复,同年4月水尺上迁20m,1954年7月在原基本水尺上游1300m的小石村增测流量，1955 年 1 月流量断面水尺改为基本水尺并改名小石村水文站，原仙桃站水尺下迁 100m，1963 年撤销。1968 年 1 月改为水位站，1971 年 4 月恢复观测流量，1972 年 1 月基本水尺下迁 1400m(原仙桃站水尺下游 100m)，改名为仙桃(二)站。

测验断面上距兴隆水利枢纽 111km，上游右岸约 82km 为汉江分流入(东荆河)口，上游右岸 80km 为泽口汉南灌溉闸，上游左岸约 20km 有麻阳排灌闸，上游右岸约 4km 处为欧湾排湖泵站，上游右岸约 0.7km 处为北坝排灌闸，下游右岸 6km 处为杜家台分洪闸，主要用以分泄汉水下游河段超额洪水，蓄洪区有效蓄洪容量 16 亿 m^3。分蓄洪区行洪河道自杜家台闸下至黄陵矶闸出长江。

监测项目有水位、水温、流量、悬移质泥沙、床沙、降水水文要素，收集基本水文信息，开展全流域报汛，是汉江下游经东荆河分流后水情控制站一类精度站、重要控制站。为国家长期积累基础信息，为长江流域防洪调度提供水文情报预报，为汉江区域提供水资源监测信息和考核评价依据等。

测验河段上下游有弯道控制，顺直段长约 1km，基本水尺断面设在顺直段下部。河槽形态呈不规则的“W”形，右岸为深槽左岸中低水有浅滩，中高水主槽宽为 300～350m，全变幅内均无岔流串沟及死水；中高水峰顶附近及杜家台分洪期右岸边有回流。河床由乱石夹沙组成，冲淤变化较大，且无规律。两岸堤防均有砌石护岸。主流低水偏右，中水逐渐左移，高水时基本居中。

水位—流量关系受洪水涨落、变动回水、不经常性冲淤影响，长江干流高水期对该站水位—流量关系有明显的顶托影响；低水期，水位—流量关系受河槽控制呈临时单一关系(图 5.3-1 至图 5.3-3)。

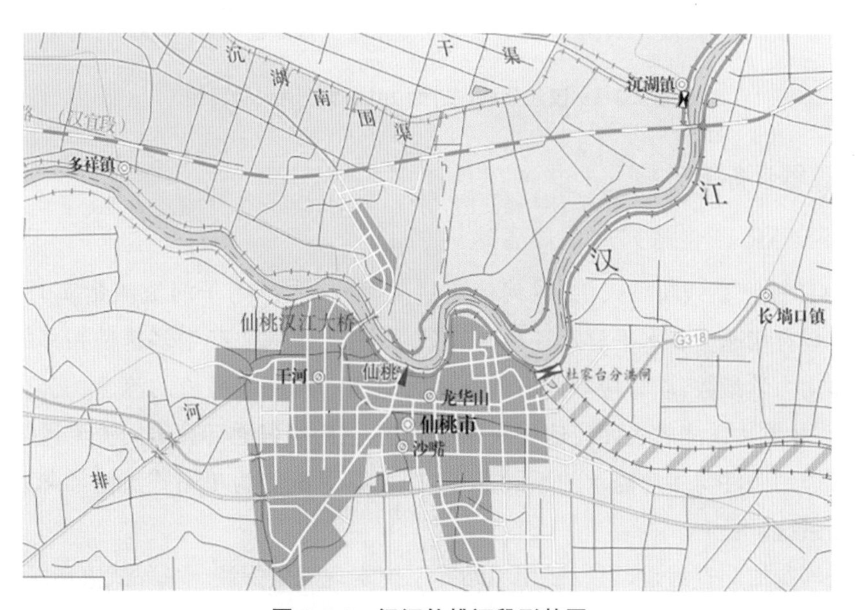

图 5.3-1　汉江仙桃河段形势图

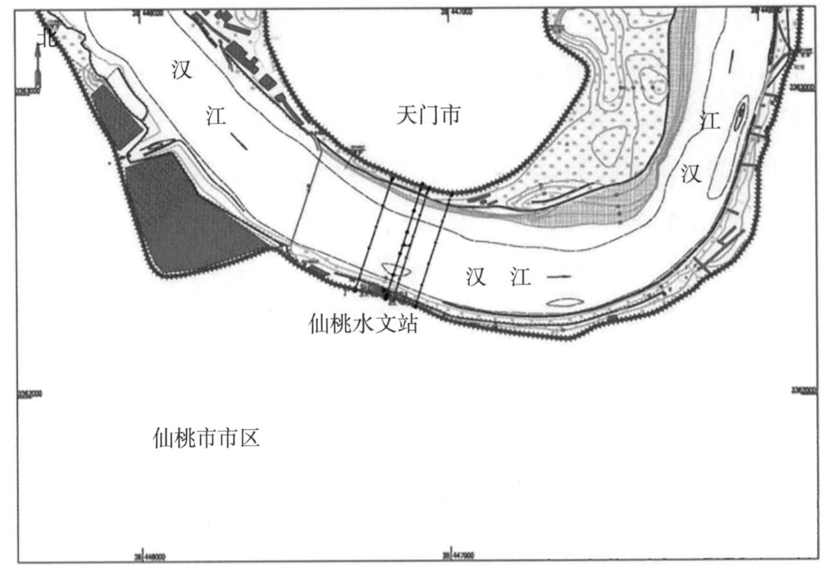

图 5.3-2　汉江仙桃(二)站测验河段平面图

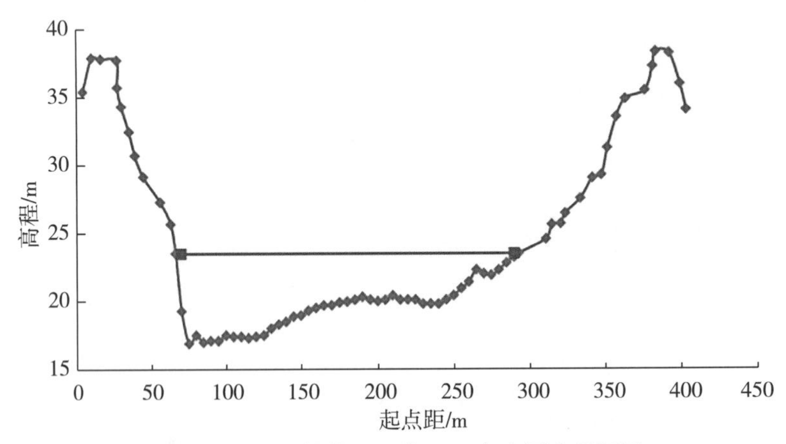

图 5.3-3　汉江仙桃(二)站 2019 年实测大断面图

5.3.1.2　仪器设备情况

(1)RISMAR-U 型系列超高频雷达

RISMAR-U 型系列超高频雷达(河流流量探测仪)广泛用于河流流量实时监测领域。它利用水波具有相速度和水平移动速度时,将对入射的雷达波产生多普勒频移的原理来探测河流表面动力学参数,以非接触的方式获得大范围的河流表面流的流速、流向,并根据流体力学理论,从雷达遥测的表面流速反演深层流速,进而准确地计算出河流流量信息。

根据河道的条件与用户需求的不同,RISMAR-U 可配置为单站式流量推测系统和双站式流量推测系统。

在河道等宽的顺直河道,可以使用单站式系统实现流量探测。单站式流量探测系统的野外站由单台 RISMAR-U 雷达系统和一个 RISMAR-U 中心站构成(图 5.3-4、图 5.3-5)。

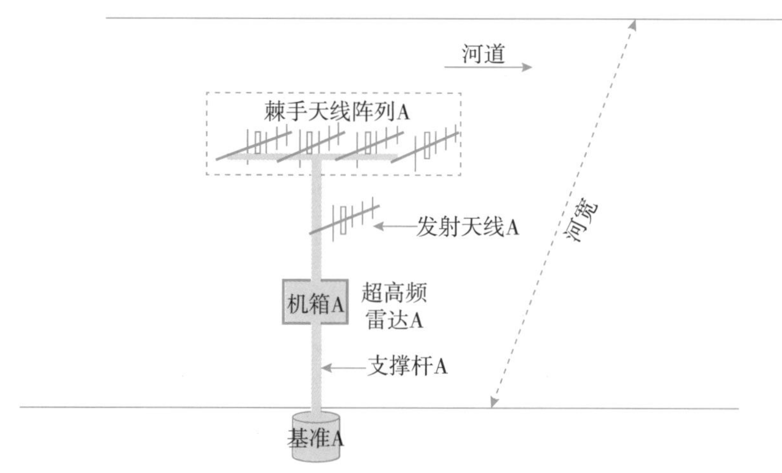

图 5.3-4 单站式流量探测系统的野外站

在河道不等宽、非顺直河道及其他流场复杂的场合，应使用双站式系统实现流量探测。双站式流量探测系统的野外站由两台 RISMAR-U 雷达系统和一个 RISMAR-U 中心站构成。

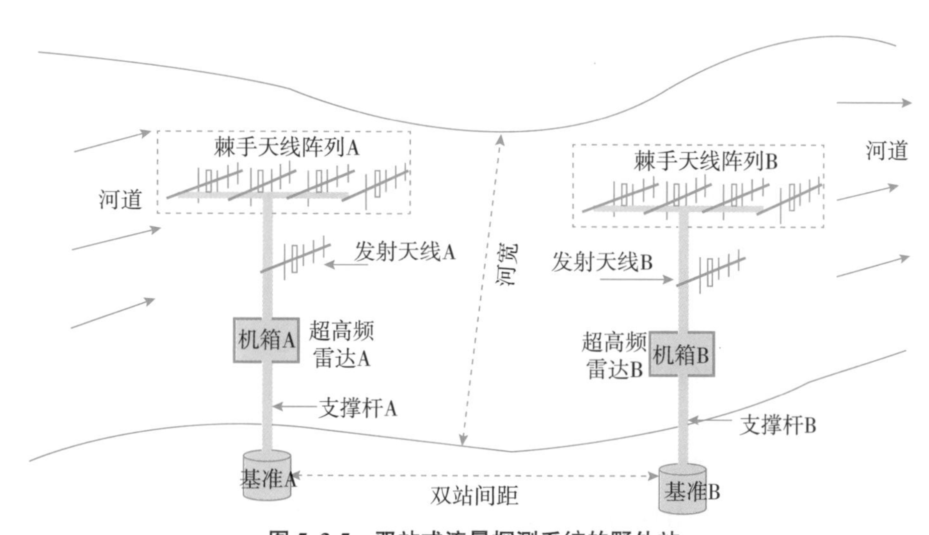

图 5.3-5 双站式流量探测系统的野外站

一个完整的流速流量探测系统由至少一个野外站和一个中心站组成。一个野外站系统包含收发天线、雷达主机、计算机和软件子系统，一个中心站包含一台计算机、中心站软件子系统。

(2)工作原理

雷达是利用目标对电磁波的反射(或散射)现象来发现目标并测定其位置和速度等信息的。雷达利用接收回波与发射波的时间差来测定距离，利用电波传播的多普勒效应来测量目标的运动速度，并利用目标回波在各天线通道上的幅度或相位的差异来判别其方向。

超高频雷达河流流速(流量)监测技术还用到了 Bragg 的散射理论(图 5.3-6)。当雷达电磁波与其波长一半的水波作用时，同一波列不同位置的后向回波在相位上差异值为 2π 或

2π 的整数倍，因而产生增强性 Bragg 后向散射。

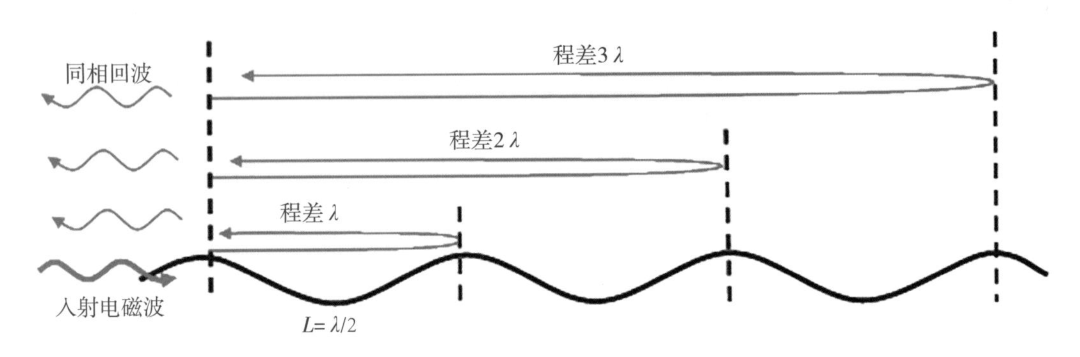

图 5.3-6 Bragg 后向散射基本原理

当水波具有相速度和水平移动速度时，将产生多普勒频移。在一定时间范围内，实际波浪可以近似地认为是由无数随机的正弦波叠加而成的。这些正弦波中，必定包含有波长正好等于雷达工作波长一半、朝向和背离雷达波束方向的两列正弦波。当雷达发射的电磁波与这两列波浪作用时，二者发生增强型后向散射。

朝向雷达波动的波浪会产生一个正的多普勒频移，背离雷达波动的波浪会产生一个负的多普勒频移。多普勒频移的大小由波动相速度 V_p 决定。受重力的影响，一定波长的波浪的相速度是一定的。在深水条件下(即水深在大于波浪波长 L 的一半)波浪相速度 V_p 满足以下定义：

$$V_p = \sqrt{\frac{gl}{2\pi}} \tag{5.3-1}$$

由相速度 V_p 产生的多普勒频移为：

$$f_B = \frac{2V_p}{\lambda} = \frac{2}{\lambda}\sqrt{\frac{g\lambda}{4\pi}} = \sqrt{\frac{g}{\lambda\pi}} \approx 0.102\sqrt{f_0} \tag{5.3-2}$$

其中，雷达频率 f_0 以 MHz 为单位，多普勒频率 f_B 以 Hz 为单位。这个频偏就是所谓的 Bragg 频移。朝向雷达波动的波浪将产生正的频移(正的 Bragg 峰位置)，背离雷达波动的波浪将产生负的频移(负的 Bragg 峰位置)。

在无表面流的情况下，Bragg 峰的位置正好位于描述的频率位置。

当水体表面存在表面流时，上述一阶散射回波所对应的波浪行进速度 $\vec{V}_s$ 便是河流径向速度 $\vec{V}_\sigma$ 加上无河流时的波浪相速度 $\vec{V}_p$。即

$$\vec{V}_s = \vec{V}_\sigma + \vec{V}_p \tag{5.3-3}$$

此时，雷达一阶散射回波的幅度不变，而雷达回波的频移为：

$$\Delta f = \frac{2V_s}{\lambda} = 2\,\frac{V_\sigma + V_p}{\lambda} = \frac{2V_\sigma}{\lambda} + f_B \tag{5.3-4}$$

通过判断一阶 Bragg 峰位置偏离标准 Bragg 峰的程度，我们就能计算出波浪的径向流

速。实际探测时，由于河流表面径向流分量很多，一阶峰会被展宽，见图 5.3-7。

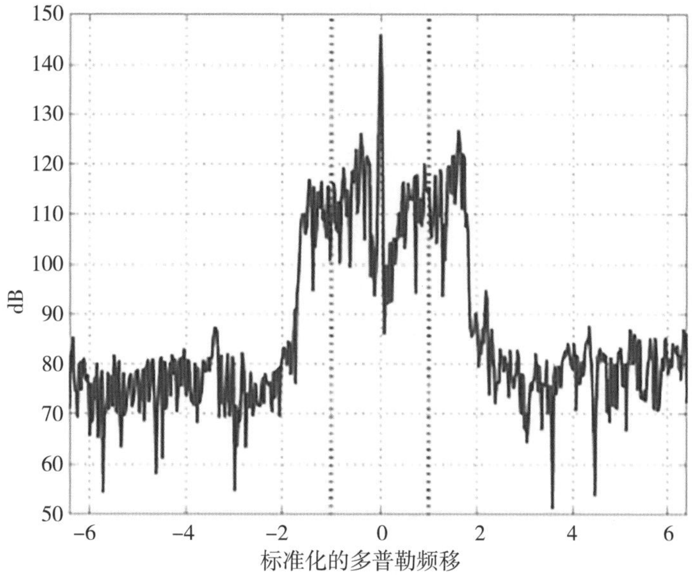

图 5.3-7　超高频雷达 RISMAR-U 获得的河流表面回波多普勒谱

单站超高频雷达可以获得表面径向流。利用相隔一定距离的双站超高频雷达获得各自站位的径向流后，通过矢量投影与合成的方法就可以得到矢量流。双站径向流合成矢量流的原理见图 5.3-8。

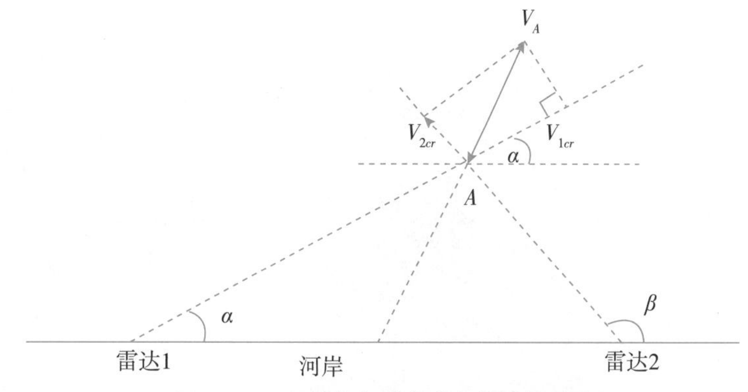

图 5.3-8　双站径向流合成矢量流的原理

超高频雷达 RISMAR-U 属于相干脉冲多普勒雷达，工作中心频率为 340 MHz，采用线性调频中断连续波体制。一般情况下可以测量 30～400m 宽的河流，雷达的实际探测距离还与雷达天线架设地点、所在地外部噪声电平、河面粗糙程度有关。

雷达的距离分辨率有 5m、10m、15m 等几种，可以根据需要设定。仙桃站雷达对比测试时采用的距离分辨率为 10m。

对于等宽的顺直河道，河水流向与河岸是平行的。如图 5.3-9 所示，河道为顺直河道。

雷达在 A 点测得的径向流速为 V_{Acr}，由于 A 点河流的流向与河岸平行，则该点的河水流速为 $V_A=V_{Acr}/\cos(\beta)$。雷达在 B 点测得的径向流速为 V_{Bcr}，则 B 点的河水流速为 $V_B=V_{Bcr}/\cos(\alpha)$。如果 A 点、B 点与河岸的垂直距离相同，理论上有 $V_A=V_B$。

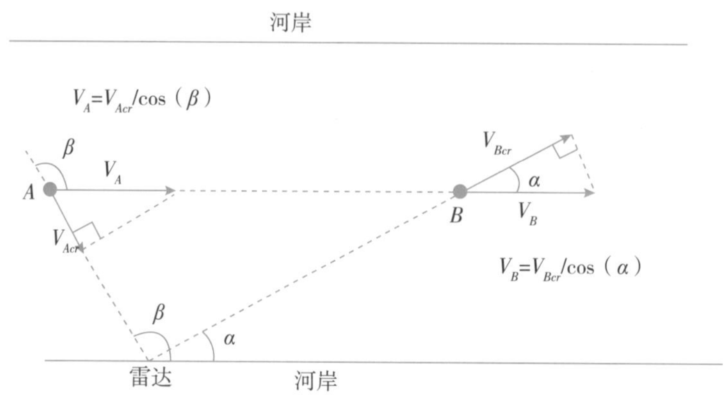

图 5.3-9 单一雷达站获取水流速示意图

(3)设备安装

安装地点选取在仙桃(二)站附近的河段。雷达监测区域处于一个“U”形的弯道内，且靠近雷达的一边为深水区，远离雷达的一边为浅水区。超高频雷达使用了单系统来合成矢量流，该系统由一部发射机、一部接收机、一根发射天线、六根接收天线组成，分别位于 A 站和 B 站(图 5.3-10、图 5.3-11、图 5.3-12)。

图 5.3-10 仙桃(二)站雷达布设位置图

(a)A 站

(b)B 站

图 5.3-11 安装于仙桃(二)站的双站式超高频河流探测雷达

图 5.3-12 仙桃(二)站 A 站超高频探测雷达与缆道相对位置关系图

5.3.1.3 RISMAR-U 采集数据处理

RISMAR-U 系统通过一系列的处理，可以获取单站径向流图、双站矢量流场、断面流速曲线及断面流量等成果。

(1)单站径向流图

由 RISMAR-U 系统在仙桃站获得的实测河流表面径向流见图 5.3-13。

(2)双站矢量流场

图 5.3-14 是 RISMAR-U 系统对仙桃站同时获得的径向流场进行矢量合成后得到的表面矢量流场。

(3)断面流速曲线

仙桃站是一个双站雷达，可以得到三个断面流速结果。红色线是单个雷达站 A 得到的断面流速，蓝色线是单个雷达站 B 得到的断面流速，棕色线是双站雷达综合后的断面流速。双站式流量监测系统，由双站雷达综合的断面流速计算流量，即以图中的棕色线为结果计算断面流量。

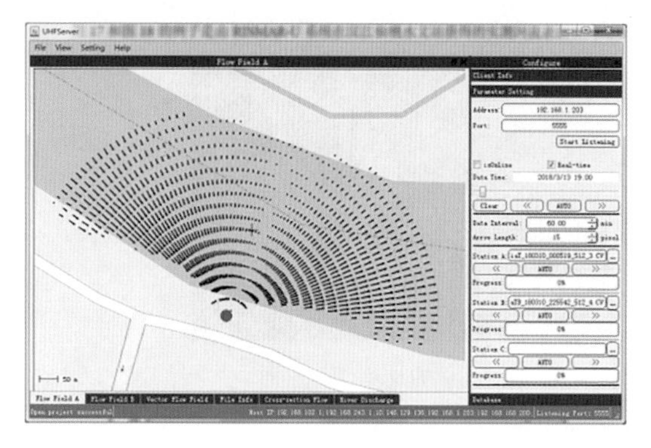

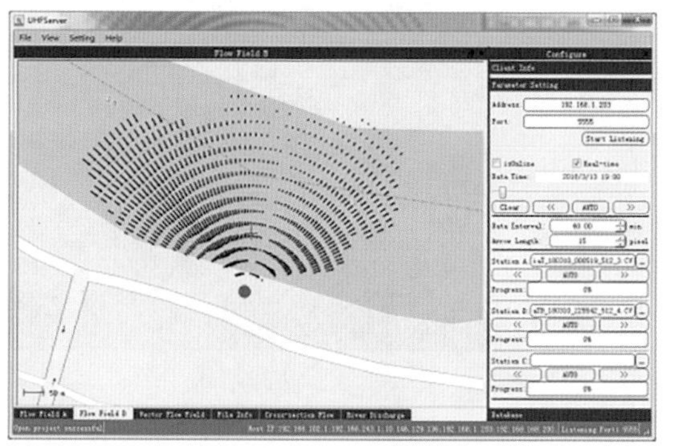

图 5.3-13 RISMAR-U 系统在仙桃站获得的实测河流表面径向流图

对于单站式流量监测系统，只会有一个断面流速。RISMAR-U 系统在汉江仙桃段测量的断面流速见图 5.3-15。

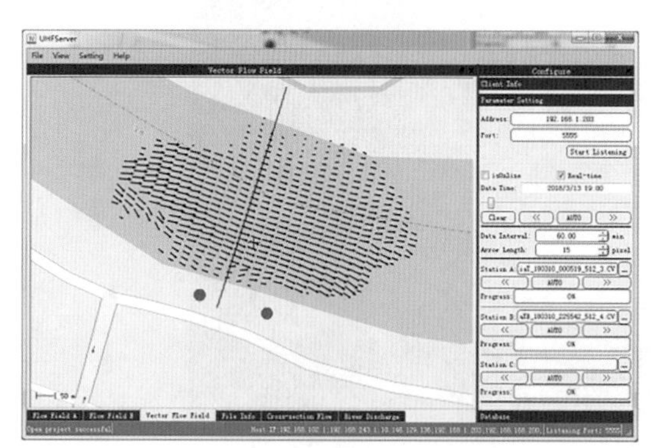

图 5.3-14 RISMAR-U 系统获得的汉江仙桃站表面矢量流场图

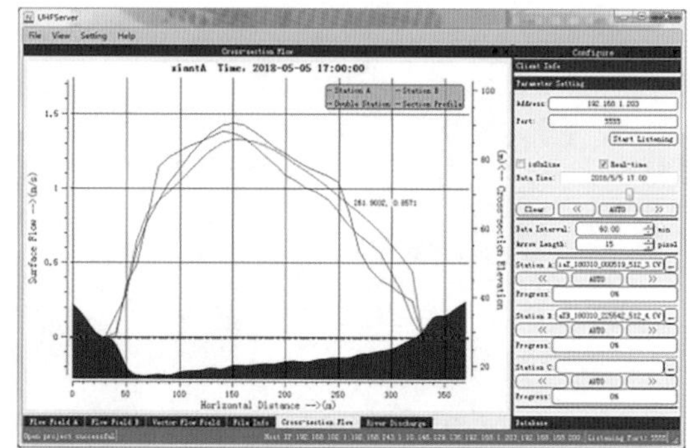

图 5.3-15 RISMAR-U 系统获得的汉江仙桃段断面流速

(4)断面流量

RISMAR-U 系统在汉江仙桃段测量，经过处理后得到相应的断面流量 $Q_{系统}$。雷达测流断面流量 $Q_{系统}$ 的主要计算步骤如下：

①将雷达测流生成的各垂线表面流速 V_i 按照指数分布，计算得到各垂线平均流速 $\overline{V}_i$。在指数模型下，其指数关系满足：

$$\frac{v}{v_*}=a\left(\frac{y}{y'}\right)^m \tag{5.3-5}$$

对 y 积分得垂线流速与表面流速关系如下：

$$\frac{V}{v_0}=\frac{[(h+y')(m+1)-y'(m+1)]}{(m+1)h(m+1)}$$

$$= -\frac{1}{(m+1)}\left(\frac{y'}{h}\right)^{m+1}\left[\left(\frac{h}{y'}+1\right)^{m+1}-1\right] \tag{5.3-6}$$

②雷达测流软件生成整点的表面流速数据，根据仙桃站自记水位计，查得该整点的相应水位。

③借用仙桃站 2018 年实测大断面，根据流速面积法，计算得到各垂线部分流量 Q_i，相加得到断面流量 $Q_{系统}=\sum_{i=1}^{m}Q_i$。

针对某些异常值，软件采用中值滤波法处理。此外，软件系统在流量计算过程中，未考虑雷达发射位置的俯角，直接将雷达发射位置到水面的斜距与仙桃站 2018 年实测大断面起点距对应（图 5.3-16）。

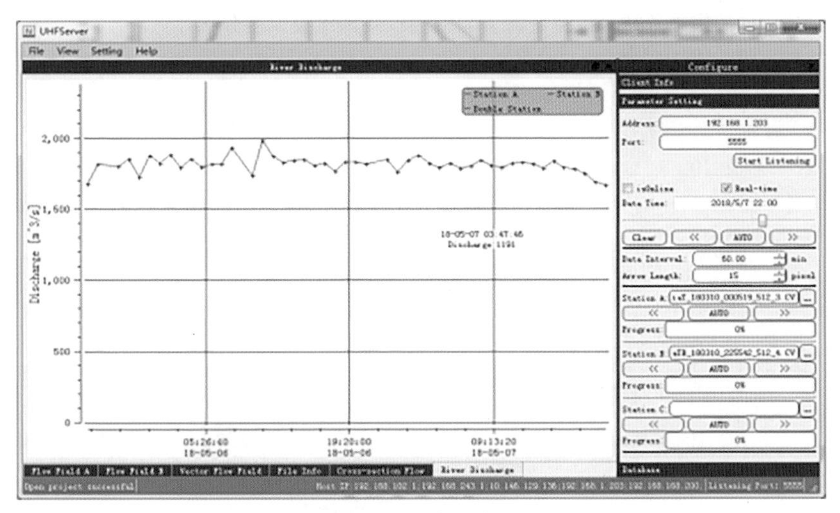

图 5.3-16 RISMAR-U 获得的汉江仙桃段流量

5.3.1.4 对比测试试验结果分析

（1）对比测试分析方法

采用仙桃（二）站常规测验方法：铅鱼缆道流速仪测流、M9 走航式 ADCP 测流与雷达测验系统同步进行流速、流量测验比对。

（2）不同水位级流量精度分析

对同一时间雷达系统流量与本站实测流量进行误差分析。

2019 年采用流速仪实测流量 82 次，同期雷达数据有 53 次，对这 53 次数据进行对比分析，测流时间范围为 3 月 11 日至 12 月 24 日，实测水位为 23.13～30.20m，实测流量在 545～4450m^3/s，其中高水期 8 次，中水期 17 次，低水期 11 次，枯水期 17 次。

雷达系统流量是由雷达各垂线表面流速按指数分布函数计算得到垂线平均流速后，借用仙桃站 2019 年实测大断面，由实时水位插补求得垂线部分面积，采用流速面积法计算得到的。其中，针对某些异常值，软件采用中值滤波法处理，流量在 546～4590m^3/s。

表 5.3-1 为雷达双站合成系统流量与流速仪实测流量误差分析计算表，枯水期系统误差和随机不确定度最低，分别为－0.4%和 7.2%，高水期次之，系统误差为 0.6%，随机不确定度为 8.6%，中水期和低水期系统误差分别为－2.1%和－2.2%，随机不确定度分别为 9.3%和 9.0%，相差不大。全部测次系统误差为－1.2%，随机不确定度为 8.0%。

按照规范中对一类精度的水文站的允许误差要求，系统误差的绝对值不大于 1%，高水期随机不确定度低于 10%，中水期低于 12%。雷达流量与流速仪实测流量误差高水期和中水期随机不确定度符合要求，但系统误差偏大 0.2%，不符合规范要求。

从整体上来看，高水期和枯水期精度较好，中低期水精度较差，与雷达测流速精度和采用的算法有关。

表 5.3-1　　雷达双站合成系统流量与流速仪实测流量误差分析计算表

分级	序号	时间	水位/m	$Q_{实}$ /(m^3/s)	$Q_{雷达}$ /(m^3/s)	相对误差/%
高水期	1	2019-09-19 13:34	28.24	3310	3250	－1.8
	2	2019-09-19 21:52	29.06	3930	3800	－3.3
	3	2019-09-20 8:08	29.83	4450	4215	－5.3
	4	2019-09-20 18:46	30.20	4450	4590	3.1
	5	2019-09-21 6:44	30.20	4170	4440	6.5
	6	2019-09-21 17:35	29.48	3660	3664	0.1
	7	2019-09-22 6:50	28.48	2860	2944	2.9
	8	2019-09-22 17:49	27.70	2350	2415	2.8
	系统误差/%		0.60	随机不确定度/%		8.6
中水期	1	2019-05-27 8:15	25.68	1130	1060	－6.2
	2	2019-06-21 10:30	25.76	938	904	－3.6
	3	2019-06-22 14:15	26.24	982	972	－1.0
	4	2019-06-24 14:40	26.38	1060	1060	0.0
	5	2019-06-26 8:15	26.12	939	893	－4.9
	6	2019-07-03 8:48	25.73	808	764	－5.4
	7	2019-07-13 14:35	26.11	641	662	3.3
	8	2019-07-15 8:20	26.60	685	708	3.4
	9	2019-07-19 9:40	26.96	666	687	3.1
	10	2019-07-21 8:05	26.74	676	650	－3.8
	11	2019-07-30 8:55	25.74	619	635	2.6
	12	2019-09-23 8:12	26.80	1920	1880	－2.1
	13	2019-09-23 16:32	26.36	1610	1640	1.9

续表

分级	序号	时间	水位/m	$Q_{实}$ /(m³/s)	$Q_{雷达}$ /(m³/s)	相对误差/%
中水期	14	2019-09-24 8:22	25.77	1390	1310	−5.8
	15	2019-09-26 8:45	25.54	1380	1300	−5.8
	16	2019-09-29 8:24	26.02	1620	1530	−5.6
	17	2019-09-30 8:00	25.69	1410	1300	−7.8
	系统误差/%		−2.20	随机不确定度/%		9.3
低水期	1	2019-05-26 8:15	25.10	956	927	−3.0
	2	2019-05-30 14:35	25.26	988	965	−2.3
	3	2019-06-06 8:25	24.74	784	776	−1.0
	4	2019-06-16 8:15	24.85	798	760	−4.8
	5	2019-06-19 8:18	25.20	834	786	−5.8
	6	2019-07-11 8:30	25.37	631	648	2.7
	7	2019-08-05 9:40	25.32	655	640	−2.3
	8	2019-08-11 8:42	25.11	756	732	−3.2
	9	2019-08-15 8:51	24.84	666	703	5.5
	10	2019-09-25 8:20	25.32	1210	1120	−7.4
	11	2019-10-01 16:28	25.00	1080	1060	−1.9
	系统误差/%		−2.10	随机不确定度/%		9.0
枯水期	1	2019-03-11 8:20	23.38	585	575	−1.7
	2	2019-04-01 8:21	23.54	627	641	2.2
	3	2019-05-05 8:40	23.43	588	572	−2.7
	4	2019-05-16 8:22	23.84	747	713	−4.6
	5	2019-05-20 8:15	24.02	730	710	−2.7
	6	2019-05-25 8:56	24.44	766	703	−8.2
	7	2019-08-28 15:01	24.21	772	785	1.7
	8	2019-08-31 8:31	24.12	770	780	1.3
	9	2019-09-04 8:29	23.74	672	700	4.2
	10	2019-09-09 8:03	23.34	609	585	−3.9
	11	2019-09-11 8:09	23.18	545	548	0.6
	12	2019-10-28 8:34	23.74	719	757	5.3
	13	2019-11-12 9:35	23.66	672	674	0.3
	14	2019-11-19 9:41	23.26	567	556	−1.9
	15	2019-11-21 8:17	23.13	549	546	−0.5

续表

分级	序号	时间	水位/m	$Q_{实}$ /(m³/s)	$Q_{雷达}$ /(m³/s)	相对误差/%
枯	16	2019-12-20 9:07	23.15	546	560	2.6
水	17	2019-12-24 10:17	23.55	659	673	2.1
期	系统误差/%		−0.40	随机不确定度/%		7.2
整体	系统误差/%		−1.20	随机不确定度/%		8.0

图 5.3-17 为不同水位时期雷达流量与流速仪实测流量关系分析图，各时期流量和流速仪实测流量相关系数 R^2 在 0.95 以上，高水期、中水期、低水期散点分布密集，相关系数 R^2 在 0.95 以上，枯水期点据较为分散，相关系数 R^2 约为 0.92，与流量量级大小有关。图 5.3-18 为雷达流量与实测流量不同时期相对误差箱线图，相对误差在−8.3%～6.5%，高水期雷达流量偏高，中水期、低水期偏低，约 76%测次相对误差在±5%以内。

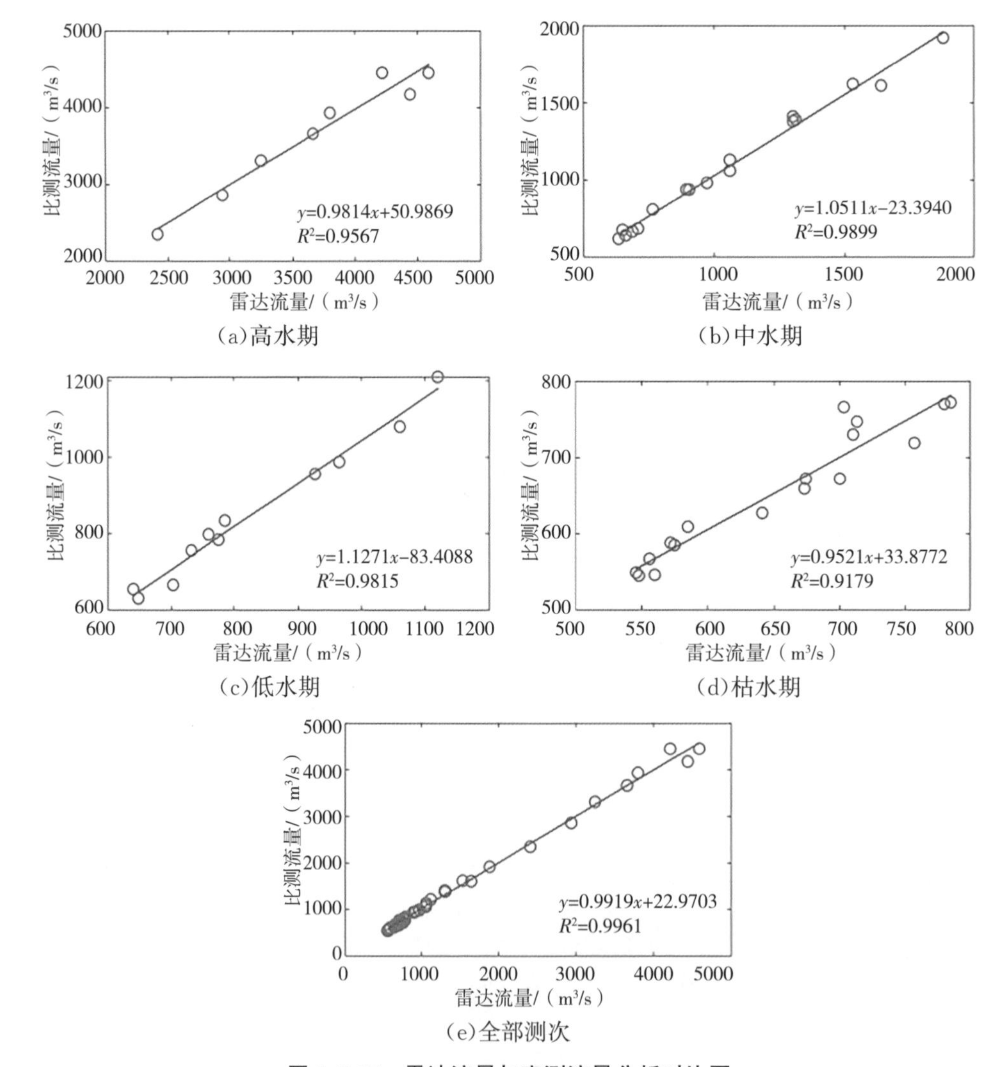

(a)高水期　(b)中水期

(c)低水期　(d)枯水期

(e)全部测次

图 5.3-17　雷达流量与实测流量分析对比图

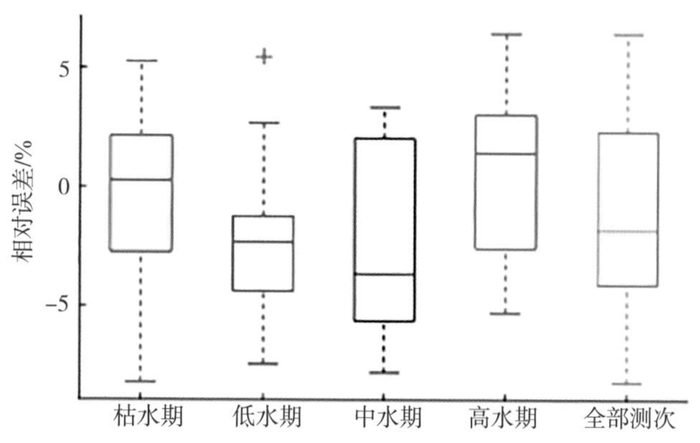

图 5.3-18　雷达流量与实测流量不同时期相对误差箱线图

(3)整编流量过程对照分析

将雷达系统流量与整编的年内洪水过程、日均流量过程进行对比，分析雷达系统流量精度。

2019 年洪峰流量在 1000m³/s 以上有 4 次洪水过程，分别为 5 月 22 日至 6 月 13 日、6 月 14 日至 7 月 6 日、9 月 19—22 日和 9 月 25 日至 10 月 1 日。将雷达系统流量与整编洪水过程进行对比，洪水流量过程精度分析见表 5.3-2，4 次洪水流量过程对比见图 5.3-19。

在表 5.3-2 中，相关系数 R^2 表征雷达流量与整编流量的相关性，其绝对值越接近 1 越好，均方根误差 RMSE 表征计算流量与整编流量平均偏离程度，其值越小越好，确定性系数 DC 表征雷达流量过程与整编流量过程拟合程度，其值越接近 1 越好。

表 5.3-2　　洪水流量过程精度分析表

序号	发生时间	洪峰流量			相关系数 R^2	均方根误差 RMSE/(m³/s)	确定性系数 DC
		整编	雷达	相对误差/%			
1	5.22—6.13	1140	1090	−4.4	0.95	62.3	0.81
2	6.14—7.6	1060	1080	1.9	0.94	51.4	0.68
3	9.19—9.22	4540	4600	1.3	0.96	168.8	0.91
4	9.25—10.1	1620	1530	−5.6	0.95	108.3	0.3

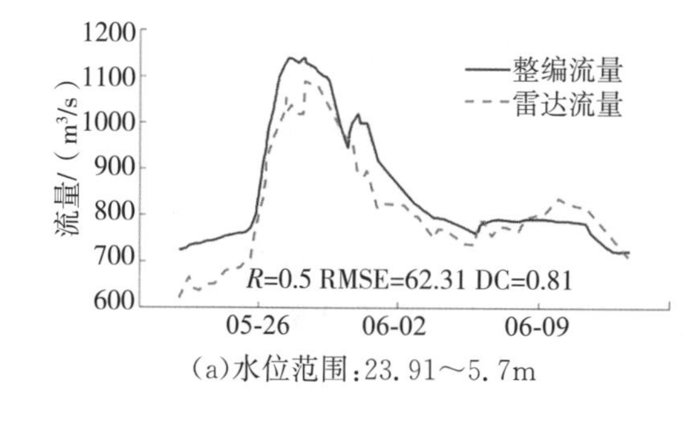

(a)水位范围：23.91～5.7m

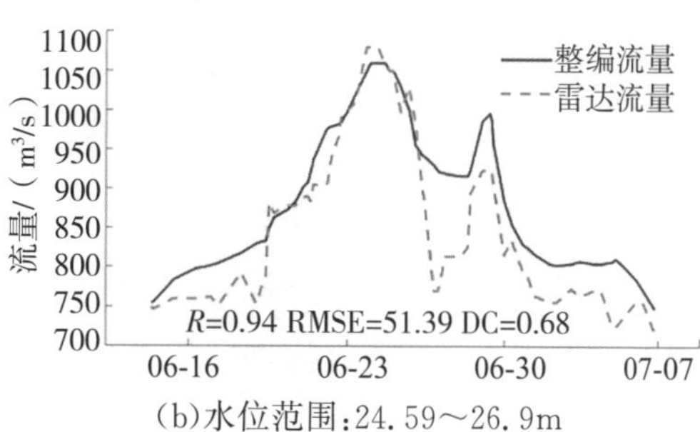

(b)水位范围：24.59～26.9m

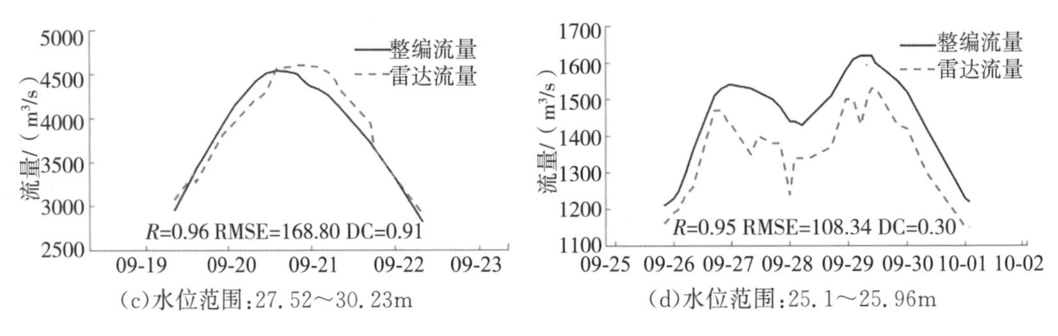

图 5.3-19　4 次洪水流量过程对比图

从图 5.3-19 和表 5.3-2 中可以看到，雷达流量过程较整编洪水过程偏小。次洪 1 至次洪 3 洪峰流量相对误差均在 5%以内，相关系数 R 较高，在 0.94 以上，均方根误差 RMSE 次洪 3 由于流量较大，其值偏大，次洪 1 和次洪 3 与整编流量过程拟合良好，确定性系数 DC 在 0.8 以上，次洪 2 在退水段拟合较差使得 DC 值降低，为 0.68。次洪 4 雷达流量过程与整编流量过程差距较大，洪峰流量相对误差为－5.6%，RMSE 为 108.3m^3/s，DC 低至 0.3。

从整体上来看，与整编流量过程相比，雷达系统流量偏小且精度不高，高洪时如次洪 3 精度较好，中、低洪水时（次洪 1、2、4）还应提高流速测量精度和改进算法以提高精度，另外，雷达系统流量过程存在锯齿，稳定性稍差。

（4）小结

①从实测流量对比分析来看，全部测次系统误差为－1.2%，雷达流量整体系统性偏小；高水、中水随机不确定度分别为 8.6%、9.3%，符合规范要求。高水期、枯水期测次系统误差较低，分别为 0.6%和－0.4%，中水期、低水期测次系统误差较大，分别为－2.1%和－2.2%；四个水情期随机不确定度均在 9.3%以下。

②从洪水过程曲线拟合情况来看，雷达流量过程整体偏低，且存在锯齿，波动较大，稳定性较差，高水期拟合精度良好，确定性系数 DC 可达 0.91，中水期、低水期精度相对较差。

③雷达利用接收回波与发射波的时间差来测定距离，利用电波传播的多普勒效应来测量目标的运动速度，并利用目标回波在各天线通道上幅度或相位的差异来判别其方向，从各测次比对情况看，流速测量值存在系统性偏小的问题。

④应加强雷达测流系统算法研究，分析查找表面流速测量结果偏低原因，进行校正，并提升定位精度；收集多个年份（包含丰、平、枯水年）断面垂线精测数据，研究仙桃水文站断面垂线流速分布规律，提出针对不同水情的垂线流速拟合曲线，以提高垂线平均流速计算精度。

⑤研究对比测试方案：2019 年对不同水位级下流速、流量进行了对比测试分析，现有的对比测试方案适应性还有待进一步提高，应考虑增加岸边部分流量对比测试分析内容，多角度评估雷达测流系统精度。

⑥增加对比测试样本数据：2019 年对比测试样本较多，但应考虑延长对比测试时期，增加对比测试年份，增加样本数据，验证分析雷达系统测量不同洪水和经历较大冲淤变化后的流量精度，进一步提高其稳定性、可靠性和客观性。

5.3.2 寸滩站侧扫雷达

5.3.2.1 寸滩站概况

寸滩水文站是长江上游干流控制站，为国家基本水文站，建于 1939 年 2 月，位于重庆市江北区寸滩街道三家滩，东经 106°36′，北纬 29°37′，集水面积 866559km^2，距河口距离 2495km。控制着岷江、沱江、嘉陵江及赤水河各主要支流汇入长江后的基本水情（图 5.3-20）。

图 5.3-20 寸滩站河段形势图

测验河段位于长江与嘉陵江汇合口下游约 7.5km 处，河段较顺直，长约 2.3km，断面最大水面宽约 823m，左岸较陡，基本为自然坡面，地物较少；右岸为卵石滩，171m 以上有竖直高约 11m 的堡坎。断面左岸上游 550m 处有砂帽石梁起挑水作用，下游 1.5km 急弯处有猪脑滩为低水控制，再下游 8km 有铜锣峡起高水控制，河床为倒坡，中泓偏左岸，河床左岸为沙土岩石，中部及右岸由卵石组成，断面基本稳定。河岸无较大植物生长，对水文测验基本无影响。洪水期波浪较大、漂浮物较多，易造成 ADCP 部分测流数据缺失以及仪器损坏。

每年 5—10 月为主汛期，水沙变化较大。7—8 月长江上游干流来水频繁，部分年份受长江一级支流来水影响较大，沙量变化亦较大。断面河床为卵石河床，冲淤变化较小。寸滩站下游约 600km 有三峡电站，水位—流量关系受三峡水库调蓄影响，三峡坝前水位达到 152m（吴淞基面）时，水位—流量关系受三峡回水顶托影响，关系较紊乱，采用连时序法整编定线；其他时期，水位—流量关系多数较单一，洪水涨落率较大时，受洪水涨落影响有绳套曲线。

寸滩站基本断面为“U”形断面，为通航河段，船舶过往频繁，且断面上下游长期存在抛锚船舶。最大水面宽大于 823m，水位变幅 33m（159～192m，吴淞高程），实测最大流量 85700m³/s（1981 年 7 月），实测最高水位 191.62m，最大流速大于 4.32m/s（走航式 ADCP）。

5.3.2.2 仪器设备情况

寸滩水文站安装的侧扫雷达，是 Ridar-800 型在线雷达测流系统，由 2 组发射天线、6 组接收天线、1 个综合机箱、8 根馈线电缆、1 个支撑架及 1 套供电线缆、1 组锂电池、1 块 200W 太阳能电池板、1 个充电控制器组成。

Ridar-800 型在线雷达测流系统工作原理：侧扫雷达采用非接触式雷达技术，对以雷达天线为圆心的 120°扇形范围内的河流表面流场、网格点流速进行连续监测，并提供网格数据服务，通过水位、过流面积、断面表面流速比的数据交换，完成流量数据网格合成，实现全天候、连续自动河流流量监测（图 5.3-21）。

图 5.3-21　雷达波发射范围内流场分布示意图

（1）技术参数

1）主要性能指标

探测河面宽度：大于 800m；

测速范围：0.05 ～ 20m/s；

测速误差（均方根误差）：≤ 0.01m/s；

速度分辨力：≤ 0.01m/s。

2)环境适应性

工作温度：室外 −40～50℃；

储存温度：−50～60℃；

海拔高度：≤5000m。

3)安装要求

天线水平方向：距水面 30m 以内；

天线垂直方向：高出水面 15～35m；

朝向河面视角：大于±45°。

4)环境要求

河宽：最小 30m，最大 800～1000m；

流速：0.05～20m/s；

水深：最小 15cm；

水波纹高度：最小 2～3cm。

(2)安装位置的选择

寸滩水文站测流断面与基本水尺断面重合，三峡电站运行以来，最大水位变幅大于33m，最大水面宽 823m，经现场查勘，选定仪器安装位置于水文上游局机关大楼临河侧的平台边缘，天线安装角度使扇面中心线垂直于平台边缘，天线发射扇形面圆心角为 120°。Ridar-800 型在线测流系统计算流量采用的断面方位角为 170°24′49″，寸滩水文站测验断面方位角为 172°01′55″。两断面基本平行，侧扫雷达断面线位于寸滩站测验断面下游，左岸间距 89.9m，右岸间距 78.3m，平均间距约 84m(图 5.3-22、图 5.3-23)。

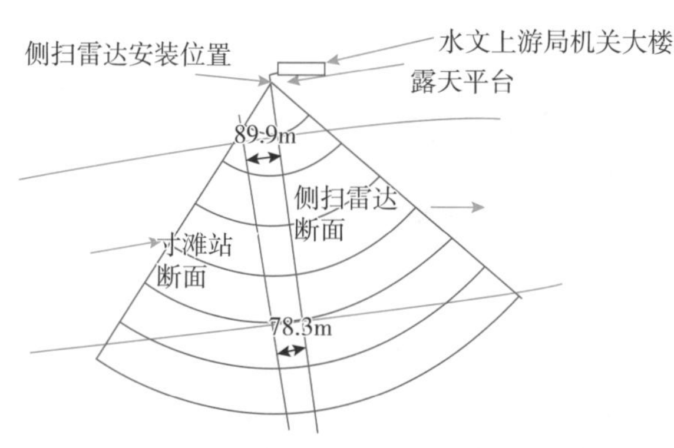

图 5.3-22　寸滩站雷达测流系统安装平面示意图

图 5.3-23　寸滩站雷达测流系统实景图

5.3.2.3 对比测试试验结果分析

(1)数据采集

侧扫雷达通过发射雷达波,作用在水体表面,利用布拉格效应收集到照射区域内所有物体运动速度,通过滤波、能量分析、方向判断等手段剔除区域内水体以外的其他流速数据,再以不同半径划定区块,计算区块内的平均流速,代表该区块对应的断面位置(起点距)上水体的表面流速。

(2)对比测试分析

1)雷达流量与实测流量对比分析

对侧扫雷达断面进行大断面施测,在侧扫雷达数据中找到与寸滩站流量施测时间(开始、结束)最接近时刻的两组数据,采用侧扫雷达流速数据,计算侧扫雷达断面开始流量、结束流量,取平均值与寸滩站实测流量进行相关分析。系统误差为 0.06%,随机不确定度为 12.6%(图 5.3-24)。

标准差计算公式:

$$S_e=\left[\frac{1}{n-2}\sum\left(\frac{Q_i-Q_{ci}}{Q_{ci}}\right)^2\right]^{\frac{1}{2}}$$

随机不确定度计算公式:

$$X'_Q=2S_e$$

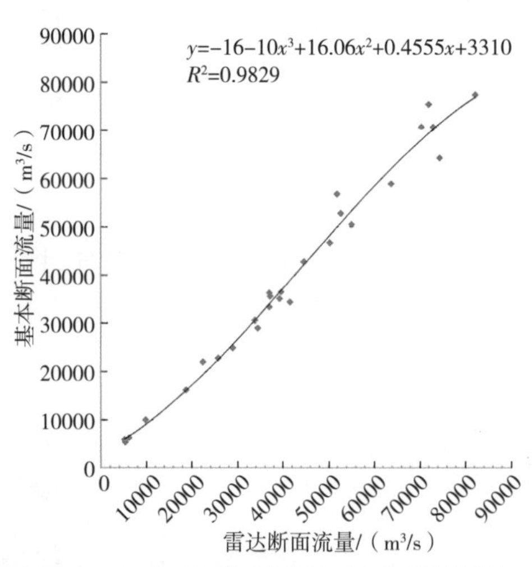

图 5.3-24 雷达断面与基本断面流量相关图

2)中泓多线及最大流速与断面平均流速的对比分析

三峡水库正常蓄水以来,每年 10 月至次年 5 月,寸滩站受三峡水库蓄水顶托影响,断面流速较小,河段内水流平稳,表面波浪较小。考虑侧扫雷达流速测量精度受限于水体表面波浪大小,故样本系列采用寸滩断面流速较大时期(2020 年 8—10 月、2021 年 5—6 月),在不同流量级,随机挑选 30~40 次流量,计算实测流量平均时间,找到与该时间最接近的侧扫雷达数据,分别提取中泓 8 线、6 线、4 线流速平均值或最大垂线流速与寸滩站实测流量断面平均流速进行相关分析(表 5.3-3 至表 5.3-5,图 5.3-25)。

表 5.3-3　　雷达流量与实测流量误差计算表

寸滩站流量成果						侧扫雷达断面流量/(m^3/s)			误差分析	
测次	日期	开始时间	结束时间	水位/m	流量/(m^3/s)	开始时刻流量	结束时刻流量	平均流量	线上流量/(m^3/s)	相对误差/%
85	2020-08-09	17:55	18:07	173.27	29000	34600	34300	34400	30875.11	−6.07
87	2020-08-11	10:00	10:23	171.05	22800	25400	26000	25700	22753.67	0.2
89	2020-08-13	6:40	6:55	174.98	34400	41300	41900	41600	38659.99	−11.02
93	2020-08-15	9:40	10:27	182.71	52800	53700	51700	52700	51317.38	2.89
94	2020-08-16	8:27	9:02	180.52	46700	50800	49800	50300	48614.86	−3.94
95	2020-08-17	14:51	15:33	181.52	50500	54700	55500	55100	53953.45	−6.4
96	2020-08-18	7:14	7:33	184.62	58900	64000	63700	63800	62648.94	−5.98
97		17:27	18:03	186.82	64300	73100	75600	74400	71138.95	−9.61
98	2020-08-19	6:40	6:59	188.74	70700	72900	73000	73000	70120.00	0.83
99		18:13	18:27	190.57	75400	72100	72000	72000	69379.58	8.68
100	2020-08-20	7:44	8:19	191.56	77400	80800	83700	82200	76879.42	0.68
101		17:25	19:30	190.80	70700	71100	69600	70400	68166.11	3.72
102	2020-08-21	8:40	9:01	187.58	56800	54300	49500	51900	50422.76	12.65
103		18:33	18:55	183.82	42800	45100	44100	44600	42076.65	1.72
104	2020-08-22	7:44	9:29	180.42	36300	36700	37200	37000	33595.33	8.05
105	2020-08-23	8:43	8:59	179.03	35600	39300	35200	37200	33809.40	5.30
106	2020-08-24	11:46	12:01	178.16	35100	39100	39500	39300	36093.51	−2.75
109	2020-08-27	8:34	9:02	177.1	33400	37300	36600	37000	33595.33	−0.58
115	2020-09-02	8:38	9:10	176.52	36500	39900	39300	39600	36424.80	0.21
119	2020-09-07	8:26	8:39	167.61	16200	18600	19000	18800	17292.98	−6.32

续表

寸滩站流量成果						侧扫雷达断面流量/(m^3/s)			误差分析	
测次	日期	开始时间	结束时间	水位/m	流量/(m^3/s)	开始时刻流量	结束时刻流量	平均流量	线上流量/(m^3/s)	相对误差/%
126	2020-09-16	8:52	9:23	171.23	24900	28100	29700	28900	25557.58	-2.57
127	2020-09-17	9:32	9:46	173.58	30600	34500	33000	33800	30265.04	1.11
139	2020-10-09	10:36	10:59	176.24	22000	22200	22600	22400	20063.09	9.65
146	2020-11-09	9:38	9:58	174.98	10000	97700	10000	9880	10208.65	-2.04
151	2020-12-04	12:42	13:07	174.20	5870	5070	5210	5140	5313.29	10.48
1	2021-01-01	8:26	8:40	173.10	6270	6210	6150	6180	6513.40	-3.74
3	2021-01-08	9:03	9:16	171.80	5350	5360	5330	5340	5550.73	-3.62
									系统误差/%:0.06	
									随机不确定/%:12.57	

表 5.3-4　　中泓多线及最大流速与断面平均流速误差分析

寸滩站流量成果					侧扫雷达流速/(m/s)				误差分析	
测次	日期	水位 /m	流量 /(m^3/s)	平均流速 /(m/s)	中泓 8 线流速均值 (300～440m)	中泓 6 线流速均值 (320～420m)	中泓 4 线流速均值 (340～400m)	最大流速	最大流速归线计算 /(m/s)	相对误差 /%
85	2020-08-09	173.27	29000	2.50	3.61	3.70	3.76	4.01	2.46	1.44
87	2020-08-11	171.05	22800	2.32	3.22	3.33	3.42	3.79	2.35	−1.18
89	2020-08-13	174.98	34400	2.67	4.24	4.29	4.31	4.46	2.70	−1.24
93	2020-08-15	182.71	52800	2.79	3.99	4.04	4.08	4.42	2.68	4.01
94	2020-08-16	180.52	46700	2.72	3.91	4.00	4.06	4.35	2.65	2.83
95	2020-08-17	181.52	50500	2.81	4.49	4.56	4.59	4.69	2.83	−0.56
96	2020-08-18	184.62	58900	2.96	4.58	4.65	4.70	4.91	2.94	0.59
97	2020-08-18	186.82	64300	2.96	4.98	5.02	5.05	5.21	3.10	−4.57
98	2020-08-19	188.74	70700	3.05	4.68	4.75	4.81	4.93	2.95	3.28
99	2020-08-19	190.57	75400	3.02	4.47	4.53	4.56	4.90	2.94	2.82
100	2020-08-20	191.56	77400	3.00	4.58	4.67	4.74	4.98	2.98	0.68
101	2020-08-20	190.80	70700	2.81	4.11	4.19	4.22	4.71	2.84	−0.93
102	2020-08-21	187.58	56800	2.54	3.49	3.55	3.59	4.11	2.52	0.89
103	2020-08-21	183.82	2800	2.24	3.17	3.22	3.25	3.53	2.21	1.73
104	2020-08-22	180.42	36300	2.20	3.12	3.21	3.26	3.54	2.22	−0.68
105	2020-08-23	179.03	35600	2.25	3.37	3.43	3.46	3.59	2.24	0.38
106	2020-08-24	178.16	35100	2.31	3.55	3.63	3.63	3.70	2.23	0.43
109	2020-08-27	177.10	33400	2.32	3.28	3.34	3.39	3.66	2.28	1.81
110	2020-08-28	174.18	25300	2.09	2.94	3.03	3.10	3.33	2.10	−0.64
112	2020-08-31	170.77	20700	2.17	2.92	2.97	3.01	3.48	2.18	−0.60

续表

寸滩站流量成果					侧扫雷达流速/(m/s)				误差分析	
测次	日期	水位/m	流量/(m^3/s)	平均流速/(m/s)	中泓8线流速均值(300～440m)	中泓6线流速均值(320～420m)	中泓4线流速均值(340～400m)	最大流速	最大流速归线计算/(m/s)	相对误差/%
115	2020-09-02	176.52	36500	2.61	4.00	4.04	4.08	4.32	2.63	−0.73
117	2020-09-04	170.64	20300	2.15	3.03	3.15	3.23	3.60	2.25	−4.31
119	2020-09-07	167.61	16200	2.26	3.21	3.33	3.42	3.73	2.32	−2.42
126	2020-09-16	171.23	24900	2.53	3.89	3.92	3.92	4.27	2.60	−2.79
127	2020-09-17	173.58	30600	2.59	3.75	3.82	3.88	4.19	2.56	1.16
135	2020-10-02	173.86	20300	1.95	2.80	2.86	2.92	3.17	2.02	−3.40
139	2020-10-09	176.24	22000	1.58	2.06	2.12	2.18	2.31	1.56	1.16
141	2020-10-14	174.68	17200	1.37	1.71	1.78	1.84	1.97	1.38	−0.82
142	2020-10-19	175.40	17700	1.34	1.66	1.72	1.76	1.93	1.36	−1.48
31	2021-05-03	162.81	7920	2.03	3.01	3.08	3.14	3.17	2.02	0.57
33	2021-05-10	162.66	7750	2.02	2.99	3.06	3.08	3.39	2.14	−5.40
37	2021-05-20	161.90	7580	2.32	2.57	2.56	2.54	3.55	2.22	4.49
39	2021-05-31	161.50	7210	2.35	2.70	2.72	2.78	3.61	2.25	4.34
40	2021-06-09	160.17	5540	2.33	3.24	3.24	3.23	3.47	2.18	6.99
42	2021-06-18	164.84	13600	2.58	4.07	4.13	4.18	4.45	2.70	−4.38
45	2021-06-21	165.70	13800	2.34	2.73	2.80	2.92	3.78	2.34	−0.11
48	2021-06-27	164.11	11900	2.47	3.58	3.72	3.84	4.20	2.57	−3.72
50	2021-06-29	165.20	14600	2.33	3.28	3.34	3.41	3.74	2.32	0.38
								系统误差/%：−0.01		
								随机不确定度/%：5.56		

表 5.3-5 雷达最大流速与寸滩站断面平均流速相关分析验证计算表

寸滩站流量成果					侧扫雷达		误差分析
测次	日期	水位 /m	流量 /(m³/s)	平均流速 /(m/s)	最大流速 /(m/s)	归线计算 /(m/s)	相对误差 /%
86	2020-08-10	173.65	29300	2.46	3.9	2.41	2.24
88	2020-08-12	170.60	22800	2.40	3.79	2.35	2.22
90	2020-08-12	177.36	41900	2.83	4.25	2.59	9.18
91	2020-08-14	181.55	52700	3.06	4.96	2.97	3.06
92	2020-08-14	183.82	57600	2.98	4.9	2.94	1.46
107	2020-08-25	183.42	37600	2.44	4.02	2.47	−1.21
108	2020-08-26	183.98	39200	2.48	4.01	2.46	0.62
111	2020-08-30	171.99	22600	2.19	3.63	2.26	−3.22
113	2020-09-01	172.86	29200	2.63	4.08	2.50	5.13
114	2020-09-01	175.86	36500	2.68	4.34	2.64	1.52
116	2020-09-03	174.30	28900	2.35	3.77	2.34	0.55
118	2020-09-06	168.18	16400	2.15	3.60	2.25	−4.31
120	2020-09-08	169.48	20400	2.38	4.00	2.46	−3.22
121	2020-09-09	168.70	18700	2.34	3.93	2.42	−3.39
122	2020-09-10	167.72	17300	2.38	4.00	2.46	−3.22
123	2020-09-11	168.61	19600	2.47	4.13	2.53	−2.31
124	2020-09-12	169.43	20200	2.37	3.94	2.43	−2.37
125	2020-09-14	169.05	20000	2.43	4.06	2.49	−2.46
128	2020-09-18	174.63	32500	2.60	4.18	2.55	1.77
129	2020-09-19	175.28	33500	2.56	4.31	2.62	−2.44
130	2020-09-21	171.88	23500	2.26	3.63	2.26	−0.13
131	2020-09-23	170.67	21100	2.23	3.48	2.18	2.14
132	2020-09-25	169.63	19000	2.18	3.47	2.18	0.10
133	2020-09-28	171.59	24100	2.36	3.84	2.37	−0.60
134	2020-09-30	171.95	23300	2.22	3.58	2.24	−0.73
136	2020-10-3	171.74	16500	1.60	2.40	1.61	−0.60
137	2020-10-05	174.39	19500	1.59	2.30	1.56	2.15
138	2020-10-07	175.40	20100	1.52	2.21	1.51	0.74
140	2020-10-11	175.38	17800	1.38	2.10	1.45	−4.85
32	2021-05-07	163.50	8600	1.96	2.88	1.86	5.12
34	2021-05-12	163.28	7640	2.18	3.48	2.18	−0.15

续表

寸滩站流量成果					侧扫雷达		误差分析
测次	日期	水位 /m	流量 /(m³/s)	平均流速 /(m/s)	最大流速 /(m/s)	归线计算 /(m/s)	相对误差 /%
35	2021-05-14	163.18	9480	2.28	3.10	1.98	15.07
36	2021-05-17	163.38	9490	2.21	2.97	1.91	15.56
38	2021-05-24	160.84	6270	2.29	3.32	2.10	9.14
41	2021-06-17	162.18	8450	2.46	3.74	2.32	5.98
43	2021-06-19	166.48	15800	2.42	3.87	2.39	1.24
44	2021-06-20	167.72	18000	2.47	4.08	2.50	−1.27
46	2021-06-24	164.30	11700	2.39	3.89	2.40	−0.45
47	2021-06-25	163.42	10100	2.33	3.82	2.36	−1.43
49	2021-06-28	166.54	16300	2.49	4.04	2.48	0.38
51	2021-06-30	165.20	13400	2.43	3.41	2.15	13.23
					系统误差/%:1.47		
					水机不确定度/%:9.44		

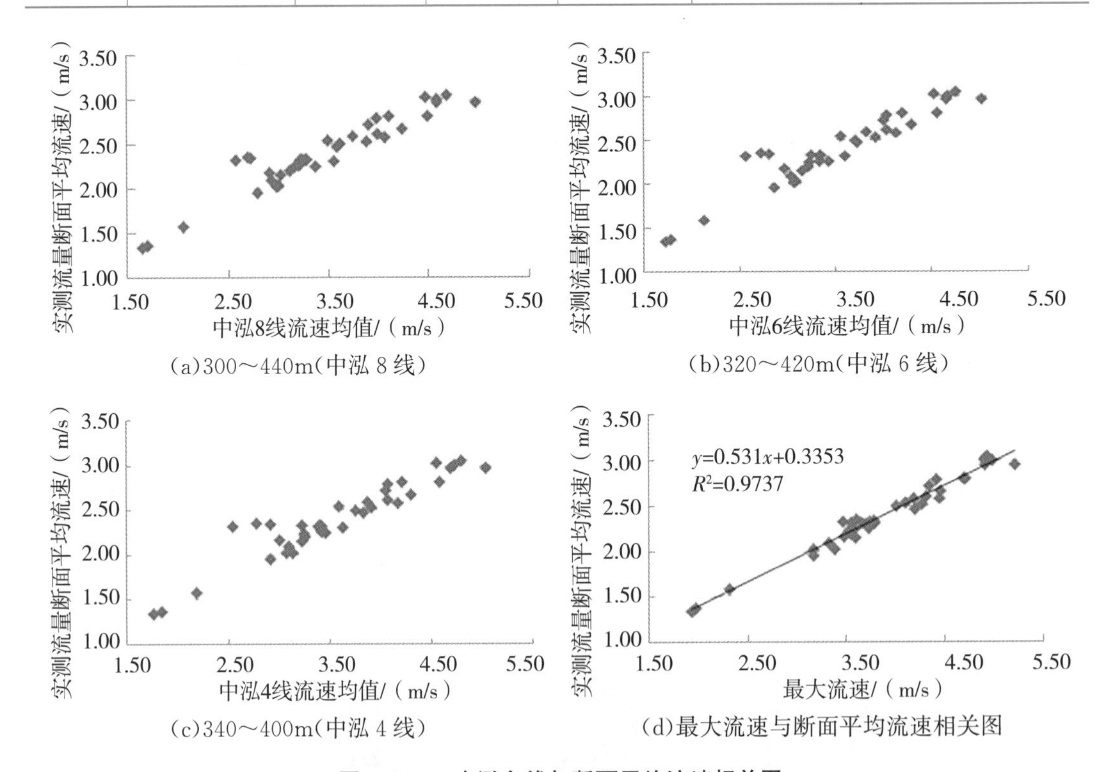

(a)300～440m(中泓 8 线)　(b)320～420m(中泓 6 线)

(c)340～400m(中泓 4 线)　(d)最大流速与断面平均流速相关图

图 5.3-25　中泓多线与断面平均流速相关图

通过对比以上相关分析，侧扫雷达所测最大垂线流速与寸滩站断面平均流速相关性最好。线性相关公式：$y=0.531x+0.3353$（x：雷达最大垂线流速；y：基本断面平均流速），相

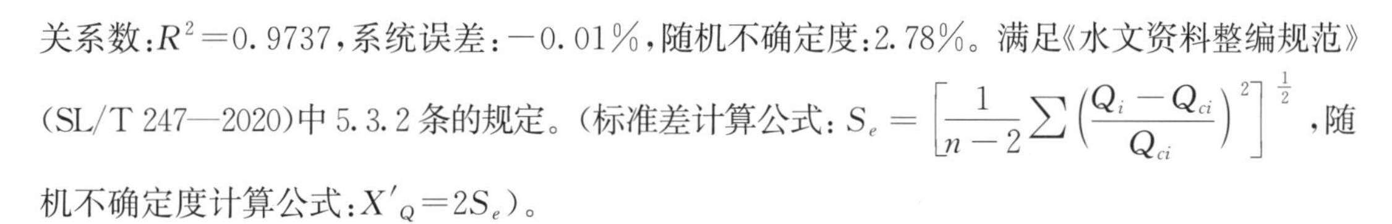

关系数：$R^2=0.9737$，系统误差：-0.01%，随机不确定度：2.78%。满足《水文资料整编规范》(SL/T 247—2020)中 5.3.2 条的规定。(标准差计算公式：$S_e=\left[\frac{1}{n-2}\sum\left(\frac{Q_i-Q_{ci}}{Q_{ci}}\right)^2\right]^{\frac{1}{2}}$，随机不确定度计算公式：$X'_Q=2S_e$)。

(3)小结

①通过对寸滩站侧扫雷达进行对比测试分析，在基本断面平均流速大于 1.34m/s 情况下，雷达最大垂线流速与基本断面平均流速可建立线性相关关系：$y=0.531x+0.3353$(x：雷达最大垂线流速；y：基本断面平均流速)。

②侧扫雷达提供的是天线所在断面起点距间距 20m 的流速值，雷达波测量水体表面流速，且能大概率代表水面以下 0.2m 的流速，最直接的对比测试方法是进行雷达断面测量，以起点距 20m 为间距，确定垂线平面位置，通过 GPS 定位，用流速仪测量每条垂线水面下 0.2m 的流速，与同时刻侧扫雷达所测数据进行对比分析。寸滩站(船测站)由于受到吊船绳长度的限制，实施难度大。如果不采用吊船施测，测船摆动较大，流速测量精度无法保障，且流速较大时，设备及人员安全难以保证，在寸滩站无法进行点流速的对比测试。

③鉴于雷达表面流速的计算方法、起点距的定位方法、时间的不同步等与传统方法差异较大，给对比测试带来了困难，现有的对比测试方案适应性还有待进一步提高。

5.3.3 横江站缆道雷达

5.3.3.1 横江站基本概况

横江站建于 1940 年，由长江委设立领导至今，测站位于四川省宜宾市横江镇和平村，东经 104°21′，北纬 28°33′，集水面积 14781km²，距金沙江汇合口约 13km，为横江流域河口控制站。该站为收集长江支流横江的水流规律以及河流水文特性而建立的二类精度流量站、二类精度泥沙站，为国家重要基本水文站。测验项目齐全，其中水位、降水实现自记固态存储，自动报讯；常规流速仪岸缆测流，常年驻测；单沙、悬移质输沙率 12 月至次年 3 月停测，其余时间驻测；水质测验巡测。

横江为金沙江下段一级支流，其上游已实现五级水电梯级开发，距离最近的是张窝水电站在横江水文站上游 4km；横江流域地形复杂，暴雨洪水频繁，泥石流及岸边坍塌事件时有发生，建成的水电站调蓄洪作用有限，河段陡涨陡落的洪水特性未根本改变，横江水文断面中低水时，水位—流量关系为单一线，高水有反曲或绳套特性，梯级电站多层拦沙作用明显，能大幅减少悬沙中的粗沙占比。

横江水文测验河段位于皮锣滩与水狮滩之间，顺直长约 400m，中高水时，河宽 94～160m，河底呈"U"形，无分流、串沟、回流、死水，有支流入汇，河床由卵石组成，在基本水尺断面下游约 70m 处有一急滩，当水位达 289m 以上时，急滩逐渐被淹没，急滩右岸为卵石碛坝。

测验河道低水为急滩控制，高水为下游弯道与河槽控制，河床由卵石夹沙组成，左深右浅，呈“U”形，左岸中高水为石堤，河床较稳定。根据横江水文站历史资料分析，横江站 400m^3/s 为低水流量，400m^3/s 以上为中高水流量，通过水位—流量综合关系曲线查算，400m^3/s 流量相应水位为 287.00m，近年最高水位为 297.06m。从数据统计分析结果看，近 10 年低水断面冲淤变化较大，多年平均冲淤变化 2.27%，2016 年后低水断面变化较小，趋于稳定。横江水文站中、低水位—流量关系受断面冲淤影响，呈现扫把形状，年际存在 2%～3%的摆动；测验断面上游 4km 建有张窝水电站，受电站蓄放水影响，涨落较快，一般可达 1m/h，极端情况下 10min 可上涨 1.3m(2016 年)。受涨落影响，水位涨落快时，水位—流量关系呈逆时针绳套。高水受下游水狮滩弯道影响，高水水位—流量关系在大水年份呈反曲，见图 5.3-26。

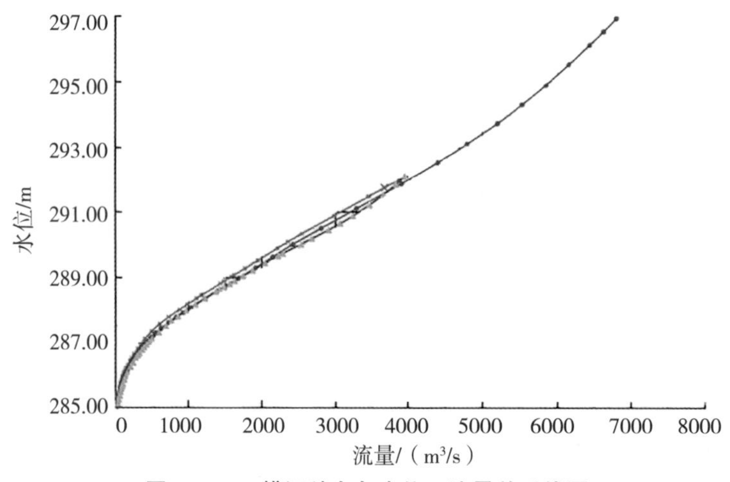

图 5.3-26 横江站多年水位—流量关系线图

横江水文站常规测流方案为在起点距 40m、60m、80m、100m、120m、140m、160m 按 5～7 线二点法、测速历时 100s 或 60s 施测测点流速。涨落快时，常测法由于测验历时相对水位涨落太长，采用 8 线 0.0(起点距 40m、50m、60m、80m、100m、120m、140m、160m)、7 线 0.0(起点距 40m、60m、80m、100m、120m、140m、160m)水面一点法测验。由于横江为山溪性河流，河水陡涨陡落，涨水时满河都是树木、杂草等漂浮物，流速仪极易损坏，导致测流失败。满河的漂浮物使浮标不易分辨，浮标测流难以实现。

5.3.3.2 仪器设备情况

(1)系统工作原理

横江站雷达波测流系统利用两根直径大于 8mm 的钢丝绳做导轨，雷达运行车采用最新的四驱动力结构，将雷达波测速探头、双直流电机、雷达测速控制器、无线电台等设备安装在雷达运行小车内，通过驱动轮悬挂在导轨绳上。当雷达测速控制器通过无线电台接收到运行指令，控制雷达运行车内的电机控制指令将雷达运行车运行到测流断面指定位置，然后将位置信息通过无线电台发送给系统控制器，雷达运行车自动完成指定位置水面流速测量，测量完成后通过无线电台将数据发送给 RTU 系统控制器。RTU 系统控制器同时采集水位数据，根据采集到的水位数据、流速数据以及配置的断面数据，计算出断面流量，并将相关数据通过 GPRS 无线数据传输模块或者北斗数据传输终端发送到远程服务器上，从而实现断面无人值守自动测验。当完成测流后，将雷达运行车自行开回控制箱内自动充电。用户通过网页形式访问服务器，查看最终数据，根据当地水文情况，设置断面数据、测流点位、测流时间、水位变化涨落自动加测幅度和间隔，根据时间导出流量计算结果表等。横江站雷达波测流系统安装见图 5.3-27、图 5.3-28。

图 5.3-27　横江站雷达测流系统实景

图 5.3-28　雷达测流系统右岸控制排架

(2)系统设备组成

系统由雷达表面流速仪、雷达运行车、系统控制器、雷达测速控制器、流量计算终端、在线充电箱、蓄电池、无线电台、RTU 遥测终端机、水位计(浮子、气泡或雷达)和中心站软件等组成，见图 5.3-29。

(a)雷达运行车

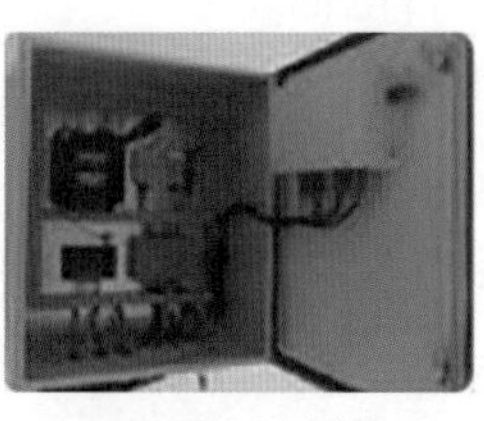

(b)系统控制箱

(c)弹簧限位开关

(d)太阳能电池板

图 5.3-29　缆道雷达测流系统组成部分示意图

(3)系统特点

①利用雷达流速仪自动完成测流断面各设定垂线水面流速的自动监测。

②要求在测站现场完成流量计算,并能查询、显示任意测次流量成果。

③系统可以根据水位变化自行调整测流垂线数(垂线布设方案可根据客户要求任意设置,远超过3个);水位计数据可以单独使用,也可以与水情信息采集系统共用。

④具有采集浮子、雷达和气泡式水位计水位信息的功能,且能根据设定的水位自行切换。横江站雷达测流系统从测站水位计主板接线读取水位,转换为代码,通过近传电台,把代码发送到雷达测流系统中,系统内接收到编码后,解读出水位数据与雷达测流数据,形成数据包发送到公司的接收平台服务器上。每次测流时,雷达系统发出指令,开始召测水位数据,因此,横江站雷达波测流系统采用水位与测站正式使用水位完全一致。

⑤具有以下测流模式:

a. 定时施测模式。

每天根据设定时间(可现场或远程修改)施测流量。

b. 在非测流时间。

现场能人工控制增加测次。

c. 加密施测模式。

与前次测流水位相比,水位变幅(可现场或远程修改)超过±0.5m时,增测一次流量。

d. 低水位停测模式。

当水位低于设定的停测水位值时,系统控制器停止雷达波测流系统运行。

e. 低温停测模式。

当工作环境温度低于设定的停测温度(如零度)时,系统控制器停止雷达波测流系统运行。

⑥测完流量后,将流量、相应水位传送给测站的雨水情信息采集系统;将垂线流速等成果信息发送到在线测流系统中心;包括测次、起止时间、垂线数、垂线起点距、垂线流速、过水面积,水面宽、最大水深、最大流速,相应水位、流量以及系统运行参数。存储的数据能下载生成文本文件并直接参与资料整编。

⑦采用太阳能浮充蓄电池供电,蓄电池容量必须保证连续45天阴雨天系统能正常运行,配置的太阳能板应能保证2个太阳天内充满蓄电池。

⑧有自动校时功能(系统时间应严格与北京时间同步)。

⑨具有现场和远程参数(所有参数)修改功能。

⑩流速测量范围为0.15~15m/s;最大测程≥30m;测验河道断面为20~200m。

⑪全天候,大、中、小以及暴雨天均可正常测量流速。

5.3.3.3 对比测试试验结果分析

(1)资料收集情况

横江站雷达波测流系统建成后,经过15天调试(包括测试接入匹配自记水位、更换适合的雷达头及四驱电机等)正式进行适用性运行。雷达波测流系统位于测速小车断面位于基本水尺断面上游2m处，其测速小车平行于测流断面运行，雷达波测流系统对比测试期间采用与流速仪常测法测流相同的测速垂线、相同时间段同步对比测试，同时设定时段及涨落率自动测流方式，系统参数借用的断面数据与流速仪测流断面保持相同。2019年8月14日至2020年9月7日，收集雷达波测流与流速仪同步对比测试38次，其中这两种测流法相应水位差最大差0.04m，最大时间差35min，多数测次水位及时间基本吻合。但高水或者水位涨落较快时难以做到完全同步。雷达波测流系统不间断测得不同水位级、不同流量级、不同时间段长系列流量实测资料共1354次。

(2)对比测试分析

雷达波测流系统所测流速为断面表面流速，需要建立雷达波测流系统测验资料与流速仪测验资料的关系。由于横江站雷达波测流系统测验与流速仪测验无法完全同步，而中高水涨落较快，水位—流量关系有涨落绳套出现，要获得与雷达波测流系统实测流量完全相同情形下的对应流速仪流量较为困难，而横江站历年水位—流量具有较好的关系。因此，本次分析采用雷达波测流系统实测流量与对应时间流速仪整编流量进行分析。水位288.0m以上(雷达波虚流量1000m³/s以上)的雷达波流量资料共93次。为检验标定后的模型对未来数据的预测能力，现将观测数据按时序排列，随机地将序号为1、2的测次作为标定模型数据，序号为3的测次作为模型验证数据；序号为4、5的测次作为标定模型数据，以此类推，序号为3的整数倍数的31个测次作为验证数据，其他62个测次为标定数据。

1)模型的建立

采用横江站随机抽样的62个测实测雷达波流量资料与对应的流速仪推算流量建立关系。率定期间的水流情况：率定时间为2019年8月14日至2020年9月7日，对比测试期水位变幅为288.00～294.62m，对比测试期流量变幅为837～4780m³/s，对比测试期断面平均流速变幅为1.68～3.46m/s。

分别建立线性关系和二次多项式关系，相关情况见表5.3-6、表5.3-7，图5.3-30、图5.3-31。

表5.3-6 雷达波虚流量与断面流量线性关系表

序号	测次号	日期	起时	止时	水位/m	雷达虚流量/(m³/s)	整编流量/(m³/s)	推算流量/(m³/s)	误差/%
1	477	2020-07-02	17:06	17:23	288.00	1060	837	854	2.06
4	321	2019-09-09	12:45	13:01	288.01	1020	842	821	−2.47
7	546	2020-07-20	15:05	15:21	288.05	1020	862	821	−4.73
10	275	2019-09-05	7:30	7:46	288.10	1090	886	879	−0.78
13	276	2019-09-05	8:40	9:03	288.14	1100	906	887	−2.06
16	462	2020-07-01	13:45	14:01	288.14	1040	906	838	−7.53
19	132	2019-08-14	16:09	16:33	288.23	1180	952	953	0.15

续表

序号	测次号	日期	起时	止时	水位/m	雷达虚流量/(m^3/s)	整编流量/(m^3/s)	推算流量/(m^3/s)	误差/%
22	691	2020-09-01	2:15	2:31	288.24	1200	958	970	1.25
25	674	2020-08-24	19:10	19:26	288.25	1160	963	937	−2.71
28	273	2019-09-05	3:41	3:57	288.27	1200	973	970	−0.31
31	348	2019-09-11	7:59	8:15	288.28	1200	979	970	−0.92
34	129	2019-08-14	10:00	10:19	288.31	1180	994	953	−4.08
37	350	2019-09-11	11:00	11:16	288.38	1280	1030	1040	0.59
40	542	2020-07-19	11:50	12:06	288.44	1290	1060	1040	−1.48
43	654	2020-08-17	8:00	8:16	288.48	1340	1090	1090	−0.40
46	470	2020-07-02	8:00	8:16	288.50	1360	1100	1100	0.20
49	474	2020-07-02	13:55	14:11	288.54	1360	1120	1100	−1.59
52	463	2020-07-01	15:30	15:43	288.56	1370	1130	1110	−1.73
55	540	2020-07-19	7:10	7:26	288.63	1480	1180	1200	1.81
58	634	2020-08-14	1:25	1:41	288.65	1500	1190	1220	2.34
61	632	2020-08-13	21:40	21:56	288.73	1520	1240	1230	−0.45
64	672	2020-08-24	17:29	17:45	288.86	1670	1320	1360	2.91
67	531	2020-07-17	18:34	18:50	288.96	1730	1380	1410	2.03
70	626	2020-08-13	11:54	12:10	289.07	1800	1450	1470	1.09
73	661	2020-08-18	10:27	10:43	289.10	1860	1470	1520	3.09
76	460	2020-07-01	8:00	8:16	289.55	2270	1790	1850	3.59
79	623	2020-08-13	8:46	9:02	289.82	2510	1980	2050	3.66
82	628	2020-08-13	14:16	14:29	289.90	2540	2040	2080	1.83
85	629	2020-08-13	18:19	18:31	290.31	2890	2360	2370	0.28
88	449	2020-06-30	12:50	13:06	292.53	4790	3940	3940	−0.08
91	451	2020-06-30	15:10	15:26	294.50	5850	4740	4810	1.53
2	702	2020-09-06	17:10	17:26	288.01	1060	842	854	1.46
5	548	2020-07-21	0:30	0:46	288.02	1040	847	838	−1.09
8	694	2020-09-01	7:50	8:06	288.08	1070	877	863	−1.65
11	130	2019-08-14	10:50	11:06	288.12	1060	896	854	−4.66
14	659	2020-08-18	6:25	6:41	288.14	1090	906	879	−2.97
17	314	2019-09-08	18:05	18:21	288.18	1120	927	904	−2.50
20	686	2020-08-31	12:45	13:01	288.24	1150	958	929	−3.06

续表

序号	测次号	日期	起时	止时	水位/m	雷达虚流量/(m^3/s)	整编流量/(m^3/s)	推算流量/(m^3/s)	误差/%
23	656	2020-08-17	20:25	20:41	288.24	1260	958	1020	6.43
26	466	2020-07-01	22:10	22:26	288.25	1130	963	912	−5.28
29	343	2019-09-11	0:51	1:07	288.27	1220	973	987	1.39
32	469	2020-07-02	4:46	5:02	288.28	1280	979	1040	5.83
35	538	2020-07-19	0:15	0:31	288.31	1230	994	995	0.08
38	534	2020-07-18	8:00	8:16	288.39	1270	1040	1030	−1.17
41	315	2019-09-08	21:55	22:11	288.47	1350	1080	1090	1.29
44	339	2019-09-10	19:16	19:28	288.49	1260	1090	1020	−6.46
47	529	2020-07-17	11:37	11:53	288.53	1390	1120	1130	0.62
50	133	2019-08-14	17:24	17:44	288.55	1430	1130	1160	2.66
53	652	2020-08-17	6:42	6:59	288.60	1450	1160	1180	1.43
56	131	2019-08-14	14:50	15:09	288.64	1520	1180	1230	4.61
59	316	2019-09-09	1:00	1:16	288.68	1540	1210	1250	3.38
62	347	2019-09-11	7:16	7:29	288.79	1640	1270	1330	5.01
65	461	2020-07-01	12:40	12:56	288.90	1580	1340	1280	−4.18
68	621	2020-08-13	5:55	6:11	288.97	1690	1390	1370	−1.09
71	662	2020-08-18	10:45	11:01	289.09	1810	1460	1470	0.96
74	651	2020-08-17	5:35	5:51	289.21	1880	1540	1530	−0.52
77	459	2020-07-01	7:35	7:51	289.72	2360	1910	1930	0.97
80	624	2020-08-13	10:34	10:50	289.88	2470	2030	2020	−0.52
83	625	2020-08-13	11:07	11:24	289.94	2470	2070	2020	−2.44
86	458	2020-07-01	5:50	6:06	290.34	2980	2380	2440	2.56
89	455	2020-06-30	22:20	22:36	292.86	4750	4110	3900	−5.02
92	453	2020-06-30	18:01	18:14	294.62	5800	4780	4770	−0.18

表 5.3-7 雷达波虚流量与断面流量二次多项式关系表

序号	测次号	日期	起时	止时	水位/m	雷达虚流量/(m^3/s)	整编流量/(m^3/s)	推算流量/(m^3/s)	误差/%
1	477	2020-07-02	17:06	17:23	288.00	1060	837	862	2.98
4	321	2019-09-09	12:45	13:01	288.01	1020	842	830	−1.43
7	546	2020-07-20	15:05	15:21	288.05	1020	862	830	−3.72

续表

序号	测次号	日期	起时	止时	水位/m	雷达虚流量/(m^3/s)	整编流量/(m^3/s)	推算流量/(m^3/s)	误差/%
10	275	2019-09-05	7:30	7:46	288.10	1090	886	886	0.00
13	276	2019-09-05	8:40	9:03	288.14	1100	906	894	−1.32
16	462	2020-07-01	13:45	14:01	288.14	1040	906	846	−6.63
19	132	2019-08-14	16:09	16:33	288.23	1180	952	958	0.65
22	691	2020-09-01	2:15	2:31	288.24	1200	958	974	1.69
25	674	2020-08-24	19:10	19:26	288.25	1160	963	942	−2.17
28	273	2019-09-05	3:41	3:57	288.27	1200	973	974	0.13
31	348	2019-09-11	7:59	8:15	288.28	1200	979	974	−0.49
34	129	2019-08-14	10:00	10:19	288.31	1180	994	958	−3.60
37	350	2019-09-11	11:00	11:16	288.38	1280	1030	1040	0.82
40	542	2020-07-19	11:50	12:06	288.44	1290	1060	1050	−1.27
43	654	2020-08-17	8:00	8:16	288.48	1340	1090	1090	−0.30
46	470	2020-07-02	8:00	8:16	288.50	1360	1100	1100	0.26
49	474	2020-07-02	13:55	14:11	288.54	1360	1120	1100	−1.53
52	463	2020-07-01	15:30	15:43	288.56	1370	1130	1110	−1.69
55	540	2020-07-19	7:10	7:26	288.63	1480	1180	1200	1.65
58	634	2020-08-14	1:25	1:41	288.65	1500	1190	1220	2.15
61	632	2020-08-13	21:40	21:56	288.73	1520	1240	1230	−0.67
64	672	2020-08-24	17:29	17:45	288.86	1670	1320	1350	2.49
67	531	2020-07-17	18:34	18:50	288.96	1730	1380	1400	1.55
70	626	2020-08-13	11:54	12:10	289.07	1800	1450	1460	0.56
73	661	2020-08-18	10:27	10:43	289.10	1860	1470	1510	2.50
76	460	2020-07-01	8:00	8:16	289.55	2270	1790	1840	2.80
79	623	2020-08-13	8:46	9:02	289.82	2510	1980	2040	2.84
82	628	2020-08-13	14:16	14:29	289.90	2540	2040	2060	1.02
85	629	2020-08-13	18:19	18:31	290.31	2890	2360	2350	−0.49
88	449	2020-06-30	12:50	13:06	292.53	4790	3940	3940	−0.12
91	451	2020-06-30	15:10	15:26	294.50	5850	4740	4840	2.10
2	702	2020-09-06	17:10	17:26	288.01	1060	842	862	2.37
5	548	2020-07-21	0:30	0:46	288.02	1040	847	846	−0.12
8	694	2020-09-01	7:50	8:06	288.08	1070	877	870	−0.80

续表

序号	测次号	日期	起时	止时	水位/m	雷达虚流量/(m^3/s)	整编流量/(m^3/s)	推算流量/(m^3/s)	误差/%
11	130	2019-08-14	10:50	11:06	288.12	1060	896	862	−3.80
14	659	2020-08-18	6:25	6:41	288.14	1090	906	886	−2.21
17	314	2019-09-08	18:05	18:21	288.18	1120	927	910	−1.83
20	686	2020-08-31	12:45	13:01	288.24	1150	958	934	−2.49
23	656	2020-08-17	20:25	20:41	288.24	1260	958	1020	6.72
26	466	2020-07-01	22:10	22:26	288.25	1130	963	918	−4.67
29	343	2019-09-11	0:51	1:07	288.27	1220	973	990	1.78
32	469	2020-07-02	4:46	5:02	288.28	1280	979	1040	6.08
35	538	2020-07-19	0:15	0:31	288.31	1230	994	998	0.43
38	534	2020-07-18	8:00	8:16	288.39	1270	1040	1030	−0.92
41	315	2019-09-08	21:55	22:11	288.47	1350	1080	1090	1.37
44	339	2019-09-10	19:16	19:28	288.49	1260	1090	1020	−6.20
47	529	2020-07-17	11:37	11:53	288.53	1390	1120	1130	0.62
50	133	2019-08-14	17:24	17:44	288.55	1430	1130	1160	2.58
53	652	2020-08-17	6:42	6:59	288.60	1450	1160	1180	1.32
56	131	2019-08-14	14:50	15:09	288.64	1520	1180	1230	4.38
59	316	2019-09-09	1:00	1:16	288.68	1540	1210	1250	3.13
62	347	2019-09-11	7:16	7:29	288.79	1640	1270	1330	4.62
65	461	2020-07-01	12:40	12:56	288.90	1580	1340	1280	−4.47
68	621	2020-08-13	5:55	6:11	288.97	1690	1390	1370	−1.51
71	662	2020-08-18	10:45	11:01	289.09	1810	1460	1470	0.42
74	651	2020-08-17	5:35	5:51	289.21	1880	1540	1520	−1.11
77	459	2020-07-01	7:35	7:51	289.72	2360	1910	1910	0.19
80	624	2020-08-13	10:34	10:50	289.88	2470	2030	2000	−1.30
83	625	2020-08-13	11:07	11:24	289.94	2470	2070	2000	−3.21
86	458	2020-07-01	5:50	6:06	290.34	2980	2380	2420	1.79
89	455	2020-06-30	22:20	22:36	292.86	4750	4110	3900	−5.08
92	453	2020-06-30	18:01	18:14	294.62	5800	4780	4800	0.35

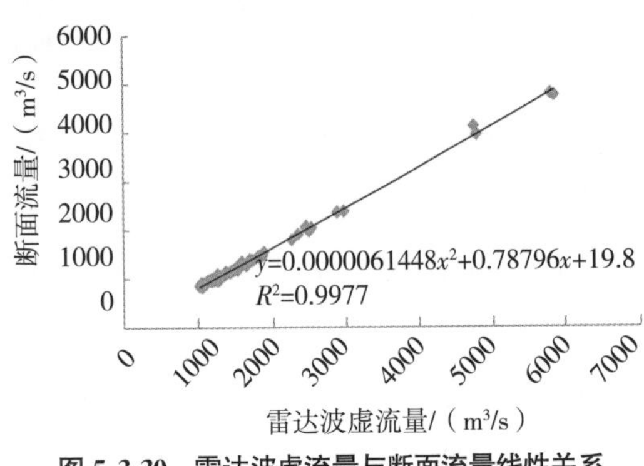

图 5.3-30 雷达波虚流量与断面流量线性关系

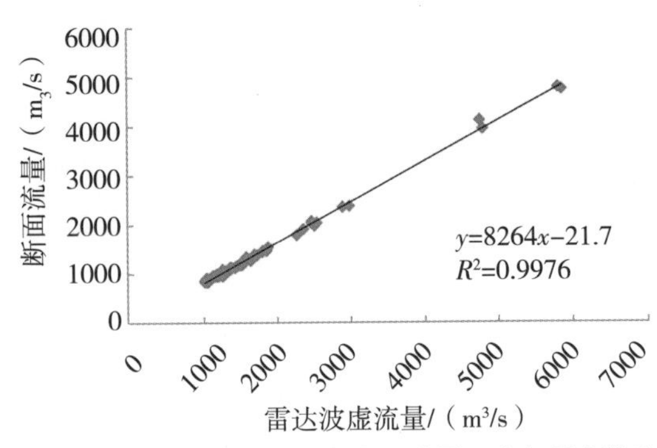

图 5.3-31 雷达波虚流量与断面流量二次多项式关系

经过分析，无论是采用线性公式或二次多项式，雷达波虚流量与断面流量的关系，系统误差均小于 1%，随机不确定度均小于 3%，5 个测点误差大于 5%，占总测点的 8.1%，无误差大于 10%的测点，整体误差情况见表 5.3-8。

表 5.3-8 雷达波虚流量与断面流量误差表

公式	系统误差/%	随机不确定度/%	相关系数 R^2	偶然误差大于 5%的个数	偶然误差大于 10%的个数	最大偶然误差/%
$Q=0.8264Q_{雷}-21.7$	−0.11	5.84	0.9976	5	0	−7.53
$Q=0.0000061448{Q_{雷}}^2+0.78796Q_{雷}+19.8$	−0.01	5.44	0.9977	5	0	−6.63

2）模型的验证

采用横江站随机抽样的 31 次实测雷达波流量资料与对应的流速仪推算流量对上节关系进行验证，验证情况见表 5.3-9、表 5.3-10。验证期间的水流情况：验证资料水位变幅为 288.01～294.76m，验证流量变幅为 842～4820m³/s，对比测试期断面平均流速变幅为 1.69～3.30m/s。

表 5.3-9 雷达波虚流量与断面流量线性关系验证

序号	测次号	日期	起时	止时	水位/m	雷达虚流量/(m³/s)	整编流量/(m³/s)	推算流量/(m³/s)	误差/%
3	317	2019-09-09	5:50	6:06	288.01	1010	842	813	−3.45
6	539	2020-07-19	3:55	4:11	288.03	1040	852	838	−1.67
9	633	2020-08-14	0:25	0:41	288.09	1040	881	838	−4.91
12	445	2020-06-30	8:44	9:00	288.12	1130	896	912	1.80
15	277	2019-09-05	9:15	9:31	288.14	1100	906	887	−2.06

续表

序号	测次号	日期	起时	止时	水位/m	雷达虚流量/(m^3/s)	整编流量/(m^3/s)	推算流量/(m^3/s)	误差/%
18	636	2020-08-14	8:00	8:16	288.20	1110	937	896	−4.42
21	528	2020-07-17	11:00	11:16	288.24	1170	958	945	−1.34
24	544	2020-07-20	8:00	8:16	288.25	1170	963	945	−1.85
27	683	2020-08-31	5:50	6:06	288.26	1270	968	1030	6.18
30	640	2020-08-14	14:06	14:22	288.27	1160	973	937	−3.71
33	689	2020-08-31	18:50	19:06	288.28	1260	979	1020	4.14
36	345	2019-09-11	5:39	5:56	288.36	1300	1020	1050	3.20
39	533	2020-07-18	0:05	0:21	288.40	1290	1040	1040	0.42
42	681	2020-08-31	2:00	2:16	288.48	1270	1090	1030	−5.70
45	663	2020-08-18	15:40	15:56	288.50	1330	1100	1080	−2.05
48	565	2020-07-26	6:05	6:21	288.54	1390	1120	1130	0.62
51	530	2020-07-17	11:55	12:12	288.56	1400	1130	1140	0.47
54	685	2020-08-31	9:50	10:06	288.60	1490	1160	1210	4.28
57	653	2020-08-17	7:09	7:22	288.64	1480	1180	1200	1.81
60	660	2020-08-18	8:00	8:16	288.72	1520	1230	1230	0.36
63	673	2020-08-24	17:51	18:04	288.85	1670	1310	1360	3.69
66	532	2020-07-17	18:52	19:08	288.94	1740	1370	1420	3.37
69	541	2020-07-19	8:00	8:16	289.00	1730	1400	1410	0.57
72	622	2020-08-13	8:00	8:16	289.09	1800	1460	1470	0.40
75	631	2020-08-13	19:40	19:56	289.52	2110	1770	1720	−2.71
78	627	2020-08-13	13:00	13:16	289.74	2430	1930	1990	2.92
81	650	2020-08-17	2:44	2:57	289.89	2540	2040	2080	1.83
84	630	2020-08-13	18:36	18:53	290.19	2730	2260	2230	−1.13
87	457	2020-07-01	2:00	2:16	291.28	3730	3120	3060	−1.90
90	454	2020-06-30	20:00	20:16	293.98	5440	4570	4470	−2.10
93	452	2020-06-30	17:12	17:28	294.76	5790	4820	4760	−1.18

表 5.3-10　　雷达波虚流量与断面流量二次多项式关系验证表

序号	测次号	时间	起时	止时	水位 /m/	雷达虚流量 /(m³/s)	整编流量 /(m³/s)	推算流量 /(m³/s)	误差 /%
3	317	2019-09-09	5:50	6:06	288.01	1010	842	822	−2.38
6	539	2020-07-19	3:55	4:11	288.03	1040	852	846	−0.71
9	633	2020-08-14	0:25	0:41	288.09	1040	881	846	−3.98
12	445	2020-06-30	8:44	9:00	288.12	1130	896	918	2.46
15	277	2019-09-05	9:15	9:31	288.14	1100	906	894	−1.32
18	636	2020-08-14	8:00	8:16	288.20	1110	937	902	−3.73
21	528	2020-07-17	11:00	11:16	288.24	1170	958	950	−0.82
24	544	2020-07-20	8:00	8:16	288.25	1170	963	950	−1.33
27	683	2020-08-31	5:50	6:06	288.26	1270	968	1030	6.45
30	640	2020-08-14	14:06	14:22	288.27	1160	973	942	−3.17
33	689	2020-08-31	18:50	19:06	288.28	1260	979	1020	4.43
36	345	2019-09-11	5:39	5:56	288.36	1300	1020	1050	3.39
39	533	2020-07-18	0:05	0:21	288.40	1290	1040	1050	0.63
42	681	2020-08-31	2:00	2:16	288.48	1270	1090	1030	−5.46
45	663	2020-08-18	15:40	15:56	288.50	1330	1100	1080	−1.94
48	565	2020-07-26	6:05	6:21	288.54	1390	1120	1130	0.62
51	530	2020-07-17	11:55	12:12	288.56	1400	1130	1140	0.44
54	685	2020-08-31	9:50	10:06	288.60	1490	1160	1210	4.10
57	653	2020-08-17	7:09	7:22	288.64	1480	1180	1200	1.65
60	660	2020-08-18	8:00	8:16	288.72	1520	1230	1230	0.14
63	673	2020-08-24	17:51	18:04	288.85	1670	1310	1350	3.27
66	532	2020-07-17	18:52	19:08	288.94	1740	1370	1410	2.88
69	541	2020-07-19	8:00	8:16	289.00	1730	1400	1400	0.10
72	622	2020-08-13	8:00	8:16	289.09	1800	1460	1460	−0.13
75	631	2020-08-13	19:40	19:56	289.52	2110	1770	1710	−3.40
78	627	2020-08-13	13:00	13:16	289.74	2430	1930	1970	2.12
81	650	2020-08-17	2:44	2:57	289.89	2540	2040	2060	1.02
84	630	2020-08-13	18:36	18:53	290.19	2730	2260	2220	−1.91
87	457	2020-07-01	2:00	2:16	291.28	3730	3120	3040	−2.42
90	454	2020-06-30	20:00	20:16	293.98	5440	4570	4490	−1.79
93	452	2020-06-30	17:12	17:28	294.76	5790	4820	4790	−0.66

经过验证，无论是采用线性公式或二次多项式关系，雷达波虚流量与断面流量的关系，系统误差均小于 1%，随机不确定度均小于 6%，2 个测点误差大于 5%，占总测点的 6.5%，无误差大于 10%的测点，见表 5.3-11。

表 5.3-11　　雷达波虚流量与断面流量误差验证表

公式	系统误差/%	随机不确定度/%	偶然误差大于 5%的个数	偶然误差大于 10%的个数	最大偶然误差/%
$Q=0.8264Q_{雷}-21.7$	−0.13	5.94	2	0	6.18
$Q=0.0000061448Q_{雷}^2+0.78796Q_{雷}+19.8$	−0.05	5.56	2	0	6.45

采用线性公式或二次多项式关系误差均较小，两者误差差别不大，考虑后期使用方便，推荐采用线性公式 $Q=0.8264Q_{雷}-21.7$ 作为横江站雷达波流量与断面流量的换算关系。

(3)成果误差分析

采用推荐的换算关系对雷达波流量进行换算，采用换算后流量测点进行整编定线，与流速仪推流成果进行比较，径流误差见表 5.3-12。

表 5.3-12　　雷达波测流径流误差比较表

项目	月径流量/亿 m³					年径流量/亿 m³	年最大流量/(m³/s)
	6 月	7 月	8 月	9 月	10 月		
流速仪	2.27	4.69	4.58	4.12	0.18	15.82	4810
雷达波	2.23	4.61	4.58	4.10	0.17	15.67	4860
误差(%)	−1.4	−1.7	0.0	−0.6	8.0	−0.9	0.6

通过比较，除 10 月因为水位超过 288.00m 的时段很少，超过 288.00m 以上的径流量仅 0.18 亿 m^3，计算的相对误差较大外，其他月月径流量及年径流量误差均较小，雷达波测验推算流量精度较高。

(4)小结

①从雷达波所测流量系列资料看，中低水误差相对较大，中高水误差相对较小。中低水应进一步加强分析，在流速 0.5m/s 以上找到影响测验精度的不利因素，力求能在更大的范围内使用雷达波测流资料。

②同水位所测流量与水位涨落率有密切关系，因此当水位涨落率快时，雷达流量需加强现场定线分析并按照绳套加密布点施测。

③启用率定公式后，应在每年中、高水分别与流速仪作对比测试验证，当雷达流量与线上流量比值发生系统偏差时，应进一步检验使用的率定关系是否改变。

④雷达波测流系统使用前应检查电池电压及其工况，双缆线是否平行均衡，尽量避免测时顺、逆风和强雷电。

5.3.4 白霓桥站定点雷达

5.3.4.1 白霓桥站概况

白霓桥(二)水文站位于湖北省崇阳县白霓桥镇下新街，东经114°08′，北纬29°32′，集水面积为215km²，该测站的观测项目有流量、水位、降水。

白霓桥(二)水文站始建于1960年，是控制陆水水库上游大市河来水水情的三类精度水文站。该测验河段较为顺直，断面上下游100m呈“U”形，多年来未变。断面下游30m处有一座公路桥，桥底面高程为60.75m，当水位超过此高程时，桥身阻水，对断面流速产生一定的影响，河床为卵石粗沙组成，较为稳定。断面下游约320m处建有公路桥一座，高水时对测验有一定影响，大市河在下游约5km与高堤河汇合后约经4km汇入陆水河。水位在58.00m以下时，由于测流断面上游卵石、沙滩影响，流速横向分布呈“M”形，水位在58.00m以上时，主泓偏右。本站同一水位级下的面积、糙率、水力半径等水力因素较为稳定，Z-Q关系曲线呈单一线。

白霓桥(二)水文站目前采用的是缆道转子式流速仪测验，当出现大暴雨时，水位陡涨陡落，采用连续测流法进行测验。

常规法流速资料采用LS25-3A型或LS78型流速仪施测，施测垂线采用9线一点法，平均测验时间在半个小时左右，测验精度和时效性都受到测验手段的影响。

5.3.4.2 仪器安装

本系统在桥面上布设2个雷达波流速传感器。2个流速传感器按实测大断面垂线分布分别安装在桥的横梁上，雷达波束集中于各垂线的断面附近。每个流速传感器通过RS485转换器与RTU连接。现场采用太阳能板及铅酸电池供电。RTU控制2个雷达波流速传感器时其处于掉电状态，节省系统功耗，避免雷击。系统可通过测流控制仪(可选)实现在线测流，中心站软件可远程控制RTU进行流速、水位的采集。

本系统主要由雷达波测流仪、数据采集终端、供电系统以及中心站管理软件组成。由于该系统的雷达水位计安装位置与测流断面基本水尺位置不重合，具有一定的误差，故固定式在线测流系统的断面水位采用基本水尺水位。

本次对比测试在白霓桥(二)水文站安装一套在线遥控多探头雷达波数字测流系统，雷达波流速仪的两个探头，定点安装在距白霓桥(二)水文站测验断面下游约30m处的公路桥栏杆上，对固定垂线的水面流速进行不间断监测，并能够完成在线输送数据及设备控制(图5.3-32、图5.3-33)。

图 5.3-32　探头安装现场示意图

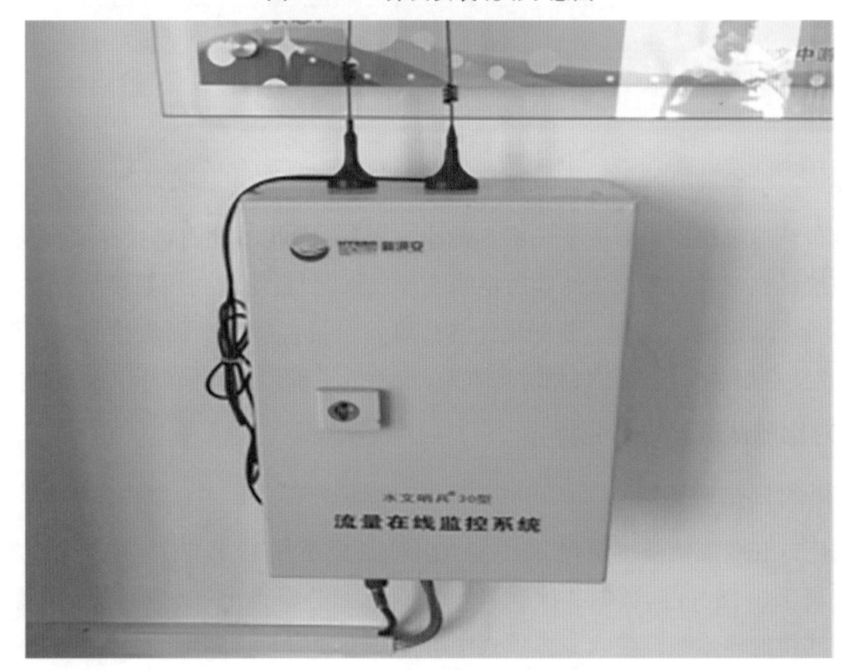

图 5.3-33　室内在线观测数据

5.3.4.3 对比测试方法

采用流速仪常测法和固定式在线测验系统同步采集不同水流条件下断面流量数据组成系列，建立相关关系和数学模型，以常测法为基础对成果进行分析、判断。

白鹭桥(二)水文站的常规测验方法为转子式流速仪测验，采用缆道拖拽，控制系统为微机测验系统，固定式在线测流系统在线监测于2019年7月正式开始进行对比测试工作，方法如下：

①转子式流速仪实测流量，经过南方片5.0软件的在线整编定线，得到本年度的水位—流量关系曲线。

②从非接触式在线采集存储系统下载数据，得到2019年3月2日至6月19日的所有在线监测数据，抽取中、高水位级数据分析。数据项目包括水位、流速、面积、流量、电压、左右水边起点距。其中水位采用长江委水文局分局的自记水位数据，流速和电压为测验原始数据，其他为计算数据。

③将整编线上流量和在线监测的水面流量进行相关关系分析，得出多项式关系，并将关系式应用于每一个监测样本，得出计算的断面流量。

④将计算出的断面流量和线上流量进行对比，并进行误差分析。精度及可靠性评判后确定最终关系式。

⑤将缆道测流系统同时刻或相邻时刻的在线雷达波测流系统测得的数据带入最终确定的关系式中进行分析比较，确定其相对误差、标准差与合格率(表5.3-13)。

表5.3-13　雷达波在线监测对比测试范围表

要素名称	范围
流量/(m^3/s)	19.7～585
水位/m	56.50～61.09
断面平均流速/(m/s)	0.78～3.21

考虑常规流速仪法已经形成了长系列的水文资料，因此本次固定式在线测流系统对比测试的误差统计以常规流速仪法测验后定线流量成果为“真值”，利用数理统计方法和公式，统计或估算各项对比测试误差。分别统计或估算各水位各样本断面流量的相对误差、平均相对误差(或平均相对系统误差)、相对均方差(或随机不确定度)等指标以及其相关性。

5.3.4.4 对比测试试验结果分析

(1)对比测试试验结果

通过固定式在线测流系统取得2019年3月2日至6月19日共计7024个样本数据，从中挑选水位高于56.50m的数据共计747个，通过回归分析得出一个多项式，再将固定式在线测流系统测得的样本数据带入到多项式中求得一个数值与整编定线相对应的成果进行分析计算，经分析计算得出系统误差为－2%，标准差为7.5%(表5.3-14)。

表 5.3-14　　2019 年查线数据统计对比

序号	日期	时间	流速仪流量/(m^3/s)	回归后流量/(m^3/s)	相对误差/%
1	3 月 2 日	11:23	62.1	54.3	14
2	3 月 3 日	10:16	19.3	19.7	−2
3	5 月 26 日	03:12	124	110	12
4	5 月 26 日	04:08	167	165	1
5	5 月 26 日	05:00	208	185	12
6	5 月 26 日	08:14	309	295	5
7	5 月 26 日	10:38	351	308	14
8	5 月 26 日	14:13	256	249	3
9	5 月 26 日	20:13	94.9	86.2	10
10	5 月 27 日	09:56	25.9	25.9	0
11	6 月 18 日	11:05	90.3	84.1	7

(2)存在问题

①在较大流速条件下非接触测流系统与铅鱼同步测量时，易发生由于偏角过大，非接触雷达波流速传感器采集缓慢现象。

②在低水以及陆水水库顶托形成小流速条件下，雷达测流出现流速为 0 的现象，测流软件有时把该值作为有效流速进行平均计算，导致结果整体偏小。

③在强降雨状况下，流速采集及通信受雨衰影响。

(3)小结

从固定式在线测流系统运行情况来看，设备采集流速、水位数据基本正常，通信基本稳定可靠，测量精度满足其作为常规测流辅助手段之要求。特别是在较大洪水期漂浮物较多、常规测流测量困难及有较大安全隐患时，固定式在线测流系统以其不接触水面、快速等优点可作为替代方案，一定程度上保障了流量数据连续性、降低了对常规测流缆道及测流设备的依赖性。综合来看可以替代浮标及手持电波流速仪的测验方式，同时中高水期可以作为常规测流辅助手段。

5.3.5 崇阳站缆道雷达

5.3.5.1 崇阳站概况

崇阳(二)站始建于 1983 年(崇阳(一)站是崇阳(二)水文站的前身)，其实测资料系列为 1959—1979 年，是控制陆水水库上游陆水河来水水情的基本水文站。其流域面积为 2200km^2，属典型的山溪性小河测站，来水主要来源于断面上游降雨。

该测验河段顺直，长约 800m，主槽宽约 170m，断面呈“U”形，较为稳定，测站控制良好。断面主泓居中，流速分布与主泓相应，高水时主泓略有摆动。断面上游 700m 处有径流式电站；断面上游 300m、下游 120m、下游 900m 处分别建有公路一桥、三桥、四桥；下游约 4km 处为高堤河与大市河汇合之后注入陆水河的入口(图5.3-34)。水位在51.6m以下时起点距50m以右为死水,水位在59.5m以上时右岸出现漫滩。当不受下游水库顶托时,Z-Q关系曲线一般为单一线,当顶托较为明显时,Z-Q关系曲线簇偏左并形成绳套。

常规法流速资料采用LS25-3A型或LS78型流速仪施测,施测垂线5～9条,平均测验时间为1小时,测验精度和时效性都受到测验手段的影响。遇洪水时期或上游电站突然开闸放水,水位陡涨陡落,需要缩短测流时间时,可采用三线(起点距90m、110m、130m)二点法(0.2、0.8)施测,$K_3(0.2、0.8)=0.8778$,但不得连续使用超过二次。崇阳站测速垂线数据见表5.3-15。

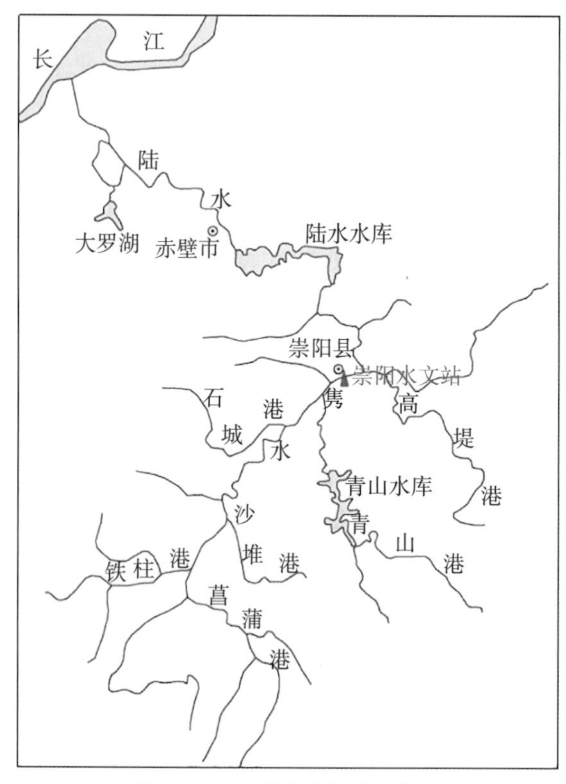

图5.3-34　崇阳站位置示意图

表5.3-15　崇阳站测速垂线数据表

测验方法	测速线点	起点距/m
常规测验方法	5—8线 0.6一点法 ($K_{0.6}=1.02$)	5、30、50、70、90、110、130、140
	八线二点法(水位54.00m以上)	5、30、50、70、90、110、130、140 右岸分流时根据情况布设5～7条测速线

崇阳(二)水文站大断面形状基本稳定,整体有逐年冲刷的趋势,但变化不大,1995—

2018 年最大冲深约 2m(图 5.3-35)。

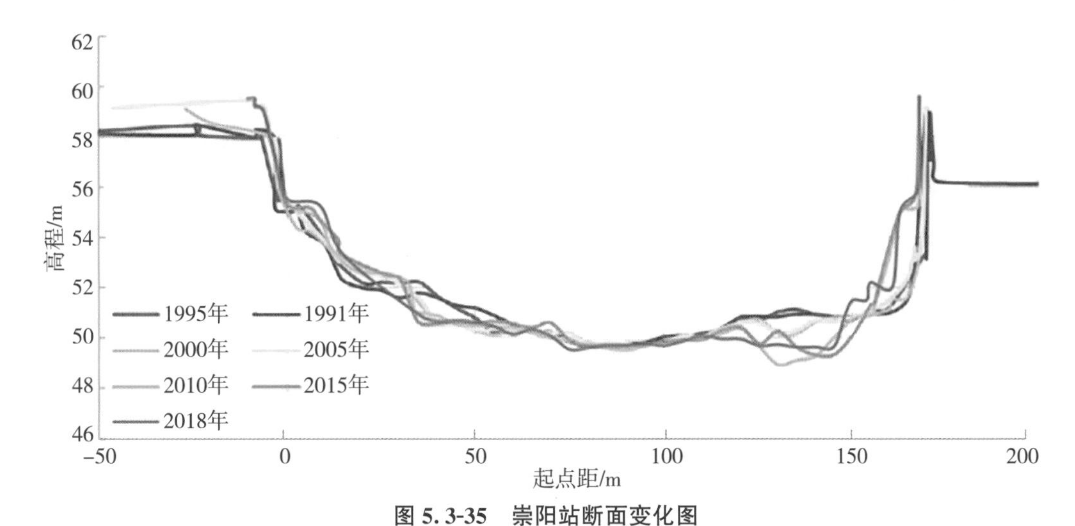

图 5.3-35 崇阳站断面变化图

5.3.5.2 仪器安装

本次对比测试在崇阳(二)水文站安装一套在线遥控多探头雷达波数字测流系统，经过 2017 年 1 月 21 日现场信号测试情况，RG30 传感器安装于缆道行车下方 5m 处，采用太阳能供电，通过通信电台与站房内设备通信。按照功能来分，包含固定在缆道上的前端设备和后方的通信电台、测流软件两大部分。其中，前端设备包含 RG30 传感器、RTU、锂电池、充电控制器、太阳能板、通信电台(图 5.3-36)。其实现原理如下：

缆道式非接触测流系统由雷达波测流仪、数据采集传输系统、供电系统和测流软件等组成。其工作原理为：非工作时段，雷达波测流仪、数据采集传输系统处于低功耗休眠状态，工作时，测流软件启动测流，经在 1s 内自动唤醒前方设备，开始逐条垂线流速采集及传输。采集结束后，测流软件通过人工录入的水位或自动提取水位进行流量计算成果输出。测量结束，前方设备进入低功耗休眠状态。

图 5.3-36 探头安装现场示意图

5.3.5.3 对比测试方法

采用本站已投入正常运行的铅鱼测流缆道与非接触流量测验系统同步进行流量测验比对。采集非接触流量测验系统安装运行后各级水位的流量。其中非接触流量测验系统根据设定的历时时间,采集垂线表面流速进行处理后,进行加权计算得出该垂线平均表面流速。断面垂线采集完毕,根据起始水位、结束水位以及大断面数据计算断面面积,从而得出断面虚流量。

5.3.5.4 对比测试试验结果分析

(1)对比测试试验结果

根据仪器安装调试和测站具体情况,对比测试时间为 2017 年 5 月 1 日至 2019 年 6 月 21 日。雷达波流速仪和转子式流速仪同步施测 34 次流量,其间流量变幅 170～3670m³/s,水位变幅 51.39～58.74m。

根据整编流量 Q_1 与非接触测流表中虚流量 Q_2 得出系数 $K_0=Q_1/Q_2$,进行平均后得出平均系数 0.8,虚流量乘以该系数后与流速仪实测流量比较,标准差为 6.2%。

经回归计算,流速系数按 0.7690,$R^2=0.9869$,虚流量乘以该系数后与流速仪实测流量比较,标准差为 6.7%。

标准差不符合整编规范要求,受陆水水库顶托以及上游电站发电等影响,经分析雷达测流在不同的流量级系数是不一样的,应将雷达测流虚流量分为 2000m³/s 以下系数为 0.80,2000m³/s 及以上系数为 0.75。

根据《水文资料整编规范》(SL/T 247—2020)要求,关系线为单一曲线,且测点在 10 个以上应做符号检验、适线检验和偏离数值检验。检验结果见表 5.3-16(符号检验显著水平 α 取 0.25;适线检验显著水平 α 取 0.05;偏离数值检验显著水平 α 取 0.20)。

表 5.3-16　　崇阳(二)水文站雷达流量三项检验成果表

序号	施测号数	水位/m	实测流量/(m³/s)	线上流量/(m³/s)	偏差 P/%	$P_{(i)}-P_{(平)}$	$[P_{(i)}-P_{(平)}]^2$
1	1	51.39	170	129	5.43	5.90	34.85
2	2	51.49	206	161	2.36	2.84	8.10
3	3	51.60	243	190	2.32	2.79	7.80
4	4	51.75	302	239	1.09	1.56	2.45
5	5	53.16	306	262	−6.60	−6.10	37.10
6	6	51.97	364	296	−1.62	−1.14	1.31
7	7	51.87	371	302	−1.72	−1.24	1.55
8	8	52.10	420	330	1.82	2.30	5.30
9	9	52.26	470	379	−0.79	−0.31	0.10

续表

序号	施测号数	水位/m	实测流量/(m^3/s)	线上流量/(m^3/s)	偏差 P/%	$P_{(i)}-P_{(平)}$	$[P_{(i)}-P_{(平)}]^2$
10	10	52.17	507	424	−4.34	−3.86	14.90
11	11	52.22	532	419	1.58	2.05	4.21
12	12	52.24	593	451	5.20	5.70	32.10
13	13	52.71	729	554	5.30	5.70	33.00
14	14	53.79	752	546	10.20	10.70	113.60
15	15	53.13	943	823	−8.30	−7.90	61.80
16	16	55.06	980	875	−10.40	−9.90	98.50
17	17	53.24	999	854	−6.40	−5.90	35.30
18	18	55.24	1160	940	−1.28	−0.80	0.64
19	19	53.51	1180	907	4.08	4.56	20.80
20	20	54.64	1380	1160	−4.83	−4.35	18.90
21	21	55.73	1400	1140	−1.75	−1.28	1.63
22	22	53.65	1420	1170	−2.91	−2.43	5.90
23	23	55.87	1500	1310	−8.40	−7.90	62.70
24	24	56.17	1690	1310	3.21	3.68	13.60
25	25	52.94	1740	1360	2.35	2.83	8.00
26	26	55.91	1920	1690	−9.10	−8.60	74.60
27	27	56.81	1960	1510	3.84	4.32	18.60
28	28	55.96	2180	1620	0.93	1.40	1.97
29	29	55.39	2390	1880	−4.65	−4.18	17.40
30	30	56.10	2440	1750	4.57	5.00	25.50
31	31	57.95	2830	2090	1.56	2.03	4.13
32	32	57.18	2990	2190	2.40	2.87	8.30
33	33	56.49	3070	2490	−7.50	−7.10	49.70
34	34	58.74	3670	2590	6.30	6.80	45.60
样本容量：N=34			正号个数：18			符号交换次数：14	
符号检验：u=0.17			允许：1.15(显著性水平 a=0.25)			合格	
适线检验：U=0.70			允许：1.64(显著性水平 a=0.05)			合格	
偏离数值检验：$\|t\|$=0.54			允许：1.70(显著性水平 a=0.10)			合格	
标准差：Se(%)=10.5			随机不确定度/%：10.5			系统误差/%：0.48	

从表 5.3-16 可见，四项检验成果基本上都满足，可认为雷达流量在总体上与实测流量无明显差异。

选取崇阳(二)水文站2019年缆道和雷达同步流量资料,根据系数,计算出雷达各测次的相应流量值,并与缆道实测流量进行比较,其结果见表5.3-17。

表5.3-17 实测数据对比分析

序号	日期	非接触测流		流速仪	误差
		虚流量 /(m^3/s)	流量 /(m^3/s)	流量 /(m^3/s)	/%
1	2019年5月26日18:31	1130	848	828.0	2.36
2	2019年6月18日10:10	1230	922	877.0	5.19
3	2019年6月18日17:21	668	501	460.0	8.91
4	2019年6月19日08:37	399	299	279.0	7.26
5	2019年6月21日09:01	133	99.8	95.6	4.34
6	2018年5月1日09:22	364	273	296.0	−7.77
7	2018年5月1日16:30	593	445	451.0	−1.39
8	2018年5月19日07:01	170	128	129.0	−1.16
9	2018年5月12日19:17	206	154	161.0	−4.04
10	2018年5月19日09:32	243	182	190.0	−4.08

非接触测流成果共10份,经计算,虚流量乘以该系数后与流速仪实测流量比较,系统误差≤1.0%,标准差为5.9%。

(2)小结

①试验测次安排基本涵盖了对比测试试验期间出现的各种水流流态,试验数据基本能够满足分析的要求,符合规范相应条款的规定。试验期间流量变幅170~3670m^3/s,水位变幅51.39~58.74m,有效测流成果34份。

②根据分析实测数据以及跟厂家沟通,在出现小流速时,雷达测不出流速,根据崇阳站特性分析,当崇阳站实测流量在80m^3/s(雷达虚流量在100m^3/s),非接触流量测验系统测验成果整体偏小,因此将雷达测流虚流量分为100~2000m^3/s系数为0.80,2000m^3/s及以上系数为0.75。虚流量乘以该系数后与缆道实测流量比较,三项检验成果满足规范要求,随机不确定度为10.5%,标准差为0.48%。

③监测系统可有效提高生产效率,降低劳动强度和工作量。

非接触流量测验系统运行以来,设备采集流速、水位数据正常,通信基本稳定可靠,测量精度满足其作为常规测流辅助手段的要求。特别是在较大洪水期漂浮物较多、常规测流困难及有较大安全隐患时,非接触测流系统以其不接触水面、快速等优点可作为替代方案,保障了流量数据连续性、降低了对常规测流缆道及测流设备的依赖性。综合来看可以作为中高水时期常规测流手段。

5.4 视频测速法应用实例

5.4.1 崇阳站视频测流系统

5.4.1.1 崇阳站概况

同 5.3.5.1 小节。

5.4.1.2 对比测试方法

LSPIV 主要技术路线，包括图像获取、图像预处理、相机内外参标定、图像正向校正、LSPIV 区配计算、结果后处理与输出等六大部分。步骤顺序为：图像获取→图像预处理→相机内外参标定→图像正向校正→LSPIV 区配计算→结果后处理与输出。

2019 年 5 月下旬在陆水隽水河的崇阳大桥搭建了一套在线式视频测流系统，在崇阳站开展了影像测流技术试验(图 5.4-1 至图 5.4-4)，视觉流量在线监测系统的 5 个视频采集设备安装在崇阳大桥上，每个采集设备间距 20m，垂直拍摄河道进行表面流速测量。利用水面漂浮物体，以及自然浪花生成的小气泡作为示踪对象，测量示踪对象的移动过程轨迹，解析示踪对象流速流向，获得河道断面流速分布。流量对比测试试验采用流速仪常测法和视频测流法两种量测方法，同步采集不同水情条件下断面流量数据组成系列，建立相关关系和数学模型，以常测法为基础对成果进行分析。

图 5.4-1 崇阳站视频测流技术点位分布图(试验场搭建)

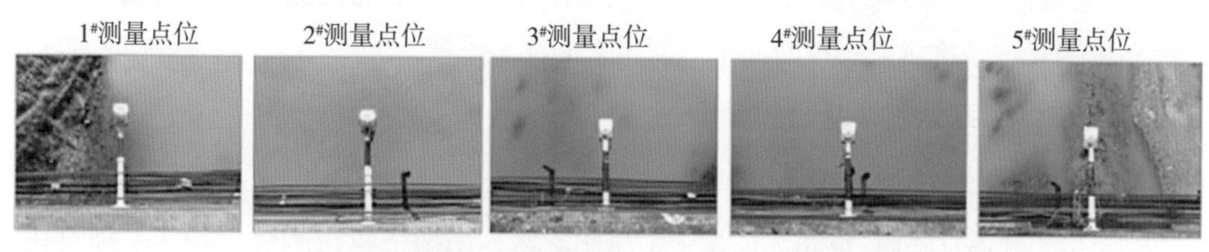

图 5.4-2 崇阳站视频测流点位安装图(试验场搭建)

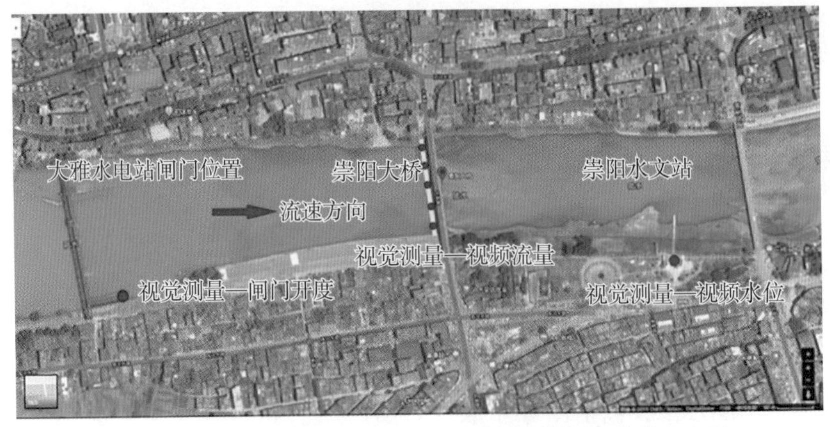

图 5.4-3　崇阳(二)站视频流量在线监测系统测点总体分布图

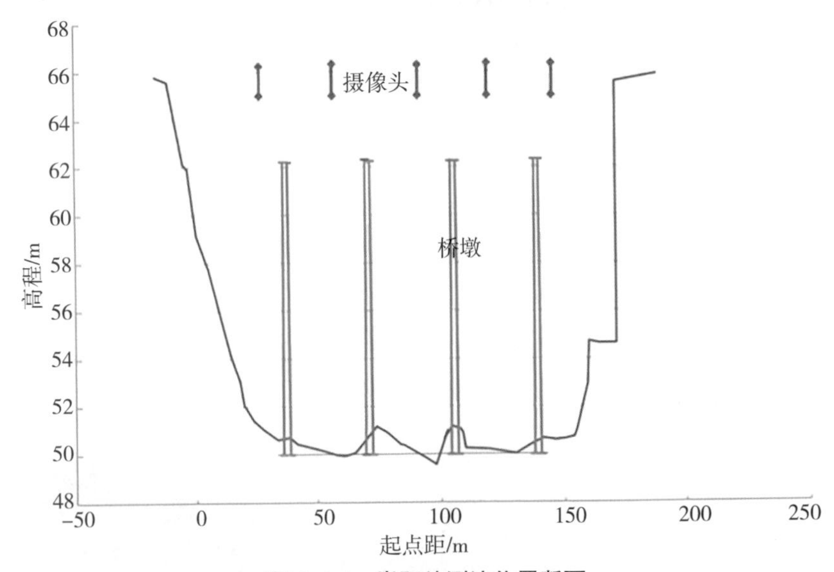

图 5.4-4　崇阳站测流位置断面

影像水面流速监测:利用水面漂浮物体,以及自然浪花生成的小气泡作为监测对象,测量漂浮对象的移动过程轨迹,解析对象流速流向,并在河道断面上等序分布监测,获得河道断面水面流速场分布成果;事前经过实测比对或有限元分析构建水面流速场解算断面平均流速模型,获取断面平均流速,乃至断面流量。

断面流量对比测试:在不同水位、流量及水情条件下,与常规流速仪法实测流量进行对比测试,以确定视频流量监测在断面不同流量级的流量系数。

5.4.1.3　对比测试试验结果分析

(1)前期对比测试试验分析

2019 年 5 月连日降雨,视频测流技术与崇阳水文站的缆道铅鱼测流进行了专项对比测试试验。流量对比测试试验采用流速仪常测法和视频测流法两种测量方法,同步采集不同水情条件下断面流速数据组成系列,建立相关关系和数学模型,以常测法为基础对成果进行分析。

采用在线视频测流技术于 2019 年 5 月 26 日 13:55 和 15:49,分别和缆道流速仪测流技术、雷达测流技术进行了同起点距、同步的流速对比测试。对比测试结果见图 5.4-5,视频测流技术与缆道流速仪测流技术的平均误差为 11.3%,与雷达测流技术的平均误差为 5.7%。视频测流比缆道流速仪测流结果偏大,可能是由于视频测流技术测量的是水面流速,而缆道流速仪测流技术测量的是水下流速。

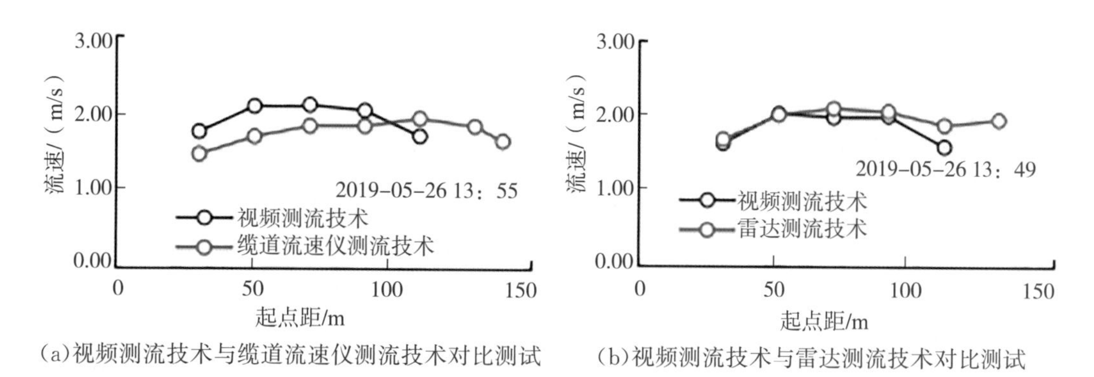

图 5.4-5 视频测流技术专项对比测试结果

视频测流技术能够实现在线监测,对比测试试验获得了当日 5:00～17:00 每个整点的共 13 个时刻的断面流量数据,与当日水文站监测的流量数据进行比对(图 5.4-6)。从整体比对结果来看,在线视频测流技术的流量监控数据与水文站的流量监测数据表现出较好的一致性,全天 13 个时刻的平均误差为 5.6%。在清晨和傍晚时分出现了一定的数据偏差,可能是由早晚光照环境变化导致的。

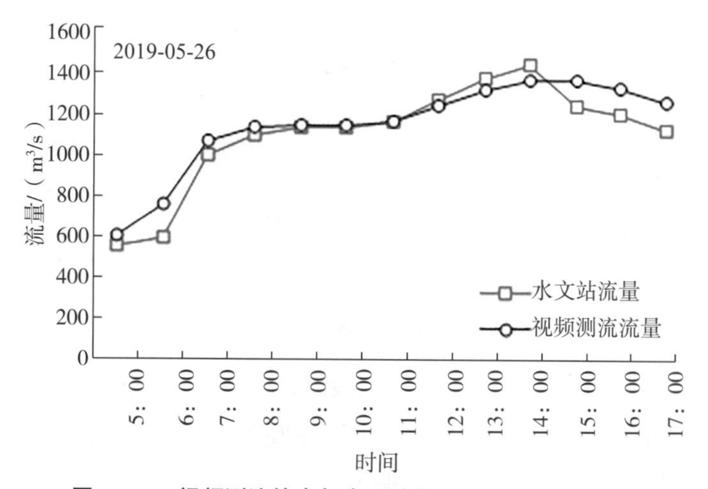

图 5.4-6 视频测流技术与水文站监测流量对比测试结果

(2)单次对比测试成果分析

根据 2020 年 6 月 4—5 日的实测成果对比,可以看出两者的误差较大,单点误差较大,单点精度不可靠,达不到测验要求(表 5.4-1)。

表 5.4-1　　单次测流成果比较

测验时间	测验方法	流量/(m^3/s)	1#点/(m/s)	2#点/(m/s)	3#点/(m/s)	4#点/(m/s)	5#点/(m/s)
2020年6月4日17:00	LSPIV	47.1	0	0.36	0.60	0.71	0.38
	ADCP	93.2	0	0.95	1.2	0.9	0.16
	误差/%	−49	/	−62	−50	−21	/
2020年7月20日16:00	LSPIV	124	0.64	0.48	0.61	0.53	0.12
	ADCP	169	0.37	0.79	0.74	/	0.16
	误差/%	−27	73	−39	−17	/	−25
2020年7月21日8:00	LSPIV	95	0.35	0.25	0.22	0.35	0.41
	ADCP	86.9	0.22	0.3	0.47	/	0.32
	误差/%	9	59	−17	−53	/	28
2020年7月28日16:00	LSPIV	116	0.29	0.11	0.74	0.59	0.28
	ADCP	170	0.62	0.74	0.76	0.48	0.37
	误差/%	−32	−53	−85	−3	/	−24

(3)整体对比测试成果分析

根据2020年5—6月LSPIV测流成果统计5点与平均流速的关系:ADCP的关系是通过多次测验成果得出。可以看出LSPIV测流与传统ADCP测流所得出的断面流速变化是不一致的,LSPIV测流明显左边3#、4#、5#点大,4#点流速最大;而ADCP测流则是中间2#、3#、4#流速大,3#点流速最大(表5.4-2)。

表 5.4-2　　多次测流成果比较　　(单位:m/s)

测验方式	1#点	2#点	3#点	4#点	5#点
LSPIV	$0.15V$	$0.84V$	$1.25V$	$1.40V$	$1.35V$
ADCP	$0.50V$	$1.37V$	$1.58V$	$1.12V$	$0.43V$

根据2019年5—12月LSPIV计算出的流量成果与2019年崇阳站的实测流量成果表中的数据进行比较,可以看出两者的整体变化趋势是一致的,但是LSPIV测流成果高水流量偏小,最高洪峰流量偏小约200m^3/s(图5.4-7)。另外LSPIV测流不能保持稳定状态,会出现未能计算出数据情况,初步统计2019年5—12月共漏掉约1/5的数据。2020年数据缺乏维护,数据丢失更严重,整体趋势误差更大,枯水期流量偏高明显。

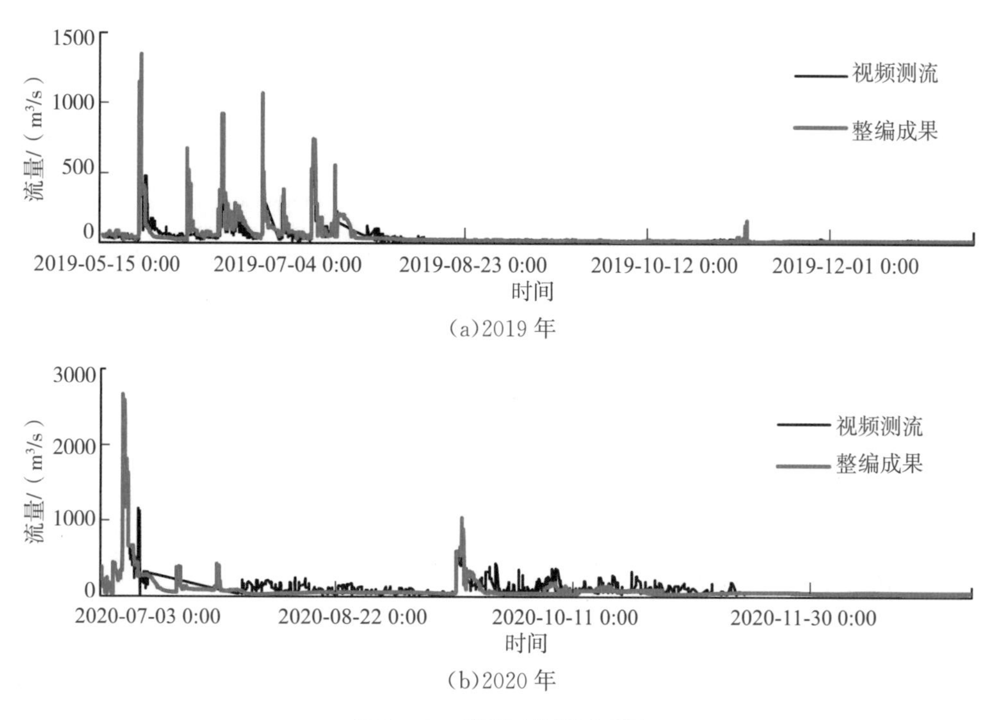

图 5.4-7　流量对比测试成果

(4)LSPIV 测验原始成果分析

图 5.4-8 是 LSPIV 的原始测验成果,可以看出其能捕捉的是区域的流场分布,而不是单一的点流速分布,其数据可以通过不断调整计算方法重新计算。如果通过 LSPIV 把原始视频数据保存,其可以通过不断优化将早期数据进行重新计算。

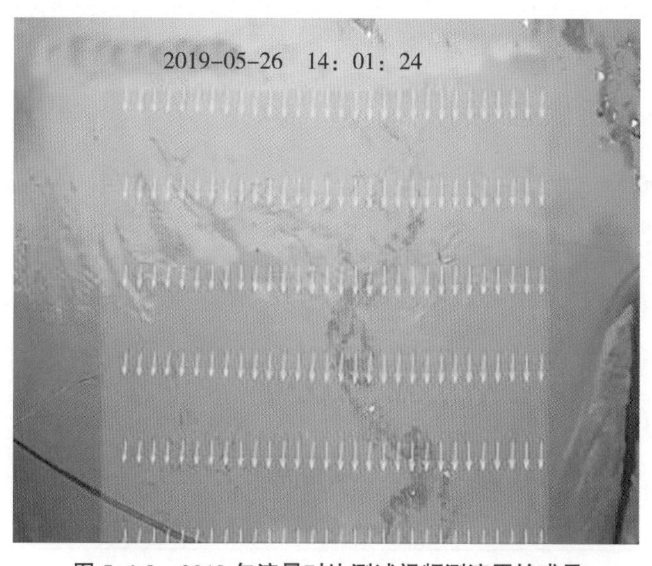

图 5.4-8　2019 年流量对比测试视频测流原始成果

通过上述数据处理过程及成果，整理出 LSPIV 优缺点分析(表 5.4-3)。

表 5.4-3　　LSPIV 优缺点分析

优点	缺点
实时在线监测	单次测验精度不高，随机性大
非接触测量	断面流速特征与 ADCP 方法不一致
降低劳动力	洪峰值偏小
捕捉区域流场数据	计算方法不稳定，测验成果易漏掉
原始数据为视频数据，可以随时通过优化算法对测验数据进行还原	
整体流量趋势一致	

5.4.2　宁桥站视频测流系统

5.4.2.1　宁桥站概况

宁桥站于 1988 年设立，1989 年 12 月上迁 400m，隶属长江水利委员会。宁桥站位于重庆市巫溪县宁桥乡青坪村，东经 109°34′，北纬 31°34′，集水面积 685km²，为控制西溪河水情的三类流量测验精度的巡测水文站，属国家基本水文站，现有水位、流量等测验项目。

宁桥站测验河段顺直长约 100m，上、下游有急弯，两岸为石砌公路。下游滩口起中低水控制作用，再下游的宁桥起高水控制作用。河槽为宽浅型，河床中部由卵石夹沙组成，断面逐级冲淤变化影响。历年水位—流量关系为单一曲线。

经过多年大断面资料分析，宁桥站测流断面处于稳定，断面无较大变化。由于宁桥站来水受上游梯级电站调蓄影响，每年水位变幅较小无较大洪水，河床冲刷改变较小。宁桥站历年大断面变化情况见图 5.4-9。

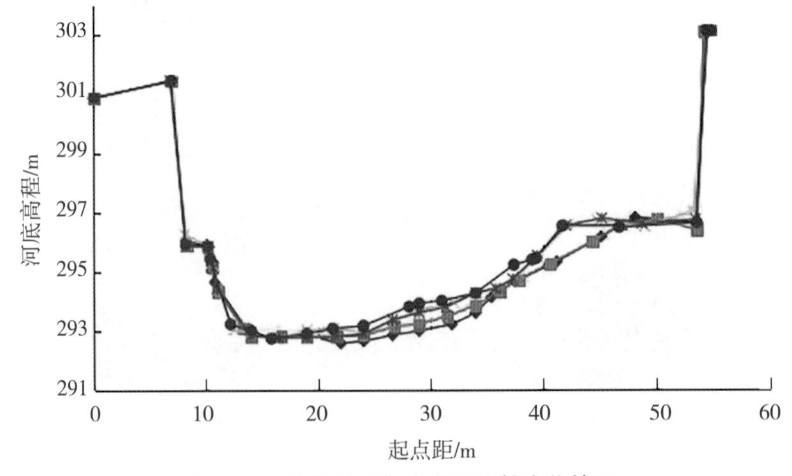

图 5.4-9　宁桥站历年大断面比较变化情况

由于宁桥站水位—流量关系稳定，现根据任务书要求已实行每年巡检，一年之中只施测 3 次流量，分别在汛前、汛中、汛后，用于检测综合线，定线方法采用近 3 年流量点子定线。

经分析，宁桥站断面规整稳定，历年水位—流量关系稳定，呈单一线。用 2017—2020 年实测点综合绘制水位—流量关系见图 5.4-10，实测点均匀分布，最大偶然误差不超过 4%，系统误差小于 0.5%，证明近四年宁桥站水位—流量呈稳定的单一关系，同水位的流量比较稳定。

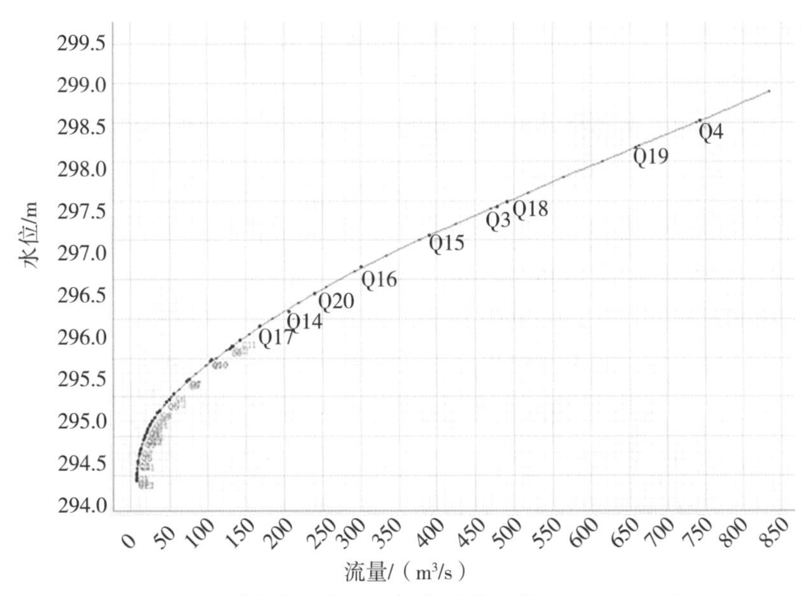

图 5.4-10　宁桥站水位—流量关系综合线(2017—2020 年)

宁桥水文站常规测流方案为在起点距 9.0m、14.0m、19.0m、24.0m、29.0m、34.0m、39.0m、44.0m、49.0m 按 3～9 线二点法、测速历时 100s 或 60s 施测测点流速。涨落快时，可采用一点法(相对位置 0.2)，但还是优先采用二点法。由于山溪性河流，河水陡涨陡落，测量时间紧张，涨水时满河都是树木、杂草等漂浮物，流速仪极易损坏，导致测流失败。满河的漂浮物使浮标不易分辨，浮标测流难以实现。

5.4.2.2　仪器设备情况

视频测流系统构成见图 5.4-11。

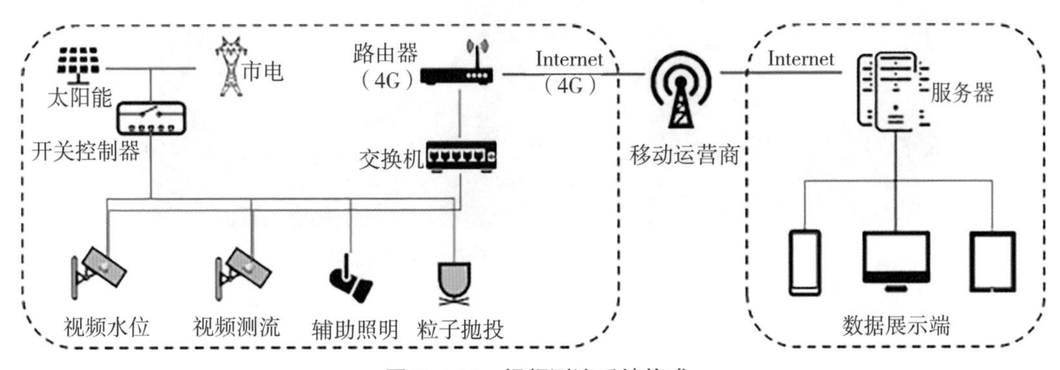

图 5.4-11　视频测流系统构成

视频测流采集终端一般采用三维万向节安装于监控支架上，通过万向节调整安装角度，以确保拍摄范围准确。采集终端供电一般采用市电或太阳能供电，根据现场安装条件进行选择。采集终端数据传输一般采用宽带或4G，根据现场安装条件进行选择。多台采集终端通过交换机连接至路由器，路由器的选择一般为普通路由器或4G路由器，根据现场安装进行选择。视频流量监控平台是整个测量系统的中控系统，它负责对终端系统的控制、视频图像信息的存储、处理、分析和流场计算等功能。

(1)硬件部分

视频测流技术的硬件核心是高性能的视觉采集设备。由于算法原理的独特优势，在表面纹理特征点合适的条件下，能够测量低至0.01m/s的流速。视使用场景的不同，视频测流技术在足够安装高度的情况下，能够测量高至30m/s的流速，在通常安装高度的适用场景下，适用流速范围一般为0.01～10.0m/s。

视频测流技术对河道宽度有一定的要求。如果河流上方具有横跨河流的安装条件(一般是指桥梁、索道、管道等)，那么视频测流技术对河宽没有限制性要求。如果河流上方不具有横跨河流的安装条件，那么视频测流技术能够覆盖的河宽一般不超过200m。

视频测流技术适用于有市电供应或者可以安装太阳能供电系统的场景下。系统内置电源控制模块，定时启动视频测流设备进行数据采集，能够有效降低电能消耗。视频测流技术适用于公网、物联网、局域网环境。不同网络环境下，数据传输链路大同小异。

宁桥站视频测流系统采用侧边集中式安装方式，适用于河流上空没有横跨河道的安装条件，一般将视频测流设备安装于水文流量监测断面的左岸和右岸，通过立杆的方式将设备安装于高处，倾斜拍摄垂线上的各个测点。还有凌空分布式安装方式，适用于河流上空有横跨河流的安装条件，如桥梁、索道等，一般将视频测流设备安装于桥梁上游一侧，避免桥墩对流速产生影响。

宁桥站视频测流系统安装见图5.4-12、图5.4-13。

图5.4-12 宁桥站视频系统安装位置(远景)

图 5.4-13 宁桥站视频测流系统(近景)

(2)系统软件

视频测流系统软件平台见图 5.4-14,视频测流系统监控平台见图 5.4-15。

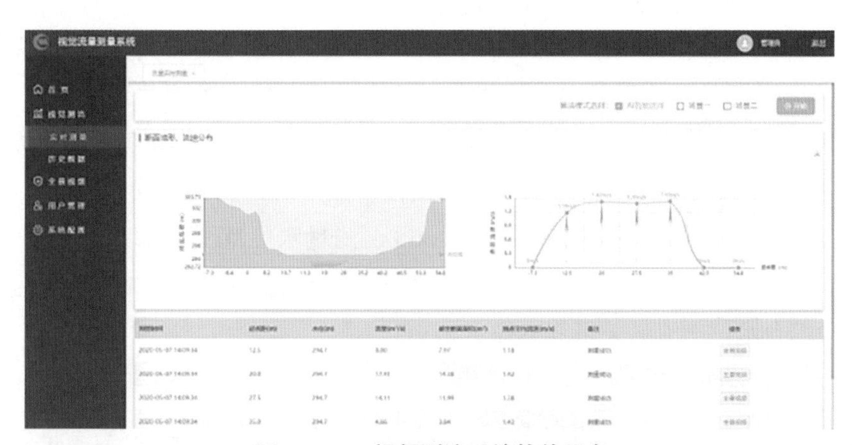

图 5.4-14 视频测流系统软件平台

图 5.4-15 视频测流系统监控平台

1)功能设计

系统软件具备远程控制、数据采集、数据传输、数据分析、数据展示等功能,界面清晰,操作简单;支持手机App、云平台拓展,开放接口便于其他监测系统接入。

2)数据采集

根据业务需求设置采集间隔,可即时获取数据,也可人工远程控制采集数据。

3)数据传输

可设置选择回传图像、视频或数据。

4)数据分析

对采集传输的数据进行分析,通过不同的处理方式,形成断面流场分布情况、变化趋势等分析结果。

5)数据展示

支持断面流量曲线图、历史数据表格,支持月流量变化曲线等展示形式。

5.4.2.3 对比测试试验结果分析

(1)资料收集情况

宁桥站视频测流系统2020年1月安装后,经过调试后(包括测试接入匹配自记水位、调试探头角度、率定参数、搭建数据平台等),于2020年6月开始采集收集数据,正式进行适用性运行。视频测流系统探头安装在宁桥基本水尺断面下游60m处测井顶部平台上,采集终端安装于宁桥站房内,数据服务器搭建在万州水情分中心,现场测量数据通过网传至水情中心服务器。视频测流系统对比测试期间采用预设整点定时的测量方式,在2020年6月15日至10月26日,收集到有效视频测流流量450次,测量水位范围294.32～298.48m,覆盖到全年水位变幅的86%,收集到7月最大一次洪水过程流量,宁桥站2020年流速仪实测流量5次,检验综合水位—流量关系基本稳定。

(2)对比测试分析

视频测流系统所测流速为断面表面流速,通过借用断面计算出流量,为满足后期视频测流系统测验资料的投产应用,需要建立视频测流系统测验资料与流速仪测验资料的关系。由于宁桥站视频测流系统测验与流速仪测验无法完全同步,且实测流量测次有限(5次,主要用于检验),但宁桥站历年水位—流量具有较好的单一关系,因此采用视频测流系统实测流量与对应时间流速仪整编流量进行分析。剔除同水位相对误差大于20%的测次,采用435次视频流量资料与综合水位—流量关系线上流量对比分析。

1)模型的建立

将435次视频流量资料与实测综合线上流量点绘成水位—流量关系图并绘制相关图,由图5.4-16、图5.4-17可以看出,视频流量测点在水位298.00m以下(中低水)分布较集中,呈带状,与实测综合流量相关性好;298.00m以上(高水)分布比较散乱,相关性较差,且高水收集到测次较少,因此本次主要对298.00m以下(中低水)进行率定分析。

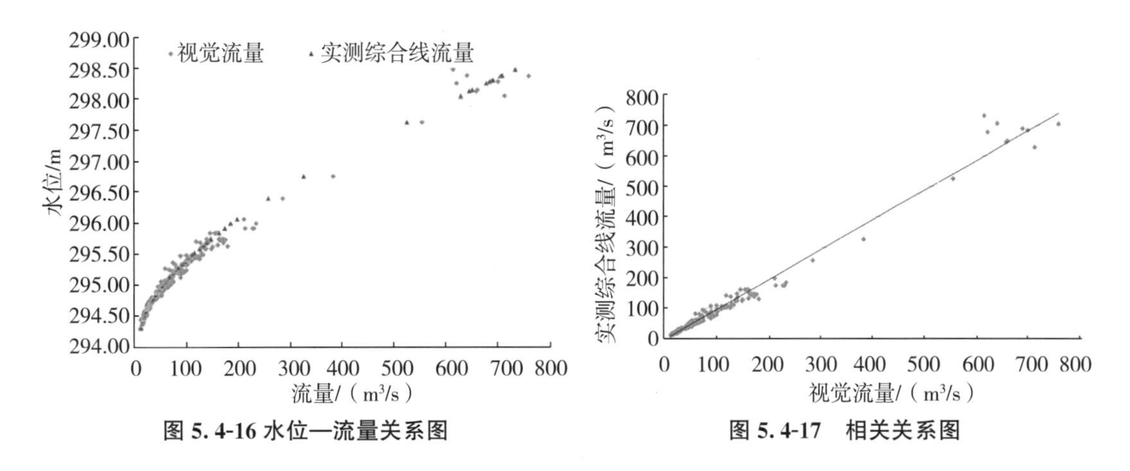

图 5.4-16 水位—流量关系图　　图 5.4-17　相关关系图

从 435 次视频流量中按照不同水位(中低水)均匀抽取了 112 次实测视频流量资料，与对应的实测综合线推算流量建立关系，率定期间的水流情况：对比测试期水位变幅为 294.32～298.06m；对比测试期流量变幅为 12.50～629.00m^3/s。

用视频流量与综合线流量建立相关关系，相关关系见表 5.4-4、图 5.4-18、图 5.4-19。

表 5.4-4　视频流量与综合线流量线性关系表

序号	开始测量时间	水位/m	视频流量/(m^3/s)	实测综合线流量/(m^3/s)	推算流量/(m^3/s)	还原误差/%
1	2020-10-01 16:05:01	294.32	11.8	12.5	12.6	0.6
2	2020-10-21 10:05:01	294.39	15.9	14.4	16.3	11.6
3	2020-10-23 09:05:01	294.43	16.6	15.7	16.9	7.2
4	2020-10-25 14:05:01	294.45	13.4	16.3	14.0	−16.3
5	2020-10-25 13:05:01	294.45	13.6	16.3	14.2	−15.0
6	2020-10-24 17:05:00	294.46	13.7	16.6	14.3	−16.2
7	2020-10-24 08:05:01	294.46	13.9	16.6	14.5	−14.3
8	2020-10-24 10:05:01	294.46	14.0	16.6	14.6	−13.8
9	2020-10-25 11:05:01	294.47	13.8	17.0	14.4	−18.0
10	2020-10-23 14:05:01	294.47	14.1	17.0	14.6	−16.2
11	2020-10-26 15:05:01	294.48	17.3	17.3	17.5	1.2
12	2020-10-21 17:05:01	294.49	17.5	17.7	17.7	0.0
13	2020-10-24 09:05:00	294.51	17.8	18.5	17.9	−3.1
14	2020-10-01 07:05:01	294.53	18.7	19.3	18.8	−2.7
15	2020-10-02 07:05:01	294.54	18.0	19.7	18.1	−8.7
16	2020-10-26 07:05:01	294.54	22.7	19.7	22.4	11.9
17	2020-10-13 10:40:58	294.57	19.5	20.9	19.5	−7.3
18	2020-10-13 10:32:32	294.57	19.6	20.9	19.6	−6.8

续表

序号	开始测量时间	水位/m	视频流量/(m^3/s)	实测综合线流量/(m^3/s)	推算流量/(m^3/s)	还原误差/%
19	2020-10-15 10:05:01	294.57	21.4	20.9	21.2	1.4
20	2020-10-11 15:05:01	294.59	20.3	21.9	20.1	−8.8
21	2020-10-11 08:05:01	294.59	20.8	21.9	20.6	−6.4
22	2020-10-20 13:05:01	294.59	21.6	21.9	21.3	−2.6
23	2020-10-14 08:05:01	294.59	22.0	21.9	21.7	−0.8
24	2020-10-02 11:05:01	294.60	19.9	22.4	19.8	−13.2
25	2020-10-02 13:05:01	294.60	20.4	22.4	20.3	−10.6
26	2020-10-22 14:05:01	294.60	21.7	22.4	21.4	−4.5
27	2020-10-21 13:05:01	294.62	25.2	23.5	24.5	4.2
28	2020-10-21 14:05:00	294.62	25.2	23.5	24.5	4.2
29	2020-10-16 14:05:00	294.63	25.5	24.0	24.8	3.4
30	2020-07-07 06:05:00	294.63	26.4	24.0	25.6	6.2
31	2020-10-12 07:05:01	294.63	26.9	24.0	26.1	7.9
32	2020-10-13 09:05:00	294.64	26.8	24.6	26.0	5.3
33	2020-10-09 11:05:01	294.64	27.3	24.6	26.4	6.9
34	2020-10-09 07:05:01	294.65	26.5	25.2	25.6	1.7
35	2020-10-15 12:05:01	294.65	26.7	25.2	25.8	2.4
36	2020-10-08 16:05:01	294.66	24.6	25.8	24.0	−7.5
37	2020-10-03 10:05:00	294.66	25.0	25.8	24.3	−6.1
38	2020-07-09 08:05:00	294.66	28.9	25.8	27.8	7.2
39	2020-10-03 12:05:00	294.67	24.5	26.5	23.9	−10.9
40	2020-10-03 08:05:01	294.67	24.5	26.5	23.9	−10.7
41	2020-10-16 11:05:01	294.67	24.8	26.5	24.1	−9.8
42	2020-10-15 14:05:00	294.68	25.0	27.1	24.4	−11.2
43	2020-10-05 11:05:00	294.69	25.0	27.8	24.3	−14.3
44	2020-10-03 14:05:01	294.69	25.0	27.8	24.3	−14.3
45	2020-10-05 13:05:00	294.70	24.9	28.5	24.3	−17.3
46	2020-10-05 12:05:01	294.70	25.3	28.5	24.6	−15.9
47	2020-10-08 10:05:00	294.70	25.6	28.5	24.9	−14.6
48	2020-10-05 14:05:00	294.71	27.1	29.2	26.3	−11.2
49	2020-09-30 13:05:01	294.71	30.8	29.2	29.5	1.1
50	2020-10-06 16:05:01	294.72	27.2	29.9	26.3	−13.8

续表

序号	开始测量时间	水位/m	视频流量/(m^3/s)	实测综合线流量/(m^3/s)	推算流量/(m^3/s)	还原误差/%
51	2020-10-05 10:05:01	294.72	27.7	29.9	26.7	−11.9
52	2020-07-04 07:05:00	294.72	32.4	29.9	31.0	3.5
53	2020-10-07 14:05:01	294.73	26.9	30.6	26.1	−17.4
54	2020-10-06 14:05:00	294.73	27.6	30.6	26.6	−14.8
55	2020-10-06 11:05:00	294.74	27.9	31.4	26.9	−16.6
56	2020-10-06 12:05:00	294.74	28.3	31.4	27.3	−15.2
57	2020-10-04 16:05:01	294.74	28.4	31.4	27.3	−14.9
58	2020-10-06 09:05:01	294.75	28.5	32.1	27.5	−16.8
59	2020-10-04 09:05:00	294.76	29.2	32.8	28.1	−16.8
60	2020-06-19 13:05:00	294.78	35.0	34.3	33.2	−3.3
61	2020-06-27 11:05:00	294.79	40.4	35.1	38.0	7.7
62	2020-06-19 09:05:00	294.82	42.8	37.4	40.2	6.9
63	2020-07-11 16:05:00	294.84	45.3	39.0	42.4	8.1
64	2020-06-19 08:05:00	294.87	44.1	41.3	41.4	0.1
65	2020-07-08 14:05:00	294.88	49.1	42.2	45.8	7.8
66	2020-07-10 12:05:00	294.89	48.7	43.0	45.4	5.3
67	2020-06-18 12:05:00	294.90	53.0	43.9	49.2	10.8
68	2020-06-25 15:05:00	294.91	48.5	44.7	45.3	1.3
69	2020-07-07 16:05:00	294.92	54.7	45.6	50.8	10.2
70	2020-07-08 17:05:00	294.93	46.9	46.5	43.8	−6.2
71	2020-07-03 07:05:00	294.96	56.9	49.3	52.7	6.5
72	2020-07-10 14:05:00	294.97	55.8	50.2	51.7	3.0
73	2020-07-10 13:05:00	294.98	58.3	51.1	54.0	5.4
74	2020-07-05 12:05:00	294.99	60.0	52.1	55.5	6.1
75	2020-06-30 06:05:00	295.00	60.9	53.0	56.3	5.9
76	2020-06-18 10:05:00	295.00	63.8	53.0	58.8	9.9
77	2020-06-26 07:05:00	295.03	57.7	55.9	53.4	−4.7
78	2020-07-31 12:05:00	295.04	60.8	56.8	56.2	−1.1
79	2020-06-17 12:05:00	295.04	70.0	56.8	64.3	11.7
80	2020-06-16 13:05:00	295.06	61.4	58.8	56.7	−3.7
81	2020-06-16 10:05:00	295.07	63.0	59.8	58.2	−2.8
82	2020-07-02 16:05:00	295.07	64.1	59.8	59.1	−1.2

续表

序号	开始测量时间	水位/m	视频流量/(m^3/s)	实测综合线流量/(m^3/s)	推算流量/(m^3/s)	还原误差/%
83	2020-06-16 14:05:00	295.07	68.1	59.8	62.7	4.6
84	2020-07-31 18:05:00	295.09	66.6	61.8	61.4	−0.7
85	2020-06-26 14:05:00	295.10	65.6	62.8	60.4	−3.9
86	2020-06-26 16:05:00	295.12	69.0	64.8	63.5	−2.1
87	2020-06-17 15:05:00	295.14	88.4	66.9	80.7	17.1
88	2020-07-29 10:05:00	295.15	70.8	67.8	65.0	−4.2
89	2020-07-02 12:05:00	295.19	89.7	72.1	81.9	11.9
90	2020-07-03 09:05:00	295.22	95.0	75.4	86.6	13.0
91	2020-07-14 06:05:00	295.24	72.5	77.7	66.6	−16.7
92	2020-06-29 15:05:00	295.25	86.7	78.8	79.2	0.5
93	2020-07-30 13:05:00	295.29	86.9	83.5	79.4	−5.2
94	2020-06-22 11:05:00	295.35	99.9	91.1	91.0	−0.1
95	2020-07-13 16:05:00	295.40	108	97.5	98.3	0.8
96	2020-06-22 12:05:00	295.43	125.2	101	113.5	11.0
97	2020-07-13 18:05:00	295.45	116	104	105.7	1.6
98	2020-06-22 15:05:00	295.47	118	107	107.4	0.3
99	2020-06-21 13:05:00	295.48	126	108	114.1	5.3
100	2020-07-25 08:05:00	295.49	100	109	91.0	−19.8
101	2020-06-17 09:05:00	295.60	148	125	133.7	6.5
102	2020-06-17 17:05:00	295.64	179	131	161.6	18.9
103	2020-07-13 06:05:00	295.68	139	136	126.1	−7.8
104	2020-06-21 07:05:00	295.69	171	138	154.3	10.5
105	2020-06-21 11:05:00	295.73	170	144	153.1	6.0
106	2020-06-21 06:05:00	295.75	163	147	146.7	−0.2
107	2020-07-19 15:05:00	295.85	158	162	142.2	−13.9
108	2020-07-14 16:05:00	295.93	213	174	191.3	9.1
109	2020-07-15 06:05:00	296.07	210	197	188.8	−4.4
110	2020-07-22 06:05:00	296.41	286	257	256.1	−0.4
111	2020-07-15 09:05:00	297.63	555	525	495.7	−5.9
112	2020-07-16 10:05:00	298.06	713	629	635.9	1.1

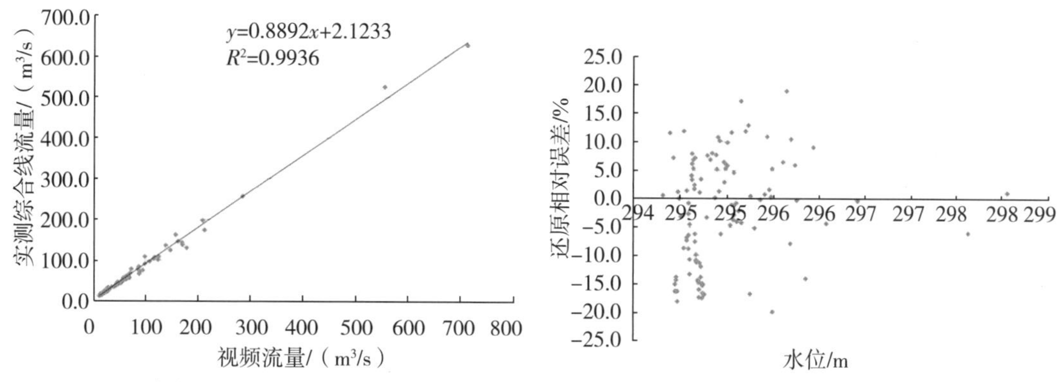

图 5.4-18 视频流量与综合线流量线性关系图　图 5.4-19 视频流量与综合线流量相关关系率定误差图

经过分析，采用线性公式拟合，视频虚流量与断面流量建立相关关系，系统误差为−2.3%，最大偶然误差为−19.8%，随机不确定度为 19.2%，误差大于 10%的测点占 36.7%，整体误差情况见表 5.4-5。

表 5.4-5　视频虚流量与断面流量误差表

公式	系统误差/%	随机不确定度/%	相关系数 R^2	偶然误差大于 15%的个数	偶然误差大于 10%的个数	最大偶然误差/%
$Q=0.8892Q_{视}+2.1233$	−2.3	19.2	0.9936	15	41	−19.8

2)模型的验证

从宁桥站视频流量数据中随机抽取 30 次流量资料与对应的综合线上推算流量对上节关系进行验证，验证情况见表 5.4-6、图 5.4-20。验证期间的水流情况：验证资料水位变幅为 294.32～296.76m；验证流量变幅为 12.5～326m^3/s。

表 5.4-6　视频流量与综合线流量线性关系验证

序号	开始测量时间	水位/m	视频流量/(m^3/s)	实测综合线流量/(m^3/s)	推算流量/(m^3/s)	相对误差/%
1	2020-10-01 13:05:00	294.32	11.8	12.5	12.6	1.1
2	2020-10-25 10:05:01	294.41	16.0	15.0	16.4	9.1
3	2020-10-01 09:05:01	294.45	13.7	16.3	14.3	−12.3
4	2020-10-23 12:05:01	294.50	18.0	18.1	18.1	−0.1
5	2020-10-22 13:05:01	294.56	23.0	20.5	22.6	10.3
6	2020-10-16 08:05:01	294.62	25.3	23.5	24.6	4.8
7	2020-10-09 09:05:01	294.68	24.9	27.1	24.3	−10.3
8	2020-10-06 08:05:01	294.74	27.8	31.4	26.8	−14.5
9	2020-06-19 15:05:00	294.79	41.1	35.1	38.6	10.1

续表

序号	开始测量时间	水位/m	视频流量/(m³/s)	实测综合线流量/(m³/s)	推算流量/(m³/s)	相对误差/%
10	2020-07-07 13:05:00	294.87	41.8	41.3	39.3	−4.9
11	2020-07-10 15:05:00	294.92	51.9	45.6	48.3	5.9
12	2020-06-24 09:05:00	294.98	64.7	51.1	59.7	16.8
13	2020-07-31 08:05:00	295.04	60.1	56.8	55.6	−2.2
14	2020-06-20 09:05:00	295.10	63.7	62.8	58.8	−6.4
15	2020-07-29 12:05:00	295.15	68.4	67.8	63.0	−7.1
16	2020-06-29 08:05:00	295.24	84.1	77.7	76.9	−1.0
17	2020-07-30 17:05:00	295.28	59.1	82.3	54.7	−33.6
18	2020-06-28 12:05:00	295.34	97.9	89.7	89.2	−0.6
19	2020-06-17 10:05:00	295.41	101	98.8	91.7	−7.2
20	2020-06-21 17:05:00	295.45	113	104	103	−1.2
21	2020-06-20 17:05:00	295.53	129	115	117	1.4
22	2020-07-14 07:05:00	295.60	135	125	122	−2.2
23	2020-06-21 08:05:00	295.63	150	129	135	4.8
24	2020-07-21 13:05:00	295.71	118	141	107	−23.8
25	2020-07-13 09:05:00	295.74	175	145	158	8.8
26	2020-07-13 10:05:00	295.75	164	147	148	0.8
27	2020-07-19 16:05:00	295.85	154	162	139	−14.2
28	2020-06-17 07:05:00	295.93	230	174	206	18.5
29	2020-07-12 18:05:00	296.00	234	185	210	13.4
30	2020-07-22 15:05:00	296.76	383	326	342	5.0

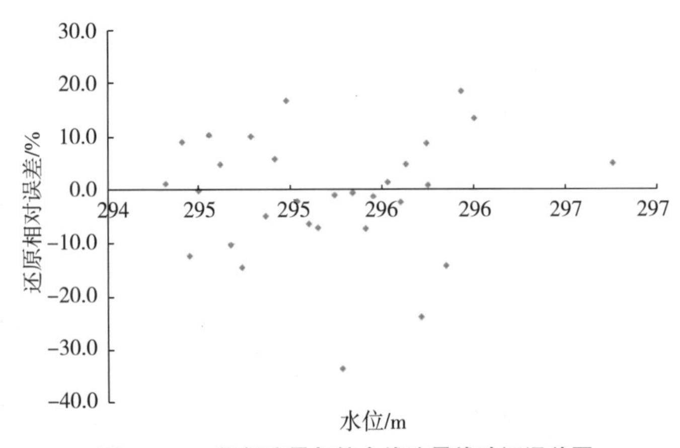

图 5.4-20　视频流量与综合线流量线验证误差图

经过验证，采用率定的线性公式，30 次视频流量经相关关系推算流量与综合线流量误差统计，系统误差为 1.0%，随机不确定度均为 22.8%，2 个测点误差大于 20%，占总测点的 6.7%，误差大于 10%的测点 11 个，占总测点的 36.7%，见表 5.4-7。

表 5.4-7　　视频流量与综合线流量线性关系验证表

公式	系统误差/%	随机不确定度/%	偶然误差大于 20%的个数	偶然误差大于 10%的个数	最大偶然误差/%
$Q=0.8892Q_{视}+2.1233$	1.0	22.8	2	11	−33.6

(3)成果误差分析

从公式率定样本误差和验证样本误差分析看来，视频流量与实测综合线流量相对误差较大，模型率定建立相关关系相关性不够高，还原计算系统误差、随机不确定度均大于规范允许值，需要进一步检测率定。

(4)小结

①视频测流系统能够自动完成流量测验并计算流量，是实现流量在线监测的一种有效方式。

②从宁桥站收集到的视频流量系列资料看，有以下分析结论：同水位—流量相对误差较小，测量稳定性较好。视频流量与实测综合线流量相对误差较大，模型率定建立相关关系相关性不够高，还原计算系统误差，随即不确定度均大于规范允许值，需进一步检测率定。

③仪器尚未达到可正式投产使用的程度，后续需在仪器安装、测流方案及后台计算方法等方面进一步优化完善，同时加强对比测试率定工作，收集更多有效资料进一步分析。

5.4.3　攀枝花视觉测流

5.4.3.1　攀枝花站概况

攀枝花站位于四川省攀枝花市东区滨江大道中段，东经 101°43′，北纬 26°35′，集水面积为 259177km²，距河口距离 3658 km 。该站于 1965 年设立，称渡口水文站，1987 年 3 月更名为攀枝花站，1988 年 1 月下迁 60m 改名为攀枝花(二)站。测流断面位于弯道顺直段，断面呈“W”形，左深右浅，两岸由乱石组成，河床为乱石夹沙，变化甚微。断面下游 500m，有一浅滩，水位在 990.00m 全部淹没，起低水控制作用；下游弯道和密地大桥束水起高水控制作用；由于下游 15km 的雅砻江从左岸汇入，因此高水有回水顶托。断面上游 900m 的渡口大桥下右岸顺坝和断面上游大桥与铁索桥之间右岸围砌的 22500m² 的滩地停车场以及上游 200m 的左岸围砌 400m 长的河堤停车场，以上工程起高水顺流作用。测站及断面控制情况较好，水位—流量关系多年为较稳定的单一线，单断沙关系为单一直线型。攀枝花站流量、泥沙均为一类精度站。

5.4.3.2 测站特性分析

(1)断面变化

分析了攀枝花站2010—2019年的10年大断面资料，见图5.4-21。断面变化较大，水位988.15m以下(常水位、保证率50%下)年最大断面变化率约为11.0%，986.15m(水位保证率90%)情况下年最大断面变化率约为21.2%，左右岸常年水位变化下(水位保证率90%～10%)断面平均变化率约为2.1%。2016年因市政修路向河边倾倒弃渣导致左岸断面变高。上游来水来沙冲淤导致河底略有变化。近几年，左右岸断面基本稳定。

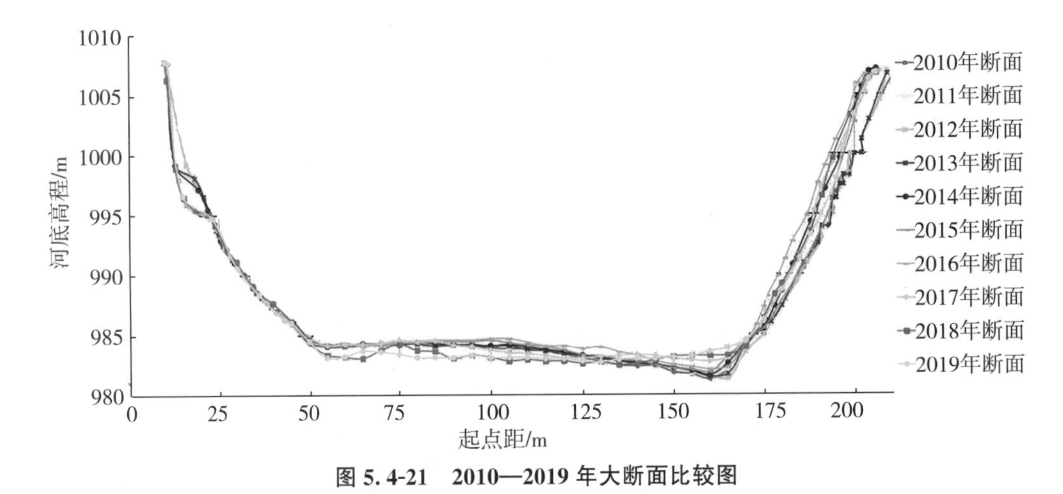

图5.4-21 2010—2019年大断面比较图

(2)流量测验

1)水面流速

分析了2006—2018年水位级为987.03～996.65m，流量级为12～6380m^3/s的26次水面一点法与多线多点法关系，相关性较好，关系：$y=0.916x-84.375$，见图5.4-22。

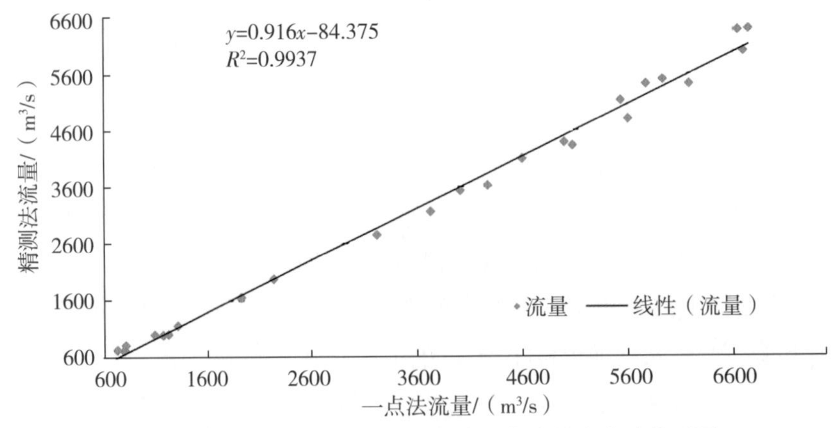

图5.4-22 2006—2018年水面一点法与多线多点法关系图

2)代表垂线

经分析可知，右岸测速垂线55m($y=0.939x+0.3867$)、65m($y=0.9014x+0.2518$)垂线平均流速与断面平均流速之间相关性较好。左岸测速垂线165m、170m、175m关系较差，见图5.4-23。

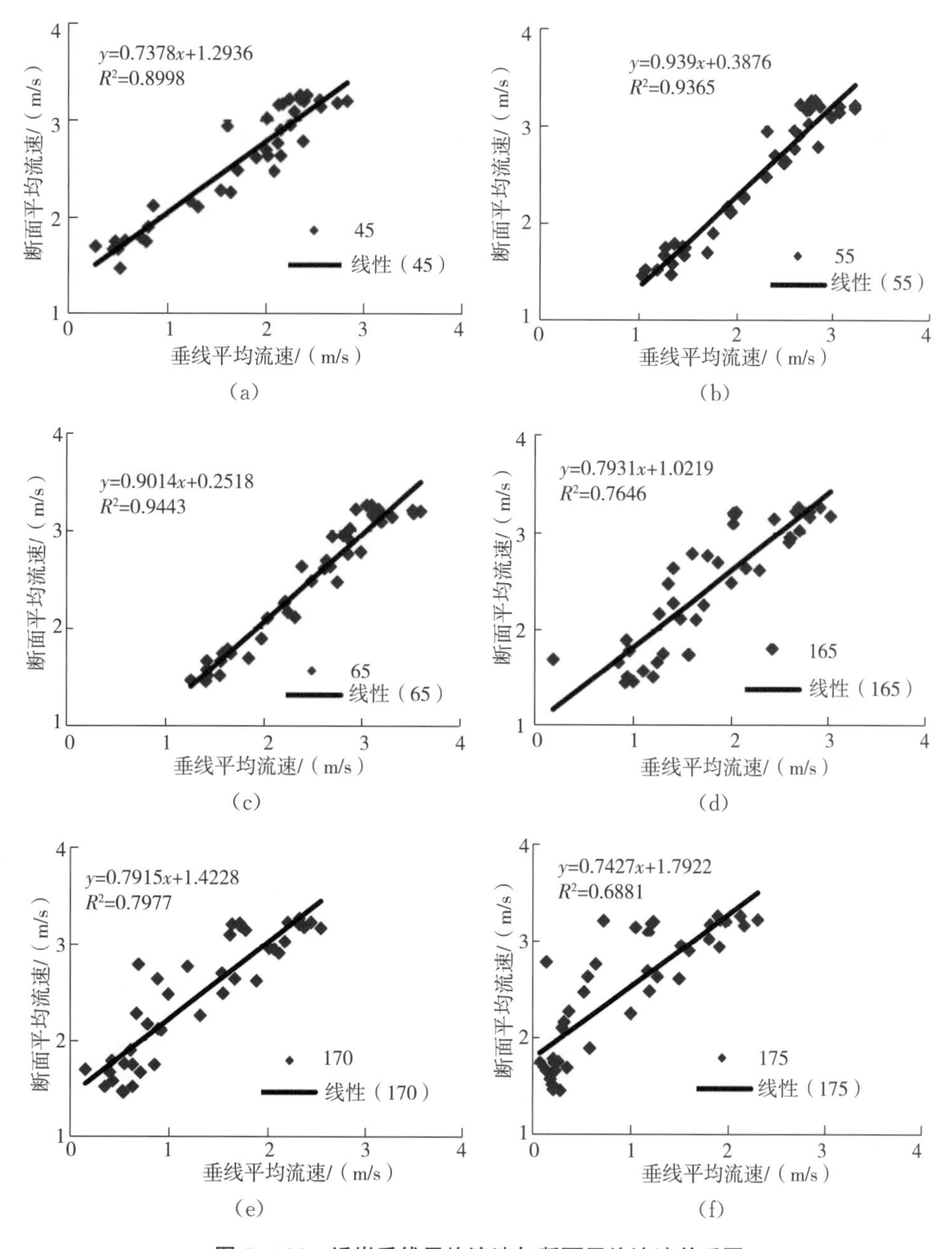

图5.4-23 近岸垂线平均流速与断面平均流速关系图

2012年利用历时资料分析全断面8～11线相对位置0.2流速系数，得出流量在3050～7750m^3/s全断面综合均值为0.88。2017年分析出流量在3050m^3/s以上时(相对位置0.2)5线1点法和3线1点法测验方案，此方案在暴涨暴落或漂浮物严重等特殊水情时抢测洪峰时使用。

3)年际水位—流量关系变化

分析了攀枝花站 2009—2018 年水位—流量关系，由于断面较稳定，河床高、中、低水控制良好，故 Z-Q 关系多年为单一线，中高水年际有一定摆动。2009—2018 年年际最大偏离率为 2011 年与 2012 年的 4.65%，与综合线最大偏离率为 2010 年、2011 年的 5.47%，波动较小，基本平稳，见图 5.4-24。

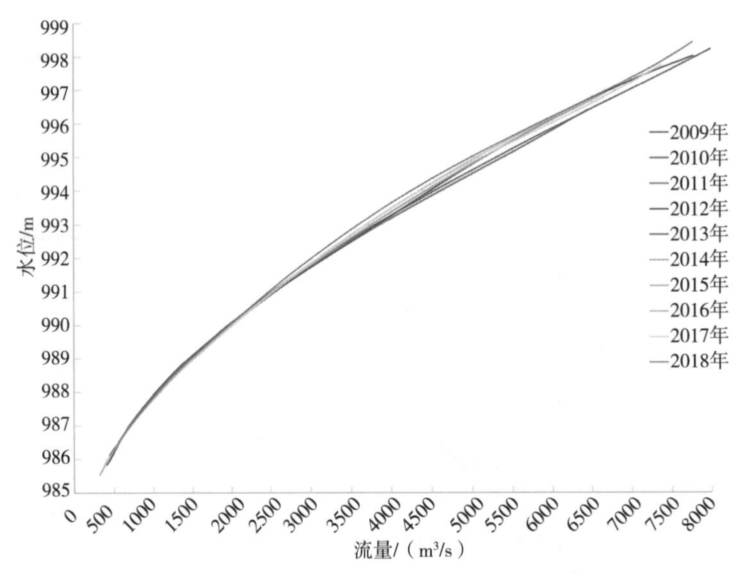

图 5.4-24　攀枝花站 2009—2018 年水位—流量关系

(3)泥沙测验

1)年际单断沙关系变化

分析了攀枝花站 2009—2018 年单断沙关系，单断沙关系多为直线，有 2 年是折线，关系系数一般在 0.9450～1.0381 区间，见图 5.4-25、图 5.4-26。

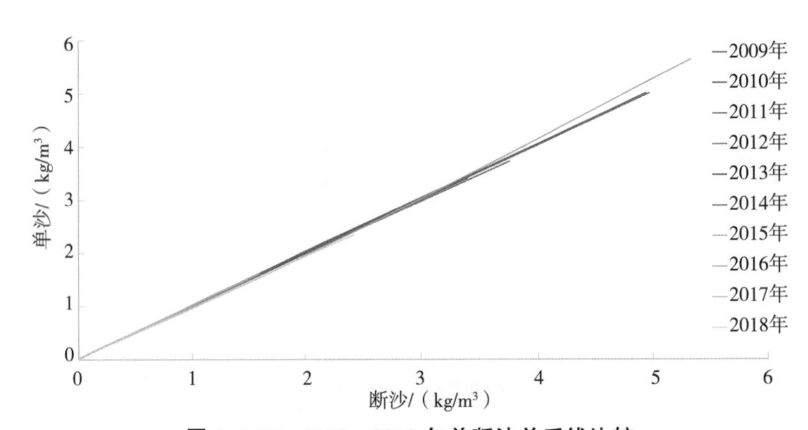

图 5.4-25　2009—2018 年单断沙关系线比较

注：采用攀枝花站 2009—2018 年(其中 2011 年起逢单年停测，逢双年实测断沙)的数据进行单断沙关系分析。

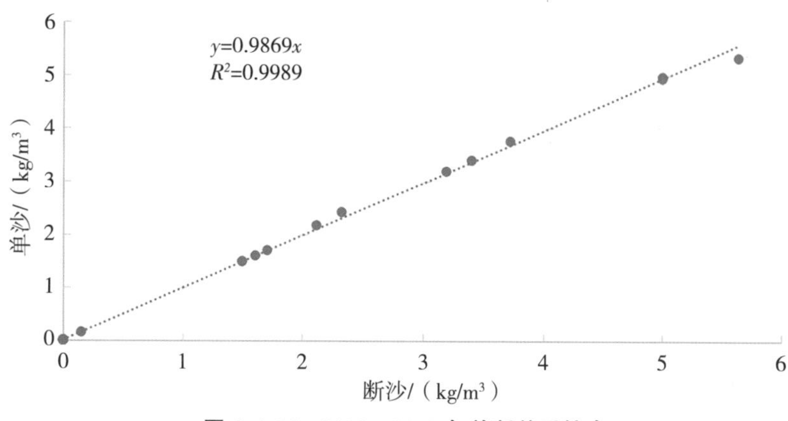

图 5.4-26　2009—2018 年单断关系综合

由图 5.4-26 可知，2009—2018 年攀枝花站单断沙关系与综合线比较，平均偏离率为 1.57％，最大偏离率为 2009 年 10.12％。2008—2018 年平均偏离率为 0.04％～5.24％，波动较小，基本平稳。

2）输沙量年内变化

分析了攀枝花站 2008—2018 年泥沙资料，1—3 月、12 月已实现停测，不做分析。对时段输沙量与多年平均输沙率进行分析计算。攀枝花站 4 月平均输沙量占多年平均输沙量的 0.75％，5 月平均输沙量占多年平均输沙量的 1.35％，4—5 月输沙量之和与多年平均输沙量的比值基本未超过 3％。但 2013 年观音岩水电站截流后 4—5 月输沙量之和与多年平均输沙量的比值基本都超过 3％，4 月、5 月输沙无法实现停测。

3）单边关系

攀枝花站单边关系：$cs_{单}=1.3069cs_{边}$；收集 2003 年单边关系资料，关系稳定，能通过检验，满足使用要求。时隔多年，需加强单边资料的收集和分析工作。

5.4.3.3　设备与安装

攀枝花站为金沙江干流控制站，为金沙江上段雅砻江汇入前流量一类精度站，为防汛抗旱和水资源监督管理服务，其地理位置和历史作用非常重要。上游约 10km 有金沙水电站，蓄放水对本站水位有较大影响，下游约 3km 有银江水电站库区防护工程，汛期洪水量级较大，江面漂浮物多，洪水期波浪较大，易造成 ADCP 部分测流数据缺失以及仪器损坏。非接触式测流方式较适合攀枝花水文站开展流量测验。由于视频测流系统安装方便，占地面积较小，可全天候连续工作，只需要安装在岸边即可完成对河流表面流速测量，无需人员操作，可以长期连续提供监测数据。

（1）系统简介

视频测流系统基于智能图像分析和机器视觉测量技术，实现野外复杂环境下非接触式的中小河流水文多要素远程在线监测。目前已形成包括水尺水位、表面流速、断面流量测量在内、拥有核心自主知识产权的全系统集成解决方案。其中，水位测量利用图像传感器代替人眼获取水尺图像，通过图像处理技术检测水位线对应的读数，从而自动获取水位信息，具有原理直观、无温漂等优点。表面流速测量以植物碎片、泡沫、细小波纹等跟随表层水流运动的天然漂浮物及水面模式为示踪物，通过图像分析估计示踪物在图像序列中的位移，进而获得表面水流的速度矢量场，具有非接触式瞬时全场流速测量的特点，特别适合于高洪期河道水流在线监测。

（2）系统构成

硬件系统结构见图 5.4-27，包括位于测量现场的免像控摄像测量仪（主机）、水面补光灯（从机）以及位于远程监测中心的视频处理工控机。免像控摄像测量仪内置 800 万像素 CMOS 图像传感器的网络摄像机，拍摄 H.264 格式的全高清视频（3840×2160@25fps）并存储在内置的 TF 卡中；选择焦距 4mm 的低畸变镜头。现场布设前在实验室中标定摄像机内部参数用于后续图像畸变校正。主机通过 4G 网络与视频处理工控机进行远程通信，为实现系统的异地远程访问，采用 VPN 网关将系统中的网络设备接入 4G 路由器，配合监测中心运行的 VPN 客户端，构建工作于 P2P 模式的虚拟局域网。水面补光灯采用一台可见光波段的阵列式 LED 补光灯用于夜间水面定时补光，由 DC12V 太阳能供电，功率 12W，照射角度 60°。

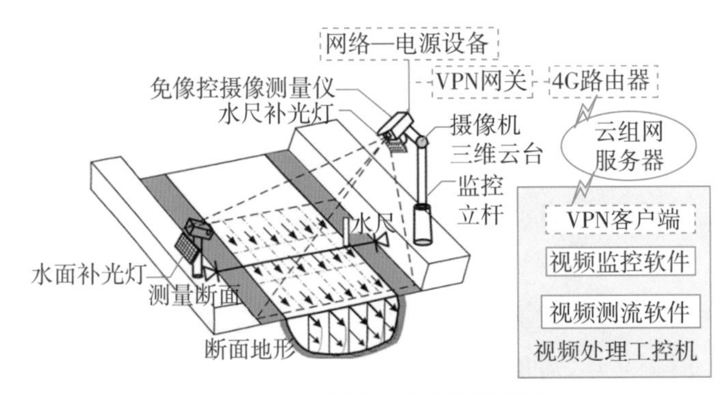

图 5.4-27　硬件系统结构示意图

（3）设备安装

攀枝花站视频测流系统建成后，经过调试后开始正式运行。视频测流系统位于流速仪测流断面下游 4m 处，主机采用市电供电，通过 4G 网络和位于河海大学的工作站进行远程通信（图 5.4-28）。

图 5.4-28　攀枝花站视频测流系统安装图

5.4.3.4 对比测试分析

(1)资料收集情况

受流量限制，视频测流系统设定整点测量，存储整点数据的方式收集数据。水位、断面数据主要从攀枝花站定期获取，并人工输入视频测流系统软件进行离线回溯分析、自动计算出流量，测速垂线按 1m 间距布设。2020 年 7 月 28 日至 2021 年 8 月 31 日，雷达波测流系统不间断测得不同水位级、不同流量级、不同时间段长系列流量实测资料共 8795 次。

(2)资料分析情况

按照《河流流量测验规范》(GB 50179—2015)中第 4.1.2 条规定。采用视频测流系统在高、中、低不同水位(或者流量)级下与流速仪对比测试 40 次。通过分析比较确定视频测流系统应采用的换算断面流量方法。

根据攀枝花站实测流量数据与视频测流系统数据进行分析，资料选取 2020 年 7 月 28 日至 2021 年 8 月 31 日实测流量数据共 40 次，有效对比测试次数 31 次。对比测试数据见表 5.4-8。

表 5.4-8 流速仪与视频流量对比测试成果表

测次	日期	平均时间	测验方法	水位/m	流速仪流量/(m^3/s)	整编定线流量/(m^3/s)	视频虚流量/(m^3/s)	相对误差/%
23	2020-08-19	0858	流速仪 11/22	999.20	8520	8590	9520	11.74
25	2020-08-21	0857	流速仪 11/22	998.00	7340	7480	8340	13.62
26	2020-08-21	1554	流速仪 11/21	996.84	6280	6480	7230	15.13
27	2020-09-09	1640	流速仪 10/20	992.29	3140	3190	3890	23.89
28	2020-09-14	0842	流速仪 11/21	996.11	5660	5880	6860	21.20
29	2020-10-12	0855	流速仪 10/20	991.06	2430	2490	3180	30.86
30	2020-11-01	0916	流速仪 10/20	989.41	1630	1660	1960	20.25
31	2020-11-07	1008	流速仪 10/20	990.58	2190	2230	2880	31.51
3	2021-03-11	1611	流速仪 9/17	986.97	670	675	948	41.49
6	2021-04-08	1618	流速仪 8/16	986.38	478	471	698	46.03
7	2021-04-27	1152	流速仪 10/20	989.58	1850	1740	2220	20.00
8	2021-04-27	1330	流速仪 10/20	989.62	1840	1760	2330	26.63
9	2021-05-20	1137	流速仪 10/20	988.97	1520	1460	1920	26.32
10	2021-05-31	1407	流速仪 10/20	988.59	1340	1300	1650	23.13
11	2021-06-02	1114	流速仪 14/68	989.17	1580	1550	1930	22.15
12	2021-06-15	1602	流速仪 10/20	991.09	2690	2500	3300	22.68

续表

测次	日期	平均时间	测验方法	水位 /m	流速仪流量 /(m³/s)	整编定线流量 /(m³/s)	视频虚流量 /(m³/s)	相对误差 /%
13	2021-06-18	1602	流速仪 10/20	990.83	2360	2360	3020	27.97
14	2021-06-21	0952	流速仪 10/20	991.71	2900	2850	3480	20.00
15	2021-06-22	1026	流速仪 10/20	990.35	2150	2110	2840	32.09
16	2021-06-25	0851	流速仪 10/20	992.26	3270	3180	3900	19.27
21	2021-08-02	0840	流速仪 10/20	989.91	1840	1890	2480	34.78
22	2021-08-11	1556	流速仪 10/20	990.71	2130	2300	3010	41.31
23	2021-08-12	1004	流速仪 10/20	991.30	2540	2620	3370	32.68
24	2021-08-13	0831	流速仪 10/20	989.81	1720	1850	2170	26.16
25	2021-08-16	0832	流速仪 10/20	991.17	2560	2550	3260	27.34
26	2021-08-18	1148	流速仪 10/20	995.69	5580	5550	6630	18.82
28	2021-08-20	1643	流速仪 18/82	997.2	7040	6780	8150	15.77
29	2021-08-21	1144	流速仪 11/21	996.05	5920	5830	7010	18.41
30	2021-08-22	0936	流速仪 11/21	997.92	7730	7410	8430	9.06
31	2021-08-25	0806	流速仪 10/20	994.91	4940	4960	5880	19.03
32	2021-08-31	1031	流速仪 10/20	996.48	6070	6180	7490	23.39

(3)对比测试关系率定

根据表5.4-8流速仪与视频流量对比测试资料，视频流量资料与流速仪法流量资料相对误差在9.06%～46.03%，误差较大。误差较大的主要原因：一是由于本身视频测流与流速仪法流量有一定误差，二是视频流量只有整点数据，而流速仪法流量与视频流量不能完全同步对比测试，本次按流速仪法流量时间在视频流量整点实测流量间进行内插进行对比分析，误差较大。视频测流为表面流速对应的虚流量，因此比流速仪法系统偏大。

基于以上，需要利用视频流量与流速仪法流量率定相关关系，从而利用视频流量推算断面流量。考虑到流速仪与视频流量无法完全同步施测，当涨落较快时，误差会较大，本次分别采用流速仪与视频实测流量、流速仪整编定线流量与视频流量建立关系。

(4)流速仪与视频流量关系

采用流速仪与视频实测流量建立线性关系和多项式关系，见图5.4-29、图5.4-30。

流速仪法流量与视频实测流量建立线性关系，关系为 $y=0.90x-294.46$（x 为视频实测流量，y 为流速仪法实测流量），相关系数0.9948。

流速仪法流量与视频实测流量建立一元二次回归方程关系，关系为 $y=0.00002x^2+$

0.6955x+79.2637(x 为视频实测流量,y 为流速仪法实测流量),相关系数 0.9968。

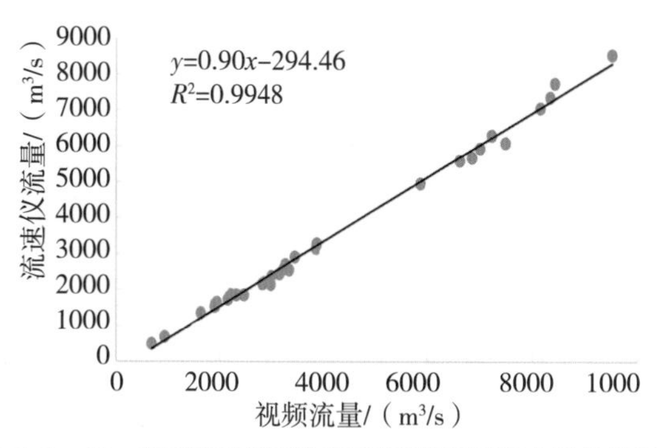

图 5.4-29 流速仪法流量与视频实测流量建立线性关系

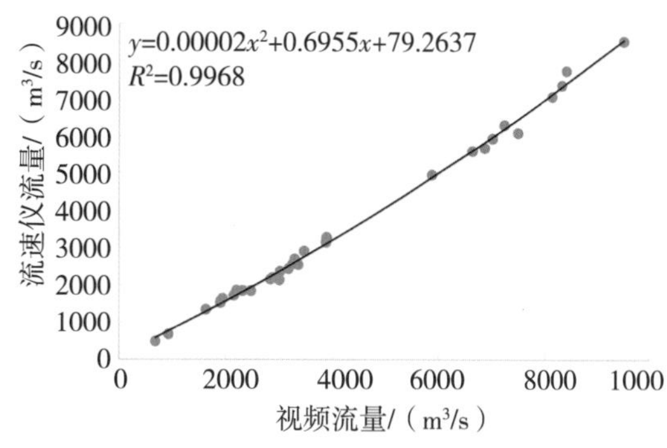

图 5.4-30 流速仪与视频流量一元二次关系

攀枝花站水位—流量关系多年为较稳定的单一线型,实测流量与线上流量误差较小,考虑视频流量与流速仪法流量无法完全同步,采用流速仪整编定线流量与视频流量建立关系,见图 5.4-31、图 5.4-32。

流速仪法流量与视频实测流量建立线性关系,关系为 y=0.90x−295.43(x 为视频实测流量,y 为流速仪法实测流量),相关系数 0.9956。

流速仪法流量与视频实测流量建立一元二次回归方程关系,关系为 y=0.000018x^2+0.7211x+31.652(x 为视频实测流量,y 为流速仪法实测流量),相关系数 0.9972。

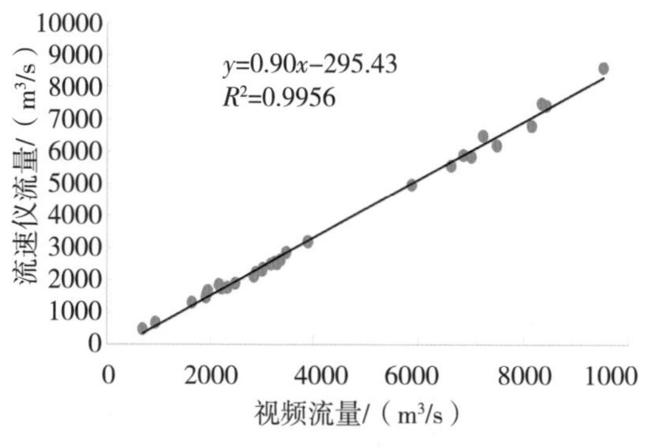

图 5.4-31 流速仪法整编定线流量与视频实测流量线性关系

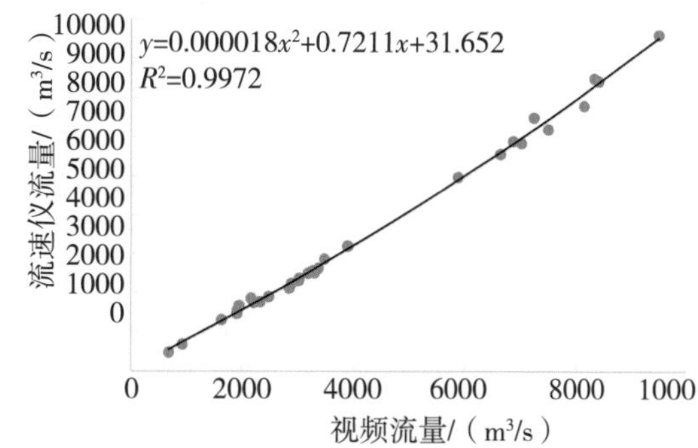

图 5.4-32 流速仪整编定线流量与视频流量一元二次关系

(5)误差分析

1)流速仪与视频流量还原误差分析(表 5.4-9、表 5.4-10)

表 5.4-9　　流速仪与视频流量线性关系还原误差分析

（$Q_{断}=0.900446Q_{视}-294.462578$）

分析测次（次）	系统误差 E	B	置信水平 95%的综合不确定度	系统偏差
	$\sum$(流量误差)/n	$\sum$(误差－E)^2	$2(B/(n-1))^{0.5}$	$\sum$|流量误差|/n
31	1.04	32.14	2.04	1.24
统计	对比测试流速范围/(m/s)	1.08～3.54		最大偶然偏差
	对比测试流量范围/(m^3/s)	478～8520		1.72
	对比测试数据月份	2020 年 8 月至 2021 年 8 月		

表 5.4-10　　流速仪与视频流量多项式关系还原误差分析

（$Q_{断}=0.000020Q_{视}{}^2+0.695529Q_{视}+79.263662$）

测次/次	系统误差 E	B	置信水平 95%的综合不确定度	系统偏差
	$\sum$(流量误差)/n	$\sum$(误差－E)^2	$2(B/(n-1))^{0.5}$	$\sum$|流量误差|/n
31	0.99	30.81	1.99	1.09
统计	对比测试流速范围/(m/s)	1.08～3.54		最大偶然偏差
	对比测试流量范围/(m^3/s)	478～8520		1.15
	对比测试数据月份	2020 年 8 月至 2021 年 8 月		

2)流速仪整编定线流量与视频流量还原误差分析(表 5.4-11、表 5.4-12)

表 5.4-11　　流速仪整编定线流量与视频流量线性关系还原误差分析

（$Q_{断}=0.900446Q_{视}-294.462578$）

分析测次/次	系统误差 E	B	置信水平 95%的综合不确定度	系统偏差
	$\sum$(流量误差)/n	$\sum$(误差－E)^2	$2(B/(n-1))^{0.5}$	$\sum$|流量误差|/n
31	1.03	32.07	2.03	0.95
统计	对比测试流速范围/(m/s)	1.08～3.54		最大偶然偏差
	对比测试流量范围/(m^3/s)	478～8520		1.69
	对比测试数据月份	2020 年 8 月至 2021 年 8 月		

表 5.4-12　　流速仪整编定线流量与视频流量多项式关系还原误差分析

($Q_{断}=0.000020Q_{视}^2+0.695529Q_{视}+79.263662$)

分析测次/次	系统误差 E	B	置信水平 95%的综合不确定度	系统偏差
	$\sum$(流量误差)/n	$\sum$(误差$-E$)^2	$2(B/(n-1))^{0.5}$	$\sum$|流量误差|/n
31	0.99	30.74	1.99	0.99
统计	对比测试流速范围/(m/s)	1.08～3.54		最大偶然偏差
	对比测试流量范围/(m^3/s)	478～8520		1.19
	对比测试数据月份	2020 年 8 月至 2021 年 8 月		

从上述 4 种率定的关系看出，四种关系的还原误差差别非常小，一元二次关系还原误差比线性还原误差小，且在流量对比测试误差范围内。

3)推流误差分析

经分析出的公式使用后对整编成果的影响，特别是对推算出河道径流量直接关系公式的适用性。通过 4 种公式换算的断面流量推算月、年径流量，再与整编定线计算的径流量比较误差(表 5.4-13、表 5.4-14)。

表 5.4-13　　流速仪流量与视频流量推求径流量比较误差　　(单位:亿 m^3)

月份	1	2	3	4	5	6	7	8	合计
流速仪法整编定线	20.89	15.12	14.49	18.79	21.83	50.28	84.91	110.4	336.7
线性公式	16.74	11.08	9.776	15.89	19.07	51.06	85.44	111.7	320.8
一元二次公式	21.83	16.35	16.07	20.94	23.7	51.32	82.23	109.8	342.2
线性误差(%)	−19.87	−26.72	−32.53	−15.43	−12.64	1.55	0.62	1.18	−4.74
多项式误差(%)	4.50	8.13	10.90	11.44	8.57	2.07	−3.16	−0.54	1.64

表 5.4-14　　流速仪整编定线流量与视频流量推求径流量比较误差　　(单位:亿 m^3)

月份	1	2	3	4	5	6	7	8	合计
流速仪法整编定线	20.89	15.12	14.49	18.79	21.83	50.28	84.91	110.4	336.7
线性公式	16.71	11.06	9.749	15.86	19.04	51.06	85.17	111.7	320.3
视频法多项式	21.21	15.68	15.27	20.32	23.11	51.32	82.76	110.4	340.1
线性误差(%)	−20.01	−26.85	−32.72	−15.59	−12.78	1.55	0.31	1.18	−4.86
多项式误差(%)	1.53	3.70	5.38	8.14	5.86	2.07	−2.53	0.00	1.00

(6)对比测试分析结论

通过上述分析，流速仪整编定线流量与视频流量推流误差整体比流速仪实测流量与视频流量推流误差小，而一元二次相关关系推算的 2021 年 8 个月月径流量与整编成果相对误差未超过 10%，累计水量相对误差为 1.00%。确定该视频测流系统流速仪整编定线流量与视频流量对比测试分析的多项式关系较优，多项式公式 $Q_{断} = 0.000018Q_{视}^{2} + 0.721088Q_{视} + 31.652219$，可以在水位 986.38～999.20m，流速 0.41～5.24m/s，流量 478～8520m^3/s 范围内使用，且数据成果可用于整编，完全能够满足报汛要求。

5.4.3.5 存在问题及建议

①夜间补光问题：河流左岸有路灯，在夜间持续照明，可满足水面照明需求；从机补光灯安装位置偏低，高水情况下距离水面过近，存在被淹没风险，且易引起图像过曝，需要安装立杆将从机架高，但易被树木遮挡，需要处理。

②流速异常原因较多，比如夜间补光灯未正常开启、中午表面波纹的反射弱、暴雨引起的画面模糊等可能造成图像分析的信噪比过低，导致识别出流场有效数据率低于设定的阈值，这些都影响了流量的精度。

③视频数据通过 4G 网络和位于河海大学的工作站进行远程通信，受流量限制，设定整点测量，存储整点数据的方式收集数据。测站水位计数据无法直接接入视频测流系统，水位、断面数据从攀枝花水文站定期获取，示范单位将水位、断面等数据人工输入视频测流系统软件进行离线回溯分析、计算流量，无法实现实时在线监测。

5.5 水位—流量关系单值化法应用实例

5.5.1 宜昌站水位—流量关系单值化方案

5.5.1.1 分析目的

宜昌站位于长江中游干流，自建站以来断面水位—流量关系主要以绳套线型和单一线型为主，20 多年来，河段上游相继建成葛洲坝和三峡水利枢纽，枢纽调度对水沙调节影响较大，增加了外业观测时机把握的难度。多年来宜昌站年平均流量测次接近 90 次，测次多导致测验生产成本大、职工外业劳动强度高。

2012 年三峡局技术室采用多年实测成果，结合测验河段特性与上下游水位站网布置实际情况，对宜昌站水位—流量关系进行了单值化。2017 年宜昌站在原单值化方案的基础上进行了进一步分析，完成了《新水文特性条件下宜昌流量单值化分析》报告编写，该报告确定了适用于宜昌站的单值化方案，且通过典型年份资料分析优化，宜昌站 2003—2015 年各年采用该方案基本满足单一曲线定线精度要求，绝大部分年份单值化曲线均能通过 3 种检验，系统误差和随机不确定度均满足规范规定，所采用的宜昌站水位—流量单值化方案较为稳定，适用性较好。

5.5.1.2 宜昌河段测验概况

(1)测验河段基本情况

宜昌站始建于 1877 年 4 月，位于湖北省宜昌市滨江公园，东经 117°17′，北纬 30°42′，为国家基本水文站，国家重点控制站，测验精度类别为一类，其流域控制面积 1005501km^2，为长江上中游咽喉。

测验河段位于葛洲坝下游约 6km 的弯道下首，长约 3km，尚顺直；整个河段属山区与平原过渡段，右岸为低山丘陵区，左岸为宜昌市城区。河岸较稳定，近百年来河势未发生大的变化。历史上，长江出南津关后，因葛洲坝、西坝两洲而形成三汊河道，主槽位于右岸。葛洲坝水利枢纽横跨葛洲坝洲和西坝，1986 年建成，其二江电厂、大江电厂、27 孔泄水建筑物为长江水沙主要通道。断面下游 3km 有胭脂坝江心洲，长约 5km，当水位小于 43m（吴淞高程）时，右支汊断流，长江全部从左汊主槽下泄。断面下游 20km 有虎牙滩，江面宽从 1200m 缩窄为 900m，再下游 38 km 处有支流清江入汇。

测验断面形态呈“U”形。近左岸河床（约占河宽的 2/3）较平坦，为砾卵石夹沙河床，是冲淤变化的主要部位，低水时约有 100m 的边滩裸露，高程 42m 以上为混凝土护岸；右岸系基岩，地形陡峭，断面主泓偏右。

宜昌断面水沙主要来源于长江上游及各支流。近年来，随着三峡工程运行，其调度对宜昌断面水沙控制愈加突出。

（2）断面水文特性条件

1）水位

宜昌站水位主要受上游水工程调度影响和天然洪水传播影响，特别是 2003 年以后，天然洪水传递影响不断减弱，水工程调度影响相对增强，反映在水位过程中其特性主要为锯齿状波动。低枯水期间每天水位沿某一均值上下波动，较为规则，波动最高值一般出现在 19：00～22：00 点，最低值出现在次日 7：00～9：00 点，波动周期为 14h 左右，波动范围为 0～1.0m；中水水位涨落幅度要大于低枯水涨落幅度，涨落水期间每日仍存在较为明显的小幅波动，其波动范围略大于低枯水，为 0～1.5m，日波动峰谷值差与低枯水相近，但在水位急涨或急落时，水位波动特征在洪水传播中影响因素相互抵消表现相对不明显；高水水位波动的范围和时间基本类似于中水，只是水位的波动特征在水位变化幅度较小或水位相对平稳时表现相对突出，洪峰附近水位波动完全受水工程调度影响，范围时大时小，与正常情况下的波动特征略有差别，见图 5.5-1 至图 5.5-3。

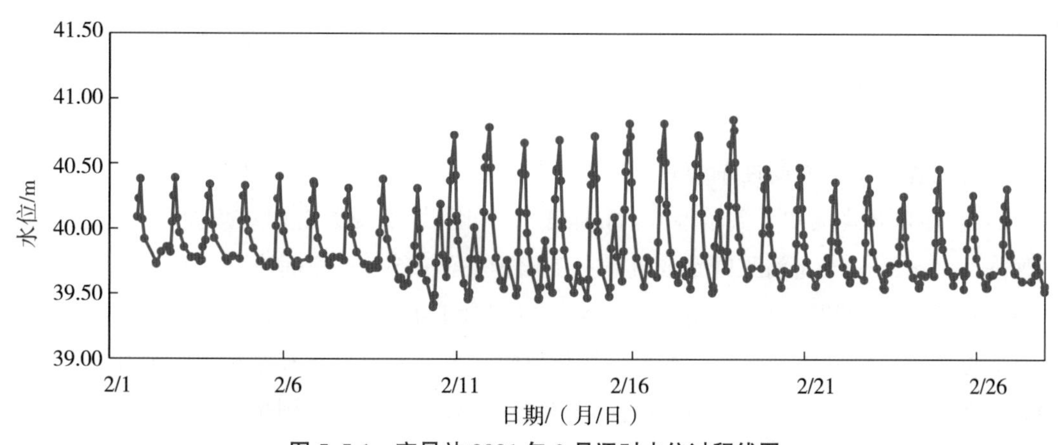

图 5.5-1　宜昌站 2021 年 2 月逐时水位过程线图

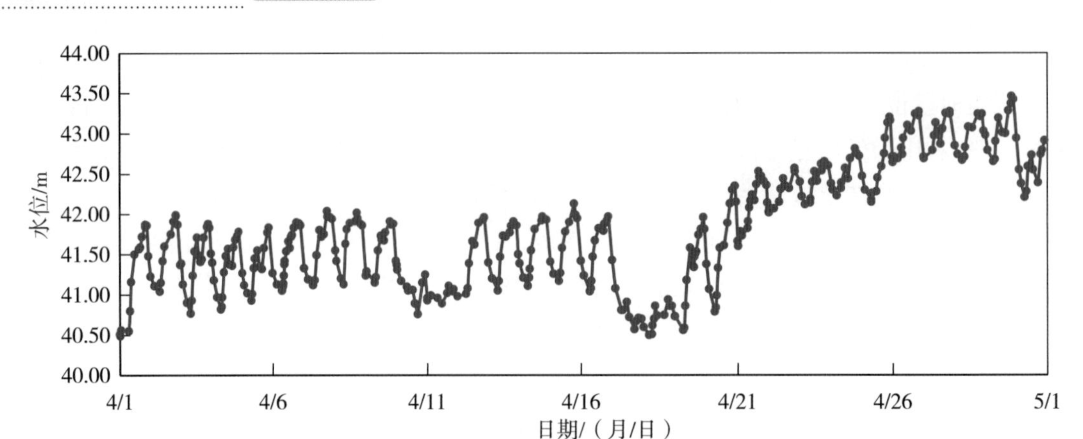

图 5.5-2　宜昌站 2021 年 4 月逐时水位过程线图

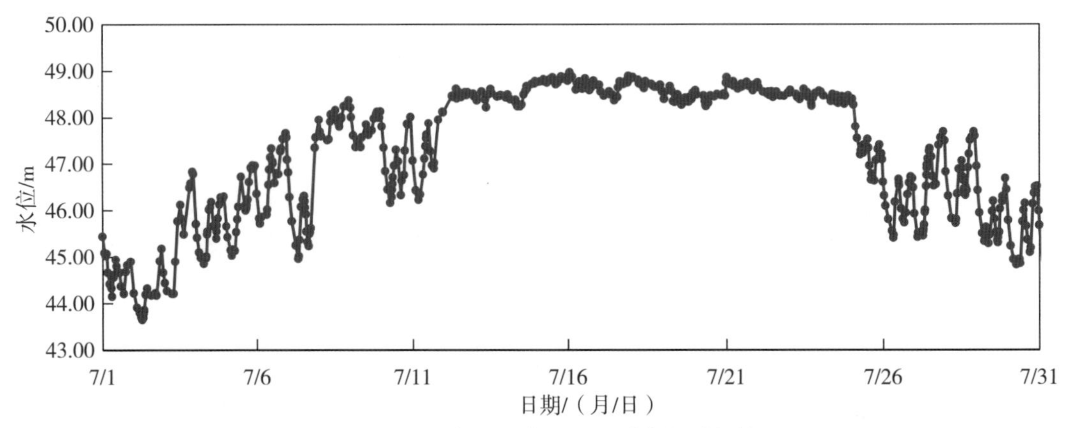

图 5.5-3　宜昌站 2021 年 7 月逐时水位过程线图

2)流量

①低水水位—流量关系变化。

三峡水库蓄水以来，年最小流量逐年增大，2003—2010 年流量增幅达 49%，年最低水位也相应抬高，2003—2010 年最低水位年平均增大 0.15m，年平均流量变化较小，年际枯水位、小流量变化不稳定。如图 5.5-4 所示，2016—2021 年水位—流量关系稳定，年际变化不明显。

②中水水位—流量关系变化。

水位变化呈现日周期性调节，一般每日上午水工程调度和电站放水，夜晚电站发电减少，出现在本断面即为白天流量增大，特别是 8:00 以后，夜晚流量相对减少、日流量变幅在 2000～3000m^3/s。当上游强降水或流量突变出现在汛前时，本断面流量变化也会形成白天减少、夜晚增大的情况，但该变化一般出现时间相对于正常情况要短，反映在水位—流量关系上为综合单一线和绳套曲线。若水流变化仅限于电站发电放水和常规水情变化则主要按照综合单一曲线控制外业流量测次；若测次存在明显的绳套线型，则按照常规的绳套曲线布置流量测次。

③高水水位—流量关系变化。

三峡水库蓄水后，长江天然洪峰已受到一定程度的影响，表现在中水洪峰一般在峰顶附近时间停留很短，时间约半天，其原因是中水对三峡水库蓄水滞峰作用影响不大，仅靠河道天然水量自然下泄。而高水洪峰一般峰顶附近持续时间相对较长，而且在洪峰阶段水位呈现波动状态，水位变化幅度为 0.5～1.0m，其原因是三峡工程调度增强，水库蓄水、滞峰影响，保证长江中下游水位不超过警戒水位、行船正常。当洪峰一旦开始消退，则水位下降非常迅速，且幅度很大。

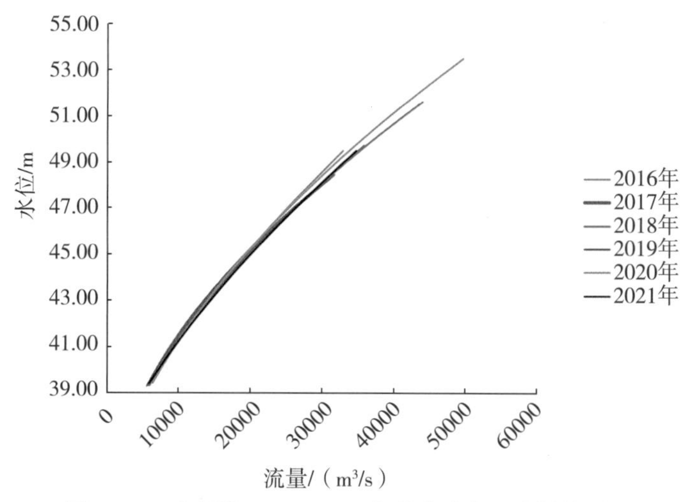

图 5.5-4 宜昌站 2016—2021 年综合水位—流量关系图

5.5.1.3 水位—流量关系单值化方案

(1)历史分析方法

历史上，宜昌站曾于 1981 年开始组织专班进行水位—流量关系单值化整编研究，其研究思路主要有综合落差指数法和校正因素法。校正因素法主要是考虑了宜昌断面受洪水涨落影响，而洪水传播在 1981 年以后已不同程度受到葛洲坝工程建设影响，因而校正因素复杂，水位与 1/usc 关系散乱，形成的 Z-Q_C 曲线对推流精度影响较大，此过程中也尝试了抵偿河长法进行定线推流，但参证站选择因受工程影响而效果不好。综合落差指数法主要研究范围是巴东至枝城河段，重点采用了巴东、太平溪、茅坪、南津关等水位站为上辅助水尺；磨盘溪、杨家咀、宜都、枝城等水位站为下辅助水尺，落差指数因不同水位级和辅助水尺而异，范围在 0.18～0.87，最后形成的综合落差指数法公式较为复杂(多个公式)，且限制因素较多(条件较多)，适用性不强。

2012 年三峡局技术室采用多年实测成果，结合测验河段特性与上下游水位站网布置实际情况，对宜昌站水位—流量关系进行了单值化。2017 年宜昌站在原单值化方案的基础上进行了进一步分析，完成了《新水文特性条件下宜昌流量单值化分析》报告编写。

(2)2012 年宜昌站水位—流量单值化方案

2010—2012 年三峡局技术室采用综合落差指数法开展水位—流量关系单值化研究，选择葛洲坝 8# 水位站和枝城水文站作为辅助站进行分析；采用 1998 年、2000—2011 年水沙整编资料，经过对通用公式中各系数的分析，宜昌站水位—流量关系采用综合落差指数法的单值化方案为：

$$q = Q_m / (0.109(Z_1 - Z_0 + 0.364) + 0.891(Z_0 - Z_2 - 0.016))^{0.438} \quad (5.5\text{-}1)$$

式中：q ——校正流量；

Q_m ——实测流量，m^3/s；

Z_0——宜昌水文站水位，m；

Z_1——葛洲坝 8# 站水位，m；

Z_2——枝城站水位，m；

用上述单值化方案，整编 2012—2015 年流量(表 5.5-1)，拟定的单值化曲线检验结果符合要求。与连时序法整编的流量相近，年平均流量最大误差为 1.7%，年最小流量最大误差为 3.1%，年最大流量最大误差为−1.7%。年逐日平均流量过程较为一致，表明原单值化方案适用。但是，在水工程调度所致水位涨落急剧时期存在局部相对误差较大现象，对清江顶托的影响反映不够敏感。

表 5.5-1　2012—2015 年宜昌站连时序法与单值化整编的流量年特征值统计表

年份	年最大流量/(m^3/s)			年最小流量/(m^3/s)			年平均流量/(m^3/s)			年径流总量/亿 m^3		
	连时序法	综合落差指数法	相对误差/%	连时序法	综合落差指数法	相对误差/%	连时序法	综合落差指数法	相对误差/%	连时序法	综合落差指数法	相对误差/%
2012	47600	47500	0.2	5530	5700	3.1	14700	14900	1.4	4649	4724	1.6
2013	35900	35300	−1.7	5510	5470	−0.7	11900	12100	1.7	3756	3827	1.9
2014	47200	47800	1.3	5610	5600	−0.2	14500	14500	0.0	12500	12300	−1.6
2015	31800	32100	0.9	5630	5800	3.0	4584	4568	−0.3	3946	3882	−1.6

(3)2017 年宜昌站水位—流量单值化方案

为进一步完善宜昌站上述已有单值化成果，2017 年宜昌站在原单值化方案的基础上，增加对清江入汇反应灵敏度，优化了辅助站方案、延长方案资料系列并进行验证，完成了《新水文特性条件下宜昌流量单值化分析》报告编写。

该方案采用综合落差指数法进行水位—流量单值化分析，校正流量因素计算公式如下：

$$q = (1/k_1) \times Q_m / (k_2 \times \Delta Z_m)^{\alpha} \quad (5.5\text{-}2)$$

式中：q ——校正流量因素；

Q_m ——实测流量，m^3/s；

k_1——流量改正系数；

k_2——综合落差改正系数；

ΔZ_m——综合落差，m；

α ——落差指数。

受葛洲坝工程限制，上辅站确定为葛洲坝 8# 水位站。在下辅站的选择上，考虑到位于清江入汇口上游 3.0km 处的杨家咀水位站（宜昌站与枝城站之间）对清江入汇反应特别敏感。通过杨家咀水位站与枝城站建立宜昌组合下辅站，既体现了上游来水、长河段控制原则，又反映出支流入汇的影响（图 5.5-5）。

由于所选落差站（葛洲坝 8# 站、杨家咀站）水位冻结基面均为吴淞（资用）基面，而宜昌站、枝城站的冻结基面为吴淞（扬委）基面，将各站的基面均换算至吴淞（资用）基面，宜昌站：冻结基面以上米数－0.364m＝吴淞（资用）基面以上米数；枝城站：冻结基面以上米数－0.348m＝吴淞（资用）基面以上米数。拟定宜昌组合下辅站的水位的公式为：

$$Z_3 = R_1(Z_2 - 0.348) + R_2 Z_4 \tag{5.5-3}$$

式中：Z_2——枝城站水位，m；

Z_3——宜昌组合下辅站水位，m；

Z_4——杨家咀站水位，m；

R_1、R_2——组合权重系数。

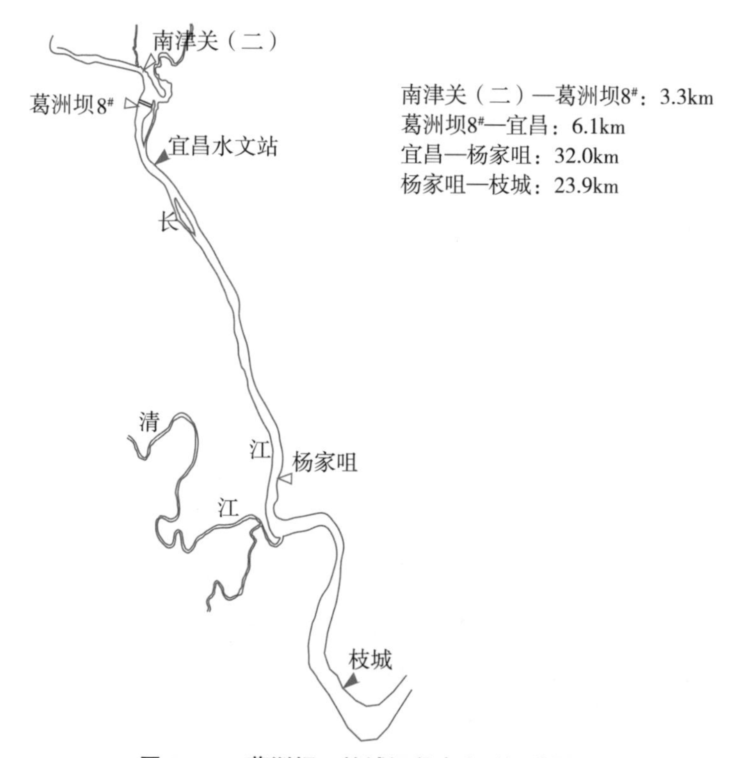

图 5.5-5　葛洲坝—枝城河段水文（位）站网图

在确定 R_1、R_2 系数时长河段控制为主，考虑清江入汇为辅，并考虑两水位站距清江入汇口距离因素。从宜昌组合下辅站（杨家咀和枝城站组合水位站）多种工况组合中，优选出单值化曲线检验的指标最优的工况组合，最终确定组合权重系数。

$$R_1=1-l_2/l_3=0.854 \tag{5.5-4}$$

$$R_2=l_2/l_3=0.146 \tag{5.5-5}$$

其中：l_2——清江口至杨家咀站距离，m；

l_3——杨家咀站距枝城水文站距离，m。

宜昌组合下辅助站的水位值的公式最终确定为：

$$Z_3=0.854(Z_2-0.348)+0.146Z_4 \tag{5.5-6}$$

优选 km_1、km_2 时，先固定落差指数 $\alpha=0.50$，根据方差或标准差最小的原理试错 km_1、km_2 值，保证宜昌水位与校正流量因素间具有较好的单相关关系，且长序列的连续实测流量无系统偏离原则，最终确定落差权重系数 $km_1=0.079$、$km_2=0.921$。

利用 2003—2016 年宜昌站实测流量和葛洲坝 8# 站、宜昌下辅站同时水位，运用上述 ΔZ_m、α 初始值（$\alpha=0.5$），在不考虑综合系数 k_1 和 k_2 情况下，计算各年校正流量因素，建立水位与对应的校正流量因素关系。通过多次调试计算各年关系线型分布较好，呈单一曲线，无系统性偏离，说明无需综合落差改正，因而系数 k_2 可确定为 1。

在调试落差指数 α 时，先设置为 0.5 试算，再上下外延计算，综合分析不断优化计算成果，确定 $\alpha=0.349$。流量改正系数 k_1 是在水位—校正流量关系散乱时，利用流量改正系数把校正流量进行放大或缩小，使原关系得以还原。当 k_1 为 1 时，除了高水期间水位校正流量较分散外，中低水关系都较好，表明宜昌站正常水情下流量改正系数取 1 能满足水位—流量单值化要求。

综上，经过对通用公式中各系数的分析，宜昌站水位—流量关系采用综合落差指数法的单值化方案见下式：

$$q=Q_m/(0.079(Z_1-Z_0+0.364)+0.921(Z_0-Z_3-0.364)^{0.349} \tag{5.5-7}$$

式中：q——校正流量因素；

Q_m——实测流量，m^3/s；

Z_0——宜昌水文站水位，m；

Z_1——宜昌上辅站（葛洲坝 8# 站）水位，m；

Z_3——宜昌组合下辅站（杨家咀和枝城站组合水位站）水位，m。

通过典型年份资料分析优化，宜昌站 2003—2016 年各年采用综合落差指数法建立的水位—校正流量关系基本满足单一曲线定线精度要求，所选年份单值化曲线均能通过 3 种检验，系统误差≤±2%，随机不确定度≤10%，均满足规范规定。同时，按照该方案整编后的流量成果与连时序法整编后的流量成果年特征值无系统偏差，适用性好。

(4)模型验证数据的选用

根据长江委水文局水位—流量关系单值化应用技术有关规定要求，将宜昌站全部实测年份的年平均流量按大到小排列，并根据水文行业标准“应有 7 年以上连续资料系列，并宜包括高、中、低水年和不同水情资料”的要求，考虑宜昌站水位—流量关系单值化主要服务于未来，延长优化后的单值化方案的资料系列并验证流量整编和报汛的精度，采用 2012—2021 年宜昌站近 10 年的测验和整编资料。样本资料中实测最高水位 53.51m，最低水位 39.21m，实测最大流量 51800m^3/s，最小流量 5510m^3/s。资料样本包含丰水年份：2018 年、2020 年、2021 年；中水年份：2012 年、2014 年、2016 年、2017 年、2019 年；枯水年份：2013 年、2015 年。资料样本齐全，代表性较好。

同时，葛洲坝 8# 水位站、杨家咀和枝城站辅助站这 3 个综合落差辅助站具有长序列的实测资料，葛洲坝 8# 站 2008 年以前汛期 4 段制观测，枯期两段制观测，2008 年开始采用压力式自记水位，杨家咀站（2002 年开始人工观测，2015 年开始采用压力式自记水位），枝城站（2003 年开始采用压力式自记水位），三站水尺及自记仪器均严格按规范要求检校，代表性和精度都满足要求。

5.5.1.4 水位—流量关系单值化整编成果精度分析

(1)水位—校正流量关系曲线

根据《水文资料整编规范》(SL/T 247—2020)关于单一曲线定线要求，对曲线进行 3 种误差检验，各年定线精度见表 5.5-2。

表 5.5-2　　宜昌站水位—校正流量关系曲线定线精度统计表

年份	符号检验 U	适线检验 u	偏离数值检验 t	系统误差/%	标准差/%	随机不确定度/%
2012	$u=0.21\leqslant1.15$	$k=45>0.5(n-1)$	$\|t\|=0.03\leqslant1.65$	−0.1	3.1	6.2
	合格	免检	合格	合格		合格
2013	$u=0.77\leqslant1.15$	$k=48>0.5(n-1)$	$\|t\|=0\leqslant1.65$	0.0	3.0	6.0
	合格	免检	合格	合格		合格
2014	$u=0.76\leqslant1.15$	$u=0.55<1.64$	$\|t\|=0.23\leqslant1.65$	0.1	2.4	4.8
	合格	合格	合格	合格		合格
2015	$u=0.66\leqslant1.15$	$k=31>0.5(n-1)$	$\|t\|=0.03\leqslant1.65$	0.0	2.4	4.8
	合格	免检	合格	合格		合格
2016	$u=0.77\leqslant1.15$	$u=0.90<1.64$	$\|t\|=0.49\leqslant1.65$	−0.2	2.9	5.8
	合格	合格	合格	合格		合格

续表

年份	符号检验 U	适线检验 u	偏离数值检验 t	系统误差/%	标准差/%	随机不确定度/%
2017	$u=1.11\leqslant1.15$	$k=51>0.5(n-1)$	$\|t\|=0.08\leqslant1.65$	0.0	3.8	7.6
	合格	免检	合格	合格		合格
2018	$u=0.24\leqslant1.15$	$k=42>0.5(n-1)$	$\|t\|=0\leqslant1.65$	0.0	1.7	3.4
	合格	免检	合格	合格		合格
2019	$u=0\leqslant1.15$	$u=0.80<1.64$	$\|t\|=0.11\leqslant1.65$	0.0	2.4	4.8
	合格	合格	合格	合格		合格
2020	$u=-0.1\leqslant1.15$	$k=60>0.5(n-1)$	$\|t\|=0.14\leqslant1.65$	0.0	2.2	4.4
	合格	免检	合格	合格		合格
2021	$u=0.55\leqslant1.15$	$u=0.33<1.64$	$\|t\|=0.17\leqslant1.65$	0.0	2.2	4.4
	合格	合格	合格	合格		合格

注:以上各年水位—校正流量因素关系曲线绘制及检验系采用《南方片水文整汇编2.0—水位—流量单值法(综合落差指数法)处理》程序进行。

结合各年水位—校正流量因素关系曲线进行分析,发现某些年份局部时段的校正流量点据存在不同程度的系统偏离现象,这些情况一般出现在洪水涨落急剧或者峰顶峰谷附近某一时段,由于持续时间较短,总体来说对推求流量成果影响不大。

可以看出,宜昌站水位—流量关系单值化方案分析精度均达到或优于规范对一类精度站所要求的标准(《水文资料整编规范》(SL/T 247——2020)中表1水位—流量关系定线精度指标表对一类精度水文站采用水力因素法的定线精度指标为:系统误差≤±2%,随机不确定度≤10%)。

(2)水位—流量关系单值化整编成果精度分析

1)采用水位—流量关系单值化方案整编

按照以上水位—流量关系单值化方案(综合落差指数法),采用南方片水文资料整汇编软件,对宜昌站2012—2021年10年的资料重新进行整编,推求各年流量整编成果。

2)整编成果精度分析

为了检验宜昌站水位—流量关系单值化方案的推流精度,以宜昌站历年来采用的连时序法流量整编成果为标准,分别计算、统计各年综合落差指数法与连时序法各项流量特征值误差大小。

①月、年流量对照。

从表5.5-3统计结果可以看出,各月平均流量和年径流总量误差均较小,绝大多数月份月平均流量误差在±3%以内，最大为－4.8%。各年年平均流量和年径流总量误差均小于±3%，且系统偏离较小，能够满足现行规范对流量资料的整编要求。

②月、年最大最小流量以及出现时间对照。

从表 5.5-4 可以看出：绝大多数各月、年最大流量相对误差≤±5%，月最小流量相对误差绝大多数≤±5%；年最大流量相对误差绝大多数≤±2%，最大相对误差仅为 3.6%；年最小流量相对误差绝大多数≤±2%，最大相对误差仅为－2.4%。

初步分析，出现上述现象的原因主要有以下 3 个方面：

一是连时序法整编部分时段水位—流量关系定线采用的是合并定线，关系曲线走的是实测流量测点的中心，人为匀化了流量变化过程，与实际流量变化过程有一定差距。同时对部分变幅较小的洪水过程，没有布置或者布置的流量测点不够多，此时段流量变化过程是借用另外时段或采用少量实测水位—流量测点所拟合的水位—流量关系曲线来推求，有一定误差。而综合落差指数法推求的流量变化过程完全是根据本站以及上下游辅助站实时水位推求所得，推求的流量变化过程呈锯齿形，与实际的流量变化过程应该更接近。

二是由于各个时段的洪水特性以及洪水在传播过程中所受的诸如河段冲於、下游清江洪水顶托等影响因素和影响程度不一样，在水位—校正流量因素关系曲线图上，采用水位—流量关系单值化方案计算的校正流量因素点据，在某一局部时段难免出现系统偏离。

三是在绘制水位—校正流量因素关系曲线时，在最低水位和最高水位部分，存在一定的任意性，导致推求的年最大最小流量也有一定的误差。

月、年最大最小流量出现的日期绝大多数一致，部分月、年流量特征值出现日期不一致，甚至间隔较长时间，主要是由于同一量级的洪水过程在同一年、月内不只出现一次，加之连时序法推求的流量特征值一般是在水位—流量关系曲线延长后插补所得，而综合落差指数法推求的流量特征值完全是根据实时水位落差变化推算所得，二者推求流量特征值的方法不一致，难免存在流量特征值出现的时间不一致的现象。

③年内最大各日洪量对照。

从表 5.5-5 可以看出，年内最大各日洪量误差均较小，误差为－4.2%～1.2%，能满足流量资料整编要求。

④逐日平均流量过程线对照。

分别点绘 2012—2021 年用连时序法和水位—流量关系单值化方案推求的逐日平均流量过程线对照图(图 5.5-6 至图 5.5-15)。通过对照图可以看出，连时序法和水位—流量关系单值化方案推求的逐日平均流量过程线总体上对应较好，但在某些时段也不能很好地重叠，主要表现在以下方面：

表 5.5-3 宜昌站连时序法与落差指数法整编月、年流量误差统计表

年份	项目	月份												年平均流量/(m³/s)	年径流总量/亿 m³
		1	2	3	4	5	6	7	8	9	10	11	12		
2012	连时序/(m³/s)	6290	6310	6260	6720	16000	17400	39300	27200	21100	14800	8340	6160	14700	4649
	单值化/(m³/s)	6280	6290	6240	6640	16100	17200	38800	26100	20700	14800	8190	6200	14500	4589
	相对误差/%	−0.2	−0.3	−0.3	−1.2	0.6	−1.2	−1.3	−4.2	−1.9	0.0	−1.8	0.6	−1.4	−1.3
2013	连时序/(m³/s)	6290	6080	6110	6980	13000	17300	29700	21000	14800	8290	6910	5870	11900	3756
	单值化/(m³/s)	6190	6000	6050	6930	13000	17100	29400	20900	14700	8170	6900	5860	11800	3727
	相对误差/%	−1.6	−1.3	−1.0	−0.7	0.0	−1.2	−1.0	−0.5	−0.7	−1.5	−0.1	−0.2	−0.8	−0.8
2014	连时序/(m³/s)	6580	6550	6230	9880	13200	16500	27400	24300	31000	14600	9980	7870	14500	4584
	单值化/(m³/s)	6680	6500	6210	9850	13300	16600	26900	24300	30700	14700	9920	7780	14500	4571
	相对误差/%	1.5	−0.8	−0.3	−0.3	0.8	0.6	−1.9	0.0	−1.0	0.7	−0.6	−1.2	0.0	−0.3
2015	连时序/(m³/s)	6280	6470	7920	10400	13000	17900	20700	16500	20600	14000	9320	6840	12500	3946
	单值化/(m³/s)	6300	6500	7810	10100	12600	17500	20700	16300	20500	13700	9170	6860	12400	3900
	相对误差/%	0.3	0.5	−1.4	−3.0	−3.2	−2.3	0.0	−1.2	−0.5	−2.2	−1.6	0.3	−0.8	−1.2
2016	连时序/(m³/s)	7850	7170	8380	13000	17100	21700	26400	21000	11100	9680	10600	7470	13500	4264
	单值化/(m³/s)	7670	6980	8190	12800	16700	20700	26100	20800	11000	9560	10500	7290	13200	4179
	相对误差/%	−2.3	−2.7	−2.3	−1.6	−2.4	−4.8	−1.1	−1.0	−0.9	−1.3	−1.0	−2.5	−2.3	−2.0
2017	连时序/(m³/s)	6500	6890	8340	11300	15500	19400	22300	19000	19100	21000	10500	7220	14000	4403
	单值化/(m³/s)	6480	6830	8160	11100	15100	19000	21800	18700	18900	20800	10400	7180	13700	4334
	相对误差/%	−0.3	−0.9	−2.2	−1.8	−2.6	−2.1	−2.3	−1.6	−1.1	−1.0	−1.0	−0.6	−2.2	−1.6

续表

年份	项目	月份												年平均流量/(m^3/s)	年径流总量/亿 m^3
		1	2	3	4	5	6	7	8	9	10	11	12		
2018	连时序/(m^3/s)	8110	8030	7820	9800	17100	16500	35500	27800	16000	15500	10400	6860	15000	4738
	单值化/(m^3/s)	8020	8030	7710	9700	17000	16400	35400	27600	15800	15400	10300	6730	14900	4702
	相对误差/%	−1.1	0.0	−1.4	−1.0	−0.6	−0.6	−0.3	−0.7	−1.3	−0.6	−1.0	−1.9	−0.7	−0.8
2019	连时序/(m^3/s)	8490	7090	8580	10500	16400	19900	25000	25100	15800	14400	10500	7470	14200	4466
	单值化/(m^3/s)	8490	6990	8640	10600	16300	19600	24800	24900	15800	14600	10600	7530	14100	4457
	相对误差/%	0.0	−1.4	0.7	0.9	−0.6	−1.5	−0.8	−0.8	0.0	1.4	0.9	0.8	−0.7	−0.2
2020	连时序/(m^3/s)	8240	7360	9850	10500	10600	21200	34400	39700	26200	19000	10500	8260	17200	5442
	单值化/(m^3/s)	8180	7350	9740	10500	10600	20900	34900	39600	25700	19000	10600	8090	17100	5419
	相对误差/%	−0.7	−0.1	−1.1	0.0	0.0	−1.4	1.4	−0.3	−1.9	0.0	0.9	−2.1	−0.6	−0.4
2021	连时序/(m^3/s)	8930	6970	7170	11500	14800	14300	26900	23400	28900	18000	10800	7390	15000	4732
	单值化/(m^3/s)	8700	6850	7040	11200	14400	14100	26300	23000	28600	17900	11000	7410	14800	4654
	相对误差/%	−2.6	−1.8	−1.8	−2.7	−2.8	−1.4	−2.3	−1.7	−1.0	−0.6	1.8	0.3	−1.4	−1.7

表 5.5-4 宜昌站连时序法与落差指数法整编月、年最大最小流量误差统计表

年份	项目		月份												全年
			1	2	3	4	5	6	7	8	9	10	11	12	
2012	最大值	连时序/(m^3/s)	8990	7160	6790	8570	24900	28100	47600	42200	27800	22500	12900	8490	47600
		日期	16	11	27	29	31	6	30	1	4	12	1	25	7月30日
		单值化/(m^3/s)	9930	7180	6780	8530	24800	27900	48600	39800	26900	22700	13000	8630	48600
		日期	16	11	26	30	31	6	30	1	4	12	1	25	7月30日
		相对误差/%	10.5	0.3	−0.1	−0.5	−0.4	−0.7	2.1	−5.7	−3.2	0.9	0.8	1.6	2.1
	最小值	连时序/(m^3/s)	5800	5940	5800	5830	7730	12100	21200	13900	12600	8330	5670	5530	5530
		日期	3	10	6	6	1	22	1	31	30	30	21	4	12月4日
		单值化/(m^3/s)	5570	5640	5500	5510	7460	11600	21000	13100	12100	8030	5410	5400	5400
		日期	23	24	6	14	1	21	1	31	29	30	21	4	12月4日
		相对误差/%	−4.0	−5.1	−5.2	−5.5	−3.5	−4.1	−0.9	−5.8	−4.0	−3.6	−4.6	−2.4	−2.4
2013	最大值	连时序/(m^3/s)	7520	6950	8500	10100	19600	27700	35900	31000	19500	13300	8650	6860	35900
		日期	7	6	20	24	31	11	23	9	24	1	15	12	7月23日
		单值化/(m^3/s)	7860	7100	8610	10400	19900	27400	36200	31200	19400	14000	8740	6960	36200
		日期	7	6	20	24	30	11	23	9	24	8	11	12	7月23日
		相对误差/%	4.5	2.2	1.3	3.0	1.5	−1.1	0.8	0.6	−0.5	5.3	1.0	1.5	0.8
	最小值	连时序/(m^3/s)	5650	5620	5540	5750	5840	11100	12400	12200	10500	6880	5590	5510	5510
		日期	30	28	18	6	4	22	1	30	10	19	11	2	12月2日
		单值化/(m^3/s)	5520	5450	5460	5670	5700	10700	11500	12000	10100	6630	5570	5490	5450
		日期	30	28	18	2	4	22	1	30	10	11	11	2	2月28日
		相对误差/%	−2.3	−3.0	−1.4	−1.4	−2.4	−3.6	−7.3	−1.6	−3.8	−3.6	−0.4	−0.4	−1.1

续表

年份	项目		月份												全年
			1	2	3	4	5	6	7	8	9	10	11	12	
2014	最大值	连时序/(m^3/s)	7530	7940	8110	14200	16200	19900	33000	31500	47200	24700	19100	10400	47200
		日期	12	21	2	30	8	24	21	11	20	1	1	5	9月20日
		单值化/(m^3/s)	7830	7950	8160	14700	16600	20500	32700	32100	47600	25500	19300	11400	47600
		日期	13	21	2	30	31	22	21	11	19	30	2	31	9月19日
		相对误差/%	4.0	0.1	0.6	3.5	2.5	3.0	−0.9	1.9	0.8	3.2	1.0	9.6	0.8
	最小值	连时序/(m^3/s)	5720	5610	5650	5670	10100	12200	16700	16200	23100	9170	5750	6040	5610
		日期	29	1	8	2	23	1	31	1	9	24	25	21	2月1日
		单值化/(m^3/s)	5610	5590	5580	5570	9900	11600	15600	15600	21900	8930	5710	5910	5570
		日期	29	1	10	3	23	2	31	1	9	25	24	21	4月3日
		相对误差/%	−1.9	−0.4	−1.2	−1.8	−2.0	−4.9	−6.6	−3.7	−5.2	−2.6	−0.7	−2.2	−0.7
2015	最大值	连时序/(m^3/s)	6970	8290	9380	15700	16400	31800	31800	20000	25200	17600	15400	8570	31800
		日期	1	15	29	27	29	30	1	31	10	1	2	14	6月30日
		单值化/(m^3/s)	7080	8350	9230	15600	16300	31500	31800	20500	26100	17400	15400	8610	31800
		日期	1	15	29	27	29	30	1	31	11	2	2	14	7月1日
		相对误差/%	1.6	0.7	−1.6	−0.6	−0.6	−0.9	0.0	2.5	3.6	−1.1	0.0	0.5	0.0
	最小值	连时序	5920	5630	6310	6440	9630	6970	13300	9970	16300	8970	5990	5900	5630
		日期	25	18	1	16	20	7	15	5	6	24	30	11	2月18日
		单值化/(m^3/s)	5850	5710	6200	6180	8740	6720	12700	9750	15500	8440	5970	5950	5710
		日期	25	18	1	16	19	7	15	5	6	24	30	11	2月18日
		相对误差/%	−1.2	1.4	−1.7	−4.0	−9.2	−3.6	−4.5	−2.2	−4.9	−5.9	−0.3	0.8	1.4

续表

年份		项目	月份 1	2	3	4	5	6	7	8	9	10	11	12	全年
2016	最大值	连时序/(m³/s)	10500	8450	9100	18600	23600	33700	34600	32100	13800	13000	15500	9680	34600
		日期	26	25	30	26	26	30	2	3	2	26	11	2	7月2日
		单值化/(m³/s)	10900	8480	9090	19300	23900	33000	33800	32600	14200	13600	16000	9880	33800
		日期	26	25	18	26	26	26	2	3	2	26	11	2	7月2日
		相对误差/%	3.8	0.4	−0.1	3.8	1.3	−2.1	−2.3	1.6	2.9	4.6	3.2	2.1	−2.3
	最小值	连时序/(m³/s)	6050	5710	6970	8180	12300	13300	18800	10500	9140	7580	6050	6010	5710
		日期	3	9	7	3	2	14	11	31	29	14	26	29	2月9日
		单值化/(m³/s)	6080	5680	6870	8060	11300	12500	18600	10200	8850	7490	6010	5990	5680
		日期	3	9	7	3	3	13	11	30	29	14	26	28	2月9日
		相对误差/%	0.5	−0.5	−1.4	−1.5	−8.1	−6.0	−1.1	−2.9	−3.2	−1.2	−0.7	−0.3	−0.5
2017	最大值	连时序/(m³/s)	7900	8500	10200	14600	20400	28500	30800	28600	28200	30500	17300	9870	30800
		日期	19	24	29	28	12	29	12	31	1	8	1	4	7月12日
		单值化/(m³/s)	7850	8480	10000	14600	20600	29100	31100	28300	27700	31900	17200	9920	31900
		日期	19	24	29	28	12	29	12	31	1	8	1	4	10月8日
		相对误差/%	−0.6	−0.2	−2.0	0.0	1.0	2.1	1.0	−1.0	−1.8	4.6	−0.6	0.5	3.6
	最小值	连时序/(m³/s)	5800	5900	7000	8960	11800	9890	7180	11600	13000	12900	8010	6330	5800
		日期	27	3	10	4	21	3	4	6	21	3	19	10	1月27日
		单值化/(m³/s)	5670	5860	6690	8440	11400	9080	7170	10500	11900	10500	7860	6210	5670
		日期	27	3	10	4	21	3	4	6	21	3	19	11	1月27日
		相对误差/%	−2.2	−0.7	−4.4	−5.8	−3.4	−8.2	−0.1	−9.5	−8.5	−18.6	−1.9	−1.9	−2.2

续表

年份	项目		月份												全年
			1	2	3	4	5	6	7	8	9	10	11	12	
2018	最大值	连时序/(m^3/s)	11400	11900	9270	13100	26900	27300	44600	32000	23100	22200	15100	8800	44600
		日期	31	1	27	30	25	29	15	2	28	10	1	15	7 月 15 日
		单值化/(m^3/s)	11600	12300	9440	13100	27300	28300	44400	32400	24000	22700	15600	8840	44400
		日期	30	1	27	30	25	29	12	10	28	10	1	15	7 月 12 日
		相对误差/%	1.8	3.4	1.8	0.0	1.5	3.7	−0.4	1.3	3.9	2.3	3.3	0.5	−0.4
	最小值	连时序/(m^3/s)	6380	6130	6660	6680	11000	10200	23300	18000	10700	8970	6230	5920	5920
		日期	4	15	25	7	2	12	1	28	16	31	30	8	12 月 8 日
		单值化/(m^3/s)	6280	6160	6500	6490	10700	9700	22600	17400	10200	8730	6060	5840	5840
		日期	26	15	25	9	2	13	1	28	16	31	30	8	12 月 8 日
		相对误差/%	−1.6	0.5	−2.4	−2.8	−2.7	−4.9	−3.0	−3.3	−4.7	−2.7	−2.7	−1.4	−1.4
2019	最大值	连时序/(m^3/s)	11300	9250	10900	12100	24600	32400	35500	35000	23500	17900	17300	9580	35500
		日期	9	28	31	25	23	30	30	2	17	6	1	31	7 月 30 日
		单值化/(m^3/s)	11700	9510	11000	12400	24400	32000	36700	35700	24300	18500	17500	10200	36700
		日期	9	28	28	25	23	30	30	2	17	6	1	31	7 月 30 日
		相对误差/%	3.5	2.8	0.9	2.5	−0.8	−1.2	3.4	2.0	3.4	3.4	1.2	6.5	3.4
	最小值	连时序/(m^3/s)	6290	6090	6410	9290	9510	12200	16100	14500	11600	10300	6000	6310	6000
		日期	27	6	9	17	1	10	14	22	6	24	28	1	11 月 28 日
		单值化/(m^3/s)	6090	5980	6260	9160	9460	11800	15600	13200	11300	10200	5940	6240	5940
		日期	26	6	10	17	1	10	14	22	30	24	27	2	11 月 27 日
		相对误差/%	−3.2	−1.8	−2.3	−1.4	−0.5	−3.3	−3.1	−9.0	−2.6	−1.0	−1.0	−1.1	−1.0

续表

年份		项目	1	2	3	4	5	6	7	8	9	10	11	12	全年
2020	最大值	连时序/(m³/s)	11000	10800	11700	11700	14500	36200	47600	51800	34200	25000	15800	13600	51800
		日期	9	29	14	30	28	29	24	21	1	8	2	31	8月21日
		单值化/(m³/s)	11400	11000	12000	11800	14700	36400	48000	50900	34400	24900	16900	13700	50900
		日期	9	29	14	6	29	29	24	21	1	7	2	31	8月21日
		相对误差/%	3.6	1.9	2.6	0.9	1.4	0.6	0.8	−1.7	0.6	−0.4	7.0	0.7	−1.7
	最小值	连时序/(m³/s)	6220	6160	7600	8770	7860	11300	19100	31800	16000	11600	6060	6240	6060
		日期	30	20	3	5	10	10	12	8	30	28	28	20	11月28日
		单值化/(m³/s)	5990	6010	7130	8480	7330	10800	19200	31700	15200	11100	5940	5970	5940
		日期	30	4	3	5	10	10	14	7	30	28	28	20	11月28日
		相对误差/%	−3.7	−2.4	−6.2	−3.3	−6.7	−4.4	0.5	−0.3	−5.0	−4.3	−2.0	−4.3	−2.0
2021	最大值	连时序/(m³/s)	16700	9240	9470	15700	19500	24300	32600	31800	34400	27500	16100	10500	34400
		日期	9	18	31	29	19	22	16	25	12	6	1	1	9月12日
		单值化/(m³/s)	16900	9510	9430	15600	19600	24700	32500	31700	34500	27900	16600	11000	34500
		日期	9	15	31	29	19	22	16	29	12	6	1	1	9月12日
		相对误差/%	1.2	2.9	−0.4	−0.6	0.5	1.6	−0.3	−0.3	0.3	1.5	3.1	4.8	0.3
	最小值	连时序/(m³/s)	6580	6030	6110	8440	8170	8710	16200	11800	24500	9150	8350	6410	6030
		日期	31	10	6	1	2	14	2	5	23	31	28	29	2月10日
		单值化/(m³/s)	6400	5900	5970	7970	7590	8260	15400	10500	24000	9080	8420	6370	5900
		日期	4	10	6	1	2	14	2	5	22	30	23	29	2月10日
		相对误差/%	−2.7	−2.2	−2.3	−5.6	−7.1	−5.2	−4.9	−11.0	−2.0	−0.8	0.8	−0.6	−2.2

表 5.5-5　　宜昌站连时序法与落差指数法整编年内最大各日洪量误差统计表

年份	1 日			3 日			7 日			15 日			30 日			60 日		
	连时序/亿 m^3	单值化/亿 m^3	相对误差/%	连时序/亿 m^3	单值化/亿 m^3	相对误差/%	连时序/亿 m^3	单值化/亿 m^3	相对误差/%	连时序/亿 m^3	单值化/亿 m^3	相对误差/%	连时序/亿 m^3	单值化/亿 m^3	相对误差/%	连时序/亿 m^3	单值化/亿 m^3	相对误差/%
2012	40.18	40.26	0.2	120.30	120.60	0.2	275.6	275.3	−0.1	554.7	549.2	−1.0	1044.0	1029.0	−1.4	1753	1711	−2.4
2013	30.24	30.15	−0.3	89.60	88.91	−0.8	206.7	204.9	−0.9	415.4	411.9	−0.8	795.9	788.1	−1.0	1363	1352	−0.8
2014	40.52	40.69	0.4	118.50	119.90	1.2	240.0	241.7	0.7	435.2	434.7	−0.1	819.6	812.3	−0.9	1442	1434	−0.6
2015	27.13	26.96	−0.6	79.57	79.32	−0.3	168.1	167.6	−0.3	328.1	328.1	0.0	582.6	575.3	−1.3	1029	1021	−0.8
2016	28.60	27.39	−4.2	84.59	81.91	−3.2	191.7	188.3	−1.8	389.8	393.9	1.1	718.3	725.2	1.0	1365	1363	−0.1
2017	25.83	25.40	−1.7	76.55	75.60	−1.2	175.4	171.8	−2.1	360.2	350.7	−2.6	609.9	593.0	−2.8	1132	1105	−2.4
2018	37.67	37.07	−1.6	112.20	110.70	−1.3	260.0	256.7	−1.3	531.4	528.6	−0.5	933.8	931.3	−0.3	1668	1663	−0.3
2019	29.55	29.46	−0.3	88.30	88.13	−0.2	201.3	200.5	−0.4	417.7	418.0	0.1	771.1	767.8	−0.4	1344	1333	−0.8
2020	44.24	43.37	−2.0	131.00	128.90	−1.6	299.4	296.1	−1.1	588.1	582.0	−1.0	1050.0	1051.0	0.1	1927	1935	0.4
2021	29.38	29.20	−0.6	87.44	86.83	−0.7	199.0	197.6	−0.7	405.8	402.3	−0.9	781.2	771.6	−1.2	1410	1392	−1.3

一是在低水位以及某些局部时段存在一定的系统偏离。主要是由于在低水位以及年内某些局部时段采用连时序法绘制水位—流量关系时一般采用合并定线，无论洪水涨落，都在同一条水位—流量关系曲线上推求流量，与实际洪水流量变化过程比较，虽然总体系统误差较小，但在局部时段存在系统误差。而采用水位—流量关系单值化方案完全是根据实时水位变化过程推求，推求的流量过程更接近实际情况，与连时序法推求的逐日平均流量比较，某些时段必然存在系统误差。在水位—校正流量因素关系曲线上也可以看出，在某些局部时段，校正流量因素点据也存在系统偏离。

二是在峰顶峰谷的转折处以及相邻两次洪水过程之间的小幅洪水变化过程对应不太好。主要原因是，对相邻两次洪水过程之间的小幅洪水变化过程，测验时测点相对较少，定线时一般采用合并定线，导致此时段流量存在一定误差。

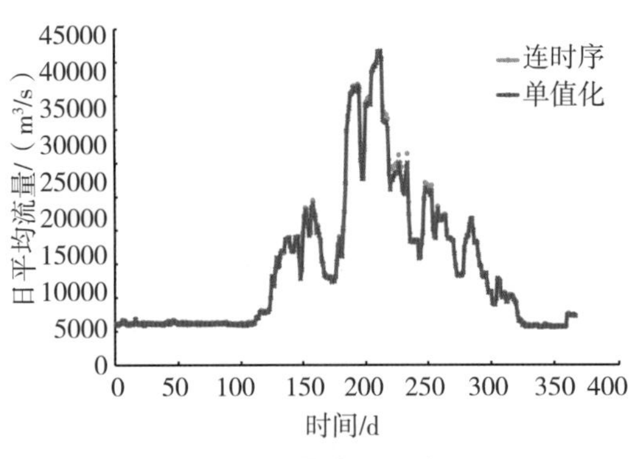

图 5.5-6 宜昌站 2012 年逐日平均流量过程线对照图

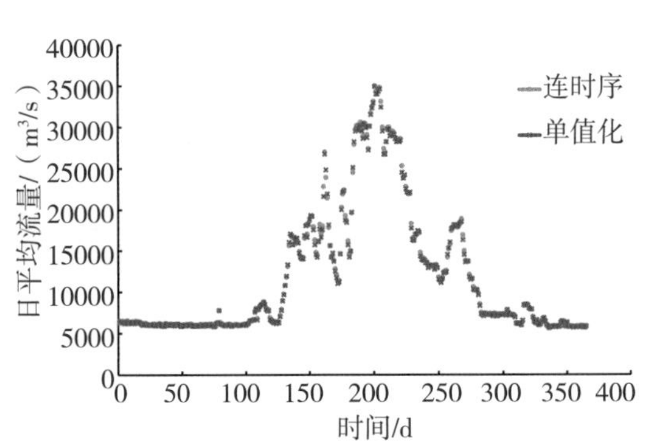

图 5.5-7 宜昌站 2013 年逐日平均流量过程线对照图

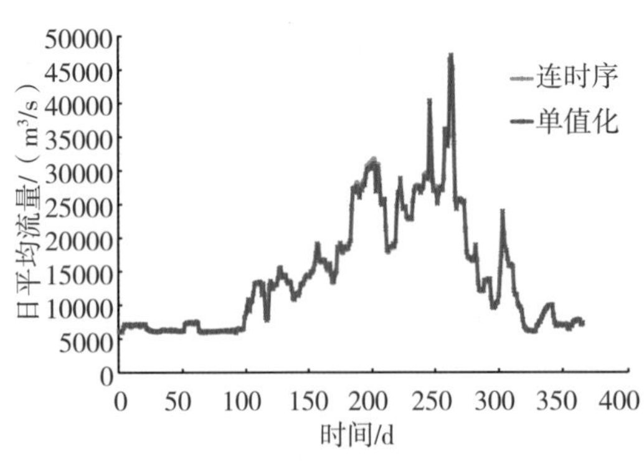

图 5.5-8 宜昌站 2014 年逐日平均流量过程线对照图

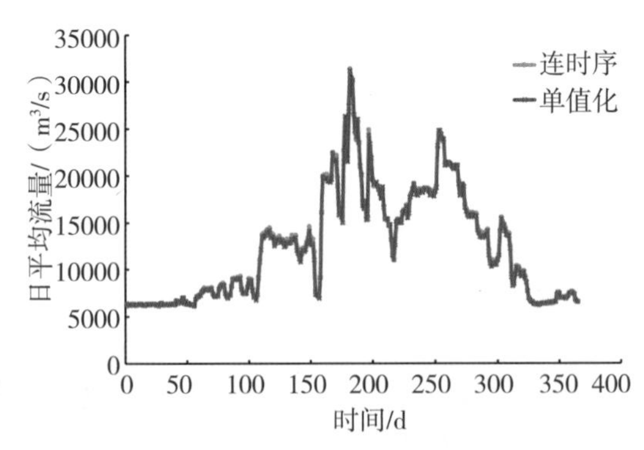

图 5.5-9 宜昌站 2015 年逐日平均流量过程线对照图

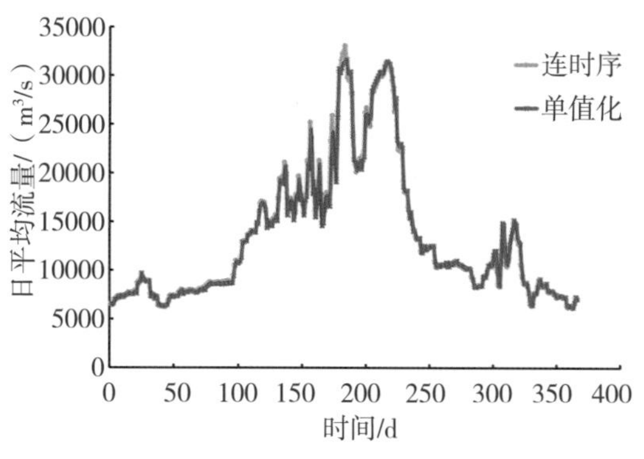

图 5.5-10　宜昌站 2016 年逐日平均流量过程线对照图

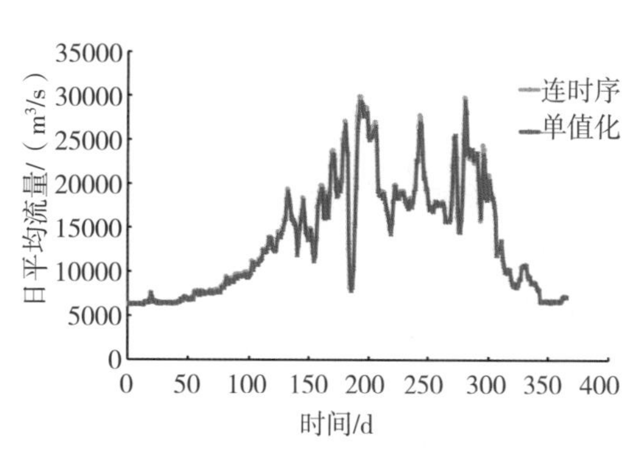

图 5.5-11　宜昌站 2017 年逐日平均流量过程线对照图

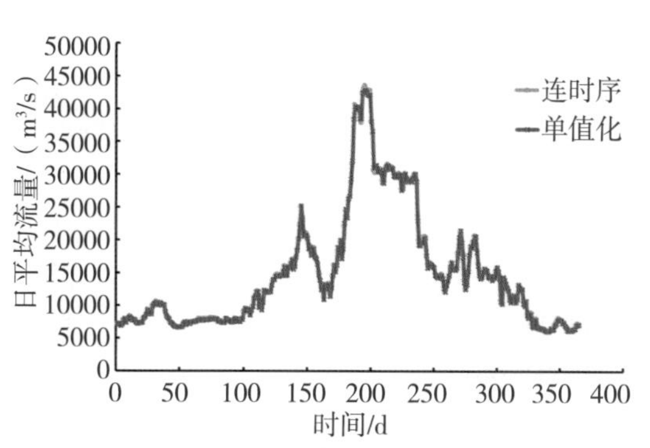

图 5.5-12　宜昌站 2018 年逐日平均流量过程线对照图

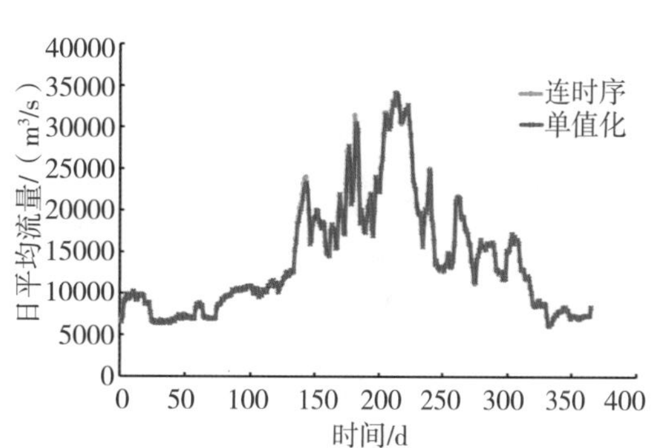

图 5.5-13　宜昌站 2019 年逐日平均流量过程线对照图

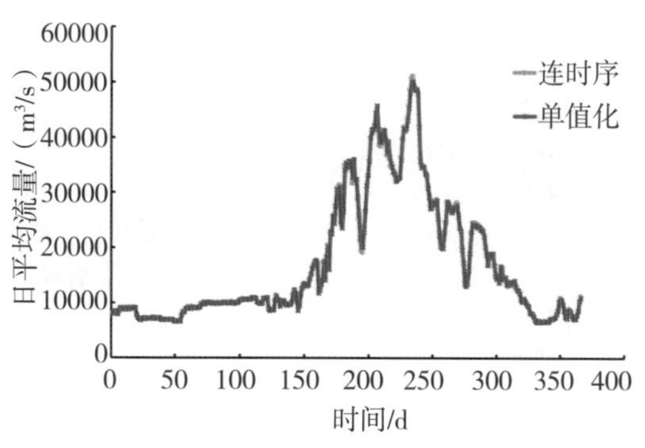

图 5.5-14　宜昌站 2020 年逐日平均流量过程线对照图

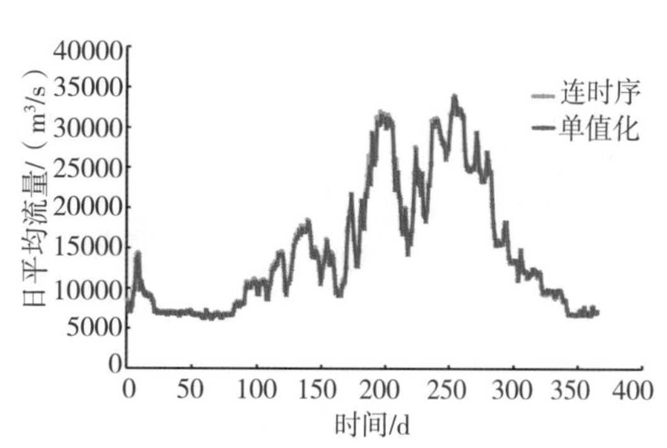

图 5.5-15　宜昌站 2021 年逐日平均流量过程线对照图

⑤年最大洪水过程线对照。

点绘各年年内最大洪水过程线对照图(图 5.5-16 至图 5.5-25)。

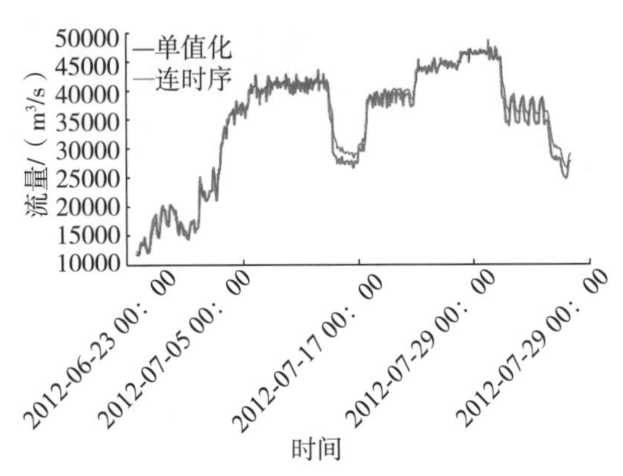

图 5.5-16　2012 年最大洪水过程线

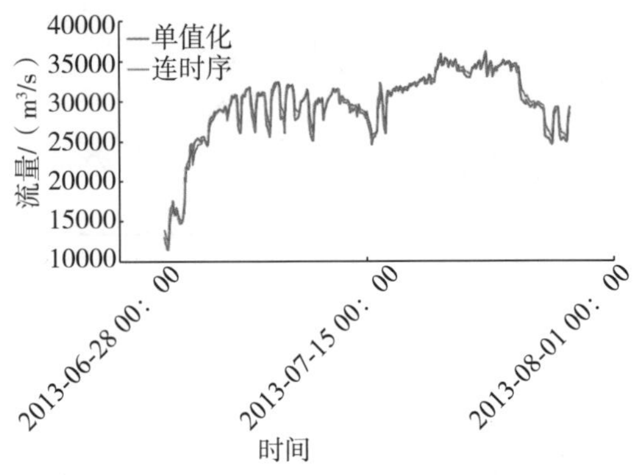

图 5.5-17　2013 年最大洪水过程线

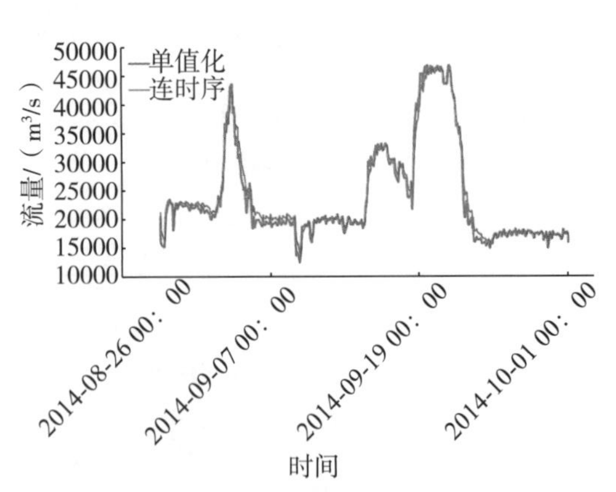

图 5.5-18　2014 年最大洪水过程线

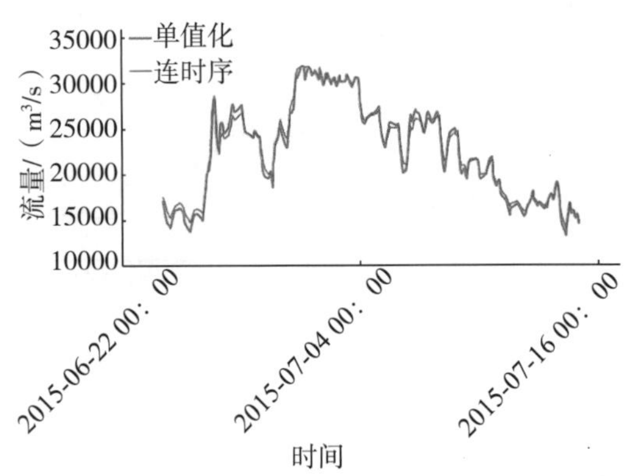

图 5.5-19　2015 年最大洪水过程线

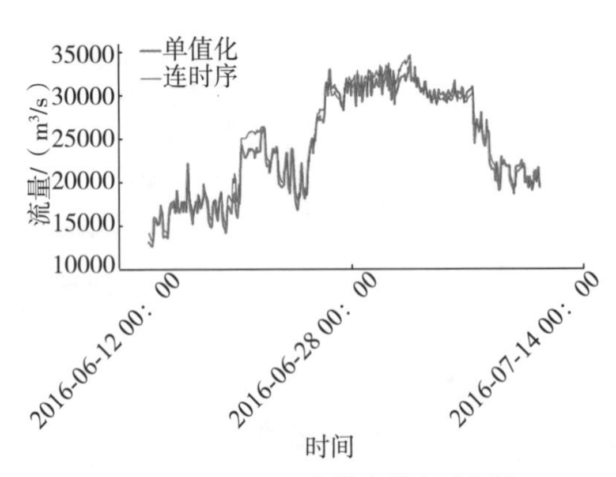

图 5.5-20　2016 年最大洪水过程线

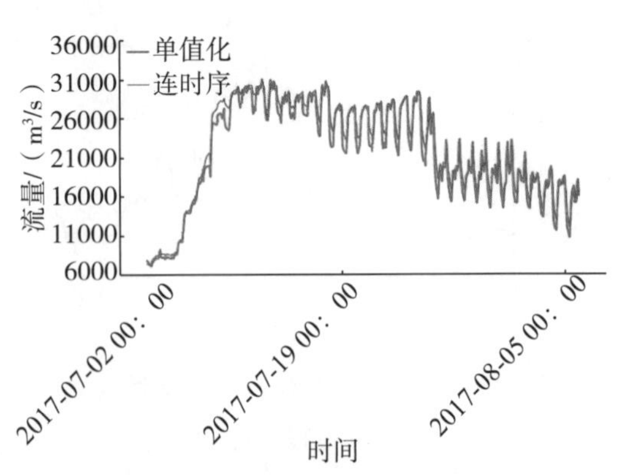

图 5.5-21　2017 年最大洪水过程线

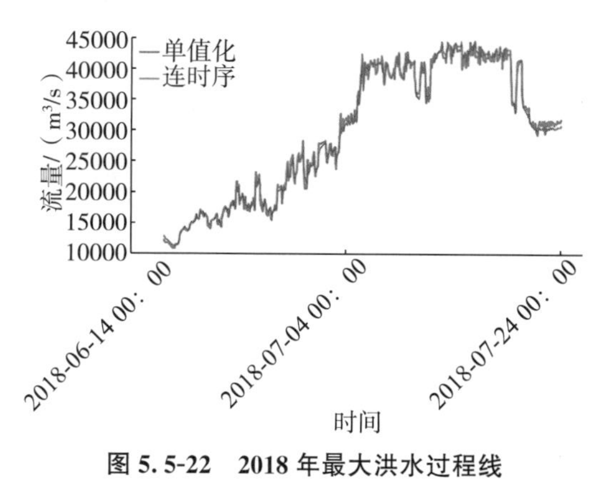

图 5.5-22　2018 年最大洪水过程线

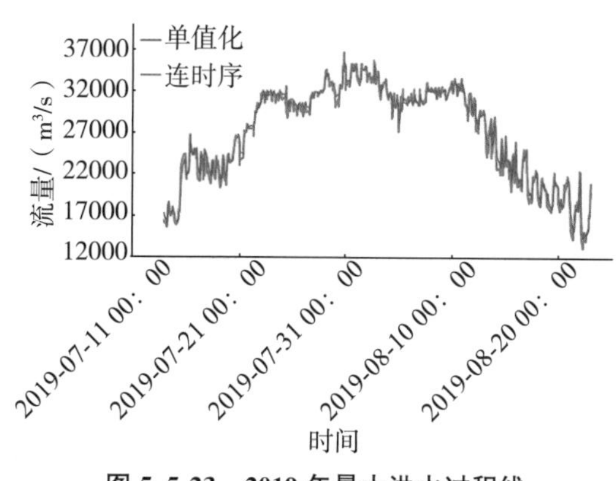

图 5.5-23　2019 年最大洪水过程线

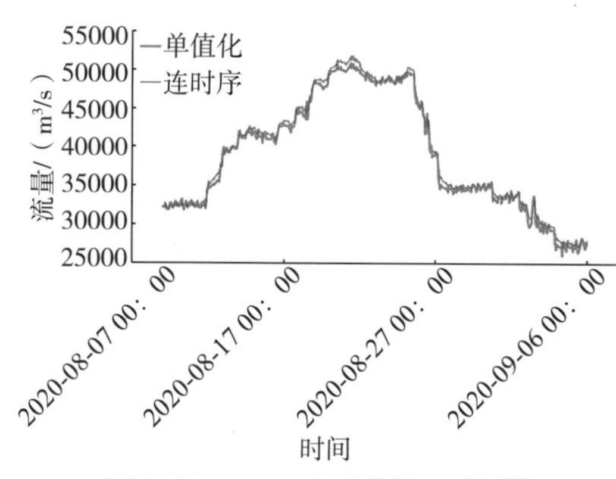

图 5.5-24　2020 年最大洪水过程线

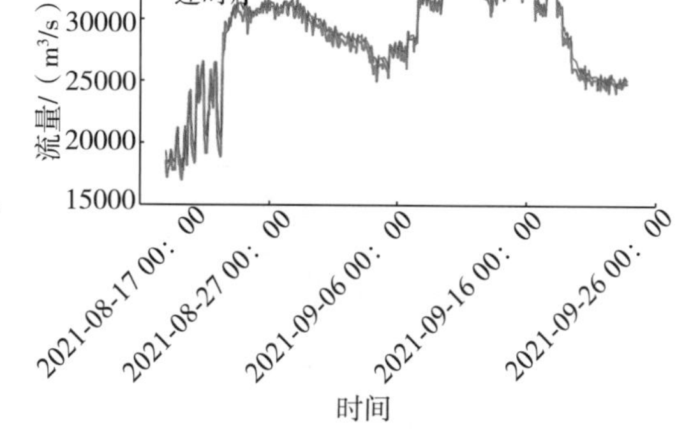

图 5.5-25　2021 年最大洪水过程线

分析对照图可以看出，各年年内最大洪水过程线对应较好。

⑥典型水位—流量绳套曲线对照。

点绘 2012—2021 年典型洪水绳套曲线对照图（图 5.5-26 至图 5.5-33），同一洪水过程，采用单值化法和连时序法推求的洪水绳套曲线，线型基本一致，但不是完全吻合，如 2016 年、2020 年单值化绳套曲线明显偏左，原因主要如下：

第一，复式洪水过程水位涨落变化频繁，水位—流量关系比较复杂，用有限的流量测点拟合的水位—流量关系人为地均匀化了流量变化过程，与实际的水位—流量关系在某一时段存在不一致。

第二，连时序法定线，当实测点较分散时，水位—流量关系曲线会走关系线时段内所有实测流量点据的中心，导致某一时间段流量偏离。

第三，单值化法推流完全是根据实时水位落差变化过程推求，推求的流量过程更接近实际情况。

两种方法推求的典型洪水绳套曲线虽然吻合得不是很好，但相对偏离不是很大，推求的流量相对误差较小。

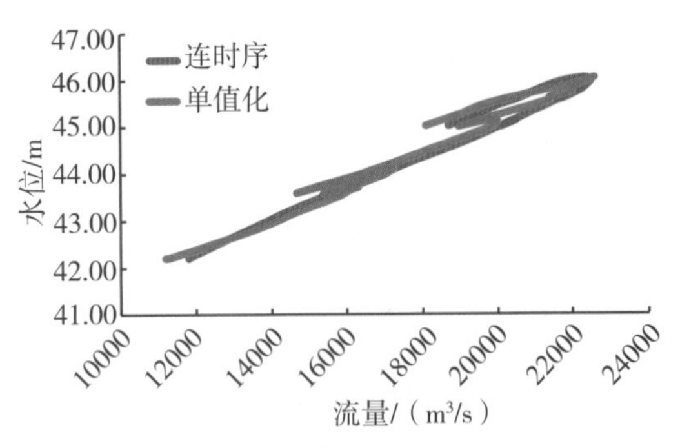

图 5.5-26　2012 年 5 月 28 日 7:00 至 5 月 30 日 8:00 洪水绳套曲线对照图

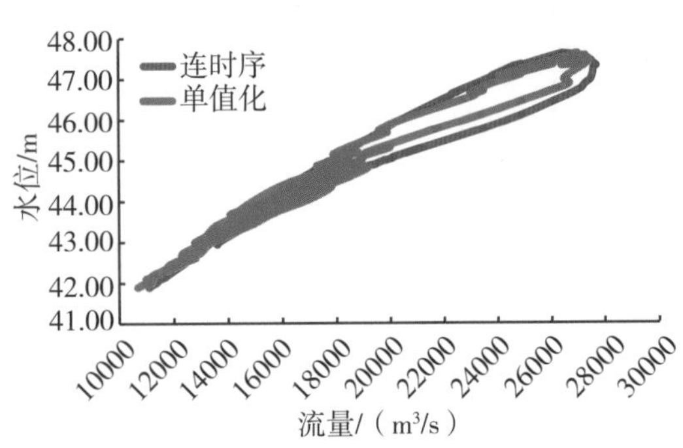

图 5.5-27　2013 年 6 月 5 日 7:00 至 6 月 22 日 00:00 洪水绳套曲线对照图

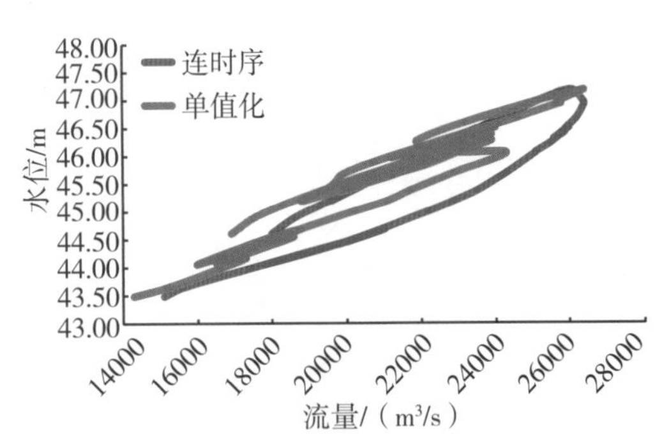

图 5.5-28　2016 年 6 月 19 日 6:00 至 6 月 24 日 7:00 洪水绳套曲线对照图

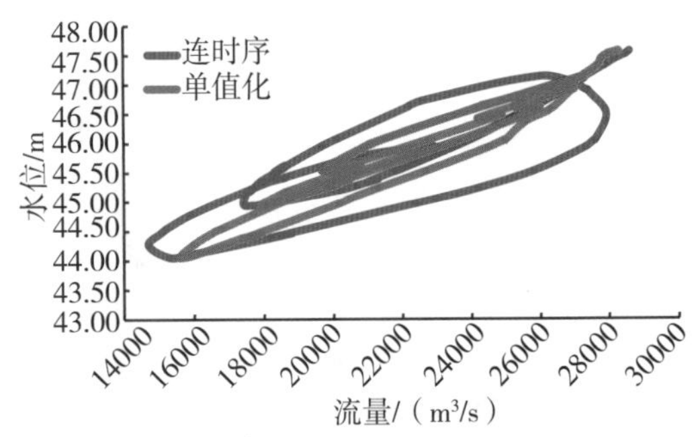

图 5.5-29　2017 年 8 月 27 日 21:00 至 8 月 31 日 1:00 洪水绳套曲线对照图

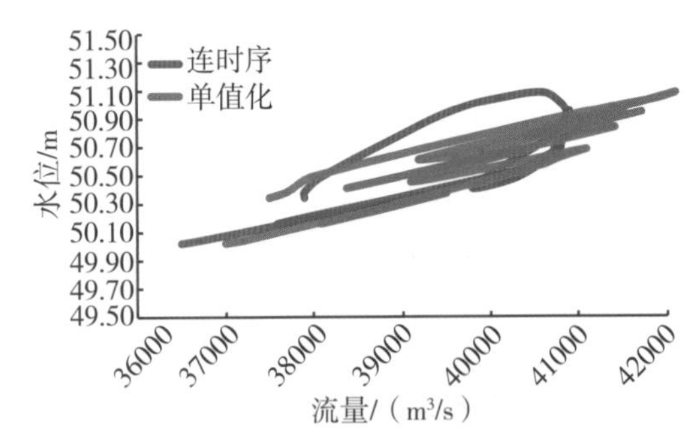

图 5.5-30　2018 年 7 月 5 日 13:00 至 7 月 7 日 13:00 洪水绳套曲线对照图

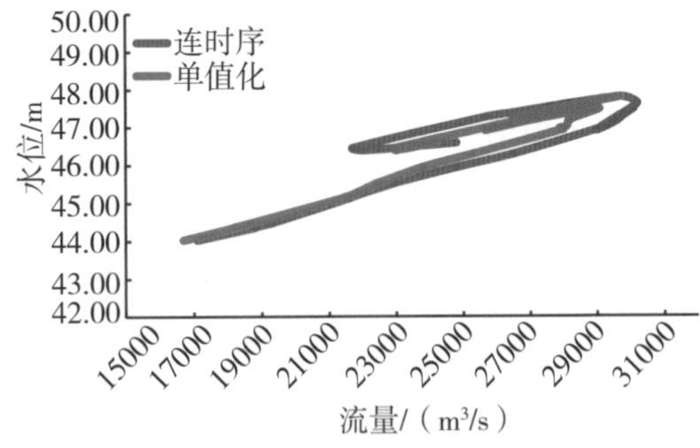

图 5.5-31　2019 年 6 月 23 日 6:00 至 6 月 24 日 17:00 洪水绳套曲线对照图

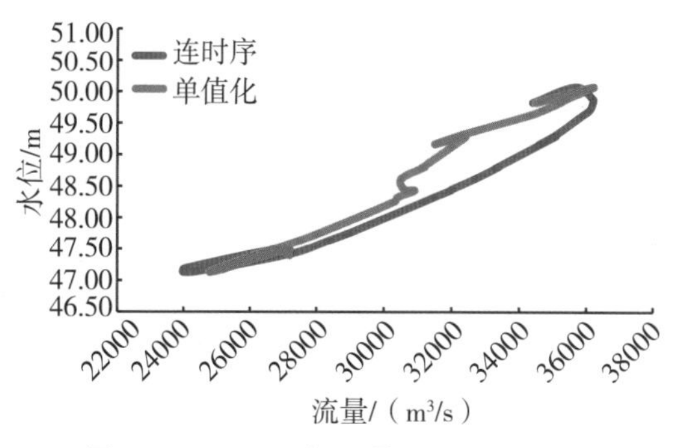

图 5.5-32　2020 年 6 月 28 日 11:00 至 6 月 29 日 12:00 洪水绳套曲线对照图

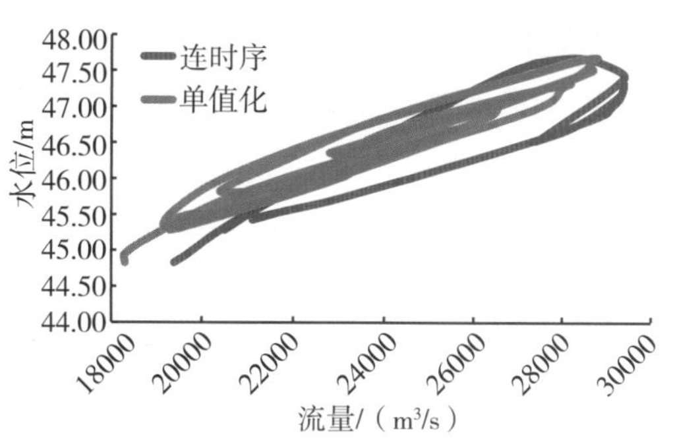

图 5.5-33　2021 年 7 月 27 日 2:00 至 7 月 30 日 7:00 洪水绳套曲线对照图

5.5.1.5　水位—流量关系单值化方案相应流量报汛精度评估

(1)水位—流量关系单值化方案与连时序法报汛精度对比

宜昌站目前相应流量报汛系根据时段水位，在实时绘制的水位—流量关系曲线上查读或插补流量，由于实时绘制的水位—流量关系曲线存在任意性和滞后现象，因此目前的相应流量报汛也存在一定误差。

为检验水位—流量关系单值化方案实施后相应流量报汛误差大小，采用上一年拟合的水位—校正流量关系曲线开展相应流量报汛，以年终采用连时序法整编推求的实时流量成果为标准，分别计算目前的报汛方案、单值化报汛方案的相应流量误差大小，具体选择 2021 年报汛资料进行误差分析，统计结果见表 5.5-6。

表 5.5-6　宜昌站 2021 年查读水位—流量关系曲线报汛与水位—流量关系单值化方案报汛误差统计表

（单位：%）

月份	查读水位—流量关系线系统误差	单值化方案系统误差
5	0.19	−2.34
6	−0.57	−2.95
7	−0.93	−3.69
8	−1.13	−4.36
9	−1.36	−2.61
汛期	−0.76	−3.19
大于 10%天数/d	0	3
最大相对误差	3.51	14.4

从表 5.5-6 可以看出，与年终采用连时序法整编推求的时段流量比较，采用水位—流量关系单值化方案报汛，汛期的系统误差为−3.19%，满足报汛精度的要求（查读实时水位—流量关系曲线报汛系统误差为−0.76%），相应流量报汛精度略低于目前采用的查读实时水

位—流量关系曲线报汛精度,但弥补了连时序法整编导致的延迟性缺陷。而且,在实际实施过程中,一般根据当年实测流量资料及时计算校正流量、实时修正水位—校正流量关系曲线后用于相应流量报汛,可以大幅度提高报汛精度。

(2)多年水位—流量关系单值化方案对比

点绘2012—2021年的水位—校正流量关系曲线见图5.5-34进行对比。

从图5.5-34可以看出,近十年水位—校正流量关系曲线关系稳定,基本重合,年际变化小,采用上一年的水位—校正流量关系曲线进行报汛工作比较可靠。

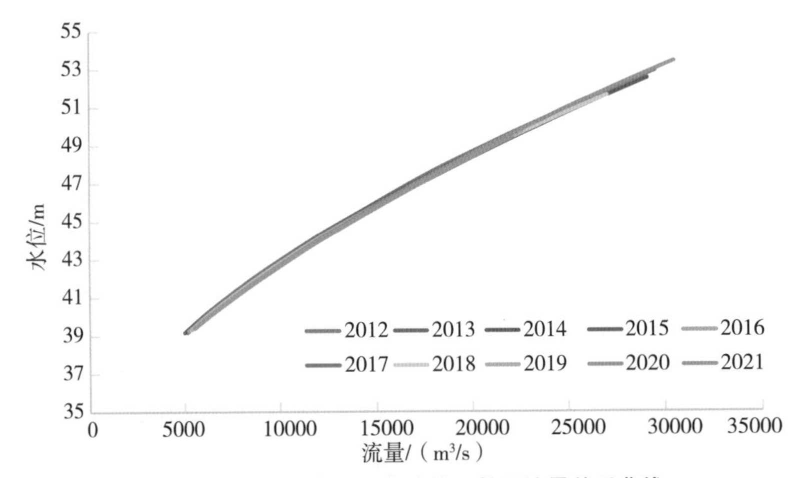

图5.5-34　2012—2021年水位—校正流量关系曲线

5.5.1.6　结论

通过以上分析可以看出,宜昌站2012—2021年各年水位—校正流量因素相关关系较好,满足单一曲线定线精度要求,各年曲线均能通过3种检验,系统误差和随机不确定度较小,水位—流量关系单值化方案分析精度均达到或优于规范对一类精度站所要求的标准(《水文资料整编规范》(SL/T 247—2020)中表1水位—流量关系定线精度指标表对一类精度水文站采用水力因素法的定线精度指标为:系统误差≤±2%,随机不确定度≤10%)。

通过对各年采用连时序法和水位—流量关系单值化法(综合落差指数法)推求的流量整编成果进行对照分析,可以看出:各项流量特征值误差较小,误差均在允许范围之内;年内日均流量变化过程线、年内最大洪水流量变化过程线吻合较好;水位—流量典型绳套曲线线型基本一致;采用水位—流量关系单值化方案进行相应流量报汛精度更高。这说明宜昌站流量测验和资料整编可以按照以上分析的宜昌站水位—流量关系单值化方案(综合落差指数法)来进行。

同时,以上分析的宜昌站水位—流量关系单值化方案(综合落差指数法)也存在一些不足之处,具体表现在:

一是在洪水涨落急剧的时段,水位—流量关系单值化方案(综合落差指数法)所推求的校正流量因素点据在水位—校正流量因素曲线图上存在系统偏离，导致局部时段所推求的流量存在系统误差。

二是在绘制水位—校正流量因素关系曲线时，在年最低、最高水位部分，有一定的任意性，与连时序法比较，推求年最大、最小流量存在一定相对误差。

5.5.1.7 宜昌站水位—流量关系单值化投产方案

宜昌站可以全年采用以上分析的水位—流量关系单值化方案(综合落差指数法)来进行流量测验和资料整编，具体如下：

(1)流量测验

在流量测次的布置上，按如下原则来进行：

①流量测次按水位级均匀分布，适当考虑洪水涨落，年实测流量不少于 30 次。在年最低、最高水位附近加密测次，减少在年最低、最高水位部分绘制水位—校正流量因素曲线的任意性。同时在较大洪水绳套的涨水面与落水面，以及较大绳套转折过渡的曲线段布置一定测次。

②对于以下水情，按连时序法布置流量测次：

a. 超出 2012—2021 年实测流量所对应的相应水位变幅 39.21～53.45m 之外的洪水过程；

b. 测验期间实时点绘水位—校正流量因素关系曲线，发现关系散乱，及时恢复按连时序法布置流量测次；

c. 发现测验河段水流特性发生重大改变时。

③如下情况主动加密测次：

a. 宜昌站水位超出警戒水位 53.00m 时；

b. 由于防汛、工程建设和社会有特殊需求等时期需要加密流量测次时；

c. 因开展其他项目水文测验需要实测流量资料时。

(2)泥沙测验

断沙、悬颗、床沙、推移质测验按现行测验方法不变，因流量测次减少，断沙测验以异步输沙测验方法为主。

(3)流量资料整编

根据流量测次布置情况，全年采用水位—流量关系单值化方案(综合落差指数法)来进行流量资料整编，或分时段(或水位级)分别采用水位—流量关系单值化方案(综合落差指数法)和连时序法来进行流量资料整编。

(4)相应流量报汛

根据宜昌站以及落差辅助站实时水位，采用宜昌站上一年度拟合的水位—校正流量因素关系曲线和水位—流量关系单值化数学模型推求时段相应流量。若某一时段出现校正流量测点明显偏离上年度或本年水位—校正流量关系曲线时，应根据实时测点，及时修正水位—校正流量关系曲线，并采用修正后的曲线报汛。

5.5.2 监利(二)站水位—流量关系单值化方案

5.5.2.1 测站基本概况

(1)地理位置及河段特征

监利(二)站是国家基本水文站，一类精度站，位于湖北省荆州市监利市，东经 112°51′，北纬 29°47′，为长江中游干流控制站，主要任务是为长江中下游防洪、荆江河段及洞庭湖的河道整治、流域水资源合理规划及调配等提供水文资料。

监利(二)站测验河段位于下荆江监利河段，基本水尺位于右岸、新沙洲汽渡码头下游约 50m 处。流量测验断面位于基本水尺断面上游 30m，测验河段顺直长度约为 5km。流量测验断面呈偏“V”形，主泓偏右，低枯水位级受上游矶头影响，右岸起点距 1250m 附近偶尔有回流。河床由中细沙组成，汛期冲淤变化比较大，近年左岸逐年淤积，右岸为陡坡，现有六边形水泥块护岸，岸线顺直稳定。下游 3.5km 为乌龟洲，江中的乌龟洲上下延伸约 6km，面积 8.4km^2，最高高程达 36m 以上。洞庭湖在断面下 82km 处与长江交汇，导致本站水位—流量关系受回水顶托影响明显，测验河段平面布置见图 5.5-35。

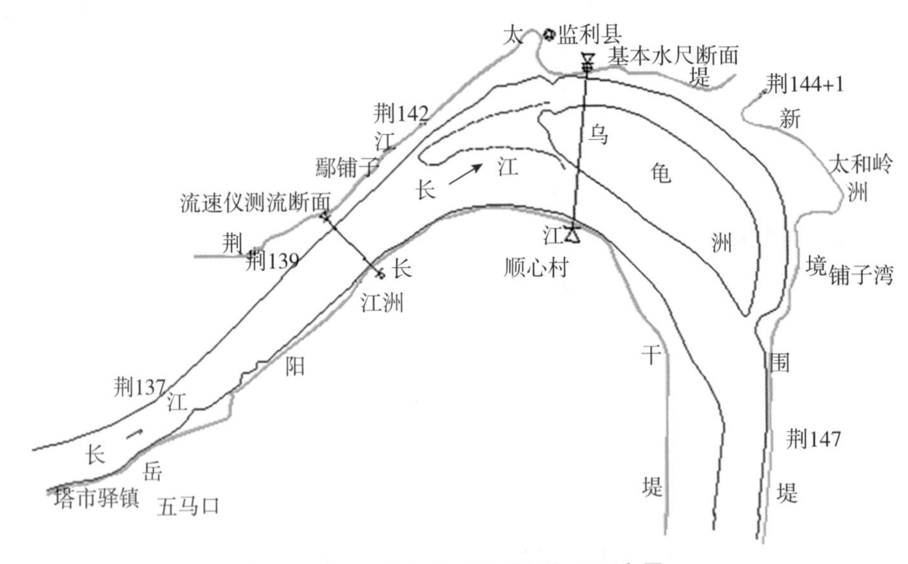

图 5.5-35 监利(二)站测验河段平面布置

(2)监利(二)站水位—流量关系影响因素分析

监利(二)站水位—流量关系主要受洪水涨落、下游回水顶托以及断面冲淤综合影响，为复杂的绳套曲线。

洞庭湖在断面下游 82km 处与长江交汇，导致断面水位—流量关系受洪水顶托影响明显。汛期河床冲淤变化较大,中高水主槽宽约 1000m,深槽在起点距 860～1200m 摆动,近年来,左岸冲淤变化频繁、剧烈,右岸变化较小。

三峡水库蓄水运行后,清水下泄导致河床下切,中低水位级水位—流量关系曲线呈逐年右移趋势,同水位下流量逐年增大。同时受三峡水库和葛洲坝水利枢纽联合调度以及枯季航道疏浚的影响,监利(二)站水位较三峡水库蓄水前变化更加频繁、急剧,但年内多数时间维持在中低水位(图 5.5-36)。监利(二)站水位级划分见表 5.5-7。

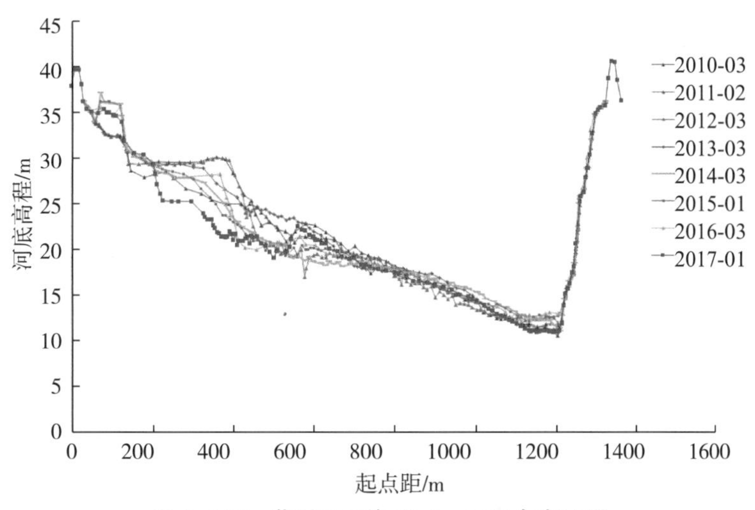

图 5.5-36　监利(二)站 2010—2017 年断面图

表 5.5-7　　监利(二)站水位级划分一览表　　(单位:m)

高水期水位	中水期水位	低水期水位	枯水期水位
34.00 以上	28.60～34.00	25.20～28.60	25.20 以下

(3)水位—流量关系单值化方案

1)分析目的

监利(二)站水位—流量关系呈绳套曲线,按连时序法进行流量测验及资料整编,参照监利(二)—城陵矶(七里山)站水位落差变化布置测次,多年来年平均流量测次接近 90 次,测次多,导致测验生产成本大、职工外业劳动强度高。

监利水文站结合测验河段特性与上下游水位站网布置实际情况,适时开展水位—流量关系单值化分析工作。如果水位—流量关系单值化方案精度满足现行水文测验与整编规范要求,实施后将会大幅度减少流量测次、降低测验成本和减轻职工劳动强度。

2)辅助水尺的选择

监利(二)站上游水位站主要有新厂(二)、石首(二)、调弦口等站,离基本水尺断面距离为 80.0km、66.5km、34.1km;下游水位站主要有广兴洲、城陵矶(七里山)等站,离基本水尺断面距离为 26.4km、83.6km,测验河段河流及水位站网布设情况见图 5.5-37。

考虑到监利(二)站水位—流量关系的复杂性,分析时选用了上游新厂(二)站、石首(二)

站、调弦口站和下游广兴洲站、城陵矶(七里山)站组合计算综合落差。通过分析，最终选择新厂(二)站和广兴洲站作为落差辅助站。新厂(二)站与监利(二)站落差变化，反映上游来水影响，监利(二)站与广兴洲站落差变化反映下游洞庭湖回水顶托影响。

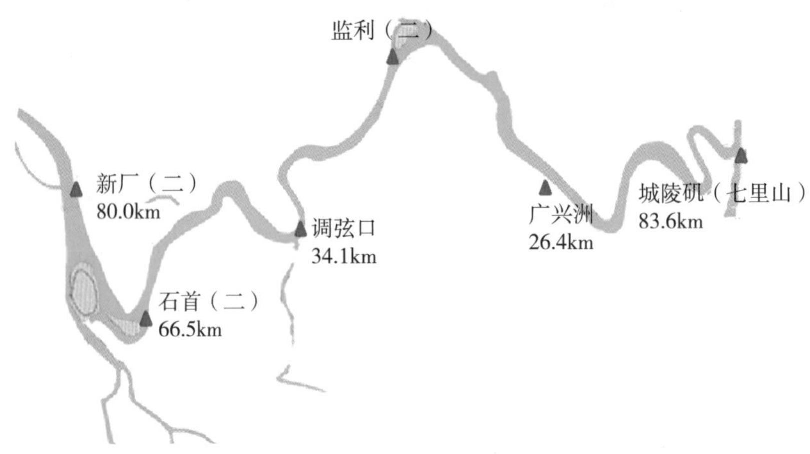

图 5.5-37　测验河段河流及水位站网布设情况

3)分析资料的选用情况

考虑到监利(二)站基本水尺于 2010 年 1 月上迁 6km，从左岸迁至右岸，分析资料选用监利(二)站 2010—2017 年共 8 年的实测水位、流量和整编资料，总计 510 次实测流量。样本资料中实测最高水位 36.22m，最低水位 24.68m，实测最大流量 35600m^3/s，最小流量 5870m^3/s。样本资料中丰水年份有 2012 年、2014 年、2017 年，平水年份有 2010 年、2015 年，枯水年份有 2013 年，资料代表性较好。同时选用新厂(二)站和广兴洲站 2010—2017 年水位整编成果。以上资料工序完善、精度可靠。

4)分析方法的选用

采用综合落差指数法进行水位—流量单值化分析，校正流量因素计算公式如下：

$$q=(1/k_1)\times Q_m/(k_2\times \Delta Z_m)^{\alpha} \tag{5.5-8}$$

式中：q ——校正流量因素；

Q_m——实测流量，m^3/s；

k_1——流量改正系数；

k_2——综合落差改正系数；

ΔZ_m——综合落差，m；

α ——落差指数。

5)综合落差以及流量改正系数、落差改正系数、落差指数的确定

校正流量因素计算式(5.5-8)中，综合落差计算公式如下：

$$\Delta Z_m = k_{m1}\times \Delta Z_{m1} + k_{m2}\times \Delta Z_{m2} \tag{5.5-9}$$

式中：ΔZ_m ——综合落差，m；

ΔZ_{m1}——新厂(二)—监利(二)站落差，m；

ΔZ_{m2}——监利(二)—广兴洲站落差，m；

km_1——新厂(二)—监利(二)站落差系数；

km_2——监利(二)—广兴洲站落差系数。

初步选定 $\alpha=0.5$，$k_1=1.0$、$k_2=1.0$，k_{m1}、k_{m2} 初选值为辅助水尺至监利(二)站基本水尺之间距离占上下游辅助水尺之间总距离的比值，$k_{m1}=0.75$、$k_{m2}=0.25$。按以上参数初选值，根据式(5.5-8)计算各测次实测流量对应的校正流量，点绘水位—校正流量关系图，发现水位—校正流量点据分布较散乱。

通过对监利(二)站水位—流量关系曲线分析发现，低水时水位—流量关系受上游来水影响明显，高水时受下游回水顶托影响明显，故采取低水时将 k_{m1} 调大、k_{m2} 调小，高水时将 k_{m1} 调小、k_{m2} 调大，参考螺山站单值化方案及李厚永等提出的水位—流量关系单值化分析综合模型，将 k_{m1}、k_{m2} 与监利(二)站水位建立关系。考虑到在不同水位下流量变化对上游来水和下游洪水顶托影响的敏感性，该关系须满足以下条件：当 $Z_J\in[24.68,36.22]$时，使 $k_{m1}\in[0,1]$、$k_{m2}\in[0,1]$，且在低水位时 k_{m1} 较大、k_{m2} 较小，高水位时 k_{m2} 较大、k_{m1} 较小；k_{m1}、k_{m2} 同时具备水位越高变化幅度越小的特点。由此可得，二次函数的左支可以满足以上特点。Z_J 与 k_{m1} 的关系为开口向上的二次函数，即 a(二次方的系数)大于零，且轴线在 36.22 的右侧，即$-b/2a$ 大于 36.22(b 为一次方的系数)；Z_J 与 k_{m2} 的关系为开口向下的二次函数，即 a 小于零，且轴线在 36.22 的右侧，即$-b/2a$ 大于 36.22。由以上条件进行试算，重新计算校正流量，发现水位—校正流量关系明显好转。通过试错法得出 k_{m1}、k_{m2} 的计算公式如下：

$$k_{m1}=4.0955-0.15790\times Z_J+0.00124\times Z_J^{\ 2} \tag{5.5-10}$$

$$k_{m2}=-3.6019+0.2268\times Z_J-0.00321\times Z_J^{\ 2} \tag{5.5-11}$$

式中：Z_J——监利(二)站水位。

按照 $k_1=1.0$、$k_2=1.0$，$\alpha=0.5$，k_{m1}、k_{m2} 分别按式(5.5-10)、式(5.5-11)计算校正流量，点绘水位—校正流量关系曲线。采用试错法，以步长 0.01 进行试算，调整 α 值，发现 $\alpha=0.72$ 时，点据分布较好，水位—校正流量关系基本成单一线。同时发现，部分时段当洪水陡涨陡落时，即 ΔZ_{m1} 偏大(如 2014 年)；或下游回水顶托特别严重时，即 ΔZ_{m2} 偏小(如 2017 年)时，部分校正流量点据偏离较大。因此考虑到仅仅通过水位来调整落差系数，不足以反映落差对流量变化的影响，还需参考 ΔZ_{m1}、ΔZ_{m2} 的值，重新调整 k_{m1}、k_{m2} 的取值。通过将式(5.5-10)加 $f(\Delta Z_{m1})$ 的方式来增加上游来水量对流量变化影响的敏感度，通过将式(5.5-11)减 $f(\Delta Z_{m2})$的方式来增加下游回水顶托对流量变化影响的敏感度。考虑到 k_{m1}、k_{m2} 要满足 $k_{m1}\in[0,1]$、$k_{m2}\in[0,1]$，因此将式(5.5-10)乘以 0 到 1 之间的系数后再加 $f(\Delta Z_{m1})$，将式(5.5-11)乘以 1 到 2 之间的系数后再减 $f(\Delta Z_{m2})$。通过试错法，建立 k_{m1}、

k_{m2} 与 ΔZ_{m1}、ΔZ_{m1} 以及 Z_J 的相关关系。由于加入 ΔZ_{m1}、ΔZ_{m2} 来调整 k_{m1}、k_{m2}，导致公式过长，整编软件无法识别计算，因此将式(5.5-10)、式(5.5-11)的曲线用直线拟合，得出一次方公式，直线拟合见图 5.5-38。

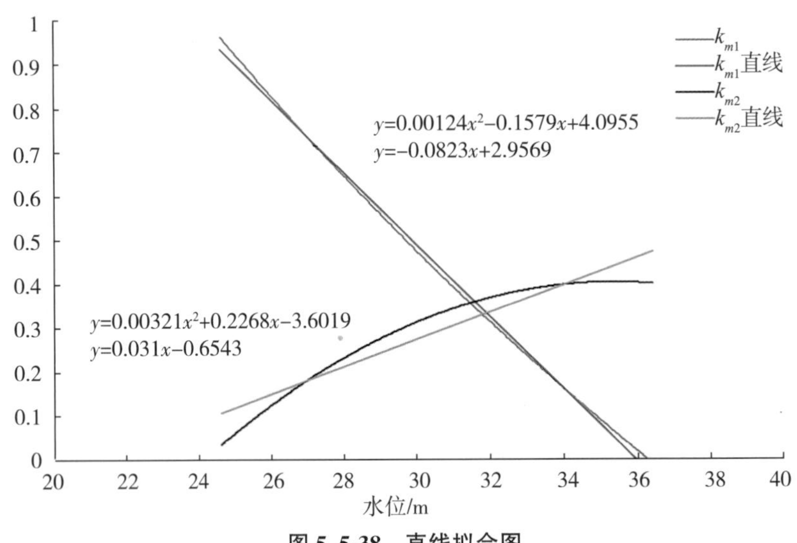

图 5.5-38 直线拟合图

得出一次方公式后，分别乘以 0～1 之间的系数后加 $f(\Delta Z_{m1})$，乘以 1～2 之间的系数后减 $f(\Delta Z_{m2})$，通过试错法逐步进行调整，最后得出计算公式如下：

$$k_{m1}=2.775-0.0782\times Z_J+\Delta Z_{m1}^4\times 0.00125 \quad (5.5\text{-}12)$$

$$k_{m2}=0.0596\times Z_J-1.3744-0.05556\times \Delta Z_{m2} \quad (5.5\text{-}13)$$

按照 $k_1=1.0$、$k_2=1.0$，$\alpha=0.72$，按式(5.5-12)、式(5.5-13)分别计算 k_{m1}、k_{m2}，重新计算校正流量，点绘水位—校正流量关系曲线。再次采用试错法调整 α 值，调整过程中发现 α 取值为 0.45～0.55 时，水位—校正流量关系曲线拟合较好。2014 年与 2017 年曲线受 α 值影响明显，2014 年取 0.55 拟合最优，2017 年取 0.45 拟合最优，通过计算分析，最后取 $\alpha=0.50$，各年水位—校正流量关系成单一线，即监利(二)站水位—流量关系单值化(综合落差指数法)方案最终为：

$$q=Q_m/(K_{m1}\Delta Z_{m1}+K_{m2}\Delta Z_{m2})^{0.50} \quad (5.5\text{-}14)$$

式中各符号含义同式(5.5-8)、式(5.5-9)，K_{m1}、K_{m2} 取值为式(5.5-12)、式(5.5-13)，以上方案在监利(二)站水位 24.68～36.22m(分析资料水位变化范围)范围内使用。

5.5.2.2 水位—流量关系单值化方案推流精度评估

(1)水位—校正流量因素关系曲线

通过以上确立的水位—流量关系单值化方案($k_1=1.0$ 的情况)，根据选用的资料，分别计算监利站 2010—2017 年各年实测流量对应的校正流量、绘制各年水位—校正流量关系曲线，并进行 3 种检验，各年定线精度见表 5.5-8。

表 5.5-8　　监利(二)站水位—校正流量关系曲线定线精度统计表

年份	符号检验 U	适线检验 u	偏离数值检验 t	系统误差/%	标准差%	随机不确定度/%
2010	$u=0\leqslant1.15$	$k=39>0.5(n-1)$	$\|t\|=0\leqslant1.28$	0	2.70	5.40
	合格	免检	合格	合格		合格
2011	$u=0.96\leqslant1.15$	$k=35>0.5(n-1)$	$\|t\|=0.76\leqslant1.28$	−0.20	2.80	5.60
	合格	免检	合格	合格		合格
2012	$u=0.46\leqslant1.15$	$k=48>0.5(n-1)$	$\|t\|=0\leqslant1.28$	0	3.40	6.80
	合格	免检	合格	合格		合格
2013	$u=0.26\leqslant1.15$	$k=35>0.5(n-1)$	$\|t\|=0.14\leqslant1.28$	0	2.80	5.60
	合格	免检	合格	合格		合格
2014	$u=0.45\leqslant1.15$	$k=43>0.5(n-1)$	$\|t\|=0.06\leqslant1.28$	0	3.20	6.40
	合格	免检	合格	合格		合格
2015	$u=0.83\leqslant1.15$	$k=42>0.5(n-1)$	$\|t\|=0.14\leqslant1.28$	0	2.40	4.80
	合格	免检	合格	合格		合格
2016	$u=0.58\leqslant1.15$	$k=45>0.5(n-1)$	$\|t\|=0.96\leqslant1.28$	−0.30	2.40	4.80
	合格	免检	合格	合格		合格
2017	$u=1.15\leqslant1.15$	$k=49>0.5(n-1)$	$\|t\|=0.30\leqslant1.28$	−0.10	2.60	5.20
	合格	免检	合格	合格		合格

注:以上各年水位—校正流量因素关系曲线绘制及检验系采用《南方片水文整汇编—水位—流量单值法(综合落差指数法)处理》程序进行。

结合各年水位—校正流量因素关系曲线进行分析,发现某些年份局部时段的校正流量点据存在不同程度的系统偏离现象,这些情况一般出现在洪水涨落急剧或者峰顶峰谷附近某一时段,由于持续时间较短,总体来说对推求流量成果影响不大。

从表 5.5-8 可以看出,监利站水位—流量关系单值化方案分析精度均达到或优于规范对一类精度站所要求的标准(《水文资料整编规范》(SL 247—2012)中表 1 水位—流量关系定线精度指标表对一类精度水文站采用水力因素法的定线精度指标为:系统误差≤±2%,随机不确定度≤10%)。

(2)水位—流量关系单值化整编成果精度分析

1)采用水位—流量关系单值化方案整编

按照以上水位—流量关系单值化方案(综合落差指数法),采用南方片水文资料整汇编软件,对监利站 2010—2017 年 8 年的资料重新进行整编,推求各年流量整编成果。

2)整编成果精度分析

为了检验监利站水位—流量关系单值化方案的推流精度，以监利站历年来采用的连时序法流量整编成果为标准，分别计算、统计各年综合落差指数法与连时序法各项流量特征值误差大小。

①月、年流量对照。

从表5.5-9、表5.5-10统计结果可以看出，各月、年平均流量和年径流总量误差均较小，绝大多数月份月平均流量误差在±3%以内，最大为4.4%。各年年平均流量和年径流总量误差均小于±1%，且系统偏离较小，能够满足现行规范对流量资料的整编要求。

②月、年最大最小流量以及出现时间对照。

从表5.5-11至表5.5-14可以看出：

各年各月最大流量相对误差绝大多数≤±5%，月最小流量相对误差绝大多数≤±5%；

年最大流量相对误差绝大多数≤±2%，最大相对误差仅为−4.8%；

年最小流量相对误差绝大多数≤±2%，最大相对误差仅为2.4%。

初步分析，出现上述现象的原因主要有3个方面：

一是连时序法整编部分时段水位—流量关系定线采用的是合并定线，关系曲线走的是实测流量测点的中心，人为匀化了流量变化过程，与实际流量变化过程有一定差距。同时对部分变幅较小的洪水过程，没有布置或者布置的流量测点不够多，此时段流量变化过程是借用另外时段或采用少量实测水位—流量测点所拟合的水位—流量关系曲线来推求，有一定误差。而综合落差指数法推求的流量变化过程完全是根据本站以及上下游辅助站实时水位推求所得，推求的流量变化过程呈锯齿形，与实际的流量变化过程应该更接近。

二是由于各个时段的洪水特性以及洪水在传播过程中所受的诸如河段冲淤、下游洪水顶托等影响因素和影响程度不一样，在水位—校正流量因素关系曲线图上，采用水位—流量关系单值化方案计算的校正流量因素点据，在某一局部时段难免出现系统偏离。

三是在绘制水位—校正流量因素关系曲线时，在最低水位和最高水位部分，存在一定的任意性，导致推求的年最大最小流量也有一定的误差。

月、年最大最小流量出现的日期绝大多数一致，部分月、年流量特征值出现日期不一致，甚至间隔较长时间，主要是由于同一量级的洪水过程在同一年、月内不只出现一次，加之连时序法推求的流量特征值一般是在水位—流量关系曲线延长后插补所得，而综合落差指数法推求的流量特征值完全是根据实时水位落差变化推算所得，二者推求流量特征值的方法不一致，难免存在流量特征值出现的时间不一致的现象。

③年内最大各日洪量对照。

从表5.5-15可以看出，年内最大各日洪量误差均较小，误差为−5.6%～3.7%，能满足流量资料整编要求。

表 5.5-9　　监利(二)站连时序法与落差指数法整编月、年流量误差统计表

年份	项目	月份												年平均流量/(m^3/s)	年径流总量/亿 m^3
		1	2	3	4	5	6	7	8	9	10	11	12		
2010	连时序/(m^3/s)	5970	5980	5990	6220	10800	15300	2800	20100	19300	10500	8320	6270	11700	3679
	单值化/(m^3/s)	5980	6010	5920	6320	10700	14800	24500	20500	18800	10600	8470	6270	11600	3660
	相对误差/%	0.2	0.5	−1.2	1.6	−0.9	−3.3	−1.2	2.0	−2.6	1.0	1.8	0	−0.9	−0.5
2011	连时序/(m^3/s)	7480	6720	7260	8250	9200	14200	16900	17000	12300	8980	11400	6740	10600	3329
	单值化/(m^3/s)	7560	6600	7040	8130	8960	14200	17000	16700	12500	8960	11000	6600	10500	3298
	相对误差/%	1.1	−1.8	−3.0	−1.5	−2.6	0	0.6	−1.8	1.6	−0.2	−3.5	−2.1	−0.9	−0.9
2012	连时序/(m^3/s)	6390	6470	6380	6930	13800	15300	29400	21900	17400	13700	8890	630	12800	4045
	单值化/(m^3/s)	6430	6380	6330	6720	13300	15100	29400	22600	17900	13600	8800	6550	12800	4049
	相对误差/%	0.6	−1.4	−0.8	−3.0	−3.6	−1.3	0	3.2	2.9	−0.7	−1.0	1.9	0	0.1
2013	连时序/(m^3/s)	6790	6390	6500	6870	11700	15800	22900	18300	13700	8950	7220	6320	11000	3467
	单值化/(m^3/s)	6810	6570	6480	7170	11500	15500	23100	17800	13900	8670	7090	6190	10900	3449
	相对误差/%	0.3	2.8	−0.3	4.4	−1.7	−1.9	0.9	−2.7	1.5	−3.1	−1.8	−2.1	−0.9	−0.5

表 5.5-10　监利(二)站连时序法与落差指数法整编月、年流量误差统计表

年份	项目	月份												年平均流量/(m³/s)	年径流总量/亿 m³
		1	2	3	4	5	6	7	8	9	10	11	12		
2014	连时序/(m³/s)	6810	6480	6320	9670	12200	14200	20700	19100	24300	13600	10200	7810	12700	3990
	单值化/(m³/s)	6630	6380	6220	9240	12000	14000	21400	19200	24000	13700	10100	7960	12600	3971
	相对误差/%	−2.6	−1.5	−1.6	−4.4	−1.6	−1.4	3.4	0.5	−1.2	0.7	−1.0	0.9	−0.8	−0.5
2015	连时序/(m³/s)	6640	6660	7950	10100	12200	14900	17600	14300	17600	12400	9280	6830	11400	3590
	单值化/(m³/s)	6740	6690	7980	9990	11800	14900	17700	14500	16900	12600	9100	6790	11300	3574
	相对误差/%	1.5	0.5	0.4	−1.1	−3.3	0	0.6	1.4	−4.0	1.6	−1.9	−0.6	−0.9	−0.4
2016	连时序/(m³/s)	7720	7400	8030	11700	14800	17500	22200	18700	10700	9390	10200	7510	12200	3853
	单值化/(m³/s)	7740	7350	8140	11700	14800	17800	22100	18800	10800	9450	10000	7380	12200	3856
	相对误差/%	0.3	−0.7	1.4	0	0	1.7	−0.5	0.5	0.9	0.6	−2.0	−1.7	0	0.1
2017	连时序/(m³/s)	6880	6850	090	10700	14100	16200	18100	15800	16600	18800	10400	7470	12500	3953
	单值化/(m³/s)	6800	6920	8170	10800	13700	16200	18200	16200	16800	18500	10600	7350	12500	3956
	相对误差/%	−1.2	1.0	1.0	0.9	−2.8	0	0.6	2.5	1.2	−1.6	1.9	−1.6	0	0.1

表 5.5-11　　监利(二)站连时序法与落差指数法整编月、年最大最小流量误差统计表

年份	项目		月份												全年
			1	2	3	4	5	6	7	8	9	10	11	12	
2010	最大值	连时序/(m^3/s)	6010	6050	6110	6620	12500	18000	32100	24600	25900	12900	11300	6900	32100
		日期	30	14	11	30	26	10	28	2	14	22	1	1	7月28日
		单值化/(m^3/s)	6090	6160	6240	7250	12700	17900	32800	24000	24800	13300	11700	7060	32800
		日期	24	14	3	30	29	30	27	30	13	22	5	1	7月27日
		相对误差/%	1.3	1.8	2.1	9.5	1.6	−0.6	2.2	−2.4	−4.2	3.1	3.5	2.3	2.2
	最小值	连时序/(m^3/s)	5920	5860	5840	5990	6620	12200	16900	15200	12100	8300	6900	5770	5770
		日期	23	25	1	1	1	1	1	20	30	13	30	18	12月18日
		单值化/(m^3/s)	5900	5890	5720	5810	7090	11400	17300	16300	12300	8420	7060	6080	5720
		日期	28	24	22	1	4	1	5	20	30	12	30	10	3月22日
		相对误差/%	−0.3	0.5	−2.1	−3.0	7.1	−6.6	2.4	7.2	1.7	1.4	2.3	5.4	−0.9
2011	最大值	连时序/(m^3/s)	8160	7760	8700	8820	13000	21700	20800	22800	17300	10700	17900	7750	22800
		日期	25	1	31	12	30	27	10	8	22	1	10	1	8月8日
		单值化/(m^3/s)	8260	7570	8310	8730	11400	21600	21700	21600	17700	10800	16300	8050	21700
		日期	25	1	31	16	31	26	9	7	22	1	9	10	7月9日
		相对误差/%	1.2	−2.4	−4.5	−1.0	−12.3	−0.5	4.3	−5.3	2.3	0.9	−8.9	3.9	−4.8
	最小值	连时序/(m^3/s)	6470	6400	6520	6960	7280	10800	15100	11500	10200	8020	7750	6170	6170
		日期	1	12	14	7	4	8	6	29	13	31	30	28	12月28日
		单值化/(m^3/s)	6670	6420	6390	6750	7010	10200	14800	11800	10400	7890	7380	6030	6030
		日期	1	11	15	6	4	13	17	29	9	31	30	27	12月27日
		相对误差/%	3.1	0.3	−2.0	−3.0	−3.7	−5.6	−2.0	2.6	2.0	−1.6	−4.8	−2.3	−2.3

表 5.5-12 监利(二)站连时序法与落差指数法整编月、年最大最小流量误差统计表

年份	项目		月份												全年
			1	2	3	4	5	6	7	8	9	10	11	12	
2012	最大值	连时序/(m^3/s)	6490	6490	6570	8500	17900	18100	35300	35100	19900	18200	11100	7400	35300
		日期	18	1	10	30	31	1	30	1	5	11	2	31	7月30日
		单值化/(m^3/s)	6760	6720	6480	7990	18600	19900	36900	35800	21900	17900	12000	7700	36900
		日期	8	16	10	28	31	7	31	1	5	11	2	31	7月31日
		相对误差/%	4.2	3.5	−1.4	−6.0	3.9	9.9	4.5	2.0	10.1	−1.6	8.1	4.1	4.5
	最小值	连时序/(m^3/s)	6230	6370	6270	6270	8500	12300	15800	14000	12900	9430	6410	6200	6200
		日期	1	25	18	11	1	21	1	31	30	31	30	15	12月15日
		单值化/(m^3/s)	6220	6180	6140	6050	7890	11600	15500	14700	12900	9340	6460	6170	6050
		日期	1	8	31	3	2	22	1	31	30	31	28	24	4月3日
		相对误差/%	−0.2	−3.0	−2.1	−3.5	−7.2	−5.7	−1.9	5.0	0	−1.0	0.8	−0.5	−2.4
2013	最大值	连时序/(m^3/s)	7430	6580	6980	9700	16000	19900	27000	24200	16900	12800	8030	6970	27000
		日期	1	28	22	25	31	12	21	1	26	1	16	1	7月21日
		单值化/(m^3/s)	7730	6740	7390	8800	16400	21100	27200	23200	17300	12800	8300	6580	27200
		日期	1	27	21	25	31	12	21	1	25	1	16	1	7月21日
		相对误差/%	4.0	2.4	5.9	−9.3	2.5	6.0	0.7	−4.1	2.4	0.0	3.4	−5.6	0.7
	最小值	连时序/(m^3/s)	6270	6270	6230	6080	7050	11700	13800	12900	11300	7490	6320	6210	6080
		日期	31	1	30	7	3	23	2	31	9	30	12	11	4月7日
		单值化/(m^3/s)	6430	6430	6260	6180	6590	11100	13500	12600	11300	7470	6170	5960	5960
		日期	31	1	31	7	6	22	1	31	10	24	12	3	12月3日
		相对误差/%	2.6	2.6	0.5	1.6	−6.5	−5.1	−2.2	−2.3	0.0	−0.3	−2.4	−4.0	−2.0

表 5.5-13 监利(二)站连时序法与落差指数法整编月、年最大最小流量误差统计表

年份	项目		1	2	3	4	5	6	7	8	9	10	11	12	全年
2014	最大值	连时序/(m^3/s)	7260	7370	7380	12900	13700	16000	23000	22200	35600	20500	18400	9310	35600
		日期	16	28	1	25	10	25	19	26	21	1	1	10	9 月 21 日
		单值化/(m^3/s)	7150	7140	7240	12300	13800	15800	24500	22900	35100	20400	17400	9760	35100
		日期	16	25	4	22	9	25	25	31	20	1	1	9	9 月 20 日
		相对误差/%	−1.5	−3.1	−1.9	−4.7	0.7	−1.3	6.5	3.2	−1.4	−0.5	−5.4	4.8	−1.4
	最小值	连时序/(m^3/s)	6200	6150	5900	6380	10600	12500	15500	15600	19800	9510	6430	6860	5900
		日期	5	3	28	1	21	20	1	4	25	25	26	23	3 月 28 日
		单值化/(m^3/s)	5990	5950	5960	6080	10300	12200	15300	15300	20100	9940	6540	6750	5950
		日期	4	3	20	3	20	19	1	2	9	25	26	22	2 月 3 日
		相对误差/%	−3.4	−3.3	1.0	−4.7	−2.8	−2.4	−1.3	−1.9	1.5	4.5	1.7	−1.6	0.8
2015	最大值	连时序/(m^3/s)	7110	7280	8800	12900	12900	21400	23100	15900	21000	16000	13400	7270	23100
		日期	1	28	31	24	8	28	2	31	12	1	1	19	7 月 2 日
		单值化/(m^3/s)	7450	7410	8860	12900	12900	20500	23900	16400	20000	16000	13400	7320	23900
		日期	1	28	31	26	30	28	3	22	11	1	1	28	7 月 3 日
		相对误差/%	4.8	1.8	0.7	0.0	0.0	−4.2	3.5	3.1	−4.8	0.0	0.0	0.7	3.5
	最小值	连时序/(m^3/s)	6530	6520	7280	8210	10700	8160	13500	11100	15700	9990	6580	6140	6140
		日期	12	10	1	16	24	7	31	6	6	27	30	7	12 月 7 日
		单值化/(m^3/s)	6540	6470	7290	7770	10500	7800	13700	11000	15200	10000	6520	6290	6290
		日期	28	24	25	17	23	7	30	6	6	26	30	8	12 月 8 日
		相对误差/%	0.2	−0.8	0.1	−5.4	−1.9	−4.4	1.5	−0.9	−3.2	0.1	−0.9	2.4	2.4

表 5.5-14　　监利(二)站连时序法与落差指数法整编月、年最大最小流量误差统计表

年份	项目		月份												全年
			1	2	3	4	5	6	7	8	9	10	11	12	
2016	最大值	连时序/(m^3/s)	9300	8690	8500	15200	16800	25200	26600	24800	11800	11100	13000	8540	26600
		日期	27	1	22	29	16	30	2	1	1	29	12	4	7月2日
		单值化/(m^3/s)	9150	8800	8620	14800	17400	25100	26600	25700	12200	11200	13000	8490	26600
		日期	27	1	31	28	16	30	2	5	10	29	4	3	7月2日
		相对误差/%	−1.6	1.3	1.4	−2.6	3.6	−0.4	0.0	3.6	3.4	0.9	0.0	−0.6	0
	最小值	连时序/(m^3/s)	6380	6340	6970	8500	13300	13500	18200	11800	10000	8230	7140	6390	6340
		日期	4	13	8	1	6	15	11	31	15	18	27	26	2月13日
		单值化/(m^3/s)	6790	6580	7740	8430	13200	13600	16700	11600	10000	8300	6780	6430	6430
		日期	4	14	1	4	3	15	11	31	12	18	27	26	12月26日
		相对误差/%	6.4	3.8	11.0	−0.8	−0.8	0.7	−8.2	−1.7	0.0	0.9	−5.0	0.6	1.4
2017	最大值	连时序/(m^3/s)	7490	7270	9350	13700	16500	19800	22700	21400	21800	23800	16300	9260	23800
		日期	1	28	27	29	14	30	14	31	2	8	1	1	10月8日
		单值化/(m^3/s)	7460	7640	9470	12800	15900	20600	23400	21800	22000	23600	15600	9290	23600
		日期	20	26	31	27	13	30	14	31	2	8	1	1	10月8日
		相对误差/%	−0.4	5.1	1.3	−6.6	−3.6	4.0	3.1	1.9	0.9	−0.8	−4.3	0.3	−0.8
	最小值	连时序/(m^3/s)	6450	6760	7250	9110	12300	12000	9140	13400	14400	16300	8090	6850	6450
		日期	5	7	1	10	2	4	5	7	25	31	20	26	1月5日
		单值化/(m^3/s)	6550	6600	7390	9280	11800	11300	8970	13400	14300	15600	8340	6600	6550
		日期	14	6	8	4	2	4	5	7	24	2	20	26	1月14日
		相对误差/%	1.6	−2.4	1.9	1.9	−4.1	−5.8	−1.9	0.0	−0.7	−4.3	3.1	−3.6	1.6

表 5.5-15　　监利(二)站连时序法与落差指数法整编年内最大各日洪量误差统计表

年份	1日			3日			7日			15日			30日			60日		
	连时序/亿 m^3	单值化/亿 m^3	相对误差/%	连时序/亿 m^3	单值化/亿 m^3	相对误差/%	连时序/亿 m^3	单值化/亿 m^3	相对误差/%	连时序/亿 m^3	单值化/亿 m^3	相对误差/%	连时序/亿 m^3	单值化/亿 m^3	相对误差/%	连时序/亿 m^3	单值化/亿 m^3	相对误差/%
2010	27.65	27.99	1.2	82.77	83.72	1.1	186.2	184.3	−1.0	382.7	374.4	−2.2	672.6	662.1	−1.6	1184	1181	−0.3
2011	19.70	18.66	−5.3	58.84	55.56	−5.6	133.2	126.4	−5.1	261.4	251.9	−3.6	481.9	464.0	−3.7	933.2	922.2	−1.2
2012	30.41	31.54	3.7	91.07	94.26	3.5	209.3	213.1	1.8	418.7	421.8	0.7	797.2	791.0	−0.8	1352	1367	1.1
2013	23.33	23.41	0.3	69.81	69.64	−0.2	159.5	160.3	0.5	324.5	324.2	−0.1	625.5	621.1	−0.7	1095	1090	−0.5
2014	30.76	29.89	−2.8	89.51	86.31	−3.6	186.6	179.9	−3.6	342.7	332.3	−3.0	637.2	625.4	−1.9	1138	1127	−1.0
2015	19.96	20.48	2.6	59.36	60.65	2.2	130.2	133.0	2.2	259.0	263.7	1.8	472.3	475.9	0.8	863.9	865.8	0.2
2016	22.90	22.72	−0.8	67.39	66.53	−1.3	152.8	153.5	0.5	315.5	321.9	2.0	602.1	609.1	1.2	1137	1139	0.2
2017	20.48	20.22	−1.3	58.58	59.53	1.6	135.1	136.9	1.3	278.3	282.3	1.4	498.3	491.5	−1.4	925.1	935.7	1.1

④逐日平均流量过程线对照。

分别点绘2010—2017年用连时序法和水位—流量关系单值化方案推求的逐日平均流量过程线对照图(图5.5-39至图5.5-46)。通过对照图可以看出,连时序法和水位—流量关系单值化方案推求的逐日平均流量过程线总体上对应较好,但在某些时段也不能很好地重叠,主要表现在以下方面:

一是在低水位以及某些局部时段存在一定的系统偏离。主要是由于在低水位以及年内某些局部时段采用连时序法绘制水位—流量关系时一般采用合并定线,无论洪水涨落,都在同一条水位—流量关系曲线上推求流量,与实际洪水流量变化过程比较,虽然总体系统误差较小,但在局部时段存在系统误差。而采用水位—流量关系单值化方案完全是根据实时水位变化过程推求,推求的流量过程更接近实际情况,与连时序法推求的逐日平均流量比较,某些时段必然存在系统误差。在水位—校正流量因素关系曲线上也可以看出,在某些局部时段,校正流量因素点据也存在系统偏离。

二是在峰顶峰谷的转折处以及相邻两次洪水过程之间的小幅洪水变化过程对应不太好。主要原因是,对相邻两次洪水过程之间的小幅洪水变化过程,测验时测点相对较少,定线时一般采用合并定线,导致此时段流量存在一定误差。

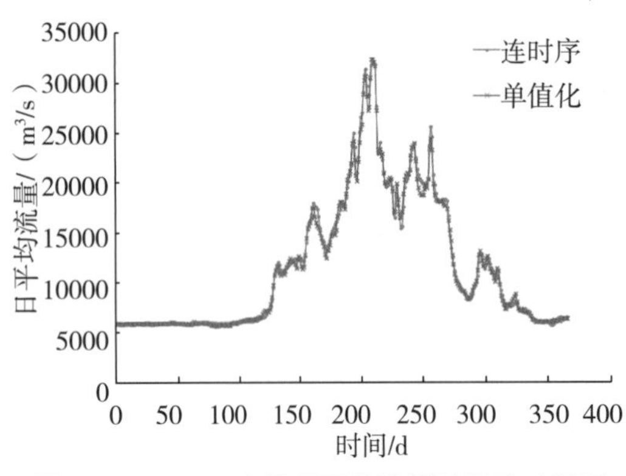

图5.5-39 2010年逐日平均流量过程线对照图

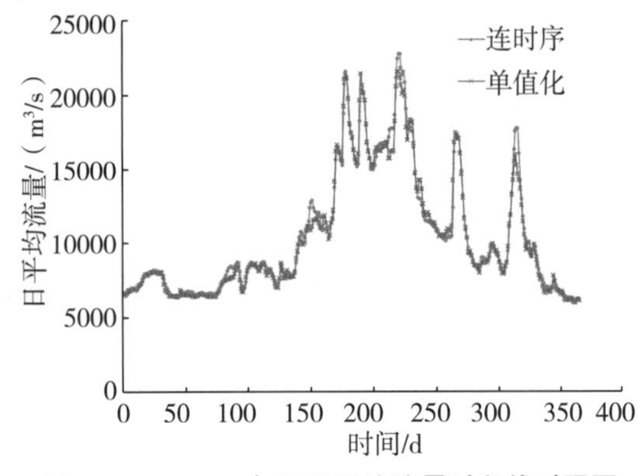

图5.5-40 2011年逐日平均流量过程线对照图

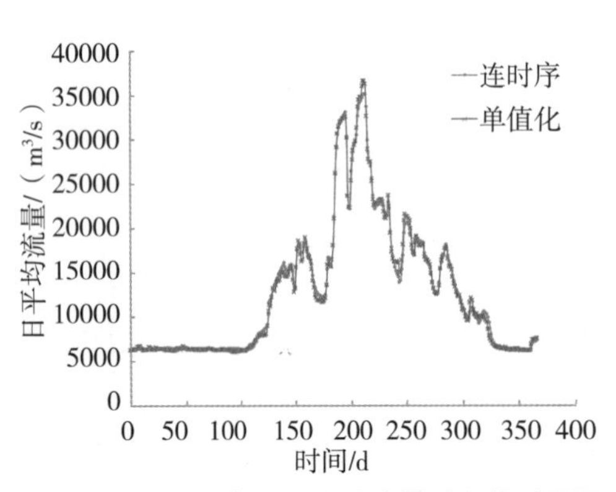

图5.5-41 2012年逐日平均流量过程线对照图

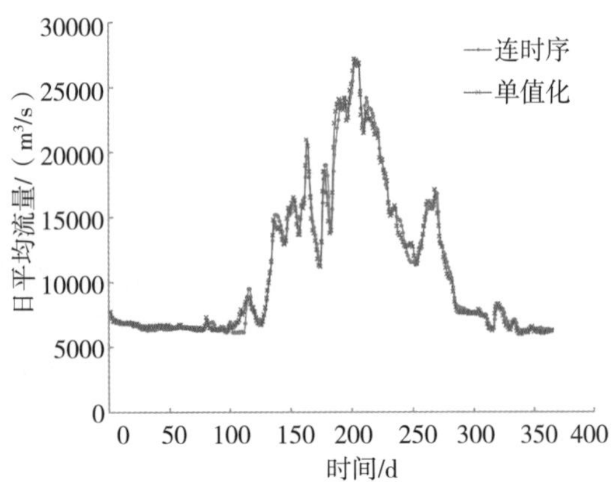

图5.5-42 2013年逐日平均流量过程线对照图

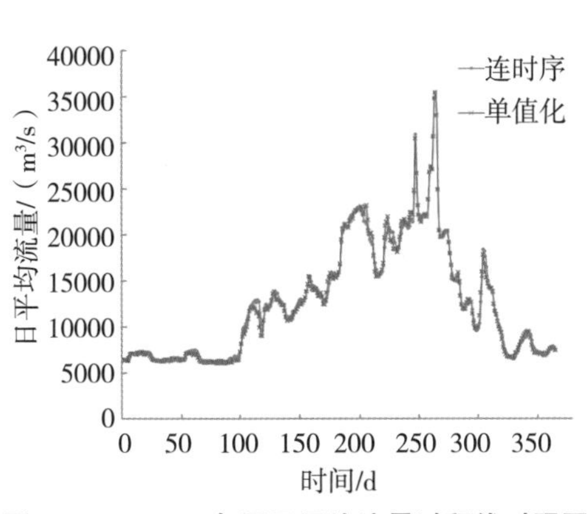

图 5.5-43　2014 年逐日平均流量过程线对照图

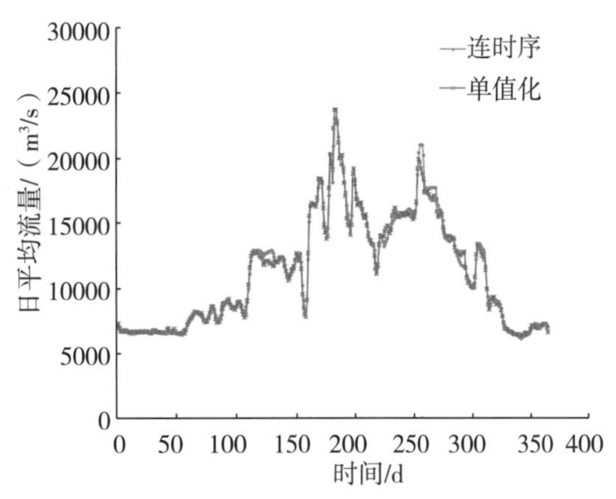

图 5.5-44　2015 年逐日平均流量过程线对照图

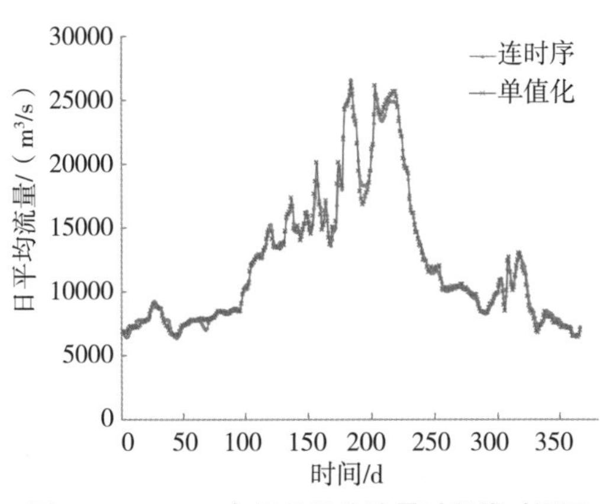

图 5.5-45　2016 年逐日平均流量过程线对照图

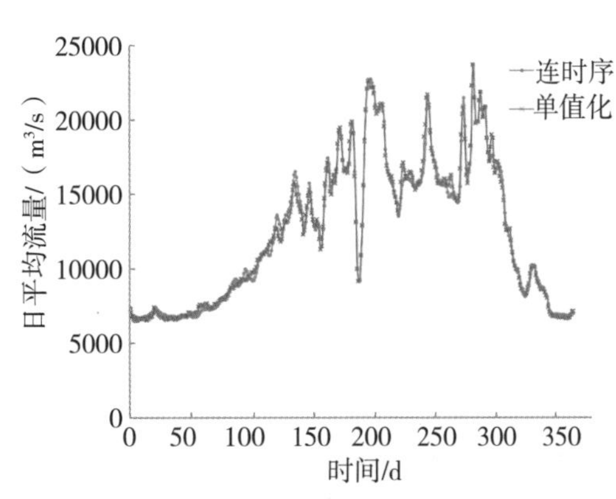

图 5.5-46　2017 年逐日平均流量过程线对照图

⑤年最大洪水过程线对照。

点绘各年年内最大洪水过程线对照图(图 5.5-47 至图 5.5-54)。

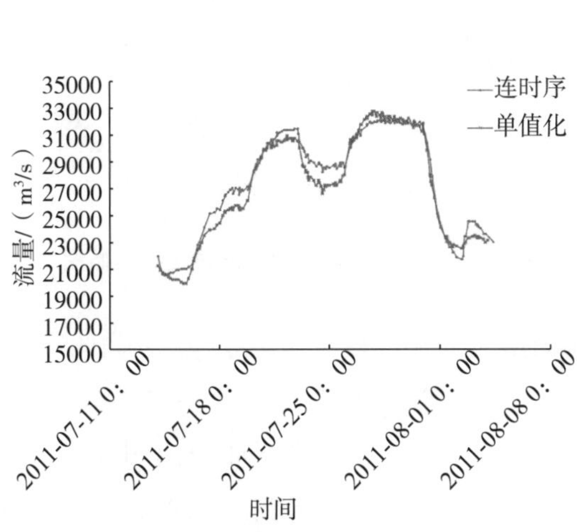

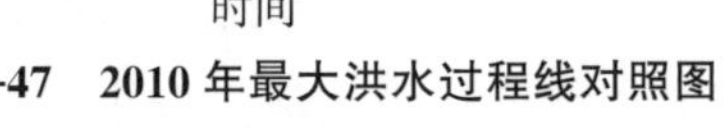
图 5.5-47　2010 年最大洪水过程线对照图

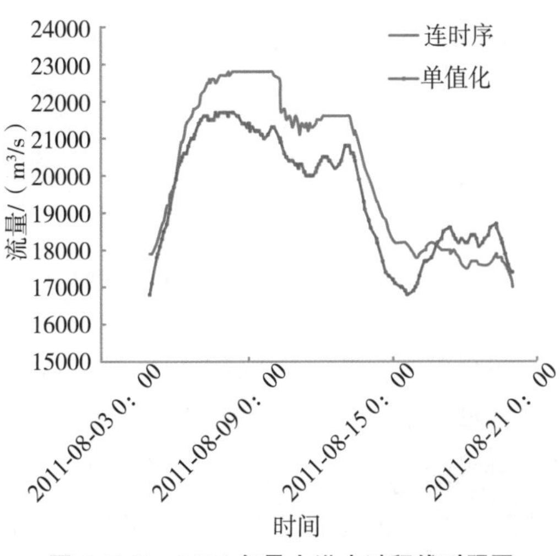

图 5.5-48　2011 年最大洪水过程线对照图

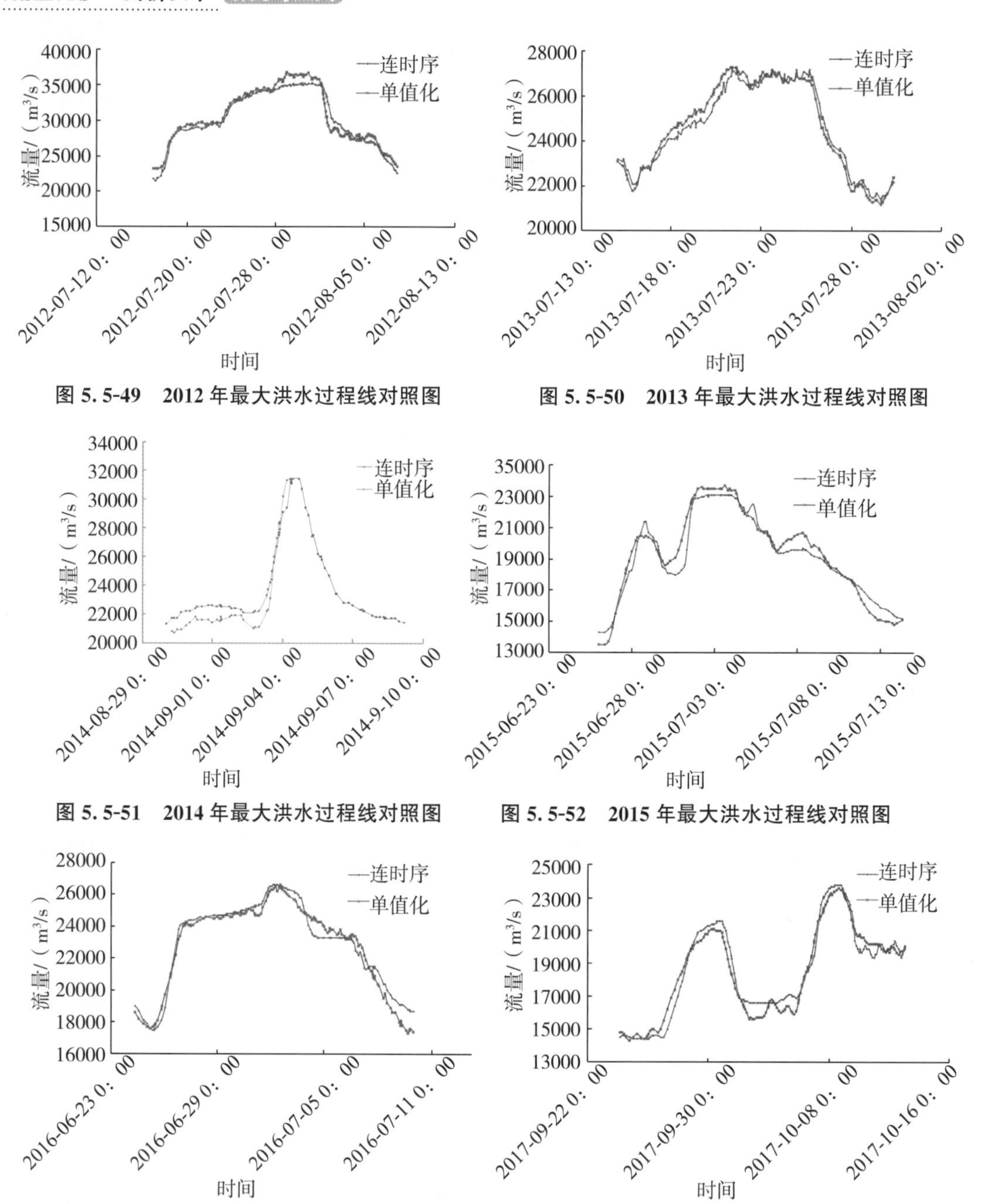

图 5.5-49　2012 年最大洪水过程线对照图

图 5.5-50　2013 年最大洪水过程线对照图

图 5.5-51　2014 年最大洪水过程线对照图

图 5.5-52　2015 年最大洪水过程线对照图

图 5.5-53　2016 年最大洪水过程线对照图

图 5.5-54　2017 年最大洪水过程线对照图

分析对照图可以看出，除 2011 年外，各年年内最大洪水过程线对应较好。2011 年最大流量线型基本一致，但流量相差较大，查读 2011 年水位—流量关系曲线图（图 5.5-55，连时序），并点绘 2011 年 7 月 15 日至 2011 年 8 月 30 日监利（二）—城陵矶（七里山）落差图（图 5.5-56）。2011 年在最大流量处仅 8 月 7 号、8 月 11 日、8 月 13 号测流，流量测点布置不够密集，连线随意性较大，且单值化连线采用中线，导致单值化最大流量偏小。两者的共同作用，导致最大流量存在一定误差。

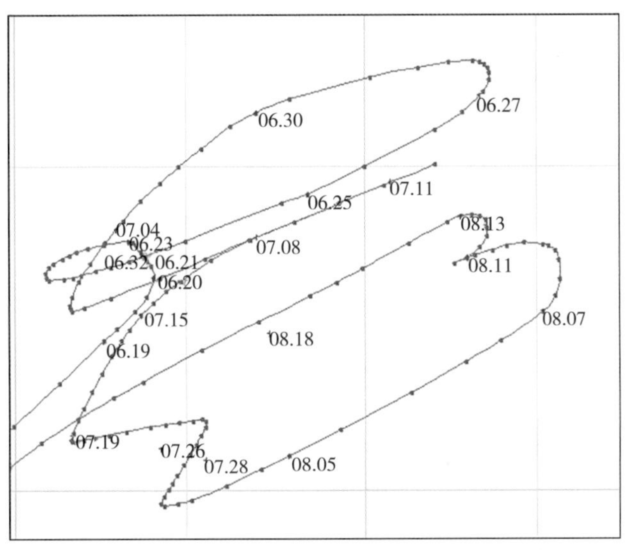

图 5.5-55　2011 年水位—流量关系曲线图(连时序)

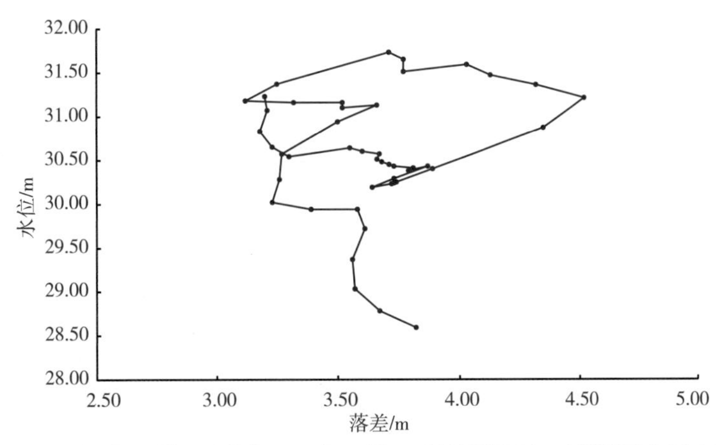

图 5.5-56　2011 年 7 月 15 号至 2011 年 8 月 30 号监利(二)—城陵矶(七里山)落差图

⑥典型水位—流量绳套曲线对照。

点绘各 2010—2017 年典型洪水绳套曲线对照图(图 5.5-57 至图 5.5-67),同一洪水过程,采用单值化法和连时序法推求的洪水绳套曲线,线型基本一致,但吻合得不是很好,如 2011 年、2012 年单值化绳套曲线明显偏左,原因主要如下:

第一,复式洪水过程水位涨落变化频繁,水位—流量关系比较复杂,用有限的流量测点拟合的水位—流量关系人为地均匀化了流量变化过程,与实际的水位—流量关系在某一时段存在不一致。

第二,连时序法定线,当实测点较分散时,水位—流量关系曲线会走关系线时段内所有实测流量点据的中心,导致某一时间段流量偏离。

第三,高水位时受下游回水顶托影响,水位—流量关系复杂,流量测次相对偏少,采用连时序法绘制水位—流量关系曲线,主要是参照监利(二)—城陵矶(七里山)站水位落差变化趋势绘制,某些时段水位—流量关系曲线线型和转折变化难免与实际情况有一定差异。

第四,单值化法推流完全是根据实时水位落差变化过程推求,推求的流量过程更接近实际情况。

两种方法推求的典型洪水绳套曲线虽然吻合得不是很好,但相对偏离不是很大,推求的流量相对误差较小。

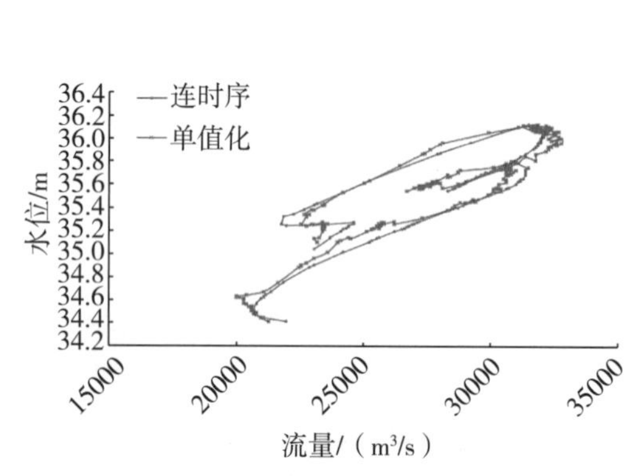

图 5.5-57 2010 年 7 月 14 日 0:00 至 8 月 4 日 8:00 洪水绳套曲线对照图

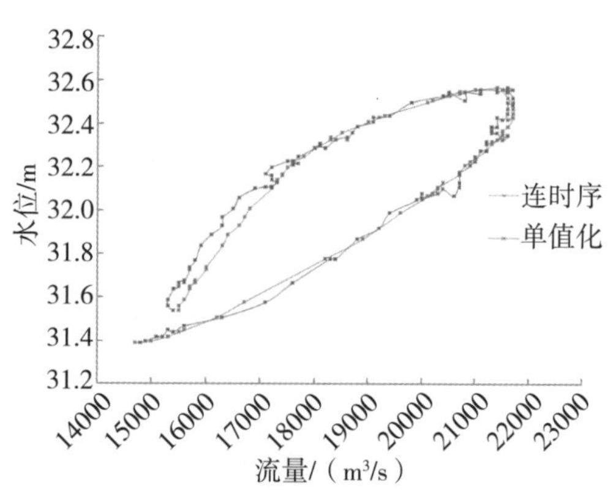

图 5.5-58 2011 年 6 月 24 日至 7 月 5 日洪水绳套曲线对照图

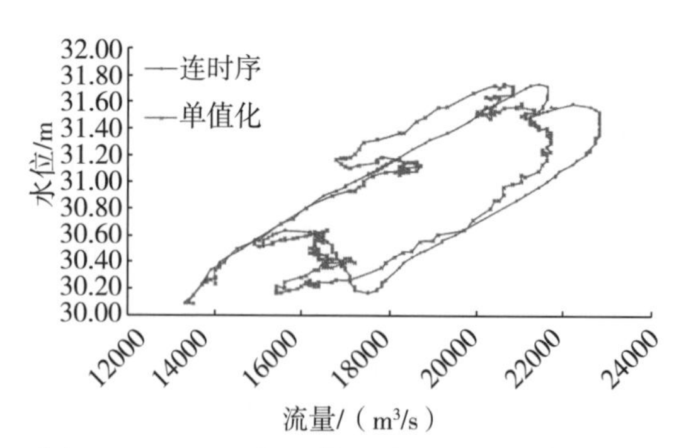

图 5.5-59 2011 年 7 月 19 日 0:00 至 8 月 23 日 0:00 洪水绳套曲线对照图

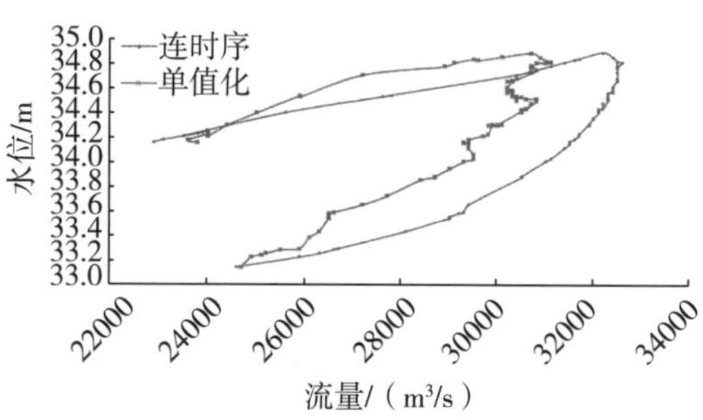

图 5.5-60 2012 年 7 月 4 日 0:00 至 7 月 15 日 20:00 洪水绳套曲线对照图

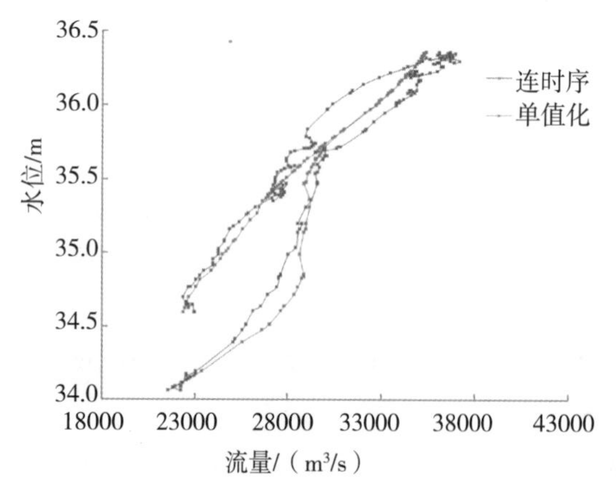

图 5.5-61 2012 年 7 月 16 日至 8 月 9 日洪水绳套曲线对照图

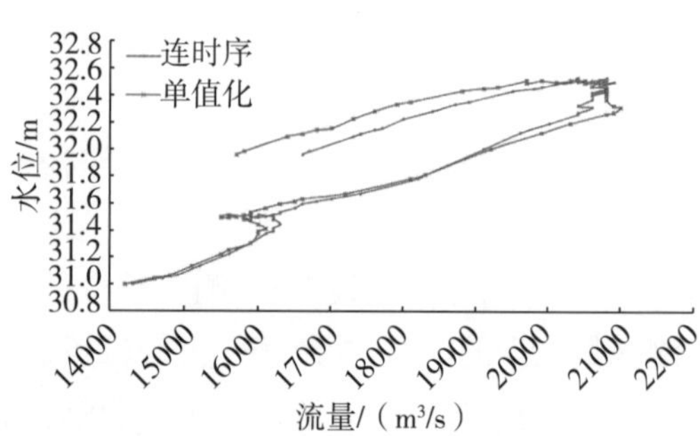

图 5.5-62 2013 年 6 月 7 日 0:00 至 6 月 15 日 8:00 洪水绳套曲线对照图

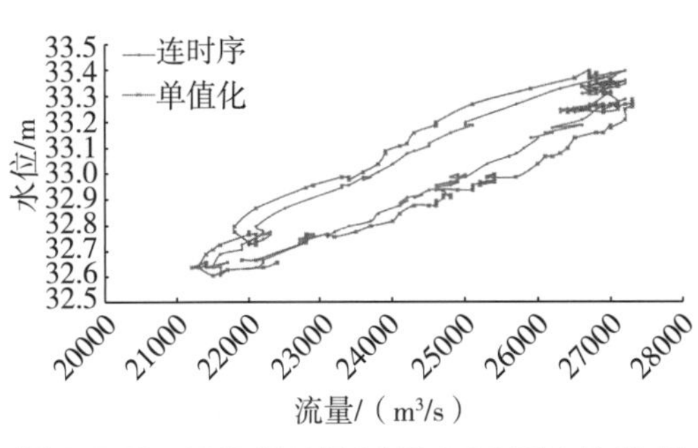

图 5.5-63 2013 年 7 月 23 日 8:00 至 7 月 30 日 8:30 洪水绳套曲线对照图

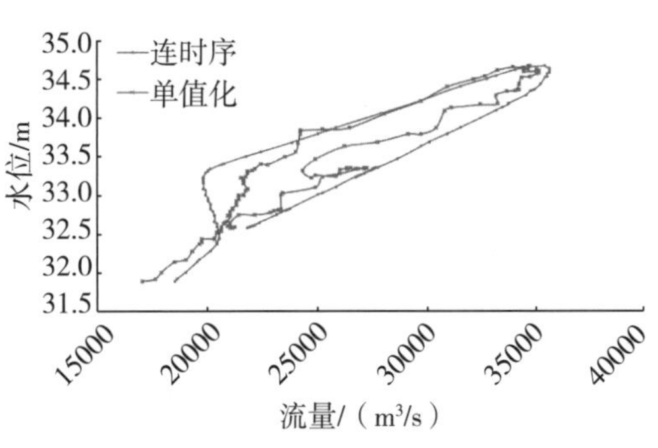

图 5.5-64 2014 年 9 月 14 日 0:00 至 10 月 3 日 0:00 洪水绳套曲线对照图

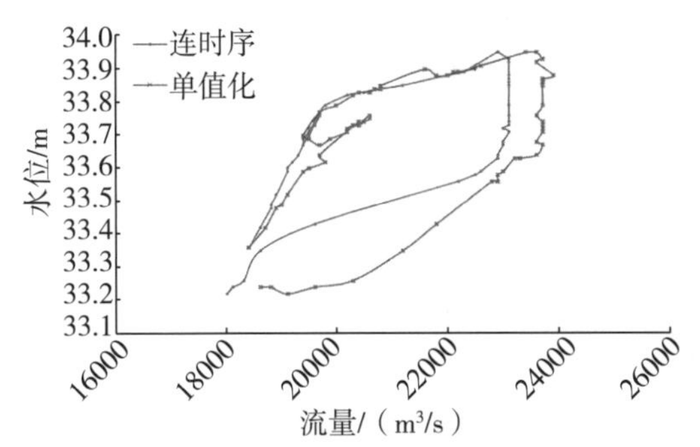

图 5.5-65 2015 年 6 月 30 日 8:00 至 7 月 10 日 0:00 洪水绳套曲线对照图

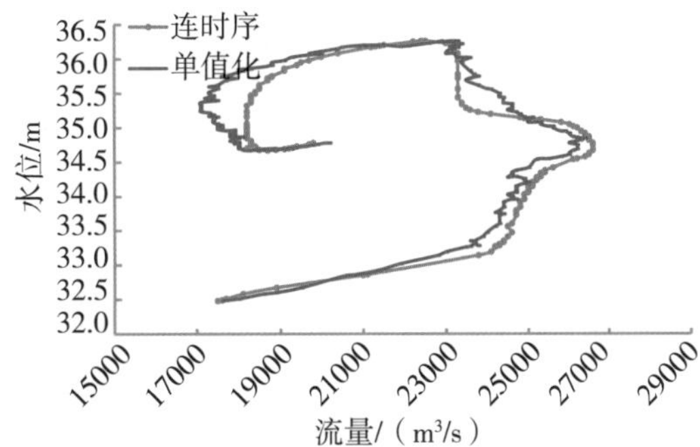

图 5.5-66 2016 年 6 月 25 日 0:00 至 7 月 17 日 20:00 洪水绳套曲线对照图

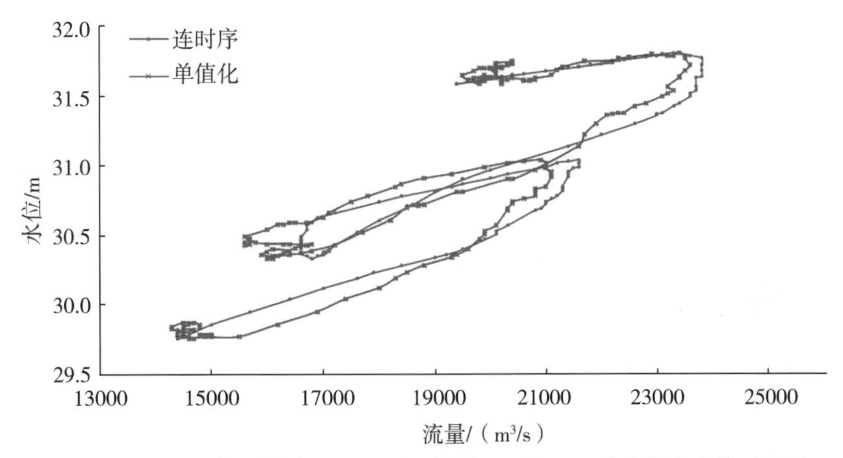

图 5.5-67 2017 年 9 月 24 日 0:00 至 10 月 15 日 0:00 洪水绳套曲线对照图

5.5.2.3 水位—流量关系单值化方案相应流量报汛精度评估

监利(二)站目前相应流量报汛系根据时段水位，在实时绘制的水位—流量关系曲线上查读或插补流量，由于实时绘制的水位—流量关系曲线存在任意性和滞后现象，因此目前相应的流量报汛也存在一定误差。

为检验水位—流量关系单值化方案实施后相应流量报汛误差大小，采用上一年拟合的水位—校正流量关系曲线开展相应流量报汛，以年终采用连时序法整编推求的实时流量成果为标准，分别计算目前的报汛方案、单值化报汛方案的相应流量误差大小，具体选择 2017 年报汛资料进行误差分析，统计结果见表 5.5-16。

表 5.5-16　　监利(二)站 2017 年查读实时水位—流量关系曲线报汛与水位—流量关系单值化方案报汛误差统计表　　(单位：%)

月份	查读水位—流量关系线		单值化方案	
	平均误差	系统误差	平均误差	系统误差
1	−4.72	5.68	−1.10	2.68
2	−3.55	4.01	1.08	2.65
3	1.56	2.94	1.38	2.31
4	−2.98	4.58	1.37	3.82
5	−1.08	2.65	−2.25	3.14
6	3.33	5.37	0.88	2.75
7	−2.21	6.96	0.87	2.21
8	−2.14	3.61	3.11	3.20
9	−1.58	3.64	1.46	2.45
10	1.00	4.81	−1.79	3.61
11	−1.57	2.31	1.76	2.64
12	−1.62	1.89	−1.40	1.77
全年	−1.28	4.04	0.45	2.78
大于 10%天数/d	14		2	
最大相对误差	31.68		10.18	

从表 5.5-16 可以看出，与年终采用连时序法整编推求的时段流量比较，采用水位—流量关系单值化方案报汛，系统误差为 2.78%，平均误差为 0.45%(查读实时水位—流量关系曲线报汛系统误差为 4.04%，平均误差为−1.28%)，相应流量报汛精度优于目前采用的查读实时水位—流量关系曲线报汛精度。

但是，采用上一年拟合的水位—校正流量关系曲线开展相应流量报汛，受各年水情的差异性影响较大，个别时段精度可能不是很好，加之断面年际冲淤变化的影响，可能会使系统误差增大。在实际实施过程中，一般根据当年实测流量资料及时计算校正流量、实时修正水位—校正流量关系曲线后用于相应流量报汛，可以大幅度提高报汛精度。

5.5.2.4　结论

通过以上分析可以看出，监利(二)站 2010—2017 年各年水位—校正流量因素相关关系较好，满足单一曲线定线精度要求，各年曲线均能通过 3 种检验，系统误差和随机不确定度较小，水位—流量关系单值化方案分析精度均达到或优于规范对一类精度站所要求的标准（《水文资料整编规范》(SL 247—2012)中表 1 水位—流量关系定线精度指标表对一类精度水文站采用水力因素法的定线精度指标为：系统误差≤±2%，随机不确定度≤10%）。

通过对各年采用连时序法和水位—流量关系单值化(综合落差指数法)法推求的流量整编成果进行对照分析，可以看出：各项流量特征值误差较小，误差均在允许范围之内；年内日均流量变化过程线、年内最大洪水流量变化过程线吻合较好；水位—流量典型绳套曲线线型基本一致；采用水位—流量关系单值化方案进行相应流量报汛精度更高。这说明监利(二)站流量测验和资料整编可以按照以上分析的监利站水位—流量关系单值化方案(综合落差指数法)来进行。

同时，以上分析的监利站水位—流量关系单值化方案(综合落差指数法)也存在一些不足之处，具体表现在：

一是在洪水涨落急剧的时段，水位—流量关系单值化方案(综合落差指数法)所推求的校正流量因素点据在水位—校正流量因素曲线图上存在系统偏离，导致局部时段所推求的流量存在系统误差。

二是在当洪水顶托严重，监利(二)—城陵矶(七里山)落差为负数时，水位—流量关系单值化方案(综合落差指数法)所推求的校正流量因素点据在水位—校正流量因素曲线图上存在系统偏离，要恢复连时序法。

三是在绘制水位—校正流量因素关系曲线时，在年最低、最高水位部分，有一定的任意性，与连时序法比较，推求年最大、最小流量存在一定相对误差。

5.5.2.5 监利(二)站水位—流量关系单值化投产方案

监利(二)站可以全年采用以上分析的水位—流量关系单值化方案(综合落差指数法)来进行流量测验和资料整编，具体如下：

(1)流量测验

在流量测次的布置上，按如下原则来进行：

①流量测次按水位级均匀分布，适当考虑洪水涨落，年实测流量不少于 30 次。在年最低、最高水位附近加密测次，减少在年最低、最高水位部分绘制水位—校正流量因素曲线的的任意性。同时在较大洪水绳套的涨水面与落水面，以及较大绳套转折过渡的曲线段布置一定测次。

②对于以下水情，按连时序法布置流量测次。

a. 水位涨落幅度大、涨落率快的洪水过程(如类似 2014 年 9 月出现的水位变幅大、涨落速度快的的洪水过程)；

b. 超出2010—2017年实测流量所对应的相应水位变幅24.68～36.22m之外的洪水过程；

c. 测验期间实时点绘水位—校正流量因素关系曲线，发现关系散乱，及时恢复按连时序法布置流量测次；

d. 发现测验河段水流特性发生重大改变时；

e. 监利(二)—城陵矶(七里山)落差为负值时。

③如下情况主动加密测次。

a. 监利(二)站水位超出警戒水位35.5m时；

b. 由于防汛、工程建设和社会有特殊需求等时期需要加密流量测次时；

c. 因开展其他项目水文测验需要实测流量资料时。

(2)泥沙测验

断沙、悬颗、床沙、推移质测验按现行测验方法不变，因流量测次减少，断沙测验以异步输沙测验方法为主。

(3)流量资料整编

根据流量测次布置情况，全年采用水位—流量关系单值化方案(综合落差指数法)来进行流量资料整编，或分时段(或水位级)分别采用水位—流量关系单值化方案(综合落差指数法)和连时序法来进行流量资料整编。

(4)相应流量报汛

根据监利(二)站以及落差辅助站实时水位，采用监利(二)站上一年度拟合的水位—校正流量因素关系曲线和水位—流量关系单值化数学模型推求时段相应流量(详见4. 水位—流量单值化方案相应流量报汛精度评估)。若某一时段出现校正流量测点明显偏离上年度或本年水位—校正流量关系曲线时，应根据实时测点，及时修正水位—校正流量关系曲线，并采用修正后的曲线报汛。

5.5.3 枝城站水位—流量关系单值化方案

5.5.3.1 测站基本概况

枝城站为荆江入口的重要控制站，1925年6月由扬子江水道讨论委员会设立，当时命名为枝江水文站，位于现在的湖北省宜都市枝城镇。而后分别于1951年、1961年两次改级，1991年1月改名为枝城水文站。枝城站基本水尺断面位于枝城客运码头下游约150m处，测验断面位于基上80m，断面上游约61km处建有葛洲坝水利枢纽工程，19km处有支流清江汇入；下游2km为枝城大桥，下游82km右岸有1953年建成的荆江分洪区进水闸北闸，另有松滋口、太平口、藕池口分流入洞庭湖。枝城水文站位置见图5.5-68。

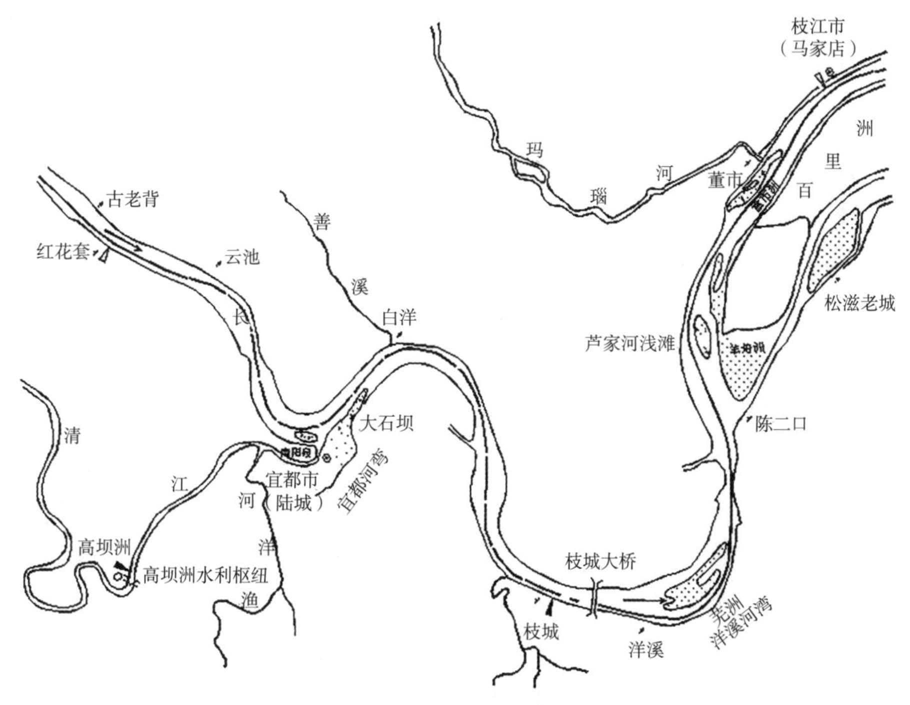

图5.5-68 枝城水文站位置

枝城测验河段在两弯道之间的顺直过渡段上，顺直段长度约3km，略显上窄下宽状。断面上游700m处有石矶，高水影响主泓摆动，河槽中高水位河宽1200～1400m。断面左岸为沙滩，宽约400m，水位41.00m开始漫滩，主泓偏右。起点距65.0m处有子堤，水位49.70m以上开始漫堤，子堤与大堤之间约60m宽的滩地种有农作物。起点距1100～1360m为基岩，接近右岸水下有块石护岸。1360m至右岸为枝城镇滨江公园，有阶梯形斜面水泥护坡。

枝城站径流量来自上游长江干流和清江。洪水期水位—流量关系呈绳套或复式绳套曲线，低枯水水位—流量关系呈多条单一线分布，三峡水库蓄水后，这一特征尤为明显。表5.5-17为枝城站主要水文特征值表。

表5.5-17 枝城站主要水文特征值统计表

项目	多年平均值	特征值			
		最大值	出现日期	最小值	出现日期
水位/m	41.12	50.74	1981-07-19	36.80	2003-02-09
流量/(m^3/s)	13800	71900	1954-08-07	3050	1952-02-21
统计年限	水位为1951—2008年共58年； 流量为1951—1959年、1992—2008年共26年				

5.5.3.2 使用数据的情况说明

枝城站最近的数据系列自1992年开始，其间有1998年大洪水、2003年三峡水库开始蓄水、2006年枯水年等比较有代表性的特殊年份。为了此次单值化分析更有代表性，选取1998—2008年共11年的观测资料作为此次分析的依据。

采用的11年的数据中，水位变幅为36.82～50.62m、流量变幅为3200～68800m^3/s。其中高水测验128次、中水测验625次、低水测次464次，满足各水位级的分析要求。

5.5.3.3 方法的选用

(1)分析思路

枝城站测验断面较为稳定，水位—流量关系以连时序绳套线为主，低枯水位呈多条单一线。水情变化主要受上游洪水涨落影响，三峡水库调蓄造成本站水位频繁涨落，给测点布置带来极大不便，增加了工作量和劳动成本。为了适应现代水文的发展，水位—流量关系单值化研究显得尤为重要。水位—流量关系单值化的分析方法很多，如落差指数法、抵偿河长法、校正因素法等。根据测站的特性，在对枝城站的水位—流量关系进行单值化分析时考虑用落差指数法。

(2)单值化方案

枝城站单值化方案为定落差指数法，其基本公式：

$$q=\frac{Q_m}{Z_m{}^{a}} \tag{5.5-15}$$

为了便于计算机编程计算，考虑到单值化的各项影响因素，本方案采用通用公式：

$$q=K_1\frac{Q_m}{K_2F_m} \tag{5.5-16}$$

$$Q=\frac{K_2}{K_1}Q_cF_m \tag{5.5-17}$$

$$Z_m=K_{m1}Z_{m1}+K_{m2}Z_{m2}+B_0 \tag{5.5-18}$$

$$Z_{m1}=Z_1-Z_0+B_1 \tag{5.5-19}$$

$$Z_{m2}=Z_2-Z_0+B_2 \tag{5.5-20}$$

$$F_m=Z_m{}^{\alpha} \tag{5.5-21}$$

式中：Q_m——实测流量；

Q——瞬时流量；

Q_c——水位—校正流量因素关系线的在线流量值；

K_1——时段流量改正系数；

K_2——综合落差改正系数；

K_{m1}——宜都站落差权重值；

K_{m2}—马家店站落差权重值；

Z_{m1}——宜都站与枝城站落差；

Z_{m2}——枝城站与马家店站落差；

Z_0——枝城站基本水位；

Z_1—宜都站水位；

Z_2—马家店站水位；

α——落差指数值；

Z_m——综合落差；

B_0——综合落差改正值；

B_1、B_2——冻结基面高差值。

5.5.3.4 落差水尺的选定

落差指数法进行水位—流量单值化处理最关键的是落差水尺的选定。落差水尺水位是计算落差的依据，落差水尺的位置是否恰当，直接关系到落差的代表性。一般来说，受洪水涨落影响为主的测站，落差水尺宜选在测验断面的上游；受变动回水影响为主的测站，落差水尺宜选在测验断面的下游；受综合影响的测站，落差水尺宜分别在测验断面的上下游布设。枝城站主要受洪水涨落影响，因此理论上落差水尺最好选在测验断面上游。考虑到枝城站的特殊位置，上游清江入汇，下游松滋口分流，再结合枝城站的现有条件，上游清江入汇有宜都水位站作为控制站，距枝城站约 18km；下游松滋口分流后有马家店水位站作为控制站，距枝城站约 35km，两站相对于枝城站的落差随着上游来水的涨落变化均有明显反应，且两站的数据均有较长的系列，故决定采用宜都、马家店两站的水尺作为此次单值化分析的落差水尺。

5.5.3.5 落差指数等参数的确定

根据测站特性及测区内水尺布设的限制，枝城站对水位—流量关系单值化处理选定落差指数法，其公式见式(5.5-15)，各参数在上文均进行了介绍，参数的确定是水位—流量关系单值化能否成功的关键。

(1) K_{m1} 与 K_{m2} 取值的确定

K_{m1} 代表宜都站与枝城站落差权重系数，K_{m2} 代表枝城站与马家店站落差权重系数，经过试错计算，采用 $K_{m1}=0.35$，$K_{m2}=0.65$ 时，分析样本数据中涨落校正流量因素测点在关系线两侧分布较为均匀。

(2)落差指数 α 的确定

经过优选分析计算，本站 α 值为 0.47～0.52 均能满足方案要求，采用固定值 0.5 效果较好。

(3)K_1 与 K_2 的确定

K_1 为时段流量的改正系数，取 $K_1=1$。

K_2 为综合落差改正系数，取 $K_2=1$。

(4)B_0、B_1、B_2 的确定

B_0 为综合落差改正值，取 $B_0=0$。

宜都与枝城两站的冻黄差的差值为0.345m，即$B_1=0.345$。

枝城站与马家店站两站的冻黄差的差值为－0.325m，即$B_2=-0.325$。

5.5.3.6 落差指数法校正流量定线误差检验

利用确立的落差指数法公式以及分析确定的落差指数法的各项参数，对枝城站1998—2008年共11年1217次实测流量数据进行分析，计算相应测次的校正流量，按年份分别点绘水位—校正流量关系图，进行定线误差检验。

从各年份水位与校正流量关系图上看，关系点据密集，分布成带状，无明显偏离。全年关系点一条单一线的误差检验中，系统误差的绝对值小于1%，1998年、2002年和2003年随机不确定度在9.0%～13.0%，其他年份则在5.0%～7.0%。为了提高检验指标精度，对1998年、2002年和2003年采用两条线分析，取年内最高水位分界，分别进行定线误差检验。检验结果，系统误差的绝对值小于1%，随机不确定度在4.0%～8.8%。具体关系点分布、定线见图5.5-69至图5.5-82，主要检验指标统计见表5.5-18。参照《水文巡测规范》第4.3.2条规定：水位—流量关系点据散乱，用单值化方法处理后可分布呈带状，一类精度水文站系统误差不大于1.0%，随机不确定度高水位级在9.0%～11.0%，中水位级在11.0%～12.0%，可定单值化关系线，同时满足《水文资料整编规范》(SL 247—1999)中表2.3.2-1水位—流量关系定线精度指标，对一类精度水文站采用水力因素法的定线精度指标系统误差≤±2%，随机不确定度≤10%的要求，枝城站分析误差符合上述规定，可定单值化关系线。

表5.5-18　　枝城站水位—流量单值化分析方案三种检验统计表

年份	线号	符号检验 U	是否合格	适线检验 u	是否合格	偏离检验 t	是否合格	随机不确定度 $X/\%$	系统偏差 $\delta/\%$	正负个数	交换次数 K
1998	1	0.62	是	0.31	是	−0.20	是	7.2	−0.1	+50/−43	44
	2	−0.16	是	0.66	是	0.16	是	4.0	0.1	+19/−19	16
1999	1	0.54	是	0.81	是	0.69	是	5.4	0.2	+66/−59	57
2000	1	0.51	是	0.81	是	1.14	是	6.0	0.3	+52/−46	44
2001	1	−0.11	是	−2.05	是	0.79	是	6.6	0.3	+39/−39	47
2002	1	0.65	是	0.52	是	−0.48	是	8.8	−0.3	+27/−33	27
	2	0.00	是	−0.22	是	0.18	是	7.0	0.1	+11/−10	10
2003	1	0.53	是	0.43	是	0.11	是	6.6	0.0	+41/−47	41
	2	0.20	是	0.00	是	0.67	是	6.0	0.4	+14/−12	12
2004	1	−0.09	是	0.69	是	0.22	是	6.4	0.1	+68/−68	63
2005	1	0.09	是	1.22	是	−0.50	是	7.0	−0.2	+67/−65	58
2006	1	0.44	是	−0.18	是	0.60	是	5.4	0.1	+67/−61	64
2007	1	0.39	是	1.07	是	0.72	是	5.2	0.2	+51/−56	47
2008	1	0.21	是	0.31	是	1.16	是	5.0	0.3	+49/−46	45

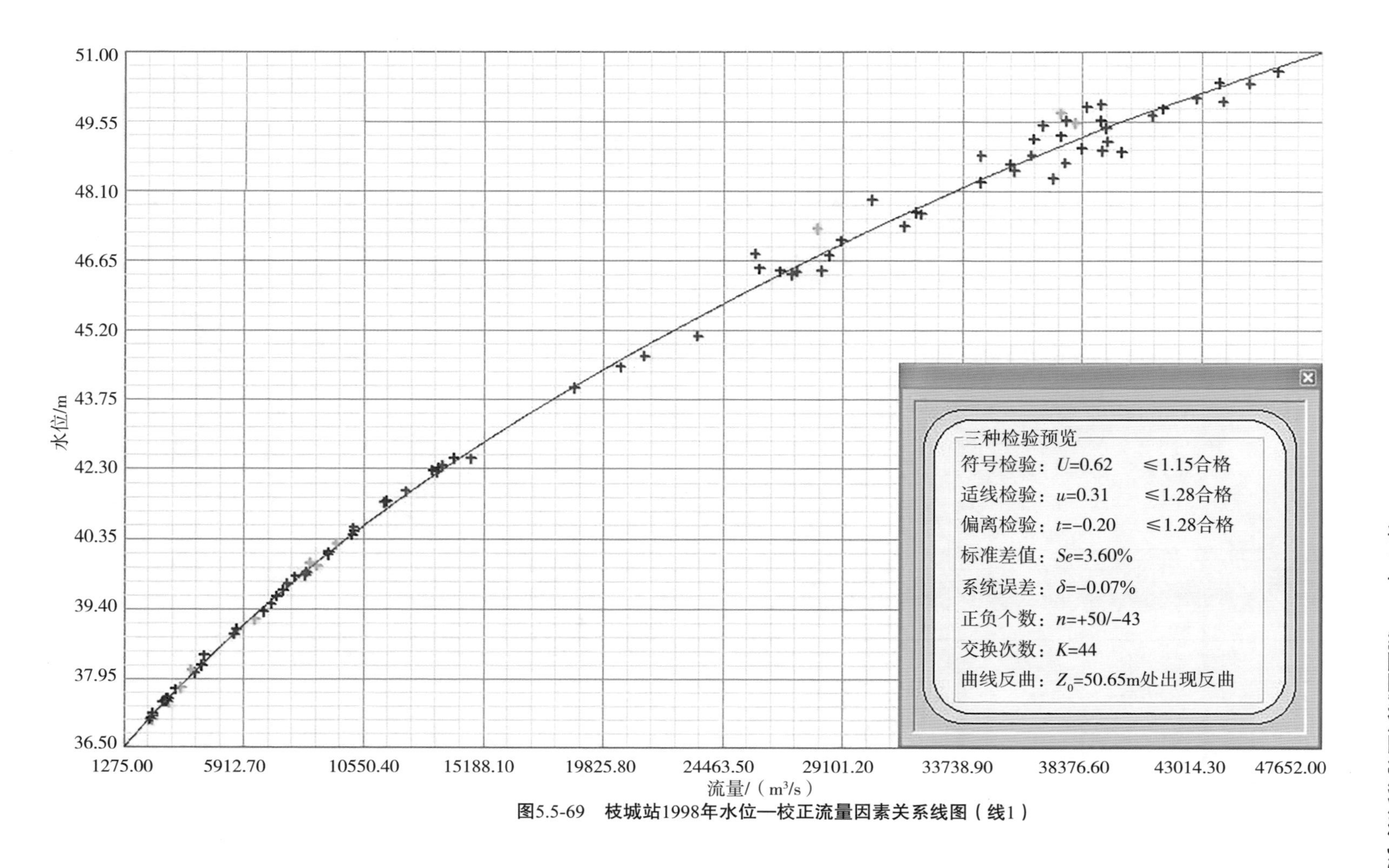

图5.5-69 枝城站1998年水位—校正流量因素关系线图（线1）

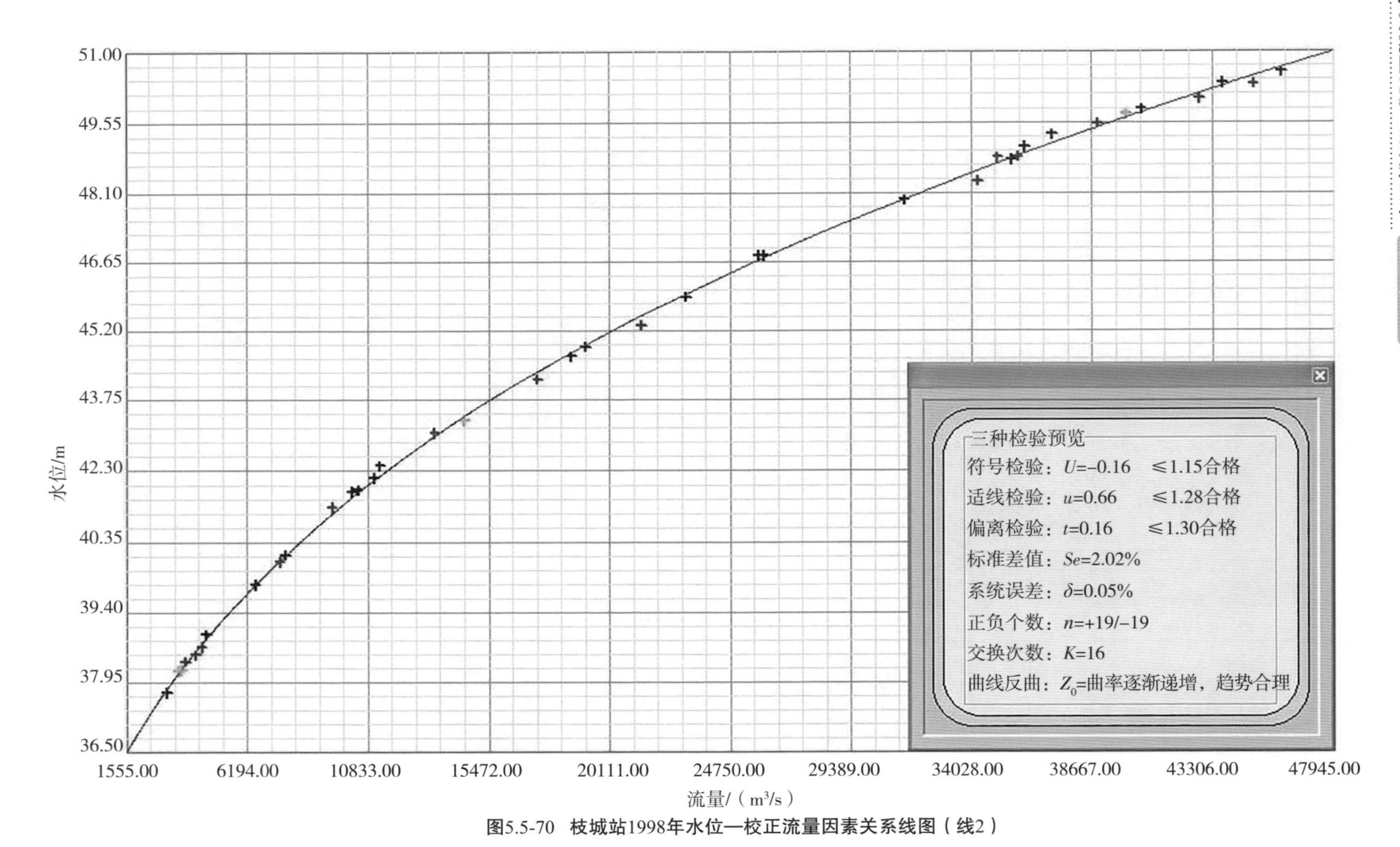

图5.5-70 枝城站1998年水位—校正流量因素关系线图（线2）

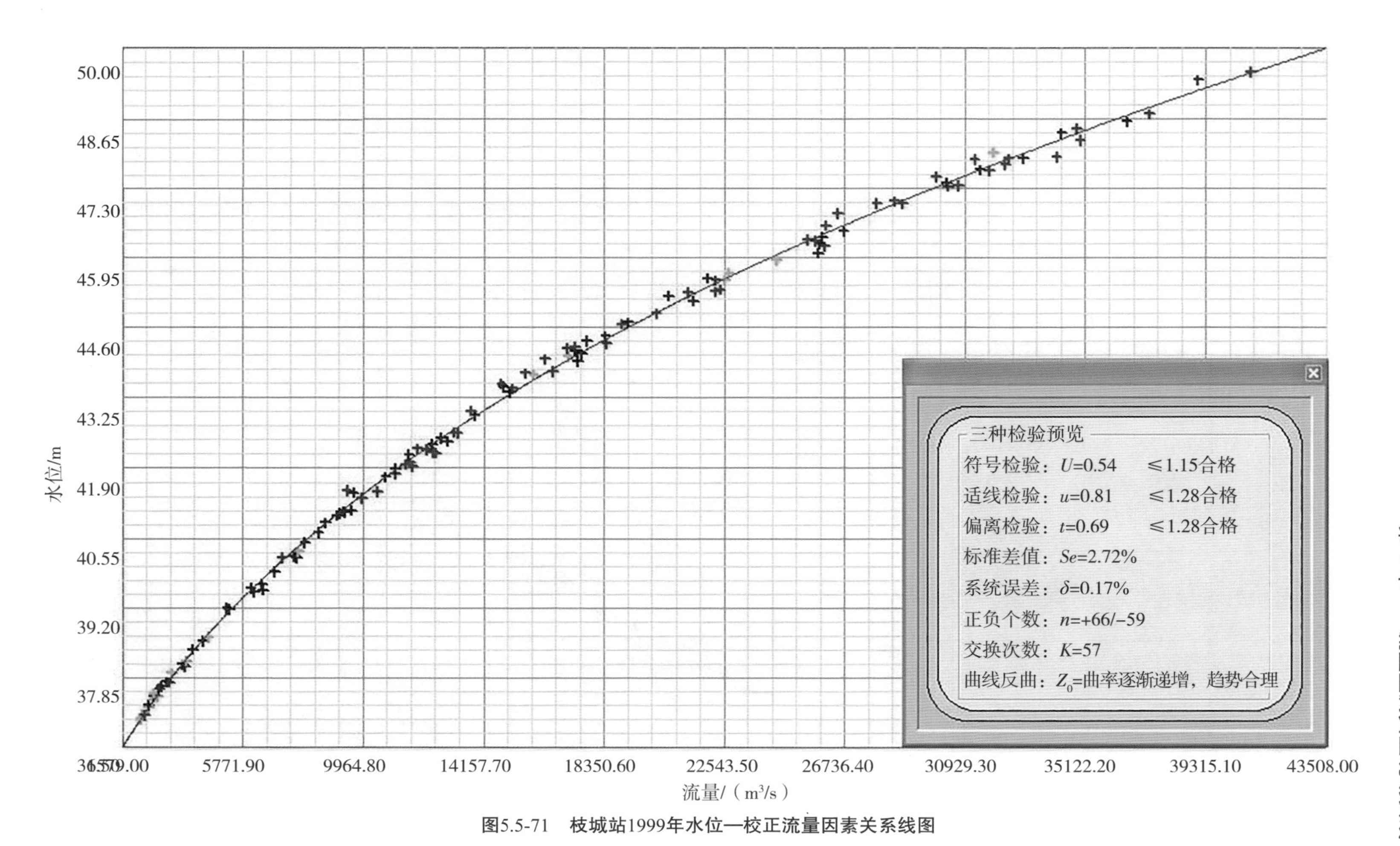

图5.5-71　枝城站1999年水位—校正流量因素关系线图

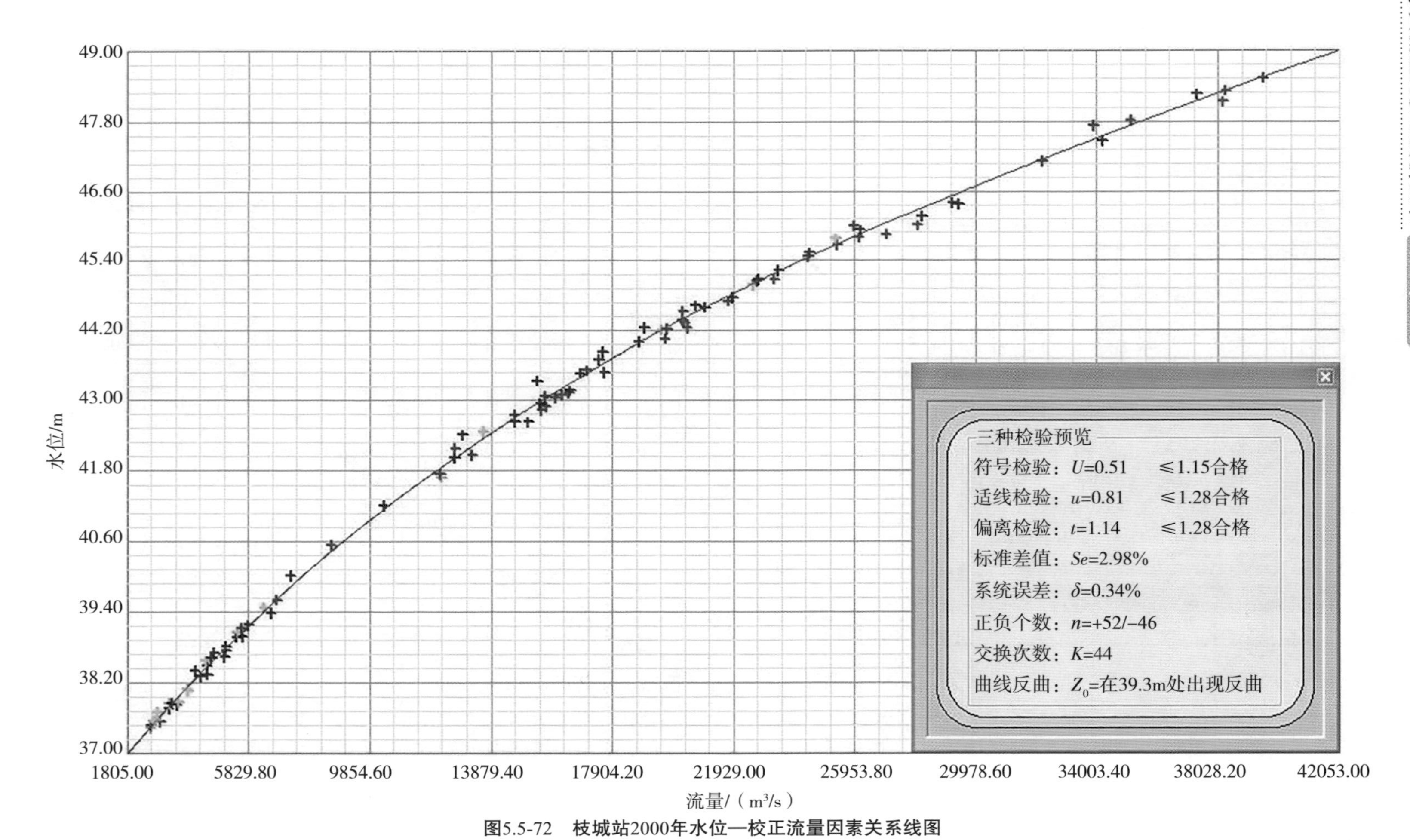

图5.5-72 枝城站2000年水位—校正流量因素关系系线图

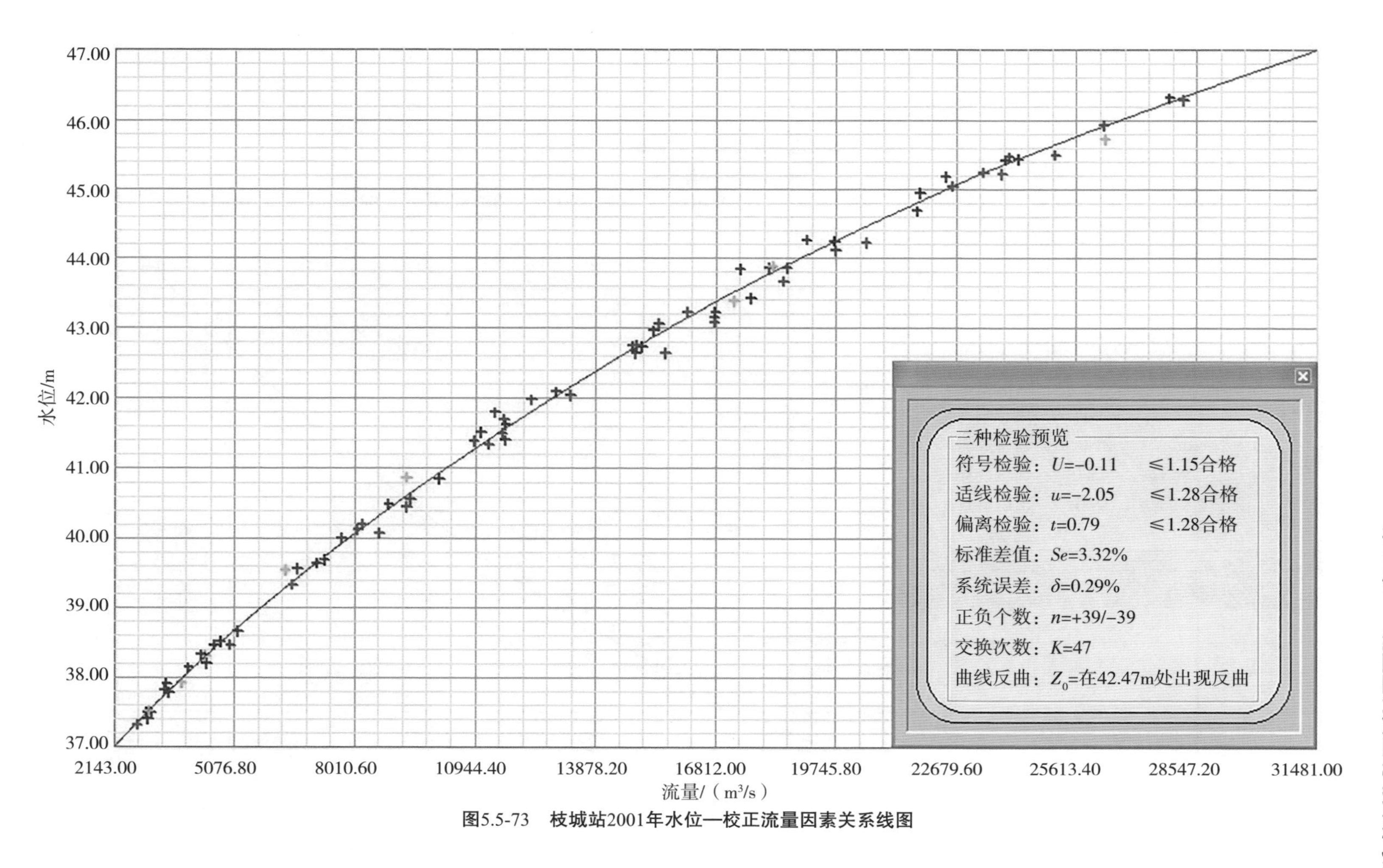

图5.5-73 枝城站2001年水位—校正流量因素关系线图

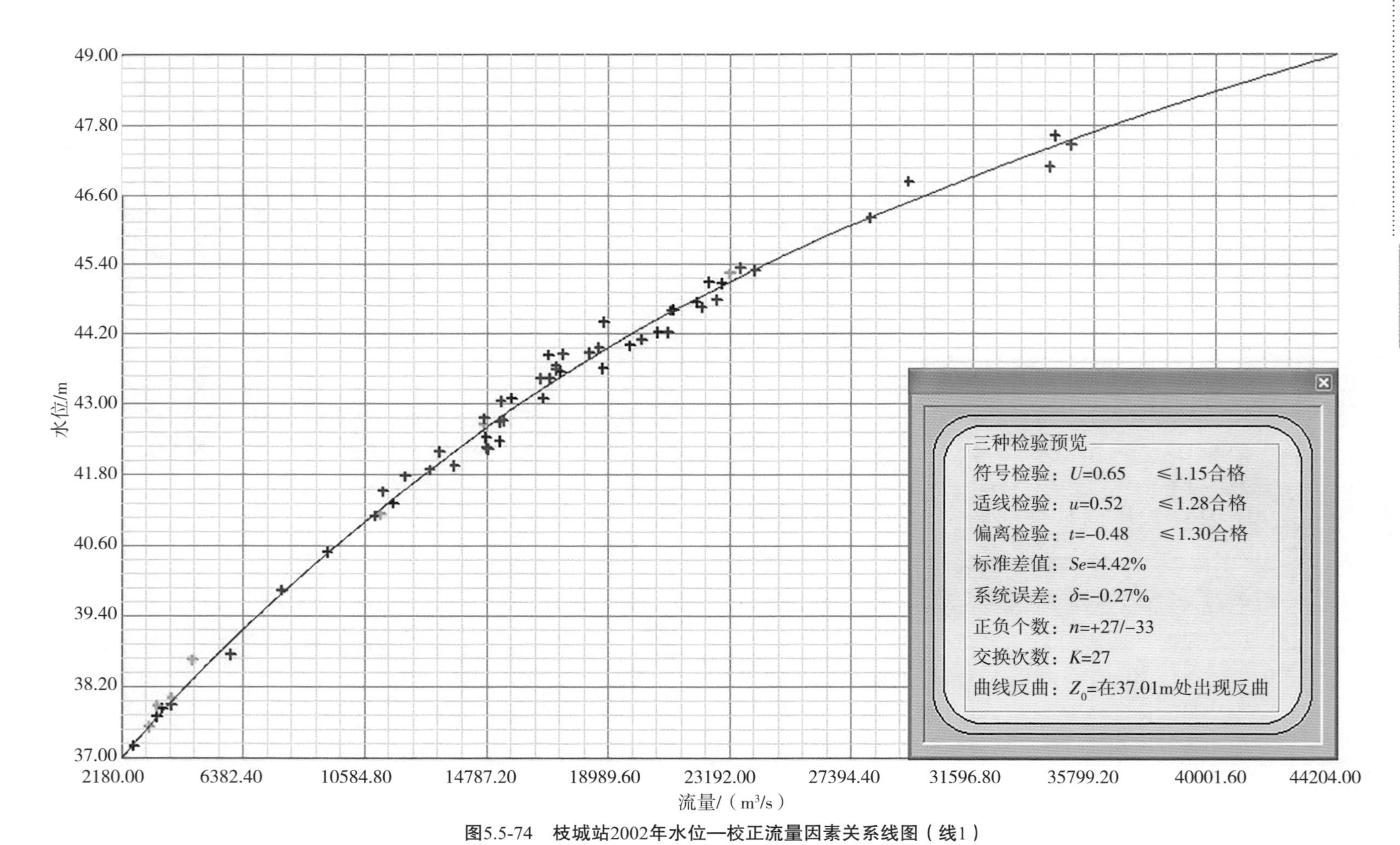

图5.5-74　枝城站2002年水位—校正流量因素关系线图（线1）

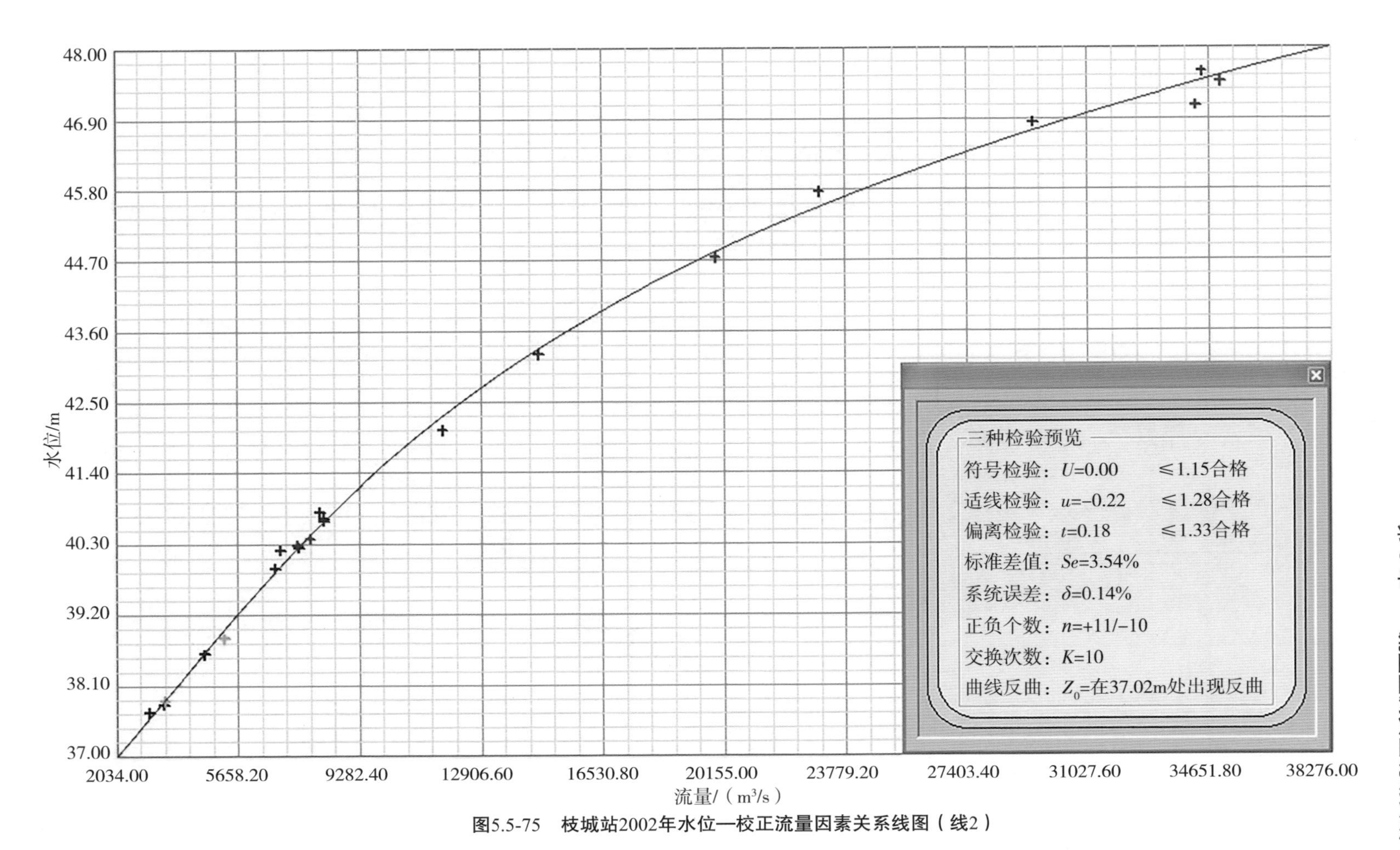

图5.5-75 枝城站2002年水位—校正流量因素关系线图（线2）

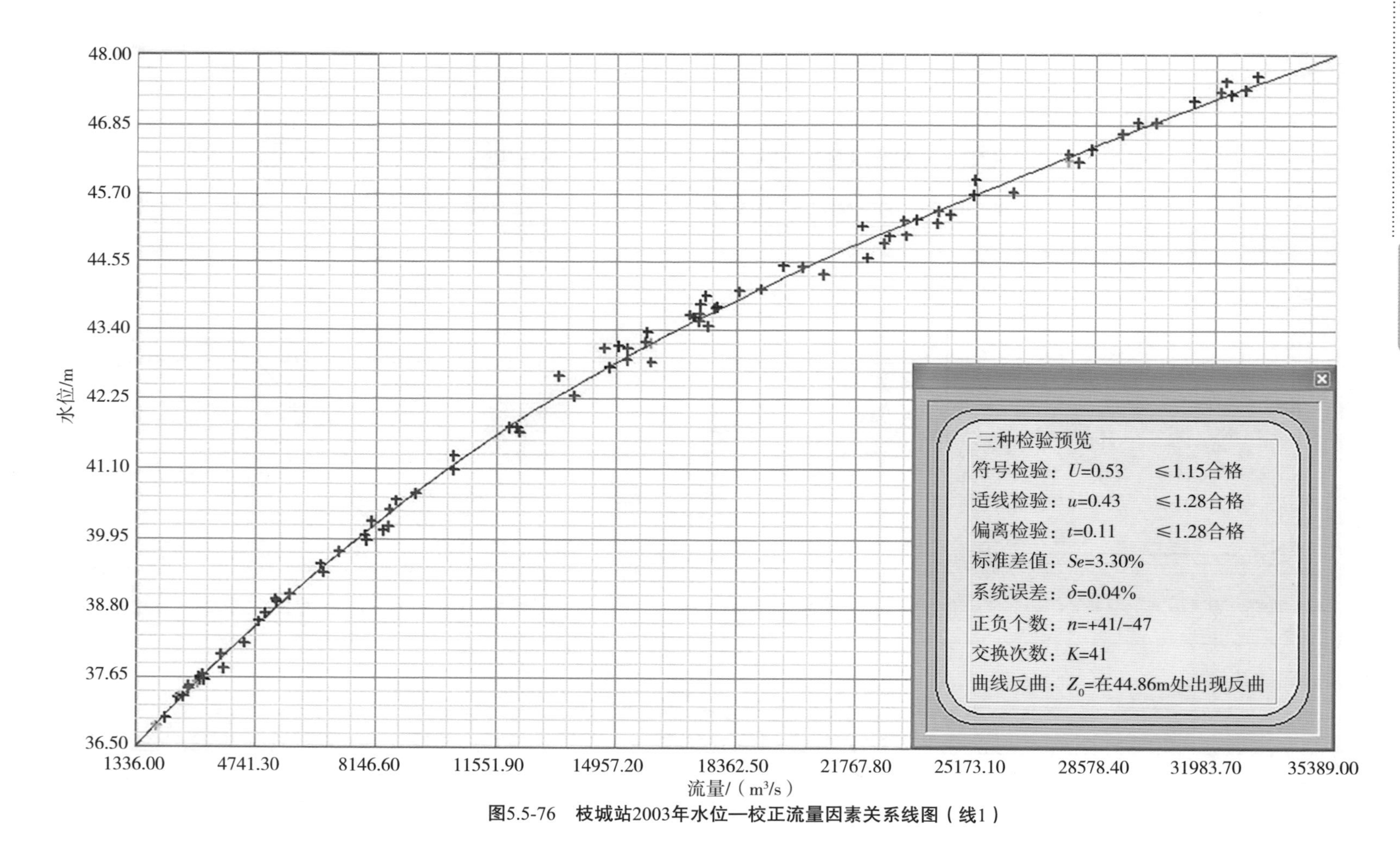

图5.5-76　枝城站2003年水位—校正流量因素关系线图（线1）

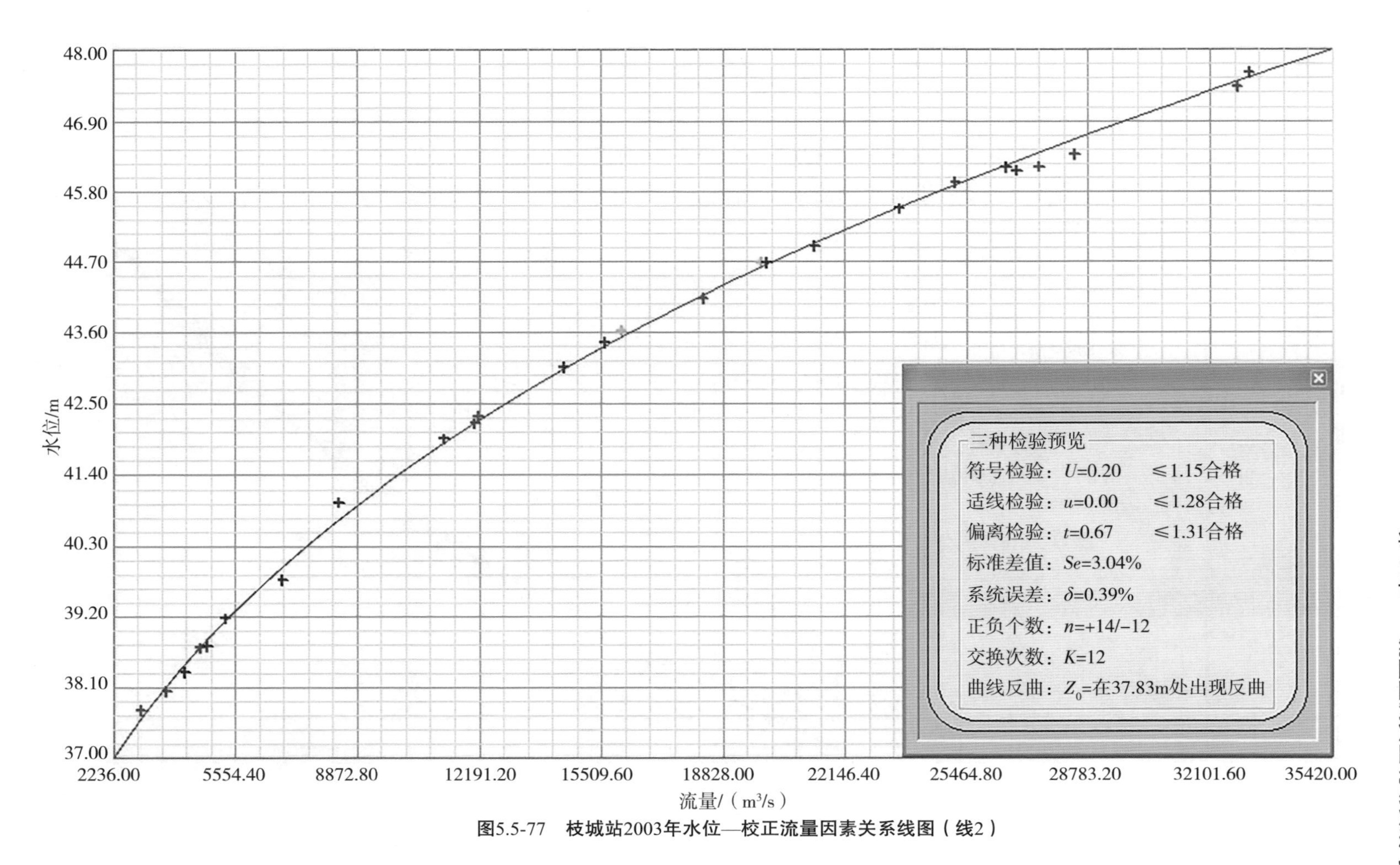

图5.5-77 枝城站2003年水位—校正流量因素关系线图（线2）

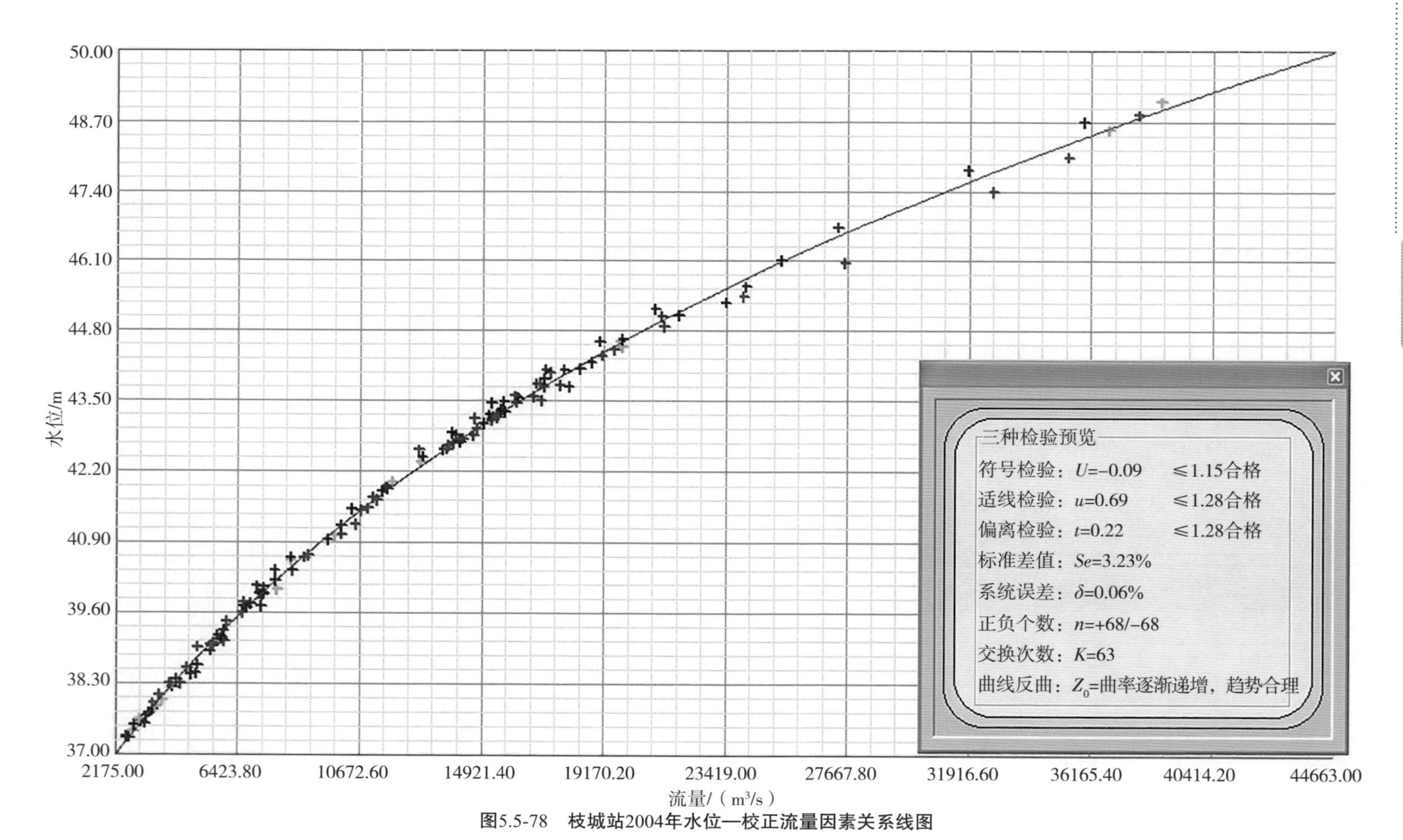

图5.5-78　枝城站2004年水位—校正流量因素关系线图

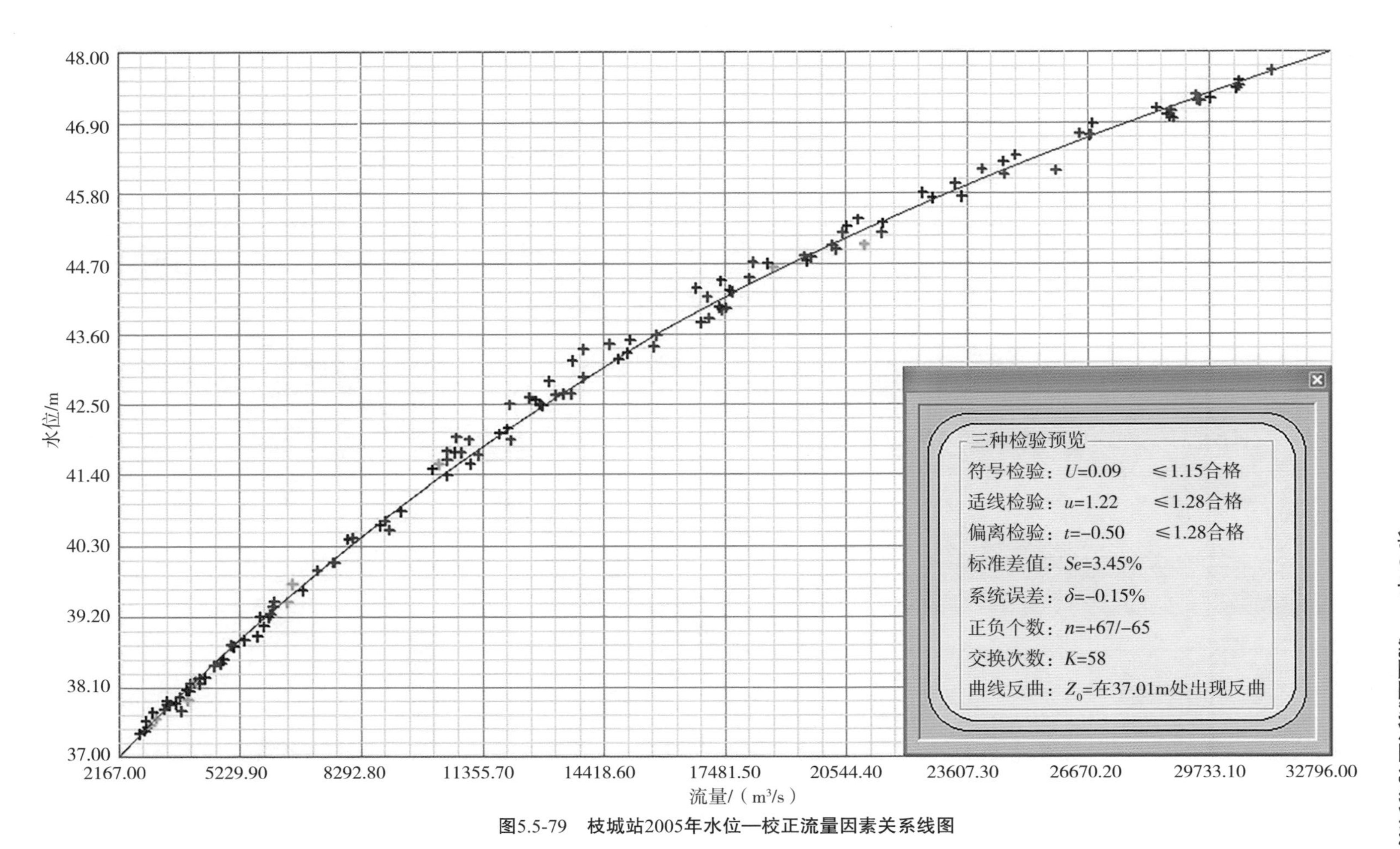

图5.5-79　枝城站2005年水位—校正流量因素关系线图

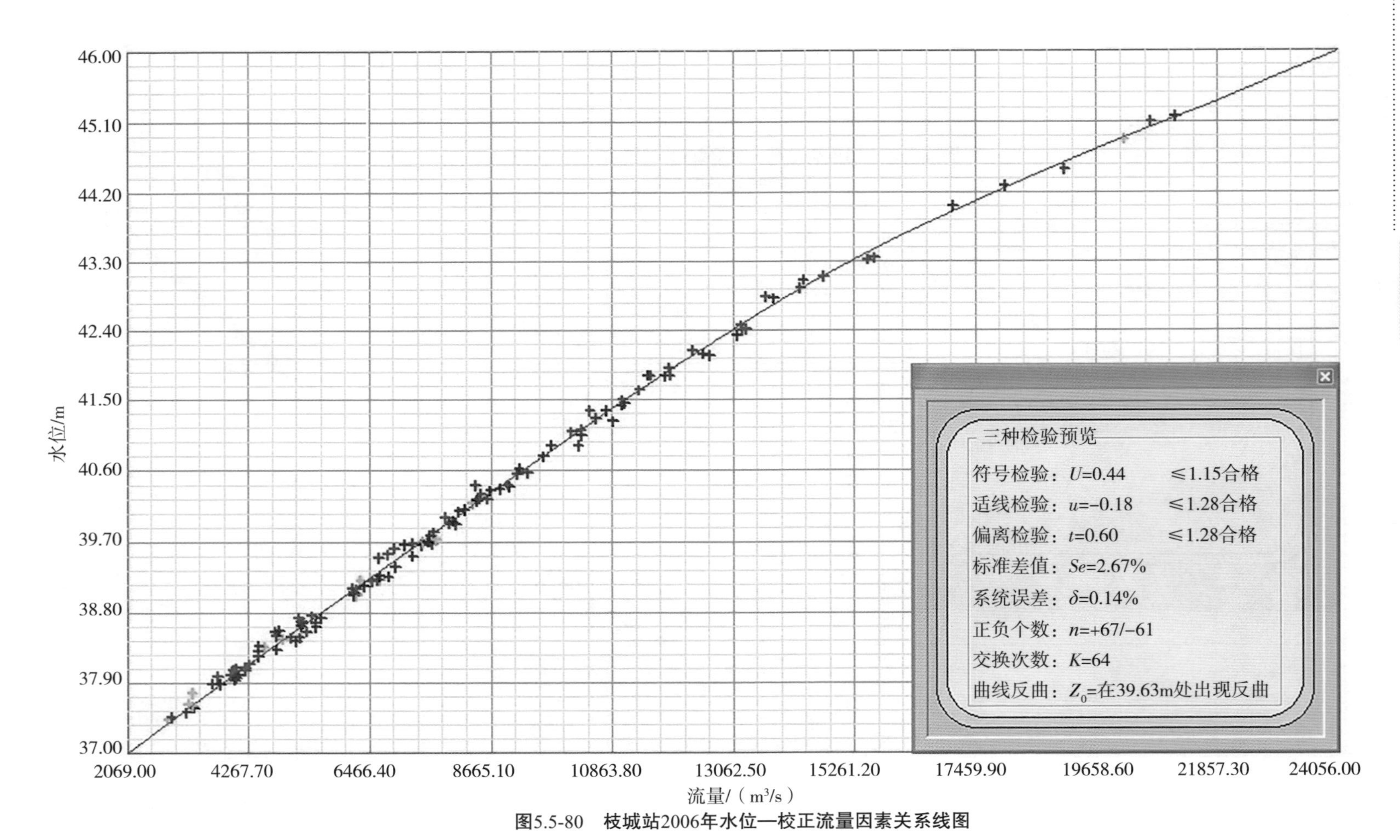

图5.5-80　枝城站2006年水位—校正流量因素关系线图

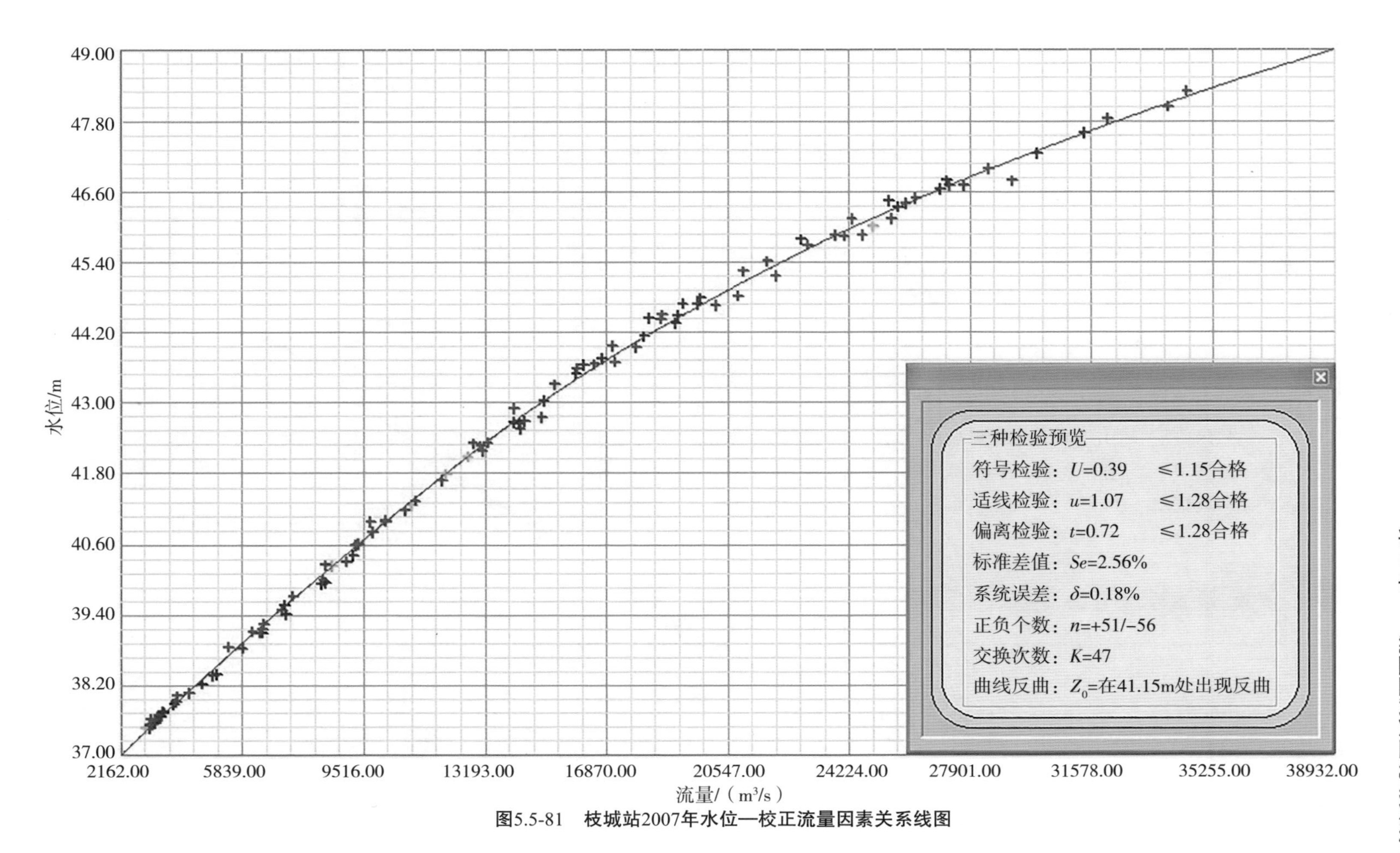

图5.5-81 枝城站2007年水位—校正流量因素关系线图

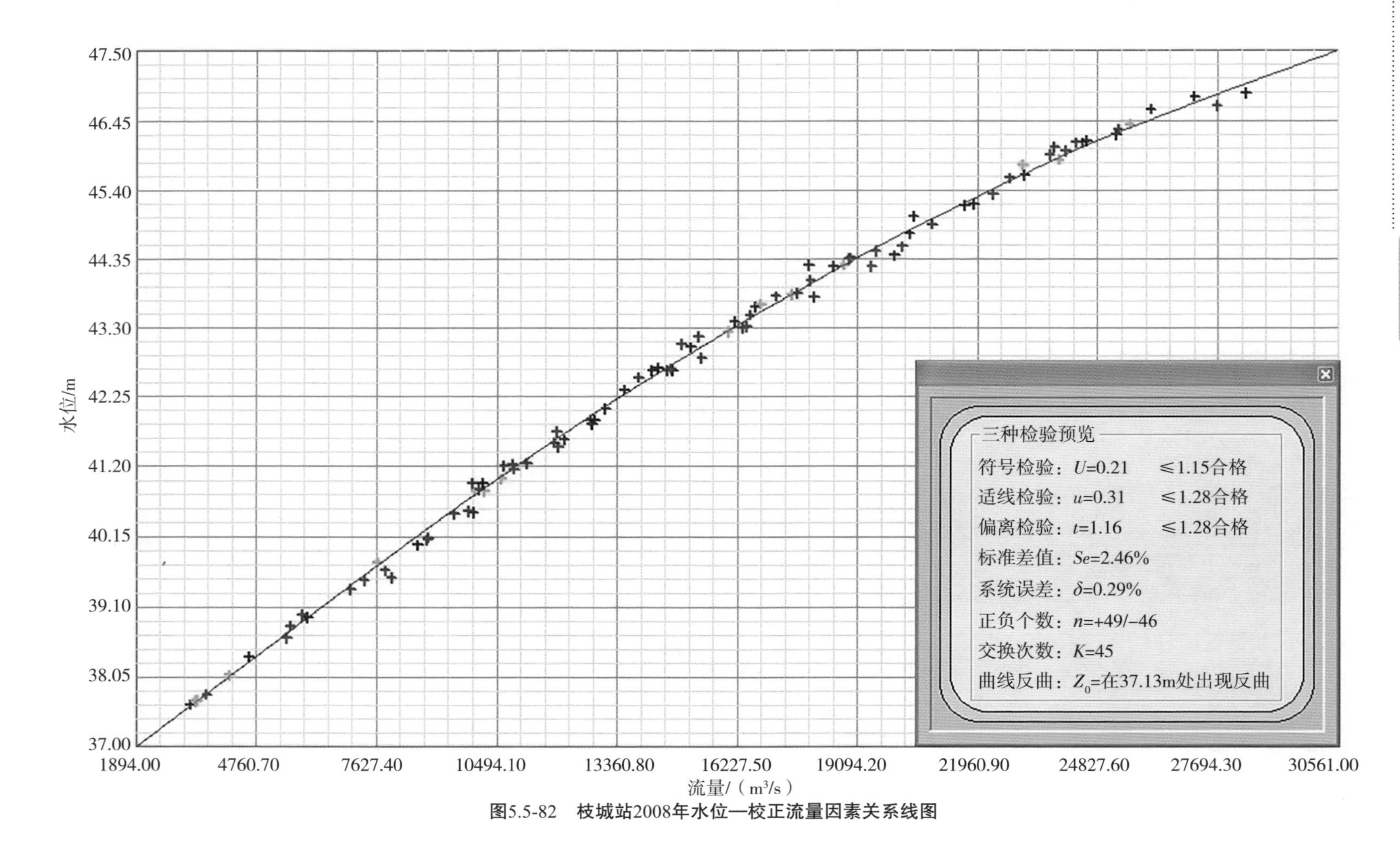

图5.5-82 枝城站2008年水位—校正流量因素关系线图

5.5.3.7 单值化整编成果分析

根据以上的分析，对枝城站 1998—2008 年的水文数据按单值化方法进行整编，计算出各年逐日水文要素成果表，与历年的水文资料整编成果对比，其误差统计情况见表 5.5-19。

从整编结果对比分析，日平均流量相对误差在－3.0％～ 6.4％，年平均流量相对误差在 0％～0.8％，年径流量相对误差在－0.3％～ 0.7％，年最大流量相对误差在－0.9％～2.0％，年最小流量相对误差在－10.3％～2.9％。年最大、最小流量出现的时间与连时序法相比比较相应。个别情况如 2006 年，连时序法最小流量出现在 2 月 8 日，落差指数法却在 12 月 27 日出现最小流量 4360m^3/s，而 2 月 8 日最小流量为 4370m^3/s，经分析时间上的偏差属合理现象。

对比结果中，落差指数法与连时序法推求的 2003 年最小流量相对误差达到－10.3％，为反映这一特征值变化过程，对其出现时间前后一段时间两种方法的流量变化进行对比。如图 5.5-83 所示，两种方法对于流量变化过程的反映基本相应，但数值上存在区别。连时序法流量（合并定线）直接与水位相关，落差指数法流量与上、下游落差相关，因此相同的水位会出现更小的流量。

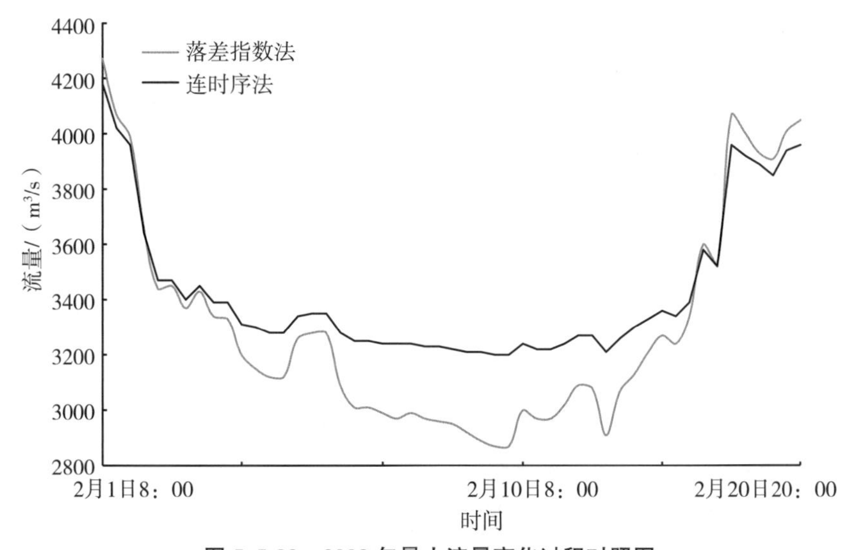

图 5.5-83 2003 年最小流量变化过程对照图

整编成果中，选取两种方法整编推求的年内最大 1 日、3 日、7 日、15 日、30 日和 60 日的洪水总量，进行时段量的对比，见表 5.5-20。可以看出，两种方法相同最大时段的洪水总量的相对误差为－3.0％～2.1％，发生的时间基本一致，未出现较大偏差。

表 5.5-19　　枝城站多年单值化整编成果误差对照表

年份		1998			1999			2000			2001			2002			2003		
项目名称		连时序法	落差指数法	相对误差/%	连时序法	落差指数法	相对误差/%	连时序法	落差指数法	相对误差/%	连时序法	落差指数法	相对误差/%	连时序法	落差指数法	相对误差/%	连时序法	落差指数法	相对误差/%
月平均流量/(m^3/s)	1	4260	4280	0.5	4720	4830	2.3	4440	4440	0	5010	5240	4.6	4880	4900	0.4	4430	4520	2.0
	2	3680	3570	−3.0	4140	4220	1.9	4220	4210	−0.2	4610	4640	0.7	4790	4800	0.2	3600	3560	−1.1
	3	4170	4170	0	3520	3500	−0.6	5340	5380	0.7	4440	4390	−1.1	5940	5970	0.5	4150	4210	1.4
	4	5720	5710	−0.2	5980	5970	−0.2	6990	7050	0.9	5870	5890	0.3	7690	7610	−1.0	5860	5920	1.0
	5	12000	12100	0.8	12400	12200	−1.6	7530	7470	−0.8	9560	9360	−2.1	16600	16000	−3.6	9970	9900	−0.7
	6	16200	16100	−0.6	19500	19200	−1.5	22700	21900	−3.5	18900	18400	−2.6	23700	23600	−0.4	15900	15600	−1.9
	7	46300	44900	−3.0	43000	43100	0.2	36900	37200	0.8	21200	21200	0	20500	21200	3.4	33900	33800	−0.3
	8	53400	54600	2.2	26900	26800	−0.4	26900	26900	0	22100	22100	0	33000	33100	0.3	23100	23700	2.6
	9	29700	29600	−0.3	27000	27200	0.7	26600	27000	1.5	30800	31200	1.3	11900	12200	2.5	32000	31900	−0.3
	10	13900	14300	2.9	15700	15900	1.3	22800	22700	−0.4	19700	20200	2.5	10100	10200	1.0	14100	14400	2.1
	11	7790	7860	0.9	12900	12500	−3.1	10600	10800	1.9	11000	11700	6.4	7320	7200	−1.6	7370	7360	−0.1
	12	5400	5420	0.4	6880	6710	−2.5	6220	6320	1.6	6240	6340	1.6	5190	5110	−1.5	5870	5750	−2.0
年最大流量/(m^3/s)		68800	68400	−0.6	58400	59100	1.2	57600	57100	−0.9	41300	41400	0.2	49800	49800	0	48800	49000	0.4
出现日期		08.17	08.17	—	07.20	07.20	—	07.18	07.18	—	09.08	09.08	—	08.19	08.19	—	09.04	09.05	—
年最小流量/(m^3/s)		3480	3290	−5.5	3260	3120	−4.3	3900	3840	−1.5	4120	3960	−3.9	3800	3710	−2.4	3200	2870	−10.3
出现日期		02.13	02.14	—	03.13	03.13	—	02.15	02.15	—	03.14	03.23	—	02.19	02.19	—	02.09	02.09	—
年平均流量/(m^3/s)		17000	17000	0	15300	15300	0	15100	15200	0.7	13300	13400	0.8	12700	12700	0	13400	13400	0
年径流量/亿 m^3		5365	5368	0.1	4824	4811	−0.3	4787	4793	0.1	4199	4228	0.7	4005	4013	0.2	4232	4239	0.2

续表

年份		2004			2005			2006			2007			2008		
项目名称		连时序法	落差指数法	相对误差/%	连时序法	落差指数法	相对误差/%	连时序法	落差指数法	相对误差/%	连时序法	落差指数法	相对误差/%	连时序法	落差指数法	相对误差/%
月平均流量/(m^3/s)	1	4700	4820	2.6	5140	5330	3.7	5210	5440	4.4	4700	4770	1.5	5150	5200	1.0
	2	4550	4640	2.0	4590	4600	0.2	5170	5390	4.3	4970	5060	1.8	5000	5080	1.6
	3	5520	5590	1.3	5680	5600	−1.4	6700	6950	3.7	5200	5290	1.7	5760	5780	0.3
	4	7240	7210	−0.4	7260	7110	−2.1	6860	6840	−0.3	7140	7100	−0.6	10200	9980	−2.2
	5	12000	11700	−2.5	12900	12900	0	11200	11100	−0.9	9350	9020	−3.5	11500	11500	0
	6	21600	21400	−0.9	17900	17500	−2.2	13400	13400	0	18900	18700	−1.1	15400	15500	0.6
	7	23200	23200	0	28100	27900	−0.7	19100	19000	−0.5	32100	32000	−0.3	22700	22800	0.4
	8	20200	20600	2.0	35000	34500	−1.4	9690	9570	−1.2	25400	25400	0	28100	28000	−0.4
	9	28100	28500	1.4	22000	22800	3.6	11300	11200	−0.9	24800	25100	1.2	26100	25900	−0.8
	10	16600	16800	1.2	17500	18400	5.1	9890	9960	0.7	12300	12200	−0.8	11900	11800	−0.8
	11	9920	10200	2.8	9650	9680	0.3	7040	6960	−1.1	8320	8360	0.5	14100	14200	0.7
	12	6430	6390	−0.6	6140	6070	−1.1	5600	5540	−1.1	5300	5530	4.3	6380	6320	−0.9
年最大流量/(m^3/s)		58700	59900	2.0	46000	46000	0	31300	31300	0	50200	51000	1.6	40300	39900	−1.0
出现日期		09.09	09.09	—	07.11	07.11	—	07.10	07.10	—	07.31	07.31	—	08.17	08.16	—
年最小流量/(m^3/s)		3770	3880	2.9	4030	3910	−3.0	4310	4360	1.2	4510	4560	1.1	4610	4600	−0.2
出现日期		01.31	01.31	—	02.18	02.18	—	02.08	12.27	—	01.09	01.09	—	02.03	02.03	—
年平均流量/(m^3/s)		13300	13400	0.8	14400	14500	0.7	9290	9310	0.2	13300	13300	0	13500	13500	0
年径流量/亿m^3		4218	4247	0.7	4545	4558	0.3	2928	2935	0.2	4180	4181	0	4281	4277	−0.1

表 5.5-20　　枝城站多年单值化整编成果时段洪水总量误差对照表

年份	整编方法	洪水总量/亿 m^3					
		1日	3日	7日	15日	30日	60日
1998	连时序法	56.85	167.0	366.8	745.7	1420	2593
	落差指数法	56.85	166.9	367.1	761.1	1445	2594
相对误差/%		0.0	−0.1	0.1	2.1	1.8	0.0
1999	连时序法	50.03	142.7	297.4	581.0	1123	1834
	落差指数法	50.37	143.3	296.3	580.0	1124	1834
相对误差/%		0.7	0.4	−0.4	−0.2	0.1	0.0
2000	连时序法	48.47	140.2	293.2	557.7	1051	1678
	落差指数法	48.04	138.3	294.6	558.8	1046	1678
相对误差/%		−0.9	−1.4	0.5	0.2	−0.5	0.0
2001	连时序法	35.42	103.2	222.2	416.2	809.0	1447
	落差指数法	35.51	103.4	223.4	422.0	816.4	1457
相对误差/%		0.3	0.2	0.5	1.4	0.9	0.7
2002	连时序法	42.77	127.3	285.3	547.0	865.2	1395
	落差指数法	42.51	126.2	286.2	550.2	870.0	1418
相对误差/%		−0.6	−0.9	0.3	0.6	0.6	1.6
2003	连时序法	41.39	120.7	252.5	499.9	927.9	1506
	落差指数法	41.30	120.2	250.3	500.8	922.5	1515
相对误差/%		−0.2	−0.4	−0.9	0.2	−0.6	0.6
2004	连时序法	49.51	142.6	290.1	463.6	737.6	1293
	落差指数法	50.54	145.2	290.3	468.1	746.2	1306
相对误差/%		2.1	1.8	0.1	1.0	1.2	1.0
2005	连时序法	39.31	112.4	250.3	516.7	940.6	1717
	落差指数法	38.79	112.3	248.8	510.2	933.4	1698
相对误差/%		−1.3	−0.1	−0.6	−1.3	−0.8	−1.1
2006	连时序法	26.27	73.70	153.7	287.7	501.5	857.5
	落差指数法	25.92	73.09	153.2	287.1	499.7	855.5
相对误差/%		−1.3	−0.8	−0.3	−0.2	−0.4	−0.2
2007	连时序法	42.08	122.3	268.2	530.3	949.1	1572
	落差指数法	42.42	122.4	268.8	534.2	951.4	1572
相对误差/%		0.8	0.1	0.2	0.7	0.2	0.0
2008	连时序法	34.73	100.1	219.5	418.6	796.3	1451
	落差指数法	33.70	99.62	220.0	418.6	796.6	1453

续表

年份	整编方法	洪水总量/亿 m³					
		1 日	3 日	7 日	15 日	30 日	60 日
相对误差/%		−3.0	−0.5	0.2	0.0	0.0	0.1

5.5.3.8 单值化整编还原分析

(1)全年日平均流量过程线还原分析

在分析的 11 年整编成果中选取 1998 年、2000 年、2003 年、2006 年和 2008 年 5 年，还原其落差指数法全年日平均流量过程线图，与连时序法对比分析，见图 5.5-84 至图 5.5-88。

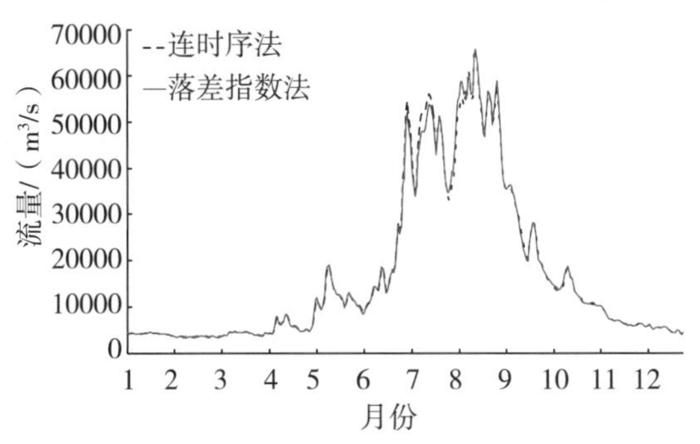

图 5.5-84 1998 年日平均流量过程线还原对照图

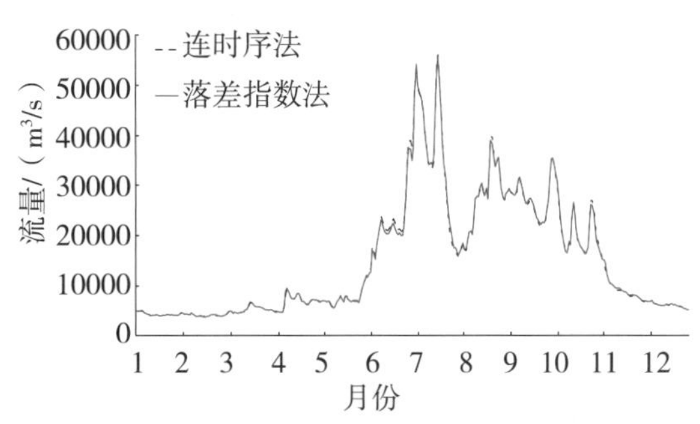

图 5.5-85 2000 年日平均流量过程线还原对照图

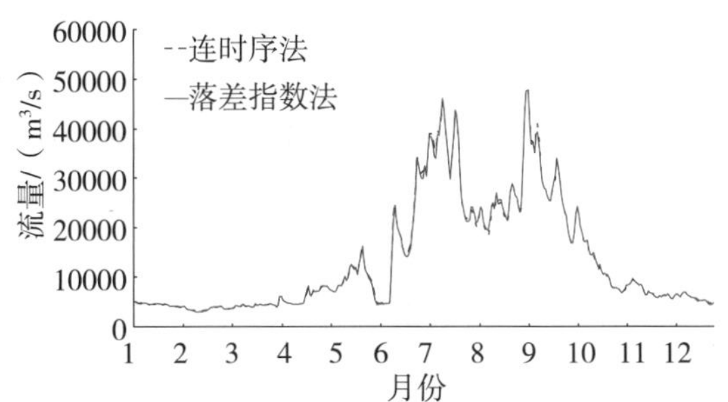

图 5.5-86 2003 年日平均流量过程线还原对照图

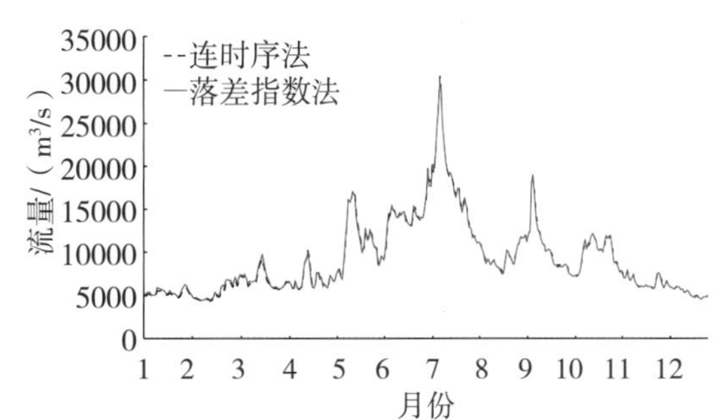

图 5.5-87 2006 年日平均流量过程线还原对照图

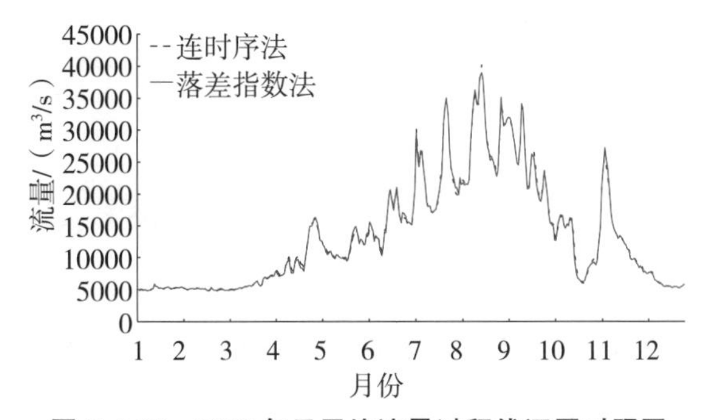

图 5.5-88 2008 年日平均流量过程线还原对照图

可以看出，落差指数法与连时序法整编推求的全年日平均流量过程线图基本相应，说明落差指数法同样能够比较好地控制洪水的变化过程。但是在个别的时间段，尤其是洪峰的峰顶或峰谷转折处，两种整编方法反映的洪水过程并不十分吻合，如 1998 年的 7 月、8 月，2000 年的 6 月、7 月和 2003 年的 8 月。

为了更直观反映其中的变化过程，将此 3 个时间段内的水位—流量关系点绘成图，加以分析（图 5.5-89 至图 5.5-91）。图中不难看出，两种方法推求的洪水的涨落过程与水位的涨落变化过程基本相应，两种整编方法推求的洪水涨落过程线形成重合或交叉。洪水急剧涨落，落差指数法推求的流量相对于连时序法略有偏大，反之结果相反。这一点体现了水位落差对洪水涨落急剧程度的敏感反应，同时客观地反映了落差指数法流量与连时序法流量在同样的水位变化过程中出现时间的先后差异。

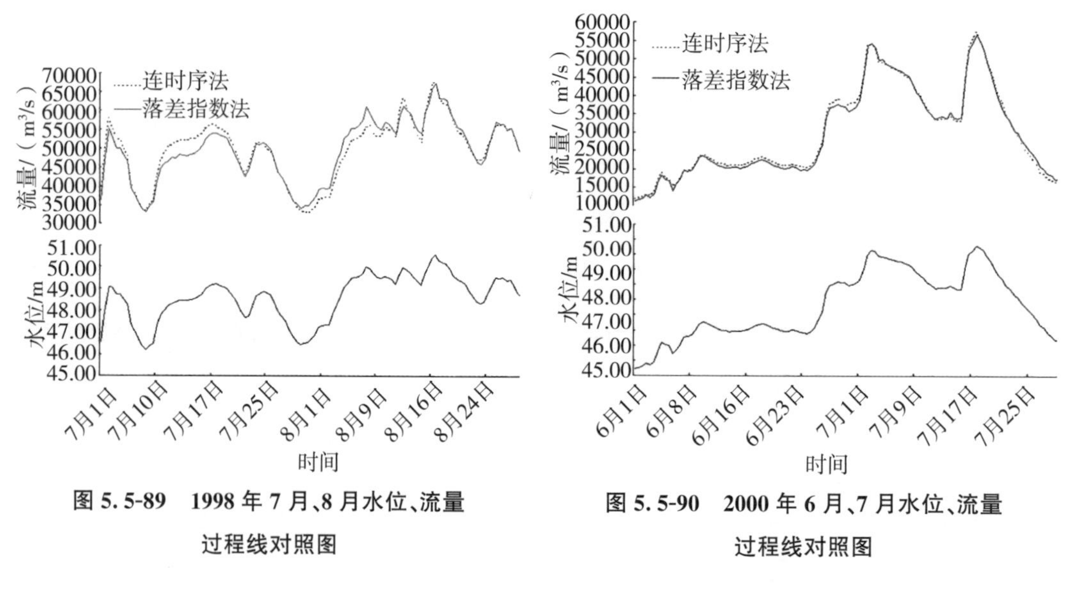

图 5.5-89　1998 年 7 月、8 月水位、流量过程线对照图

图 5.5-90　2000 年 6 月、7 月水位、流量过程线对照图

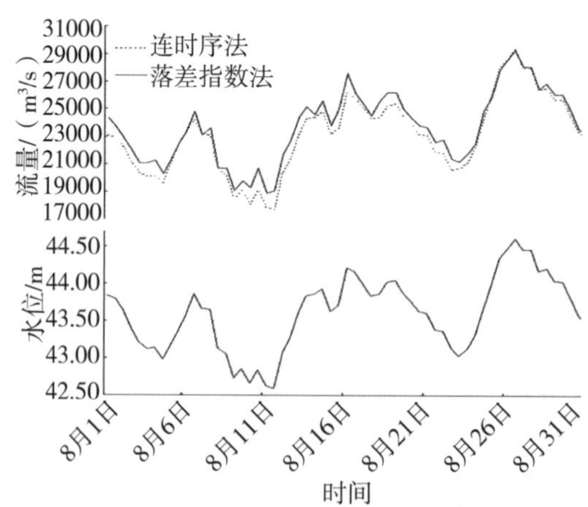

图 5.5-91　2003 年 8 月水位、流量过程线对照图

(2)全年最大一次洪水过程线还原分析

枝城站洪水涨落的影响因素比较单一,主要是上游长江和清江来水,洪水期形成的水位—流量关系多为逆时针绳套,特殊水情为复式绳套。鉴于对年最大一次洪水过程的还原分析,选取 11 年中 1998 年、2000 年、2003 年、2006 年和 2008 年 5 年,还原其落差指数法全年最大一次洪水过程线,与连时序法对比分析,见图 5.5-92 至图 5.5-96。

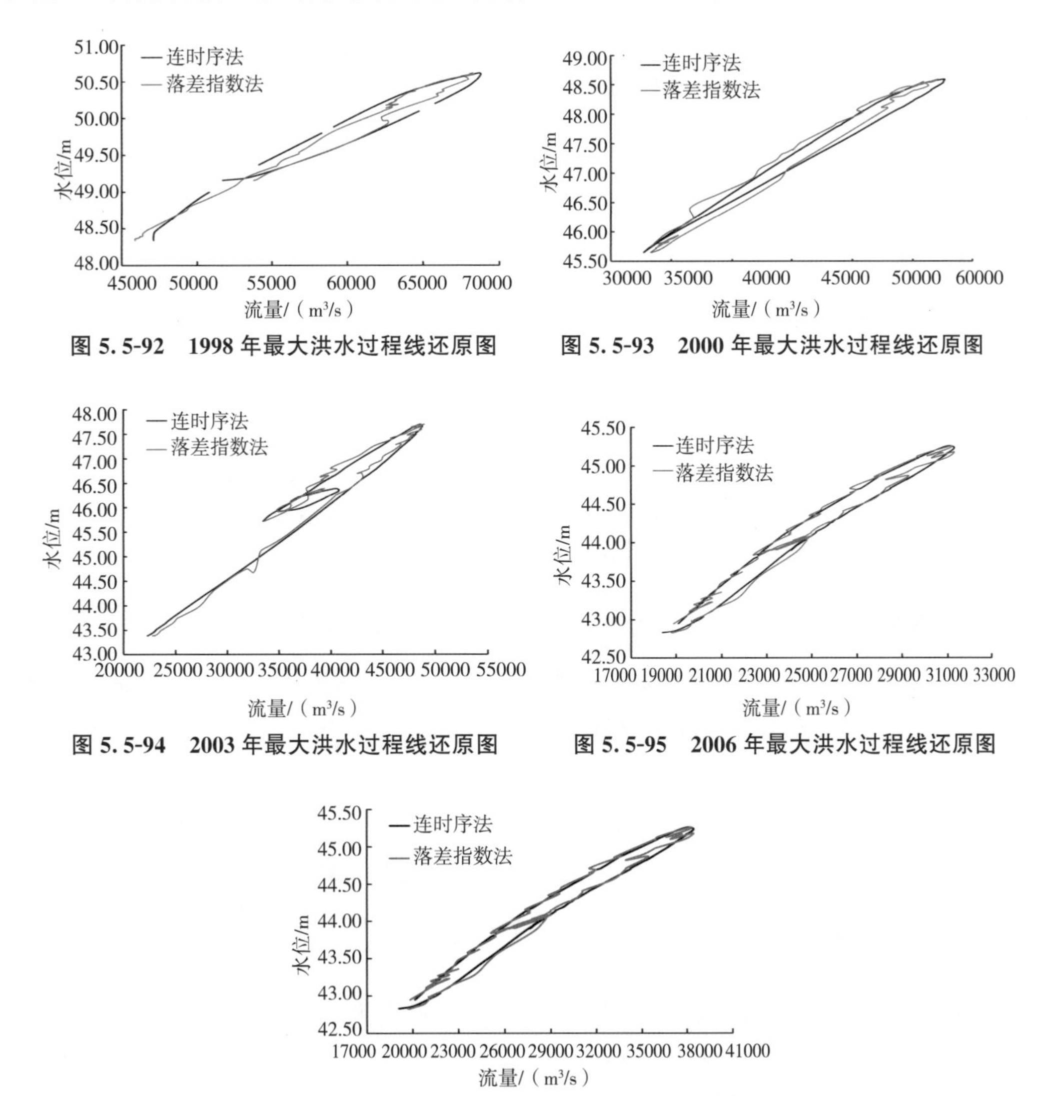

图 5.5-92　1998 年最大洪水过程线还原图

图 5.5-93　2000 年最大洪水过程线还原图

图 5.5-94　2003 年最大洪水过程线还原图

图 5.5-95　2006 年最大洪水过程线还原图

图 5.5-96　2008 年最大洪水过程线还原图

从图形看,落差指数法推求的洪峰过程保持了"逆时针绳套"形态,符合枝城站的水文特性。但是两种方法还原形成的曲线却存在一定的差异,尤其是涨落水过程中出现频繁涨落时,落差指数法的还原过程线会随着洪水涨落出现不同程度的左右摆动。最大流量处,如果洪水的涨落不持续,存在回落起涨,那么两种方法所推求的最大流量及还原的线型也会存在一定的差异。原因在于现在的水位—流量关系定线采用点群中心综合定线,比较小的涨落进程不能被真实反映，而落差指数法则比较全面地反映了落差的变化过程，应该说更接近流量变化过程，两者差异在还原后显现更为直观。

为进一步分析两种方法推流所产生的相对误差，对以上5年次最大洪峰在截取了同样的时间段后，进行了时段径流总量计算，并对计算的特征值进行了统计(表5.5-21)。从结果看，最大流量相对误差在−0.9%～0.4%，最小流量相对误差在−2.5%～2.2%，时段总量相对误差均在±1.0%以内。

表5.5-21　　枝城站单值化推流最大洪峰还原特征值统计表

洪峰编号	时间		最大流量/(m^3/s)		相对误差/%	最小流量/(m^3/s)		相对误差/%	时段总量/亿m^3		相对误差/%
	起	止	(一)	(二)		(一)	(二)		(一)	(二)	
1	81510	82308	68800	68400	−0.6	47100	45900	−2.5	379.4	382.1	0.7
2	71220	72214	57600	57100	−0.9	32700	33300	1.8	346.9	345.4	−0.4
3	83119	90911	48800	49000	0.4	22300	22800	2.2	277.3	275.9	0.5
4	70620	71515	31300	31300	0	18400	18800	2.2	174.2	173.6	0.3
5	80215	82708	40300	39900	−1.0	18800	19200	−2.1	599.0	599.3	0.1

注：1.洪峰编号1至5分别表示1998年、2000年、2003年、2006年、2008年最大洪峰。

2.表内(一)、(二)表示两种推流方法，分别为连时序法、落差指数法。

5.5.3.9　水位—流量关系单值化方案相应流量报汛方案及精度评估

枝城站目前相应流量报汛系根据时段水位，在实时绘制的水位—流量关系曲线上查读或插补流量，由于实时绘制的水位—流量关系曲线存在任意性和滞后现象，因此目前的相应流量报汛也存在一定误差。

水位—流量关系单值化方案实施后，流量报汛方案将发生改变，系根据本站实时水位，在上一年拟合的水位—校正流量因素关系曲线上查读校正流量因素q值，然后根据本站以及落差辅助站的实时水位，推求式(5.5-15)中的Z_m^{α}值，q与Z_m^{α}的乘积即为实时相应流量。

为检验水位—流量关系单值化方案实施后相应流量报汛误差大小，以年终采用连时序法整编推求的实时流量成果为标准，分别计算目前的报汛方案、水位—流量关系单值化报汛方案的相应流量误差大小，具体选择2008年8月(当年最大流量出现月份)每日8时报汛资料进行误差分析，结果见表5.5-22(说明：采用单值化方案推求的时段流量，中间计算过程未进行小数位数取舍)。

从表5.5-22可以看出，与年终采用连时序法整编推求的时段流量比较，采用水位—流量关系单值化方案报汛，系统误差为−1.7%，平均误差为2.8%(查读实时水位—流量关系曲线报汛系统误差为0.6%，平均误差为2.1%)，两种方案均保证了较高的报汛精度。

表 5.5-22　　枝城站 2008 年 8 月查读实时水位—流量关系曲线报汛与水位—流量关系单值化方案报汛误差统计表

时间		连时序法整编推求流量成果/(m³/s)	2007 年水位一校正流量曲线上查读校正流量	实时水位(m)			$\Delta Zm^{0.5}$	查读实时水位流量关系曲线报汛		单值化方案报汛	
日	时			宜都	枝城	马家店		相应流量/(m³/s)	报汛误差/%	相应流量/(m³/s)	报汛误差/%
1	8	19400	15191	43.60	43.11	40.64	1.299	20000	3.1	19728	1.7
2	8	19200	15033	43.47	43.05	40.67	1.266	19800	3.1	19036	0.9
3	8	21400	15752	43.86	43.32	40.71	1.340	20200	−5.6	21104	1.4
4	8	21200	15644	43.69	43.28	40.91	1.262	21600	1.9	19748	6.8
5	8	21500	15806	43.80	43.34	40.86	1.297	21500	0	20502	4.6
6	8	21300	15671	43.72	43.29	40.87	1.278	21300	0	20026	6.0
7	8	21300	15698	43.78	43.30	40.82	1.300	21400	0.5	20404	4.2
8	8	21200	15644	43.74	43.28	40.78	1.302	21300	0.5	20370	−3.9
9	8	21300	15698	43.76	43.30	40.81	1.300	21400	0.5	20401	−4.2
10	8	26100	18453	44.96	44.26	41.46	1.405	25500	−2.3	25930	−0.7
11	8	32100	22720	46.36	45.55	42.76	1.417	32100	0	32183	0.3
12	8	34200	24472	46.87	46.03	43.21	1.427	35100	2.6	34923	2.1
13	8	35500	25731	47.22	46.34	43.57	1.421	36000	1.4	36553	3.0
14	8	34400	24711	46.86	46.09	43.47	1.372	33800	−1.7	33900	−1.5
15	8	32500	23039	46.34	45.64	43.08	1.349	31300	−3.7	31068	−4.4
16	8	37100	27172	47.54	46.68	43.95	1.409	38800	4.6	38283	3.2
17	8	40300	28138	47.77	46.90	44.16	1.412	40600	0.7	39743	−1.4
18	8	38000	27695	47.66	46.80	44.10	1.402	39800	4.7	38827	2.2
19	8	34700	25731	47.11	46.34	43.76	1.362	36900	6.3	35055	1.0
20	8	31300	23360	46.42	45.73	43.20	1.340	32500	3.8	31302	0.0
21	8	28200	20933	45.64	45.03	42.60	1.305	27100	−3.9	27313	−3.1
22	8	26900	19910	45.36	44.72	42.22	1.326	25600	−4.8	26402	−1.9
23	8	25700	18920	44.98	44.41	42.00	1.294	25500	−0.8	24490	−4.7
24	8	25400	18733	45.00	44.35	41.83	1.332	25300	−0.4	24958	−1.7
25	8	25300	18639	44.90	44.32	41.86	1.308	25200	−0.4	24384	−3.6
26	8	24600	18146	44.72	44.16	41.68	1.311	24500	−0.4	23781	−3.3
27	8	23200	17090	44.28	43.80	41.41	1.277	23200	0	21826	−5.9
28	8	23200	17090	44.33	43.80	41.29	1.314	23200	0	22456	−3.2

续表

时间		连时序法整编推求流量成果/(m³/s)	2007年水位一校正流量曲线上查读校正流量	实时水位(m)			$\Delta Zm^{0.5}$	查读实时水位流量关系曲线报汛		单值化方案报汛	
日	时			宜都	枝城	马家店		相应流量/(m³/s)	报汛误差/%	相应流量/(m³/s)	报汛误差/%
29	8	25200	18546	44.89	44.29	41.72	1.338	25300	0.4	24813	−1.5
30	8	35600	25401	47.14	46.26	43.45	1.430	37300	4.8	36315	2.0
31	8	33100	24432	46.75	46.02	43.51	1.340	34200	3.3	32747	−1.1
误差		查读实时水位—流量关系曲线报汛系统误差为0.6%,平均误差为2.1%									
统计		单值化方案报汛系统误差为−1.7%,平均误差为2.8%									

5.5.3.10 水位—流量关系单值化(综合落差指数法)投产方案

(1)流量测验

在流量测次的布置上,按如下原则来进行:

1)流量测次按水位级均匀分布,适当考虑洪水涨落,年实测流量不少于30次

在年最低、最高水位附近加密测次,减少在年最低、最高水位部分绘制水位—校正流量因素曲线的的任意性。同时在较大洪水绳套的涨水面与落水面,以及较大绳套转折过渡的曲线段布置一定测次;实测流量经校正后,测点偏离水位—校正流量关系曲线达±8%以上时,应及时加测一个测点,确认是否为特殊水情,若同样偏大,视偏离情况,或增加测次,考虑年终两条线检验整编,或恢复连时序法布置流量测次。

2)对于以下水情,按连时序法布置流量测次

①水位涨落幅度大、涨落率快的洪水过程(如类似2003年6月出现的水位变幅大、涨落速度快的洪水过程);

②超出1998—2008年实测流量所对应的相应水位变幅36.82～50.62m之外的洪水过程;

③测验期间实时点绘水位—校正流量因素关系曲线,发现关系散乱,没有明显规律,及时恢复按连时序法布置流量测次;

④发现测验河段水流特性发生重大改变时。

3)如下情况主动加密测次

①枝城站水位超出警戒水位48m时;

②由于防汛、工程建设和社会有特殊需求等时期需要加密流量测次时;

③因开展其他项目水文测验需要实测流量资料时。

(2)泥沙测验

单断沙、悬颗、床颗、推移质测验按现行测验方法不变,因流量测次减少,断沙测验以异

步输沙测验方法为主，和全断面混合法相结合，必要时恢复垂线混合法。

(3)流量资料整编

根据流量测次布置情况，全年采用水位—流量关系单值化方案(综合落差指数法)来进行流量资料整编，或分时段(或水位级)分别采用水位—流量关系单值化方案(综合落差指数法)和连时序法来进行流量资料整编。

(4)相应流量报汛

根据本站以及落差辅助站实时水位，采用枝城站上一年度拟合的水位—校正流量因素关系曲线和水位—流量关系单值化数学模型推求时段相应流量。若某一时段出现校正流量测点明显偏离上年度或本年水位—校正流量关系曲线时，应根据实时测点，及时修正水位—校正流量关系曲线，并采用修正后的曲线报汛。

5.5.3.11 结论与建议

本书采用 1998—2008 年共 11 年的测验资料，对枝城站单值化测验方案的可行性进行了分析。具体结论与建议如下：

①经分析研究，枝城站单值化校测流量公式为：

$$q=\frac{Q_m}{{Z_m}^{\alpha}} \tag{5.5-22}$$

$$Z_m=0.35\times(Z_1-Z_0+0.345)+0.65\times(Z_0-Z_2-0.325) \tag{5.5-23}$$

式中：α——落差指数，其变化区间[0.47,0.52]，一般使用 0.5；

Q_m——实测流量；

Z_0、Z_1、Z_2——枝城站、宜都站、马家店站的相应水位。

②校测流量定线误差统计：随机不确定度在 4.0%~8.8%。

③单值化整编成果及还原计算分析：日平均流量相对误差在−3.0%~ 6.4%，年平均流量相对误差在 0%~0.8%，年径流量相对误差在−0.3%~ 0.7%，年最大流量相对误差在−0.9%~ 2.0%，年最小流量相对误差在−10.3%~2.9%。逐日流量过程线对照基本相应。

④根据单值化分析结果，建议枝城站从 2010 年起，枝城站流量测量方案按本单值化方案施测及整编，当遇特殊水情和上级防汛预报有特殊要求时，及时加测。

⑤悬移质泥沙测验方案建议：单值化方案实施后，悬移质泥沙测验按单—断沙关系法布置测次及整编，取样方法则可以采用异步输沙测验和全断面混合法相结合，必要时恢复垂线混合法。

5.6 卫星测流方案研究

卫星遥感具有实时、高效、数据量大、观测范围广等特点，弥补了传统地面观测时空上的局限性，可为流域超标准洪水提供新的数据来源。为研究利用卫星遥感技术进行河流流量反演的可行性，从水文测验需求出发，对卫星遥感流量反演技术路线、技术阻碍等方面进行了研究和探讨，在此基础上提出了一种基于多星源信息耦合的缺乏资料河流流量连续测量方法，已获得国家发明专利授权。

该方法包括流量测验河段确定方法、多星源信息耦合的断面重构方法、多星源信息耦合的实时水位计算方法及流量计算与整编方法。

5.6.1 技术背景

目前，卫星遥感和测绘技术已大量应用于国民经济的各个领域，在水文测验领域也有关于水位、流量监测等方面的应用。现有卫星流量测验，大多采用卫星观测的水位或水面宽，通过与地面现有水文站的水位—流量关系或水面宽流量关系推求。因此无论采用何种卫星进行流量测量均需要现有地面水文站测量信息进行率定或校核。

近年来，卫星的平面或垂直分辨率进一步提高，安装在卫星上的激光、雷达等高度计，其水位测量精度可达到 10cm 以内，高精度的全色正射影像平面分辨率可达 50cm 以内，但两类卫星平面与高程信息往往不能同时获得或分辨率较低。随着资源系列、高分系列等测绘卫星的发射，以及未来地表水或海洋地形卫星（SWOT）等计划的实施，已具备监测地表水海拔和坡度的能力且精度会逐渐提高，但平面、垂直分辨率达数十米，单独使用均达不到河流流量测量的要求。同时，无论何种卫星均只能开展水面以上的平面或高程信息观测，无法获取水面以下的断面或地形数据。

针对大量无现有水文站、缺乏水下断面信息的河流，特别在我国西部众多无人区河流，目前尚无成熟的卫星流量测验方法。充分利用高精度的平面和垂直观测卫星星源，以及卫星三维立体影像的平面与高程差关系，根据水位随季节涨落、卫星重访规律的特点，耦合以上 3 种卫星的历史或实时观测信息，构建水下断面和河流水面比降，应用水动力学方法系推算流量及过程是行之有效的手段。

5.6.2 技术路线

为解决上述问题而提供一种基于多星源信息耦合的缺乏资料河流流量连续测量的方法，采用的技术方案包括流量测验河段确定方法、多星源信息耦合的断面重构方法、多星源信息耦合的实时水位计算方法及流量计算与整编方法。卫星测流技术路线见图 5.6-1。

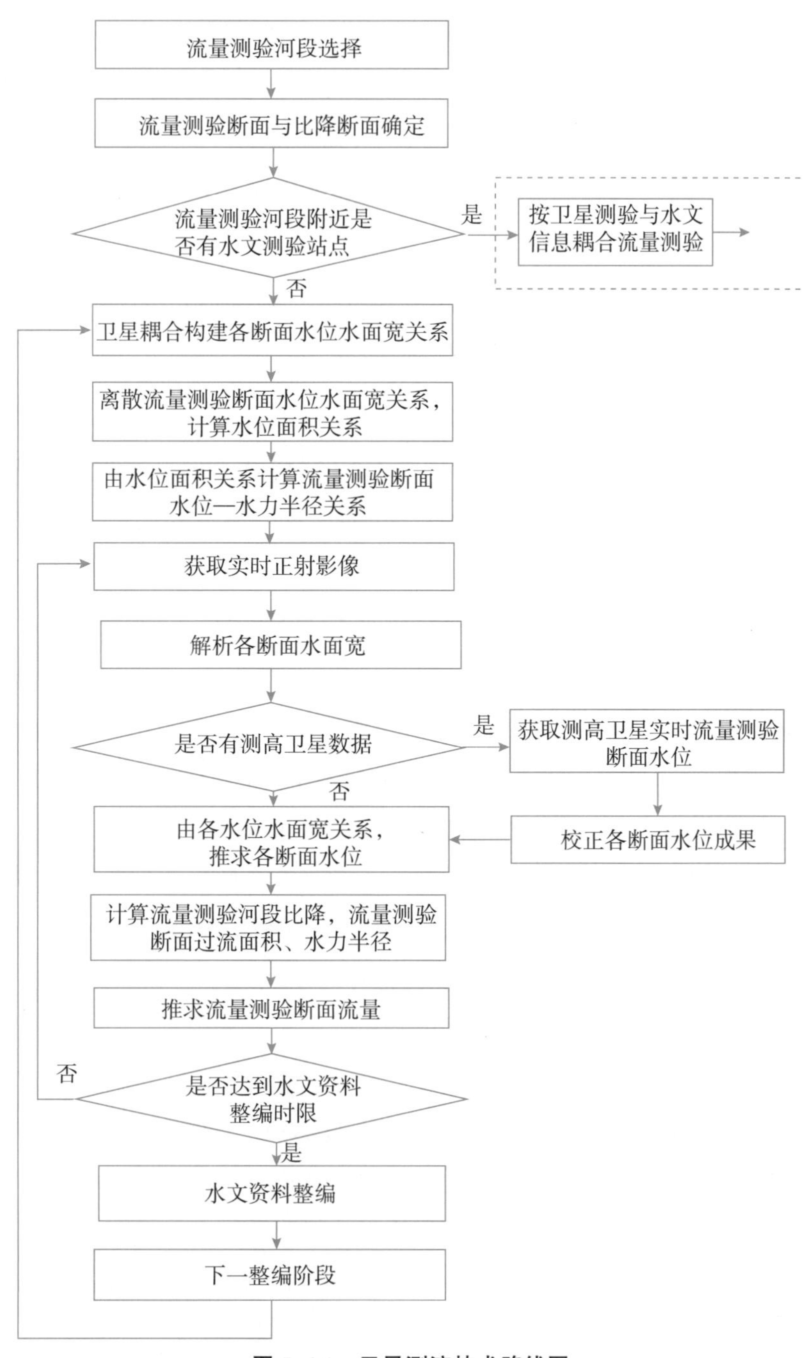

图 5.6-1　卫星测流技术路线图

5.6.3　技术方案

(1)流量测验河段确定方法

在拟开展流量测验的河流，选择各种类型卫星重访位置接近的河段，确定高精度测高卫星水道回波点所处河道横断面为流量测验断面，若无高精度测高卫星则采用三维测绘卫星，选择河岸较平缓的横断面为流量测验断面。利用最新的高精度正射遥感影像信息在流量测验断面上下游一定距离选择河岸较平缓的横断面作为比降断面，量取上下比降断面间距 L。

(2)多星源信息耦合的断面重构方法

采用流量测验断面测高卫星或三维测绘卫星，以及正射遥感影像卫星的历史信息，通过星源重访时间、观测要素联合耦合，建立流量测验断面、比降断面的水位—水面宽关系曲线。

(3)多星源信息耦合的实时水位计算方法

通过递次获取河段的正射遥感影像卫星实时数据，量取上下比降断面水面宽数据 $B_{上k}$、$B_{下k}$，以及流量测验断面水面宽数据 B_k，采用上下比降断面和流量测验断面的水位—水面宽关系计算实时水位 $H_{上k}$、$H_{下k}$ 和 H_k，判别该水位时河段的糙率系数 n。若有测高卫星，通过测高卫星与正射遥感影像卫星重访时间、观测要素耦合，插补正射遥感影像卫星数据获取时间的流量测验断面水位 H_k'，为流量测验断面的实时水位或校正基准。

(4)流量计算与整编方法

根据比降断面的实时水位 $H_{上k}$、$H_{下k}$ 计算河段比降 J_k，采用流量测验断面的水位—水面宽关系曲线计算过流面积 A_k，并按比降面积法计算测验断面的流量 Q_k。采用流量测验断面的水位、流量，即可按《水文资料整编规范》要求开展整编。

缺乏资料系指在拟开展流量测验的河流，缺乏水文测验资料和河道地形资料。多星源包括但不限于安装激光或雷达高度计的测高卫星、遥感正射影像卫星、具有综合三维成像的资源或测绘卫星。在多星源信息耦合的断面重构方法，所述星源重访时间、观测要素联合耦合的实施步骤为：

S1. 建立流量测验断面测高卫星或三维成像测绘卫星观测水位 $H_{资}(t)$ 和正射遥感影像观测断面宽 $B_{资}(t)$ 随时间的联合分布函数，或点绘 $H_{资}(t):t$、$B_{资}(t):t$ 过程线图。

S2. 求解测高卫星或三维成像测绘卫星观测水位时间点的断面水面宽、正射遥感影像观测断面宽时间点的水位，或在 $B_{资}(t):t$ 过程线图中插值测高卫星或三维成像测绘卫星观测水位时间点的断面水面宽、在 $H_{资}(t):t$ 过程线图中插值正射遥感影像观测断面宽时间点的水位。

S3. 依据求解或插值的所有水位或水面宽数值，建立流量测验断面水位与断面宽函数 $H_{资}:f(B_{资})$，或点绘 $H_{资}'B_{资}$ 相关图。

S4. 比降断面采用三维成像测绘卫星观测水位 $H_{比}\ t$ 和正射遥感影像卫星观测断面宽 $B_{比}(t)$，按步骤 S1～S3 建立比降断面水位与断面宽函数 $H_{比}:f(_{比})$，或点绘 $H_{比}:B_{比}$ 相关图。

星源信息耦合的实时水位计算方法，所述河段的糙率系数可参照水力学教科书中的天然河道糙率表取值。

多星源信息耦合的实时水位计算方法，所述校正基准系指将测高卫星水位 H_k' 作为流量测验断面、比降断面实时水位订正的基准。

流量计算与整编方法，所述河段比降 J_k 采用计算的实时上下比降断面水位差，并与上下比降断面间河段长度之比 $J_k=\dfrac{(H_{上k}-H_{下k})}{L}$。

流量计算与整编方法，所述水位—水面宽关系曲线计算过流面积实施步骤为：

S1. 对 $H_{流}\sim f(B_{流})$ 数值插值或将 $H_{流}\sim B_{流}$ 相关图离散化，形成基本水道断面水位和断面宽集 $(H_{流i},B_{流i})$；

S2. 按 $A_{流i}=\sum\limits_{l=1}^{n}(\dfrac{B_{流i-1}+B_{流i}}{2})(H_{流i}-H_{流i-1})$ 计算离散水位的流量测验断面过流面积，其中 $H_{流0}$、$B_{流0}$ 计算包括但不限于按三角相似 $B_{流0}=0$；$H_{流0}=\dfrac{B_{流2}H_{流1}-B_{流1}H_{流2}}{B_{流2}-B_{流1}}$ 等外延处理方法。建立流量测验断面水位与过流面积函数 $A_{流}—f(H_{流})$，或点绘 $H_{流}—A_{流}$ 相关图。

优选的，在流量计算与整编方法，所述比降面积法计算测验断面的流量实施步骤为：

S1. 由流量测验断面实时水位 H_k，通过过流面积函数 $A_{流}—f(H_{流})$ 计算或 $H_{流}:A_{流}$ 相关图插补得对应的过流面积 A_k；

S2. 选择低于实时水位 H_k 离散 $H_{流i}$，计算水力半径：

$$R_k=\frac{A_k}{\left(B_{流1}+2\sqrt{(H_k-H_{流i})^2+\left(\dfrac{B_k-B_{流i}}{2}\right)^2}+2\sum\limits_{i=2}^{\max(i)}\sqrt{(H_{流i}-H_{流i-1})^2+\left(\dfrac{B_{流i}-B_{流i-1}}{2}\right)^2}\right)}$$

S3. 按水力学曼宁公式计算流量测验断面实时水位 H_k 对应的流量 $Q_k=\dfrac{1}{n}A_kR_k{}^{2/3}\sqrt{J_k}$，或采用自下游至上游的水面曲线法试算推流。

实时水位订正包括但不限于水位过程线连续修正、上下断面水位相关修正、上下断面水位过程线对照订正等。

基于多星源信息耦合的流量连续测量方法原理见图 5.6-2，流量测验断面水位水面宽关系多卫星耦合原理见图 5.6-3，比降断面水位水面宽关系多卫星耦合原理见图 5.6-4，流量测验断面、比降断面实时水位信息获取原理见图 5.6-5。

本方案提出的基于多星源信息耦合的缺乏资料河流流量连续测量方法，能解决流域超标准洪水流量连续测量的难题，填补基于河流动力学原理的卫星流量测验方法空白，可极大地提高河流流量测验的范围和密度。

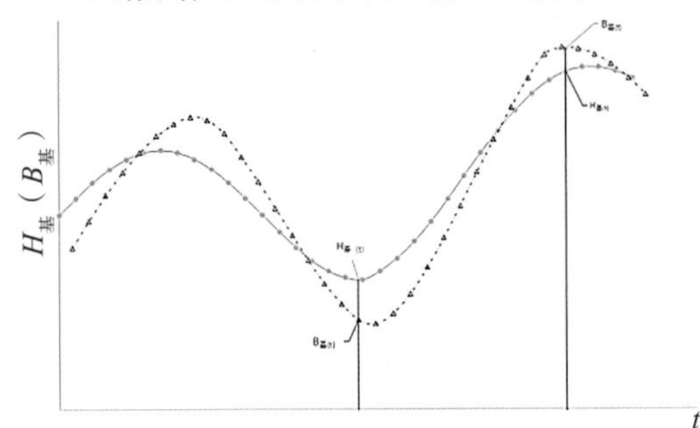

图 5.6-2　基于多星源信息耦合的流量连续测量方法原理图

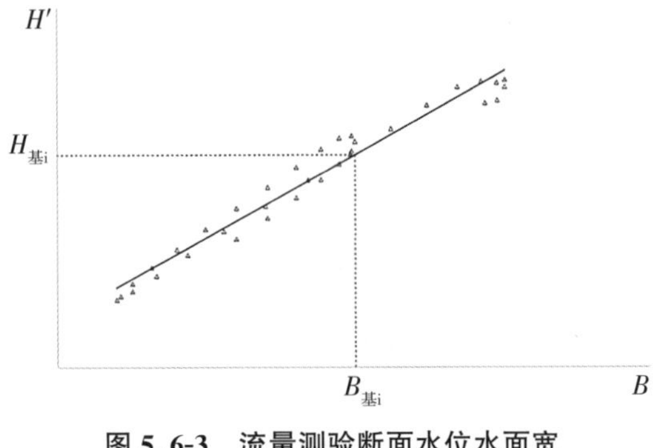

图 5.6-3　流量测验断面水位水面宽关系多卫星耦合原理图

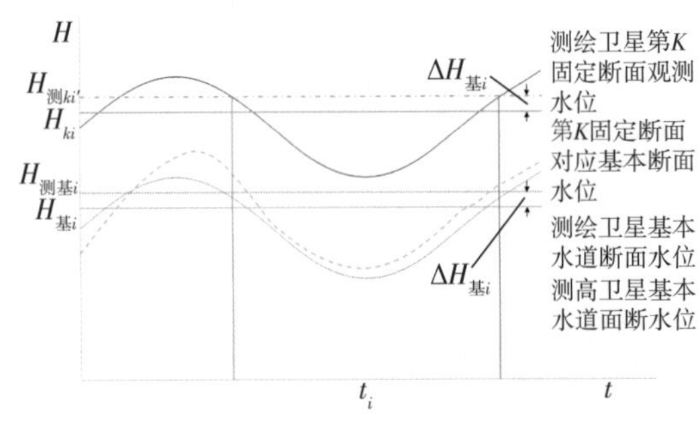

图 5.6-4　比降断面水位水面宽关系多卫星耦合原理图

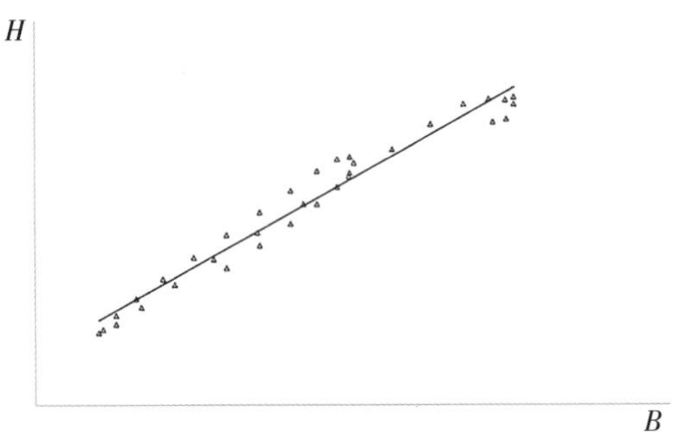

图 5.6-5　流量测验断面、比降断面实时水位信息获取原理图

第 6 章　泥沙测验关键技术

6.1　悬移质泥沙常规测验

6.1.1　悬移质泥沙测验方法

常用的悬移质泥沙测验方法有两种，即直接测量法和间接测量法。

（1）直接测量法

在一个测点（i，j）上，用一台仪器直接测得瞬时悬移质输沙率。要求水流不受扰动，仪器进口流速等于或接近天然流速。则测点的时段平均悬移质输沙率可由下式表示：

$$\bar{q}_{ij}=\frac{1}{t}\int_{0}^{t}\alpha q_{ij}\,\mathrm{d}t \tag{6.1-1}$$

式中：q_{ij}、$\bar{q}_{ij}$ ——测点瞬时输沙率、时段平均输沙率；

α ——一个无量纲系数，随泥沙粒径、流速和仪器管嘴类型而变，是瞬时天然输沙率与测得输沙率的比值；

t——测量历时。

通过测验断面的输沙率为：

$$Q_s=\sum_{j=1}^{m}\sum_{i=1}^{n}\bar{q}_{ij}\Delta h_i\Delta b_j \tag{6.1-2}$$

（2）间接测量法

在一个测点上，分别用测沙、测速仪器同时进行时段平均含沙量和时段平均流速的测量，两者乘积得测点时段平均输沙率。则通过测验断面的输沙率为：

$$Q_s=\sum_{j=1}^{m}\sum_{i=1}^{n}\bar{C}_{sij}\bar{V}_{ij}\Delta h_i\Delta b_j \tag{6.1-3}$$

式中：$\bar{C}_{sij}$、$\bar{V}_{ij}$ ——断面上第（i，j）块（点）的实测时段平均含沙量、时段平均流速。

我国目前采用的是间接测量法。由于直接测量法不能保证仪器进口流速等于天然流速，因此较少采用。实际测验时仍采取与流量模相同的概念，将断面分割成许多平行的垂直部分块，计算每部分块的输沙率，然后累加得断面输沙率。式（6.1-3）中 $\bar{V}_{ij}\Delta h_i\Delta b_j$ 实际上就是部分流量，因此间接测量法输沙率计算公式又可表示为：

$$Q_s = \sum_{j=1}^{m} \overline{C}_{sj} q_j \tag{6.1-4}$$

式中：$\overline{C}_{sj}$ 、q_j ——某一部分的平均含沙量和流量，二者之积得部分面积上的输沙率。

6.1.2 悬移质泥沙测验仪器

常规悬移质泥沙测验仪器分采样器和测沙仪两大类。采样器是现场取得沙样的仪器，然后通过处理和分析，计算出含沙量；而测沙仪则是在现场可直接测获含沙量的仪器。

(1)采样器

采样器又分为瞬时式、积时式两种。

1)瞬时式采样器

瞬时式采样器以其承水筒放置形式不同，又分为竖式和横式两种。目前我国在河流中使用的都是横式放置，又称横式采样器。横式采样器又分为拉式、锤击和遥控横式 3 种。在水库等大水深小流速的水域测验时，有时也采用竖式设置的采样器。瞬时式采样器结构简单、工作可靠、操作方便，能在极短时间内采集到泥沙水样，提高了采样速度，但因采集水样时间短，不能克服泥沙脉动的影响，所取水样代表性差。为克服这一缺陷，往往需要连续在同一测点多次取样，取用平均值作为该点的含沙量，因此劳动强度也相对较大。

2)积时式采样器

积时式采样器有很多种，按工作原理可分为瓶式、调压式、皮囊式；按测验方法分为积点式、双程积深式、单程积深式；按结构形式可分为单舱式、多舱式；按仪器重量又可分为手持式(几千克重)、悬挂运载式(百千克重)等多种；按控制口门开关方式分为机械控制阀门与电控阀门，电控阀门又分为有线控制与缆道无线控制等。

(2)测沙仪

测沙仪一般具有直接测量、自记功能，可现场实时得到含沙量。根据其测量原理，测沙仪又分为光电测沙仪、超声波测沙仪、振动式测沙仪、同位素测沙仪等。

1)光电测沙仪

平行光束通过浑浊的液体时，光线经过一段距离后光强度会有一定程度的减弱。减弱的主要原因是光线被浑浊液体内的介质吸收或反射散射掉了。将测出的光线强度与原发射光强度作比较，再根据传输距离等影响因素，就可以计算出液体的浊度。

天然水体中泥沙含量是影响水浊度的最重要因素。在很多场合，泥沙含量是决定浊度的唯一因素。如果泥沙含量和浊度之间有稳定的关系，就可以用测量浊度的方法来测得含沙量。光电测沙仪就是利用光强度衰减测量测得浊度，从而测得水中含沙量。

2)超声波测沙仪

超声波测沙仪的工作原理和光电测沙仪的工作原理相类似,不同的是超声波测沙仪发射的是超声波。超声波在水中传播时,波的能量将不断衰减,体现在其振幅将随传播距离而有规律地减小。

声波衰减系数是由纯水和水中含沙量两部分衰减系数组成的。而由含沙量决定的声波衰减系数还受泥沙粒径、容重、泥沙黏性等因素影响。泥沙容重、黏性变化较小,如果粒径较稳定,或者其影响可以忽略,就可以找出泥沙含量和声波衰减的关系。这样,只需要仪器能测得超声波在水中传输距离后的衰减量,就可以得出水中的泥沙含量。

3)振动式测沙仪

振动式测沙仪是利用传感器内振动管的不同振动周期代表被测水体的不同含沙量。室内外大量的对比测试试验结果表明,振动式测沙仪实现了对含沙量快速、准确、实时的在线监测和记录,且测量含沙量范围大,受泥沙粒径变化影响小,长期稳定性好;能够随测随报,极大地提高了作业效率;操作简便,减轻了工作人员的劳动强度,提高了安全性;提供了数据采集与传输的智能接口,便于数据远程传输,为实现水文测量数字化打下了基础。

4)同位素测沙仪

同位素测沙仪是利用γ射线通过物质时的能量衰减原理测量被测物质的密度来测量含沙量。

6.2 泥沙在线监测方法及分类

传统的泥沙测验方法,一般以采样器取样,然后通过处理分析称重,最终获得含沙量。由于不能现场测获含沙量,使得泥沙测验工作量大、分析周期长、工作效率低,在一定程度上影响了水文测验方式的变革。近些年,测沙仪在我国一些地方得到了应用,大大提高了工作效率,但各种仪器均有其局限性和适应范围,并没有得以大范围推广。随着科学技术的不断进步,国际上悬移质泥沙测验技术也取得了一些新的进展,推出了一批具备现场快速测验和实时在线监测功能的新仪器,但是否适用我国的河流泥沙特点,目前还在实验研究阶段。长江水利委员会水文局在这方面进行了一些有益的探索,采用声学多普勒剖面流速仪(以下简称ADCP)进行泥沙测验研究,先后引进了浊度仪、现场激光测沙仪等泥沙测验仪器,并进行了长期的对比测试试验,取得了一些成果,可供水文同行借鉴。

(1)采样器研制

一直以来,长江水文在泥沙测验方面做出了大量探索,取得了一定的成果,开展了大量泥沙测验误差研究,先后研制出了调压积时式采样器、临底悬沙采样器、多仓横式采样器等设备。

(2)测沙仪试验

20世纪以来,长江水文在在线测沙上做出了大量探索,先后开展了ADCP、LISST、浊度仪等测沙实验，并取得一系列进展。

2000 年以来，长江水文在洞庭湖区南咀水文站，长江干流非感潮河段的汉口、大通水文站，以及河口地区徐六泾水文站，进行了 ADCP 测沙比测试验，得出的初步结论是：ADCP 声信号与含沙量之间存在着较好的相关关系，用 ADCP 测定悬移质含沙量是可行的。

2011 年开始，在三峡入库主要控制站朱沱、寸滩、清溪场、北碚、武隆等进行了悬移质泥沙浊度仪的比测试验与研究工作，并在全国率先实现了悬移质泥沙试验性报汛。

经过大量试验研究，枝城站的在线测沙仪于 2020 年 12 月正式获长江委水文局批复投产（水文监测〔2020〕393 号），成为首个正式获批投产的悬移质含沙量在线监测设备。

(3)量子点光谱测沙

2015 年，清华大学鲍捷教授提出了量子点光谱传感技术，在《自然》杂志发表，后将其产业化。

量子点光谱传感技术，将量子点与成像感光元件结合，利用水体本身及其所含物质通过量子点材料不同响应形成的反射、吸收、散射光谱特性，获得水体中泥沙物质的波长、强度、频移等谱线特征，建立光谱数据与水体各要素的映射关系，通过大数据光谱分析快速返回物质信息，从而可以不用称重获取目标水域的泥沙信息。信息丰富，可同时测得含沙量和水质参数，并可扩展颗粒级配、泥沙物质元素组成等。

2021 年，长江委水文局将量子点光谱泥沙监测技术纳入长江水文创新平台重点联合研发项目，创新了工作机制和合作模式，与芯视界科技深度合作，开展算法研究、系统集成和现场试验，验证量子点光谱测沙技术的可行性和精度。在汉口、寸滩、枝城、沙市、余家湖等 5 个泥沙一类精度水文站开展了量子点光谱测沙技术比测试验。

结果表明，五站均有较好的测验效果，五站的峰谷趋势均与实测较为一致，测验精度均较高。其中，寸滩、枝城、沙市、余家湖站基本达到投产精度；汉口站系统误差略大，随机不确定度在规范要求内。

通过试验结果可以看出，量子点光谱仪测验悬移质泥沙浓度具有较高的精度。由于其具有光谱信息丰富等优势，在比测中已表现出了优于以往测验方法的精度。通过后期进一步进行产品适应性改造、算法调整、模型优化，量子点光谱仪会有更高的悬移质含沙量测验精度。

在总结 2021 年试验的基础上，在测验模式上将设备分为接触式和非接触式两类，在寸滩、枝城、汉口、九江、白河开展接触式测沙试验，在北碚、仙桃开展非接触式测沙试验。通过试验进一步完善产品稳定性和泥沙计算模型精度，促进技术的成熟应用与推广。水利部、水文司高度重视量子点测沙工作进展，已推荐本技术进入水利部成熟适用水利科技成果推广清单。

6.3 声学多普勒测沙法

6.3.1 声学多普勒测沙原理

ADCP 是根据声波的多普勒效应制造的用于水流流速测量的专业声学仪器设备。当 ADCP 向水中发射固定频率的声波短脉冲，遇到水体中散射体时将发生散射，由于散射体会随着水流发生运动，因此 ADCP 接收到的被散射体反射声波会产生多普勒频移效应，ADCP 通过对比发射的声波频率和接收到散射后的声波频率，就可以计算出 ADCP 和散射体之间的相对运动速度。

如果能测定声学后散射信号强弱与含沙量之间的关系，就能间接计算悬移质含沙量。平均体积后散射强度定义为单位水体积内散射体的总的后散射截面，即

$$S_v = 10\lg\sigma_{bs} \tag{6.3-1}$$

式中：S_v ——平均体积后散射强度；

σ_{bs} ——总后散射截面，可以写成平均后散射截面与散射颗粒数量的乘积，即

$$\sigma_{bs} = N\bar{\sigma}_{bs} \tag{6.3-2}$$

式中：$\bar{\sigma}_{bs}$ ——平均后散射截面；

N ——单位体积中的颗粒数量，可以理解为颗粒的数量浓度。

同时，N 可以写成悬移质泥沙质量浓度的函数：

$$N = \frac{C}{\bar{\rho}g\ \frac{4}{3}\pi\bar{a}^3} \tag{6.3-3}$$

式中：C ——悬移质泥沙浓度；

$\bar{\rho}$ ——颗粒的平均密度；

$\bar{a}$ ——平均粒径；

g ——重力加速度。

从式(6.3-1)可以看出后散射强度依赖于颗粒的粒径和物理性质(密度)。假定某一现场观测期间悬沙的粒径和密度没有太大的变化，并令：$K = 10\lg\dfrac{\bar{\sigma}_{bs}}{\bar{\rho}g\ \frac{4}{3}\pi\bar{a}^3}$

则式(6.3-1)可以简化为：

$$S_v = K + \lg C \tag{6.3-4}$$

K 为常数，式(6.3-4)表明后散射强度与悬沙浓度之间满足指数关系。

ADCP 不能直接测量平均体积后散射强度 S_v，它记录的是回声强度 E，回声强度可表达为：

$$E = SL + S_v + C_0 - 20\lg R - 2aR \tag{6.3-5}$$

式中：SL ——声源强度；

a ——水体的吸收系数；

R ——探头沿探测方向到水层的距离，$R=\dfrac{D}{\cos\beta}$，其中 D 为水面到探测水层的垂直距离，β 为探头测量方向与 ADCP 柱体中轴线的夹角。

常数 C_0 表明 E 只是相对测量，而不是绝对测量。早期的 ADCP 不能确定声源强度，需要改动硬件才能得出相对后散射强度。目前，各生产厂商对新生产的每台 ADCP 的特定参数进行了测试，使得 ADCP 计算绝对后散射强度成为可能。

用 ADCP 回声强度 E 的数据计算平均体积后散射强度的表达式：

$$S_v=C_1+10\lg[(Tx+273.16)R^2]-L-P+2aR+K_c(E-Er) \tag{6.3-6}$$

式中：C_1——与 ADCP 性能有关的常数；

Tx ——探头记录的水温；

L —— 10lg（ADCP 射度，m）；

P —— 10lg（ADCP 出功率，W）；

K_c ——系数（可由厂家或用户测定）；

Er ——实时的噪声本底。

一般情况下，C_1、P、K_c 可通过厂商或试验获取，发射脉冲长度为设定值 L，一般与 ADCP 水层单元厚度相等。噪声本底为水体中没有散射颗粒时的信号值，但现场影响噪声本底的因素很多，如船速、风速等，因此 ADCP 的噪声本底需要根据现场观测数据确定。

将式(6.3-4)与式(6.3-6) 联立可得悬沙浓度 C 的计算公式：

$$10\lg C=C_1-K+10\lg(Tx+273.16)+20\lg R-L-P+2aR+K_c(E-Er) \tag{6.3-7}$$

式(6.3-7)中只有 C_1-K 为未知常数，可以通过实测水样的悬沙浓度求出。如果某一实测水样的 C 及其他相应的各参数以 0 为下标表示，则：

$$10\lg C_0=C_1-K+10\lg(Tx_0+273.16)+20\lg R_0-L-P+2aR_0+K_c(E_0-Er) \tag{6.3-8}$$

合并式(6.3-7)、式(6.3-8)可得出悬沙剖面中任一深度 C 的表达式：

$$10\lg C=C'+10\lg(Tx+273.16)+20\lg R+2aR+K_cE \tag{6.3-9}$$

式中：$C'=10\lg\left[\dfrac{C_0}{(Tx_0+273.16)}\right]-20\lg R_0-2aR_0-K_cE_0$

式(6.3-9)消除了 L、P、C_1、Er 等参数，使得悬沙浓度的计算不依赖于 ADCP 的自身性能参数，方程中只有一个未知参数 C'，只需一个实测悬沙浓度值即可确定整个悬沙剖面的分布。式(6.3-9)源于式(6.3-4)，而式(6.3-9)依据于简化的假设条件，因此，式(6.3-9)的实用性和影响因素还需要通过现场标定来验证和分析。

ADCP 不是专门为悬沙观测而设计的仪器，系统误差在所难免，这有待于仪器性能的进一步提高。ADCP 测量悬沙浓度的意义在于它可以使流速、泥沙测量同步进行，从而能直接得出悬移质输沙率，大大减少泥沙测验的工作量、提高劳动效率。ADCP 测量悬沙浓度的主要前提条件是假定悬沙的粒径、密度等主要物理性质在观测期间变化很小。该前提在泥沙稳定期间是可以满足的。

6.3.2 技术特点

ADCP 原本不具备直接测量含沙量的功能，但 ADCP 后散射信号强度的大小与含沙量密切相关，经过率定其与含沙量的关系，可计算出垂线平均含沙量或断面输沙率。因而可以用 ADCP 进行测沙。

与传统的悬移质泥沙测验方法相比，ADCP 测沙具有以下技术特点：

①传统悬移质泥沙测验采用静态方式，而 ADCP 采用的是动态方式。传统悬移质泥沙测量无论采用船测、桥测、缆道测量或涉水方式，仪器总是固定于所测垂线处进行测量；而 ADCP 可在测船流速测量过程中进行泥沙测量。

②传统悬移质泥沙测验无法同步观测垂线剖面的分层数据，而采用 ADCP 测沙可得到某垂线剖面的分层（点）或垂线平均数据。

③传统方法悬移质泥沙测验需采取水样带回实验室分析，通常不会将断面划分得很细，取样点不可能很多。而采用 ADCP 测沙不需要采取水样，现场只需收集回声强度的变化，可以将子断面划分得很细，采样点也可以很多，理论上更能如实反映悬移质含沙量在整个垂线或断面上的分布。

④传统悬移质泥沙测验方法可以采集表层和底层的水样，但 ADCP 表底层存在盲区，需要采用间接方法插补。

6.3.3 测量步骤

应用 ADCP 测沙的主要操作步骤如下：

①从 ADCP 生产商那里获得每台仪器的性能参数，主要包括 ADCP 输出 P 、每个波束比例因子 K_c 等。K_c 值将 ADCP 信号的计数转换成分贝；

②根据现场观测数据，率定每个波束实时的噪声本底 Er ；

③获取部分 ADCP 测量参数，它们是随每个信号组一起记录的，包括发射盲区（m）、发射脉冲长度 L（m）、探头沿探测方向到水层的距离 R（m）、电压、电流、传感器实时温度 Tx 、波束角度 β 、回声强度 E 等；

④计算相关外部变量，包括每个水层单元的水体声吸收系数 a $(\frac{\mathrm{dB}}{\mathrm{m}})$、每个水层单元的声速（m/s）；

⑤按式（6.3-8）进行回声强度 E 与悬移质含量的转换。

6.4 光学散射测沙法

浊度也称浑浊度，是用来反映水中悬浮物，如泥沙、黏土、藻类、有机物质以及其他的微生物有机体含量的一个水质替代参数。浊度这一概念既能反映水中悬浮物的浓度，同时又是人的感官对水质的最直接的评价。

浊度和含沙量都是表征水样中泥沙的物理特性，其间如果存在某一稳定的关系，就可以通过测量水样的浊度来测量水样的含沙量，从而简化含沙量的测验，提高含沙量测验的工作效率。寻求浊度和含沙量的关系，可以通过在不同的河流、不同的水流条件及环境下收集试验资料而实现。

(1)OBS 含沙量观测(后向散射)

光学后向散射浊度计(以下简称 OBS)作为一种光学测量仪器，通过接收红外辐射光的散射量监测悬浮物质，然后通过相关分析，建立水体浊度与泥沙浓度的相关关系，进行浊度与泥沙浓度的转化，得到泥沙含量。OBS 是光学仪器，测量的是悬沙颗粒的反射信号，在观测过程中，诸多要素会对实验结果产生影响。利用 OBS 观测含沙量，不仅能提高观测效率，还可以获得高时空分辨率的含沙量数据。近些年 OBS 在国内外河口得到了广泛的应用。

光学后向散射浊度计的核心是一个红外光学传感器，通过接收红外辐射光的散射量监测悬浮物质，然后进行水体浊度与泥沙浓度的转化得到泥沙含量。本书以 OBS-3A 浊度计为例说明光学测沙基本原理。OBS-3A 浊度计由传感器、电子单元、接口部分和电源部分组成，见图 6.4-1。

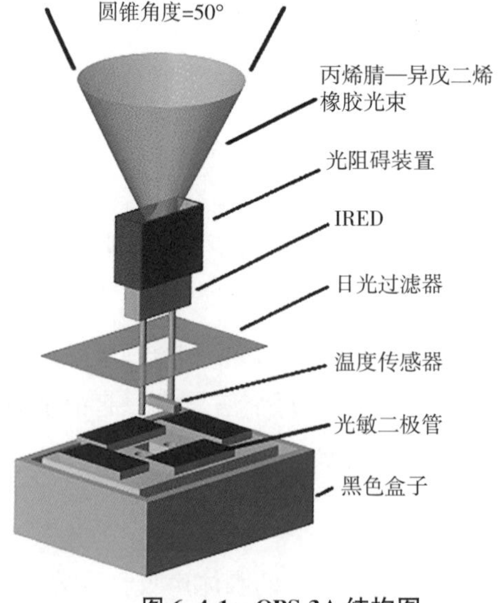

图 6.4-1 OBS-3A 结构图

红外光敏接收二极管接收到散射信号送至 A/D 转接器，将模拟信号转换成数字信号。然后由计算机对转换成的数字信号进行采集，按照 OBS 浊度计的测量要求进行处理，处理好的数据通过 RS-232 串口与操作计算机进行通信联系，操作计算机中安装了 OBS 的处理操作软件，它设置和控制 OBS 的运行方式并进行数据结果处理。

(2)HACH2100(前向散射)

利用光测量水体的浊度从原理上讲有前向散射或后向散射两种途径。以美国哈希公司生产 HACH2100 系列为例，利用前向散射原理制造的浊度计，由一个钨丝灯、一个用于监测散射光的 90°检测器和一个透射光检测器组成(图 6.4-2)。

HACH2100 系列浊度计通过计算来自 90°检测器和透射光检测器的信号比率，即 90°散光信号与透光信号之对比测试得水样的浊度，其测量精度可以达到 2%。该比率计算技术可以校正因色度或吸光物质产生的干扰和补偿因灯光强度波动而产生的影响，可以提供长期的校准稳定性，是现场快速监测首选仪器之一。

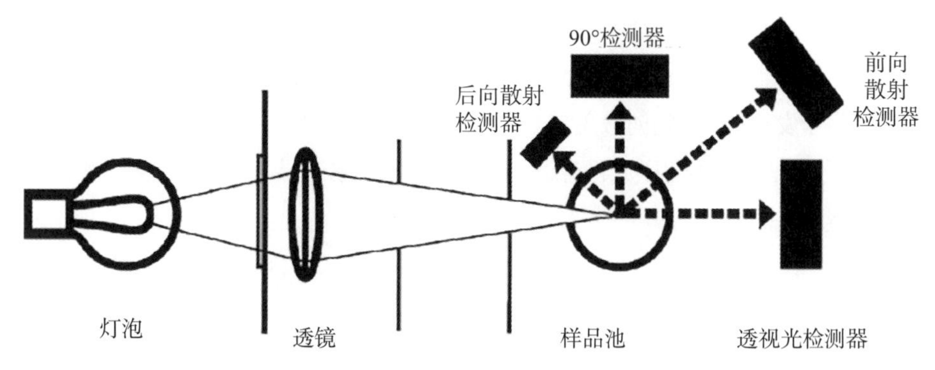

图 6.4-2　HACH 2100 系列浊度仪光学系统

以美国 D&A 公司的 OBS 浊度计为例，利用后向散射原理制造的浊度计，其核心是一个红外光学传感器。OBS 浊度计主要利用红外辐射在水体中衰减率较高，太阳辐射的红外部分完全被水体所衰减，浊度计发射的红外光束不会受到强干扰，且散射角 140°～160°的红外光散射信号较为稳定的原理，通过监测红外光散射信号的强弱计算水体浊度。此类仪器除能应用现场快速监测外，还大量用于实时在线监测，将在下一节中叙述。

利用浊度仪监测含沙量，其核心是寻求浊度和含沙量的关系，一般可以通过在不同的河流、不同的水流条件及环境下收集试验资料而实现。浊度与含沙量关系的建立，首先通过对同一水样浊度进行 3 次以上的重复测量，当测量的重复性满足要求时，取平均值作为该样品的最终浊度值；然后通过传统的方法即沉淀、处理、烘干及称重得到水样的含沙量。经过多水样分析，如果浊度与含沙量相关性强，有比较稳定的单一关系，就可以建立浊度与含沙量的相关模型(或经验相关式)。根据所建立的关系，即可由测得的浊度推算出水样的含沙量。

为真实地反映水样所测得的浊度，必须确保标准样的准确性及稳定性，需要按照以下要求测定标准样及确定改正系数。其方法是：

①将标准样摇匀，连续 3 次测定标准样的浊度并记录。对 3 次测定成果中的任意 2 次，其相对误差小于 3%时，计算标准样的浊度平均值 $NTU_{平}$。

②改正系数 $K = NTU_{标} / NTU_{平}$，其中 $NTU_{标}$ 为标准样的标准浊度。施测水样浊度时，均需进行系数改正。

③改正系数每个月校测一次，两次改正系数间的误差小于 1%时，使用原改正系数，超过 1%时，使用新改正系数。

④每次施测水样浊度前，均需对标准样进行检校性测量，以确定仪器的工作状态是否正常。

为保证浊度仪的测量精度，特别要注意避免浊度仪长时间暴露在紫外光和太阳光线下，测试时不要手拿仪器，应将仪器放在平坦、稳定的台面上。

(3)TES-91 含沙量观测

为提高泥沙监测现代化水平，2019 年开始，长江委水文局在大量调研基础上，引进 TES-91 泥沙传感器，研究光学在线测沙仪在长江的适用性。

TES-91 泥沙传感器的核心是一个红外光学传感器，其在传统 OBS 的基础上进行了改进，由后散射传感器发射光源，侧向散射接收器接收散射角为 90°～135°的红外光散射信号，同时采用了逆投影算法，通过模拟成像原理和散射光接收原理结合的算法推算悬移质泥沙浓度(图 6.4-3、表 6.4-1)。

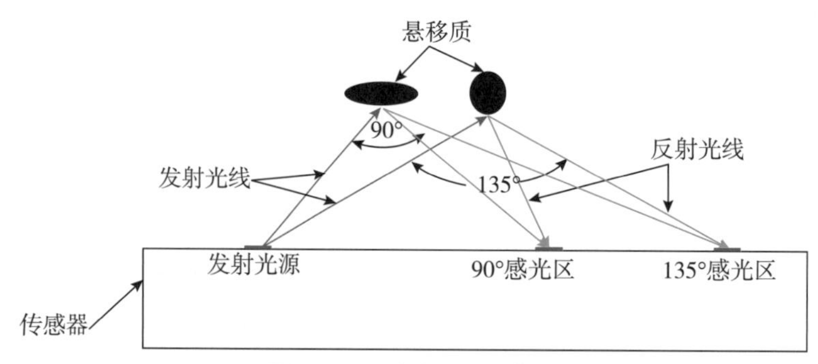

图 6.4-3 测验原理示意图

表 6.4-1 含沙量在线监测红外光学传感器主要技术参数

测量范围	0.001～45kg/m^3(标称)
测量精度	读数的 5%
流　速	≤6.0m/s、19.8ft/s
测量环境温度	0～55℃
传感器主要材料	钛合金、蓝宝石、PVC、氟橡胶等
校　准	根据泥沙同质性进行多点校准
防护等级	IP68/NEMA6P

6.5 激光衍射测沙法

6.5.1 测沙基本原理

激光衍射测沙法主要用于测量粒度大小，即当光束遇到颗粒阻挡时，一部分光将发生散射现象。散射光的传播方向将与主光束的传播方向形成一个夹角 θ。散射角 θ 的大小与颗粒的大小有关，颗粒越大，产生的散射光的 θ 角就越小；颗粒越小，产生的散射光的 θ 角就越大。

进一步研究表明，散射光的强度代表该粒径颗粒的数量。为了有效地测量不同角度上的散射光的强度，需要运用光学手段对散射光进行处理。在所示的光束中的适当位置上放置一个透镜，在该透镜的后焦平面上放置一组多元光电探测器，这样不同角度的散射光通过透镜就会照射到多元光电探测器上，将这些包含粒度分布信息的光信号转换成电信号并传输到电脑中，通过专用软件对这些信号进行处理，就能准确地得到所测试样品的粒度分布。

以 LISST-100X 现场激光测沙仪为例说明激光测沙的方法与步骤，LISST-100X 主要技术指标见表 6.5-1，结构见图 6.5-1。

表 6.5-1　　LISST-100X 主要技术指标

项目	参数指标
技术	小角度前方位散射(基础：Mie 理论)
激光	固态二极管(670nm)
光径	5.0cm (标准)
	2.5cm (可选)
	20.0cm(可选)
参数	粒度分布、光量散射函数(VSF)、光透度
	水深(0～300m)、水温(−5～50℃)
实施方式	水下，实验室，野外，拖曳，锚系，平台，剖面
操作范围	浓度(平均粒度为 30μm 粒子的近似范围)：5.0cm 光程−10～750mg/L；2.5cm 光程−20～1500mg/L (范围随粒度大小线性变化)
粒度范围	1.25～250μm(B 型)；2.50～500μm(C 型)
光透度	0～100%
精确度	浓度：±20% (全程范围)
	光透度：0.1%
分辨率	浓度：0.5ml/L　　大小粒子分布：32 个大小级别，间隔采集
测量速率	可编程，达 4Hz (每秒测量 4 次)
数据编程采集器	内部记忆和/或外部数据输出，RS-232C

续表

项目	参数指标
数据容量	16MB
接口	RS-232C，WINDOWS 95/98/NT 软件
能量	内接一常用的碱性电池组
	外接－REG＋15&－5V@250Ma max
实际尺寸	32 英寸长，5 英寸直径(81cm 长，13cm 直径)
	重量：空气中 25 磅(11.25kg)，水中 8 磅(3.6kg)
额定工作深度	300m (特殊要求，深度级别可更高)

仪器由光学部分、接头部分、电气部分及数据存储器及外围传感器等部件构成；光学部分由激光发生器、发射透镜、接收透镜、多环电信号检测器组成。

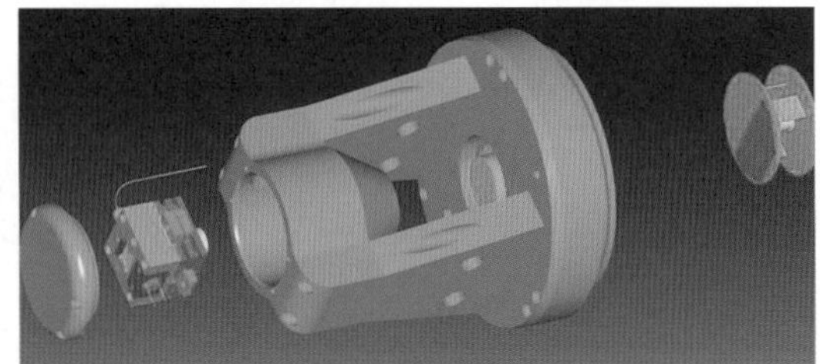

图 6.5-1　LISST-100X 结构图

6.5.2　技术指标

性能指标检测主要包括激光能量、光透度、背景数据采集、采集(测量)模式、测量最大浓度上限、体积转换常数、水深、温度、开关模式、电池电压等参数。

(1)激光检测能量变化规律检测

激光检测能量，是激光散射原理测量仪器性能的重要指标之一。激光检测能量是指传感器检测到透过水体后的激光能量，通常比激光参考能量值小；激光参考能量是为了用来自动校准激光在入水以前输出的发射能量；两者具有不同概念。激光检测能量的衰减变化特性及其对测试信号的影响，直接关系到这类测沙仪测试性能的优劣。

LISST 将测量泥沙颗粒粒径范围划分为 32 个级，即 LISST-100X 使用的光电探测器的数目有 32 个有效环。在实际计算中，通过 32 个硅环采集激光散射而积累的特定散射角能量与颗粒体积分布关系，经过较为复杂的转换计算后，才能得出泥沙颗粒体积分布和重量。

根据长江汉口河段天然水样含沙量与测试 LISST-100X 仪器激光检测能量相关成果可见：在泥沙组成的特征大致相等的条件下，水样浓度愈大、激光检测能量愈小；反之，激光检测能量愈大。激光检测能量随泥沙浓度不同而衰减变化趋势非常明显，见图 6.5-2。

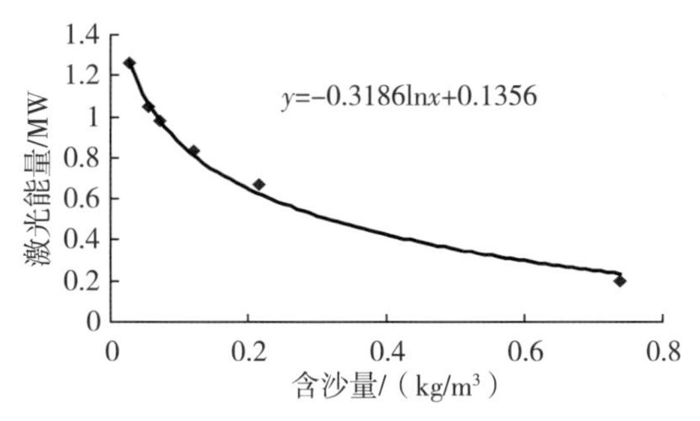

图 6.5-2　含沙量—激光能量相关示意图

进一步研究表明，激光检测能量变化还与颗粒级配组成密切相关。因此激光检测能量与含沙量的相关关系，实际上是“一簇变化规律相同而量值不等的相关变化曲线”。根据野外试验资料，综合得出以中值粒径 D_{50} 为参数的激光检测能量与含沙量的相关关系，见图 6.5-3。

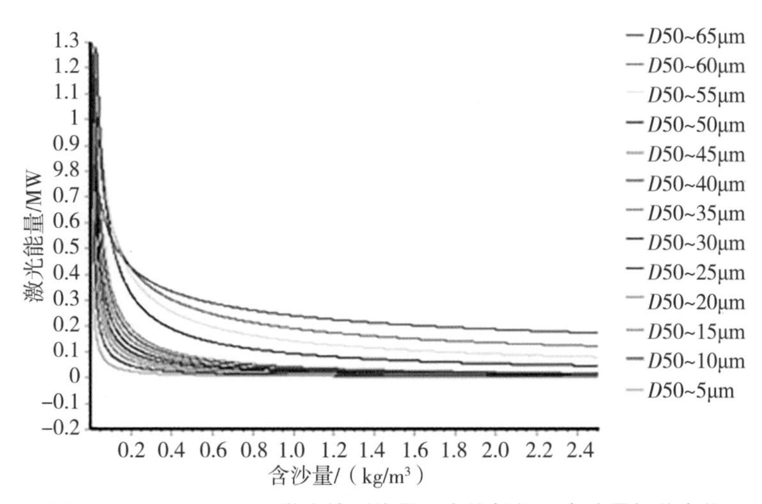

图 6.5-3　LISST-100X 激光检测能量—中值粒径—含沙量相关变化

同一泥沙组成级配，含沙量越大，激光检测能量衰减越快；同一浓度，泥沙组成越细，激光检测能量越小。当含沙量变大、颗粒变细到一定程度时，激光检测能量衰减为零。

激光检测能量衰减程度，主要取决于泥沙粒径大小（或粗细）分布和浓度变化两大要素。因为穿过水体的激光被等比例地换算为粒子在水中的横截面积，所以粒子的尺寸越小，那么浓度的横截面积就越大，激光波速的衰减就越快，造成检测能量非常低。对于同等浓度的水样而言，大的粒子对于光的衰减就小得多，对应的能量就更高一些。这就是为什么简单的光透仪和光学背散射仪无法用来测量沉积物浓度的主要根本原因。

（2）光透度变化规律检测

光透度是衡量激光衍射原理仪器测试性能的重要指标，指穿透水体部分的激光的比例数，是含沙水值和清水值的一个比例数。LISST-100X 不是利用光透度来直接换算出水样的浓度或者粒子的尺寸分布，只用它修正在减掉干净水背景的激光散射值。

表 6.5-2 为长江汉口河段天然水样含沙量与测试 LISST-100X 仪器透光度相关成果，图 6.5-4 为平均粒径基本相等的样品中，光透度与含沙量相关关系，其变化趋势同激光检测能量完全相似。

表 6.5-2　　汉口河段 LISST-100X 测试含沙量—光透度相关成果

检测样品	含沙量/(kg/m³)	光透度	平均粒径/μm
1	0.738	0.11	75.3
2	0.215	0.50	69.9
3	0.119	0.62	64.0
4	0.071	0.74	65.8
5	0.054	0.77	62.2
6	0.028	0.92	60.1

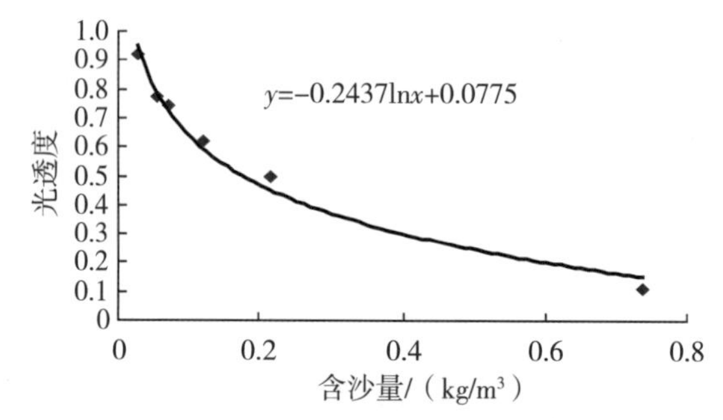

图 6.5-4　长江汉口河段含沙量—光透度相关示意图

图 6.5-5 为以中值粒径为参数的光透度与含沙量相关图，可见在相同含沙量条件下，中值粒径 D_{50} 越大光透度会越高。相反，泥沙粒径越细，光透度就会越低。同激光检测能量一样，当粒子的浓度增加到一个特定值的时候光透度也会衰减到 0，这时测量就会出现失效的现象。

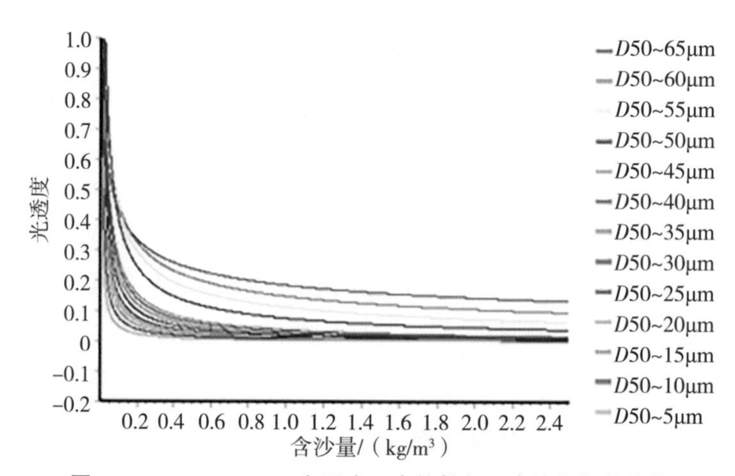

图 6.5-5　LISST-100X 光透度—中值粒径—含沙量相关变化

通常认为,当透光率下降到0.3(30%)以下,就有可能发生多重散射,在这种情况下,用于把散射测量结果转化为浓度值的理论就不准确了,即当透光率下降到30%以下所测浓度的误差就会提高。相反,如果浓度过低也会引起测量的背景误差过大。因此光透度参数不但能表示仪器测试信号受粒径大小分布影响程度,同时也可作为分析仪器测量最大含沙量阈值的关键性技术指标。

(3)背景分散数据稳定性检测

仪器原始测量数据中要扣除背景值,以保证测量数据真实性和精度,特别是在做较清水体测量时,对背景数据的采集更为重要。同时,通过采集的背景数据和仪器出厂时背景数据的对比,还能确定仪器的各个功能是否正常。

背景采集方法:在仪器样品搅拌器中,放入蒸馏水或清洁水,每次采集20个样品,然后计算20个样品的均值,将其显示在窗口中。如果对测量结果满意,可以将测量结果导出存入指定的文件中。背景采集是LISST-100X测量前必须进行的首要工作。

经过试验分析可以得出只要按LISST-100X采集背景的方法规范操作,由背景引起的测试结果误差是有限的。因此采集背景的关键作用主要在"能很好地检查整个仪器的运行状态和仪器原始测量数据中要扣除背景值,以保证测量数据真实性和精度"。

(4)测量模式

测量模式为LISST-100X不同透镜光径的测量方式,是需要了解的重要仪器性能。它关系到仪器测量范围和测验精度等关键技术问题。

标准模式是不附带安装任何外部缩短光程设备、正常测试条件下的一种测量模式。LISST-100X技术规格中标称:光径为5.0cm为测量标准模式,测量含沙量指标范围为0.01~0.75kg/m^3(平均粒径为30 μm的近似范围)。当实际含沙量超出了这个变化范围或上限值,仪器如何进行测量,这就需要采用仪器的光程缩短测量模式。

光程缩短模式(PRM)就是改变测量设备的光程减少激光的衰减,从而加大测量含沙量的测量范围。但光径太短,会导致仪器测量功能受到两个方面影响:一是测量含沙量下限提高(或变大),即测量小含沙量的结果不准确或失真,使用受到限制;二是如果把光程缩得太短,那么粒子通过激光测试镜头就会受到影响,对测量精度有影响。因此,为了适应不同含沙量变化条件,需要采用不同光程缩短设备来弥补适应范围的局限。

LISST-100X光程缩短器(PRM)分为2.5cm(光径2.5cm)、4.0cm(光径1.0cm)、4.5cm(光径0.5cm),最短的光程为4.7cm(光径0.3cm)。缩短光程模式测量对应含沙量范围见表6.5-3。

表 6.5-3　　LISST-100X PRM 缩短光程的测量模式

测量模式	光径/cm	PRM/cm	测量含沙量范围/(kg/m^3)
标准模式	5.00	0	0.01～0.75
2.5 光程缩短器	2.50	2.5	0.02～1.50
4.0 光程缩短器	1.00	1.0	0.05～3.75
4.5 光程缩短器	0.50	0.5	0.10～7.50

注：本表为厂家技术规格中标称指标；光径＝标准模式－光程缩短器(为缩短后光程 PRM)；测量含沙量范围为厂家技术规格中标称：在平均粒度为 30μm 粒子的近似范围内仪器能测量范围。

改变光程就能够改变当光透度在 30%时候的粒子浓度值。如果光程被缩短一半(2.5cm)，那么就能够测量到 30%光透度的水量浓度的一倍，即测量含沙量范围为 0.02～1.50kg/m^3。同样，如果缩短到 0.5cm，那么浓度就可以增加 10 倍，即测量含沙量范围为 0.10～7.50kg/m^3。因此，在实际测验中，可根据含沙量变化范围，选择合适的缩短光程的测量模式。

(5)含沙量测量指标

LISST-100X 仪器测量含沙量上限，即测量最大含沙量，是最关键的技术性能指标之一。生产厂家所标称测量指标，是在指一定条件下如平均粒度为 30μm 粒子的近似范围才能成立。这个近似范围到底是多少；如果超出了这个范围，仪器测量指标是否会发生改变，亦又为多少，关系到仪器是否适宜悬沙测验。

首先，厂家表征泥沙组成特征平均粒径 $\overline{d}$ 为体积加权，其概念与水文标准规定算术平均粒径 D_m 有区别。

厂家所标称平均粒径计算式为：

$$\overline{d}=\frac{\sum V_i\times d_i}{\sum V_i} \tag{6.5-1}$$

式中：V_i——单元格体积，$V_i=\frac{\pi d^3}{6}$；

d_i——单元粒径；

i——32 单元(1～32 硅环)。

水文应用的算术平均粒径 D_m 概念和计算式为：

$$D_m=\frac{\sum \Delta P_i D_i}{100}=\frac{\Delta P_1 D_1+\Delta P_2 D_2+\cdots+\Delta P_n D_n}{100} \tag{6.5-2}$$

式中：ΔP_i——粒径为 D_i 级的重量占总重量的百分数。

LISST-100X 仪器采用平均粒径 $\overline{d}$ 特征值的近似范围来表征含沙量指标参数，不符合现有泥沙测验规范。根据前述激光检测能量与光透度衰减影响分析,“当粒子的浓度增加到一个特定值的时候,激光检测能量或光透度就会衰减到 0。衰减程度不但与含沙量高、低程度有关,同时与泥沙粒径大小分布的关系也非常密切。”也就是说,仪器测量最大含沙量范围,同时受含沙量高低和粒径大小分布这两个因素的制约。

除此之外,颗粒的种类(泥沙、气泡、有机质等),颗粒的形状(球状、线状等)、水的颜色、气泡等因素对 LISST-100X 测量结果也会产生一定影响。因此,LISST-100X 能测量最大含沙量或指标范围,并不是想象的一个固定值指标。

根据野外试验资料,确定以中值粒径(中径)D_{50} 为参数,表征泥沙组成粗细特征,建立激光检测能量或光透度—中值粒径—含沙量相关关系,以探求 LISST-100X 在不同浓度、不同粒径组合条件下,测量含沙量的范围或最大含沙量。LISST-100X 不同测量模式、不同 D_{50} 条件下测量含沙量范围或最大含沙量参考指标,见表 6.5-4。

表 6.5-4　LISST-100X 不同测量模式、不同 D_{50} 条件下测量最大含沙量参考指标表

体积法中值粒径 D_{50} /μm	重量法中值粒径 D_{50} /μm	含沙量测量范围/(kg/m³)			
		标准	2.5 PRM	4.0PRM	4.5 PRM
5	4	0.01～0.050	0.02～0.100	0.05～0.250	0.10～0.500
10	8	0.01～0.069	0.02～0.138	0.05～0.345	0.10～0.690
15	12	0.01～0.086	0.02～0.172	0.05～0.430	0.10～0.860
20	16	0.01～0.108	0.02～0.216	0.05～0.540	0.10～1.080
25	20	0.01～0.150	0.02～0.300	0.05～0.750	0.10～1.500
30	24	0.01～0.168	0.02～0.336	0.05～0.840	0.10～1.680
35	28	0.01～0.211	0.02～0.422	0.05～1.055	0.10～2.110
40	32	0.01～0.264	0.02～0.528	0.05～1.320	0.10～2.640
45	36	0.01～0.350	0.02～0.700	0.05～1.750	0.10～3.500
50	41	0.01～0.413	0.02～0.826	0.05～2.065	0.10～4.130
55	45	0.01～0.518	0.02～1.036	0.05～2.590	0.10～5.180
60	49	0.01～0.648	0.02～1.296	0.05～3.240	0.10～6.480
65	53	0.01～0.750	0.02～1.500	0.05～3.750	0.10～7.500

注:1. PRM 为光程缩短器的缩写;2. 体积法与重量法中值粒径 D_{50} 分别为 LISST-100X 测量体积和烘干称重得出分布级配上的 50%粒径。

本参考指标及变化范围系根据大量试验资料分析确定,较厂家标称的规格指标更为具体和可操作性,可作为今后测验和资料分析时参考应用。

(6)体积转换常数

体积转换常数是将仪器不同粒径区间测得的电信号(或光能)转换为含沙量量纲单位的比例系数,简称为 VCC。

含沙量计算一般经过大量试验得到 LISST-100X 的测量输出值与含沙量的关系,即 VCC 值,再利用转换系数 VCC 值和测量输出值推算含沙量。具体计算方法如下:

$$VCC=\frac{\sum_{i=1}^{k}\frac{OUTPUT_i}{C_i}}{k} \tag{6.5-3}$$

式中:C_i ——第 i 个样本的传统法分析含沙量;

$OUTPUT_i$——第 i 个样本的 LISST-100X 仪器测量输出值;

k——样本总个数。

$$C=\frac{OUTPUT}{VCC} \tag{6.5-4}$$

式中:C——测点含沙量;

OUTPUT——LISST-100X 测量输出值。

根据上式,如直接采用厂家提供的 VCC,发现换算出的仪器测量成果与传统“烘干称重法”(以 kg/m^3 单位表示的含沙量值)相差较大。为了更加准确合理地确定 VCC,一般利用在不同来水来沙或不同泥沙组成特征条件下,仪器测量含沙量与对应的传统“烘干称重法”含沙量两者之间误差,采用最小误差原则,对 VCC 进行最优值的选择。

图 6.5-6 为根据野外和室内对比测试试验成果绘制的不同体积转换常数 VCC 与对应偏差 D_i 的相关关系曲线,当偏差 $D=0$ 时,野外 VCC=5366,室内 VCC=3596。

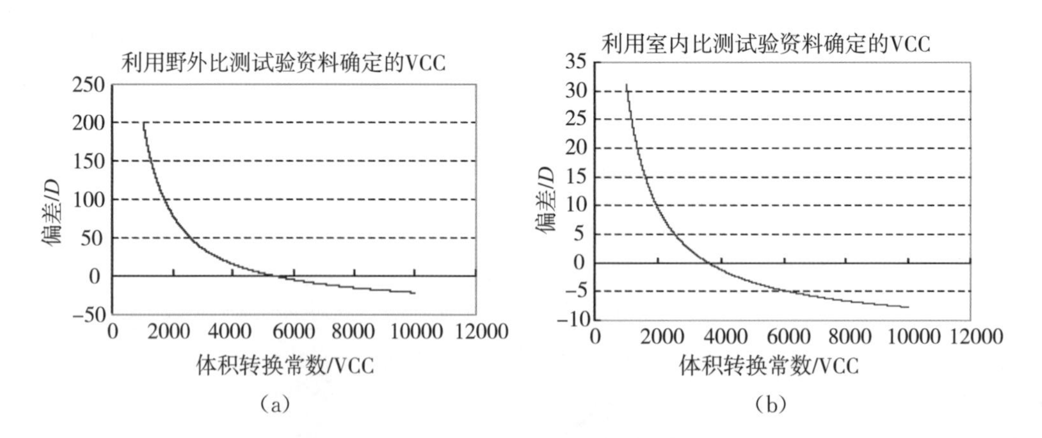

图 6.5-6　体积转换常数野外和室内 VCC 与对应偏差 D_i 的相关关系曲线图

必须指出:LISST-100X 在室内测试环境下,由于不受水沙脉动变化、泥沙组成特征或杂质等诸多因素影响,率定的 VCC=3596 要比野外条件下 VCC=5366 小。这说明了测试环境因素对 VCC 的改变或变化影响是相当大的。因此,在室内和野外不同测试环境条件下,由于影响因素的多变性和差异性客观存在,不能采用同一的体积转换常数 VCC 进行转换。否则,测验成果精度将受到影响,国内外诸多这类仪器的应用事实已得到验证。

(7)水深与水温检测

LISST-100X 由内置水深传感器(500psi)测量水深。仪器水深测量前,首先要在室内进行校正后方可正式采用。

6.6 声学散射测沙法

6.6.1 测沙基本原理

ADCP 是根据声波的多普勒效应制造的用于水流流速测量的专业声学仪器设备。当 ADCP 向水中发射固定频率的声波短脉冲遇到水体中的散射体的时候将发生散射,由于散射体会随着水流发生运动,因此 ADCP 接收到的被散射体反射回来的声波会产生多普勒频移效应,ADCP 通过对比发射的声波频率和接收到散射后的声波频率,就可以计算出 ADCP 和散射体之间的相对运动速度。由于 ADCP 还能接收和识别底床反射的声波信号,进而计算出相对于"地"的运动速度,最终得到水流速度(假设水体中的散射体和水流具有相同的运动速度)。如图 6.6-1 所示,水流速度(V_c)等于观测速度(V_{raw})和船速(V_b)的矢量和。

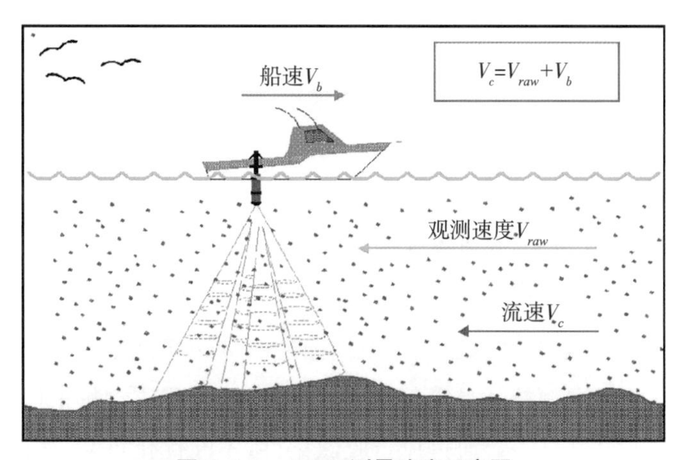

图 6.6-1 ADCP 测量速度示意图

从 ADCP 测流原理可知,ADCP 输出数据中含有的声反向散射信息,使 ADCP 具备了"观测"(计算)整个垂线(定点测量)或断面(走航测量)的悬移质含量的潜力。

由声反向散射信号(ABS)计算悬移质含量(Suspended Sediment Concentration,简称 SSC)的方法是以小颗粒的声散射声呐方程为基础的。声呐方程(Urick, 1975)的简化形式包含的项有声传播区、散射强度区(是颗粒形状、直径、密度、刚度、压缩性以及声波长的函数)、声源电平(发射信号强度,已知或可测量)以及双向传输损失项。传输损失是至声传播区距离以及水体吸收系数的函数,它包含了由扩散和吸收导致的损失。水体吸收系数是声学频率、盐度、温度和压力的函数,可以利用 Schulkin 和 Marsh(1962)的方程得到。扩散损失在传感器的近声场和远声场是不同的,近声场和远声场之间的过渡是传感器半径和声学波长的函数,传感器近声场扩散损失的改正可以利用 Downing 等(1995)的公式进行计算。

实际应用中,获得声源的所有特征是不可能的,因此简化声呐方程的指数形式为:

$$\text{SSCestimates} = 10(A + B \times RB) \tag{6.6-1}$$

SSCestimates 指计算的悬移质含量。

式(6.6-1)的指数项包括:测量的相对声反向散射量 RB、表示截距 A 和斜率 B 的项,相对反向散射是在传感器处测量的回声电平与双向传输损失之和。式中需要在一个半对数平面坐标系通过同时获得的 ABS 与已知的悬移质含量观测值(SSCmeas)进行回归分析确定,形式是 $\log(\text{SSCmeas}) = A + B \times RB$。

6.6.2 实现过程

实际应用时,采取如下步骤:①从 ADCP 生产商那里获得每台仪器每个波束比例因子 Kc,该值将 ADCP 信号的计数(Counts)转换成分贝(dB);②率定每个波束回波强度的参考电平 Er,即接收强度信号指标 RSSI,方法为将仪器置入测验区域水中,在 Bbtalk 软件中发送 PT3 命令,可获得该值,应小心来自船舶电机和无线电台等的干扰;③获取部分 ADCP 参数,它们是与每个信号组一起记录的,包括发射盲区(m)、发射脉冲长度(m)、水层单元(m)、电压、电流、传感器实时温度、波束角度、回波强度等;④计算相关外部变量,包括每个水层单元的声吸收系数(dB/m)、每个信号组中每个水层单元的声速(m/s)(可由 OBS-3A 采集的同步数据提供);⑤进行声散射信号与悬移质含量的转换,声散射信号依赖于颗粒衰减,而颗粒衰减又依赖于悬移质含量,因此要得到悬移质含量,必须进行递归计算。

荷兰 Aqua Vision 公司的 Visea DAS 软件的 PDT 模块(见附录 PDT 模块简介)首先采用标准的关系曲线将第一层的 ADCP 的声反向散射信号计算成悬移质含量,此时,仅考虑声学扩散和水体吸收,不考虑颗粒衰减等其他因素,得到的悬移质含量来计算颗粒衰减,这个值用来改正下一层的声散射信号,通过设定收敛条件,不断优化重复,从而计算出整个信号的垂线平均含沙量。

本次试验中,上述步骤的③至⑤部分,由 Visea DAS 软件完成,后续数据处理分析,由自编的 ADCP 测沙后处理软件完成。

6.6.3 理论局限性

虽然利用声学方法计算悬移质含量有诸多优势,但理论上尚存在如下局限:

①单频仪器无法区分是水体含沙量还是颗粒粒径分布发生了变化，因此粒径分布的变化将会被理解为悬移质含量发生了变化，需进行额外的率定。

②仪器频率与颗粒粒径分布之间的关系。“声学方法测沙”的理论基础是瑞利散射(Rayleigh Scattering)模型，该模型严格限于周长与波长的比率小于 1 的颗粒。当悬浮物粒径过大时，SSC 的计算误差开始变大，而颗粒粒径过小，应用声学方法计算含沙量并不适宜。

③与“声学测沙”有关的指标是仪器频率，ADCP 是设计用来测量流速剖面的，高频精度高，但应用距离短，低频精度差，但穿透能力强，因此一个经优化设计用来测量流速的仪器可能并不适用于悬浮泥沙测验。

除以上局限外，应用 ADCP 测沙尚有上下盲区的问题。鉴于此，有必要在不同研究区域开展现场对比测试试验。

6.7 量子光谱测沙法

6.7.1 测沙基本原理

量子点光谱法进行泥沙监测，采用世界领先的量子点光谱分析技术，将量子点(新型纳米晶材料)与成像感光元件完美结合，开发原位、实时的泥沙监测方法。用量子点光谱泥沙监测终端进行泥沙监测，通过测量被研究光(水样中物质反射、吸收、散射或受激发的荧光等)的光谱特性，用非化学分析的手段获得水体中特定物质的光谱信息，包括波长、强度等谱线特征，建立光谱数据与水环境各要素的映射关系，通过大数据光谱分析快速返回物质信息，从而可以不用称重获取目标水域的泥沙信息。

不同的物质由不同的元素以固定的结构构成，电子在特定的结构和元素中产生特有的能级结构。能量满足电子能级差的光子与电子相互作用就会激发电子在能级之间跃迁。这些能够激发电子跃迁的特定能量的光子在能量或波长上的分布就构成了该种物质的特征吸收谱。特征吸收谱由物质的元素种类和结构形式决定，不同的物质有不同的特征吸收谱，通过对特征吸收谱的分析就有可能确定物质的种类。因而这种特征吸收谱又被称为物质的“指纹谱”。特征吸收谱的形状由物质的种类决定，而其吸收谱的强度则由物质的丰度决定。

光谱推算含沙量的原理来源于比尔—朗伯定律(Beer-Lambert Law)。公式如下：

$$A=-\log_{10}\frac{I_t}{I_0}=\log_{10}\frac{1}{T}=K\cdot l\cdot c \tag{6.7-1}$$

式中：A——吸光度；

I_t——透射光的强度；

I_0——入射光的强度；

T——透射比或透光度；

K——系数(吸收系数);

l——光在介质中通过的路程;

c——吸光物质的浓度。

比尔—朗伯定律的物理意义是,当一束平行单色光垂直通过某一均匀非散射的吸光物质时,其吸光度与吸光物质的浓度及光在介质中通过的路程成正比。基于此将比尔—朗伯定律对吸光物质的浓度的计算演变成对含沙量的推算。但由于水体为混合介质,包含砂砾,表面附着的颗粒,造成干扰的气泡、木屑等,比尔—朗伯定律本身无法满足含沙量的推算,可以通过机器学习方法在光程一定的前提下训练出吸光度与含沙量的函数映射关系进而推算出含沙量。

推算公式:

$$A = K_1c_1l + K_2c_2l + K_3c_3l + \cdots + K_nc_nl = \overline{K}cl \tag{6.7-2}$$

式中:K_i——第 i 种成份的吸光系数;

c_i——第 i 种成份的浓度;

c——混合物总浓度;

$\overline{K}$——等效折合吸光系数。

如果知道等效折合吸光系数,混合物总浓度可以按下式计算:

$$c = A/\overline{K}l = f(A) \tag{6.7-3}$$

但是一般情况下,混合物中各组分种类及含量是未知的,也不可能从单波长测量结果中推算各组分种类及含量,也就无法得知混合物的等效折合吸光系数。反之,如果测量结果中包含不同组分种类及丰度信息,则有可能从中提取出等效折合吸光系数或者浓度的信息。

作为“物质指纹谱”,光谱信息可以用来区分不同种类的物质。例如,泥沙的粒径可以用米散射原理来识别和测量。米散射是指粒子尺度与入射波长可比拟时,其散射的光强在各方向是不对称的,并且散射振幅随入射波长变化的光学现象(图 6.7-1、图 6.7-2)。

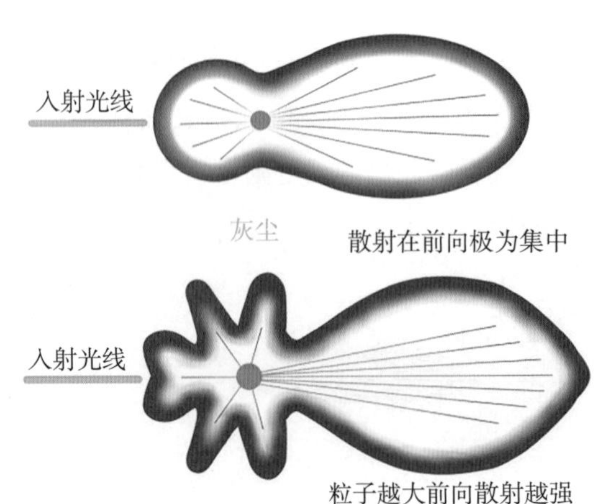

图 6.7-1　米散射振幅随出射方向变化

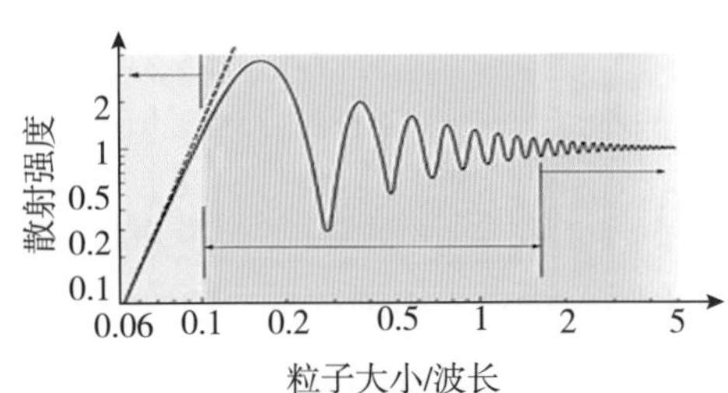

图 6.7-2　米散射强度随粒径与入射波长之比变化

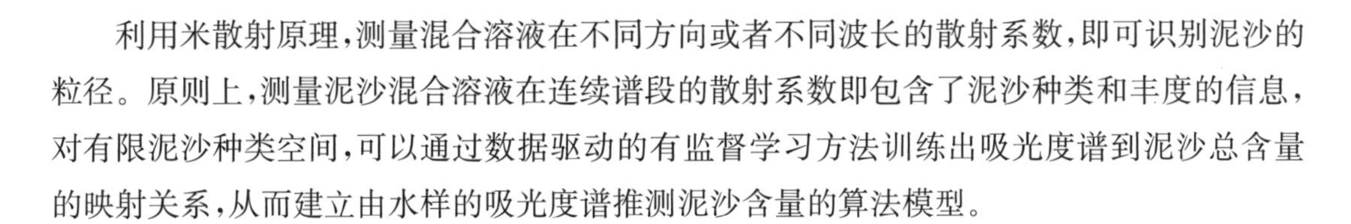
利用米散射原理，测量混合溶液在不同方向或者不同波长的散射系数，即可识别泥沙的粒径。原则上，测量泥沙混合溶液在连续谱段的散射系数即包含了泥沙种类和丰度的信息，对有限泥沙种类空间，可以通过数据驱动的有监督学习方法训练出吸光度谱到泥沙总含量的映射关系，从而建立由水样的吸光度谱推测泥沙含量的算法模型。

6.7.2 技术特点

(1)技术优势

量子点光谱传感技术因其在尺寸、性能等方面的特点，进行泥沙监测具有以下几点技术优势：

1)信息维度丰富，抗干扰性强

量子点光谱技术可以获取多维度的水体信息，数据精度高，可减少干扰物质的影响。

2)可拓展颗粒级配和泥沙来源追溯功能

通过对泥沙颗粒米散射的量子点光谱监测可以反映泥沙颗粒度的信息，同时不同地区的泥沙矿物组成的区别，也便于用光谱信息追溯泥沙的来源。

3)实时在线，灵敏度高

量子点光谱可实现秒级检测响应，检测速度快，同时光学检测的稳定性好，重复性可达1%左右，对变化有很高的灵敏度，可以完全实时在线自动监测。

4)可结合水质参数监测，一端多用

量子点光谱技术可预留多参数水质监测功能，将泥沙监测与水质监测结合，实现一端多用，可将监测对象延伸至水体物质元素组分溯源、演进、传播监测，拓展全新工作领域。

5)野外功能优秀，环境适应性好

量子点光谱传感芯片采用一体化的结构设计，不易受到温度、撞击等环境因素的影响，具有良好的环境适应性，保证在野外的长期稳定监测。

量子点光谱技术，以其引领未来的颠覆性技术、填补空白的原创性产品，实现对传统对象的全自动高精度监测，作为水文基础信息未来可为长江流域的泥沙智慧化监测提供更全面、更准确、更有效的应用效果。

(2)技术指标

量子点光谱测沙仪技术指标见表 6.7-1。

表 6.7-1　量子点光谱测沙仪技术指标

工作原理	量子点多光谱原理
含沙量测量范围	0.001～20.0kg/m^3(典型)； 0.01～100.0kg/m^3(拓展)
测量分辨率	0.001kg/m^3

续表

工作原理	量子点多光谱原理
工作模式	在线监测、快速监测、走航式监测
工作环境温度	−10～60℃
防护等级	IP68 / NEMA6P
平均功耗	<1W
待机功耗	<0.5W
探头尺寸	270mm(高度)×90mm(直径)
其他功能	自容存储、实时传输、自动清洗、数据校正
拓展功能	颗粒级配、泥沙物质元素组成、水质监测
技术支持	现场对比测试率定指导及模型优化

6.7.3 应用条件

量子点光谱泥沙监测系统具备在线监测、快速监测和走航式监测 3 种模式。在线监测模式为采用浮体将泥沙监测终端固定在水下某一深度，按固定时间间隔进行数据采集；快速监测模式为测验时将泥沙监测终端装在铅鱼等载体上，放入水中不同测点，人工控制监测工作的开始和结束。走航式监测模式为将泥沙监测终端装在测船、铅鱼等载体上，放入水下一定深度，测验时沿断面横渡，边运行边记录数据，测得水层平均含沙量，可与走航式 ADCP 流量测验同时进行。可循环进行不同深度水层平均含沙量测验。

在线测沙模式的安装方式有：岸边或固定建筑物安装、船载或浮体安装等。可根据需要在不同位置布设多套泥沙监测终端。

(1)岸边或建筑物安装

量子点光谱泥沙监测系统安装河岸边、水位自记井、桥墩建筑物上，安装地点需与水体直接接触，应保证最低水位时泥沙监测终端不露出水面。安装固定方式见图 6.7-3。

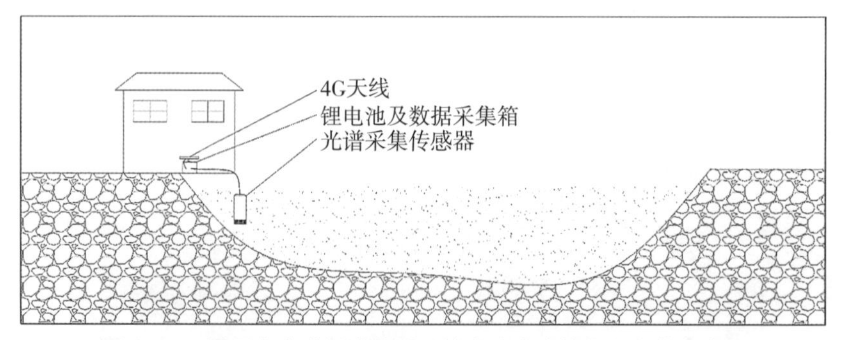

图 6.7-3 量子点光谱泥沙监测系统岸边或建筑物上安装示意图

(2)船载或浮体安装

量子点光谱泥沙监测系统安装在船舶、浮漂或其他固定漂浮物上，浮漂、固定漂浮物需固定在水底，应保证最低水位时泥沙监测终端不露出水面。固定安装方式见图 6.7-4。

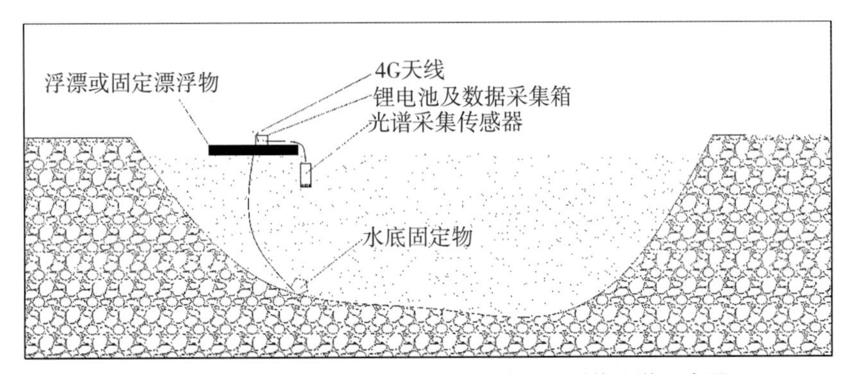

图 6.7-4 量子点光谱泥沙监测系统船舶或浮体安装示意图

量子点光谱泥沙监测终端的安装位置的选择应综合考虑断面形态、水流流态及所测点含沙量与垂线平均含沙量及断面平均含沙量的代表性等因素。

第7章　泥沙监测典型现场实践与适应性研究

7.1　光学散射法应用实例

7.1.1　HACH2100浊度仪测沙对比测试试验

7.1.1.1　对比测试过程

选择具有代表性的长江干流朱沱、寸滩、清溪场，支流嘉陵江北碚、乌江武隆等5个水文站，用HACH2100系列浊度仪与传统法进行对比测试试验。时间为2011年5—9月，试验期间5个水文站的变化特征见表7.1-1。

表7.1-1　试验期间各试验水文站来水来沙特征

试验站名	来水来沙	月平均流量、含沙量与多年月平均相比变化百分数/%					实测最大/最小含沙量/(kg/m³)
		5月	6月	7月	8月	9月	
朱沱	流量	−20.7	−19.3	−27.9	−39.0	−52.8	4.12/0.061
	含沙量	−69.5	−40.5	−61.2	−77.2	−85.4	
寸滩	流量	−11.3	0.64	−21.3	−20.2	−23.8	3.10/0.042
	含沙量	−58.9	13.7	−41.0	51.6	41.0	
清溪场	流量	−27.8	−18.8	−30.6	−27.1	−34.5	2.60/0.046
	含沙量	−74.1	−11.6	−56.3	−65.3	−60.0	
北碚	流量	−7.1	27.6	−21.5	23.4	59.8	2.82/0.009
	含沙量	−96.9	−66.8	−65.4	−71.7	−56.6	
武隆	流量	−64.7	−43.7	−58.5	−42.1	−66.2	2.25/0.002
	含沙量	−98.8	−81.3	−97.4	−63.6	−97.9	

收集资料情况如下：朱沱站共施测单沙86点，边沙对比测试与单沙同步进行共53点；寸滩站共收集单沙129点，边沙32点；清溪场站共施测单沙浊度70点，边沙56点；北碚站受嘉陵江上游、渠江等江河暴雨影响，水量含沙量均较大，具有良好代表性，故测次较多，共收集单沙140点，边沙89点；武隆站施测单沙74点，边沙56点。

7.1.1.2 对比测试结果

(1)单沙浊度与单样含沙量相关关系

以北碚站为例,单沙浊度—单样含沙量相关曲线见图 7.1-1,幂函数拟合单沙浊度—单沙相关式见表 7.1-2。

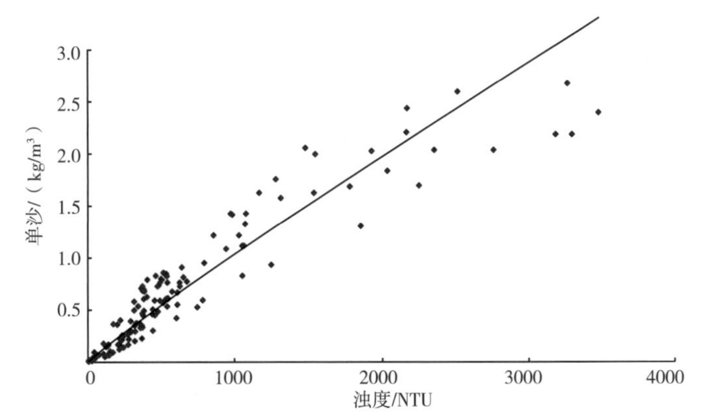

图 7.1-1 北碚水文站单沙浊度—单样含沙量相关曲线图

表 7.1-2 北碚站单沙浊度—单沙相关式表

站名	拟合浊度—单沙相关式	相关系数 R^2
北碚	$SS=0.00167\ T^{0.9312}$	0.938

注:式中 SS 为单沙,单位为 kg/m³;T 为单沙水样浊度,单位为 NTU。

单沙浊度与单沙相关系数 R^2 均大于 0.9,表明含沙量与水样浊度具有较强的相关性,因此,由单沙水样浊度推算出含沙量成果具有相当的精度。

(2)边沙浊度与单样含沙量相关关系

北碚站边沙浊度与单沙含沙量相关曲线见图 7.1-2。

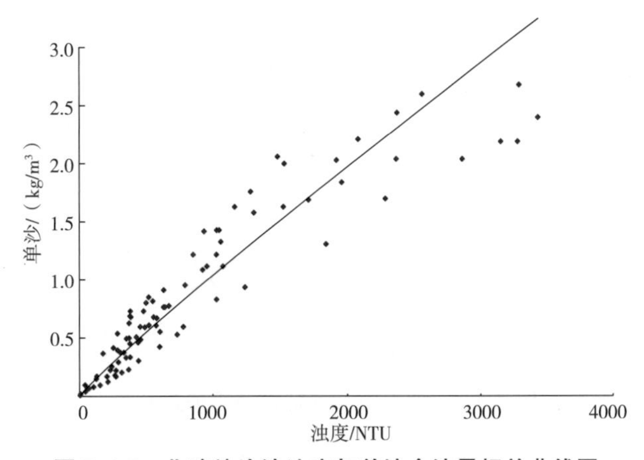

图 7.1-2 北碚站边沙浊度与单沙含沙量相关曲线图

采用幂函数回归方程进行分析，拟合了边沙浊度—单沙含沙量相关式和相关系数 R^2，见表 7.1-3。

表 7.1-3　　北碚站边沙浊度—单样含沙量相关式

站名	拟合边沙浊度—单沙含沙量相关式	相关系数 R^2
北碚	$SS=0.00174T^{0.92486}$	0.923

注：式中 SS 为单沙，单位为 kg/m^3；T 为边沙水样浊度，单位为 NTU。

利用各试验站边沙样品试验资料分析，所建立的边沙（或固定水域）的水样浊度与单沙相关关系曲线，各试验站边沙浊度与单沙的相关系数 R^2 除清溪场站稍偏小（0.79）外，其他站也大于 0.9。因此在极端条件下，可以利用边沙垂线，或岸边固定水域的水样浊度与单沙关系推算断面输沙率（量）。

边沙浊度与单沙相关系数 R^2 均大于 0.9，表明边沙浊度与单样含沙量具有较强的相关性，因此由边沙水样浊度推算出各沙量成果具有相当的精度。

（3）级配特征对浊度的影响

2011 年 5—9 月朱沱、寸滩、清溪场、北碚、武隆等水文站收集悬沙颗分水样情况见表 7.1-4。

表 7.1-4　　室内样品颗分与浊度测定统计表

站名	朱沱	寸滩	清溪场	北碚	武隆
样品数	26	36	23	34	25

朱沱、寸滩、清溪场、北碚、武隆 5 站水样浊度值与悬沙颗分特征值关系点群散乱，相关性较弱。以朱沱站为例，其浊度值与特征粒径相关关系见图 7.1-3。

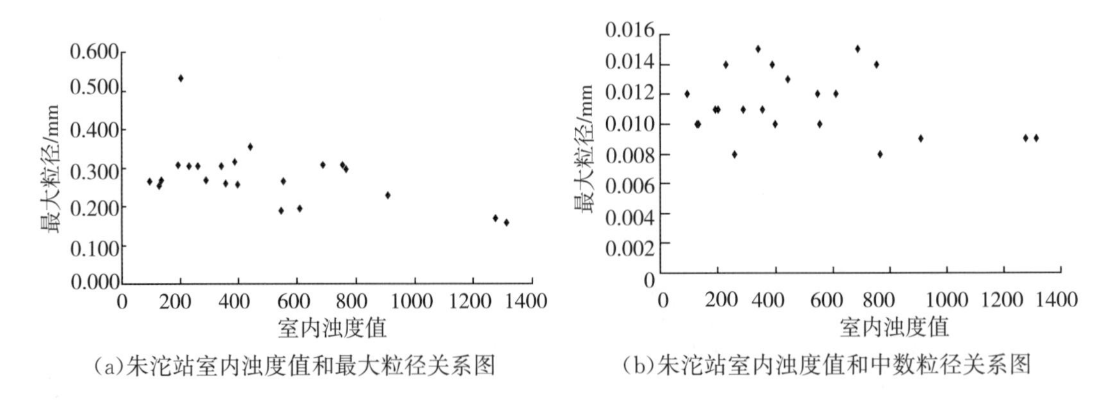

（a）朱沱站室内浊度值和最大粒径关系图　　（b）朱沱站室内浊度值和中数粒径关系图

图 7.1-3　浊度值与特征粒径相关关系图

(4)总体评价

根据北碚站建立的单沙水样浊度—单沙相关关系、边沙水样浊度—单沙相关关系,结合常规单断沙测验 3 种方法测得的含沙量过程线,见图 7.1-4。

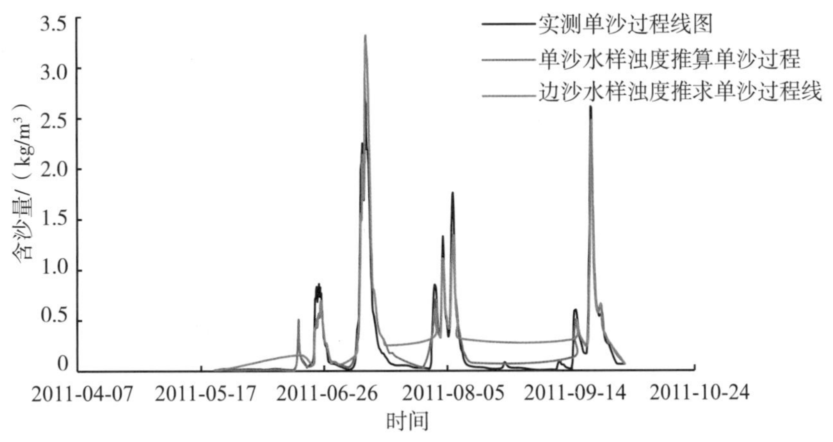

图 7.1-4　北碚站实测单沙与单、边沙浊度推算单沙过程对比图

由图 7.1-4 可以看出,3 种方法推算的单位含沙量过程线基本相应。单沙水样浊度推算单沙与实测单沙过程相比更为相应,两过程线基本重合,误差较小,最大含沙量、次大含沙量出现时间也完全一致。因此,光学散射浊度仪具有较好的适宜性和精度,使用浊度推算含沙量的方法具有时效性强、精度较高的特点。通过推求各试验站的输沙量成果看,由单沙水样浊度过程推算试验期输沙量与实测单沙过程推求的输沙量,两者相差均不超过 5%。下文以 2020 年为例,介绍 OBS-3A 在徐六泾水文站的应用情况。

7.1.2　OBS-3A 浊度仪测沙对比测试试验

7.1.2.1　对比测试过程

在徐六泾断面上共布设 5 条代表垂线,其中 4 条垂线抛置浮标,OBS-3A 与 ADCP 装在浮标上,探头向下;另一条垂线为固定平台,OBS-3A 与 ADCP 为座底方式,探头向上。采用 OBS-3A 每半小时采集一次浊度数据,根据标定公式计算出测点含沙量,进而结合同样每半小时采集一次 ADCP 剖面的后散射信号进行垂线含沙量的计算,得到代表线垂线平均含沙量。建立代表垂线平均含沙量与实测断面平均含沙量的关系,推求全年连续的徐六泾断面平均含沙量。

(1)OBS-3A 浊度校准

由于 OBS-3A 电子元件漂移等各方面的原因,造成测量结果的偏移,经分析,这种变化在年内可达−10%~10%,因此为保证测量的准确度,需要定期对 OBS-3A 进行浊度校准。

1)频次及方法

根据前期的研究分析,浊度校准每季度开展一次,分别于 2 月、5 月、8 月、11 月在实验室采用福尔马肼标准溶液对各台 OBS-3A 进行浊度校准，全年共计 4 次。校准软件采用 OBS-3A 自带软件按照《OBS-3A 手册》第 6 章的要求进行，每次校准后仪器会重新设置其内置校准系数。

2）OBS-3A 校准情况统计

OBS-3A 浊度校准系数是仪器将测量信号值转换为工程单位的转换系数，对浊度而言其转换公式为：

$$NTU = A + Bx + Cx^2 + Dx^3 \tag{7.1-1}$$

式中：NTU——浊度；

x——仪器信号值，各次校准后其内置校准系数见表 7.1-5。

表 7.1-5　　OBS-3A 浊度内置校准系数表

仪器编号	校准日期	校准后内置系数			
		A	B	C	D
749#	02-21	−3.85E+02	1.06E−02	4.45E−08	0.00E+00
	05-13	−4.48E+02	1.30E−02	2.60E−08	0.00E+00
	08-13	−6.18E+02	1.94E−02	−2.08E−08	0.00E+00
	11-09	−5.32E+02	1.39E−02	7.39E−08	0.00E+00
817#	02-21	−3.62E+02	1.04E−02	1.11E−08	0.00E+00
	05-13	−3.73E+02	1.07E−02	1.16E−08	0.00E+00
818#	02-21	−4.34E+02	1.21E−02	1.79E−08	0.00E+00
	05-13	−4.29E+02	1.20E−02	1.73E−08	0.00E+00
	08-13	−5.47E+02	1.67E−02	−1.94E−08	0.00E+00
	11-09	−4.21E+02	1.11E−02	3.50E−08	0.00E+00
819#	02-21	−1.09E+03	1.51E−02	5.99E−07	0.00E+00
	05-13	−1.25E+03	1.99E−02	6.07E−07	0.00E+00
	08-13	−2.27E+03	6.98E−02	4.10E−08	0.00E+00
	11-09	−6.66E+02	−1.78E−02	1.21E−06	0.00E+00
825#	02-21	−4.44E+02	1.22E−02	2.76E−08	0.00E+00
	05-13	−4.65E+02	1.31E−02	1.70E−08	0.00E+00
827#	02-21	−1.28E+03	−2.48E−02	1.97E−06	0.00E+00
	05-13	−2.22E+03	3.70E−02	9.60E−07	0.00E+00
	08-13	−4.97E+03	1.87E−01	−1.05E−06	0.00E+00
	11-09	−5.07E+02	−5.93E−02	2.30E−06	0.00E+00
828#	02-21	−4.04E+02	−8.21E−02	2.91E−06	0.00E+00
	05-13	−9.58E+02	−5.18E−02	2.50E−06	0.00E+00
	08-13	−6.09E+02	1.88E−02	1.14E−08	0.00E+00
	11-09	2.47E+02	−1.28E−01	3.70E−06	0.00E+00

续表

仪器编号	校准日期	校准后内置系数			
		A	B	C	D
999#	05-13	−4.48E+02	1.26E−02	4.61E−08	0.00E+00
	08-13	−6.09E+02	1.88E−02	1.14E−08	0.00E+00
	11-09	−4.18E+02	1.06E−02	8.20E−08	0.00E+00
1000#	02-21	−4.97E+02	1.26E−02	6.57E−08	0.00E+00
	08-13	−6.78E+02	1.95E−02	2.05E−08	0.00E+00
	11-09	−4.47E+02	9.06E−03	1.27E−07	0.00E+00
1001#	02-21	−4.34E+02	1.13E−02	6.86E−08	0.00E+00
	08-13	−6.78E+02	1.95E−02	2.05E−08	0.00E+00
	11-09	−3.98E+02	8.84E−03	1.13E−07	0.00E+00

7.1.2.2 对比测试结果

建立 OBS-3A 浊度值与水样含沙量的关系曲线，得到两者的转换公式，用来推算测点含沙量。

(1)标定频次

每月对备用的 OBS-3A 进行一次现场标定。根据 OBS-3A 测沙原理及以往资料的验证，OBS-3A 经过校准后，测得的浊度都在同一尺度，各台 OBS-3A 浊度与含沙量的关系曲线一致，因此各台 OBS-3A 均可采用备用 OBS-3A 的标定关系计算测点含沙量，无需将正在使用中的 OBS-3A 从浮标和平台上拆下进行标定，提高了输沙数据资料的完整性。

(2)标定方法

现场标定按照《OBS-3A 校准和标定技术指南》的要求进行。主要步骤如下：

①前期 OBS-3A 测量数据分析并确定计划采样点。对上次标定以来的数据进行分析，找出最大 OBS-3A 信号值，再根据水情发展预估的经验，确定标定的最大信号值 S_{max}。将 S_{max} 分为 10 等分，得到 10 个采样计划点 S_1、S_2…S_{10}。这就是现场要进行采样的点位。

②采用专用对比测试架将 OBS-3A 与横式采样器捆绑在一起，在采集水样的同时记录 OBS-3A 浊度值，采样历时不少于 40s。数据采集时使用一台 OBS-3A 实时观察浊度值，当浊度值达到计划采样点 S_i 浊度值时，用采样器采集水样（不少于 2000mL），同时记录下 OBS-3A 数据。每个采样计划点采集两次。

③以现场水样标定 OBS-3A，将水样室内分析的含沙量作为标准值，将其与 OBS-3A 浊度值建立一一对应的相关关系，由此得出 OBS-3A 浊度值与含沙量关系的标定公式。为尽量扩大 OBS-3A 浊度的覆盖范围，标定工作一般在大潮期间进行。

(3)OBS-3A标定公式的应用

由于OBS-3A现场标定期间含沙量的变化范围无法覆盖OBS-3A在线观测的全范围样本，即关系线样本的范围小于在线监测OBS-3A实际所测量的范围，故部分测点含沙量需采用标定关系线的外延部分进行计算，其误差可能偏大，当浊度较小时，还会出现计算的测点含沙量为负值的不合理现象。经分析研究，决定采用以下方法计算测点含沙量：根据当月OBS-3A在线监测的具体情况，确定应用关系线的浊度范围，即确定一个浊度值，当浊度大于等于该值时，采用现场标定的关系线计算测点含沙量，当浊度小于该值时，采用经过原点的过渡线计算测点含沙量(表7.1-6)。各月采用过渡线计算的测点含沙量的比例不超过15%。

表7.1-6　2020年OBS-3A标定公式(浊度值—含沙量关系)及应用范围

应用时段	浊度范围(NTU)	浊度与含沙量的计算公式	使用比例/%
1月	浊度≥24.9	NTU = 320.24×SSC+15.671	97.39
	浊度<24.9	NTU = 864.07×SSC	2.61
2月	浊度≥18	NTU=311.83×SSC+13.523	87.97
	浊度<18	NTU=1253.90×SSC	12.03
3月	浊度≥12	NTU=303.15×SSC+6.1229	94.73
	浊度<12	NTU=618.98×SSC	5.27
4月	浊度≥16.1	NTU=257.06×SSC+7.2438	85.79
	浊度<16.1	NTU=467.31×SSC	14.21
5月	浊度≥10	NTU = 271.14×SSC+3.7589	94.78
	浊度<10	NTU = 434.45×SSC	5.22
6月	浊度≥0	NTU=498.17×SSC−7.3547	100
7月	浊度≥50	NTU=278.57×SSC+40.241	88.03
	浊度<50	NTU = 1427.1×SSC	11.97
8月	浊度≥50	NTU=342.09×SSC+25.763	86.66
	浊度<50	NTU = 705.71×SSC	13.34
9月	浊度≥58	NTU = 324.65×SSC+51.993	85.29
	浊度<58	NTU = 3134.50×SSC	14.71
10月	浊度≥39	NTU = 404.85×SSC+18.46	85.85
	浊度<39	NTU=768.72×SSC	14.15
11月	浊度≥22	NTU=239.53×SSC+20.999	87.26
	浊度<22	NTU=5265×SSC	12.74
12月	浊度>24	NTU = 248.27×SSC+21.939	87.56
	浊度<24	NTU=2891.4×SSC	12.44

7.1.3 TES 自动测沙仪对比测试试验

7.1.3.1 对比测试过程

为提高泥沙监测现代化水平，2019 年 4 月，枝城水文站在大量调研基础上，引进 TES-91 含沙量在线监测系统，研究光学在线测沙仪器在荆江河段的适用性，通过开展仪器精度、稳定性、可靠性对比测试试验，分析测验断面含沙量与仪器测量值之间的关系，进而寻求断面平均含沙量在线监测新路径。

(1)试验期阶段

正式对比测试之前，为检验仪器稳定性，于 2019 年 4 月 5 日安装在枝城水文趸船尾部进行试验性对比测试(图 7.1-5)。

图 7.1-5 枝城水文趸船尾部测沙仪

1)含沙量率定方法

仪器稳定性率定分析：同位置点含沙量(横式采样器采样，烘干法)与 TES-91 在线测沙同步对比测试，通过 TES-91 仪器示值和同位置点含沙量样本建立模型。

2)率定资料的选取及分析结果

样本收集时间：2019 年 7 月 10 日至 2019 年 8 月 26 日。枝城站 2017—2019 年单沙—断沙关系良好，系数 K 值为 1.0000，对比测试分析时将单沙和断沙一并纳入分析样本。

仪器稳定性分析：收集同位置点含沙量样本 50 份。将 TES-91 示值与同位置点含沙量建立相关关系(图 7.1-6)。结果显示两者相关性显著，相关系数 0.9802，适线检验 $u=0.14$，$U=0.86$，$|t|=0.97$，均为合格；随机不确定度为 16.4%，系统误差为 1.6%，满足相关规范要求。

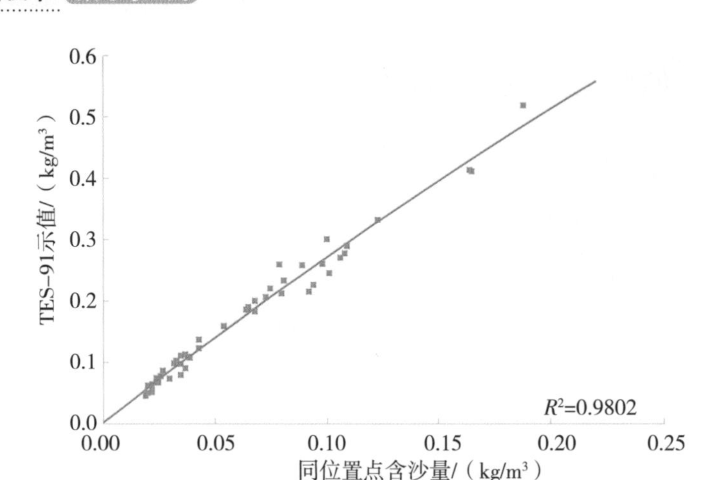

图 7.1-6　TES-91 示值与同位置点含沙量关系

进一步对 TES-91 仪器示值与同位置点含沙量过程对照分析，由于 2019 年是平水年份，含沙量不大，为了分析含沙量在线监测系统传感器的稳定性，选取了 2019 年最大含沙量（洪水）变化过程实测数据（时间段：7 月 30 日 8:29 至 8 月 17 日 8:20），通过 TES-91 仪器示值与同位置点含沙量过程对照分析，见图 7.1-7。通过对照分析，TES-91 仪器示值与同位置点含沙量变化趋势均吻合，两者之间关系良好。

通过在枝城水文趸船处安装 TES-91 含沙量在线监测系统进行对比测试试验，证明枝城站含沙量在线监测系统设备性能稳定，运行精度较高。在枝城断面安装 TES-91 含沙量在线监测系统正式开展对比测试，方案可行。

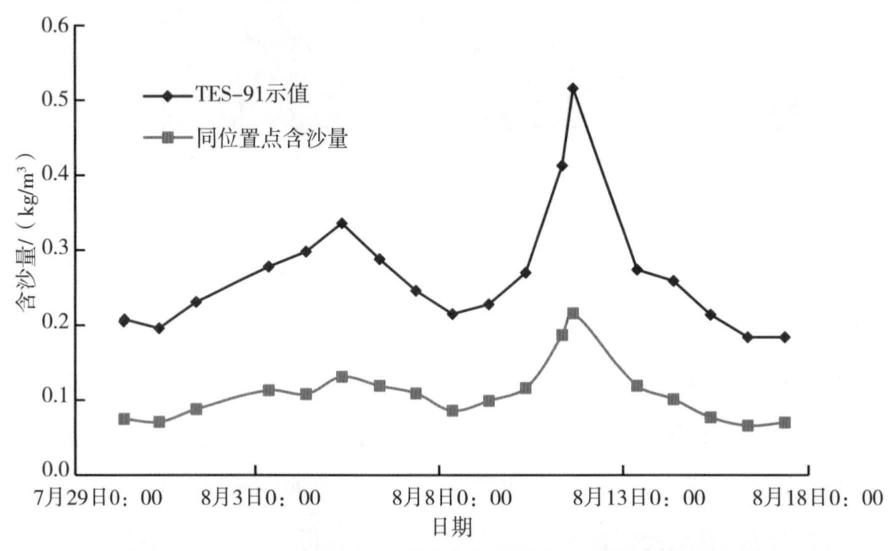

图 7.1-7　TES-91 示值与同位置点含沙量洪水含沙量过程对照图

（2）正式对比测试阶段

TES-91 在线测沙传感器安装在流量测验断面起点距约 930m 的下游 1km 的固定浮标

船尾部,监测平台相对位置见图 7.1-8。

TES-91 含沙量传感器在入水深 1.30m 的水中,镜头面朝水底。采集数据出现异常或水中有缠绕物,随时排障,含沙量在线监测平台见图 7.1-9。

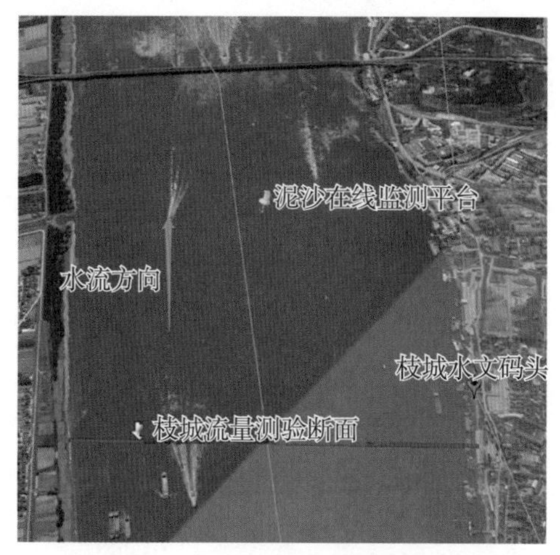

图 7.1-8　含沙量在线监测平台位置图

图 7.1-9　枝城站泥沙在线监测平台

1)含沙量率定方法

①仪器稳定性率定分析:同位置点含沙量(在仪器旁采用横式采样器单独取样,利用烘干法所测取的含沙量)与 TES-91 在线测沙同步对比测试,通过 TES-91 示值和同位置点含沙量样本建立模型。

②建立同位置点含沙量与断面平均含沙量相关关系,分析其相关性后,再采用在线测沙仪 TES-91 示值与断面平均含沙量建立相关关系进行率定分析。常规法输沙测验采用横式采样器施测,利用烘干法测取含沙量,具体测验方法见表 7.1-7。

表 7.1-7　悬移质输沙率测验方法垂线方案

测验方法	采样线点	垂线起点距/m(随水位涨落而增减)
选点法	15~18 线 5 点	100、300、500、700、780、840、900、930、960、990、1020、1060、1100、1140、1180、1220、1260、1290
垂线混合法	9~12 线 2 点混合	100、300、500、700、840、900、960、1020、1100、1180、1260、1290
异步测沙法	8 线 2 点混合	700、840、900、960、1020、1100、1180、1260

2)对比测试率定资料选取

2020 年 1 月 1 日至 2020 年 9 月 30 日,同位置点含沙量样本 111 份;断面平均含沙量样本 67 份。

此次对比测试仪器示值最大 1.158kg/m^3,最小 0.003kg/m^3,同位置点含沙量最大 0.972kg/m^3,最小 0.003kg/m^3,断面平均含沙量最大 0.972kg/m^3,最小 0.003kg/m^3。

7.1.3.2 对比测试结果

(1)稳定性分析

将在线测沙仪器 TES-91 示值与同位置点含沙量建立相关关系,结果显示两者相关性显著,相关系数 0.9969。相关关系见图 7.1-10。

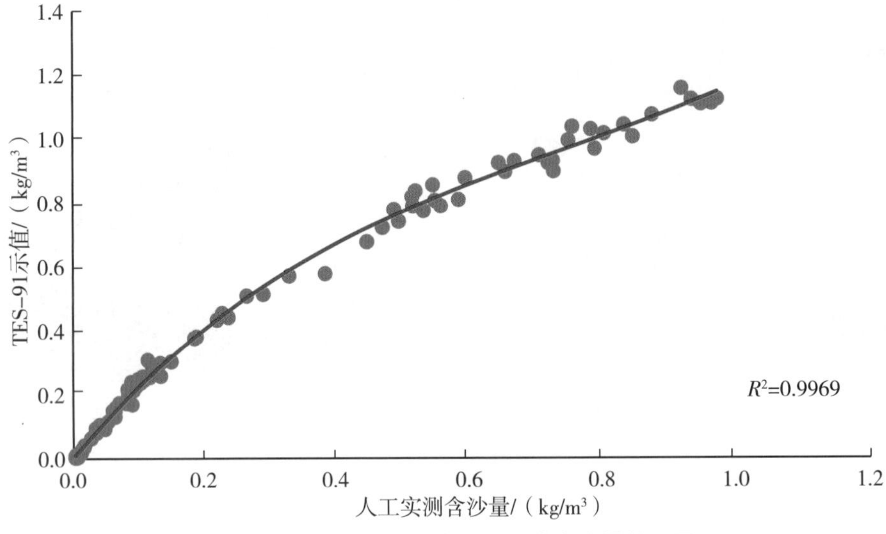

图 7.1-10 TES-91 示值与同位置点含沙量关系图

根据《水文测验补充技术规定》10.2.3.1 中"单断沙关系检验时,含沙量小于 0.1kg/m³ 的单断沙关系点,可不参加关系曲线检验"。对关系曲线含沙量大于 0.1kg/m³ 进行检验,样本容量 N=54,三项检验均为合格;随机不确定度为 13.0%,系统误差为 0%,满足《水文资料整编规范》(SL 247—2012)3.3.4 中规定随机不确定度与系统误差分别不超过 18.0%、2%的要求。从仪器示值与同位置点含沙量建立的模型可以看到仪器性能稳定。

(2)相关关系模型分析

建立同位置点含沙量与断面平均含沙量的相关关系(图 7.1-11),相关度达 0.9982。

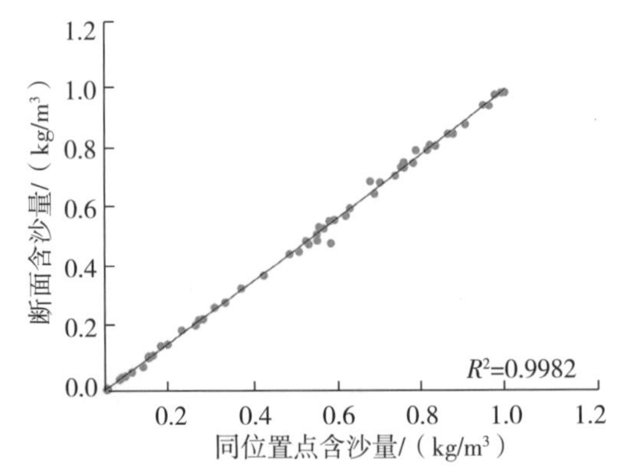

图 7.1-11 同位置点含沙量与断面含沙量的相关关系图

在点含沙量与断面含沙量相关性很好的情况下，直接采用在线测沙仪器 TES-91 示值与断面平均含沙量建立相关关系进行率定分析(图 7.1-12)，结果显示两者相关性显著，相关系数 0.9933。对关系曲线含沙量大于 0.1kg/m³ 进行检验，样本容量 $N=49$，三项检验均合格；随机不确定度为 14.2%，系统误差为 0.2%，满足《水文资料整编规范》(SL 247—2020) 3.3.4 中规定随机不确定度与系统误差分别不超过 18.0%、2%的要求。通过建立的模型，在线断面平均含沙量可以由仪器示值推算得到。

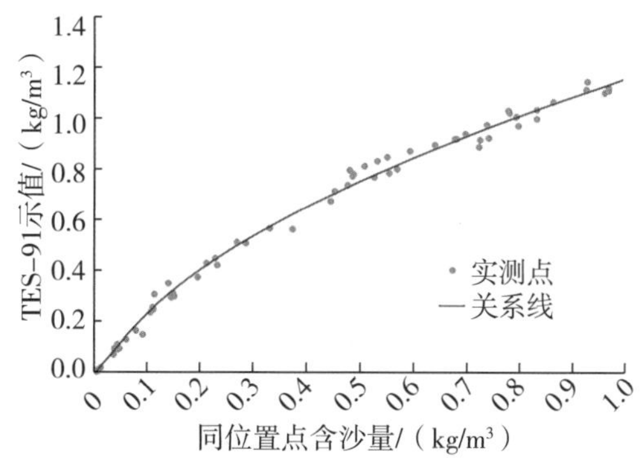

图 7.1-12　枝城水文站 TES-91 示值与断面含沙量关系图

(3)整编成果对比分析

1)逐日含沙量、输沙率过程线对照

为验证 TES-91 含沙量在线监测系统测沙代表性，将 2020 年(截至 9 月 30 日)所有仪器示值通过率定的关系计算在线断面含沙量，进行整编，生成在线逐日平均含沙量、逐日输沙率，与实测含沙量整编成果进行对照分析，见图 7.1-13。

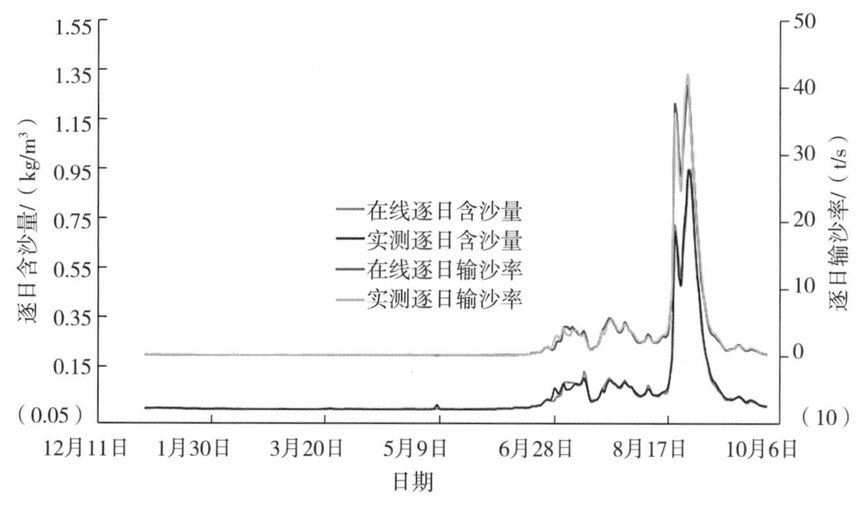

图 7.1-13　在线逐日平均含沙量、逐日输沙率与实测逐日含沙量、逐日输沙率过程线对照图

从图 7.1-13 可以看出，在线逐日平均含沙量、逐日输沙率与实测逐日平均含沙量、逐日输沙率关系较好，吻合程度高。

2)含沙量月年特征值对照

将实测含沙量、在线含沙量各月特征值及相对误差进行统计，当含沙量小于 0.05kg/m^3 时采用绝对误差计算，具体统计情况见表 7.1-8。

表 7.1-8　　含沙量特征值及误差统计表

整编方法	项目	月份									年统计
		1	2	3	4	5	6	7	8	9	1—9 月
实测含沙量	最大含沙量(kg/m^3)	0.008	0.005	0.006	0.004	0.028	0.129	0.139	0.992	0.415	0.992
在线含沙量		0.009	0.005	0.006	0.006	0.008	0.062	0.171	0.997	0.377	0.997
相对误差(%)/绝对误差		0.001	0.00	0.00	0.002	−0.020	−51.94	23.02	0.50	−9.16	0.5
实测含沙量	最小含沙量(kg/m^3)	0.004	0.003	60.003	0.003	0.003	0.004	0.035	0.056	0.018	0.003
在线含沙量		0.004	0.003	0.003	0.003	0.003	0.004	0.039	0.053	0.012	0.003
相对误差(%)/绝对误差		0.00	0.00	0.00	0.00	0.00	0.00	0.004	−5.36	−0.006	0
实测含沙量	平均含沙量(kg/m^3)	0.006	0.003	0.004	0.003	0.005	0.028	0.092	0.341	0.090	0.119
在线含沙量		0.005	0.004	0.003	0.004	0.004	0.023	0.096	0.338	0.084	0.117
相对误差(%)/绝对误差		−0.001	0.001	−0.001	0.001	−0.001	−0.005	4.35	−0.88	−6.67	−1.68

从表 7.1-8 可以看出，各月最小含沙量、平均含沙量基本吻合，最大含沙量 5 月、6 月、7 月相对误差较大，5 月绝对误差为−0.02，6 月、7 月相对误差分别为 51.94%、23.02%，分析原因为：5 月、6 月仪器因漂浮物缠绕或电压等问题，导致仪器维护期间，数据缺失，7 月因实测含沙量测次不够所致。

统计实测含沙量和在线含沙量两种方法 1—5 月、6—9 月以及年输沙量见表 7.1-9。不难看出两种方法推算的 1—5 月、6—9 月、年输沙量相当，相对偏差分别为−1.33%、−1.05%、−1.12%。最大输沙量主要集中在 6—9 月，在 1—9 月输沙量的占比中达 99.05%。

表 7.1-9　　各月输沙量及占比统计表

整编方法	项目	1—5 月	6—9 月	年(1—9 月)输沙量/万 t
实测含沙量	输沙量/万 t	51.54	5383	5440
	占比/%	0.95	99.05	
在线含沙量	输沙量/万 t	50.86	5327	5380
	占比/%	0.95	99.05	
输沙量相对误差/%		−1.33	−1.05	−1.12

3)在线含沙量与实测含沙量过程对照分析

为了进一步分析含沙量在线监测系统传感器的准确性，选取 2020 年最大含沙量(洪水)变化过程实测数据(时间段：8 月 18 日 10:07 至 9 月 5 日 9:43)，进行在线断面平均含沙量和实测断面平均含沙量过程对照分析(图 7.1-14)。

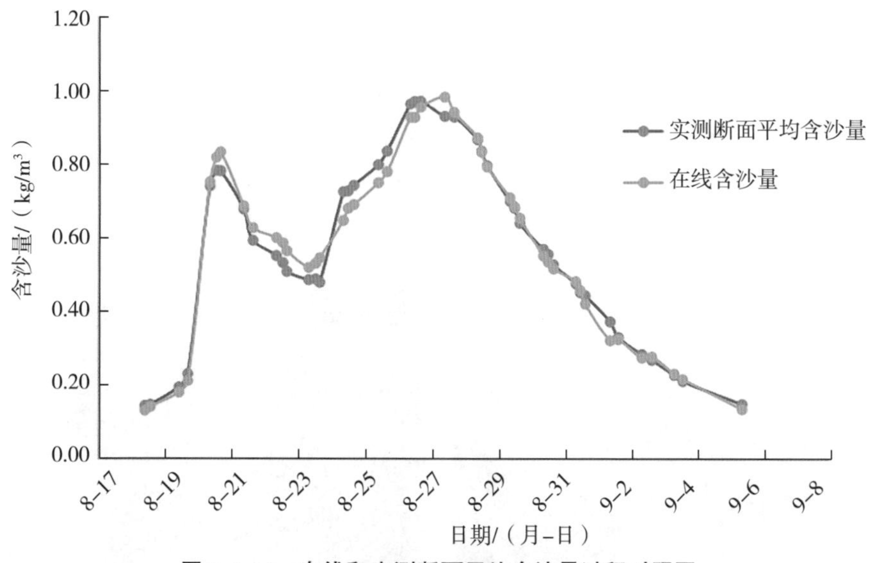

图 7.1-14 在线和实测断面平均含沙量过程对照图

通过对照分析，实测与在线断面平均含沙量变化趋势吻合。在线断面平均含沙量与实测断面平均含沙量，两组数值十分接近，表明在枝城测验河段，在线断面平均含沙量能准确代替实测断面平均含沙量进行实时监测和报汛。

7.1.3.3 总体评价

①本次对比测试分析了 TES-91 在线测沙仪器示值与同位置点含沙量相关性。两者显著相关，相关系数 0.9969。通过三项检验，误差指标均满足要求，表明该仪器在枝城水文站测验性能稳定。

②本次对比测试实测含沙量范围为 0.003～0.972kg/m^3(示值范围：0.003～1.158kg/m^3)。在此范围内建立的仪器示值与枝城水文站测验断面平均含沙量模型关系良好，相关系数 0.9933。通过了三项检验和误差分析，具体检验指标及规范要求统计见表 7.1-10，满足《水文资料整编规范》(SL 247—2012)的要求。

表 7.1-10　　模型精度检验与规范要求对照表

类别	符号检验	适线检验	偏离数值检验	不确定度/%	系统误差/%
规范要求	1.15	1.64	1.05	18.0	2.0
实际模型	0	免检	0.2	14.2	0.2

7.2 激光衍射法应用实例

7.2.1 对比测试过程

7.2.1.1 仪器安装

在长江干流汉口水文站和沙市水文站进行对比测试试验，将 LISST-100X 实时测量仪器与现有设备如横式采样器以悬吊方式，安装在测船同一船舷处，仪器间中心距为 0.2～0.3m，相互之间不产生干扰影响，尽量避免 LISST-100X 仪器镜头处泥沙淤积而引起对测试信号发射影响，安装实景见图 7.2-1。

图 7.2-1 仪器安装实景图

7.2.1.2 仪器测验方式

LISST-100X 仪器可在测船和水文缆道上采用无线测量，其主要有两种方式。

①仪器可以移动运行方式采集数据，简称动态测量方式（相当于“积深法”）。即在断面某垂线处，仪器悬吊在铅鱼上，由水文微机测流系统（或电机）控制，匀速地将仪器从水面下放到河底，再将仪器从河底上提出水面，为一个测沙过程。

②仪器可以固定在垂线某一水深（或相对水深 0.2m、0.6m、0.8m 等）位置处采集数据，简称定点测量方式（相当于常规或传统的“选点法”方式）。每 1s 采集 1 个瞬时点含沙量样品。

7.2.1.3 体积转换常数

为了更加准确合理地确定适应长江测验的 VCC，使得 LISST-100X 仪器测量浓度结果更接近“真值”（即与对应传统法含沙量之间误差最小），在进行实际操作中，长江委水文局提出了偏差最小法和偏态度相关法两种不同方法，下面对两种方法进行介绍。

（1）偏差最小法

偏差最小法是利用仪器分别采用标准、4.0 和 4.5 模式测量的 30 个含沙量与对应的传统“烘干称重法”含沙量两者之间偏差，采用最小原则进行 VCC 最优值的选择确定。计算方法如下：

$$C_{s仪器,i}=\frac{\mathrm{OUTPUT}_i}{\mathrm{VCC}} \tag{7.2-1}$$

式中：$C_{s仪器,i}$ ——第 i 个样本 LISST-100X 仪器测量浓度；

i ——样本序号，$i=1\sim n$ ，n 为率定样本数；

OUTPUT_i——第 i 个样本，LISST 测量“输出值”；

VCC——假定的体积转换常数。

LISST-100X 仪器测量浓度与对应传统法含沙量之间误差（采用相对误差表示）δ_i ，即为：

$$\delta_i=\frac{C_{s仪器,i}-C_{s传统,i}}{C_{s传统,i}} \tag{7.2-2}$$

系列中所有样本的相对误差 δ_i 之和，记为系列偏差 D ，公式为：

$$D=\sum_{i=1}^{n}\delta_i=\sum_{i=1}^{n}\frac{C_{s仪器,i}-C_{s传统,i}}{C_{s传统,i}} \tag{7.2-3}$$

若采用 m 个不同的 VCC_j ，则可计算出 m 个不同的偏差 D_j ，取偏差绝对值最小所对应的 VCC_j 即为最优值。

采用偏差最小法得出的 VCC 计算的含沙量结果，与对应的传统烘干称重法含沙量对比，整个测试系列的平均偏差最小，如 1169 仪器 VCC=5366 使用效果较好。但对于系列中某单个样本的对比偏差（偶然偏差）有个别偏差较大。

（2）偏态度相关法

偏态度相关法是利用天然河流不同水沙特性、不同泥沙组成特征下的单点泥沙颗粒级配特征值偏态度与对应的体积转换常数 VCC 建立关系的方法。偏态度近似的数学公式表示如下：

$$\alpha=\frac{6(D_m-D_{50})}{\sigma} \tag{7.2-4}$$

式中：D_m ——泥沙颗粒级配算术平均粒径，mm；

D_{50}——泥沙颗粒级配中值粒径，mm；

σ ——均方差（标准偏差），表示泥沙颗粒级配分布的分散度，为 $\sqrt{\frac{D_{84.1}}{D_{15.9}}}$ 。

偏态度相关法是利用天然河流不同水沙特性、不同泥沙组成特征下的单点泥沙颗粒级配特征值偏态度与对应的体积转换常数 VCC 建立关系，是变化的，与对应的传统“烘干称重法”含沙量对比，单点偏差最小。如清溪场 VCC=64.25a+2209.4。但建立偏态度—VCC 的相关关系良好，据分析有的河段关系较好，有的较差。其影响因素非常复杂，还需作进一步完善。

（3）含沙量上限数学计算模型

根据长江委水文局对比测试试验数据，采用以不同中值粒径 D_{50} 为参数，综合得出：激光检测能量和光透度—中值粒径—含沙量相关关系或经验相关式，并对 LISST-100X 测量的最大含沙量或范围进行了分析研究。以 LISST-100X 光透度 10%或 5%对应的含沙量为上、下包线阈值参数，综合概化出仪器标准模式测量最大的含沙量上限指标，见表 7.2-1。

表 7.2-1　　LISST-100X 不同测量模式、不同 D_{50} 条件下测量最大含沙量参考表

体积法 D_{50}/μm	重量法 D_{50}/μm	测量含沙量范围/(kg/m³)			
		标准	2.5 光程	4.0 光程	4.5 光程
5	4	0.01～0.050	0.02～0.100	0.05～0.250	0.10～0.500
10	8	0.01～0.069	0.02～0.138	0.05～0.345	0.10～0.690
15	12	0.01～0.086	0.02～0.172	0.05～0.430	0.10～0.860
20	16	0.01～0.108	0.02～0.216	0.05～0.540	0.10～1.080
25	20	0.01～0.150	0.02～0.300	0.05～0.750	0.10～1.500
30	24	0.01～0.168	0.02～0.336	0.05～0.840	0.10～1.680
35	28	0.01～0.211	0.02～0.422	0.05～1.055	0.10～2.110
40	32	0.01～0.264	0.02～0.528	0.05～1.320	0.10～2.640
45	36	0.01～0.350	0.02～0.700	0.05～1.750	0.10～3.500
50	41	0.01～0.413	0.02～0.826	0.05～2.065	0.10～4.130
55	45	0.01～0.518	0.02～1.036	0.05～2.590	0.10～5.180
60	49	0.01～0.648	0.02～1.296	0.05～3.240	0.10～6.480
65	53	0.01～0.750	0.02～1.500	0.05～3.750	0.10～7.500

注：1. 以标准模式光透度为 10%为限；2. 体积法中值粒径为 LISST-100X 测量体积分布级配；3. 重量法中值粒径为传统粒吸结合法分析级配。

从表 7.2-1 可以看出：

①LISST-100X 能测量最大含沙量或范围，随着粒径大小分布不同而变化，并不是想象的是一个固定值。其指标是随着含沙量的高低、粒径大小分布组成的变化而变化，是一簇参变量曲线。这便是实际中不能简单回答 LISST-100X 能测量最大含沙量准确值的根本原因。

②厂家所标称如标准模式可测最大含沙量 0.75kg/m³ 指标，分析认为：至少需要中值粒径达到 50μm 泥沙组成条件下，才有可能测到；并不是其标称的“平均粒径为 30μm 近似范围”。因此，厂家技术规格中标称的不同模式的测量含沙量范围等指标，为泥沙组成单一特征下的测量范围，不能作为 LISST-100X 测量最大含沙量的唯一标准和依据。

③当 D_{50} 约小于 12μm 时，如仅采用标准模式和 4.5PRM，测量含沙量会出现空白区间。因此为了保证测量范围的连续性，以及测验结果的真实性和测量精度，是不能省去其他光程模式的。考虑到 4.0PRM 测量含沙量范围要比 2.5PRM 的要大，有必要采用 4.0PRM。而 2.5PRM 测量范围由 4.0PRM 替代。

LISST-100X 测量最大含沙量或范围的参考指标成果，可作为实际工作中判断仪器测试

信号失效,或者选择不同测量模式时参考。在实际测验中:

①只要仪器测试信号不失效,原则上按标准模式进行测验;

②如遇标准模式在本含沙量级范围内,因含沙量大、中值粒径小等原因,导致测试信号失效时,再依次按 4.0PRM、4.5PRM 测量模式进行测验,以保证测验结果的真实性和测量精度。如采用 4.5PRM,确定不是由仪器故障而导致测试信号失效,说明测验时水体的浓度和粒径组成条件,已超出参考指标或仪器测量范围。

7.2.2 对比测试结果

(1)含沙量沿水深变化过程

图 7.2-2 和图 7.2-3 分别为汉口水文站起点距 780m、1200m、1700m 和沙市水文站 200m、500m、800m 三条单沙垂线处,采用 LISST-100X 标准模式动态往返测量的含沙量变化过程试验结果。

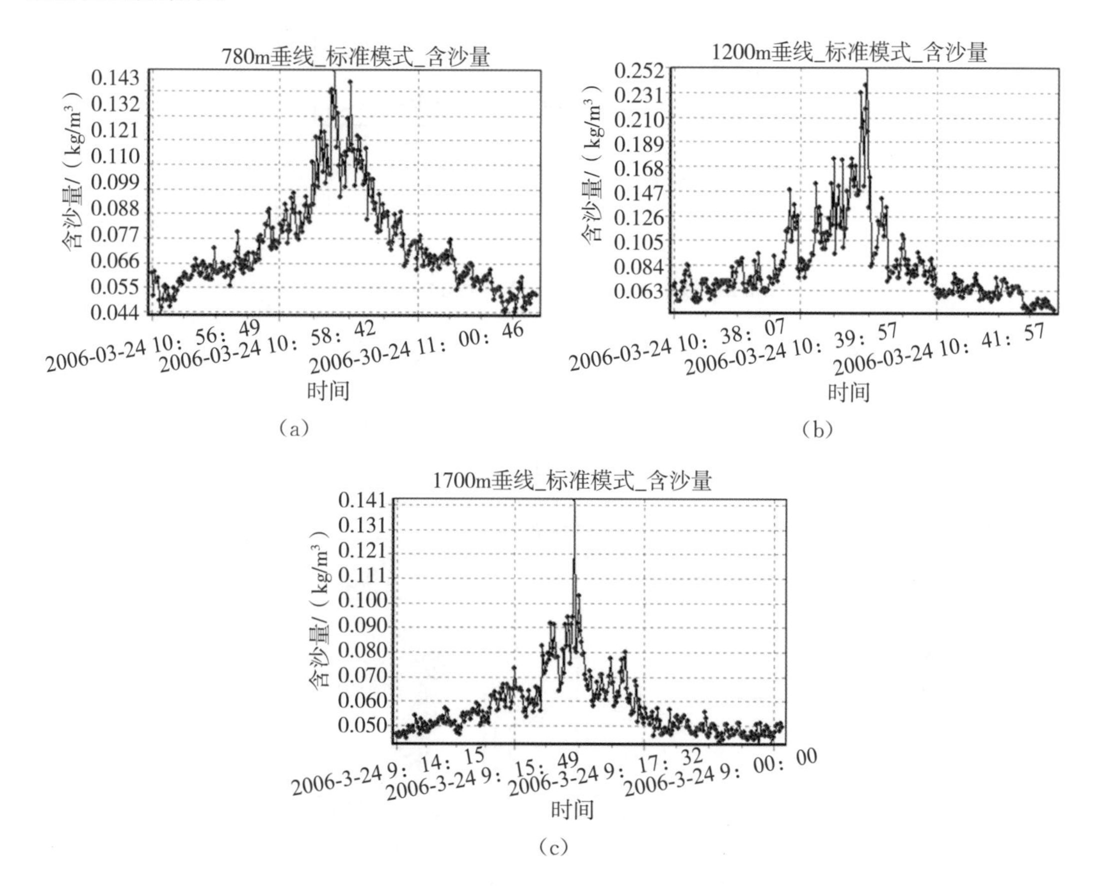

图 7.2-2 汉口水文站 2006 年 3 月 24 日测验成果

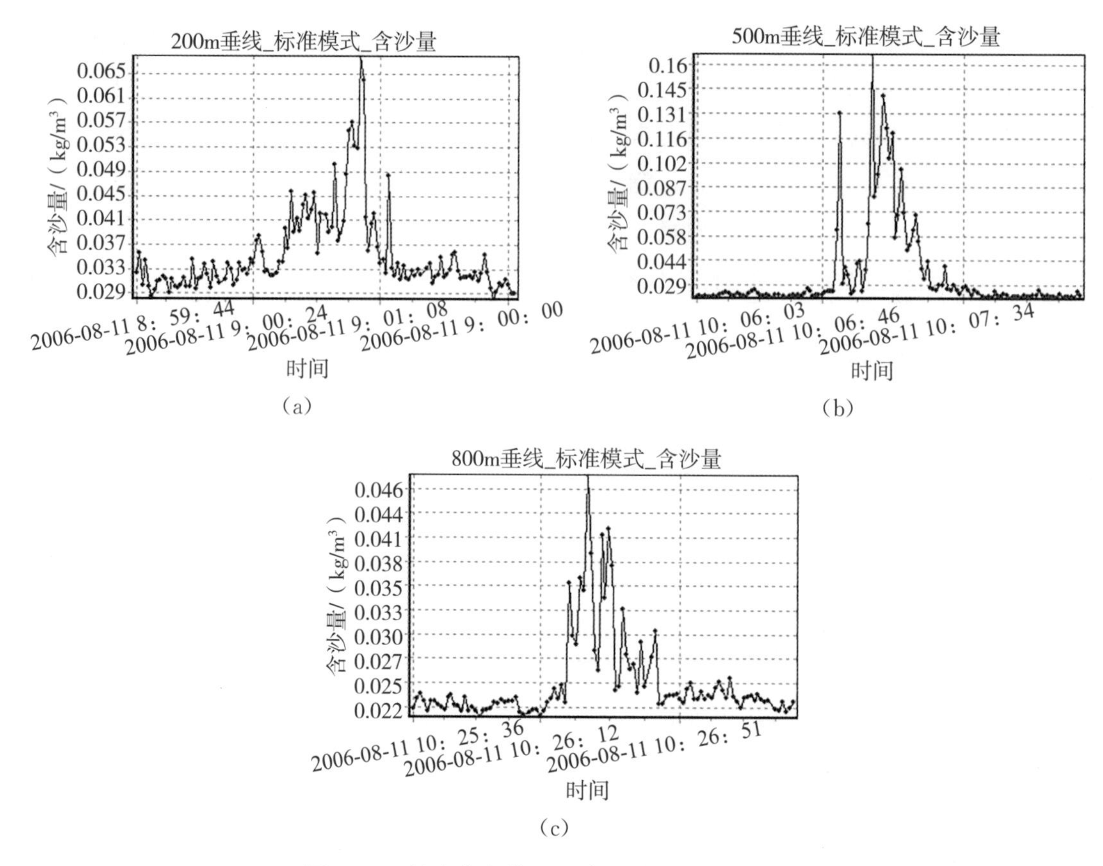

(a) (b) (c)

图 7.2-3　沙市水文站 2006 年 8 月 11 日测验成果

(2)含沙量沿垂线分布形式

图 7.2-4 为 LISST-100X 仪器往返动态测量含沙量沿垂线分布。不同浓度具有不同分布型式，非常规则。即浓度愈大，分布越不均匀；反之，浓度越小，分布越均匀，垂向梯度变化非常明显。分布规律符合含沙量沿垂线分布的扩散理论。

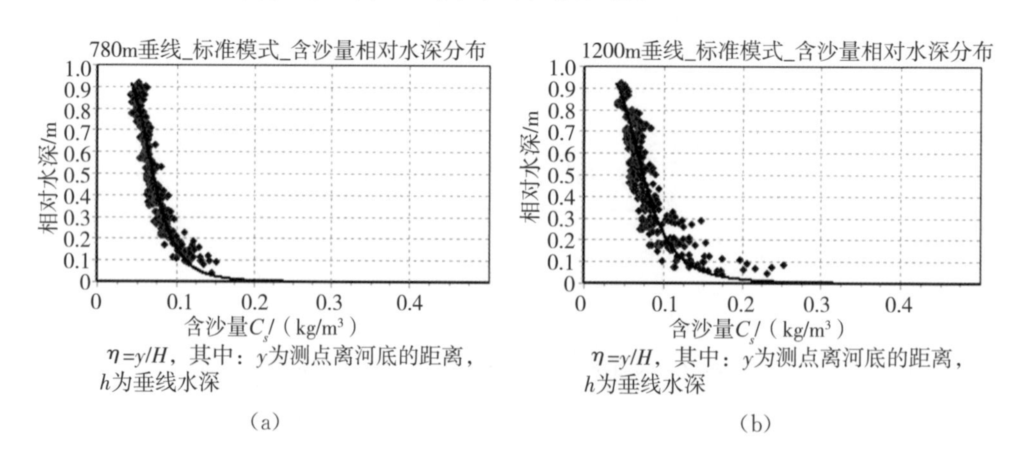

(a) (b)

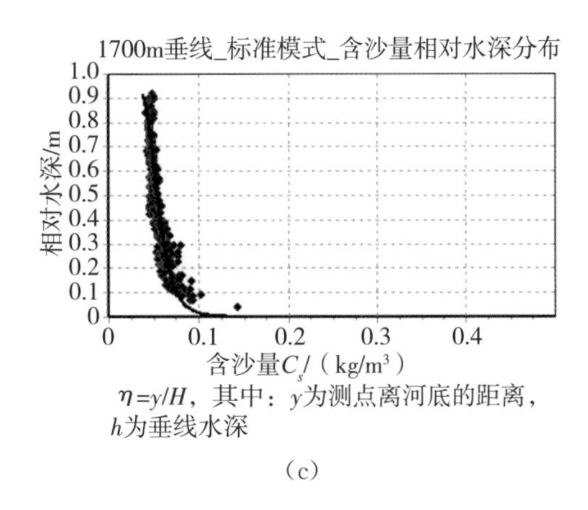

(c)

图 7.2-4 汉口站 LISST-100X 往返测量含沙量沿垂线垂向分布图

7.2.3 野外对比测试试验

(1)资料收集

2004 年 2 月至 2007 年 12 月，在长江干流上游(寸滩、清溪场以及支流嘉陵江北碚、三峡库区庙河)、中游(宜昌、沙市、汉口)、长江下游及河口(徐六泾、CSW、Z7 断面、洋山深水港)等 11 个具有不同水沙运动特性和感潮影响的代表性河段(主要水文控制站)，采用动态及定点等多种试验方法，共收集完成野外对比测试试验 219 个测次，近 479 条垂线(次)、15487 个测点含沙量和颗粒级配资料。

2005 年 8 月至 2007 年 12 月底，共收集完成 LISST-100X(C 型)野外对比测试试验 193 测次，近 320 条垂线(次)、共 15315 个测点含沙量和颗粒级配资料。野外对比测试试验资料统计见表 7.2-2。

表 7.2-2 野外对比测试试验资料统计表

试验时间	2004 年 2 月至 2005 年 5 月		2005 年 8 月至 2007 年 10 月		备注
仪器型号	横式采样器	LISST-100X(B 型)、LISST-25	横式采样器	LISST-100X(C 型)	
测次	26	26	193	193	
垂线	157	320	320	320	
测点	239	253	1008	15315	含沙量
	36	36	1008	15315	颗粒级配
重复性试验		24		150	
测点含沙量范围/(kg/m³)	0.0089～6.94				
水深范围/m	6.0～114.0				

续表

试验时间	2004年2月至2005年5月		2005年8月至2007年10月		备注
仪器型号	横式采样器	LISST-100X(B型)、LISST-25	横式采样器	LISST-100X(C型)	
最大流量/(m^3/s)	80000				
最大流速/(m/s)	2.501				

(2)对比测试试验内容与方法

1)动态测量方式

在试验站单沙垂线处，从水面至河底、河底至水面，仪器匀速地下放和上提往返测量一次(考虑测量时间长，测量结果受水流含沙量脉动变化影响大，故只往返一次)。分别采用标准4.0和4.5光程缩短三种测量模式，以间隔1s时间、连续地采集垂线上瞬时的点含沙量、颗粒级配、水深、水温、激光检测能量、透射率等参数数据。

2)定点测量方式

在试验站单沙垂线处，仪器定点在传统选点法水深(或相对水深)位置，分别采用标准、4.0和4.5光程缩短三种测量模式，以间隔1s时间，历时30～300s连续地采集垂线上瞬时的点含沙量、颗粒级配、水深、水温、激光检测能量、透射率等参数数据。

3)常规测验方式

在LISST-100X仪器测量垂线或测点相对水深位置处，分别按现行《河流悬移质泥沙测验规范》(GB 50159—2015)及《河流泥沙颗粒分析规程》(SL 42—2015)规定要求，采取含沙量和颗粒级配分析水样和室内处理分析。

(3)含沙量对比测试试验成果

以长江汉口水文站为例，图7.2-5为长江汉口站LISST-100X与横式采样器在断面不同的垂线位置测量的含沙量沿垂线分布的对比试验结果。

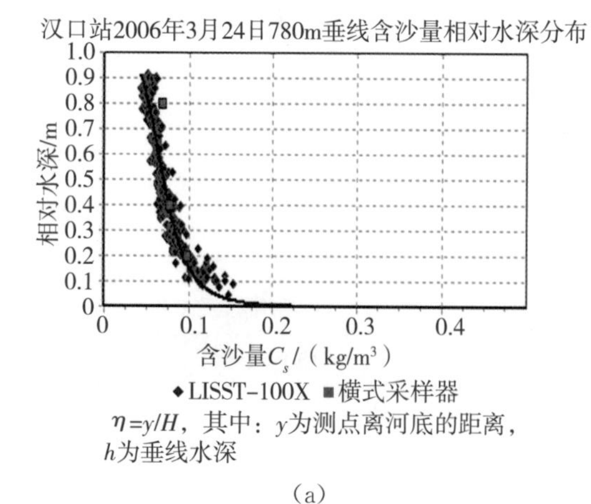

(a)

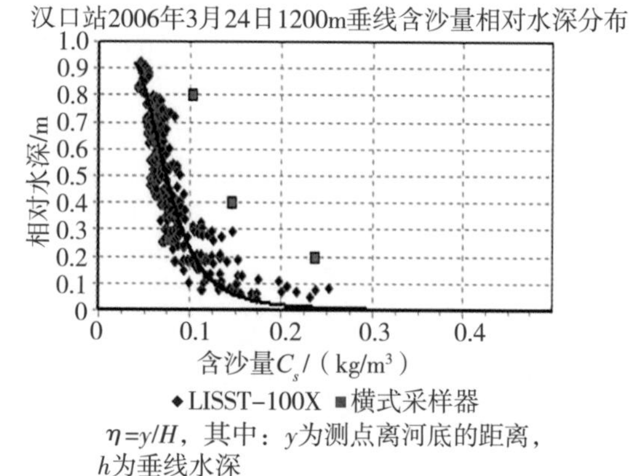

(b)

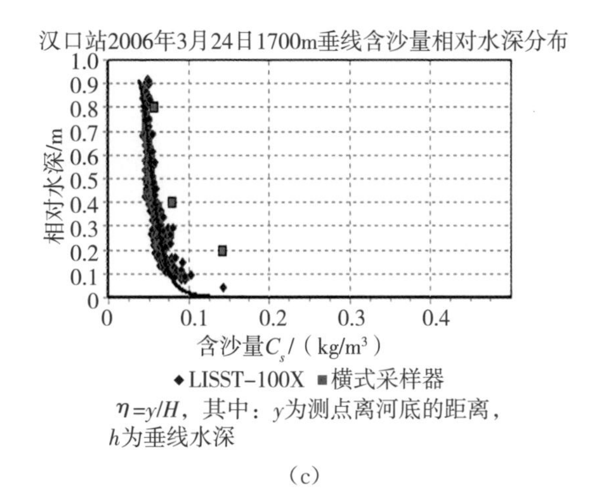

（c）

图 7.2-5 长江汉口水文站 LISST-100X 与横式采样器测量含沙量对比图

在天然河流水沙脉动变化影响下，LISST-100X 仪器在垂线上往返动态测量含沙量沿垂线分布，虽然为瞬时含沙量，但变化特征和规律非常清晰；而传统横式采样器含沙量由于测点少（三点法），相对 LISST-100X 而言，时而相等、时而偏大或偏小，偶然性较大。

图 7.2-6 为汉口水文站 LISST-100X 在断面三条不同单沙垂线位置处、采用三点法（相对水深 0.2m、0.6m、0.8m）、每点施测 100s 时均含沙量，与传统横式采样器测量的瞬时含沙量对比试验结果。

由于 LISST-100X 为测点的“时均含沙量”，脉动影响相对较小，含沙量沿垂线分布较为规则；而横式采样器为“瞬时含沙量”，受脉动影响，随机变化大。

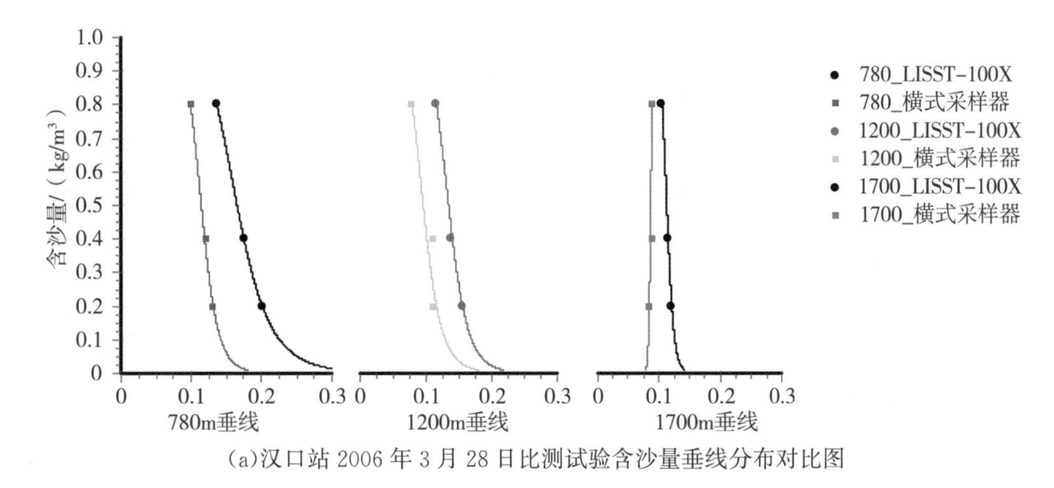

（a）汉口站 2006 年 3 月 28 日比测试验含沙量垂线分布对比图

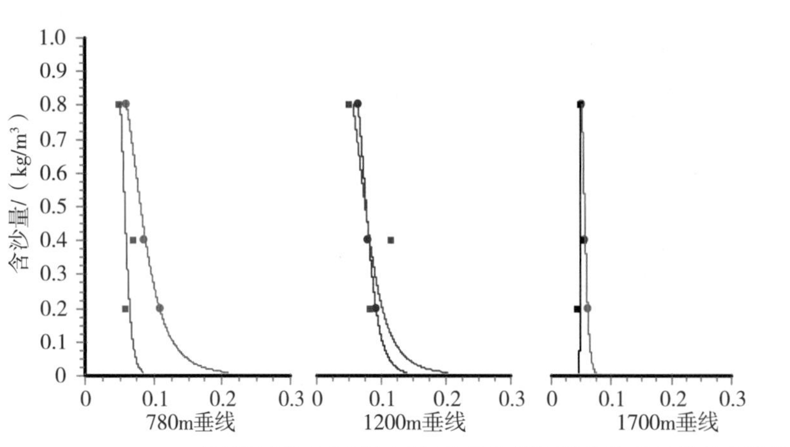

(b)汉口站 2006 年 3 月 31 日比测试验含沙量垂线分布对比图

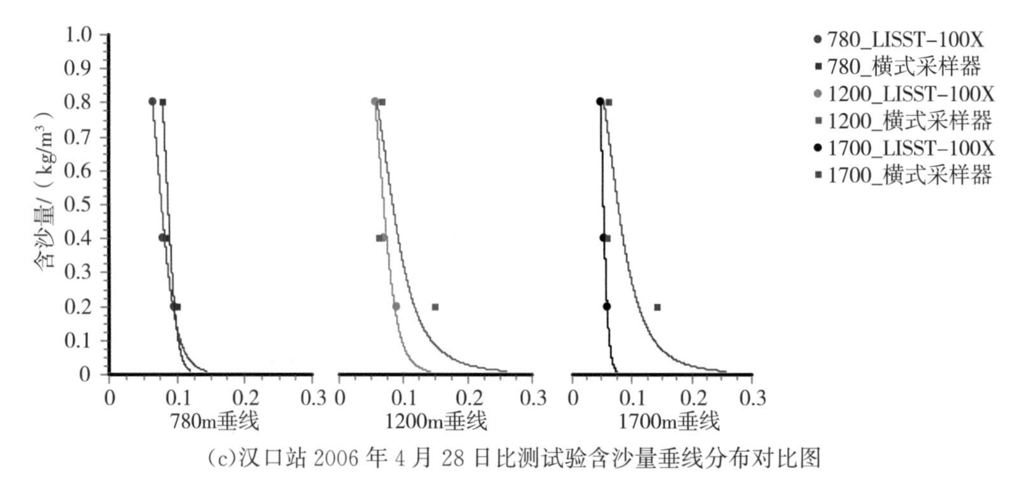

(c)汉口站 2006 年 4 月 28 日比测试验含沙量垂线分布对比图

图 7.2-6 长江汉口水文站 LISST-100X 与传统法横式采样器测量瞬时点含沙量对比图

7.3 声学散射法应用实例

共选择洞庭湖南咀站、长江干流汉口站与大通站 3 个水文断面,同步开展“ADCP 测沙”与常规方法测验,比较二者所得输沙率之间的误差,验证在长江流域部分水文断面应用 ADCP 进行输沙率测验的可行性。

7.3.1 对比测试方案

7.3.1.1 测站简介

(1)南咀站

南咀站位于西洞庭湖湖口,为控制松滋河、虎渡河、澧水、沅水经西洞庭湖湖口(北端)流入南洞庭湖水情的基本站,属一类精度水文站、二类泥沙站。测验项目含流量和悬移质输沙率。

南咀站断面窄，水深适中，进行精密输沙率测验历时不长，可作为“ADCP测沙”的校验资料。南咀站大断面在0～438m，为单一断面，当水位超过34.4m时，洪水漫滩成复式河槽。南咀断面的颗粒级配99.2%小于62μm，100%小于125μm，偏细。

(2)汉口站

汉口站是控制长江中游干流在汉江入汇后水情变化的基本站。基本水尺上游约1400m处是汉江出口，上游1600m处有长江一桥，基本水尺下游约5400m处设有测流断面，下游3400m处有长江二桥。测流断面下游3000m处有天兴洲横亘江心。最低水位时水面宽1416m，最高水位时水面宽2188m，水流自西南向东北。测验河段顺直，下游呈喇叭形，低水控制良好。每年5—10月为主汛期，水沙变化较大。10月、11月汉江来水频繁，沙量变化亦较大。断面河床为沙质河床，左浅右深，左岸河床冲淤变化较大，右岸河床由粗沙组成，水位—流量关系受多种因素影响，呈不规则绳套曲线。横断面呈单式河床。

(3)大通站

大通站位于安徽省池洲市梅龙镇，是长江流域最下游的一个具有长期观测资料的水文站，距河口距离624km，流域面积1705383km^2，属国家一类水文站。

大通站洪水期涨落水过程比较缓慢、峰型比较平坦，水位—流量关系相对简单，枯季受下游潮汐影响，水位—流量关系相对复杂。大通站断面上下游10km范围内基本顺直，上游约30km处有太子矶河段的铁板洲、扁担洲，下游约10km处河道有大通河段的铁板洲。断面水流方向基本与河岸平行，左岸为江堤，堤脚有防浪林和农作物；右岸是高丘与江堤交替连接。河槽左起点距500m河床由细沙泥浆组成，高洪时有3m左右的冲淤；河槽中部起点距500～1590m河床为砂土，比左岸略粗，高洪时有冲有淤。起点距1670～1800m为礁板，礁板上分布有少量砂砾、卵石，河床稳定。

7.3.1.2 技术要求

(1)大断面测量

采用星站定位系统和精密回声测深仪，使用Hypack软件进行导航和数据采集，走航偏航距控制在5m以内，测深精度控制在±0.2 m以内。

(2)ADCP测流

①采用600K ADCP进行测验，外接星站GNSS定位，以GNSS罗经代替ADCP内置罗经。数据采集软件用WinRiver，记录如下参数：流速、流向、回声强度、方向、姿态、水温、好信号数百分数(%)等。ADCP主要参数见表7.3-1。

表 7.3-1 ADCP 主要工作参数设置

项目	参数配置	项目	参数配置
ADCP 测深单元深度	Ws50	入水深度	0.5m
脉冲间隔	Tp000000	盲区厚度	Wf50
底部跟踪信号数	Bp4	ADCP 记录项目	EX10111
每组信号脉冲数	Wp4	测轮航速	<3.0m/s
测验单元数	Wn##(根据断面水深情况自定)	GNSS 更新率	5 Hz

②开测前，ADCP 必须校正时间，校正方法：先用 GNSS 校正计算机时间，再利用 WinRiver，Acquire—>Set ADCP clock，完成 ADCP 时间的校正。当 ADCP 置于水下时，运行 BBTALK 程序，通信好后输入“PT3”命令，将 ADCP 的序列号和显示的参数记录到一个文本文件中，连同原始数据一起提交。

(3)OBS-3A 的设置

为得到水样采样点的精确时间、水深，以及采样点的其他水体参数，利用 OBS-3A 来记录相关信息。

①测前利用 GNSS 校正计算机、OBS-3A 的时间。

②OBS-3A 的安装：仪器安装在横式采样器和铅鱼之间，用抱箍或绳固定。OBS-3A 每 10s 记录一组数据，数据采集模式设置见图 7.3-1。

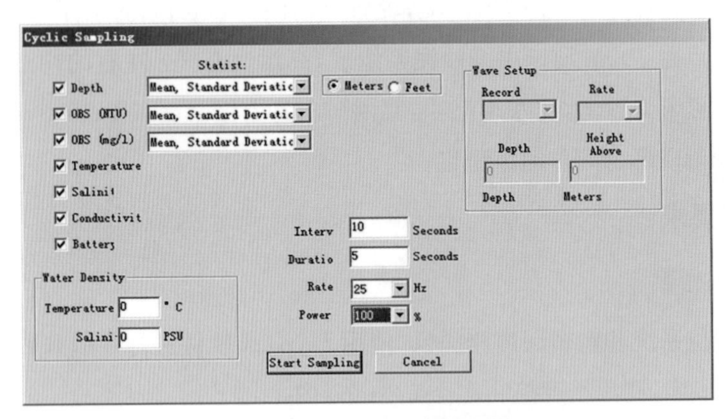

图 7.3-1 OBS-3A 参数设置

图 7.3-2 为 2010 年 5 月 14 日在洞庭湖南咀断面进行 ADCP 测沙试验时，仪器设备的安装位置以及 OBS-3A 与采样器绑定在一起的现场图。

需要说明的是，长江徐六泾以上，水体中不含盐度，在“ADCP 测沙”中，OBS 不是必需的，只要记好每一个采样点对应的#Ens 号码和水深，在后处理软件中也能很好地将采样点含沙量与 ADCP 声信号相对应。当然，有 OBS-3A 准确记录采样点的时间、水深以及浊度，可简化后处理软件中的匹配工作。

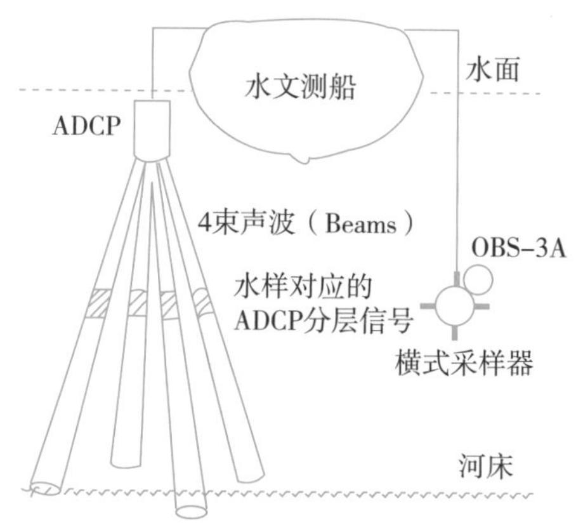

图 7.3-2　仪器设备安装示意图及采样器与 OBS-3A 绑在一起的情况

(4)水样采集

①采用 2000mL 的横式采样器，横式采样器上绑定经过精确对时的 OBS-3A。取样时必须严格按照水文局规定的“悬移质单位水样测验及处理记载表”的要求填写外业记录，其中最后一栏填写 ADCP 的＃Ens 号码。

②测船在固定垂线处(该垂线也为“常测法”垂线之一)，依次分层放下采样器，约 $0.2H$、$0.6H$、$0.8H$，即在 ADCP 有效信号范围内，按照“$0.2H \to 0.6H \to 0.8H$”的次序采集三层水样。抛锚的船舶一定要等抛锚搅起的浑浊水体消散后才进行取样工作。需要说明的是，应用 ADCP 测沙时，对分层水样的采样位置并无严格要求，本试验中，这些采样垂线也是常规测验的垂线，故规定了分层采样的相对水深。

③取样时，应用 OBS 的，在每一采样点处停留 30s 以上，即在到点位后 15s 打下铅锤；无 OBS 的，则无需等待 30s。与平时作业不一致的地方在于：必须记录采样时的 ADCP 数据中的＃Ens 号码(图 7.3-3)。

Standard Tabular

Ens.#	2446	#Ens.	1
Lost Ens.	0	Bad Ens.	0
%Good Bins	100%	Delta Time	0.00
23-Feb-08		19：54：49.29	
Pitch	Roll	Heading	Temp
2°	-2°	297°	6℃

图 7.3-3　需要与水样采样同步记录的 ADCP 信号

7.3.1.3 计算方法

(1)传统方法

流量计算采用《河流流量测验规范》中的公式,输沙率计算采用《河流悬移质泥沙测验规范》中的公式。主要公式如下:

两垂线中间部分的平均流速:

$$\overline{V_i}=\frac{V_{m(i-1)}+V_{mi}}{2} \tag{7.3-1}$$

靠岸边部分的平均流速:$\overline{V_1}=\partial\times V_{m1}$,$\overline{V_m}=\partial\times V_{m(n-1)}$。式中:$\partial$ 为岸边系数,根据不同的断面结构,采用 0.7~0.9 的系数。

部分流量:$q_i=\overline{V}_i\times A_i$,断面流量:$Q=\sum_i^n q_i$

式中:q_i—— 第 i 部分流量,m^3/s;

Ai——第 i 部分断面过水面积,m^2;

$\overline{V}_i$—— 第 i 部分断面平均流速,m/s。

断面输沙率:

$$Q_s=C_{sm1}\times q_0+\frac{C_{sm1}+C_{sm2}}{2}\times q_1+\cdots+C_{smn}\times q_n \tag{7.3-2}$$

断面平均含沙量:

$$\overline{C}_s=\frac{Q_s}{Q} \tag{7.3-3}$$

式中:Q_s ——断面输沙率,kg/s;

C_{sm1},C_{sm2},C_{smn} ——各取样垂线的垂线平均含沙量,kg/m^3;

q_0、q_1,…,q_n ——以取样垂线分界的部分流量,m^3/s;

$\overline{C}_s$ ——断面平均含沙量,kg/m^3。

(2)ADCP 测沙

ADCP 测沙与传统方法计算断面输沙率的原理相同,每两个信号之间即可构成一微子断面,分别计算各微子断面内的平均含沙量和输沙率,再将各微子断面的输沙率相加得到整个断面的输沙率。公式如下:

$$Q_s=\int_0^B\int_0^h C_s\nu\,\mathrm{d}h\,\mathrm{d}B=\int_0^B\left(\int_0^h C_s\nu\,\mathrm{d}h\right)\mathrm{d}B \tag{7.3-4}$$

式中:Q_s——断面输沙率,kg/s;

$\mathrm{d}h$——单位水深,m;

$\mathrm{d}B$——单位宽度,m;

$\int_0^h C_s\nu\,dh$ ——断面上任一垂线的单宽输沙率,kg/(s·m)。

断面平均含沙量如下：

$$\overline{C}_s = \frac{\int_0^t Q_s \mathrm{d}t}{\int_0^t Q \mathrm{d}t} \tag{7.3-5}$$

式中：$\overline{C}_s$——断面平均含沙量，kg/m³；

Q_s——输沙率，kg/s；

Q——流量，m³/s；

t——时间，一般用于感潮河段，非潮河段不用 t。

两种方法之间存在一定的区别：

①传统方法是静态方法，即无论是人工船测、桥测、缆道测量或涉水测量，仪器总是固定于所测垂线处进行测量；而 ADCP 方法是动态方法，即随测船运动过程中进行测量。

②传统方法无法同步采集上下水层水样，而 ADCP 一个（组）信号即可得到某垂线处的垂线平均数据，时效性高，对水体泥沙运动的表征更合理。

③由于采样费时，应用传统方法时通常不会将子断面划分得很细，取样点也不可能很多。而应用 ADCP 时，由于 ADCP 采样速率高，可以将子断面划分得很细，采样点也可以很多，能如实反映悬移质含沙量在整个断面上的分布。

④传统方法可以采集表层和底层的水样，ADCP 表底层存在盲区。

7.3.2 对比测试结果

(1)南咀断面对比测试

南咀断面的对比测试有代表意义，是"ADCP 测沙"新技术与传统输沙率测验的真实比较。对比测试结果见表 7.3-2。

从表 7.3-2 中可以看出，三次对比测试的流量级分别约在 1650m³/s、6200m³/s 和 7000m³/s。与常规方法相比，流量基本一致，输沙率三个测次分别相差－2.9%、＋8.1%与－1.7%。

7 月 21 日输沙率误差较大，经仔细检查，计算参数、过程及统计无误。经比较水样分析所得的含沙量成果（表 7.3-3），发现 10:27 所取的约 $0.5H$ 层的含沙量异常，其 $0.2H$、$0.8H$ 层分别为 0.210kg/m³、0.200kg/m³，$0.5H$ 偏大较多，全断面看，即便在含沙量较大的起点距 355m 处，也未见大于 0.252kg/m³；计算过程中还发现，当该点参与计算时，相关关系较差；再比较该垂线上、中、下三层同步记录的 OBS-3A 浊度值分别为 165.63NTU、165.87NTU、155.32NTU，因此可以确定该点含沙量是错误的，重新计算时取与表层相同的 0.210kg/m³。计算公式与相关系数见表 7.3-3，重新计算的结果见表 7.3-4。

表 7.3-2　　南咀断面输沙率成果比较

日期	项目	序号	测验时间	全断面		断面平均		误差/%	
				流量/(m^3/s)	输沙率/(kg/s)	流速/(m/s)	含沙量/(kg/m^3)	流量	输沙率
5月14日	常规	1	14:08	1580	56.8	0.43	0.036	0.08	−2.9
		2	16:56	1730	67.4	0.46	0.039		
		平均		1655	62.1	0.45	0.038		
	ADCP	1	13:53	1671	60.7	0.44	0.036		
		2	14:00	1651	59.5	0.44	0.036		
		3	14:34	1669	59.4	0.44	0.036		
		4	14:43	1634	61.5	0.43	0.038		
		平均		1656	60.3	0.44	0.037		
7月21日	常规	1	9:28	6240	1220	1.22	0.196	0.08	8.1
		2	10:54	6170	1250	1.22	0.203		
		平均		6205	1235	1.22	0.200		
	ADCP	1	9:52	6199	1350	1.19	0.218		
		2	10:50	6179	1319	1.19	0.214		
		3	10:55	6253	1335	1.21	0.213		
		平均		6210	1335	1.19	0.215		
7月22日	常规	1	9:33	6990	1430	1.35	0.205	−0.36	−1.7
		2	10:40	7000	1460	1.34	0.209		
		平均		6995	1445	1.35	0.207		
	ADCP	1	9:08	7016	1396	1.34	0.199		
		2	9:12	6914	1385	1.31	0.200		
		3	9:15	6964	1403	1.32	0.202		
		4	9:53	7018	1438	1.34	0.205		
		5	9:56	6909	1429	1.30	0.207		
		6	10:40	6967	1426	1.31	0.205		
		7	10:43	6969	1433	1.32	0.206		
		8	11:23	7079	1453	1.34	0.205		
		9	11:27	6892	1424	1.30	0.207		
		平均		6970	1421	1.32	0.204		

由表 7.3-5 可见，当将不合理的含沙量点修改后，相关系数大为提高，由 0.25(0.36)提高至 0.84(0.88)，而表 7.3-5 表明，重新计算的断面输沙率误差仅有 3.3%，成果质量大为提高。

表 7.3-3 南咀断面悬移质含沙量分析成果(7 月 21 日)

<table>
<tr><th rowspan="2">组</th><th rowspan="2">起点距/m</th><th colspan="3">9:15—9:47(对应文件:0、1、2)</th><th colspan="3">10:09—10:42(对应文件:5、6、7)</th><th colspan="3">10:55—11:19(对应文件:10、11、12)</th><th rowspan="2">平均</th></tr>
<tr><th>0.2H</th><th>0.5H</th><th>0.8H</th><th>0.2H</th><th>0.5H</th><th>0.8H</th><th>0.2H</th><th>0.5H</th><th>0.8H</th></tr>
<tr><td rowspan="4">ADCP 组</td><td>140</td><td>0.141</td><td>0.142</td><td>0.149</td><td>0.139</td><td>0.132</td><td>0.135</td><td>0.139</td><td>0.131</td><td>0.134</td><td>0.138</td></tr>
<tr><td rowspan="2">250</td><td rowspan="2">0.213</td><td rowspan="2">0.212</td><td rowspan="2">0.197</td><td>0.210</td><td>0.304</td><td>0.200</td><td rowspan="2">0.207</td><td rowspan="2">0.192</td><td rowspan="2">0.188</td><td rowspan="2">0.214</td></tr>
<tr><td>165</td><td>165</td><td>155</td></tr>
<tr><td>355</td><td>0.213</td><td>0.222</td><td>0.237</td><td>0.194</td><td>0.215</td><td>0.252</td><td>0.216</td><td>0.231</td><td>0.240</td><td>0.224</td></tr>
<tr><td rowspan="3">常规测验组</td><td>140</td><td>0.144</td><td>0.135</td><td></td><td></td><td></td><td></td><td></td><td></td><td></td><td>0.140</td></tr>
<tr><td>250</td><td>0.207</td><td>0.238</td><td></td><td></td><td></td><td></td><td></td><td></td><td></td><td>0.223</td></tr>
<tr><td>355</td><td>0.224</td><td>0.220</td><td></td><td></td><td></td><td></td><td></td><td></td><td></td><td>0.222</td></tr>
</table>

表 7.3-4 南咀断面 PDT 模块中的计算公式与相关系数

<table>
<tr><th>日期</th><th>公式</th><th>R</th><th>输沙率误差/%</th><th>备注</th></tr>
<tr><td>5 月 14 日</td><td>$y=3.3427x+0.0306$</td><td>0.87</td><td>−2.3</td><td></td></tr>
<tr><td rowspan="4">7 月 21 日</td><td>$y=2.4610x+0.0023$</td><td>0.25</td><td rowspan="2">8.1</td><td rowspan="2">某点含沙量为 0.304 kg/m³</td></tr>
<tr><td>$y=2.5333x+0.0037$</td><td>0.36</td></tr>
<tr><td>$y=2.5592x+0.0044$</td><td>0.84</td><td rowspan="2">3.3</td><td rowspan="2">修改该点为 0.210 kg/m³</td></tr>
<tr><td>$y=2.6407x+0.0061$</td><td>0.88</td></tr>
<tr><td rowspan="2">7 月 22 日</td><td>$y=3.2552x+0.0181$</td><td>0.82</td><td rowspan="2">−1.7</td><td></td></tr>
<tr><td>$y=3.4414x+0.0218$</td><td>0.84</td><td></td></tr>
</table>

表 7.3-5 南咀断面输沙率成果比较(7 月 21 日)

(将某点含沙量从 0.304 改成 0.210kg/m³ 后计算所得成果)

<table>
<tr><th rowspan="2">日期</th><th rowspan="2">项目</th><th rowspan="2">序号</th><th rowspan="2">测验时间</th><th colspan="2">全断面</th><th colspan="2">断面平均</th><th colspan="2">误差/%</th></tr>
<tr><th>流量/(m³/s)</th><th>输沙率/(kg/s)</th><th>流速/(m/s)</th><th>含沙量/(kg/m³)</th><th>流量</th><th>输沙率</th></tr>
<tr><td rowspan="7">7 月 21 日</td><td rowspan="3">常规</td><td>1</td><td>9:28</td><td>6240</td><td>1220</td><td>1.22</td><td>0.196</td><td rowspan="7">0.08</td><td rowspan="7">3.3</td></tr>
<tr><td>2</td><td>10:54</td><td>6170</td><td>1250</td><td>1.22</td><td>0.203</td></tr>
<tr><td>平均</td><td></td><td>6205</td><td>1235</td><td>1.22</td><td>0.200</td></tr>
<tr><td rowspan="4">ADCP</td><td>1</td><td>9:52</td><td>6199</td><td>1282</td><td>1.19</td><td>0.207</td></tr>
<tr><td>2</td><td>10:50</td><td>6179</td><td>1264</td><td>1.19</td><td>0.205</td></tr>
<tr><td>3</td><td>10:55</td><td>6253</td><td>1279</td><td>1.21</td><td>0.205</td></tr>
<tr><td>平均</td><td></td><td>6210</td><td>1275</td><td>1.19</td><td>0.206</td></tr>
</table>

以上分析表明,参与计算的原始数据的“正确性”至关重要,不能完全依赖于程序的自动

化“筛选”，因此在计算之前，有必要对输入的数据进行校核，特别是人工分析所得的成果。

(2)汉口断面对比测试

与南咀站的传统输沙率测验模式不同，汉口站先以 ADCP 走航测流量一个来回，然后在各取沙垂线采样，本次试验为缩短率定数据的时间，先在起点距 780m、1200m、1700m 上分三层采样（相对水深 0.2H、0.6H、0.8H），然后再采其余 10 根垂线的水样，采样历时约 1.5h，最后再走航测一个来回的流量。

汉口水文断面测验的基本情况见表 7.3-6。

表 7.3-6 汉口水文断面测验基本情况

测回	航向	测验历时	断面面积/m^2	平均流速/(m/s)	半测回流量/(m^3/s)	平均流量/(m^3/s)	平均输沙率/(kg/s)	平均含沙量/(kg/m^3)
1	L→R	9:50—10:01	27315	1.36	37070	36778	8900	0.242
	R→L	10:01—10:12	27270	1.34	36644			
2	L→R	11:40—11:53	27739	1.37	38021			
	R→L	11:53—12:04	27286	1.30	35378			

当采用起点距 780m、1200m、1700m 三根垂线的含沙量资料率定 ADCP 断面数据时（表 7.3-7 中计算组合 1），发现 ADCP 声信号与含沙量的相关关系较差，经不断试算，发现 1700m 垂线处的含沙量可能存在问题。第二组计算时，剔除 1700m（计算组合 2），仅用 780m、1200m 的含沙量资料计算，相关关系大为改善。为进一步寻找问题发生的可能原因，利用其余十根垂线的含沙量资料，与时间最接近测次的 002r 文件相结合（计算组合 3，为无奈之举，因为取水样时，没有像 780m、1200m 以及 1700m 垂线那样记录 ADCP 数据），相关关系有所改善，但依然不如计算组合 2。再删除 1700m 垂线的含沙量数据时（计算组合 4），相关关系再次变好。计算组合 5 为在组合 4 的基础上，删除了两端两根垂线的含沙量资料，相关关系未比组合 4 好转。

五种计算的组合和得到的公式以及相关关系见表 7.3-7，表中计算组合 3 除 780m、1200m、1700m 外参与计算的含沙量点分布见图 7.3-4，各组合计算的断面输沙率及误差见表 7.3-8。

表 7.3-7 计算组合及相关关系

计算组合	公式	R	输沙率误差/%	备注
1	$y=2.5313x+0.0036$	0.16	−10.8	采用 780m、1200m、1700m 垂线含沙量资料，共 9 点参与计算

续表

计算组合	公式	R	输沙率误差/%	备注
2	$y=3.1248x+0.0138$	0.61	−4.2	仅采用 780m、1200m 垂线含沙量资料，共 6 点参与计算
3	$y=3.0979x+0.0135$	0.55	−6.5	采用 780m、1200m、1700m 垂线及其余 10 条垂线的含沙量资料，共 39 点参与计算
4	$y=3.2533x+0.0161$	0.65	−3.6	在组合 3 的基础上，删除 1700m 垂线的含沙量资料，共 36 点参与计算
5	$y=3.3569x+0.0181$	0.63	−4.3	在组合 4 的基础上，再删除 430m、1850m 含沙量资料，共 30 点参与计算
6	$y=3.4003x+0.0184$	0.78	1.3	在组合 2 的基础上，删除 1200m 0.6H 含沙量资料，共 5 点参与计算

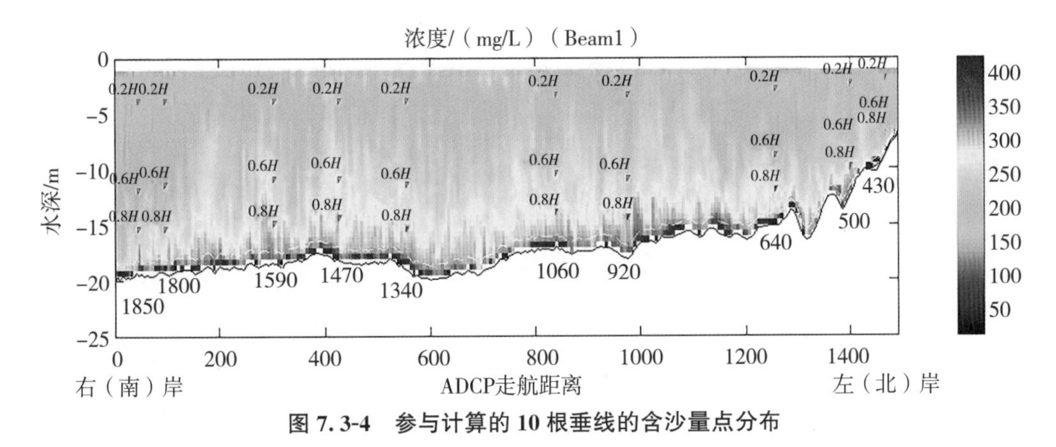

图 7.3-4　参与计算的 10 根垂线的含沙量点分布

（文件：HK20100903600K002r，图中 ADCP 走航距 0 m 处为断面起点距 1902.5 m 位置，向右按走航距离递减即水文断面起点距）

表 7.3-8　汉口断面各组合计算输沙率及误差

项目	文件名	组合 1	组合 2	组合 3	组合 4	组合 5	组合 6
输沙率/(kg/s)	001r	8023	8635	8425	8684	8621	9133
	002r	7958	8630	8417	8696	8648	9165
	008r	8139	8582	8378	8595	8505	9004
	009r	7639	8271	8068	8330	8280	8775
	平均	7940	8530	8322	8576	8513	9019

续表

项目	文件名	组合 1	组合 2	组合 3	组合 4	组合 5	组合 6
误差(%)	001r	−9.9	−3.0	−5.3	−2.4	−3.1	2.6
	002r	−10.6	−3.0	−5.4	−2.3	−2.8	3.0
	008r	−8.6	−3.6	−5.9	−3.4	−4.4	1.2
	009r	−14.2	−7.1	−9.4	−6.4	−7.0	−1.4
	平均	−10.8	−4.2	−6.5	−3.6	−4.3	1.3

由以上图表可得到以下两点认识:①在计算收敛的条件下,ADCP 声信号与含沙量的相关关系越好,输沙率误差越小。如删除了 1700 m 垂线含沙量的计算组合 2、4、5,相关关系均大于 0.6,输沙率误差均在 5%以内,计算组合 6,相关关系达到 0.78,输沙率误差为 1.3%,可见相关关系对计算成果质量的重要性,南咀站也有类似的结论。②参与率定的含沙量点多,对改善输沙率成果有帮助,但并不是最主要的。如组合 2、4、5,参与计算的含沙量点分别为 6、36、30,相关关系分别为 0.61、0.65、0.63,输沙率误差分别为−4.2%、−3.6%、−4.3%,精度在同一个量级上,计算组合 6,甚至只有 5 点参与率定,相关关系达到 0.78,输沙率误差仅为 1.3%。因此若在计算过程中,发现 ADCP 声信号与含沙量的相关关系不好,需要耐心分析原因,寻找提高成果质量的方法。

(3)大通断面对比测试

大通站输沙率测验与汉口站类似,先走航测流量一个来回,然后采水样,最后再走航测流量一个来回。为缩短含沙量率定数据的时间,选择起点距 500m、1475m(大通站代表线垂线为 1050m,本处选择的两根垂线,仅是根据断面形状选择的)上先采集相对水深 0.2H、0.6H、0.8H 的三层采样,后按 2∶1∶1 混合法分层采集其余 8 根垂线的水样,吸收了汉口站对比测试试验的经验,在这 8 根垂线采样时,也同时记录了 ADCP 数据,当采集到右侧 1590m 和 1695m 垂线时,如 500m 垂线一样采集了三层水样,采样总历时约 1.75h,共采集了 18 点含沙量水样。测验基本情况见表 7.3-9。

表 7.3-9　　大通水文断面测验基本情况

测回	航向	测验历时	数据文件名	断面面积 /(m^2)	平均流速 /(m/s)	半测回流量 /(m^3/s)	平均流量 /(m^3/s)	平均输沙率 /(kg/s)	平均含沙量 /(kg/m^3)
1	R→L	8:56—9:10	000r	34700	1.24	43200	43550	9390	0.216
	L→R	9:12—9:26	001r	34700	1.24	43200			
2	R→L	11:02—11:14	012r	34800	1.26	43800			
	L→R	11:15—11:26	013r	34700	1.27	44000			

当仅用 500m、1475m 两根垂线的含沙量数据率定 ADCP 走航断面的声信号时,发现相

关关系很好，达到 0.94，但输沙率误差达 6%，为提高成果，进行了另外三种计算组合，见表 7.3-10，计算结果见表 7.3-11。

表 7.3-10 计算组合及相关关系

计算组合	公式	R	输沙率误差/%	备注
1	$y=3.5564x+0.0228$	0.94	6.0	仅采用 500m、1475m 的 6 点含沙量
2	$y=3.4438x+0.0206$	0.87	5.9	在组合 1 基础上，增加 1590m、1695m 垂线的各 3 点含沙量，共 12 点
3	$y=3.3318x+0.0187$	0.84	4.1	在组合 2 的基础上，再添加其余 6 根垂线 0.6H 各 1 点含沙量，共 18 点
4	$y=3.4450x+0.0210$	0.95	2.6	在组合 1 的基础上，删除 0.6H 的含沙量，仅留 0.2H、0.8H 各 2 点，共 4 点

表 7.3-11 大通断面各组合计算输沙率及误差

项目	文件名	组合 1	组合 2	组合 3	组合 4
输沙率/(kg/s)	000r	9858	10008	9685	9546
	001r	9934	10080	9750	9616
	012r	9928	9770	9770	9621
	013r	10083	9900	9900	9762
	平均	9951	9940	9776	9636
误差(%)	001r	5.0	6.6	3.1	1.7
	002r	5.8	7.3	3.8	2.4
	008r	5.7	4.0	4.0	2.5
	009r	7.4	5.4	5.4	4.0
	平均	6.0	5.9	4.1	2.6

从表 7.3-10、表 7.3-11 可以看出，组合 2 增加起点距 1590m、1695m 的 6 点垂线含沙量资料参与计算，ADCP 声信号与含沙量的相关关系从组合 1 的 0.94 下降到 0.87，输沙率误差提高了 0.1%，对提高成果质量并无帮助，说明这两根位于断面南侧的垂线代表性不足。组合 3 增加了其余 6 根垂线的 0.6H 点含沙量，输沙率误差提高到 4.1%，但相关关系下降到 0.84。当组合 4 仅用 4 点含沙量计算(分别为 500m、1475m 的 0.2H、0.8H)时，相关系数达到 0.95，含沙量误差仅为 2.6%。因为作为“真值”的输沙率数据本身也有误差，所以目前无法判断组合 3 增加含沙量点以及组合 4 减少含沙量点位对提高精度的影响程度。

7.3.3 总体评价

以上章节的结论表明，在长江干流及洞庭湖区，应用 ADCP 进行水文断面的输沙率测验是可行的，相比传统方法，有以下几点优势。

(1)实现了流量与输沙率资料的同步

这是一个历史性的突破，在我国水文史上，限于仪器和测验方法，从没有哪一家科研机构或生产单位，能够提供可靠的流量与输沙率同步资料。ADCP 的出现，不但解决了流量测验的问题，应用本书介绍的方法，也可以将用来计算流量的资料同样计算出输沙率成果。

(2)质量可控

从本书的相对误差分析可以看出，应用 ADCP 进行输沙率测验的成果质量是可控的，关键在于 ADCP 声信号与悬移质含沙量之间的相关关系。从本次试验仅有的几个测次来看，若系数达到 0.6 以上，输沙率误差基本可控制在 6%以内。另外，采样器对水流的扰动，会影响水体含沙量分布的自然属性，而 ADCP 通过声波的频移，不直接接触水体，理论上，比常规方法具备优势。

(3)提高生产效率

从前面汉口站与大通站的输沙率测验可以看出，常规方法 10 根垂线的取样时间，平均在 1.5 h 以上，采用 ADCP 进行输沙率测验，仅需要 2～3 根有代表性的垂线含沙量资料，取样时间可控制在 0.5h 以内。

(4)安全保障

常规输沙率测验，不到 2.0km 的江面，往往需布置 10 根以上的采样垂线，而航道所处的水深流顺的地方，也恰恰是输沙控制垂线必须采样的地方，对水文工作的安全带来隐患。应用 ADCP 进行输沙率测验，不需要很多的采样垂线，可避开航道范围，保障了生产安全。

(5)成果丰富

经过历史的探索与积累，水文断面的常规输沙率测验方法，可以保证资料的质量，但即便是精测法，也很难得到含沙量沿断面的详细分布情况。应用 ADCP 进行输沙率测验，相当于每 3～10m 即有一根测沙垂线，而每根测沙垂线的每 0.5～1.0m 水层(根据不同频率的仪器)，即有一个含沙量测点，资料的丰富程度是传统方法无法比拟的。

(6)困难断面的应用

长江中下游水文断面水深大于 50m 的很少，应用常规方法进行输沙率测验相对来说尚能实现。随着三峡水库的蓄水，长江上游，在水深大于 50m 的断面进行悬移质输沙率测验是十分困难的。应用 ADCP，可以在分析后的少量垂线上采集用来率定 ADCP 的水样，甚至可能不需要采集到 30m 水深以下(需要进一步研究)的含沙量即可计算出全断面的含沙量分布，使困难断面的输沙率测验得以实现。

(7)减轻劳动强度

应用 ADCP 测沙，一次输沙率测验，仅需要 4～6 点 2000mL 的含沙量水样，而常规输沙率测验，一般 2.0km 宽的断面，一个测次的水样在 20 瓶以上。以大通站为例，按 2∶1∶1 混合法取样，需要采集、运输、分析 20 瓶 4000mL 的水样，ADCP 测沙的劳动强度不到传统方法的 1/7。

对 ADCP 上下盲区问题，以往的研究表明，悬移质输沙是长江流域泥沙运动的主要形式，即便在部分断面（河道）存在底部高含沙，但比重较小，对输沙率影响不大，因此在大部分测站，任务书中规定垂线以三点法（0.2、0.6、0.8 相对水深处）取样，而这三点一般均在 ADCP 有效信号之内。对于部分测站因为底部高含沙需要在垂线上采集 3 点以上含沙量的，可以通过对比测试试验，建立 ADCP 垂线与全深垂线含沙量的相关关系，并研究 ADCP 输沙率与精测法断面输沙率之间的关系，即根据各测站的具体情况区别对待。

虽然应用 ADCP 进行输沙率测验有多种优势，但声学方法的理论局限性是存在的，一个地方成功的经验，在另外一种水情条件下未必能得到相同的结论，因此需要在各自断面进行对比测试试验，以评判该方法的可行性。

目前，长江干流的重要水文断面，基本配置了 ADCP 进行流量测验。对 ADCP 已投产的水文站，进行输沙率测验时，可在原来任务要求的基础上，采集悬移质水样时，同步记录 ADCP 数据（当然，采样水深也需要一并记录）。如一个断面，有 10 根取沙垂线，则在原来记录的数据的基础上，再增加 10 个 ADCP 文件，可以说基本不增加外业工作量，经过内业计算，便可得到 ADCP 输沙率对比测试的相关资料，为后续分析提供基础。

7.4 量子点光谱法应用实例

7.4.1 对比测试过程

2021 年，长江委水文局在长江流域 4 个水沙特征区的 5 个泥沙一类精度国家重要水文站开展了量子点光谱测沙技术对比测试试验。

试验站点为：汉口、寸滩、枝城、沙市、余家湖。站点分布见图 7.4-1。

7.4.1.1 对比测试试验方法

在各站的单沙垂线上采集水样，并利用量子点光谱仪在现场施测单沙；单沙分析方法采用传统法分析，即烘干称重法，其分析技术要求需满足《河流悬移质泥沙测验规范》（GB 50159—2015）的相关要求。

量子点光谱测沙仪按厂商技术手册进行规范操作，同时还应符合如下的技术要求：打开主控箱开启开关看到指示灯亮起后放入水中，静置 30s 后开始数据采集，采集时间在 60s 以上，采集结束后按停止键，将设备提出水面。

7.4.1.2 对比测试范围

2021 年 2—9 月，在汉口、寸滩、枝城、沙市、余家湖五个水文站开展了集中对比测试试验，见表 7.4-1。

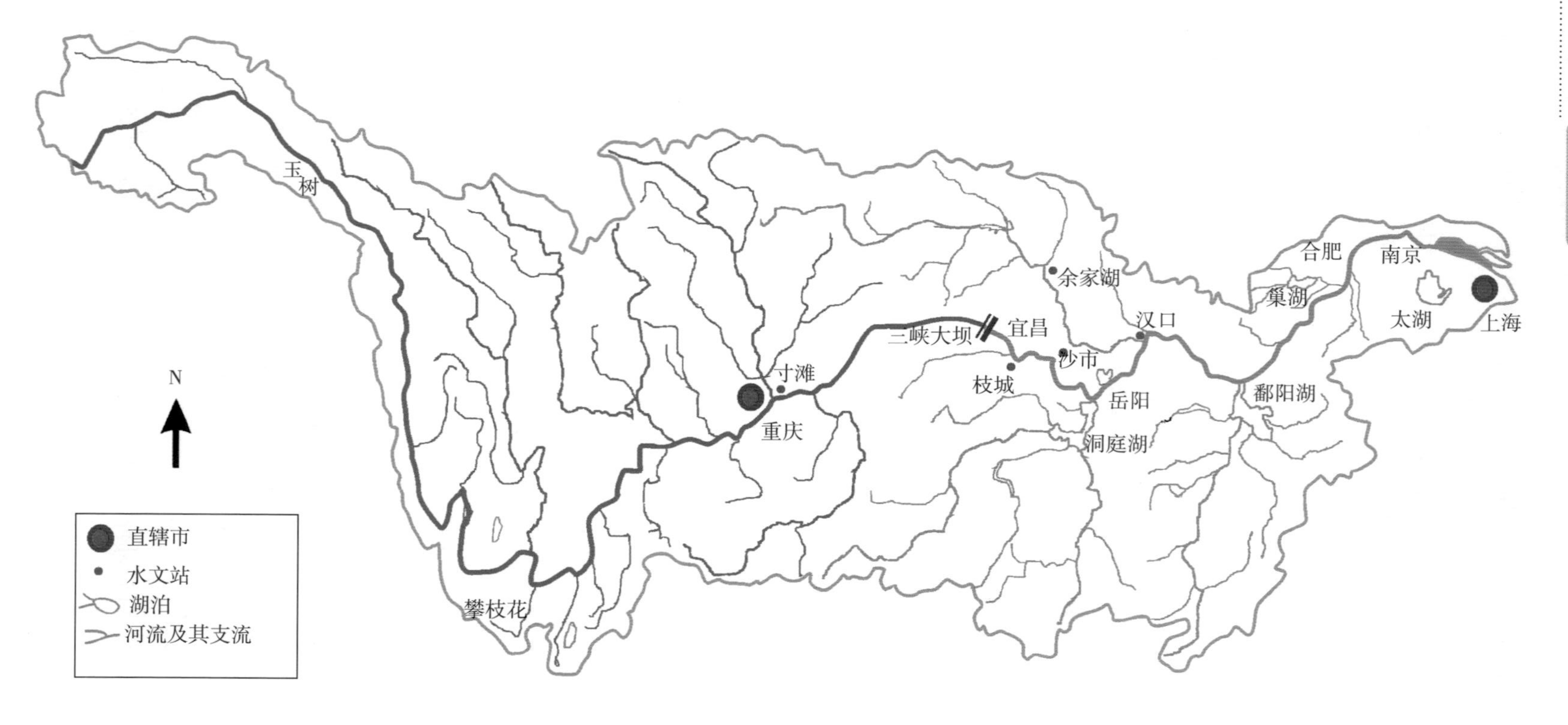

图7.4-1 量子点光谱测沙对比测试试验站点分布图

表 7.4-1　　各站对比测试情况统计表

序号	站名	有效对比测试次数	含沙量范围/(kg/m³)
1	汉口	24	0.052～0.153
2	寸滩	29	0.088～0.758
3	枝城	33	0.027～0.076
4	沙市	36	0.032～0.122
5	余家湖	20	0.014～1.377
合计		142	0.014～1.377

剔除个别仪器故障和失效数据，共收集到有效对比测试数据 142 组，对比测试含沙量范围为 0.014～1.377kg/m³。

(1)汉口站

汉口站对比测试 24 次，对比测试含沙量范围为 0.052～0.153kg/m³，水位变幅为 4.42m，流量变幅为 17700m³/s。

(2)寸滩站

寸滩站对比测试 29 次，对比测试含沙量范围为 0.088～0.758kg/m³，水位变幅为 167.79～181.45m，流量变幅为 18400～46400m³/s。

(3)枝城站

枝城站对比测试 33 次，对比测试含沙量范围为 0.027～0.076kg/m³，水位变幅为 41.38～44.41m，流量变幅为 18700～32000m³/s。

(4)沙市站

沙市(二郎矶)站对比测试 36 次，对比测试含沙量范围为 0.032～0.122kg/m³，水位变幅为 35.14～40.29m，流量变幅为 13400～30000m³/s。

(5)余家湖站

余家湖站对比测试 20 次，对比测试含沙量范围为 0.014～1.377kg/m³。

7.4.2　含沙量推算模型建立及精度分析

7.4.2.1　模型框架及建模步骤

(1)模型框架

模型框架主要包括从数据预处理到特征工程再到模型选择最后到模型优化和模型测试等一系列流程(图 7.4-2)。

(2)建模步骤

1)实际问题转化为数学问题

含沙量预测问题转化为机器学习回归任务，以量子点光谱信息作为输入，含沙量作为输出构建机器学习模型并预测含沙量。

2)数据获取

数据主要来源于量子点光谱终端测量结果，标签来源于人工采样测量。基于数据标签所对应的时间间隔，从数据库中选择该时间间隔内所有的光谱数据。

3)数据清洗

数据清洗包括异常值诊断和异常值处理。根据物理常识和先验经验诊断异常值并剔除。

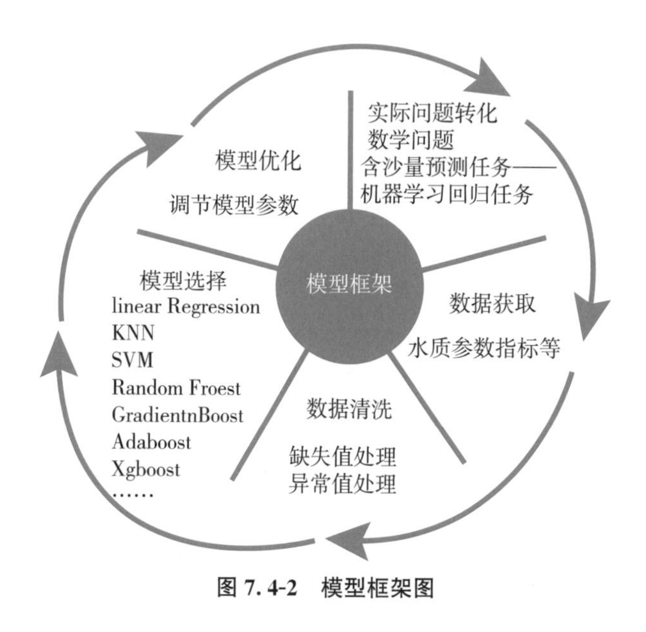

图 7.4-2　模型框架图

4)模型选择

采用不同的机器学习回归模型对光谱指标和含沙量进行训练并测试。主要模型包括线性回归模型、集成模型和平均模型等。线性回归模型建模速度快，不需要很复杂的计算，模型不容易过拟合但是模型受异常值影响较大。集成模型的准确率较高，但是模型本身较复杂需要优化的参数较多，模型容易过拟合。平均模型稳定性更强，能够将所有模型融合并取所有预测值的均值。模型选择会对不同点位采用多种不同的模型，计算出每个点位的平均相对偏差最小的模型作为该点位的最终模型。

5)模型优化

对于集成模型，可以调节树模型的深度、树模型的个数、叶节点的个数、正则化系数等操作解决平衡模型欠拟合和过拟合问题。对于线性模型可以引入惩罚项系数控制模型过拟合问题，或者增加其他人工特征提高模型准确度。基于当前的 142 组泥沙监测数据，选择了其中的 70%作为训练集用于建立模型，分别对各个站点建立了各自的和通用的模型，并对训练集的结果进行了评估。

7.4.2.2 各站含沙量推算模型

(1)汉口站含沙量推算模型

汉口站共24组数据参与模型计算,实际含沙量范围为0.052～0.153kg/m³,采用光谱参数与含沙量建立回归模型,通过模型计算优选,最终系统误差为6.18%,随机不确定度为18.06%。模型效果对比见图7.4-3。

从图7.4-3中可以看出,量子点光谱推算的含沙量整体峰谷过程与实测过程基本吻合,仅在10号测点附近存在一定偏差,需进一步分析原因,优化参数。

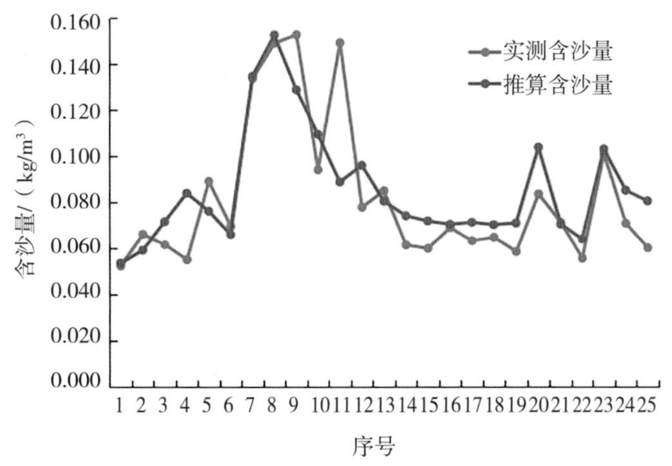

图7.4-3 汉口站含沙量推算结果对比图

(2)寸滩站含沙量推算模型

寸滩站共29组数据参与模型计算,实际含沙量范围为0.088～0.758kg/m³,采用光谱参数与含沙量建立回归模型,通过模型计算优选,最终系统误差为−1.09%,随机不确定度为18.69%。模型效果对比见图7.4-4。

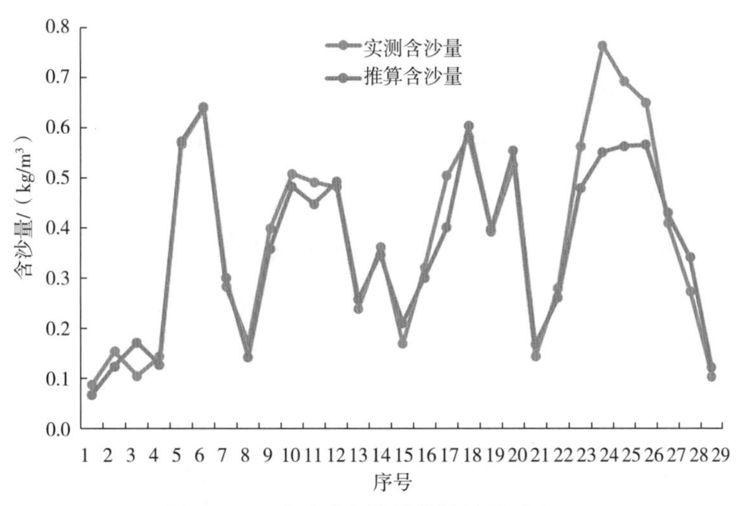

图7.4-4 寸滩站含沙量推算结果对比图

从图 7.4-4 中可以看出，寸滩站量子点光谱推算的含沙量过程与实测过程吻合度较高，仅在 24 号测点附近沙峰过程略有偏小。

(3)枝城站含沙量推算模型

枝城站共 33 组数据参与模型计算，实际含沙量范围为 0.027～0.076kg/m³，采用光谱参数与含沙量建立回归模型，通过模型计算优选，最终系统误差为 2.70%，随机不确定度为 12.86%。模型效果对比见图 7.4-5。

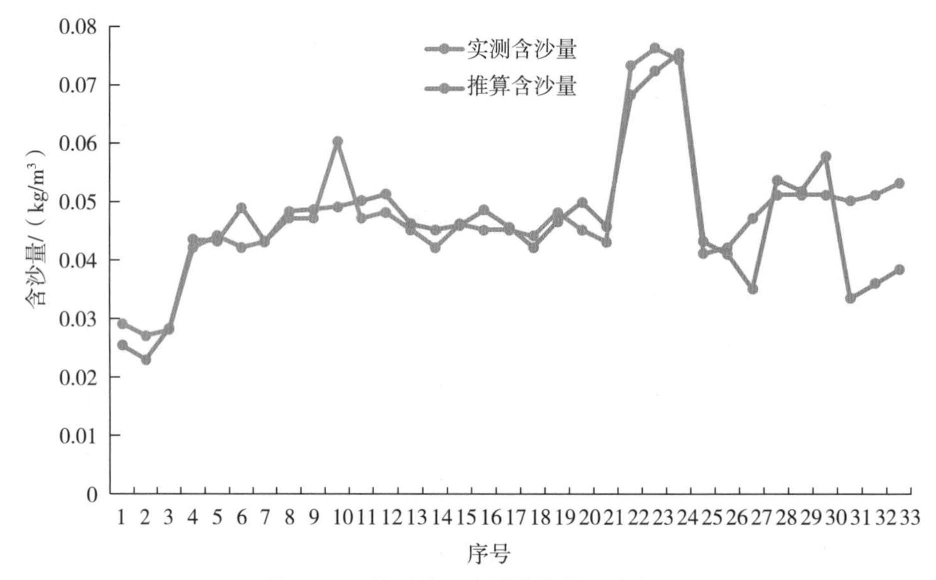

图 7.4-5　枝城站含沙量推算结果对比图

从图 7.4-5 中可以看出，枝城站量子点光谱推算的含沙量过程与实测过程吻合度较高，仅在少量测点有所偏差，整体精度较高。

(4)沙市站含沙量推算模型

沙市站共 36 组数据参与模型计算，实际含沙量范围为 0.032～0.087kg/m³，采用光谱参数与含沙量建立回归模型，通过模型计算优选，最终系统误差为－2.81%，随机不确定度为 16.89%。模型效果对比见图 7.4-6。

从图 7.4-6 中可以看出，沙市站量子点光谱推算的含沙量过程与实测过程吻合度较高，特别对于沙峰过程的拟合精度较好，但在部分过程上有平坦化的趋势，整体推算结果系统误差、随机不确定度均较小。

(5)余家湖站含沙量推算模型

余家湖站共 20 组数据参与模型计算，实际含沙量范围为 0.014～1.377kg/m³，采用光谱参数与含沙量建立回归模型，通过模型计算优选，最终系统误差为－2.77%，随机不确定度为 16.17%。模型效果对比见图 7.4-7。

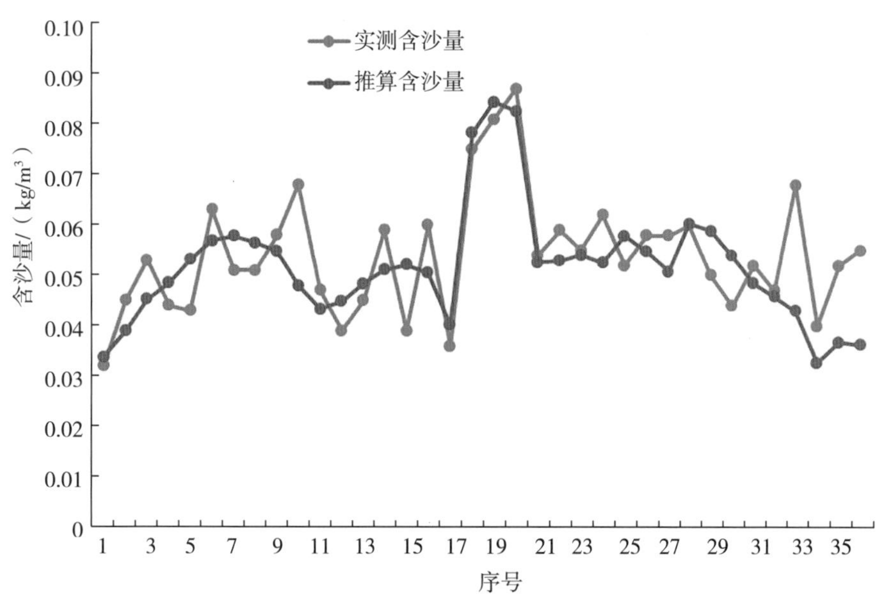

图 7.4-6 沙市站含沙量推算结果对比图

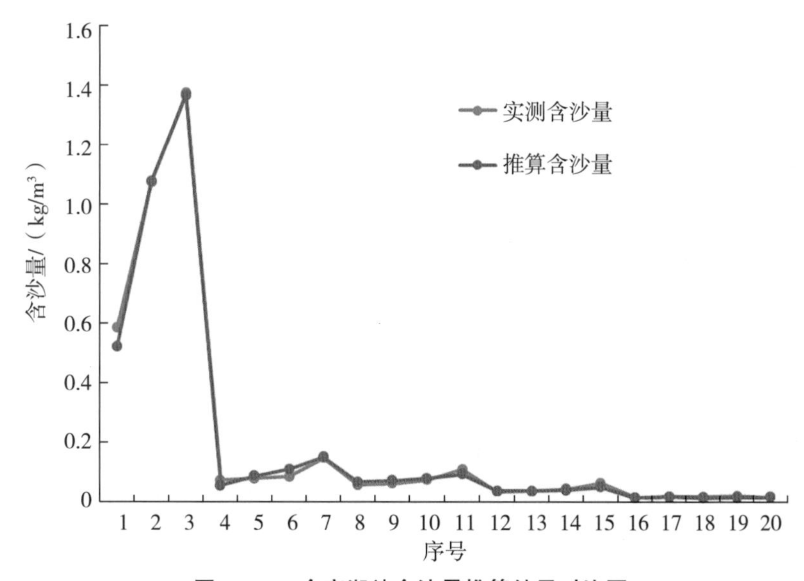

图 7.4-7 余家湖站含沙量推算结果对比图

从图 7.4-7 中可以看出，余家湖站量子点光谱推算的含沙量过程与实测过程吻合度较高，特别对于沙峰过程的拟合精度较好，中、低沙部分也有较好的精度，整体推算结果系统误差、随机不确定度均有较高精度。

(6)整体精度评价

为检验各站含沙量推算模型精度，将各站全部有效对比测试数据和推算数据进行整体精度计算和评价，见图7.4-8。

经分析，整体系统误差为－0.91％，随机不确定度为16.07％，满足一类精度水文站悬移质含沙量监测精度要求。

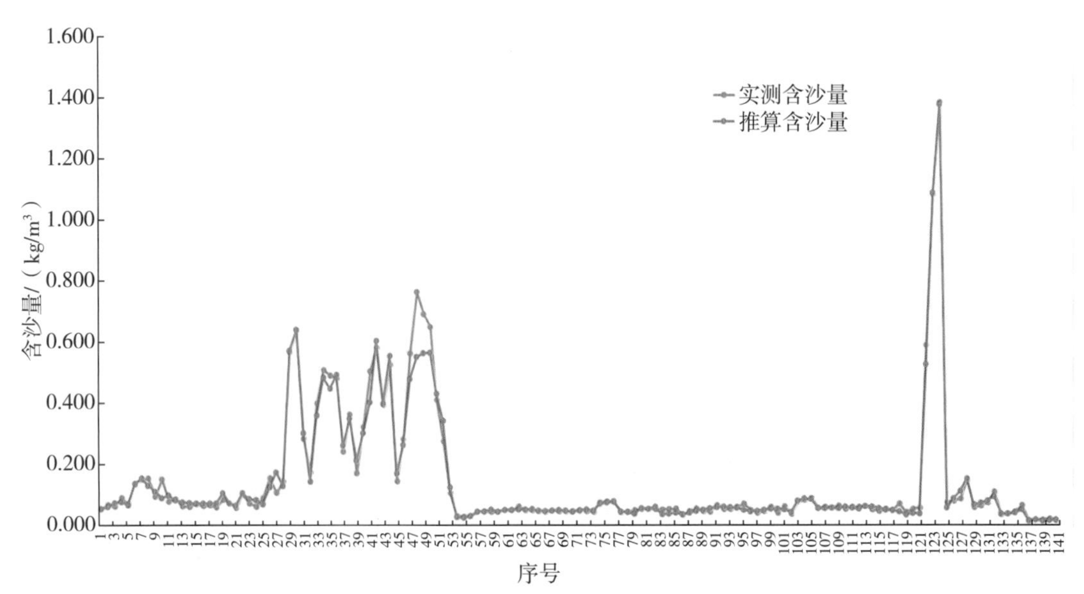

图7.4-8　各站含沙量推算效果

7.4.2.3　通用模型

开展试验的水文站位于不同的水沙特征区，为验证量子点光谱测沙技术含沙量推算模型的泛化能力，研究还开展了通用模型的研究，用一个模型适配全部试验水文站的数据。

（1）直接建模

采用数据参与模型建立，结果表明，该综合模型的拟合优度大于98％，预测准确且泛化能力好。系统误差－1.02％，随机不确定度20.93％。

通用模型整体上具有较好的拟合精度，基本达到规范对一类站悬移质泥沙测验精度的要求。

（2）双盲验证

为检验模型泛化能力，采用水文行业不常使用，但更为严苛的双盲统计方法，即从试验数据中选择70％数据组建立泥沙推算模型，预留30％组数据作模型精度检验。

经分析，预留部分数据的系统误差－3.9％，随机不确定度26.3％，具有较好的精度（图7.4-9、图7.4-10）。

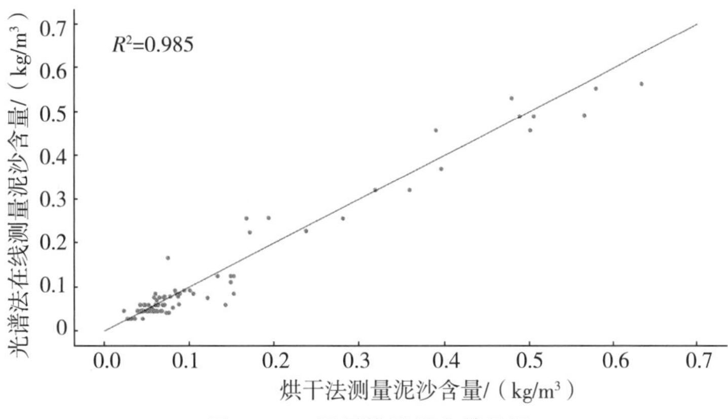

图 7.4-9　通用模型拟合效果图

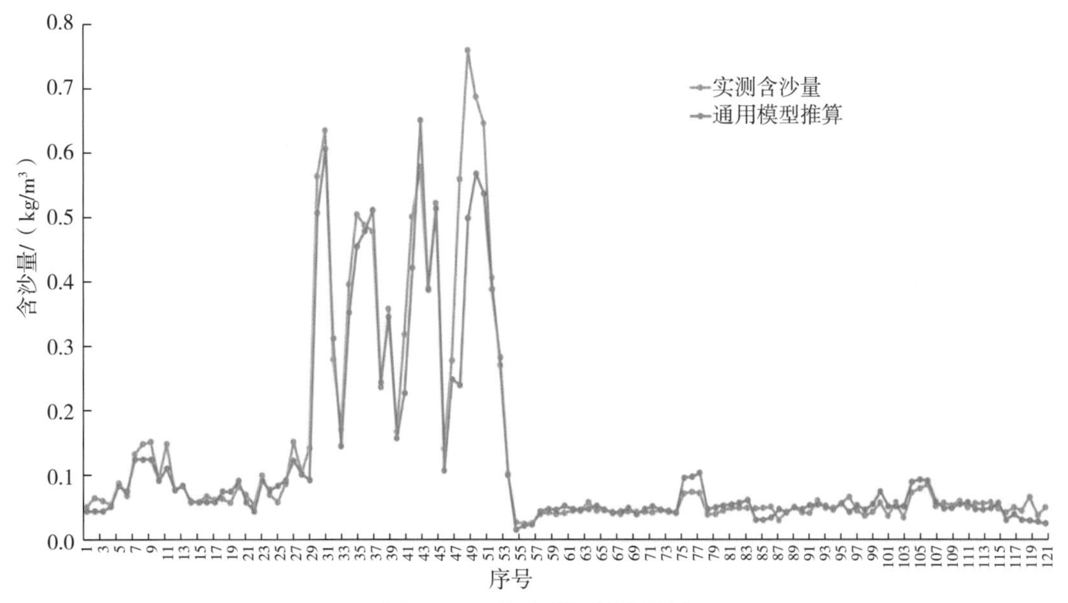

图 7.4-10　通用模型推算效果

7.4.3　模型精度评价

7.4.3.1　目的与意义

利用光谱推算含沙量的方法最终是否能在长江流域主要控制站泥沙实时监测中推广使用,其关键在于其含沙量对比测试精度是否满足我国现行相关标准规定要求。

光谱含沙量对比测试精度是以水文泥沙测验中常规的横式采样器汲取河水水样的方式,水样运送到室内采用“烘干称重法”进行处理分析成果近似“真值”的对比精度。至于光谱测沙仪自身的各分量误差源所引起误差,最终主要反映在与传统方法的对比测试精度中。

7.4.3.2 误差统计方法与估算公式

(1)误差统计方法

利用数理统计方法和公式，统计或估算各项对比测试误差。即将传统法测得独立分量成果近似真值。因光谱仪的 n 个独立测量值可看成是在不同的条件下测得的，分别统计点含沙量的相对误差、平均相对误差(或平均相对系统误差)、相对均方差(或随机不确定度)等指标。

(2)样本统计参数估算公式

1)误差

$$\Delta\delta = Y_{Ai} - Y_L \tag{7.4-1}$$

2)相对误差

$$\delta Y_{Ai} = \frac{Y_{Ai} - Y_L}{Y_L} \tag{7.4-2}$$

3)平均相对误差(相对偏离值或称平均相对系统误差)

$$\overline{\delta Y_A} = \frac{1}{n}\sum_{i=1}^{n}\delta Y_i \tag{7.4-3}$$

式中：Y_L ——传统法横式采样器测得点含沙量成果，近似真值；

Y_{Ai} ——同一样本中量子点光谱仪推算点含沙量成果；

n ——测次总数(或统计样本总数)；

i ——测次号。

7.4.3.3 规范标准指标

《河流悬移质泥沙测验规范》(GB 50159—2015)第 2.2.3 小节对测沙仪的性能和投产对比测试作了要求，但并未对测沙仪的投产指标作出规定。

2.2.3 测沙仪应符合下列要求：

1 仪器工作曲线应稳定，校测方法简便，操作安全可靠，校测频次较少。

2 仪器的测量精度、稳定性与可靠性应满足应用要求。

3 仪器应具有一定的在线监测能力，有数据传输、数据储存、数据显示等功能。

4 仪器对水温、泥沙的颗粒形状、颗粒组成及化学特性等的影响，应能自行或人工设置校正，或能将误差控制在允许的范围内。

5 仪器装置应满足测点位置放置准确性的要求，能可靠地施测接近河床床面的含沙量。

6 仪器应便于安装、携带、操作和维护。

7 仪器应提供测量精度、适用范围、应用水深、开机稳定时间等指标。

8 仪器应稳定连续工作 8h 以上。

9 仪器对水流扰动小。

2.2.4 测沙仪在投产应用前,应在测站与原使用的仪器进行比测分析,确定适用范围和操作要求,建立平行观测资料系列,精度不低于原仪器方法或在满足应用精度的前提下能够提高效率、安全性能和减轻劳动强度。

2.2.5 各种悬移质泥沙测验仪器应在经比测确定的范围内使用。当含沙量超出仪器比测试验范围时,应用标准仪器同时取样,检验校正。

《水文资料整编规范》(SL/T 247—2020)5.3.5小节对悬移质泥沙关系曲线定线精度指标见表7.4-2。

表7.4-2 悬移质泥沙等关系曲线法定线精度指标表

站类	定线方法	定线精度指标	
		系统误差/%	随机不确定/%
一类精度水文站	单一线法	±2	18
	多线法	±3	20
二类精度水文站	单一线法	±3	20
	多线法	±4	24
三类精度水文站	各种曲线	±3	28

注:1.巡测站定线随机不确定度可增大2%。

2.流量与输沙率关系曲线法随机不确定度可增大2%。

测沙仪的投产指标可参照一类精度站多线法的指标,可按系统误差±3%,随机不确定度20%控制。

7.4.3.4 精度评价

各站量子点光谱仪测沙精度统计见表7.4-3。

表7.4-3 各站量子点光谱仪测沙精度统计表

序号	站名		分析次数	含沙量范围/(kg/m³)	系统误差/%	随机不确定度/%
1	汉口		24	0.052~0.153	6.18	18.06
2	寸滩		29	0.088~0.758	−1.09	18.69
3	枝城		33	0.027~0.076	−2.70	12.86
4	沙市		36	0.032~0.087	−2.81	16.89
5	余家湖		20	0.014~1.377	−2.77	16.17
6	各站综合精度		142	0.014~1.377	−0.91	16.07
7	四站通用模型	双盲验证	38	0.030~0.561	3.90	26.30
8		全部建模	123	0.018~0.651	−1.02	20.93

从表 7.4-3 可以看出，整体上，各站的悬移质含沙量测验精度均有较好精度。

寸滩、枝城、沙市、余家湖四站的量子点光谱仪精度较高，各站系统误差、随机不确定度都能满足《水文资料整编规范》(SL/T 247—2020)要求，达到了投产精度。

汉口站系统误差略大，随机不确定度在规范要求内，整体测沙的峰谷趋势均与实测一致。

五站综合系统误差为－0.91%，随机不确定度为 16.07%，满足一类精度水文站悬移质含沙量监测精度要求。

通用模型具有较好的适用性，虽然未达到规范要求，但是仍有较高精度，表明量子点光谱仪的含沙量推算模型具有较好的泛化能力。

7.4.4 对比测试结果

通过在汉口、寸滩、枝城、沙市、余家湖的对比测试试验，验证了量子点光谱仪在悬移质泥沙测验方面的可行性、适用性，主要结论如下：

①五站均有较好的测验效果，五站的峰谷趋势均与实测较为一致，测验精度均较高。其中，寸滩、枝城、沙市、余家湖四站系统误差、随机不确定度都能满足规范要求，基本达到投产精度；汉口站系统误差略大，随机不确定度在规范要求内。

②各站分别建模，整体精度水平为：系统误差为－0.91%，随机不确定度为 16.07%。各站采用一个通用模型，精度水平为：系统误差－1.02%，随机不确定度 20.93%。上述试验结果，接近或已达到一类泥沙精度站的误差精度要求(系统误差±3%，随机不确定度 20%)。

③通过试验结果可以看出，量子点光谱仪测验悬移质泥沙浓度是可行的，且具有较高的精度。由于其具有光谱信息丰富等优势，在对比测试中已表现出了优于以往测验方法的精度。通过后期进一步进行产品适应性改造、算法调整、模型优化，量子点光谱仪会有更高的悬移质含沙量测验精度。

第 8 章 水文数据远程传输技术

8.1 数据传输方式

目前,在我国信息传输中常用于数据传输的通信方式主要有无线通信和有线通信。无线通信方式主要有微波通信、短波通信、超短波通信、移动通信、卫星通信、LoRa 通信等。有线通信方式主要有程控电话(PSTN)通信、非对称用户数字线路(ADSL)通信、光纤通信等。

8.1.1 无线通信

8.1.1.1 微波通信

在现代通信技术中,微波通信(Microwave Communication)具有非常重要的作用。近年来,微波通信在许多领域都得到了广泛的应用。微波的频率非常高,凡是处于 0.3～3000GHz 频段内的通信,都可称之为微波通信。

微波通信于 20 世纪中期开始应用于实际生活当中,其能够实现大容量通信,且建设速度较快,质量较高,通信过程稳定,维护便捷,由于上述优点,使其成为目前应用极为频繁的传输方式。微波通信的通信网容易建立,即使处于山区、农村等较为偏僻的地区,也可以实现微波通信。

我国微波通信广泛应用 L、S、C、X 诸频段。由于微波频率极高,波长又很短,其在空中的传播特性与光波相近,也就是直线前进,遇到阻挡就被反射或被阻断,因此微波通信的主要方式是视距通信,超过视距以后需要中继转发。一般说来,由于地球曲面的影响以及空间传输的损耗,每隔 50km 左右就需要设置中继站,将电波放大转发而延伸。这种通信方式,也称为微波中继通信或微波接力通信。长距离微波通信干线可以经过几十次中继而传至数千公里,仍可保持很高的通信质量。

微波通信是使用波长在 0.1mm 至 1m 之间的电磁波——微波进行的通信。该波长段电磁波所对应的频率范围是 0.3～3000GHz。

微波通信是直接使用微波作为介质进行的通信,不需要固体介质,当两点间直线距离内无障碍时就可以使用微波传送。利用微波进行通信具有容量大、质量好并可传至很远的距离的特点,因此是国家通信网的一种重要通信手段,也普遍适用于各种专用通信网。

微波通信具有良好的抗灾性能，对水灾、风灾以及地震等自然灾害，微波通信一般都不受影响。但微波经空中传送，易受干扰，在同一微波电路上不能使用相同频率于同一方向，因此微波电路必须在无线电管理部门的严格管理之下进行建设。此外由于微波直线传播的特性，在电波波束方向上，不能有高楼阻挡，因此城市规划部门要考虑城市空间微波通道的规划，使之不受高楼的阻隔而影响通信。

(1)超大带宽容量

传统频段微波产品一般指 6～42GHz 传统频段的微波，可以利用 XPIC、MIMO 和 CA 等无线技术在有限频率资源下不断倍增传输容量。通过射频单元的简单叠加，以及空口物理链路汇聚或链路层汇聚技术，传统频段微波速率可达 10GBit/s，新一代 E-band 微波单空口超过 10Gbit/s，满足目前最新的 5G 移动通信回传速率的需求。

(2)支持多种传输业务

支持 PDH、SDH 业务，以太业务和 IP 业务。能够很好满足现 2G、3G 和 4G 移动业务的带宽需求和未来即将商用的 5G 移动业务容量需求。

(3)低时延

微波传输超低时延的优良特性不仅能满足 2G、3G 和 4G 移动网络的要求，也能很好满足 5G 移动更低时延（如无人驾驶、智能制造和远程医疗等)应用需求。

(4)提供高精度时间同步

1588v2 为基站提供精准的频率和相位时钟同步，能为 TDD 移动通信系统提供全网时钟，降低移动网络安装、维护成本。

(5)快速部署

分组微波设备的全室外解决方案，无须铺设传输光纤，无需机房，安装部署简单快捷，符合 4G 和 5G 密集小型化快速部署的需求。5G 移动基站进一步缩短建站距离，每平方千米增加基站数量，微波传输作为回传解决方案能为移动网络的部署大大节省时间。

(6)抗灾抗人为破坏

微波通信是通过空中无线信号传输，能够防挖、防爆破等人为破坏，防地震、防火灾等自然灾害，受损时微波传输恢复通信链路快。在自然灾害和光纤无法达到的地区，微波传输可以作为应急移动通信的传输网络。

微波通信是解决几千米甚至几十千米不易布线场所传输的解决方式之一。采用调频调制或调幅调制的办法，将数据搭载到高频载波上，转换为高频电磁波在空中传输。

优点：综合成本低，性能更稳定，省去布线及线缆维护费用；可动态实时传输数据及图像，图像传输清晰度不错，而且完全实时；组网灵活，可扩展性好，即插即用；维护费用低。

缺点：由于采用微波传输，频段在 1GHz 以上，常用的有 L 波段(1.0～2.0GHz)、S 波段(2.0～3.0GHz)、Ku 波段(10～12GHz)，传输环境是开放的空间，如果在大城市使用，无线电波比较复杂，相对容易受外界电磁干扰；微波信号为直线传输，中间不能有山体、建筑物遮挡；如果有障碍物，需要加中继站加以解决，Ku 波段受天气影响较为严重，尤其是雨雪天气会有比较严重的雨衰现象。不过现在也有数字微波视频传输产品，抗干扰能力和可扩展性都提高不少。

8.1.1.2 短波通信

短波通信是指波长在 100～10m 范围内，频率在 3～30MHz 范围的一种无线电通信技术。短波通信发出的电波由电离层发生反射，然后被接收设备接收(图 8.1-1)。短波通信能够进行远距离通信，是远程通信的主要方式。电离层的高度和密度具有受昼夜、季节、气候等因素影响较大的特点，导致短波通信的稳定性不高，过程中会产生较大噪声。但是随着自适应、猝发传输、数字信号处理、差错控制、扩频、超大规模集成电路和微处理器等前沿技术的兴起和深入，为短波通信技术的提高和应用提供了条件。短波通信设备固有的方便、组网灵活、廉价、抗毁性强等特点继续得以保留和进一步提升，使短波通信在应用中的地位继续增强。

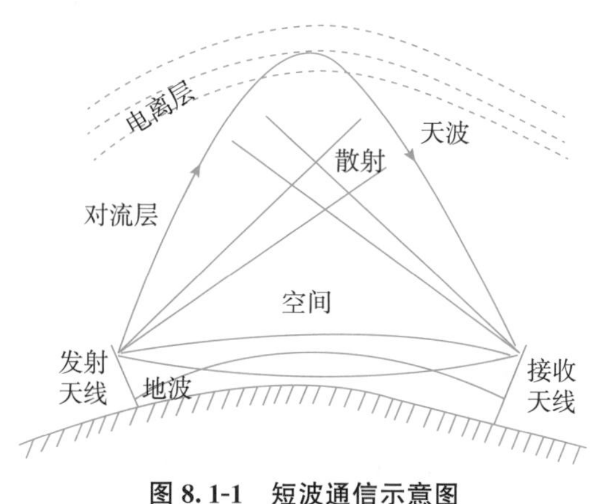

图 8.1-1 短波通信示意图

短波通信系统由发信机、发信天线、收信机、收信天线和各种终端设备组成。发信机前级和收信机具有固态化、小型化的特点。发信天线一般使用宽带的同相水平、菱形或对数周期天线，收信天线一般使用鱼骨形、可调的环形天线阵。终端设备的作用是使收发支路的四线系统与常用的二线系统衔接时，增加回声损耗防止振鸣，并提供压扩功能。

8.1.1.3 超短波(UHF/VHF)通信

超短波(UHF/VHF)是一种地面可视通信，其传播特性依赖于工作频率、距离、地形及气象因子等因素。目前，我国国内已建系统的超短波频率多在 150～450MHz，它主要适用于平原丘陵地带，且中继级数小于 3 的水情自动测报系统。超短波通信具有通信质量较好、设备简单、投资较少、建设周期短、易于实现的优点，而且没有通信费用的问题。但是若在长距离、多高山阻挡情况下使用超短波组网，所需中继站数目及中转次数将明显增加，从而导致设备费、土建费的增加，系统可靠性下降，而且中继站站址的交通条件差将会给建设、安装、维护带来很大的困难。

早期水情自动测报系统建设基本上采用超短波(UHF/VHF)通信方式。

8.1.1.4 移动通信

移动通信包括 GSM-SMS 短信、GPRS(3G/4G/5G)通信等。

(1)GSM-SMS 短信通信

GSM-SMS 短信是移动通信的一种存储和转发服务。短消息并不是直接从发送人发送到接收人,而始终通过短信服务中心进行转发。如果接收中心处于未连接状态,则消息将在接收中心再次连线后发送。

1)GSM-SMS 短信通信特点

①传递可靠,GSM 短信通信具有确认机制。②费用低廉。③误码率低,短消息的发送误码率低于 10～6。④传递响应时间,专业平台的信息发送平均时延小于 5s。⑤功耗小,最大发射功率为 700MW。

使用 GSM-SMS 短信通信时,应注意的问题:①传输时延;②超量分包;③信息拥塞。

2)GSM-SMS 短信组网结构(图 8.1-2)

采用 GSM-SMS 短信信道的遥测站与中心站的水文信息传输通信有两种方式:一种是在短信中心申请特服号的方式,所有遥测站将采集的信息发到该特服号,中心站与短信中心进行专线连接;另一种是点对点方式连接,在中心站配置 GSM 无线 MODEM 池,与遥测站建立 GSM 短信连接。

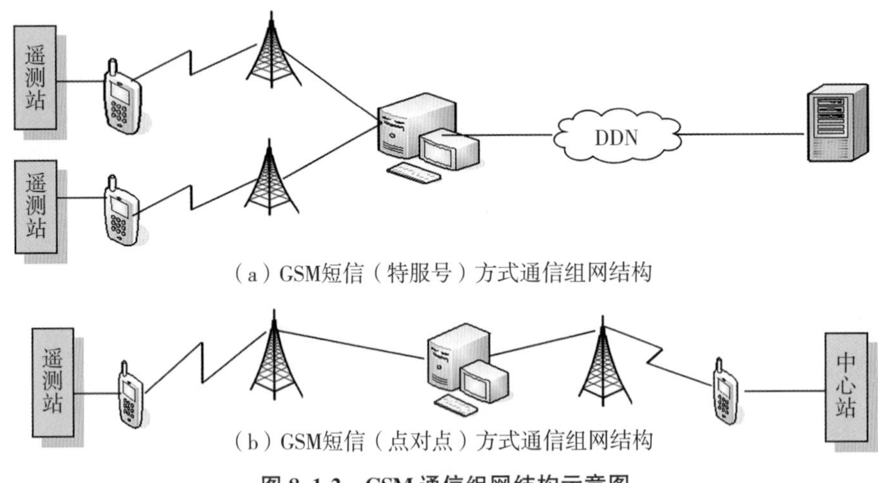

(a) GSM短信(特服号)方式通信组网结构

(b) GSM短信(点对点)方式通信组网结构

图 8.1-2 GSM 通信组网结构示意图

(2)GPRS 通信

GPRS 是通用分组无线业务(General Packet Radio Service)的英文简称,是 2G 迈向 3G 的过渡产业,是 GSM 系统上发展出来的一种新的承载业务,目的是为 GSM 用户提供分组形式的数据业务。它特别适用于间断的、突发性的、频繁的、少量的数据传输,也适用于偶尔的大数据量传输。GPRS 理论带宽可达 171.2kB/s，实际应用带宽在 40～100kB/s。在此信道上提供 TCP/IP 连接，可以用于 Internet 连接、数据传输等应用(图 8.1-3)。

主要特点：①实时在线；②快速登录；③高速传输；④按量收费；⑤自如切换。

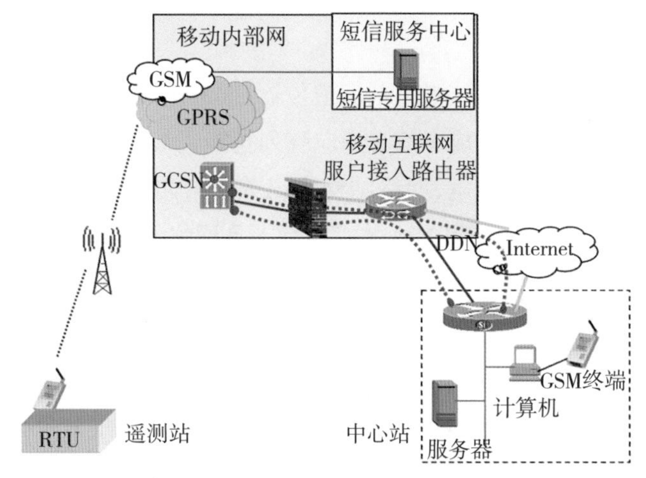

图 8.1-3 GPRS 通信组网结构示意图

采用 GPRS 通信信道组建水情自动测报系统应根据系统的特点选择适用的接入方式实现 GPRS 接入。

第三代移动通信系统(3G)就是 IMT-2000，在 2000 年左右可开始商用并工作在 2000MHz 频段上的国际移动通信系统(IMT-2000)。目前，以 cdma2000、WCDMA、TD-SCDMA 这三种主流 3G 技术标准。其通信组网方式与 GPRS 类似。

(3)4G/5G 通信技术

1)4G 移动通信技术

4G 是第四代移动通信及其技术的简称，是集 3G 与 WLAN 于一体并能够传输高质量视频图像以及图像传输质量与高清晰度电视不相上下的技术产品。

4G 通信技术是基于 3G 通信技术基础不断优化升级、创新发展而来的，融合了 3G 通信技术的优势，并衍生出了一系列自身固有的特征，以 WLAN 技术为发展重点。4G 通信技术的创新使其与 3G 通信技术相比具有更大的竞争优势。4G 通信在图片、视频传输上能够实现原图、原视频高清传输，其传输质量与电脑画质不相上下；利用 4G 通信技术，在软件、文件、图片、音视频下载上其速度最高可达到每秒几十兆，这是 3G 通信技术无法实现的，同时这也是 4G 通信技术的一个显著优势；这种快捷的下载模式能够为我们带来更佳的通信体验，也便于我们日常学习中学习资料的下载；同时，在网络高速便捷的发展背景下，用户对流量成本也提出了更高的要求，从当前 4G 网络通信收费来看，价格较高，但是各大运营商针对不同的群体也推出了对应的流量优惠政策，能够满足不同消费群体的需求。

4G 移动系统网络结构可分为物理网络层、中间环境层、应用网络层三层。物理网络层提供接入和路由选择功能，它们由无线和核心网的结合格式完成。中间环境层的功能有QoS映射、地址变换和完全性管理等。物理网络层与中间环境层及其应用环境之间的接口是开放的，它使发展和提供新的应用及服务变得更为容易，提供无缝高数据率的无线服务，并运行于多个频带。这一服务能自适应多个无线标准及多模终端能力，跨越多个运营者和服务，提供大范围服务。

第四代移动通信系统的关键技术包括信道传输；抗干扰性强的高速接入技术、调制和信息传输技术；高性能、小型化和低成本的自适应阵列智能天线；大容量、低成本的无线接口和光接口；系统管理资源；软件无线电、网络结构协议等。第四代移动通信系统主要是以正交频分复用（OFDM）为技术核心。OFDM技术的特点是网络结构高度可扩展，具有良好的抗噪声性能和抗多信道干扰能力，可以提供无线数据技术质量更高（速率高、时延小）的服务和更好的性能价格比，能为4G无线网提供更好的方案。例如，无线区域环路（WLL）、数字音讯广播（DAB）等，预计都采用OFDM技术。4G移动通信对加速增长的广带无线连接的要求提供技术上的回应，对跨越公众的和专用的、室内和室外的多种无线系统和网络保证提供无缝的服务。通过对最适合的可用网络提供用户所需求的最佳服务，能应付基于因特网通信所期望的增长，增添新的频段，使频谱资源大扩展，提供不同类型的通信接口，运用路由技术为主的网络架构，以傅立叶变换来发展硬件架构实现第四代网络架构。移动通信会向数据化，高速化、宽带化、频段更高化方向发展，移动数据、移动IP预计会成为未来移动网的主流业务。

2）5G移动通信技术

5G移动通信技术是具有高速率、低时延和大连接特点的新一代宽带移动通信技术，是实现人机物互联的网络基础设施。其不仅要解决人与人通信，为用户提供增强现实、虚拟现实、超高清（3D）视频等更加身临其境的极致业务体验，更要解决人与物、物与物通信问题，满足移动医疗、车联网、智能家居、工业控制、环境监测等物联网应用需求。最终，5G将渗透到经济社会的各行业各领域，成为支撑经济社会数字化、网络化、智能化转型的关键新型基础设施。

①性能指标。

a. 峰值速率需要达到10～20Gbps/s，以满足高清视频、虚拟现实等大数据量传输。

b. 空中接口时延低至1ms，满足自动驾驶、远程医疗等实时应用。

c. 具备百万连接/平方千米的设备连接能力，满足物联网通信。

d. 频谱效率要比LTE提升3倍以上。

e. 连续广域覆盖和高移动性下，用户体验速率达到100Mbit/s。

f. 流量密度达到10Mbps/m^2以上。

g. 移动性支持500km/h的高速移动。

②技术特点。

第五代移动通信技术(5G)是面向日益增长的移动通信需求而发展的新一代移动通信系统技术。5G 具有超高的频谱利用率和能效,在传输速率和资源利用率等方面较 4G 移动通信提高了一个量级甚至更高,其无线覆盖性能、传输时延、系统安全和用户体验也得到显著提高。

面对未来多样化场景的差异化需求,5G 不会像以往一样以某种单一技术为基础形成针对所有场景的解决方案,而是与其他无线移动通信技术密切衔接,为移动互联网的快速发展提供无所不在的基础性业务能力,满足未来 10 年移动互联网流量增加 1000 倍的发展需求。移动宽带、大规模机器通信和高可靠、低时延通信为其主要应用场景。

③在水文自动监测的应用前景。

随着水文信息化发展,水文自动监测不再局限于水位、雨量等简单参数的监测,正朝着多要素、全要素方向迈进。长江口近海单个水文站就包含雨量、水位、风速风向、盐度和泥沙、能见度、水质、流速流量等多要素自动监测(图 8.1-4)。监测要素的不断增加对数据通信网络带宽、时延和稳定性提出了更高的要求,4G 传输已不能满足要求,需要专网进行数据传输。

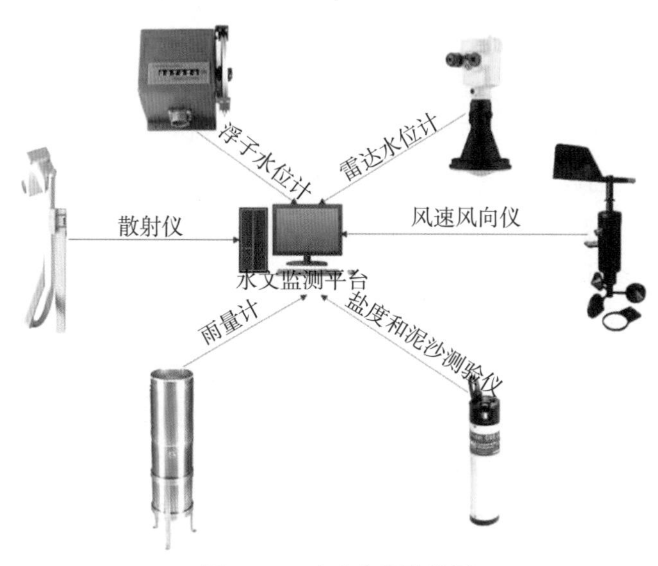

图 8.1-4　水文多要素监测

现有方式下,4G 网络虽然理论上行速度能达到 50M,但在实际使用过程中受技术特点及使用环境限制,其上行速度大部分时间低于 10Mbps,因此采用 5G 通信,上行速率理论上可以达到 10Gbps,时延只有 1ms,其高速率、低延时和高稳定性能极大满足该测流系统大量实时数据远程传输和实时计算的需求,即数据处理后移到中心站,现场采集的数据采用后端处理模式。其优势为:可以有效降低整套设备功耗约 40%,从而降低对供电的要求;不用架设交流电,现场可直接采用太阳能浮充蓄电池供电方式;通过简化现场设备,降低了安装维护难度和成本，增强了设备的野外适用能力。

在水文多要素自动监测的应用中，大数据量、低延时是它们的共性。而对于5G而言，实时处理大数据恰恰是它的优势所在，因为5G的低时延，结合其边缘云计算的能力，可以确保仪器设备实时完成测量—计算—校正—再测量这个过程，这种特性十分适用于瞬时测量数据量大且需要不断校正但仪器本身又不具备大数据量计算能力的水文仪器设备。

8.1.1.5 卫星通信

应用卫星通信技术能够有效改善偏远地区水文自动监测站点的通信传输能力。目前，采用的卫星通信技术多种多样，卫星设备型号种类繁多，不同卫星都具有自己的特点、优势和缺点，如雨衰影响、基建成本较高、并发处理能力低等。

目前使用较好的是地球同步静止卫星。该种类卫星都定于赤道上空，其覆盖范围稳定，可靠性和实时性强。地球同步静止卫星适用于水文数据自动监测，其包含VSAT卫星、海事卫星、天通卫星和北斗卫星。

(1)VSAT卫星通信

1)VSAT卫星简介

VSAT(Very Small Aperture Terminal)直译为甚小口径卫星终端站，或称为卫星小数据站(小站)、个人地球站(PES)等。VSAT卫星通信系统采用小口径天线，系统具有灵活性强、稳定性高、成本较低、使用方便等特点。VSAT系统由一个VSAT主站和若干远端VSAT从站组成，系统不受地形、距离或地面通信条件限制。VSAT主站和VSAT从站可直接进行2Mbps速度的数据通信，供信息量大和分支机构多的地方使用。VSAT系统可提供电话、传真、计算机信息等多种通信业务。该系统由288颗近地轨道卫星构成，每颗卫星由路由器通过光通信与相邻卫星连接构成空中互联网。地面服务商通过网关站和一般移动用户与卫星进行通信。

2)组成结构

VSAT卫星通信系统由空间部分和地面部分组成。网络由静止卫星、地面通信主站、用户VSAT端站组成。典型的网络形态有星状网络和网状网络。

星状网络是指以VSAT网络主站为网络中心，各VSAT端站与主站之间构成通信链路，各VSAT端站之间不构成直接的通信链路。VSAT端站之间构成通信链路时需要通过VSAT主站转发来实现。这类功能均由VSAT主站的网络控制系统参与来完成。

网状网络是指各VSAT端站间直连的通信链路，不通过VSAT主站转发。VSAT主站只对全VSAT网络进行控制、管理，同时控制VSAT主站和端站的通信。

VSAT卫星通信系统的空间卫星部分，使用地球静止轨道通信卫星，卫星采用不同的段，如C、Ku和Ka频段。卫星上转发器的发射功率较大；相反的，VSAT地面终端的天线尺寸较小。

VSAT卫星通信系统的地面部分分为中枢站、远端站和网络控制单元。中枢站起到将汇集卫星来的数据向各个远端站分发数据的作用;远端站是网络主体,VSAT 卫星通信网即由众多远端站组成,站点数量和每个单站分需要的费用成反比。远端站用户的终端设备连接。

3)基本特点

VSAT 卫星通信系统特点主要包含以下几个方面:①地面站天线直径小于 2m,多采用 1.2~1.8m,最小可达 0.3m。②发射功率小,功率为 1~3W。③质量轻,质量为几千克至几十千克,方便携带。④价格便宜,性价比高,经济效益大。⑤建设周期短,安装简单。⑥通信费用与通信的距离无关。⑦不受地理环境、气候等因素影响,受地面干扰小。⑧可灵活组网,易于扩展,维修方便。

4)主要应用

VSAT 卫星通信系统可灵活组成不同规模、不同速率、不同用途、经济实惠的网络系统。单一个 VSAT 卫星通信网一般能容纳 200~500 个站,形式包括广播式、点对点式、双向交互式、收集式等。系统可用于地形复杂、线路架设困难、人迹罕至的偏僻地区。VSAT 技术可以应用于以下几个方面:①卫星电视广播,传送广播电视、商业电视信号。②财政、金融、证券等系统,对市场流向进行动态跟踪管理。③交通运输管理,铁路运营调度。④军事应用,装备到单兵。⑤应急通信,对自然灾害或突发性事件进行应急通信。⑥水文监测,对水患危险进行预警,防止和减少水患灾害带来的损失。

(2)海事卫星通信

海事卫星通信系统是利用通信卫星作为中继站的一种船舶无线电通信系统(图 8.1-5)。它具有全球(除南北极区外)、全时、全天候、稳定、可靠、高质量、大容量和自动通信等显著优点,既可改善船舶营运和提高管理效率、密切船岸联系,还有助于保障海上人身安全。

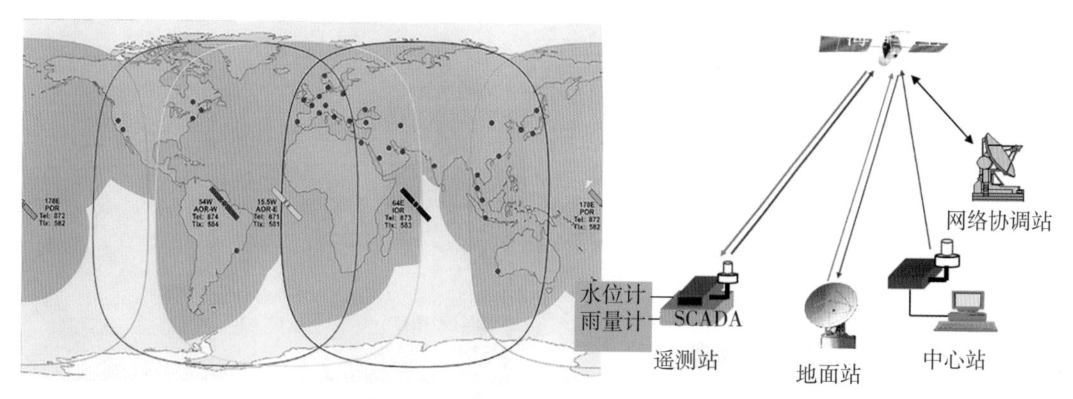

图 8.1-5 海事卫星组网结构示意图

海事卫星通信系统是由通信卫星、岸站和船站三大部分组成。①海事通信卫星。它是系统的中继站,用以收、发岸站和船站的信号。卫星布设于太平洋、大西洋和印度洋三个洋区,采用静止轨道卫星,卫星可提供电话、电报、传真和共用呼叫服务。②岸站。它是设在海岸上的海事卫星通信地球站,起通信网的控制作用,设有天线等设备,岸台可与陆上其他通信网相连通。③船站。它是装在船上的海事卫星通信地球站，是系统的通信终端，装备有抛物面天线等设备，电话通信采用调频方式，电报通信采用移相键控调制方式。每颗通信卫星的通信容量的分配是由指定岸站的网络协调站负责分配卫星通信信道。电报信道预先分配给各岸站，由其负责分配与船站进行电报通信的时隙。电话信道由网络协调站控制，由船站、岸站进行申请后分配。

水文数据传输主要应用海事卫星 C 系统的短数据报告方式。陆用终端小巧，体积只有公文包大小，重量仅有 3kg，可装在手提箱中；车载式的卫星终端具有全向性天线，能在行进中进行通信；便携式或固定式的终端采用小型定向天线，可方便携带及降低能耗。其优点是：产品成熟，可靠性高，低雨衰，体积小，便于安装维护。其缺点是：数据包小，传输费用高。

(3)北斗卫星通信

北斗卫星通信系统以其特有的技术体制和整体性能优势，近年来在水利水电遥测领域的应用规模不断扩大，先后在黄河流域、长江流域，以及广东、广西、湖北、云南、重庆、成都、贵州、黑龙江等地建设完成了北斗遥测示范工程。

北斗系统是我国自主知识产权的区域性导航定位系统，由多颗地球同步轨道卫星、地面控制中心、各类北斗终端三大部分组成；系统可以无缝覆盖我国全部国土面积及周边海域，具有快速定位、双向通信和精密授时三大基本功能；北斗民用运营中心可以提供跨网络平台信息转发、群组呼及广播、数据存储备份、数据实时查询下载、数据多点分发等服务功能。

北斗卫星系统由空间卫星、地面中心站、用户终端三部分组成(图 8.1-6)。

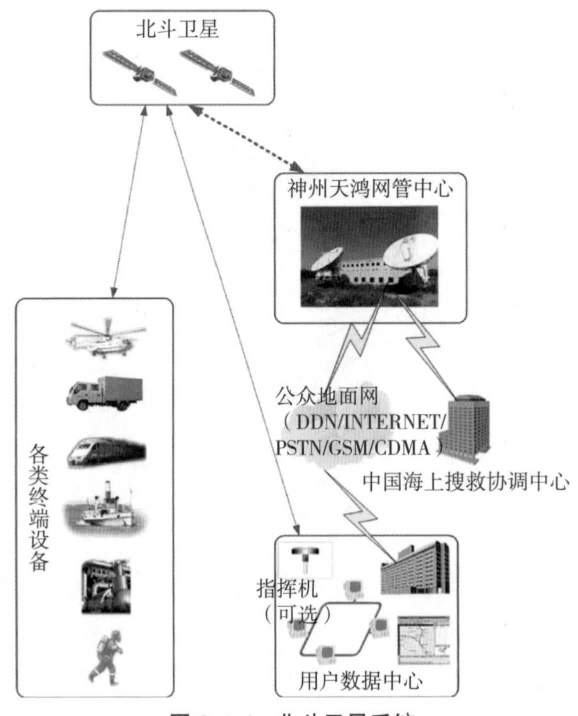

图 8.1-6　北斗卫星系统

1)空间卫星部分

空间卫星部分由 2～3 颗地球同步卫星组成,负责执行地面中心站与用户终端之间的双向无线电信号中继任务。每颗卫星的主要载荷是变频转发器,以及覆盖定位通信区域点的全球波束或区域波束天线。

2)地面中心站

地面中心站主要由无线电信号发射和接收,整个工作系统的监控和管理,数据存储、交换、传输和处理,时频和电源等各功能部件组成。神州天鸿网管中心作为地面中心站延伸部分,负责民用用户的注册、管理和运营。

3)用户终端部分

用户终端能够接收地面中心站经卫星转发的测距信号,并向两颗卫星发射应答信号,此信号经卫星转发到中心站进行数据处理。

4)系统工作流程

北斗卫星系统通过下述工作流程提供定位和通信服务,见图 8.1-7。

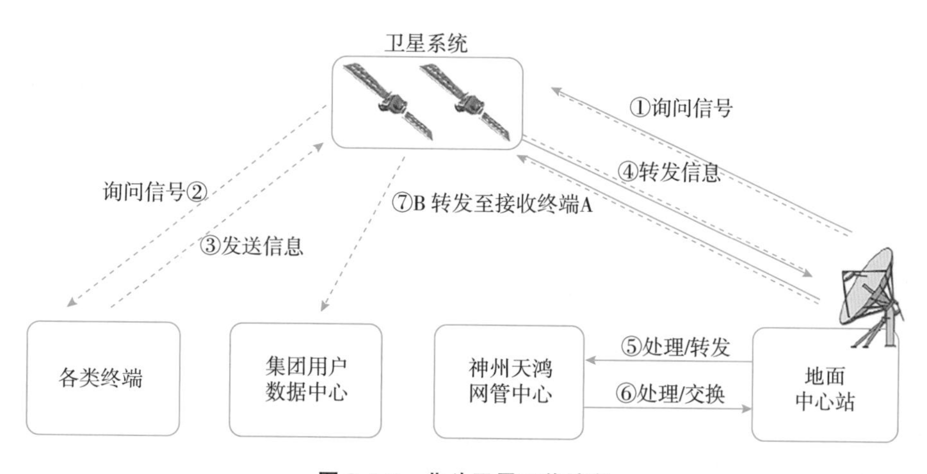

图 8.1-7　北斗卫星工作流程

北斗卫星系统具有四大功能:快速定位、实时导航、简短通信和精密授时。

5)北斗系统对水文遥测的适用性

北斗系统的设计覆盖范围为东经 70°～145°,北纬 5°～55°,我国陆地地区大部分地区;北斗系统工作在 L/S/C 波段,频率范围在 1.5～2.5GHz,具有良好的抗雨衰性能,充分保证水文遥测系统的数据传输不受雨衰效应影响;北斗系统采用 CDMA 通信体制,入站方式为随机突发,具有强大的并发通信能力;北斗系统传输的报文数据包为可变长度数据帧,单次通信封装的报文数据最大长度可达 106 个字节,完全满足测站点数据数传输对报文长度的要求。根据用户所申请注册的服务等级,提供相应的通信响应时延不超过 1s,确保大水、暴雨情况下可以及时上报数据;北斗终端设备目前所用功放模块的功率值为 30W,由于发射持续的时间在毫秒级,因此终端实际的功耗非常低;系统支持多个中心站同步接收某一野外站上报的实时数据。

8.1.1.6 LoRa 通信

LoRa 是 LPWAN 通信技术中的一种，是美国 Semtech 公司采用和推广的一种基于扩频技术的超远距离无线传输方案。这一方案的出现改变了以往关于传输距离和功耗需要折中的考虑方式，为用户提供了一种简单的能实现远距离通信、电池寿命长、大容量的系统，进而拓展出传感网络。目前，LoRa 主要在全球免费频段运行，包括 433、868、915 等频段。

LoRa 的名字就是 Long Range Wide－Area Network，它最大的特点就是在同样的功耗条件下比其他无线方式传播的距离更远，实现了低功耗和远距离的统一，它在同样的功耗下比传统的无线射频通信距离扩大了 3～5 倍。

其技术特点为：

①传输距离：城镇可达 2～5km，郊区可达 15km。

②工作频率：ISM 频段包括 433MHz、868MHz、915MHz 等。

③标准：IEEE 802.15.4g。

④调制方式：基于扩频技术，线性调制扩频（CSS）的一个变种，具有前向纠错（FEC）能力。

⑤容量：一个 LoRa 网关可以连接上千上万个 LoRa 节点。

⑥电池寿命：长达 10 年。

⑦安全：AES128 加密。

⑧传输速率：几百到几十 kbps，速率越低传输距离越长。

8.1.2 有线通信

有线通信包括程控电话（PSTN）通信、ADSL 通信、光纤通信等。

8.1.2.1 程控电话通信

公用程控电话交换网（PSTN）是普及程度最高的信道资源（图 8.1-8）。它具有设备简单、入网方式简单灵活、适用范围广、传输质量较高、传输信息量大、通信费用低廉等优点。该通信方式在水情自动测报系统中得到了广泛的应用。PSTN 属有线通信线路，防雷避雷问题格外重要，需采取有效的避雷措施。但在边远山区，电话线路通信质量差，线路初装成本高，防御自然灾害的能力低，信息传输得不到保障。

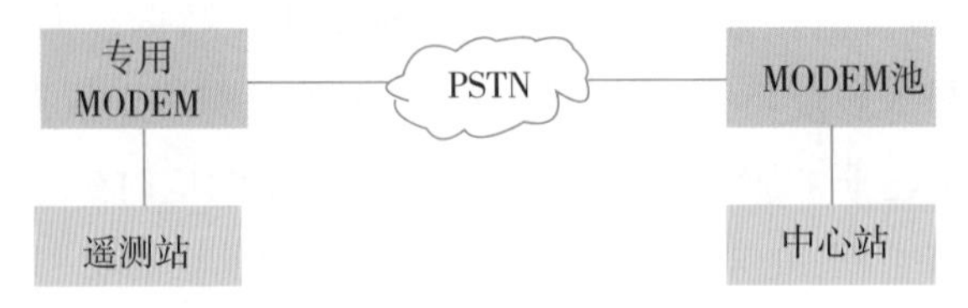

图 8.1-8 PSTN 通信方式通信组网结构

8.1.2.2 ADSL 通信

DSL 数字用户线路(Digital Subscriber Line)技术是一种以铜制电话双绞线为传输介质的传输技术,它通常可以允许语音信号和数据信号同时在一条电话线上传输。

它利用现有的电话线开展宽带接入服务,无需网络建设投入,节省投资。在现有的电话网可以立即为用户开通宽度服务,节省了时间。此外,与拨号接入相比,DSL 在开通数据业务的同时,一般不会影响话音业务,用户可以在打电话的同时上网。因此 DSL 技术很快就得到重视,并在一些国家和地区得到大量应用。

DSL 技术包括 ADSL、VDSL、SDSL、HDSL 等,一般也把这些统称为 xDSL。不同 DSL 技术之间的主要区别体现在两个方面:①信号传输速度和距离;②上行速率和下行速率的对称性。目前,流行的 DSL 技术是 ADSL 和 VDSL。

(1)非对称型 DSL

非对称 DSL 的上下行速率是不一样的,一般下行速率比上行速率大得多。非对称 DSL 适用于家庭普通用户上网,因为在普通用户上网时下载的信息往往比上传的信息要多得多。

非对称型 DSL 包括 ADSL、VDSL 等。

ADSL 非对称用户数字线路(Asymmetric DSL):利用一对双绞线,提供上下行不对称的速率,可以同时传输语音和数据。

VDSL 甚高速数字用户线路(Very high speed DSL):是基于以太网内核的 DSL 技术,它利用一对双绞线,在短距离内提供最大下行速率 55Mbps、上行速率 2.3Mbps 的非对称式传输服务,也可以配置成上下行 13Mbps 对称模式。但是,VDSL 受到线路质量和线路距离的影响十分大,当线路距离变长时其传输速率会显著下降,VDSL 支持的最大传输距离为 2km。

(2)ADSL 的特点及优点

1)高速传输

提供上、下行不对称的传输带宽,下行速率最高达到 8Mbps,上行速率最高达到 1Mbps,最大传输距离为 5km。

2)上网、打电话互不干扰

ADSL 数据信号和电话音频信号以频分复用原理调制于各自频段互不干扰。上网的同时可以拨打或接听电话,解决了拨号上网时不能使用电话的问题。

3)独享带宽、安全可靠

ADSL 采用星形的网络拓扑结构,用户可独享高带宽。

4)安装快捷方便

利用现有的用户电话线,无需另铺电缆,节省投资。用户只需安装一台 ADSL Modem,无需为宽带上网而重新布设或变动线路。

5)价格实惠

ADSL上网的数据信号不通过电话交换机设备,这意味着使用ADSL上网只需要为数据通信付账,并不需要缴付另外的电话费。

(3)ADSL原理

ADSL技术是一种接入技术,它采用频分复用的方式将数据传输的频带划分成语音、上行、下行3个部分,从而实现了语音和数据的同时传输和非对称上下行速率。在数据传输时,通过ATM协议进行传输。

ADSL被欧美等发达国家誉为“现代信息高速公路上的快车”,因具有下行速率高、频带宽、性能优等特点而深受广大用户的喜爱,成为继Modem、ISDN之后的一种全新更快捷、更高效的接入方式。ADSL是一种非对称的DSL技术,所谓非对称是指用户线的上行速率与下行速率不同,上行速率低,下行速率高,特别适合传输多媒体信息业务,如视频点播(VOD)、多媒体信息检索和其他交互式业务。ADSL在一对铜线上支持上行速率512kbps~1Mbps,下行速率1~8Mbps,有效传输距离在3~5km范围以内。ADSL是目前众多DSL技术中较为成熟的一种,其带宽较大、连接简单、投资较小,因此发展很快,但从技术角度看,ADSL对宽带业务来说只能作为一种过渡性方法。

ADSL是一种通过现有普通电话线为家庭、办公室提供宽带数据传输服务的技术。ADSL即非对称数字信号传送,它能够在现有的铜双绞线,即普通电话线上提供高达8Mbit/s的高速下行速率,由于ADSL对距离和线路情况十分敏感,随着距离的增加和线路的恶化,速率会受到影响,远高于ISDN速率;而上行速率有1Mbit/s,传输距离达3~5km。ADSL技术的主要特点是可以充分利用现有的铜缆网络(电话线网络),在线路两端加装ADSL设备即可为用户提供高宽带服务。ADSL的另外一个优点在于,它可以与普通电话共存于一条电话线上,在一条普通电话线上接听、拨打电话的同时进行ADSL传输而又互不影响。用户通过ADSL接入宽带多媒体信息网与因特网,同时可以收看影视节目,举行一个视频会议,还能以很高的速率下载数据文件。这还不是全部,用户还可以在这同一条电话线上使用电话而又不影响以上所说的其他活动,安装ADSL也极其方便快捷。在现有的电话线上安装ADSL,除了在用户端安装ADSL通信终端外,不用对现有线路作任何改动。使用ADSL技术,通过一条电话线,以比普通MODEM快100倍的速度浏览因特网,享受到先进的数据服务。

8.1.2.3 光纤通信

光纤通信,常见的有模拟光端机和数字光端机,是解决几十甚至几百千米监控传输的最佳解决方式,通过把视频及控制信号转换为激光信号在光纤中传输。

优点:传输距离远、衰减小,抗干扰性能好,适合远距离传输。

缺点:对于几千米内监控信号传输不够经济;光熔接及维护需专业技术人员及设备操作处理,维护技术要求高,不易升级扩容。

光纤通信即光导纤维通信的简称，光纤通信是以光波作为信息载体，以光纤作为传输媒介的一种通信方式。光纤通信的原理是：在发送端首先要把传送的信息（如话音）变成电信号，然后调制到激光器发出的激光束上，使光的强度随电信号的幅度（频率）变化而变化，并通过光纤发送出去；在接收端，检测器收到光信号后把它变换成电信号，经解调后恢复原信息。

随着信息技术传输速度的日益更新，光纤技术已得到广泛的重视和应用。光纤的应用充分满足了大量的数据通信正确、可靠、高速传输和处理的要求。

实际应用中的光纤通信系统使用的不是单根的光纤，而是许多光纤聚集在一起组成的光缆。就光纤通信技术本身来说，应该包括以下几个主要部分：光纤光缆技术、光交换技术传输技术、光有源器件、光无源器件以及光网络技术等。

光纤通信系统由数据源、光发送端、光学信道和光接收机组成。其中，数据源包括所有的信号源，它们是话音、图像、数据等业务经过信源编码所得到的信号；光发送机和调制器则负责将信号转变成适合于在光纤上传输的光信号，先后用过的光波窗口有 0.85、1.31 和 1.55。光学信道包括最基本的光纤，还有中继放大器 EDFA 等；而光学接收机则接收光信号，并从中提取信息，然后转变成电信号，最后得到对应的话音、图像、数据等信息。

随着通信网络逐渐向全光平台发展，网络的优化、路由、保护和自愈功能在光通信领域中越来越重要。采用光交换技术可以克服电子交换的容量瓶颈问题，实现网络的高速率和协议透明性，提高网络的重构灵活性和生存性，大量节省建网和网络升级成本。其特点是：①在单位时间内能传输的信息量大。20 世纪 90 年代初光纤通信的实用水平的信息率为 2.488Gbit/s，即一对单模光纤可同时开通 35000 个电话，而且它还在飞速发展。②经济。光纤通信的建设费用随着使用数量的增大而降低。③体积小、重量轻、施工和维护等都比较方便。④使用金属少，抗电磁干扰，抗辐射性强，保密性好等。

8.2 水文信息数据传输

在水利工作中，保障水文信息数据持续正常稳定，是一个极其重要的工作。水文信息化的一个主要特点是水文数据信息化，流量、泥沙数据为更加系统性地研究水文变化规律提供了重要的数据基础。流量、泥沙在线监测系统，旨在运用无线通信技术、智能传感器技术、计算机技术、网络技术和 GIS 技术等先进技术，实现多要素传感器集成、近距离传输、移动通信传输、固态存贮等技术的融合，以获取流量、泥沙数据，为水文系统研究提供基础数据支撑和保障。

早期流量、泥沙远程数据传输技术是非实时在线传输方式，现代远程传输技术是实时在线传输方式。借助于计算机、互联网和通信技术。操作者可以依靠安装在现场的各种设备，得到现场的实时数据，可随时了解现场生产与设备情况，对生产现场进行监控、诊断与控制。

远程数据传输技术的模式与通信技术的发展密不可分，伴随着通信技术的发展，出现了人工传输、有线网络传输、无线网络远程传输三种传输模式。

人工传输包含了太多人为因素，无法实现实时在线传输，存在很多弊端，是比较原始的方式。

有线网络传输包含以太网、光纤网、现场总线等，现场的采样设备将各种传感器获取的设备状态信息转变为数字信号后，通过网络传送给远程系统。网络铺设投资巨大，受距离限制，各数据点之间的距离越远，铺网的投资越大，需增设路由器。

无线网络远程传输分为两种：一种是单独构建无线网，另一种是利用公用网。第一种方式由于要自己进行网络构建包括传输设备、中继站、传输协议制定，工作量大。第二种依托遍布全球的移动网络，打破距离的限制，具有网络覆盖范围广、系统抗干扰能力强、通信速度快、通信误码率低等优点，建设和运行成本低。

为了适应，采用无线方式进行通信已成为现代通信技术的发展趋势。

8.2.1 数据传输解决方案

近年来，水文监测智慧体系建设需要实现多要素传感器集成、近距离传输、移动通信传输、固态存贮等技术的融合，除获取文本数据外，还需要获取图片、视频等数据。需要研究具备多源数据融合分析算力、数据全链自动化处理、立体网络通信能力的前端核心技术。针对不同的场景需求，给出不同的组网方案，包括有条件铺设线路地区的窄带、宽带、光纤传输方案；非偏远地区的 4G、5G 无线传输方案；偏远地区的微波、Lora（Long Range Wide-Area Network）无线传输方案等（图 8.2-1）。

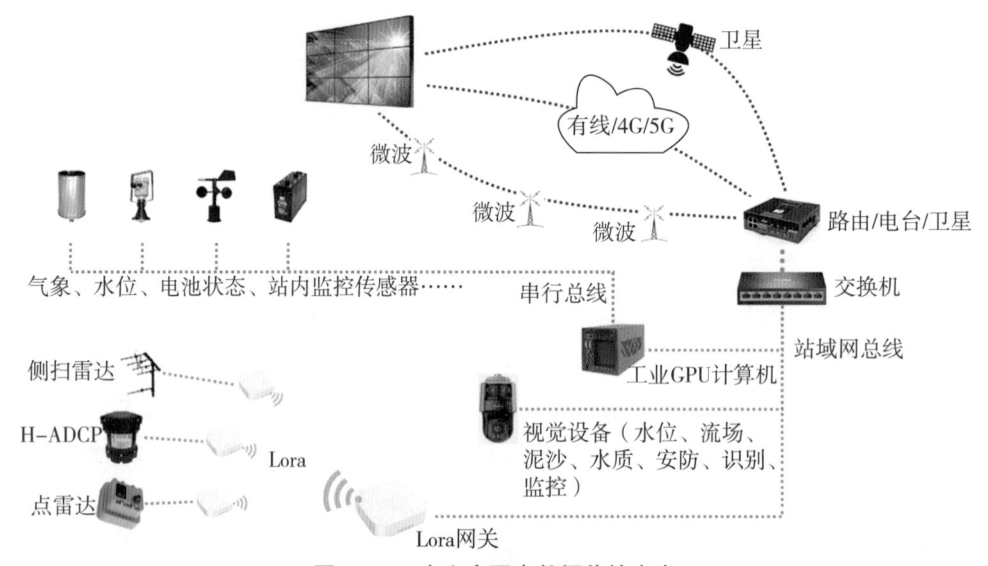

图 8.2-1 水文全要素数据传输方案

通过人工方式，耗费人力物力、信息不及时，带来人为误差，不适于信息化管理。

数据传输方式应根据区域通信资源条件，按照水情信息数据传输速率要求不高、信息量小、实时性高等特点因地制宜合理选择。

①通信信道各有特点，关键在组网规划设计时能够因地制宜，必要时可选择多信道混合组网方案。

②双信道配置原则：公网＋专网或有线＋无线。

③双信道中主信道选择：传输费用低，最好有明确的信道质量监测信号或传输是否成功信息。

④专业维护：应尽量选择公网信道。

⑤运行费用：应尽量选择传输费用低的信道。

通过无线模块接入网络，实现数据远程传输。

使用计算机技术、通信技术、网络技术、微电子技术相结合，通过网络设备建立通信联系，具有高度集成性，集软件、硬件为一体，对各种范围内实时信息及故障信息数据自动采集、传输、统计及综合分析的系统，具有速度快、计算精度高、采集传输同时性好，可以降低现场人员的劳动强度、降低人为因素造成的数据误差，可直接联网。

8.2.2 多信道低功耗传输

随着基础科学研究的持续提高，通信技术也进一步得到提升，随着物联网的快速发展和广泛应用，基于短距离范围内无线通信技术在工业自动化领域也得到了广泛应用。从单一的有线传输手段到多种技术和手段的工业无线网络，无线通信技术正在逐渐融入我们的工作和生产中，越来越多的自动采集与控制设备也开辟和扩展了蓝牙、Zigbee 等通信接口，为使用无线传输的方式提供了硬件环境和接口。水文领域使用无线通信方式时，在信道控制上，要首先解决以下问题：

8.2.2.1 信道选择及应用

近年来，随着河道流量、泥沙在线监测技术的逐步开展，ADCP 在线测流系统、基于雷达波点流速仪流量在线监测系统、基于缆道的移动式雷达波自动测流系统、基于超高频雷达波表面流场探测流量在线监测系统、基于超声波时差法流量在线监测系统、基于图像法流量在线监测系统、泥沙在线监测系统等都在一些重要站点进行了部署与实施，数据传输方式大多采用公网和专网相结合的混合式手段。

4G 通信应用广泛，费用低、永远在线、按流量收费，采用包月模式，进一步降低传输成本。

8.2.2.2 信道切换技术

主备信道之间自动切换的稳定性、流畅性，直接关系到整个通信系统运行的可靠性和健康性。信道切换技术分为人工切换和自动切换两种方式。

人工切换是指当主信道出现故障或通信失败时，人工手动将通信链路由主信道切换到备用信道，待主信道正常通信后，人工手动将通信链路切换回到主信道。由于人工方式需要有人长期驻守，目前该方式已经很少使用。

自动切换是指设备或程序自动识别通信链路是否运行正常，当某一信道出现故障或通信失败时，设备或程序自动将链路切换到其他信道上。自动切换方式分为网络级自动切换和应用级自动切换。网络级自动切换是指通过专用网络设备对链路状态进行识别判断，网络设备自动调整路由路径，根据传输情况实现主备信道自动切换；应用级自动切换指通过程序在数据发送过程中，判断通信链路的运行状态，根据状态是否正常自动选择链路，实现主备信道的自动切换。根据水文报汛的特点，经过综合比较和试验，水文报汛设备的主备信道切换，选择网络级自动切换技术。

8.2.2.3 通信机制兼容技术

(1)自报机制

自报式遥测终端设备在监测要素变化量达到预设值或监测时间达到预设时间点时，自动将监测要素数据值上报至中心站。自报机制是水情遥测系统的常用机制，能有效降低功耗、具有较高的可靠性。

(2)应答机制

应答式遥测终端设备的通信部分一直工作在值守状态，当接收到中心站下发的查询指令时，遥测终端做出响应，与传感器进行通信，感知要素数据，并将感知到的结果发送至中心站。

(3)查询机制

查询机制应用于具有固态存储功能的遥测终端，遥测终端自身能够存储历史数据，能够响应中心站的查询指令。查询机制可以为中心站、中继站故障丢失历史资料提供一道保险，中心站可通过查询方式对数据进行补录，保证历史资料的完整性，可以有效提高水文预报成果的精度。

第 9 章　未来水文监测

9.1　基本思路

传统水文多要素监测，需要配备站房和众多大型测验设备，测验人员以巡测或驻测方式监测、收集水文要素资料，往往面临以下突出问题：①测站建设周期长，成本高。水文站建设从查勘、选址到最终建成投产，最少需要两年以上才能完成，征地和基础设施建设等更是需要花费大量的人力财力。②测验设备部署安装困难、维修保养不方便。采用缆道流速仪法进行流量测验的水文站，缆道设施建设要求高、难度大，维修保养较为频繁，且必须专业人员进行。③测验及时性不够、测验成本较高。以走航式 ADCP 测流和缆道流速仪法测流为例，单次测验时长均超过半小时，难以准确监测到洪峰变化过程，测验所涉及车、船和人工，成本较高。④工作环境偏僻，安全隐患时常存在。部分水文站修建在离市中心较远的地方，交通、生活不甚便利。而水文测验工作往往需涉水进行，安全隐患较为突出，安全生产尤为重要。

对于大型河流，由于水文要素自身复杂性和现代化设备测验能力的局限性，水文站建设尚不可取代。但对于中小型河流，以更为先进、高精度的手段，快速实现水文要素智能采集，取代传统较长的建设周期和大量人力、物力的投入，是水文监测现代化建设的重要部分。

基于多谱系赋耦技术的水文水资源实时监测孪生一体化基站（全感通），能快速满足中小河湖、水库、灌区的水文要素在线监测需求。将该产品安装在合适的监测位置，通过所集成的传感设备和技术，监测、采集各项水文要素原始数据，数据由网络通信传至长江智慧水文监测系统，结合相关辅助数据和算法模型，输出水文要素监测成果，参与成果整编，还可依托其强大的前端边缘计算能力直接处理原始数据。

基站采用智能物联网关，实现在线与传统、视频与雷达、接触与非接触的多源监测手段融合。通过视频、雷达、激光等技术，实现水位、降水、流量自动监测，同时集成全新监测技术，包括通过三维激光雷达进行岸上河段地形实时测量，通过探地雷达进行水下地形非接触式测量，通过量子点光谱进行非接触式泥沙、水质监测。拥有强大的边缘计算能力和算法模型，数据对接长江智慧水文监测系统和在线整编系统，构建完整的水文监测生态。

9.2 技术现状及发展动态

当前，国内初步具备了一定的研究基础，各类监测设备的研发生产能力基本具备，但大多核心技术及装备依赖国外，尚未进行集中攻关，少量技术已有试验性产品推出，大多未形成成熟的技术和产品，开展试点和野外试验极少，均未开展规模应用。国外水信息监测技术及装备已较为成熟，如ADCP、OBS、LISST、光谱仪等监测设备已经大量应用，卫星遥感和近地空间技术具有一定的领先优势。

(1)雷达水位技术

雷达自位计测验过程中不需要和待测水面接触，仅需发射和接收从水面所传递的雷达波便可完成水位测量，因而测量仪器不会被待测水体水质、污泥、水生植物等污染和影响。国内外众多雷达自记水位计实际应用案例表明，雷达水位计水情自动监测采集系统比传统的浮子式水位计、压力式水位计具有更好的稳定性、可靠性和更高的数据测量精度。

(2)雷达测速技术

超高频雷达在线测流作为一种较为新兴的方法，正在全世界范围内得到推广应用。美国CODAR公司利用超高频雷达系统探测河流技术已经取得相当瞩目的成果，该公司的RiverSonde已经成为超高频雷达监测河流流量领域的主流产品。国内该项技术发展起步较晚，武汉大学最早利用超高频雷达探测海洋，2007年在浙江朱家尖进行第一次系统试验。近几年，随着国内雷达测速技术的成熟，部分水文监测站点陆续开展非接触式雷达波测流比测应用工作。

(3)视频水位技术

数字图像处理技术作为自动化、信息化、智能化的重要手段，已广泛应用于工农业测量及生产过程中。该技术主要通过识别水尺或者水位标杆数字刻度以获取水位信息，但水尺和标杆刻度的限制、污渍等外界环境的影响，以及标尺水面反射干扰等问题，对这些需要进行边缘检测等图像分割技术的方法产生了不利的影响，使其在适用条件上还存在一定的局限性。

(4)视频测流技术

该技术通过对视频分析获取流速数据，采用传统浮标法原理，通过对水面图像进行处理，提取画面中的刚性漂浮物或波纹、气泡等水面纹理特征或示踪粒子并进行跟踪匹配，计算出特征点的物理距离以及帧间时间，建立流场，进而获取流体的流速，根据断面数据可推算出断面流量。当前主流的视频测流算法包括光流法、大尺度粒子图像测速(LSPIV)、时空图像测速(STIV)。

(5)雷达地形测量技术

激光雷达(LiDAR)测量技术作为一种主动式测量系统，广泛应用于高速公路的建设、林业、水利、海岸测绘和城市三维建模等领域。美国、日本等国家对该技术研究应用较早，20世纪70年代，"阿波罗"月球登陆计划中便应用了激光测高技术，如今技术应用较为成熟。我国的LiDAR技术起步较晚，中国科学院遥感应用研究所和海军海洋测绘研究所等先后研制了激光探测系统样机，但仍没有成熟的双频激光LiDAR探测仪和一体化处理系统。

探地雷达是近几十年发展起来的一种探测地下目标的有效手段，具有探测速度快、探测过程连续、分辨率高、操作方便灵活、探测费用低等优点，在工程勘察领域应用日益广泛。在水文水资源领域应用中，使用探地雷达，以非接触式测验手段，透过空气和水体，测量水下断面，为地形测量提供了新方式。

(6)在线测沙技术

国内外悬移质泥沙在线监测方法主要包括同位素放射法、声学法、振动式法与光学法，这些方法在技术成熟度、使用安全、建设成本与应用领域方面存在一定的差异，国内目前应用较多的是光学法。国内外较为成熟的光学测沙仪器主要有长江委水文局研发的量子点光谱测沙仪、天宇利水信息技术成都有限公司的TES系列在线测沙仪、美国Sequoia公司LISST系列激光粒度分析仪及美国D&A公司OBS系列浊度计等。

(7)高光谱水质监测技术

高光谱水质监测技术研究主要是通过卫星、无人机、固定式等手段，采用高光谱成像仪进行水体高光谱数据采集，获得水体的辐射亮度DN值数据，根据同步进行的水体采样分析实验的实测数据，建立不同波段光谱反射率与水质指标之间的模型，用于高光谱水质指标反演。国内外许多学者通过遥感反演水体中的水质参数实现对内陆河流、湖泊以及海岸带等复杂水域的动态监测。

现阶段对以上水文水资源监测技术研发和应用，多为某一技术的深度拓展，注重前端原始数据采集，对多技术融合的AI传感及模型研究较少，综合效益低。基于多谱系赋耦技术的水文水资源实时监测孪生一体化基站(全感通)，融合成熟先进的水文水资源监测技术，实现对水位、降水、流量、泥沙、水质、河道地形、测站管理、测验环境保护等全要素感知、监测和管理，国内外暂无同等产品投产使用。

9.3 发展方向

9.3.1 工作目标

水文监测的及时、有效和科学性，对水文监测、水资源管理、防洪减灾意义重大。现代水文监测站也正向多功能、高集成和智能化方向发展，基于多谱系赋耦技术的水文水资源实时监测孪生一体化基站(全感通)的研发和推广应用，符合水利部发展智慧水利的要求，符合为全面建设社会主义现代化国家提供有力的水安全保障这一新阶段水利高质量发展的总体目标。

本书采用领先的多类传感融合技术、泛在物联技术、视觉感知技术、人工智能、数字孪生等新一代信息化技术，研发一种具备强大多源数据融合分析算力、测站智能化管理、数据全链自动化处理、立体网络通信能力的高度集成一体化水文水资源实时监测孪生一体化基站。

水文水资源实时监测孪生一体化基站广泛适用于河道、库区等监测场景，具有集约化建设、多要素采集、智能化管理、简易化运维、无人化值守、虚实融合互动的特点，重构了对水文监测领域的传统感知。

9.3.2 工作内容

(1)新型测量技术和多类传感技术的融合研究

近年来，针对流域水文和河道监测的要求在不断提高，传统的水文监测设备往往只能完成单一水文要素的监测，面临着成本高、数据不完整、极端气象条件下不能开展测量等缺点。而且传统的水文测量技术需要大量的人员投入，极端条件还存在安全风险，也无法做到无人值守的实时测量，极大地限制了水文监测现代化监测体系的建设。

全感通项目研究除融合视频、雷达、激光等技术实现水位、降水、流量自动监测外，还将尝试集成全新监测技术，包括通过三维激光雷达进行岸上河段地形实时测量，通过探地雷达进行水下地形非接触式测量，通过量子点光谱进行接触式泥沙、水质监测等。

(2)分布式部署的工业级边缘计算智能设备研发

目前的一些水文监测产品大多是软硬一体、弱算力、单要素监测的嵌入式系统，只具备基础的低阶数据处理和传输能力，在泛在物联、数据高阶融合分析、快速软件迭代更新、远程在线运维等方面能力较弱，更缺乏一个面向应用型、能够支持智能操作系统、具备大容量存储能力的核心大脑。

水利部印发的《“十四五”期间推进智慧水利建设实施方案》中明确要求，要扩展遥感影像智能识别模型库，研发图像与视频智能识别模型，研发智能算法，开发可视化模型，随之而来机器视觉、人工智能、物联网等技术在水文监测领域的广泛应用，产生了越来越多的视频、图片、文档、模型等非结构化大容量数据，传统水文监测设备和中心站面对计算视觉处理、非结构化大数据处理、TB 甚至 PB 级别的视频图像存储、软件按需定制等需求越来越无能为力。

因此迫切需要研发一款能够进行就地边缘计算、工业级的智能盒式设备，作为分布式部署的基于多谱系赋耦技术的水文水资源实时监测孪生一体化基站(全感通)的核心大脑。该设备搭载智能操作系统、具备强大数据处理、超强 GPU 算力、AI 视频图像分析、大容量存储、丰富的硬件接口、容器化软件部署和运维能力，全面发挥算据、算法、算力，推动智慧水利建设。

(3)支持虚实融合互动的数字孪生流域模拟

2021年水利部印发了《"十四五"期间推进智慧水利建设实施方案》的通知,重点提出构建数字孪生流域为核心,建设七大江河数字孪生流域和多项重大水利数字孪生工程,大力推进数字孪生在智慧水利中的应用和建设。

水文水资源实时监测孪生一体化基站作为高度集成、智能化的水文监测基础设施,汇聚了大量的水文水利监测数据,如何充分利用物联感知操控、数字化表达、数据融合供给、虚实融合互动等技术手段,对于汇交的数据成果进行全要素数字化映射和可视化表达,构建数字化流场,实现物理流域与数字流域之间的动态、实时信息交互和深度融合,建成"四预"功能的智慧水利体系是一项重要的工作内容。

9.3.3 实施路径

高性能水文水资源实时监测孪生一体化基站实施路径见图9.3-1。

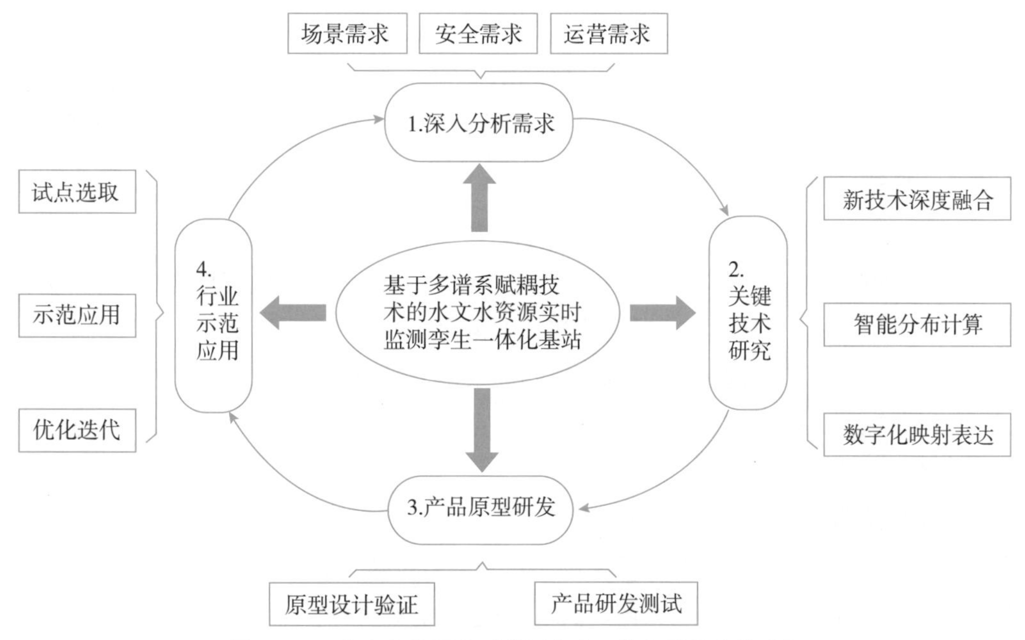

图9.3-1 水文水资源实时监测孪生一体化基站实施路径

紧密结合水文水资源监测业务,深入分析基于多谱系赋耦技术的水文水资源实时监测孪生一体化基站(全感通)的集成融合、智能化、可视化表达方面的业务需求,重点研究新技术深度融合、智能分布计算、数字化映射表达等关键技术,进行产品原型设计和方案验证,组织产品的研发和系统性测试,形成一整套完整的水文水资源综合监测解决方案,形成融合新型技术、边缘智能计算、虚实融合互动、水文监测管理在内的研究成果,建立1~3个行业示范应用基地,验证研究成果的可行性与先进性。

9.4 全感通水文基站方案设计

9.4.1 全感融合监测系统

9.4.1.1 产品结构

产品外观见图 9.4-1。

产品结构采用新颖、美观、场景化、模块化的设计方式，由基座与主体两个部分构成。

其中各个单元的结构及组成部分如下：

功能仓：网络通信模块、数据接入单元、边缘计算单元、多媒体系统、多功能接口、综合管理单元、各类水文水资源监测设备。

能源仓：含 BMS 电池管理系统，支持市电、太阳能、应急发电系统、蓄电池的接入。

设备仓：水文监测设备 & 传感器 & 仪器等。

辅助单元：防雷系统等。

图 9.4-1　产品结构图

9.4.1.2 产品功能

全感通是面向国内水文市场、采用领先的多类传感技术、物联网技术、视觉技术、人工智能等，具备强大的多源数据融合计算、测站智能化管理、数据全链自动化处理能力的高度集成一体化综合系统。

该产品广泛适用于河道、库区等水文监测场景，具有集约化建设、多要素采集、智能化管理、简易化运维、无人化值守、虚实融合互动的特点，重构了对水文监测领域的传统感知。

产品主要功能包括：

①水文传感器、视频监控、边缘 AI 等部件集成接入；②水文监测数据的采集、深度融合和数据集成；③4G、有线、NB－IoT、电台等多种方式数据传输；④虚实融合映射、互动方式进行数据展示和呈现；⑤支持市电、太阳能供电、应急供电等多种供电方式；⑥集成和接入部件的防盗、冒接、私接预防和安全告警；⑦水文监测数据的传输、存储、访问过程的安全保障；⑧远程配置、升级、运维、现场视频监控和语音喊话。

在数据智能融合方面，全感通系统定义了统一的水文空间坐标系和统一的数据标准传输协议。统一的水文空间坐标系便于实现不同类型的水文监测设备的测点的空间坐标统一。测点带有经纬度信息和高程信息的监测设备，可根据原点的经纬度信息及绝对高程信息，智能转换为水文坐标系坐标。统一的数据传输协议规定了数据报文传输的标准格式，便于不同类型的监测设备采集到的水文水信息数据的统一编解码、传输、处理。

9.4.2 无人机空天系统

无人机空天系统作为全感通水文基站在空天监测和安防领域的重要单元，能够实现全天候、全方位的空天感知。在监测方面，无人机空天系统能够搭载视觉流速仪、雷达流速仪、高光谱传感器，实现对河流流速、流量、水质、泥沙等多要素的监测任务；在安防领域，无人机空天系统根据预设任务，通过搭载可见光相机、热成像红外相机、激光雷达等高尖端感知设备，实现对周边环境的异常事件识别、地形地貌变化感知和预警，并通过影像进行取证留存。

无人机空天系统通过隐藏式设计实现全感通水文基站外观的一体化。无人机空天系统主要包含智能机场和无人机两个部分。智能机场(图9.4-2)部署于全感通水文基站顶部，能够适应恶劣环境场景。智能机场配备无人机快充装置和空调系统，为无人机提供充沛的电力保障和舒适的存放环境。无人机部署于智能机场的停机坪上，在执行飞行任务时打开机场保护顶棚，无人机通过RTK高精度定位起飞并按照预设航线执行飞行任务，搭载的监测设备的数据实时传输至控制中心，飞行任务结束后无人机自动返航并降落在智能机场停机坪，智能机场关闭保护顶棚并开启温控和充电系统为无人机提供降温和充电服务。

图9.4-2 智能机场

9.4.3 无人船移动平台

9.4.3.1 无人船船体

无人船设计是在符合船舶使用需求和保证航行条件下，明确无人船的总体设计及布置。包含无人船主体与上层建筑的划分、船上设备的布置、舱室的划分、调整和平衡船舶浮态、动力性、稳定性以及船舶外观造型的美观。

各舱室的布置划分用肋骨位置来划分布局，其中船艏处舱室为电池舱及控制舱，舱盖采用船舶专用锁扣，保证可靠及密封。中间舱室为任务设备舱，船艉部舱室为推进器舱室，布置推进器及智能电调系统。

9.4.3.2 定位导航系统

采用GNSS RTK集成了多频点高精度差分陶瓷天线、GNSS定位模块、集成433数传接收模块配套基站发射的广播差分数据进行高精度RTK定位运算，定位精度可达0.01m。智能摄像头可以提供1080P高清画面，根据工作区域的网络情况，可切换为720P标清，电动智能变焦，50m红外夜视，防水，并可自动识别水面障碍物，智能监控水面情况。激光雷达采用DTOF飞行时间测距技术，使得激光雷达在有效距离下均有非常高的测量精度，测量半径可达 30m 以上，检测到障碍物后控制无人船自动避障。推进器为 2 台 100 磅大功率电动推进器，推进器螺旋桨外设计环形防缠绕网罩，可以减少 90％以上的缠绕事件。

本无人船采用 MS-6110 组合导航系统由 MEMS 传感器及 GNSS 接收板卡组成，通过多传感器融合及导航解算算法实现。该产品可靠性高，环境适应性强。通过匹配不同的软件，产品可广泛应用于智能驾驶、无人机、测绘、船用罗经、稳定平台、水下运载器等领域。组合导航系统能够利用外部接收到的卫星导航信息进行组合导航，输出载体的俯仰、横滚、航向、位置、速度、时间等信息；失去信号后输出惯性解算的位置、速度和航姿信息，短时间内具备一定的导航精度保持功能。

9.4.3.3 智泊码头系统

无人船智泊码头提供了无人船设备的锁紧及无线充电功能，能够保证设备实现真正意义上的无人化作业和智能化管理，减轻人工劳动强度。

智泊码头采用金属框架结构＋高密度浮箱的方案，保证码头有足够的防撞能力和强度，同时高密度浮箱保障充足的浮力，为码头提供足够的水面稳定性，方便人员在码头上作业及操作设备，也保障了人员的安全。

同时智泊码头提供的充电机组采用大流量充电模式，最大输出功率为 1500W，输出电流为 60A，可快速完成充电，减少设备充电等待时间，从而实现全天多时段稳定作业。

9.4.3.4 感知避障系统

在复杂的水面环境下，无人船借助激光雷达的帮助，通过获取前方障碍物的景深图像及环境数据，准确判断无人船目前所属的位置，并智能判断障碍物的情况，自动规划避障路线，从而实现避障功能(图 9.4-3)。主要功能有：①自主穿桥洞；②自主规避固定、移动障碍物；③自主智能规划行进路线。

图 9.4-3 激光雷达点云图

9.4.4 全感通软件平台

全感通系统软件平台框架见图9.4-4。全感通系统软件平台框架的设计采用分层思想，符合“高内聚，低耦合”的系统要求。各层次内部功能聚合、职责独立，各层次间功能解耦，有机关联，不同层次之间相互协同和支撑，共同提供和完成完整的系统功能，使该系统具备高复用、易扩展、设计简洁的特点，有利于项目未来的更新、维护、标准化和功能扩展工作。

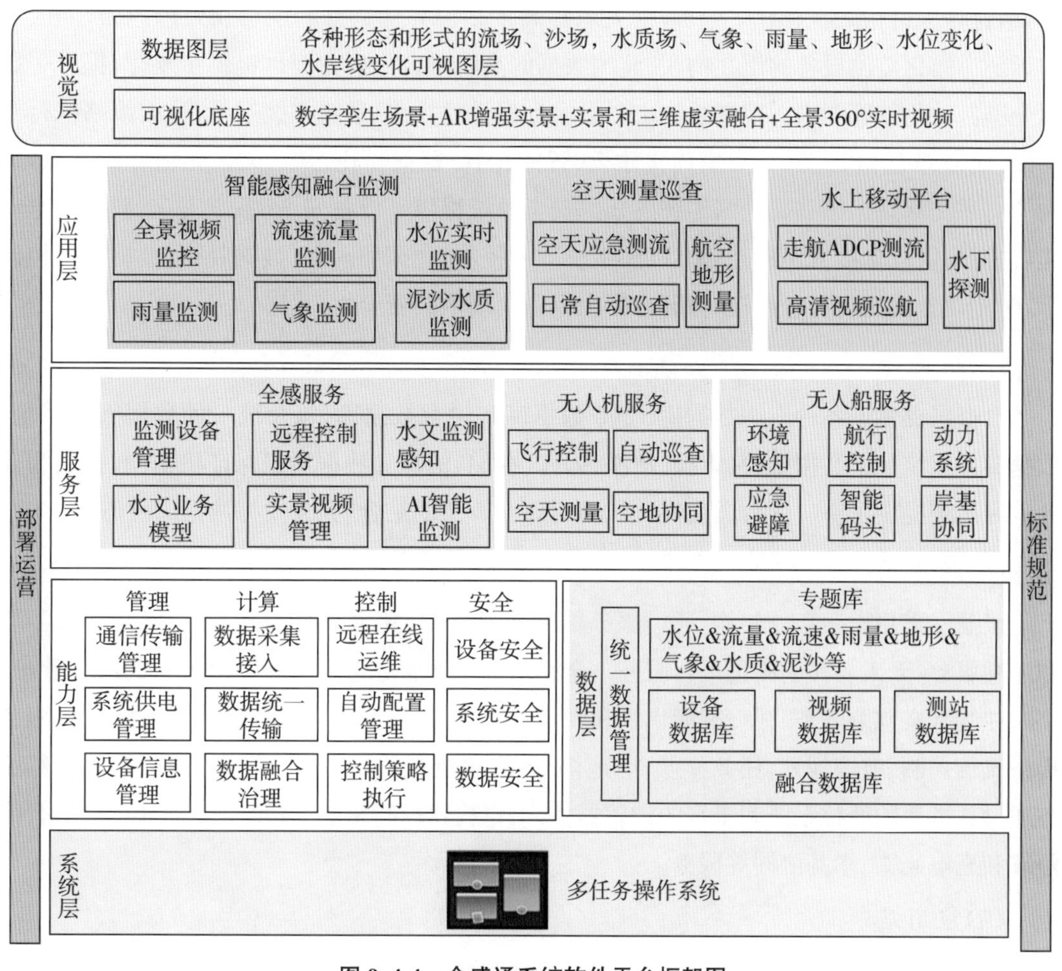

图9.4-4 全感通系统软件平台框架图

系统从逻辑上可以划分为以下几个功能层次：系统层、能力层、数据层、服务层、应用层和视觉层，每层都为上层提供基础设施和支撑作用，数据流在各层之间有序流动，减少数据访问的入口点，提升系统的安全性。

（1）系统层

系统层为整个软件的支撑和基础，采用支持多核多处理器的多任务操作系统。操作系统提供丰富的基础支撑、硬件资源管理、系统管理、内存管理、多线程机制等，并根据平台需要可以灵活定制和裁剪。

(2)能力层

能力层主要包括管理、计算、控制、安全四大能力系统。管理系统主要包括网络通信、数据传输、系统供电和电源管理以及设备信息和资源管理功能。计算系统是能力层的核心部分,它为平台增加了智能边缘计算的能力。计算系统充分利用智能操作系统和硬件设备提供的算力资源,采集和接入空、天、地各种手段监测的水文数据、海量视频图片等非结构化数据,结合算法进行融合、治理、分析,极大地提高了多源异构数据的融合和处理能力,同时在空天地一体化监测设备的泛在物联、监测数据的高阶融合分析方面也提供了支撑,提升了数据全链自动化处理能力。控制系统主要提供远程设备控制、系统在线运维、监测策略执行等功能,使全感通水文基站具有集约化建设、智能化管理、简易化运维、无人化值守的特点,重构了对水文基站运维和管理的传统感知。安全系统提供了设备安全、系统安全、数据安全功能,包括可信设备接入、身份鉴别认证、系统准入控制、数据加解密、数据脱敏、数据访问控制等,防止设备被盗、替换、私接,保证数据全生命周期内的安全性。

(3)数据层

数据层提供了各种专题数据库、业务数据库和融合数据库,以及统一的数据管理系统。数据管理系统包括数据校验、审核、清洗、入库、存储、治理等数据质量保证机制,数据层为业务应用系统提供了坚实的数据底座,通过和算力、算法的结合,充分发挥数据的价值。

(4)服务层

服务层采用微服务的架构,通过服务器框架,提供全感水文监测服务、无人机空天测量和巡视服务、无人船移动测量平台服务。全感水文监测服务包括水文监测设备的统一管理、实时在线水文监测服务、视频智能识别和视觉计算服务、实时视频监控服务等。无人机服务提供飞行控制、航迹规划、任务作业、空地协同、应急流场测量、日常巡视等服务。无人船服务通过其搭载的船控系统和丰富的传感器件,可以提供航行控制、环境感知、应急避障、智能停靠和充电码头、岸基协同等服务。

(5)应用层

应用层是面向用户,也是用户可以直接感知和使用的功能层,该层提供了基于水文监测全感服务的各种水文实时在线监测功能,包括现场监控视频、流场测量、水文监测、气象信息、泥沙含量和水质监测等。该层的空天测量巡查功能基于无人机空天测量和巡视服务,提供空天应急测流、日常河面例行巡查、航空地形测量等。水上移动平台利用无人机系统作为水上移动式的测量平台,可以实现走航式 ADCP 测流、水上高清视频巡航等业务。

视觉层是数据、业务、功能的可视化表达。全感通水文水资源综合监测基站作为高度集成、智能化的水文监测基础设施,汇聚了大量的水文水利监测数据,如何充分利用虚实融合互动等技术手段进行数字化表达是一个重要的问题。全感通系统软件平台的视觉层以数字孪生技术为核心，并采用 AR 实景增强、现场实景和业务虚景的三维深度无缝融合等手段，对于汇交的数据成果进行全要素数字化映射和可视化表达，构建数字化流场，实现物理流域与数字流域之间的动态、实时信息交互和深度融合。

总之，全感通系统软件平台的框架按照水平切分的方式进行分层，系统有多层构成，每层由多个功能块构成，每层有自己明确的独立职责，不同层次又相互协同，共同构成一个有机整体。

9.5 仪器设备选型

本项目仪器设备选型设计根据《水文基础设施建设及技术装备标准》和有关水文规范要求，结合全感通水文基站实际需要选型配置。主要包括水位观测设备、流量测验设备、泥沙观测、颗粒分析设备、降水蒸发观测设备、测绘仪器、通信及数据传输设备以及其他设备等 14 套。设备具体规模见表 9.5-1。

表 9.5-1 全感通设备配备表

序号	设备名称	单位	数量
全感融合监测系统	全感通基站	套	1
	全感边缘计算	套	1
	AI 全局监控	套	1
	北斗雨量智能监测预警系统	套	1
	气象六要素	套	1
	高光谱水质多参数检测仪	套	1
	视觉测流系统	套	1
	雷达流速仪	套	1
	侧扫雷达	套	1
	量子点光谱	套	1
无人机空天系统	智能机场	套	1
	无人机	套	1
无人船移动平台	无人船	套	1
	船载设备	套	1

9.5.1 全感融合监测系统

9.5.1.1 全感通基站

基站作为全感融合监测系统的载体，设计上具有艺术性，简洁美观，功能仓完善。基站从结构布局上分为地基、基座和杆体。地基位于地表以下，为基站提供稳固的地基和避雷系统；基座分为多个功能仓，分别为供电、通信、控制系统提供空间和散热条件；杆体用于安装测量仪器、展示仪器和其他相关设备，内部包含供电总线、通信总线以及用于检修的楼梯。

主要技术参数：

材质：不锈钢；

表面工艺：汽车漆工艺；

高度：15m；

占地面积：10m²；

防护等级：IP54；

供电：支持交流电、太阳能供电。

9.5.1.2 全感边缘计算

边缘计算系统作为全感通的大脑，负责协调全感通的所有子系统并进行决策。边缘计算系统从数据采集系统获取传感器数据，同时对接入的音频、视频等数据进行边缘计算，为系统决策提供数据支撑(图 9.5-1)。

图 9.5-1 全感边缘计算

主要技术参数：

CPU：Intel © 9th/ 8th—Gen Core™ i7/ i5/ i3；

内存：16/32 GB DDR4 2666；

硬盘：1/T/2T/4T SSD；

GPU：Nvidia RTX 3070/3080/3090；

接口：2×GbE，4×USB 3.1，5×COM，1×PCIe * 16，1×PCIe * 4，1×PCI；

工作温度：−25～60℃；

存储温度：−40～85℃；

供电：24VDC。

9.5.1.3 AI 全局监控

AI 全局监控相机采用海康威视臻全彩枪球一体机，相机支持全景路和细节路的高清画面，具有多用 Smart 事件功能和 AI 智能分析功能。

①支持基于行业平台实现云图立体防控。

②支持在摄像机的实时视频画面中添加最多 500 个 AR 标签，且可实现标签与标签联动的功能。

③Smart 事件：支持细节路对设定区域进行布防，当检测到目标时对目标进行跟踪及报警，实现周界布防。

④混合目标检测：支持细节路混合目标检测，对检测区域内的人、车进行抓拍上传。

⑤事件检测：支持细节路抛洒物、行人、路障、施工、拥堵检测。

⑥支持声光警戒：报警联动白光闪烁报警和声音报警，声音内容可选。

⑦支持人脸人体车辆同时抓拍，人脸人体关联输出，并实现对人脸、人体、车辆结构化属性特征信息提取。

⑧可配置多种字符叠加、图片合成模式，并支持违法图片叠加防伪水印。

主要技术参数：

传感器类型：【全景】1/1.8" progressive scan CMOS,【细节】1/1.8" progressive scan CMOS;

强光抑制：支持；

3D 降噪：支持；

光学变倍：【细节】40 倍；

主码流帧率分辨率：【全景】50Hz：25fps(3840×1080)；60Hz：24fps(3840×1080)【细节】50Hz：25fps(2560×1440，1920×1080，1280×960，1280×720)，60Hz：30fps(2560×1440，1920×1080，1280×960，1280×720)；

警戒功能：声光警戒；

区域曝光：支持；

陀螺仪：支持；

报警：7 路报警输入；

报警输出：2 路报警输出；

Smart 事件：越界侦测，进入区域侦测，区域入侵侦测，离开区域侦测。

9.5.1.4 北斗雨量智能监测预警系统

北斗雨量智能监测预警系统(图 9.5-2)为探测大气可降水量(Precipitable Water Vapor，PWV)提供了一种全新的手段，可以提供高时空分辨率的大气可降水量，能够反映水汽的快速时空变化。人工神经网络具有很强的非线性拟合能力，因此在时间序列预测和多变量回归问题上有良好的表现，可用于区域短时降水预测领域。

图 9.5-2 北斗雨量智能监测预警系统

主要技术参数：春季的预测误差为 0.05mm/h，夏季的预测误差为 0.35mm/h。

9.5.1.5 气象六要素

气象六要素为：温度、湿度、气压、风速、风向和雨量。主要技术参数：

温度测量范围：−50～80℃，准确度±0.2℃。

湿度测量范围：0～100％RH，准确度±3％RH。

气压测量范围:500～1100hPa,准确度±0.3hPa。

风速测量范围:0～70m/s,分辨率:0.1m/s,准确度±(0.3+0.03V)m/s,起动风速≤0.5m/s。

风向测量范围:0～360°;分辨率 1°;准确度±3°;起动风速≤0.5m/s。

雨量测量范围:0～999.9mm;分辨率 0.2mm;准确度±4%;降雨强度 0～4mm/min。

数据采集仪:传感器通道 16 路;通信接口 RS232 或 RS485;通信波特率 9600bps;存储容量 4M FLASH 数据存储器,可扩展 SD 卡存储器。走时精度:实时时钟,准确度优于 20 秒/月;数据输出:气象规范/用户定制。

4G 云平台:提供账号和密码,用户可在电脑或手机上查看数据,含三年流量费(500M/年)。

防护箱:不锈钢材质,450mm×350mm×200mm,放置数据采集仪,GPRS 模块等。

支架:2.5m 高,镀锌管材质,直径 58mm,带预埋件或膨胀螺丝。

9.5.1.6 高光谱水质多参数检测仪

高光谱水质多参数检测仪能够监测叶绿素、浊度 TUR、透明度、悬浮物浓度、高锰酸盐指数、总氮、总磷、氨氮等参数。

主要技术参数:

光谱波段:400～1000nm;

光谱分辨率:1nm;

水质检测频率:20～3600s;

叶绿素:1～500μg/L;

浊度 TUR:1.2～500NTU;

透明度:0.1～10m;

悬浮物浓度: 0.1～500mg/L;

高锰酸盐指数: 0.5～20mg/L;

总氮:0.2～10mg/L;

总磷:0.04～1mg/L;

氨氮:0.1～8mg/L。

9.5.1.7 视觉测流系统

视觉测流技术通过光学方法,获取河流表面运动图像,遵循“所见即所得”的测量理念。采用机器视觉的图像处理方法,对河流表面运动图像进行分析,计算河流表面流速分布。结合河流断面信息,计算河流断面流量信息。

视觉测流技术本质上是一种图像分析技术。该技术通过对流体中不同模态与示踪的有效识别,达到一种全场、动态、非接触的测量目标。根据测量算法的不同,该技术又可分为粒子图像测速法(PIV)和粒子追踪测速法(PTV)。

主要技术参数：

流速量程：0.01～10m/s；

流速精度：±3%；

流量精度：±8%；

测量方式：非接触式；

工作原理：智能图像法；

分辨率：1920×1080；

帧率：25fps；

通信方式：千兆以太网；

视频压缩：H.265/H.264/MJPEG；

光学变焦：20倍以上；

主体材料：6061航空级铝合金；

防护等级：IP66。

9.5.1.8 雷达流速仪

HZ-SVR-24V-200雷达流速仪(图9.5-3)是一款针对明渠、天然河道等应用场景开发的非接触式紧凑型流速在线监测产品。24V-200雷达流速仪集成了抗振减振、倾斜自适应等功能，大大提升了产品应用安装支点振动、传感器位置变化等造成的影响。主要技术参数：

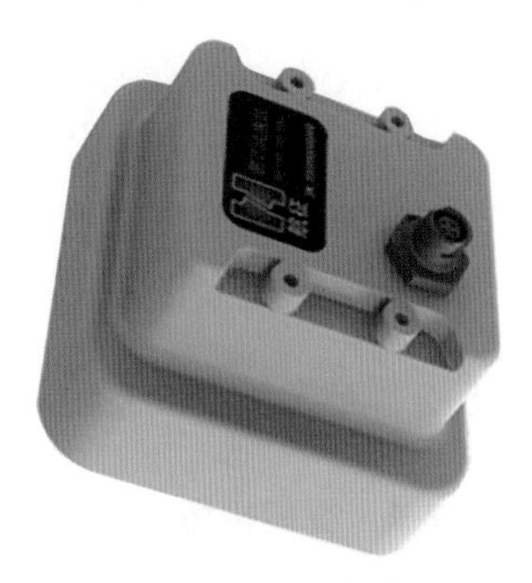

图9.5-3 雷达流速仪

测速范围：0.05～20m/s；

测速精度：±0.01m/s，±1%FS；

测速频率：24GHz；

测速俯仰角：30°～70°；

测速波束角：12°；

最大测程：100m；

供电电源：DC6～30V，建议12V；

平均功耗：工作电流<40mA，待机电流<5mA(@DC12V)；

防护等级：IP68；

工作温度：－40～80℃；

数字接口：RS485接口，Modbus协议；

产品尺寸：105m×105m×60mm(长×宽×高)；

产品重量：0.45kg。

9.5.1.9 量子点光谱测沙仪

量子点光谱法进行泥沙监测，采用世界领先的量子点光谱分析技术，将量子点与成像感光元件完美结合，利用水体本身及其所含物质在量子点材料上的反射、吸收、散射或在受激发的荧光上产生的独特的光谱特性，获得水体中泥沙物质的波长、强度、频移等谱线特征，通过建立光谱数据与泥沙物质之间的映射关系，得到含沙量。

主要技术指标：

工作原理：量子点多光谱原理；

含沙量测量范围：0.001～20.0kg/m³；

测量分辨率：0.001kg/m³；

工作模式：在线监测、快速监测、走航式监测；

工作环境温度：－10～60℃；

防护等级：IP68 / NEMA6P；

平均功耗：<1W；

待机功耗：<0.5W；

探头尺寸：270mm（高度）×90mm（直径）；

其他功能：自容存储、实时传输、自动清洗、数据校正；

拓展功能：颗粒级配、泥沙物质元素组成、水质监测；

技术支持：现场比测率定指导及模型优化。

9.5.2 无人机空天系统

9.5.2.1 智能机场

智能机场采用高度一体化设计，与基站完美融合一体。具备强大的环境适应性，无论严寒酷暑皆可 7×24h 无人值守作业。

主要技术参数：

整机重量：90kg；

输入电压：100～240VAC，47～63Hz；

输入功率：1500W MAX；

可收纳无人机数量：1 台；

最大允许降落风速：12m/s；

最大运行海拔高度：4000m；

最大作业半径：7000m；

RTK 基站定位精准度：水平 1cm＋1ppm（RMS），垂直 2cm＋1ppm（RMS）；

输出电压：18～26.1V；

以太网接入：10/100/1000Mbps 自适应以太网口。

9.5.2.2 无人机

对角线电机轴距：668mm；

最大起飞重量：3998g；

工作频率：2.4000～2.4835GHz,.725～5.850GHz；

RTK 位置精度：1cm＋1ppm（水平），1.5cm＋1ppm（垂直）；

最大水平飞行速度：23m/s；

最大飞行时间：41min；

IP 防护等级：IP55；

GNSS：GPS＋Galileo＋BeiDou＋GLONASS；

工作环境温度：－20～50℃。

9.5.3 无人船移动平台

9.5.3.1 无人船

用于水文流速流量信息采集分析及水面巡逻、水面垃圾漂浮物监测。

主要技术参数：

船体材质：船用 5083 铝合金；

船体尺寸：2650mm×1500mm×1100mm（长×宽×高）；

最大航速：6m/s；

船体自重：110kg；

最大负载：100kg；

吃水深度：30cm；

巡航时间：4～6h；

抗风浪能力：6 级风，4 级浪；

水平定位精度：2cm＋1ppm（RTK）；

水平速度精度：0.1m/s；

通信距离：智能遥控 2km，4G/5G 无距离限制。

9.5.3.2 船载设备

（1）ADCP 主要技术参数

频率：600kHz；

换能器类型：活塞式；

波束：4 波束 Janus 结构，波束倾角 20°；

测速范围：±5m/s(典型)，±20m/s(最大)；

流速剖面量程：0.4～80m；

流速分辨率：1mm/s；

单元层数：1～260；

单元层厚度：0.1～4m；

数据刷新率：默认 1～2Hz，最大 10Hz；

测流精度：0.25%±0.2cm/s；

工作模式：宽带；

底跟踪量程：0.7～120m；

耐压等级：200m(标准)；

通信协议：RS-232、RS-422、WIFI。

(2)单波束测深仪主要技术参数

工作频率：200kHz；

最大发射功率：800W；

波束开角：5°±0.5°；

测深范围：0.2～300m；

测深精度：1cm±0.1%h(h 为水深)，1cm 水深分辨率；

吃水调整范围：0～15m；

声速调整范围：1300～1700m/s；

频率：40Hz。

附录：水文监测新技术比测大纲

1 基本情况

1.1 背景、意义、目的

1.2 测站情况

基本情况介绍(测站简介、测验项目、测验精度要求、测验方式方法方案、高中低水方案、几线几点。

1.3 测站特性

测验环境、水沙特性、大断面分析、特征水位—流量、Z-Q 关系(单断沙关系)、一站一策分析成果

2 设备及安装情况

2.1 设备简介

硬件(原理、指标、工作方式、适用条件)

2.2 设备数据情况

软件(数据格式、类型、存储传输方式、数据获取方式、协议开放情况)

2.3 安装情况

安装方式、位置(断面位置、形态等)、供电供网、施工过程、现场照片、安装示意图

2.4 工作情况

参数设置、测试调试情况、起点距设置等特殊问题处理;维护保养情况

3 对比测试方案

3.1 对比测试分析依据

相关技术规范、规定等

3.2 整体安排

对比测试时间计划、人员分工

3.3 设备稳定性

故障率、测验数据稳定性(如稳定期同水位的流速流量情况)

3.4 单点对比测试

点流速、点含沙量的对比测试方案

3.5 成果对比测试

流量、断面含沙量的对比测试

3.6 对比测试要求

对比测试数据范围(包含至少一个丰平枯周期)、测点整体分布、涨落水分布、水沙平稳期、时间空间的匹配及处理情况

4 对比测试分析

4.1 对比测试工作开展情况

针对上一章方案的逐条响应情况及数据统计、对比测试特征统计

4.2 稳定性分析及统计

故障、异常等情况及原因、处理情况、运行情况统计、测验数据稳定性(如稳定期同水位

的设备流速流量的较差）

4.3 单点精度分析

验证单点测量精度、为后续建模提供支撑

4.4 成果精度分析

计算流量、断沙精度

4.4.1 模型方法

部分加权法、代表流速法、数值法等

4.4.2 针对以上模型的精度分析

包含率定和检验精度

4.5 整编精度分析

整编特征值、均值、月年总量、过程相应性

4.6 综合评价

4.6.1 稳定性评价

4.6.2 单点精度评价

4.6.3 成果精度评价

不同模型的

4.6.4 整编精度评价

不同模型的

4.6.5 应用方案推荐

方案、使用范围，大概使用时长

5 存在的问题

重点问题研讨（根据对比测试结果的分析归纳设备的一些局限性及解决方案，包括：精

度、代表性、连续工作的稳定性、数据传输能力等）

6 结论与建议

6.1 具体投产方案

若效果较差、不能投产则写明后续调整及对比测试计划

6.2 投产方案使用

用于测验、整编、报汛等，数据获取、数据对接、自主管理方案等

6.3 后续工作

后续对比测试、检验工作安排

6.4 质量保证措施

应用安排、检查维护计划，设备硬件、软件、网络、对比测试、分析、整编等具体技术要求等

附表、附图

可将过长过多的数据表格或图片等放入。

附件

对比测试期间完整设备数据，数据网址、软件、账号等
完整对比测试资料
分析计算过程资料